U0228198

能源大数据

Energy Big Data

王继业 等 著

科 学 出 版 社

北 京

内 容 简 介

本书全面介绍了能源大数据的基本概况、技术发展和应用场景。全书共分为五篇，第一篇为概述篇，包括能源大数据的演进、概念、内涵和总体框架；第二篇为技术篇，包括能源大数据的模型、关键技术、安全防护技术；第三篇为运营篇，包括能源大数据中心的建设与运营、要素市场和商业模式；第四篇为应用篇，包括新型电力系统应用、碳达峰、碳中和应用、能源工业互联网应用和能源大数据产品及应用；第五篇为展望篇，包括未来能源大数据的发展趋势和前景。

本书可帮助读者全面深入地了解和掌握能源大数据的相关知识，洞悉其在能源行业中的重要作用和潜力，适合能源领域的科研人员、管理人员阅读，也可作为相关专业高校师生的参考书。

图书在版编目（CIP）数据

能源大数据 / 王继业等著. -- 北京 : 科学出版社, 2025. 1. -- ISBN 978-7-03-080799-1

Ⅰ. TK01

中国国家版本馆 CIP 数据核字第 2024P6Q906 号

责任编辑：范运年 / 责任校对：王萌萌
责任印制：师艳茹 / 封面设计：赫　建

科学出版社出版
北京东黄城根北街 16 号
邮政编码：100717
http://www.sciencep.com
北京建宏印刷有限公司印刷
科学出版社发行　各地新华书店经销
*
2025 年 1 月第　一　版　开本：787×1092 1/16
2025 年 1 月第一次印刷　印张：31 1/2
字数：749 000

定价：268.00 元

（如有印装质量问题，我社负责调换）

本书编写组

章节	编写人员
第 1 章　概述	王继业　李伟阳　孙艺新　傅成程　高晓楠　赵国栋
第 2 章　能源大数据总体框架	王继业　黄惠英　邓　勇　余　翔　李建新　熊　军　董新微
第 3 章　能源大数据模型	黄建平　张旭东　占震滨　何　斌　马　郓
第 4 章　能源大数据关键技术	许元斌　陈岸青　郑建宁　赵　峰　闫　斌　李金湖　曾念寅　余仰淇　申连腾　李　哲　汪　旭　底晓梦
第 5 章　能源大数据安全	高昆仑　张　涛　梅文明　李　为　邵志鹏　石聪聪　高先周
第 6 章　能源大数据中心	梁　剑　徐宇新　唐敬军　眭建新　毛　苗　杨　旭
第 7 章　能源大数据要素市场和商业模式	戴铁潮　陈　浩　张建松　黄宇腾　毛政晖
第 8 章　新型电力系统应用	郑玉平　黄　杰　金玉龙　陈遗志　查显煜　李　翔　吴　一
第 9 章　碳达峰、碳中和应用	许　扬　徐春雷　顾　斌　吴　晨　皮一晨　王　璞
第 10 章　能源工业互联网应用	赵丙镇　杨　璇　徐若然　李文光　周　静　邓春宇

第 11 章	能源大数据产品及应用	程志华　杨成月　蔡春久　刘席洋 郭忻跃　高若田　李高扬
第 12 章	未来展望	王继业　励　刚　章　昊　刘　辉 王　峰　张秋红　汪　琦　孔　森

序　一

2024年2月19日，习近平总书记在中共中央政治局第十二次集体学习时强调："能源安全事关经济社会发展全局。积极发展清洁能源，推动经济社会绿色低碳转型，已经成为国际社会应对全球气候变化的普遍共识①。"建设新型能源体系，构建"清洁低碳、安全充裕、经济高效、供需协同、灵活智能"的新型电力系统，成为我国能源电力转型发展的主要内容。

能源大数据是新质生产力的基础性、关键性要素，是构建现代化经济体系的关键资源，是国家治理体系和国家安全体系的重要基础，是能源安全的重要组成部分。能源大数据涉及的领域包括能源资源的开发、利用、保护、管理和环境影响等，能源大数据能够帮助我们更有效地利用能源资源，提高能源利用效率，降低能源消耗，保护环境，保障能源安全。

随着我国经济的不断发展，数字产业化正在成为经济转型升级的新引擎，能源系统与数字系统的深度融合为能源结构转型提供了重要机遇和路径，通过数据的放大、叠加、倍增效应，有助于实现能源系统的清洁低碳、高效经济运行，进而通过能源大数据在经济社会各行业要素价值的发挥，支撑和引领现代化产业体系建设。以数字化转型为载体驱动能源行业结构性变革和绿色低碳发展，既是现实急迫需求，也是行业发展方向。发掘和释放能源大数据价值是能源行业数字化转型和绿色低碳转型的关键手段，推进能源行业数字化智能化绿色化发展要注意"需求牵引、数字赋能、协同高效、融合创新"。

基于能源转型背景及数字经济发展背景，该书的出版具有重要的意义。新形势下，数字化、智能化发展将是推动我国能源产业基础高级化、产业链现代化的重要引擎，也是新型能源体系建设统筹安全、经济和绿色发展要求的重要支撑，对提升能源产业核心竞争力、推动能源高质量发展具有重要意义。能源大数据已经成为能源产业转型发展的重要驱动力。然而，迄今为止尚无一本书籍对能源大数据进行较为系统的介绍，对能源大数据的基础状况、技术发展及应用场景等进行系统性梳理，帮助读者全面地了解何为能源大数据，能源大数据的作用是什么，能源大数据未来将如何发展等等。

国家电网副总信息师王继业同志邀请我为该书作序，该书以"能源大数据"作为一个独立的专有名词，其价值不仅局限于能源工业自身，更在整个国民经济的运行、社会进步和各行各业的创新发展中发挥着重要作用。作为深度融合能源与数据两大基础性战略资源，能源大数据将成为"要素中的要素"，对其他生产要素的存在与利用形式产生深远影响。

该书聚焦未来能源产业的创新发展、能源与数字技术等多行业、多领域的融合应

① 2024年2月19日习近平在中共中央政治局第十二次集体学习时强调大力推动我国新能源高质量发展 为共建清洁美丽世界作出更大贡献。(https://www.gov.cn/yaowen/liebiao/202403/content_6935251.htm).

用，能为政府决策和能源企业经营决策提供支撑，同时也为促进能源科学创新发展奠定基础。该书以大数据技术和能源行业大数据应用为基础，在建立能源大数据模型、支撑构建能源大数据中心、开展能源数据资源集成应用和安全共享等方面进行了深入的理论性、创新性、实践性分析，为能源系统数字化智能化技术的研究和应用提供了重要指导。

然而，撰写该书也会遇到一些较大的挑战。首先，能源大数据的构建与应用目前仍面临诸多问题与挑战，如能源系统存在信息孤岛、能源信息安全问题突出等，这都需要我们进行创新探索；其次，能源大数据所涉及的领域和范围较为广泛，需要跨学科合作，结合多学科优势对此进行研究和融合应用。

综上所述，《能源大数据》一书从总体框架、数据模型、关键技术、要素市场、典型应用等方面，对能源大数据进行了系统性的梳理和高质量的论述。该书是继《能源互联网》之后能源应用领域的又一专业性著作，具有理论性、技术性、权威性、推广性和应用性，对于推动能源领域的技术创新和应用发展具有重要意义。

展望未来，能源大数据与能源互联网的深度融合应用将释放更大的价值潜能。随着技术的不断进步和成本的降低，智能电网、分布式能源、储能等相关技术的发展将使能源互联网的建设更加可行且效益更高。以能源大数据为中心，广泛辐射其他领域，将推动新型能源基础设施向更加智能化的方向发展。能源数据要素市场将促进政府和各能源主体以更加智能、高效、开放的方式参与互动和响应，进一步激发数据价值空间，激发市场活力，实现能源网全域的“广泛互联、多流互融、智能互动”，为能源领域的高质量发展注入强大动力。

刘吉臻

2024 年 3 月 19 日

序　二

大数据的价值本质上体现为提供了一种人类认识复杂系统的新思维和新手段，能源大数据则是将电力、石油、燃气等能源领域数据进行综合采集、处理、分析与应用的相关技术与活动。能源大数据不仅是大数据技术在能源领域的深入应用，也是能源生产、消费及相关技术革命与大数据理念的深度融合，将大数据应用于能源领域将有助于深化我国能源体制机制改革创新，推动我国构建清洁低碳、安全高效的新型能源体系，促进能源高质量发展和经济社会全面绿色转型，为科学有序推动碳达峰碳中和以及建设现代化经济体系提供保障。

发展数字经济是把握新一轮科技革命和产业变革新机遇的战略选择。作为数字化时代的新经济形态，数字经济发展对助力中国式现代化建设、实现共同富裕具有重要意义。数字经济建设的本质是一场社会经济“革命”，其途径是加快推进各行各业的数字化转型，培育数据要素市场。我国数字化转型当前正逐步从消费领域、社会领域向传统行业、制造业转变。能源作为与国计民生息息相关的基础性支撑行业，以“能源大数据”为基础推进能源产业数字化和数字产业化，成为支撑“数字中国”建设的重要组成部分以及支撑其他行业数智化绿色化协同发展的关键引擎，同时也是保障能源安全、推动能源经济转型的重要手段。能源大数据发展促进能源优化利用、在能源转型中带来机遇的同时，也面临安全隐私保护、系统复杂性等挑战，因此必须平衡数据开放与隐私保护，克服技术应用难题，确保数据应用与实际运营结合。

王继业先生组织近百位专家完成的《能源大数据》专著，生动而形象地讲述了能源领域电、煤、油、气等行业在数字化转型发展中所形成的理论凝练和应用成果，在大数据发展及能源转型时期具有重要的价值。自国家大数据战略实施以来，在两化深度融合的背景下，大数据在能源行业的应用前景越来越广阔。在这样的时代背景下，我们该如何理解“能源大数据”的内涵与关键技术，能源大数据中心如何进行建设与应用，能源大数据的发展现在处于什么阶段，未来又将如何发展？该书对此进行了较为全面的阐述。

该书在撰写过程中遇到较多挑战，一方面，由于理论和技术的局限，当前大数据应用整体还处于初级阶段，如何厘清能源大数据的发展进程，对其进行全面的介绍是一个较大的挑战；另一方面，能源大数据涉及多学科信息，包括能源、信息、经济、管理等领域，如何将多学科融会贯通并应用是一大难题。

该书基于对数字经济和能源转型发展趋势的认识和把握，立足电网企业深厚积淀，协同发电、煤炭、石油石化、天然气等能源领域企业共同探讨了能源大数据体系架构：从技术层面，深入探讨了能源大数据的概念、内涵、模型、治理体系、技术体系；从运营层面，基于能源大数据中心建设运营，探索能源大数据要素市场化商业模式；从应用层面，聚焦新型电力系统、能源工业互联网、能源大数据产品等方面总结能源大数据的应用实践及其方法论，具有较高的学术价值。该书既可以作为能源行业相关从业人员和科研人员的参考书来加强对“能源大数据”的理解和认识，也可以作为各地政府部门工作人员、管理人员以及高等院校相关专业教师学生的参考书。

能源大数据作为能源互联网的重要组成部分和基础支撑，与能源互联网建设相辅相成、相互促进。一方面，能源大数据的深度挖掘和分析是实现能源系统智能化管理和决策支持的关键，有助于优化能源资源配置和提高利用效率。另一方面，能源互联网的建设也为能源大数据的采集、传输和应用提供了更加便捷、高效的平台和手段，为能源行业的数字化转型提供了更广阔的空间和机遇。

中国式现代化强调人与自然和谐共生，积极稳妥推进碳达峰碳中和，深入推进能源革命，是建设能源强国、实现中国能源独立与民族复兴的战略选择，对实现“双碳”目标、构建新型绿色能源体系与建立绿色生态地球意义重大。希望该书的出版，能够为我国推动能源大数据发展、能源行业数智化转型贡献一份力量。

2024 年 3 月 19 日

前　言

在数字经济时代，数据已成为推动社会进步和经济发展的核心生产要素，也是国家核心战略资源和社会重要财富。能源大数据融合能源、数据两大基础性战略资源，不仅是大数据技术在能源领域的深入应用，也是能源生产、消费及相关技术革命与大数据理念的深度融合，体现了能量与信息、能源与数据的相互融合、相互赋能的重要关系，是新质生产力的重要组成部分，代表能源革命与数字革命相融并进发展的新特征，将加速推进能源产业发展及商业模式创新，促进产业变革、带动数字经济增长。

中国是首个将数据列入生产要素的国家，从生产要素的高度来释放数据的价值已成为我国数据战略的基本逻辑。国家数据局的挂牌成立及一系列推动数据要素市场化的政策文件的出台，标志着我国数据基础制度建设、数据要素市场化改革步伐进入快车道，彰显了我国关于数据要素的理论自信和制度自信，为我们下一步形成服务社会经济和能源行业发展的数据要素配置体系打下坚实基础。

2021 年底，经清华大学(太原理工大学)孙宏斌教授推荐，科学出版社向我约稿，希望出一本系统性阐述能源大数据方面的学术专著，作为孙宏斌先生牵头出版的《能源互联网》专著的姊妹篇，力求学术研究与工程实践相统一，经多方研究书名定为《能源大数据》。承蒙科学出版社的厚爱，2022 年 4 月 21 日，在北京召开了第一次启动会，由我发起并召集了百余位来自能源行业、数字技术、科研院校等领域的领导专家、学者教授，研讨了专著大纲并成立了编写组。两年来我们陆续召开了理论分析、技术研讨、案例分享、跨学科论证等大小会议百余次，每一个章节都经过了反复的推敲，以确保其科学性、实用性、权威性和指导性。经过 2 年多的集体攻关，终于完成了这本著作。

全书共包括五篇 12 章，在概述篇中包括两章，分别是能源大数据概述、能源大数据总体框架；在技术篇中对能源大数据涉及的关键技术进行了论述，包括了能源大数据模型、能源大数据关键技术和能源大数据安全；在运营篇中对能源大数据的运营机构、商业模式等进行了论述，包括了能源大数据中心、能源大数据要素市场和商业模式；在应用篇中，包括了能源大数据在几个领域的应用以及作为专用数据产品的综合应用，分别是新型电力系统应用、碳达峰碳中和应用、能源工业互联网应用、能源大数据产品及应用；展望篇中对能源大数据的未来发展与应用趋势进行了探讨。

全书对围绕能源大数据全生命周期，除了加工存储外，对其他的采集、传输、建模、技术、安全、流通交易、应用等多个环节进行了论述，总体上反映了数据要素的全过程。

总体上，本书呈现出以下特点。

(1)理论性和系统性。专著的编写力求结构的系统性，分别从概述、技术、运营、应用及展望五个篇章对能源大数据进行剖析，精心描绘能源大数据基本的脉络框架和未来图景，系统回答了能源大数据的相关概念及内涵，深入探讨了能源大数据模型、核心技术与安全形势，分析了能源大数据中心的建设与运营方法，探索了要素市场和商业模式，全面总结能源大数据实际应用中的具体场景和案例，并研判了能源大数据未来的发展趋势和前景。

(2)前沿性和创新性。本书立足能源转型和数字经济的发展要求，以现实基础为本并着眼未来目标，旨在有序推动能源大数据的挖掘整理、融合集成、共享交互，创新能源行业监管模式，培育新的业务模式，打造绿色能源生态圈，激发相关行业和产业的改革创新动能。为求内容的最新性，还将本领域最新的政策法规融入了其中，并结合前沿理论和最新实践，力求视角和观点的创新，使本书将在一定时期内走在本领域的前沿。

(3)交叉性和实用性。能源大数据是大数据技术在能源领域的管理、生产、运营、消费及技术革命的深度融合应用，既体现了煤炭、石油石化、燃气、核能、水利、电力以及新能源的相关专业、技术及其应用，又体现了信息网络、通信技术、数据科学、云计算、物联网、网络安全等最新信息技术的广泛赋能与应用；还体现了能源、信息、经济、管理、安全等多学科的交叉融合，体现了能量与信息、物质与数据的相互融合、相互赋能，代表了能源革命与数字革命相融并进发展的新特征，将加速推进能源产业发展及商业模式创新。本书汇集了数据要素、数据安全、能源大数据中心、能源工业互联网、新型电力系统等领域学者的卓越智识，对能源大数据核心内容与应用进行了较为全面的阐释。

本书作者见编委会和编写组名单，由我负责全书的总体设计和每一章节的统稿审定。衷心感谢中国工程院刘吉臻院士、中国科学院梅宏院士在百忙之中对本书进行了细心审阅，提出了很多宝贵意见和建议，并亲自为本书作序。感谢国家电网江苏、浙江、安徽、湖南、福建电力，中国电科院、国网电科院(南瑞集团)、国网能源研究院、智能电网研究院、信通产业集团、数科控股公司、大数据中心，以及来自北京大学、厦门大学、中关村大数据产业联盟、中国电子工业标准化技术协会等单位同志参与本书撰写。衷心感谢国家能源局梁建勇、中国循环经济协会朱黎阳、国家电网公司李向荣、中国石油化工集团宫向阳、中国石油集团靖小伟、中国华能集团朱卫列、国家能源集团杜永胜、华北电力大学李建彬、北京燃气集团韩金丽等专家教授深度参与了本书的审阅，他们提出了宝贵的意见和建议。特别提到的是北京国网信通埃森哲信息技术有限公司的贾丽娜、秦虹作为本书编写组的秘书，全程参与了本书编写的组织和编校工作，投入巨大，作出了重要贡献。本书的顺利付梓出版，得益于科学出版社的信任和鼎力支持，感谢范运年编辑对本书的高水平编辑工作。

本书凝聚了众多人的心血和努力，见证了编写过程的艰辛和坚持。尽管著者在能源大数据这一领域尝试进行开拓性耕耘，但发现面临的困难还是远超想象，存在很多未知大于已知的问题，尤其是主要写作人员的工作集中在电力领域，对于煤炭、石油石化、燃气等领域的研究不深，论述不够。在专著的编写中难免出现疏漏和瑕疵，诚望各位专家、学者、读者不吝批评指正，片言之赐，皆事师也。

王继业

2024年3月1日

目　　录

第二篇　技　术　篇

第三篇 运 营 篇

第四篇 应 用 篇

第五篇　展　望　篇

第一篇　概　述　篇

第1章　概　　述

能源大数据是新质生产力的基础性、关键性要素之一，是构建现代化经济体系、现代化治理体系和现代化安全体系的关键资源。能源大数据不仅是大数据技术在能源领域的深入应用，也是能源生产、消费及相关技术革命与大数据理念深度融合的产物，体现了能量与物质、能源与数据的相互融合相互赋能的重要关系，代表能源革命与数字革命相融并进发展的新特征，将加速推进能源数字产业发展及商业模式创新。

从最早的使用火种、燃烧木材到后来的使用化石燃料和电力，人类文明的发展史伴随着对各类能源的使用而不断进化。在人类文明的初期阶段，人们通过简单的方法(如钻木取火、燃烧木材)获取能源；随着农业和手工业的发展，逐渐利用水力、风力等自然资源提供动能；自工业革命以后，化石燃料(如煤、石油、天然气等)开始被广泛使用，同时转化为电力形成二次能源，实现机械化和自动化，进一步推动工业化进程。能源大数据在此发展过程中逐步产生并沉淀，在能源工业现代化进程中发挥着不可忽视的作用。

能源大数据作为融合能源、数据两大基础性战略资源的新型生产要素，在推进“双碳”目标落地、建设新型能源体系过程中，发挥能源大数据的支撑赋能甚至创新颠覆作用是高水平推进能源转型发展的重要手段，有助于驱动能源行业结构性变革、催生新型生产组织形态，进而推进能源行业低碳绿色转型。

本章总体介绍能源大数据的概念内涵、应用发展、作用机理及机遇挑战。1.1 节介绍能源大数据的概念与内涵，阐述能源大数据的发展背景，能源大数据的概念、分类、价值与特征，能源大数据与能源互联网的关系；1.2 节介绍能源大数据发展演进情况，并列举典型能源企业的大数据应用案例；1.3 节提出能源大数据的关键要素和作用机理；1.4 节对能源大数据发展面临的机遇和挑战进行分析总结。

1.1　能源大数据概念与内涵

1.1.1　能源大数据的发展背景

1.1.1.1　能源的发展脉络

能源是社会发展的基础和动力，是国民经济发展的重要血液，关系国家发展的经济命脉，对人民的美好生活和社会的长治久安至关重要。能源是生产活动的必要投入，能源供应的充足与否、能源质量的优劣、能源价格的稳定等都会直接影响到经济的发展速度和水平。同时，不同产业的生产特性决定了对能源的异质性需求，因此，在经济发展和产业结构调整的过程中，能源结构也要相应调整。

能源品类繁多，按照能源的基本形态可将能源划分为一次能源和二次能源(详见表 1.1)。一次能源，即天然能源，指在自然界现成存在的能源，如煤炭、石油、天然气、水能、核能等，其中，可以不断得到补充或能在较短周期内再产生的能源称为可再生能源。经过亿万年形成的、短期内无法恢复的能源，称之为非可再生能源。二次能源是指由一次能源经过加工转换以后得到的能源，包括电能、汽油、柴油、液化石油气和氢能等。

表 1.1 能源的分类(按基本形态)

<table>
<tr><th>基本形态</th><th>能源分类</th><th>能源种类</th></tr>
<tr><td rowspan="2">一次能源</td><td>可再生能源</td><td>水能
风能
太阳能
海洋能
潮汐能
生物质能
⋮</td></tr>
<tr><td>非可再生能源</td><td>煤
石油
天然气
油页岩
核能
⋮</td></tr>
<tr><td rowspan="3">二次能源</td><td>煤制品</td><td>焦炭
煤气
⋮</td></tr>
<tr><td>石油制品</td><td>汽油
煤油
柴油
⋮</td></tr>
<tr><td>其他能源</td><td>电能
蒸汽
氢能
沼气
⋮</td></tr>
</table>

人类社会利用能源的历史经历过三次转型。第一次能源转型是从薪柴到煤炭，第二次能源转型是从煤炭到油气，前两次能源转型均呈现出能量密度不断上升、能源品质从高碳到低碳的发展趋势和规律[1]。当前，全球能源转型正处于从煤炭、石油、天然气等化石能源向光伏、风力、水能等“绿色”能源过渡的“第三次能源转型”起步阶段[2]。

据《世界能源统计年鉴 2023》对全球能源市场相关数据的分析，截至 2022 年，可再生能源(不包括水电)占一次能源消费的比重达到 7.5%，比上年增长近 1%。与此相对应的是，2007～2022 年，化石能源在全球初级能源消费中的占比由 88.1%降至 81.8%。为进一步落实“双碳”目标，加快构建现代化产业体系与新型能源体系，中国的产业结构持续向高新技术、低碳环保方向转型升级。风能、光伏等各类绿色能源利用程度也逐渐提高，并加大对清洁煤技术、碳捕集与储存等领域的投入，逐步减少对传统煤炭、石油等化石能源的依赖，推动中国经济向更加绿色、可持续的发展轨道转变。2023 年 6 月底，中国可再生能源(风、光、水、生物质能和地热能等)历史性超过煤电装机规模，装机突破 13 亿 kW。仅仅过了三个月时间，到 9 月底达到 13.84 亿 kW，历史性超越了火电装机规模，到 12 月底，达到 14.5 亿 kW，占全国发电总装机比重的一半以上。

1.1.1.2 大数据的发展脉络

伴随着全球数字经济蓬勃发展，能源系统与数字系统深度融合，成为推进能源结构转型的重要机遇和途径，以数据的放大、叠加、倍增效应助力能源系统的清洁、低碳、高效、经济运行，进一步通过发挥能源大数据在经济社会各行业的要素价值，支撑引领现代化产业体系建设。

大数据作为新一轮工业革命中最为活跃的技术创新要素，发展历经萌芽、探索、发展、转型阶段(详见表 1.2)。近年来，随着人工智能、云计算、区块链等技术的不断推进，大数据应用的领域和范围也在不断扩大[3]。

表 1.2 大数据的发展历程表

阶段	时间	重要相关制度	代表技术	产业发展情况
萌芽阶段	20 世纪 90 年代～21 世纪初	国际：1995 年，欧盟《个人数据保护指令》	地理信息系统(GIS)、云计算、数据库技术	大数据产业处于萌芽阶段，随着互联网的普及，技术和理论逐渐发展成熟。数据仓库被提出，大型计算机进入商用领域，GIS 开始被广泛使用、数据库系统开始快速发展、点击流数据和消费者购物数据等电子商务开始出现云计算等
探索阶段	2000～2005 年	国际：2005 年，欧盟《个人信息保护法》 国内：2000 年，中国《互联网信息服务管理办法》	Hadoop、MapReduce、BigTable 等	大数据产业的突破期，社交网络的流行导致大量非结构化数据出现，传统处理方法难以应对。随着物联网的提出，人物连接使数据量增大，促进了数据采集技术更加成熟
发展阶段	2006～2015 年	国际：2012 年，美国白宫科技政策办公室发布《大数据研究和发展计划》，奥巴马政府在政策层面上将“大数据”上升到国家意志的重要举措 国内：2015 年，国务院发布《促进大数据发展行动纲要》，大数据成为国家战略	Hive、Flink、Storm、Hbase、Flume、Ostrich、Spark、Impala 等	大数据技术逐渐成熟和普及，大数据产业发展也在逐步从理论研究走向实际应用之路，大数据技术开始进入实际应用阶段，数据处理速度更快、更高效，并且能够处理更加复杂的数据类型和结构，广泛应用于数据处理、画像、精准营销、物联网、人工智能等领域

续表

阶段	时间	重要相关制度	代表技术	产业发展情况
转型阶段	2016 年至今	国际：欧洲议会《欧洲数据保护通用条例》 国内：2016 年，中国全国人大常委会通过《网络安全法》、中国国家互联网信息办公室发布《欧洲通用数据保护条例》《行动纲要》；2018 年，中国全国人大常委会通过《数据安全法》《个人信息保护法》；2022 年，中共中央、国务院发布《关于构建数据基础制度更好发挥数据要素作用的意见》、中办国办印发《“十四五”文化发展规划》；2023 年，中共中央、国务院近日印发《数字中国建设整体布局规划》、成立国家数据局	AI、认知计算、机器学习、下分布式系统架构、多元异构数据管理技术等新技术等	大数据产业处于高速发展期，产业格局正处在创新变革的关键时期。技术和工具不断创新，出现了一些新的概念和技术，如“智能化”“自动化”“区块链”等

在技术层面，新技术的不断涌现为大数据应用提供了更为广阔的发展空间，互联网与物联网技术的广泛发展应用提升了人与人、人与物、物与物的连接程度，促进消费侧积累了大量业务数据。近年来，人工智能使机器具备了从海量数据中挖掘潜在高价值信息、知识的自动化智能化能力，ChatGPT 等大模型也在工程应用层面取得了突破性进展，大数据在理论和实践层面都具备了广泛深入分析应用的可行路径。

在制度层面，国内外各类数据相关法律法规和体制机制变革为大数据应用提供了更为明确的方向和规范。国内一方面通过立法明确了数据应用过程中涉及的国家安全、数据保密和个人隐私底线，另一方面通过制度建立、政策制定和机构组建等方式促进大数据在更大范围、更广维度、更深程度的开放流通和开发利用①；国际数据监管立法也持续加强，呈现出个人数据保护和监管愈加严格，个人数据处理行为受到更多规范的趋势②。

在产业层面，数据存储应用从面向事务的数据库模式转向面向分析的数据仓库、数据中台、数据湖模式，通过应用需求和技术进步推动相关产业转型升级。近年数字经济的快速发展以及与实体经济的融合趋势，使大数据在各行各业中得到了广泛应用，特别

① 《网络安全法》《数据安全法》《个人信息保护法》的相继出台一方面明确了数据应用过程中的安全底线，《促进大数据发展行动纲要》《关于构建数据基础制度更好发挥数据要素作用的意见》《数字中国建设整体布局规划》《关于加快推进能源数字化智能化发展的若干意见》、组建国家数据局等政策出台和机构组建从另一方面鼓励充分利用并激发数据要素价值。

② 各国逐渐形成两类不同目的的数据监管立法。其中，强调个人数据保护的立法以欧盟 GDPR 为代表，被称为欧盟有史以来最为严格的数据保护法案，立法目的是保护个人数据隐私和规范数据处理行为。强调个人数据利用的立法以美国 CCPA 为代表，是美国目前最全面和严格的隐私保护法，立法目的是规范个人数据的商业化利用。目前，国际上多数国家（如：英国、印度、韩国、巴西、新加坡等国家）都借鉴了欧盟 GDPR 的立法原则，以保护数据主体权利为核心，而日本更加关注产业利益，主要参考了美国的 CCPA。

是能源作为与国计民生息息相关的基础性支撑行业，基于能源大数据推进能源产业数字化与能源数字产业化转型，成为推进数字中国建设的重要组成部分以及支撑其他行业绿色数智发展的关键引擎。

大数据的定义因研究机构、行业、场景等不同而有所不同(详见表 1.3)，但一般来说，大数据是万物普遍联系的记录[4]，通常具有 5V(Volume、Variety、Value、Velocity 和 Veracity)特点。其中，Volume 指采集、计算、存储量庞大；Variety 指多种类和来源多样化；Value 指价值密度相对较低；Velocity 指增长速度、处理速度、获取速度快；Veracity 指准确性和可信度较高。学术界一般将大数据定义为数据集过大、复杂性高、处理速度慢、数据来源多样等特征所构成的数据集合。企业层面则更多的是从数据采集、数据处理、数据应用等角度加以描述。此外，为应对数据规模的不断增长和多样化，需要利用人工智能等新的技术和方法来处理才能更多地激发数据潜在价值，帮助企业预测未来的市场趋势、优化业务流程、提高产品质量和减少成本等。

表 1.3　大数据定义

序号	来源	定义
1	维克托•迈尔•舍恩伯格《大数据时代》	“大数据”概念在 1980 年由维克托 · 迈尔 · 舍恩伯格及肯尼斯·库克耶在《第三次浪潮》首次提出。大数据(Big Data)指无法在一定时间范围内用常规软件工具进行捕捉、管理和处理的数据集合，是需要新处理模式才能具有更强的决策力、洞察发现力和流程优化能力的海量、高增长率和多样化的信息资产
2	中国信通院	利用分布式并行计算、人工智能等技术对海量异构数据进行计算、分析和挖掘，并将由此产生的信息和知识应用于实际的生产、管理、经营和研究中
3	Gartner 研究机构	“大数据”是需要新处理模式才能具有更强的决策力、洞察发现力和流程优化能力来适应海量、高增长率和多样化的信息资产
4	麦肯锡全球研究所	一种规模大到在获取、存储、管理、分析方面大大超出了传统数据库软件工具能力范围的数据集合，具有海量的数据规模、快速的数据流转、多样的数据类型和价值密度低四大特征
5	美国国家标准技术研究院(NIST)	大数据是指需要新处理模式才能具有更强分析力、洞察力和流程优化能力的海量、高增长率和多样化的信息资产
6	百度	大数据是指需要新处理模式才能具有更强机器学习能力、自然语言处理能力和更高效的数据处理和分析能力的海量、高增长率和多样化的数据资产
7	阿里云	大数据从层次上可以分为 PB 级数据、EB 级数据，乃至 ZB 级数据。PB 级数据指的是数据规模达到了几十甚至上百 PB，体量达到了只有传统数据库才能存储的地步；EB 级数据指的是数据规模达到了几百甚至上千 EB，即只有巨型数据中心才能存储如此大体量的数据；ZB 级数据指的是数据规模达到了几十万甚至上百万 ZB，仅有只有超大规模云数据中心才能存储

结合学术界与产业界不同领域大数据应用现状及趋势，总结出当代大数据表现出的四方面新特征：目标引领性、实时在线性、过程完整性和价值驱动性。

(1)目标引领性：大数据采集从传统业务驱动的被动积累模式转向由目标驱动的主动生产模式，大数据价值密度逐步提升，对特定目标的支撑赋能甚至引领作用更加明显。

(2)实时在线性：大数据处理需要高效、实时的计算和存储技术，以应对数据快速增长、实时收集、处理和应用的需求。

(3) 过程完整性：大数据涵盖生产、传输、储存、交易、消费、管理等全过程全环节，需要应对各个阶段的技术挑战。

(4) 价值驱动性：大数据的价值体现在其能够提供对企业、市场和消费者等各方面的深入理解和准确预测，从而指导决策制定、提升效率、创造商业价值。

随着数字化和信息化的发展，大数据应用不断拓展和深化，涵盖各个领域，在能源领域的发展尤为明显。能源大数据的产生和发展受到多方面因素的驱动。①经济因素：随着全球经济的不断增长和工业化进程的加速推进，能源需求持续增加，这促使能源行业积极采用大数据技术来提高能源生产效率、优化能源利用结构，降低生产成本，并实现智能化管理。同时，大数据分析也为能源市场和能源交易提供了更有效的决策支持，有助于优化能源配置，提高市场效率。②环境因素：对环境保护和可持续发展的重视推动了能源行业对清洁能源和可再生能源的需求增加，而大数据技术在清洁能源领域的应用可以帮助优化能源利用结构，提高能源利用效率，减少能源资源的浪费和环境污染。③政策因素：政府的能源政策和监管举措对能源大数据的发展起着重要作用。政府鼓励和支持能源企业采用大数据技术，通过数据分析提高能源利用效率，降低碳排放，以实现可持续发展目标。同时，政府对能源市场和能源交易的监管也需要依赖大数据技术来实现更加公正、透明和高效的监管。④技术因素：信息技术的快速发展为能源行业提供了强大的数据收集、存储、分析和应用能力，大数据技术、人工智能、物联网等新兴技术的广泛应用为能源行业提供了更多的数据来源和数据处理手段，从而推动了能源大数据的形成和发展。

如今，能源大数据能够作为一个独立的专有名词出现，是由于其具有相比传统大数据更为显著的五方面特点：①时间维度刻画更加完备，能源生产、消费及相关环节需要实时在线记录，以实现动态监控和预测分析；②空间维度记录更加丰富，能源生产、消费涉及的空间范围广泛，需要考虑区域差异和复杂的空间关系；③行业溢出价值更加突出，能源大数据涵盖了能源生产、传输、储存、交易、消费、管理等多个环节，对于行业的监管和决策具有重要意义；④社会功能影响更加广泛，能源大数据对于国计民生和环境保护等领域都具有重要影响，需要从社会角度考虑；⑤国民经济渗透能力更强，能源大数据在能源领域的应用程度逐步提高，不仅仅是单个企业和项目层面，还包括国家和地区层面，对于能源领域的管理和决策具有重要意义。

1.1.1.3　能源大数据的发展脉络

能源大数据涵盖能源生产、传输、储存、交易、消费、管理等全过程全环节，具有丰富的跨领域多层级应用场景和价值发挥空间。能源大数据不仅有助于推进“电、煤、油、气”等能源领域大数据的融合性建设，还可以在很大程度上形成资源共享、资源相互弥补的能源建设格局，并能够建设广泛的能源互联互通生态，催生一批智慧能源新兴业态，实现能源行业的转型升级和打造新的经济增长点。通过大数据分析应用，可以对能源系统进行更加精细化的管理和控制，包括预测能源需求、优化能源生产和转换、提高能源利用效率等，促进能源产业发展和商业模式创新，为能源决策提供支持，支持智慧能源服务，加快能源大数据服务体系创新，同时也支撑其他行业的绿色化数字化转型升级，促进全社会全行业的高质量可持续发展。

依据能源大数据发展的演进路径，将其发展脉络划分为汇集储备、分析利用和智能挖掘三个阶梯式的发展阶段，后一阶段均以前一阶段为基础，并重点总结后一阶段的新增特征。

1）能源大数据汇集储备阶段（2000 年之前）

能源行业开始采用自动化、数字化、信息化技术，逐渐建立了能源生产环节的信息化系统，生产过程实现自动化，能源生产实时数据逐步积累，并通过关系型数据库得以及时存储，但管理信息化仍处于起步阶段，对数据的规范管理与利用不足。

这一阶段的代表性事件包括：1982 年，建设中国第一个能源管理信息系统，旨在实现对能源数据的自动化管理和分析，以便更好地监测和管理能源消耗；新建发电厂基本配备了以微处理机为基础，以分散控制、操作和管理集中为特性的分布式控制系统(distributed control system，DCS)；1980 年代～90 年代，中国在东北、华北、华中和华东四大电网引进了能量管理系统[5]，推动了全国电网调动自动化的发展过程，是中国电网调度自动化迅速发展的一个里程碑。2000 年，中国科学院卢强院士提出数字电力系统(digital power systems，DPS)[6,7]，为电力全过程的数据采集、传输、加工、处理等奠定了数字化基础。

2）能源大数据分析利用阶段（2000～2015 年）

这一阶段，能源生产过程自动化走向成熟，管理过程信息化也逐步完善，能源企业实现了对人、财、物、设备、项目、资产等各类资源与业务的全过程流程化管理，在能源生产运行与管理经营过程积累了大量结构化、非结构化等多源异构数据，数据分析与价值利用成为企业关注的重点。截至 2018 年，我国智能电表共安装 5.54 亿只，其中国家电网有限公司供电区安装 4.74 亿只，这些智能电表采集数据的分析利用，极大地推动了电力交易的数字化进程。

这一阶段的代表性事件包括：2008 年，美国国家科学基金会在北卡罗来纳州立大学启动“未来可再生电能传输与管理系统”，并建立了 FREEDM 系统研究院，FREEDM 项目的核心在于将电力电子技术和信息技术引入电力系统，效仿通信网络中路由器的概念，提出能源路由器的概念并实施初步开发；2009 年，中国国家电网公司提出建设智能电网(smart grid)，并不断推动电表的智能化替代；2011 年，日本开始推广“数字电网”(digital grid)计划，该计划是基于互联网的启发，构建一种基于各种电网设备的 IP 来实现信息和能量传递的新型能源网；2015，国家电网建立了两级全业务统一数据分析平台，汇聚生产、管理、办公等各类数据进行分析利用，为电网高质量发展奠定良好基础；2015 年，随着国务院发布《促进大数据发展行动纲要》，中国能源互联网的建设随之正式启动，这一举措进一步促进了能源数据的共享和交流；2016 年，中国在联合国大会发展峰会提出构建全球能源互联网的倡议。

3）能源大数据智能挖掘阶段（2016 年至今）

进入数字经济时代，数据成为新型生产要素，能源大数据价值挖掘应用的深度、广度和持续性与前一阶段相比有了极大不同，人工智能技术在能源行业各领域的广泛嵌入应用成为显著特点，数据要素基础制度构建与资产化管理成为本阶段重点任务，能源数字新产业、新业态、新模式不断催生，能源行业从业务数字化阶段逐步步入数字业务化阶段，并且这一过程还在持续深化中。

这一阶段的代表性事件包括：2018 年以来，国家电网公司统建“新能源云”平台，构建了包括新能源设备厂商、运行厂商、服务厂商、电网、政府等在内的生态，对各类用户提供一站式接网服务、补贴申报管理服务、信息分析和咨询服务、新能源消纳能力计算和评估、新能源发展规划、项目线上管理服务。2017 年，国家能源集团推出数字能源服务平台，旨在提供能源生产、输配、销售、服务等全产业链服务，以促进能源转型升级和高质量发展。2023 年，国家能源局发布《关于加快推进能源数字化智能化发展的若干意见》，能源产业与数字技术融合发展激发能源数据要素价值从点状试点推进进入系统规划布局阶段。

综上所述，能源大数据的发展历程从直接、浅层的数据收集和分析逐渐转向系统、智能、深度的挖掘应用模式，逐步实现了能源大数据共享交流和价值开发，推动能源行业的转型升级和高质量发展。随着数据基础制度的逐步完善和数据要素市场的成熟，能源大数据将在未来的数字经济产业中发挥更加重要的作用。

1.1.2 能源大数据的概念与特征

1.1.2.1 能源大数据的概念

能源大数据作为一个独立的概念，业界并未有统一定义。我们认为，能源大数据是能源领域的生产要素和生产资源，是能源创新研究、规划建设、生产加工、传输储存、交易消费、使用管理等全环节的全景式记录，是能源领域各类数据资源的集合，以能源数字基础设施为载体，以数据要素价值发挥为核心，驱动能源各环节创新与转型，支撑并提升能源及其他领域高质量发展。

简而言之，能源大数据是能源开发利用及其转换的全环节、全过程、全状态的全景式记录。从基础来看，能源大数据是能源生产和消费全过程在线动态记录，包括能源的生产、传输、储存、交易、消费、管理等全环节；从载体来看，能源大数据的载体是能源数字基础设施，它是能源信息化的重要基础，包括数据采集、传输、存储、处理和应用等数字技术；从价值来看，能源大数据是新质生产力的重要组成部分，是能源产业高质量发展的关键要素，包括支撑国家科学治理、社会绿色低碳发展、行业转型升级、企业管理提升、资源优化配置等；从形式来看，能源大数据以跨行业、跨领域多模态数据的形式呈现，包括结构化数据、半结构化数据和非结构化数据等；从组成来看，电力大数据是能源大数据中最主要的组成部分，电力作为二次能源，“以电为核心”实际上成为其他能源转换的最终形式，供用户直接使用，并且生产传输消费同时发生，具有更加突出的实时性、便捷性优势。

1.1.2.2 能源大数据的分类

能源大数据涵盖了能源流、信息流、实物流与价值流的总和，需要从不同维度和视角进行分类认知和理解，根据能源品种和能源产消全生命周期对能源大数据进行分类。

1) 按照能源品种分类

(1) 电力大数据：包括发电、输电、配电、用电等各个环节的数据。通过对电力大数据采集、处理和分析来获取有关电力生产、输配电、用电等各环节的信息，以实现电力系统运行状态监测、问题预警、优化调度和能源管理等目的的一类数据。发电数据包括火电、水电、风电、光伏等各种发电方式的运行数据、设备参数、设备状态等，还包括发电机组的运行状态、负荷情况、燃料消耗量、发电效率等数据。用电数据包括各类行业机构和民生用电等方面的数据，如电力负荷、用户分布、电能质量、用电结构等。输电和配电数据包括变电站的运行状态、负载情况、电压稳定性等数据以及输电线路的负载情况、故障情况、运行状态等数据。

(2) 煤炭大数据：具体来说，煤炭资源勘探开采数据包括地质勘探、采矿和生产数据；煤炭运输和储存数据包括煤炭运输路线、运输工具和煤炭储存等相关数据；煤炭加工利用数据包括煤化工、燃煤发电、钢铁、建材等相关领域的数据；煤炭企业经营管理数据包括企业生产经营、财务、人力资源等方面的数据。

(3) 石油大数据：包括原油的勘探开发、炼化储运、销售使用全过程的多维度数据。根据大数据构成分析，石油大数据分为二三位地震实验、可采储量等勘探数据，地质导向、录井测井等钻完井数据，地面工程、井网部署等建设数据，生产曲线、排采曲线、提采工艺等开发数据，以及后端的技术经济评价、可行性分析、递补方案等文档成果数据。

(4) 天然气大数据：指与天然气相关的大数据，包括天然气等的勘探开发、清洗储运、销售消费全过程的多维度数据。根据大数据构成分析，天然气大数据分为储量、地质构造等勘探数据，井网部署、集气站建设等建设大数据，产气曲线、排水方案、采收率等开发大数据，管道压力、加压站部署、管道建设与运输等管道数据，天然气销售量、销售价格、销售渠道等销售数据，化工用气、居民生活用气、发电用气等消费数据；天然气事故数据、安全防护措施等安全数据以及 LNG 舶运量、接收站、再气化装置、CNG 运输车等其他气源数据等。

(5) 太阳能、风能、水能等可再生能源大数据：包括新型能源的勘探、生产、输送、消费等全过程数据，其中太阳能数据包括光照强度、太阳辐射、太阳能发电量等；风能数据包括风速、风向、风能发电量等；水能数据包括水位、流量、水能发电量等；地热能数据包括地热资源分布、地热发电量等。同时，还包括新能源发电设备的运行数据、监测数据和维护数据等以及新能源与传统能源的互补互济等方面的数据。

(6) 其他能源大数据：包括核能、生物质能等其他能源的勘探、生产、管理、消费等全过程数据，如核电站运行数据、生物质能利用数据等。

2) 按照能源产消全生命周期分类

(1) 生产环节能源大数据：包括能源勘探、开采、加工等生产环节的数据，如煤炭产量、原油开采量、水电发电量等。其中，能源资源勘探开发数据包括石油、天然气、煤炭、核能等能源资源的勘探、开发、储量等信息；能源生产设备数据包括采矿、钻井、输送、加工等设备的参数、运行状态、维修记录等信息；能源生产过程数据包括采矿、提炼、转化、发电等生产过程中产生的各种数据，如温度、压力、流量、能耗、排放等信息；能源生产效益数据包括能源生产效率、成本、质量、安全等方面的数据，如能源生产能力、生产成本、能源损耗率、环保指标等信息。

(2) 运输环节能源大数据：包括能源从生产地到消费地的运输过程中所涉及的数据，如能源物流数据、能源运输效率数据等。其中，运输能源类型和品质包括石油、天然气、煤炭、核能、风能、太阳能等能源类型，以及它们的品质指标，如燃值、质量、含硫量等。运输方式和工具包括管道、船舶、铁路、公路、航空等各种运输方式，以及运输工具的类型、数量、状态等信息。运输路线和距离包括从生产地到目的地的运输路线，以及距离、时间、速度等信息。运输能耗和排放包括能源运输过程中的能耗、能效、排放量等信息，以及相关的环保数据。运输安全和风险包括能源运输过程中的安全事故、风险评估、应急预案等信息，以及相关的安全管理数据。

(3) 消费环节能源大数据：包括能源消费的各个环节的数据，如能源消费量、能源消费结构、能源消费效率等。其中，能源使用量是指在不同领域、不同行业和不同用途中所使用的能源总量，如工业、交通、民生等；能源消费量是指各种能源在不同地区、不同部门和不同用途中的总消费量，如电力、燃气、煤等；能源消费结构是指不同能源在各个领域、行业、部门中所占的比例，如煤电比、油电比等；能源效率是指单位能源所产生的能量效果，如 GDP 能源强度、能源转化效率等；能源消费成本是指在不同能源消费领域中的成本支出，如电价、燃气价格等。这些数据可以用于能源消费的规划、调度和监管，有助于提高能源利用效率，减少能源消耗和环境污染。

(4) 经营管理环节能源大数据：能源经营管理环节的大数据是指针对能源生产、传输、存储、交易、消费、管理等环节的数据采集、分析和处理，实现能源经营全过程的监测、评估、优化和决策支持的一类大数据。生产侧通过对各类能源供应、生产、传输和利用数据的收集与分析，预测能源需求变化趋势，以此调整生产计划和调度方案，能够保证能源供需平衡，同时降低成本，提高运营效率，提升服务质量和竞争力；消费侧通过用户分析，实现用能智能化管理，为用户提供更加便捷、高效、安全、可靠的能源服务。

1.1.2.3　能源大数据的特征

能源大数据首先同样具备大数据的全部通用特征，包括目标导向性、实时在线性、过程完整性、价值驱动性。同时，能源大数据作为一类具有重要战略意义的大数据，具有以下独有特征。

1) 能源大数据具有能量属性的广泛性特征

将各类能源的生产、传输、储存、交易、消费、管理等数据进行整合后的能源大数据，直接影响能源生产与消费。在保障用户利益的前提下，尽可能发挥能源系统在各个环节的低能耗与可持续发展方面的作用，进而实现节能、降耗等功能。

2) 能源大数据具有跨领域耦合的跨界性特征

能源大数据不仅与能源领域相关，还与其他领域如经济、社会、环境等紧密相关，因此能源大数据的数据来源既具有内部跨界特点，又具有外部跨界特点。

3) 能源大数据具有反映生产生活的实时性特征

能源的生产、传输、储存、交易、消费、管理数据具有强时效性，天气情况、地理环境以及社会环境的变化都会对其产生特定影响，这些数据分析的时效性对生产、传输、储存、消费、管理至关重要。因此要求对能源数据的快速采集、处理、分析，是能源大数据和传统技术对商业智能与数据的挖掘之间的最大区别。

4) 能源大数据具有产销联动的交互性特征

在能源“产消者”积极参与的未来能源世界中，能源消费者可以通过分布式可再生能源发电，以及电动汽车、新型的储能技术等方式将能源进行转换和存储，并返售电给电网，更主动地参与到需求侧响应中来。能源大数据通过智能化设备、移动终端等端口，增强了能源供给侧与消费侧的联系与互动，大大提高了能源传输、流动效率。

1.1.2.4 能源大数据的价值

能源大数据与国计民生有着广泛密切的深刻联系，呈现出其他大数据无法比拟的正外部性[8]。它的价值不仅局限于能源工业的内部，还在整个国民经济的运行、社会进步和各行各业的创新发展等诸多方面得以体现。能源大数据发挥出更大价值的前提和关键是能源数据同行业外数据的相互交融，以及在此基础上进行的全方位挖掘、分析与展现，从而得以有效改善当前能源行业传输不足的行业短板，真正体现出能源流动性所带来的价值增长。

1) 要素转换方面

能源大数据深度融合能源与数据两大类紧密关系国计民生的基础性战略资源，将成为“要素中的要素”，是未来数字经济的核心生产要素，将深刻影响其他生产要素的存在与利用形式。我国组建国家数据局，与国家能源局、国家粮食和物资储备局一并成为国家发展和改革委员会直接管理的“唯三”国家局，标志着数据与能源、粮食共同成为影响经济社会发展的重要基础性战略资源。能源大数据全面覆盖并且深度融合能源和数据两大类战略资源，将能够更加深刻地影响全社会发展，对土地、资本、劳动力和技术等其他生产要素的存在和利用形式也会带来重要变化，未来传统生产要素将不仅以物理世界方式参与生产生活各类活动，还将在数字空间以数据形态激发出全新的生产、分配、流通和消费模式。

2) 保障国家安全方面

能源大数据支撑监测国家重点产业运行与战略资源储备态势，保障国家基础性、战略性产业安全稳定。能源和粮食作为保障国家安全稳定的两大基础性战略资源，其本身的安全稳定供应对于国家安全来说至关重要。能源大数据先天承载着能源供应消费的全环节信息，能够准确反映能源行业的运行态势，此外，伴随农业现代化发展逐步深入，农业对于能源的需要也更加凸显，因此能源大数据也能够较为精准地反映农业运行态势，对于保障农业安全发挥着不可替代的重要作用。能源大数据也用于对其他行业用电情况、数据中心、算力中心等高耗能关键新型基础设施等的运行监测，对于技术快速发展与国际竞争激烈的当下，能源大数据在支撑监测保障国家方面发挥重要支撑作用。

3) 支撑社会治理方面

能源大数据紧密关系国计民生方方面面，助力社会治理体系向数字化、智能化、精细化、现代化发展手段现代化发展。能源大数据已经深度嵌入到经济社会运行的各个环节，能够为决策提供有力支持，也可以为社会治理提供全新的视角和工具。通过深入分析能源大数据，能够洞察能源市场的运行规律，预测能源需求的变化趋势，从而制定出更加科学、合理的能源政策。此外，无论是城市规划、交通管理、乡村振兴，还是环境保护、公共安全，能源大数据都发挥着不可替代的作用，通过挖掘和分析这些数据，可以更加精准地把握社会运行的脉搏，提高社会治理的效率和水平。

4) 赋能行业发展方面

能源大数据支撑电力、煤炭等能源领域与交通、建筑等其他领域的绿色化数字化转型升级。一方面，能源大数据可以支撑能源行业的决策制定、资源规划、生产管理等。例如，能源企业可以通过对大数据的分析和挖掘，了解不同地区和行业的用能趋势和特点，制定更加科学和合理的生产和供应计划；能源监管机构可以通过对能源市场数据的分析，识别市场乱象和潜在风险，加大监管力度，维护市场秩序。另一方面，能源大数据可以赋能其他领域的创新和发展，例如智慧城市建设、交通运输、环境保护等。例如，基于能源数据的智慧能源管理系统可以为城市居民提供更加智能和高效的用能服务；交通运输领域可以利用能源大数据优化物流运输，提高物流效率和降低成本；环境保护领域可以利用能源数据进行碳排放监测和分析，为低碳环保提供技术支持和决策依据。

5) 产业贯通方面

能源大数据支撑能源产业链供应链信息实时交互与生产运营协同互动，有力提升产业链供应链整体运行效率，能源链主企业可通过采购牵引等方式引领全链企业绿色数智转型。数字化支撑链上企业信息的高效采集、精准计量、融合分析与可信认证，充分激发全链各环节数据要素价值。通过产业链上下游企业供应数据实时采集与计量，实现多主体、跨时空异构数据的融合分析与精准计量，为综合评价产业链绿色数智化发展质量提供数据基础。通过链上数据可信认证与跟踪溯源，为链上流动的物资数据到归属企业主体的溯源追踪提供可靠支撑。通过产业链上下游企业履约质量评估与监测分析，实现供应商履约质效的及时统筹把握与异常预警，为强化供应质量把控、客观评估企业履约能力提供技术支撑。

6) 创新增值方面

能源大数据能够将电力、石油、煤炭等能源领域数据以及人口、地理、气象等诸多领域数据进行融合应用，加速推进能源大数据在多领域的增值拓展及商业模式创新。以能源电商为例，通过对电力市场、用户用电、电力生产等多方数据的深度分析和挖掘，建立智能的电力交易平台，实现需求与供给的高效匹配，提升电力市场效率和透明度，降低电力成本，为用户提供更优质的服务。同时，这种商业模式也能够促进可再生能源的开发利用，推动能源结构调整和绿色低碳转型。此外，通过能源大数据的深度挖掘和分析，可以开发出新的能源产品，如针对用户能源消费习惯的个性化能源产品，以及利用能源数据开发出的新型能源系统等，这些都是创新增值的具体表现。

7）生态培育方面

能源大数据可助力能源革命与数字革命融合发展、实体经济与数字经济相互促进，在能源系统、数字系统与经济系统的三维叠加区域充分融合各系统特色优势，培育能源数字生态。以能源大数据为关键媒介和重要抓手，在三类系统的交叉区域充分融合各自优势开展全新发展生态的技术可行性、模式创新性和经济规模性探索，通过系统思维和整体谋划，由上至下绘制能源数字经济的生态蓝图，在此基础上明确阶段性的基础设施建设、数字技术应用、要素价值激发、商业模式创新等散点式推进任务。特别地，电力行业相比于其他能源行业具有较好的数字化智能化转型基础，电网作为连接能源供销的中枢环节，天然具有贯通各方的重要优势，可作为培育能源数字经济的重要切入点和突破口。

综上所述，能源大数据支撑跨领域跨行业数字化转型的价值不仅体现在对能源产业链供应链的服务，还能够提高产业协同互动能力，对国家“双碳”目标实现与治理现代化都具有重要促进作用。能源电力数据的汇聚、共享及基础平台建设已经得到初步解决，为促进参与各方的价值挖掘与共创，下一步更重要的是构建能源数据的交易市场。在市场逐渐成熟后，大量能源数据产品与服务将相继涌现，电力需求分析预测的数据分析模型、信息都可以封装为可交易的数据产品，将以降本、增效、提质等多种方式，促进新型电力系统生产、消费各环节的资源优化配置。能源大数据推动数据价值释放，以能源大数据中心建设提高产业协同互动能力，应用大数据创新技术，给各类市场主体引流赋能，提高各类市场主体在新型能源电力系统建设中的参与感和参与度，形成各类主体深度参与、高效协同、共建共治共享的能源互联网生态圈，推动能源大数据价值释放。

1.1.3 能源大数据与能源互联网

能源互联网是以能源系统为核心，通过信息通信技术、控制技术与先进能源技术深度融合应用，实现能量流、数据流、业务流和价值流的“四流融合”，具有泛在互联、多能互补、高效互动、智能开放等特征的智慧能源系统。能源互联网以能源上下游产业链的集成大数据为基础，以互联网为纽带，利用通信技术来实现能源大数据对整个能源网络中设备、设施的实时监测、计算和控制，同时通过有效利用大数据技术，提高能源互联网的性能和运营管理，平衡能源供给和消费需求，实现全球能源资源优化配置[9]。能源大数据与能源互联网的关联性如图 1.1 所示。

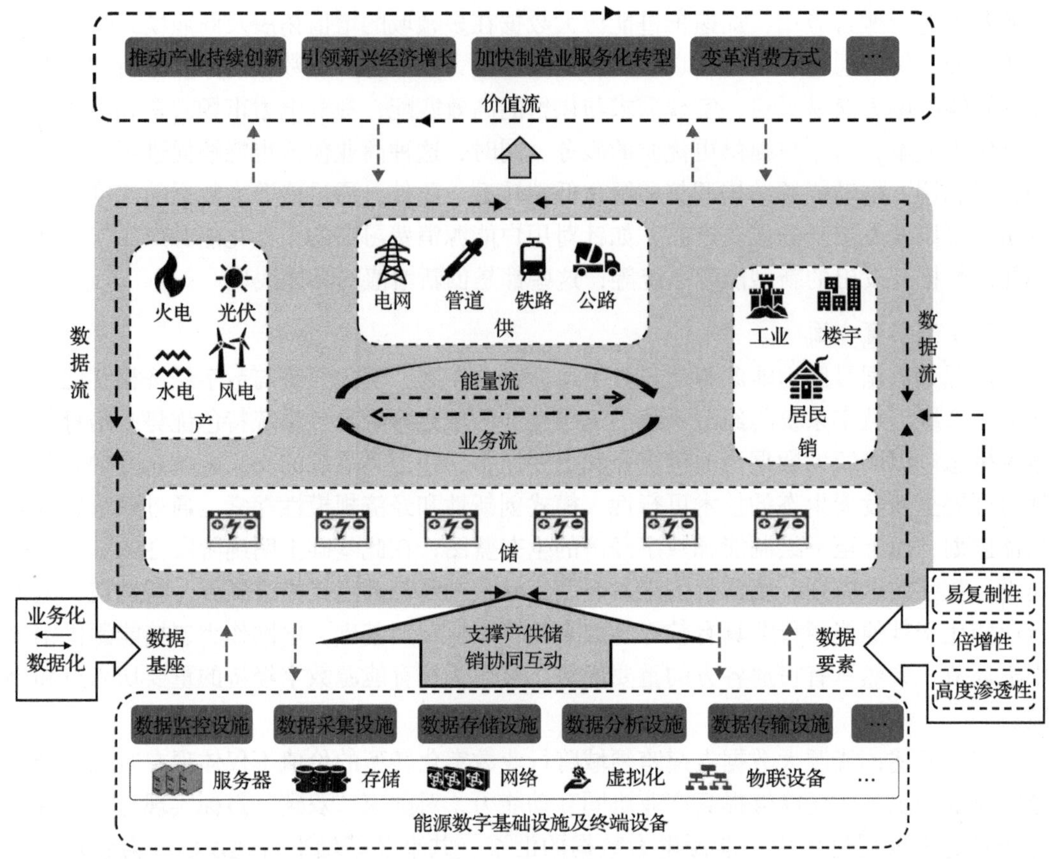

图 1.1　能源大数据与能源互联网的关联性

能源大数据是能源互联网的基础和“血液”，是能源互联网的有机组成部分，能源互联网运营过程中积累的海量能源数据，通过对其监控、采集、存储、分析、传输，可有效提高能源利用效率、降低能源消耗、优化能源结构、改善能源环境，是能源互联网建设中必不可少的一环。一方面，能源互联网建设需要大量的能源数据进行深度挖掘和分析，以便实现能源系统的智能化管理和决策支持，从而实现能源资源优化配置和高效利用。另一方面，能源互联网建设进一步推动能源大数据的发展，为能源大数据的采集、传输和应用提供了更加便捷、高效的平台和手段，为能源大数据的快速发展奠定坚实的基础，也为能源行业的数字化转型提供更广阔的空间和机遇[10]。

总体来看，在能源互联网的作用下，能源大数据有助于实现能源全域的“广泛互联、多流互融、智能互动”，从而推进新型能源体系建设。广泛互联即源网荷储各类资源、电能与其他各种能源、电网和交通、物流、通信、应急等其他系统互联互通、共享互济；多流互融即数据流引领优化能量流、业务流、资金流等多流融合，实现资源的最优配置和业务的高效协同；智能互动即能源系统设备智能化水平持续提升，实现海量分散发供用对象智能协调，各类市场主体主动响应、双向互动，能源系统韧性、弹性和自愈能力增强。

1.2 能源大数据应用及发展

1.2.1 典型能源企业大数据应用现状

国内外的典型能源企业在推动能源大数据演变过程中起到了不可忽视的作用，主要包括数据生产和数据赋能两个方面。例如，各大能源企业均会产生大量数据，包括发电企业和电网企业等；部分能源企业不仅以管理运营和生产运行作为基础，还能有效对数据进行赋能，比如国家电网有限公司(以下简称国家电网)和中国南方电网有限责任公司(以下简称南方电网)等电网企业、中石化和中石油等石化企业。

1.2.1.1 国内典型案例

我国能源企业数字化程度进一步提高，平台化、服务化优势凸显，数字技术日益融入经济社会发展与能源系统各领域全过程，能源企业得以充分发挥海量数据和丰富应用场景优势，转型重点由战略制定向落地转变，转型方式由注重技术创新向数据融合应用转变[11]。

1) 国家电网有限公司

国家电网以建设中国特色国际领先的能源互联网企业为战略目标，面向“双碳”目标推进能源转型和新型能源体系构建，加快建设数字化智能化坚强电网，助力电力系统形态升级，加快构建清洁低碳、安全充裕、经济高效、供需协同、灵活智能的新型电力系统。

(1) 管理运营方面，基于能源互联网理念的营销服务系统(营销 2.0)全业务试点上线，开展示范推广建设；构建人财物协同管理系统，全面上线企业资源计划 ERP 系统、财务智慧平台和供应链管理 5E 平台；推出智能供电服务客户平台，持续打造“网上国网”，注册用户数突破 3 亿，月活超过 7000 万；完成 95598 客服“零按键”和“刷脸办”“一证办”9 个高频场景全网应用，在线渠道服务分流率提升 17%；完成供电服务指挥中心 18 项 RPA 场景全网推广，实现共性业务 100%覆盖，有效节约工时 45%，显著提升运营效率；搭建业务贯通技术支撑平台，包括两级数据中心、业务中台、技术中台、国网云、物联平台等，其中业务中台有效提升客服、营销、财务等管理效率，技术中台助力完成 1.1 万座厂站、2.4 万条线路规划建模，图上作业实用化水平进一步提升，基本建成“一图一网一平台”。

(2) 生产运行方面，数字化系统有力保障了电网生产与运行。新一代设备资产精益管理系统(PMS3.0)上线推广应用，试点完成生产成本精益管理、无人机自主巡检等 14 个样板间建设应用；围绕灾情监测、灾损恢复、资源调配、现场视频、重要保电等方面，开展新一代应急指挥系统(ECS)设计研发、试点验证与推广实施，实现图上作战、图上指挥，有效提升突发事件应对能力；新一代电力交易系统单轨运行，注册市场主体超过 30 万家，累计交易电力 1.2 万亿 kW · h，完成全国首次绿电交易；上线调度自动化系统，实现精细调度和优化，提高电力系统的经济性；推广智慧变电站应用，采用超维轨道式巡检机器人，实现变电站内继电保护室的无人值守日常巡检工作；持续迭代“电网一张图”，实现发、输、供、用各端能源数据流的精确、快速、实时数据管理与分析，快速调整优化资源。

(3) 数据赋能方面，国家电网通过赋能经营管理提升、赋能电网转型升级、赋能客户优质服务，同时支撑国家科学治理和绿色低碳发展，形成了“两支撑三赋能”的数据业务体系。在赋能经营管理提升方面，建设智能电网运行管理系统，通过大数据分析和人工智能技术，实现了对电网运行状态的实时监测、预测和调度；在赋能电网转型升级方面，发布了新型电力系统数字技术支撑体系，确立了“最小化精准采集+数字系统计算推演”技术原则和“采传存用”总体框架，加强数字化推动新型电力系统建设；在赋能客户优质服务方面，推出了智能供电服务平台，通过大数据和物联网技术，提供个性化的用电建议和服务，提高了供电服务的质量和用户满意度。支撑国家科学治理方面，通过“电力看”系列产品，电力看经济、看复工复产、看环保等，支撑国家有关部门增强精准把控，提高科学治理能力；电力看乡村振兴融合电力大数据及经纬度、气候、脱贫户等外部数据，开展“空心村”识别、防返贫预警、乡村振兴电力指数、农业农村发展趋势分析等大数据应用，巩固拓展脱贫攻坚成果；在支撑绿色低碳发展方面，牵头建设全国碳排放监测分析服务平台，发挥电力数据在时效性、准确性等方面优势，研究构建“电-碳计算模型”，打造相关监测分析场景 31 个，形成专项分析报告 24 份，并获得了新华网、光明网、央视新闻等主流媒体宣传报道。

2) 中国南方电网有限责任公司

南方电网立足能源转型和数字经济的发展要求，提出了“加快向三商转型，建成具有全球竞争力的世界一流企业”的发展战略，并将数字化作为推动公司战略转型的关键路径，持续迭代推进创新发展，助力新型电力系统建设。

(1) 管理运营方面，创新平台建设支撑业务发展。开展电网管理平台、客户服务平台、调度运行平台、企业运营管控四大平台建设；南网云平台承载各业务系统上云，支撑千万级用户访问；研发部署微型传感、芯片化智能终端和智能网关，提升电网边缘感知和控制能力；物联网平台全面上线运行，持续接入输电、配电、变电设备感知数据；电网数字化平台发布统一电网数据模型，开放数据共享服务；全网底座式数据中心初步建成；“南网智瞰”提供高精度地图服务，实现全网一张图。

(2) 生产运行方面，新型电力系统建设促进能源资源优化配置。应用先进电力电子与数字技术构建同步电网规模合理的柔性互联大电网；充分利用多端直流输电技术推动海上风电集群大规模电源开发利用、藏东南风光水互补能源基地的开发送出；建设云大脑和边缘节点两级融合的云边融合调控体系，利用数字技术、市场机制设计等多维度提升电力系统的调节能力，保障调节能力与新能源开发利用规模相匹配，支撑电网自主巡航、电力市场有序运转和新能源充分消纳。因地制宜建设交直流混合配电网和智能微电网，持续加强配电网数字化和柔性化水平，提升对分布式电源的承载力。

(3) 数据赋能方面，南方电网利用大数据技术实现了智能电网运行管理。通过对电力系统运行数据的深度分析，南方电网建立了智能化的电网调度和运行体系，实现了对电网运行状态、设备健康状况和用户需求的全面感知，有效提升了电网的运行效率和供电质量，为用户提供了更加可靠稳定的电力供应。利用大数据技术实现了智能用电服务平台，通过对用户用电行为的深度分析，结合天气、节假日等因素，为用户提供个性化的用电建议和服务，帮助用户降低用电成本，提升用电体验，这一举措不仅提升了用户满意度，也为电网实现了优化供需匹配，提高了用电效率。

3) 国家能源投资集团有限责任公司

国家能源投资集团有限责任公司(以下简称国家能源集团)深入贯彻新发展理念，立足企业实际，大力推进数字化转型发展，抓住数字产业化、产业数字化机遇，深化实现智能矿山、智慧能源基地建设、数字化管理、产品智能化等领域建设工作，提升数字化转型规划质量、赋能生产水平和数字化管理能力，推动新一代信息技术同生产经营深度融合。

(1)管理运营方面，智慧管理平台助力数字化管理模式。新 ERP 系统实现全集团大统一和全覆盖，实施范围涵盖全集团管理口径多家二级单位和实施单位，可实时管理全集团细化到班组的组织机构、员工、合作供应商以及各类所需物资相关数据信息，业务互通、数据共享的数字化管理模式初步形成。

(2)生产运行方面，运输系统设备研发实现智能运输。国家能源集团研发重载铁路 LTE 网络系统、应用系统、终端等成套设备，在全球首次实现基于长期演进技术的重载铁路应用业务。铁路调度系统上线运行，打造铁路运输指挥运行的“智慧大脑”和“中枢神经”。黄骅港世界首家实现“翻堆、取装”全流程设备智能管控。

(3)数据赋能方面，国家能源集团运用大数据技术实现了智能化电力生产调度管理系统，通过对电力生产、输送和配送等环节数据进行深度分析，实现了全面感知电力运行状态，优化电力生产调度，提高了电网运行效率和供电质量。此外，利用大数据技术实现了电力设备健康预警系统，通过对设备运行数据的监测和分析，实现了对设备运行状态的实时监控和故障预警，最大程度地避免了设备突发故障对电网运行的影响，提升了电网的可靠性和稳定性。

4) 中国华电集团有限公司

中国华电集团有限公司(以下简称中国华电)通过数字营销和数字电厂“两个平台”建设，提高管理效能和生产效率，推进综合能源服务业务，提升源网荷储协同互动能力。

(1)管理运营方面，数字营销建设提高管理效能。中国华电的数字营销系统按照“大数据、小流程”和“微服务、大平台”的整体架构，构建集团营销体系的双平面系统，售电售热、区域竞争报价和营销管理子系统均已上线运行并启动全面推广，山东、广东、山西、甘肃、云南、上海等区域公司积极推进运营方式转型，建立了标准化的客户服务体系，提升了市场响应速度，提高了决策管理效能，为电力市场营销实现创新发展赋能。

(2)生产运行方面，数字电厂建设提升生产效率。在电厂引入智能机器人和智能执行机构，基本实现少人巡检、少人操作和智慧运行，通过打造智能巡检、安全主动预警和工业互联网平台，有效降低运行人员工作强度，提高工作效率，节约人力成本，实现本质安全。福新蒙东、宁夏新能源数字电厂重点围绕机组运行、检修和维护及本质安全等方面开展建设。福建古田溪、贵州东风及黔源光照等重点围绕数字大坝、数字技术监督及智能巡检等方面开展建设。山东莱州致力打造国内自动化程度最高、先进技术应用最完备的燃煤数字电厂。

(3)数据赋能方面，中国华电充分利用大数据技术，构建了智能化的电力生产调度系统，通过对电力生产、输送和配送等环节的数据进行深度分析，实现了对电力系统运行状态的全面感知，优化了电力生产调度，提高了电网运行效率和供电质量。此外，中国华电还利用大数据技术实现了智能用电监测系统，通过对用户用电数据的分析，为用户提供个性化的用电建议和服务，帮助用户合理安排用电，降低用电成本。

5) 中国石油化工集团有限公司

中国石油化工集团有限公司(以下简称中石化)按照“数据+平台+应用”的新模式，大力推进数据中心、物联网、工业互联网等新型基础设施建设，建成覆盖全产业、支撑各领域业务创新的管理、生产、服务、金融“四朵云”，构建完善统一的数据治理与信息标准化、信息和数字化管控、网络安全“三大体系”，打造敏捷高效、稳定可靠的信息技术支撑和数字化服务“两大平台”(统称“432 工程”)，夯实公司数字化发展的战略基石。

(1)管理运营方面，以盘活数据资产为切入点，着力打造价值创造新高地。“十四五”期间，中石化聚焦数据资产价值创造，大力推进数据治理工作，建立健全数据标准体系、数据资源共享与数据资产管理机制，打破管理“藩篱”，消除信息孤岛；推进各领域大数据应用，高质量开发利用数据资产资源，实现数据资产增值增效；加强大数据、人工智能等专业人才培养，提高全员数字化素养和应用技能，大力推动业务数字化和数字化业务创新。

(2)生产运行方面，以智能制造为主攻方向，加码推进全产业提质升级。“十四五”期间，深入落实发展工业互联网、推进智能制造等国家战略部署要求，加快智能油气田、智能工厂、智能加油服务站、智能研究院、智能工程建设推广，聚焦系统优化、协同生产、智能运营，建设集团智能运营中心，打造中石化智慧大脑，构建中石化“石化智云”工业互联网，实现全产业云生产、智运营，推动组织升级、流程升级、技术升级、管理升级，整体提升集团运营数字化、网络化、智能化水平。

(3)数据赋能方面，中石化利用大数据技术实现了智能化的能源消耗监测系统，通过对能源消耗数据的分析，实现了对能源利用情况的实时监测和优化，降低了能源消耗成本，提升了能源利用效率。此外，中石化运用大数据技术构建了智能化的电力供应链管理系统，通过对电力生产、调度和供应链数据进行深度分析，实现了对电力供应链的全面监控和优化，提高了供应链的运作效率和可靠性。

6) 中国石油天然气股份有限公司

中国石油天然气股份有限公司(以下简称中石油)数字化转型的目标是利用自动感知实时采集油气产业链运行数据，利用全面互联广泛获取内外部数据，运用数字化技术持续优化业务执行和运营效率，“十四五”末初步建成“数字中国石油”。构建物理中石油与数字孪生体融合交互的闭环系统，推进实体业务与数字化世界的双向连接运行，形成内外部连接、共享、协同机制，实现降本增效、协同共享、持续创新、风险预控和智慧决策，不断提高全员劳动生产率和资产创效能力。

(1)管理运营方面，中石油实现工作全过程的电子化、网络化、平台化，支撑流程督办、视频会议、项目管理、财务管理的移动化、协同化、智能化工作新模式，通过新技术新工具赋能员工，提高工作效率。进行管理层级扁平化改革，加强横向的专业技术协同以及不同销售业务市场和客户信息的共享，形成纵向管控和横向协同融合的矩阵模式，建立适应快速变化的柔性组织，实现服务组织的专业化。深化管理体制改革，加快人力资源的数字化转型。建成应用了涵盖生产管理、经营管理、综合管理、基础设施和网络安全的80个集中统一的信息系统，实现了信息化从分散向集中、从集中向集成的两次阶段性跨越。在集团层面建成应用了集中统一的经营管理和办公管理平台，在业务板块层面建成应用了覆盖油气产业链上、中、下游集中统一的生产运行管理平台。平台的建成应用，大幅提高了管理效率，增强了企业管控能力，有效推进了跨专业、跨部门信息共享和业务协同。

(2)生产运行方面，中石油重构价值体系，调整生产关系，从产能驱动型发展模式转变为创新驱动型发展模式，着力以新要素、新动力、新能力，形成符合“数字中国石油”特色的新产业、新业态、新模式。以感知、互联、数据融合为基础，实现生产过程“实时监控、智能诊断、自动处置、智能优化”的油田业务新模式。构建了油气生产物联网、协同研究环境等业务全面覆盖的信息系统，实时掌握生产动态，支撑油田生产经营活动，大力推进智能分析应用，辅助科学决策。利用大数据、人工智能等技术实现零售营销、非油商品分析、客户精准营销、异常交易监控等应用，探索数字生态体系建设。

(3)数据赋能方面，构建基于开源大数据技术的信息安全分析平台，网络安全防护体系逐步完善。中石油建设了智能油田管理系统，利用大数据分析和人工智能技术，对油田开发和生产进行智能化管理，通过实时监测油田的生产情况、设备状态和环境参数，帮助企业管理者进行合理调度和优化决策，提高了油田生产效率和资源利用率；推广应用了油藏数据分析与预测系统，通过对油藏地质、地震、采收程度等数据的分析和建模，预测油田的产能和储量情况，帮助企业合理规划开发方案，提高了勘探开发的成功率和效率；引进了智能化钻井技术，利用大数据分析和自动化控制技术，实现了钻井过程的智能化管理和优化，自动调整钻井方案和操作参数，提高了钻井效率和安全性，降低了开发成本。此外，中石油围绕油气业务链提质增效和高效协同，打通信息技术(information technology，IT)和运营技术(operational technology，OT)界限，实现数据全面采集和生产过程实时感知，以及经营管理数据集成共享，将知识经验以工业软件的方式进行积累、共享、复用，广泛建立行业特色的知识模型和数字孪生体，为生产经营赋能、员工赋能。

1.2.1.2 国外典型案例

国外能源电力企业在管理体系、生产运营、数字技术、能源生态等方面也有很多典型案例，通过提炼国外能源电力企业数字化转型在产业协同、跨界合作、个性化综合能源服务上的突出做法，为国内同类型企业提供数字化转型启示[12]。

1)东京电力公司①

东京电力公司(以下简称东京电力)成立东电能源伙伴公司，下设创新业务公司专门

① 资料来源：东京电力公司官网 https://www.tepco.co.jp/en/hd/index-e.html.

负责新业务的开拓，同时设有开放创新平台，面向全球征集创新技术和创新方案。正大规模扩展智能电表和可编程逻辑控制器(programmable logic controller，PLC)覆盖面积，为建成电力物联平台提供数字化智能化基础支撑。

(1)管理运营方面，东京电力利用智能电网系统实现了对电网的智能监控和调度。根据公开数据，2019 年东京电力的电力故障停电率达到了每户每年 0.008 次，相比 2015 年的 0.03 次有了显著改善；东京电力采用智能计量设备和系统，实现了对用户用电行为的实时监测和管理，通过智能计量系统，降低了大型工业企业的能源消耗，平均每家企业节约了 10%以上的能源成本；东京电力利用大数据分析技术，对电网运行数据进行深度挖掘和分析，提高了电力需求预测的准确性，2018 年东京电力的电力需求预测准确率达到了 95%以上；东京电力通过建立供应链管理系统实现了对供应链各个环节的监控和优化，2020 年东京电力供应链成本相比 2019 年减少了 10%，同时提高了供应链的响应速度；为提升客户服务效率，东京电力公司委托瑞士电表厂商 Landis+Gyr 架设智能电网，并在电网系统使用 IPv6 多重技术网络，通过智能电网的前端系统及电网数据管理解决方案进行处理，大幅提升了客户服务的准确性和及时性。

(2)生产运行方面，东京电力引入了先进的数据分析和机器学习算法，对发电设备的运行状态进行实时监测和分析，及时发现潜在问题并采取措施，将发电设备的故障率降低了 20%以上，提高了发电厂的可靠性和稳定性；通过收集和分析大量的运行数据，建立了设备健康模型，并预测了设备的寿命和故障风险，减少了因设备故障导致的计划外停机时间，提高了设备的利用率和生产效率；通过实时数据监测和分析，他们可以根据市场需求和能源价格进行灵活调整，最大限度地提高能源利用效率和经济效益；通过高速 PLC 助力电力输送的高效便捷，东京电力将 PLC 技术应用于电力输送，通过在输电线的电信号上叠加通信信号，确保实现高速连续连接、高水平安全保障和即插即用功能，并利用电线杆和电线等现有资源，将这种方法应用于互联网网络、智能家居服务、建筑物中的物联网技术和路灯控制系统，借助技术融合实现电力输送服务的高效化和便捷化。

(3)数据赋能方面，东京电力充分利用大数据技术，建立了智能化的电力供应与需求匹配系统，通过对电力生产、储备、传输和用户需求等数据进行深度分析，实现了对电力供需关系的精准把控，优化了电力调度与分配，提高了电网运行效率和稳定性。此外，东京电力公司还利用大数据技术开发了智能用电管理平台，为用户提供个性化的用电建议和服务，帮助用户合理安排用电，降低用电成本，同时也通过对用户用电行为数据进行分析，提升了用户体验和满意度。

2)法国电力集团①

法国电力集团通过数字化转型，在电动出行、智慧能源、智能电网、氢能等前沿领域作出了积极探索，并融合大数据、人工智能、区块链等尖端技术开发新的服务和商业模式。

(1)管理运营方面，科技与业务融合发展培育新型优势。法国电力集团通过构建公司

① 资料来源：法国电力集团官网 https://www.edf.fr.

级大数据中心，实现海量用户数据的有效管理和应用，辅助各区域制定本地化营销服务策略，避免用户流失，每年可带来超3000万美元的效益。同时，通过建立包括客户投诉分析、客户画像分析和账单分析等功能的用户数据分析模型，全面优化用户全流程体验，两年来实现投诉量下降约30%。

(2)生产运行方面，尖端数字化技术发挥电网优势构建能源生态圈。法国电力集团借助大数据、人工智能、区块链等尖端技术，持续推进清洁用能，加快清洁能源发展和电能替代、节能改造等业务发展，同时积极参与绿证、碳交易等绿电市场建设，并联合网络运营商和水电气等公用事业单位推行“四网融合”“三表集抄”，发挥电网的智能化、数字化、终端化优势，构建能源生态圈入口。

(3)数据赋能方面，法国电力集团利用大数据技术打造智能化电网管理系统，通过对电力生产、储备、传输和用户需求等数据进行综合分析，实现对电网运行状态的精准监测和调配，提高了电网的鲁棒性和供电质量。此外，该集团还利用大数据技术开发了智能化的能源交易平台，实现了对能源市场变化的快速响应和优化能源交易决策，同时也为用户提供了更加灵活多样的用能选择。

3)德国意昂集团[①]

德国意昂集团近年来确定了“服务客户、重塑市场”的发展战略，推动企业的数字化发展和业务转型，投资了多家能源管理软件公司进行组织架构的彻底性变革，通过需求响应和虚拟电厂管理平台开发及相关技术研发，实现用户侧各类灵活性资源的有效整合利用。

(1)管理运营方面，智能化质量控制系统实现电力需求预测。德国意昂集团通过与美国SightMachine公司建立合作伙伴关系，在自有Optimum平台上推广SightMachine开发的智能化质量控制系统，形成集成的物联网平台，通过将原始数据转化为可操作的信息，预测电力需求，使客户更直观地查看能源流并识别潜在的改进方案，更大程度地节省能源成本，提高生产效率。

(2)生产运行方面，意昂集团2019年在德国北海岸建设了一座新的风电场，并于2020年引入了先进的数字化监控系统，通过安装传感器和监控设备，实现了对风力涡轮机的实时监测和数据收集，运用机器学习算法预测风速和风向的变化，优化风电机组的运行调度，使风电场的发电效率提高了15%，同时减少了维护成本和人为停机时间；2018年在德国柏林附近的一个电力配送中心引入了智能电网系统，能够实时检测电力设备的运行状态，并通过预测性分析预防潜在的故障和停电风险，实现了对电网设备的远程监控和智能化调度；2021年推出了一款名为“E.ON智慧能源”的手机应用，为客户提供智能化能源管理服务，可以实时监测家庭能源消耗情况，并根据个人偏好进行能源调度和节能优化。

(3)数据赋能方面，德国意昂集团利用先进的数字化技术，建立了智能化的电网运营管理系统，通过对电力生产、传输、配送和用户需求等数据进行深度分析，实现了对电网运行状态的实时监测和智能调控，提高了电网的灵活性和稳定性。此外，该集团还利

① 资料来源：德国意昂集团官网 https://www.eon.com/en.html.

用大数据技术开发了智能电力设备监测平台，实现了对电力设备状态的远程监测和预测维护，提升了设备的可靠性和运行效率。

1.2.2 能源大数据发展趋势

(1) 能源企业业务数字化成熟度进一步提升，从单点推进转向全环节、全流程重塑，更加注重能源生态体系建设[13]。

①以激发能源大数据要素价值为核心的数字化转型正在成为能源行业解决诸多疑难问题的重要抓手[14]。能源行业数字化转型面临的外部环境日益复杂，能源企业数字化转型的目标不断延展、重心发生变化、动力出现调整，机遇、挑战和风险并存，推进数字化转型不仅需要关注自身降本增效、开源节流，同时也必须兼顾国家和社会发展的多元需求，加快数字化转型正在成为体现企业社会责任与使命担当的重要方式。②高质量的数字能力共建、共创、共享成为企业与外部资源进一步合作的必然要求。能源企业亟待通过新型数字能力建设充分发挥信息技术赋能作用，打破技术专业壁垒，促进形成业务生态化、能力平台化、资源共享化的产业优化路径。③能源企业依托平台建设，对接供给与需求、技术与市场，为行业内各参与主体提供更多的商机，促进能量流、信息流、价值流“三流合一”，成为客户的综合能源服务商，通过产业链资源的进一步整合，将有助于构建形成开放合作、协同创新、价值升级的数字化生态服务。

(2) 能源企业数字业务化加快发展，能源数据要素在跨行业跨系统中的流通应用成为推进数实融合的重要战场，通过推进数字化的共享流通与分析应用平台的构建，促进能源数字经济新产业、新业态、新模式创新发展。

①人工智能、物联网、云计算、大数据等技术在能源行业深度融合应用，促进综合型和专业型能源数据要素流通应用平台构建，形成平台运营、网络协同、个性服务、数智管理的平台化运营模式。②能源数字经济新生态作为能源数据产业化的重要形式，通过在经济系统明确数字系统中数据要素的权属界定、收益分配、流通应用与安全保障等关键问题，助力解决能源系统中的分布式新能源消纳、多品类能源跨区域共享互济、虚拟电厂、车网互动等需求侧响应等转型重点问题。③能源数据要素横跨能源和数据两大基础性战略领域，在能源转型推动与数字经济拉动的交叉作用下，能源数据要素的价值开发利用将不仅作用于能源和数字系统，还将通过数字化绿色化协同发展成为支撑现代产业体系建设的重要基础，流通应用价值将全方位辐射国计民生。

(3) 多元市场融合将持续深入，为应对能源数字化转型多系统协同带来的复杂度提升，需要进一步激发市场化的创新涌现和激励机制，能源电力市场、数据要素市场、碳市场融合发展成为必要途径。

①能源数字化转型持续深入或将面临多系统深度互动带来的“广连接陷阱”。能源数字化转型需要能源物理系统与数字信息系统、现代产业体系与社会治理系统高度融合，多系统整体的安全高效运行需要面对来自经济、社会、环境各种因素冲击下“牵一发动全身”的系统复杂性与不确定性。②以创新涌现机制代替传统控制机制成为提升多系统精益治理水平以跨域“广连接陷阱”的关键。要发挥多系统联动下的数字化生产力价值，需要相应生产关系的变革，传统以控制为主的管理体系无法适应新生产力的需求，因此

需要更加开放灵活、鼓励创新的涌现机制实现对生产力作用发挥的自适应。③市场化将是建立新型数字化涌现机制的主要途径。围绕能源、产业、数字、经济、社会等多系统协同的效率效益目标，通过市场化建立起充分的资源配置与激励机制，引导多领域多系统多主体自适应地找到彼此最优的协同方式。

(4) 能源大数据质量与总量持续提升，自动化、智能化采集、通信与计算等硬件设备和人工智能软件算法的深入推广应用，促进空天地一体化监测分析网络形成，不仅提升能源大数据自身的采集精度与规模，还将扩展出可用于人工智能模型训练的大规模能源样本库。

①实时采集量测与存储传输设备进一步推广应用，有力提升能源大数据采集精度与覆盖范围广度。在石油、煤炭等一次能源储量勘探和采掘开发中提升数据采集频度，减少人为观测与干预提升精度，在电力、热等二次能源产消全环节实时监测计量，支撑从业者掌握能源全生命周期流动转换情况。②空天地采集与云管边端计算协同的一体化监测分析网络逐步形成，支撑能源大数据跨区域、跨行业、跨平台共享应用。依托无人机、物联网、北斗卫星系统、5G、云计算、边缘计算等技术手段和能源大数据中心等实体机构，通过技术支撑和机制贯通推动不同类型能源大数据的协同互动、融合分析与互惠应用。③人工智能在能源电力行业持续深入的规模化应用促进满足人工智能模型训练条件的高质量能源大数据样本库形成。从能源大数据基础条件、目标场景分析需求和模型训练要求多个维度共同发力，推进能源领域高质量大规模人工智能训练样本库形成，在脱敏脱密前提下可对外开放，一方面吸引其他行业先进解决方案，另一方面响应国务院国有资产监督管理委员会有关国资央企开放场景与数据的总体要求与部署。

1.3 能源大数据关键要素与作用机理

数据要素概念的提出是我国政府的重大理论创新。能源是经济社会发展的基础支撑，能源行业作为国民经济的支柱性行业之一，拥有大量的高价值数据，能源大数据是新时代推动我国能源产业基础高级化、产业链现代化的重要引擎，是落实“四个革命、一个合作”能源安全新战略和建设新型能源体系的具体实践，对提升能源产业核心竞争力、推动能源高质量发展具有重要意义。厘清能源数据要素的概念与内涵是进行数据资产管理的基础和前提。

1.3.1 能源大数据的关键要素

1.3.1.1 数据要素的提出

2019 年党的十九届四中全会在坚持和完善社会主义基本经济制度，推动经济高质量发展中作出如下决定：坚持按劳分配为主体、多种分配方式并存。坚持多劳多得，着重保护劳动所得，增加劳动者特别是一线劳动者劳动报酬，提高劳动报酬在初次分配中的比重。健全劳动、资本、土地、知识、技术、管理、数据等生产要素由市场评价贡献、按贡献决定报酬的机制。正式将数据列为国民经济的生产要素之一。这标志着我国正式进入数字经济“红利”大规模释放的时代，数据作为新生产要素从投入阶段发展到产出和分配阶段。

1.3.1.2 能源数据要素的定义

能源是经济社会发展的基础支撑，能源数据要素[①]是指投入于能源生产、存储、传输、交易、消费等生产经营环节，与其他生产要素相互融合、不断迭代，提升能源生产和消费效能的数据资源，包括数据、数据模型、数据产品、数据服务等形式。能源数据是数据资源的核心组成部分，反映经济社会变化、人类社会活动规律，有极高的价值和使用价值。由此得出能源数据要素具有两层内涵：一是能源数据要素是一种生产性资源，需要投入能源生产、存储、传输、交易、消费等业务环节中，与其他生产要素融合，用于生产经营和服务提供。二是能源数据要素融入劳动、资本、技术等传统要素，驱动要素效率放大、叠加和倍增，能够提升能源生产和消费效能。

1.3.1.3 能源大数据作为生产要素的特征

数据作为生产要素，与土地、劳动力、资本、技术其他四个要素相比，既有相同的共性特征，同时又具有差异特征。共性特征上，都具有拥有者和生产者分离、需要通过其他要素产生价值和通过数据产品和服务实现价值的基本特征；都是数字经济社会中进行生产所必需的，具有重要性；都可以为经济社会创造价值，都具有使用价值，可以满足人们某种方面的需要。差异特征上，数据要素主要体现在易复制性、倍增性、高度渗透性、多元共享性等方面。以电力数据为例，相比于其他行业大数据，电力大数据的易复制性表现为不需要人工收集、录入，采集技术已达到秒级传输，同时电能的生产交付都在瞬间完成。倍增性表现为其高附加值，能源大数据全面改变了能源行业生产交易和运营的模式，不仅优化能源互联网的运行，在相关领域也催生更多的增值服务，数据不会发生损耗的同时又可以将其价值充分放大。高度渗透性表现为能源行业覆盖全社会方方面面和千家万户，同时高效的信息化采集能力，使能源数据体量急剧增长。多元共享性表现为能源大数据包括冷、热、电、气、交通等多种多样的能源数据类型，既涵盖大量的结构化数据，也涵盖了海量视频、图像、语音等非结构化数据。

1.3.1.4 能源数据的市场和商业模式

从数据价值链角度按层次递进发展的过程看，能源大数据要素的四种形态包括原始能源数据、能源数据资源、能源数据产品、能源数据资产。《中共中央、国务院关于构建数据基础制度更好发挥数据要素作用的意见》（以下简称《数据二十条》）提出大数据资源的三权分置框架，即“数据资源持有权、数据加工使用权、数据产品经营权等”，对数据所有权划定，实现数据交易，构建数据要素市场，发挥数据价值具有重要意义。三种产权针对不同的能源大数据要素形态表现不同，数据资源的持有权主要是针对原始数据进行加工处理后的数据集(即数据资源)，数据加工使用权主要针对数据资源，形成数据

① 参考《南方电网数据资产管理体系白皮书》中关于电力数据的定义。

产品或者数据资产，而数据产品经营权主要是针对可以进行交易的数据产品或数据资产。在三权分置的框架下，能源数据的关键要素有四个，即数据资源、数字技术、数字产业、数据市场。

数据资源是数据资源持有权的载体。能源大数据融合了海量能源信息，集成多种能源(电、煤、油、气等)生产、传输、存储、消费、交易等各环节的数据产生，是政府实现能源监管、社会共享能源信息资源、促进能源体制市场化改革的基本载体。

数字技术和数字产业是数据加工使用权在技术和应用两个层面的表现形式。数字技术是能源大数据发展的支撑手段。数字技术是用于获取、存储、管理和分析数据的技术工具和方法，数字技术主要包括大数据分析、人工智能、边缘计算和物联网等技术。大数据技术用于处理大规模能源数据集，包括数据采集、存储、传输、清洗、处理和分析等。人工智能技术利用算法和模型从能源大数据中提取异常、发现模式和进行预测。边缘计算和物联网技术将能源数据处理和分析推向网络边缘，实现实时和分布式的数据处理。数字产业是能源大数据价值生成的主要领域。数字产业是推动能源大数据技术在能源体系全链条和各环节的覆盖应用，带动能源网络各环节的互联互动互补，提升产业链上下游及行业间协调运行效率，提升资源精准高效配置水平，带动能源行业数字化转型，推动新型电力系统、新型能源体系建设，服务数字政府。

数据市场是数据产品经营权的主要发生环境，是能源大数据价值生成的主要载体。数据市场是数据供应商和数据需求方之间交换数据和价值的平台，积极参与数据市场，是促进能源数据自主有序流动、提高配置效率、发挥能源数据价值的关键。数据市场按照数据和资金在主体间流向的不同，可以分为开放、共享和交易三种流通形式。

1.3.2 能源大数据的作用机理

能源大数据将为各个领域发展提供分析和决策的基础，实现可持续的价值创造功能。在掌握能源分配、利用、消费等海量实时数据的基础上，通过对数据的分析和价值挖掘，驱动能源技术、能源资本、能源工具依托能源大数据中心、新型电力系统建设、碳达峰碳中和、能源工业互联网、能源大数据产品及应用等领域和方向持续发挥作用，实现产业数字化、数字产业化、数字化治理、数据价值化。

1.3.2.1 提升经济价值

麦肯锡《大数据：创新、竞争和生产力的下一个前沿领域》的研究报告指出，大数据的应用具备巨大的财务价值，中国的能源工业与千万厂矿企业密切相关，因此其产生的能源大数据的价值也很高。如电力大数据与用电客户的密切相连，能够对客户进行360°精确画像，能够对区域经济走势精准还原，能够对能源设施的设计、生产与销售进行指导。总而言之，有效应用能源大数据能够为行业内外提供高附加值的增值服务。

大数据技术能够为中国能源工业带来显著的财务价值，在企业内的应用也可以极大提升能源企业运营效率与营收能力。此外，因为能源企业的基础设施广泛存在，以及其“天然联系千家万户”的特点，使能源大数据理念在全社会上得到广泛认可。由此带来的规模化效应对整个国家的经济与社会可持续发展具有重大意义，能够促进能源工业发展，推动传统能源设施行业转型。

能源大数据扩展了能源产业的广度和深度，也为传统的企业带来了机遇和挑战。一方面，能源大数据可以对能源的供给、输送及终端应用等环节实行有机地整合和“跨界”上的应用，也为创新的商业模式和管理模式提供机遇；另一方面，能源大数据也模糊了传统能源行业间的边界，也在不同程度上颠覆和挑战传统行业的自然垄断地位。

1.3.2.2 重塑能源产业

能源大数据可以在能源的勘测、生产、运输、消费等各自领域中成为创新的催化剂，能源供应链与信息链相叠加，能够使各方更加透彻地了解上下游的行为及变化，帮助彼此智慧协作，实现总体最优。以电力的智慧分配为例，日本东京大学教授江琦浩所在的东京大学计算机研究所将全部电力的管控权交由云计算数据中心，经过计算，依照时间与实际需求，对研究所进行实时电力调控。例如，经过数据中心的监测，当研究所室内温度提升 3.5℃，便会启动节能措施，直到温度降低到合理的温度。通过对电能进行智慧支配，研究所的耗能比由之前的 75%降低到 22%。

在产业上，在物理世界与虚拟世界交融中，能源大数据发挥着关键性的作用，促进新硬件、云计算、物联网和移动互联等技术上高效协同发展，实现了企业内外部各个资源之间互联，并且提供了多元化的价值服务，这也产生了大量的融合性的新业务、创新性的商业模式与混业经营的新业态，形成了以分享数据为基础，洞察数据为驱动的新价值网络，从而促进传统产业的升级转型，并加快新兴产业的壮大。能源大数据推动各个领域(如煤油和电等领域)，通过数字化改造、信息化改造、智能化提升及网络化，实现数字产业化和产业数字化。

从供应侧看，我国是世界第一大能源生产国，也是世界第一大能源消费国。在我国的能源产业发展中，以煤炭为主的化石能源占主要地位，而代表未来能源发展方向的风能、太阳能等新能源却处于从属、补充的地位，使我国经济的发展面临能源供应的瓶颈。相关数据显示，2022 年，中国的煤炭消费量增长了 4.6%，即 2 亿 t。据国际能源署(IEA)推算中国的煤炭产量占全球比例超过 50%，仍旧是目前我国能源供应的压舱石。在其他能源品种中，原油的生产占比在稳定中有所降低，而对于天然气、一次电力和其他能源，同期占比也呈现上升的态势。

从需求侧看，目前，我国的节能减排取得了很大的进展，国家发展和改革委员会相关数据显示，“十三五”时期单位 GDP 能源消耗累计降低 14%。然而，相较于世界平均水平，我国单位 GDP(按照购买力平价计算)能耗的水平依然比较高，根据世界银行的数据显示，2016 年，我国单位 GDP 能耗是世界平均水平的 1.4 倍，是发达国家平均水平的 2.1 倍，是美国的 2.0 倍，日本的 2.4 倍，德国的 2.7 倍，英国的 3.9 倍，可以看出其有很大的增长潜力。

针对以上几方面的突出问题，党“十八大”报告明确提出：“推动能源生产和消费革命，控制能源消费总量，加强节能降耗，支持节能低碳产业和新能源、可再生能源发展，确保国家能源安全。”党的十八大以来，以习近平同志为核心的党中央统提出四个革命，即“能源消费革命、供给革命、技术革命、体制革命”，其中“推动能源消费革命，抑制不合理能源消费”被置于首位[①]。

能源大数据不仅是在大数据相关技术方面上在能源领域中的借鉴应用，也在能源的生产、消费和相关技术的革命和大数据进行深入融合，这也加速了能源产业的发展和商业模式创新。

能源行业发展的供需条件决定了能源产业的发展模式需要做出积极的改变，而借助互联网技术，大数据将深刻而广泛的应用将重塑能源行业。通过大数据技术的应用，一方面可以从需求侧降低全社会能耗水平，另一方面可以从供给侧加速新能源开发以及相关技术的研究和应用，从而推动能源产业崛起。此外，从更为宏观的角度来看，能源大数据的采集与分析可以应用到一个更为宽泛的领域，通过宏观、中观及微观等多层面的数据分析，可以更为有效地服务于国民经济发展、行业兴衰转型及个体的决策，基于能源大数据的咨询管理行业的大幕正缓缓拉开。

1.3.2.3　助力实体经济

我国政府已充分认识到大数据在推动实体经济发展方面发挥的重要作用。2015 年以来，国务院相继印发《关于积极推进“互联网+”行动的指导意见》《运用大数据加强对市场主体服务和监管的若干意见》《促进大数据发展行动纲要》《关于推进“互联网+”智慧能源发展的指导意见》等文件。

当前我国产业结构的重型化格局仍在强化，随着煤、石油、天然气、电力等能源行业的发展，涉及整个能源转换过程与输送。能源大数据将会持续增长和急速膨胀，其利用价值也将越来越重要。①能源大数据驱动决策，通过对能源生产到消费的全链条数据采集与分析，企业可以更加精准地了解市场需求、消费者行为等信息，从而制定更加合理的生产和经营策略。这种数据驱动的决策方式可以帮助企业降低风险、提高效益。例如，能源产业能够利用大数据对天然气或其他能源的购买量进行合理分析，预测能源消费和管理能源用户，从而提高能源利用率，降低能源成本。②能源大数据优化资源配置，通过对能源大数据的应用分析可以帮助能源企业实现资源的优化配置，提高资源利用效率。例如，在制造业领域，大数据技术可以帮助能源企业实现智能化操作，提升生产效率，降低资源消耗。③能源大数据推动创新发展，通过能源大数据的应用不仅可以推动传统产业的升级和改造，还可以催生新产业和新业态。例如，在服务业领域，大数据的应用可以推动新型服务业态的发展，如共享经济、平台经济等，通过大数据挖掘、分析等应用帮助提升能源企业的营销方式和经营理念，实现精准营销，降低营销成本。④能源大数据助力绿色发展，能源大数据的应用有助于推动绿色能源的发展和环保事业的发展。通过大数据对能源消费和碳排放进行监控和管理，能源企业可以更加精准地掌握自身在环保方面的表现，制定更加合理的环保策略。例如，大数据的应用还可以推动绿色能源的研发和应用，为实现碳达峰和碳中和目标提供支持。

---

① 2014 年 6 月 13 日召开的中央财经领导小组第六次会议习近平总书记的讲话。(http://cpc.people.com.cn/xuexi/n/2015/0720/c397563-27331460.html)。

综上所述，通过对能源大数据的采集与分析为实体经济的可持续发展提供有力支持，提升资源利用效率、推动产业升级与创新以及助力环保与可持续发展，引起制造业、服务业等多个领域的重大变革和深度裂变，促进能源管理应用智能化，同时催生出一系列新兴产业，继而带动工业的变革，助推新一轮工业革命的发展，实现经济的腾飞。

1.4 能源大数据发展面临的机遇与挑战

近年，我国连续出台《数据二十条》《数字中国建设整体布局规划》《企业数据资源相关会计处理暂行规定》《关于加快推进能源数字化智能化发展的若干意见》等国家和行业级数字化相关政策，从宏观层面对数字经济与能源数字化谋划了发展空间。能源大数据发展促进能源优化利用、在能源转型中带来机遇的同时，也面临安全隐私保护、系统复杂性等挑战，因此必须平衡数据开放与隐私保护，克服技术应用难题，确保数据应用与实际运营结合。其中，能源大数据发展的机遇主要体现在统筹发展、制度建设、生态应用和设施完善等方面，其挑战主要体现在安全问题、标准化问题、体系不健全和配套成本高问题等方面。

1.4.1 能源大数据的机遇

1.4.1.1 发挥统筹协调价值

能源大数据在统筹能源安全保供与终端用能方式绿色低碳升级方面具有重要作用，通过对终端用能方式的精准监测和预测进行分析和评估，促进能源产业的可持续发展，推动我国向更加绿色低碳的能源结构转型。

(1) 通过能源大数据分析，可以实现对终端用能方式的精准监测和预测，预防和减少终端用能方式对能源安全的威胁，提前制订应对措施，实现对能源生产和消费的优化调度、节能降耗、安全运行等方面的管理，帮助能源企业及政府监管部门更好地掌握能源生产、传输、储存、交易、消费、管理等环节的安全风险，有效预防和处理安全事故，确保能源安全。例如，在煤炭行业中，利用煤矿生产数据和市场数据，可以实现对煤矿生产安全和市场需求的实时监控，提高煤炭产业的安全性和市场竞争力；在电力行业中，利用电力生产、输配电等数据，可以实现对电力供应和消费的实时监测和预测，保障电力系统的安全稳定运行。

(2) 能源大数据可以实现对各个地区、各个行业及各个用能环节的能源利用情况进行分析和评估，及时发现和解决能源利用过程中出现的问题，对各个用能环节进行精细化管理优化，为制定能源发展战略和政策提供科学依据。

(3) 能源大数据可以实现对终端用能方式的优化调整，包括终端用能设备的更新换代、用能方式的改进等，从而降低能源消耗和排放，实现终端用能方式的绿色低碳升级。

(4) 能源大数据可以为能源企业提供精准的市场营销和用能策略建议，包括制定和调整相关商务政策、优化供需结构、定价策略等，提高企业经营效益和竞争力，推动能源行业实现高质量发展。

1.4.1.2 促进数据标准应用

能源大数据在发展中需建立数据标准体系、统一数据治理平台、建立数据质量监控系统、开展数据分析应用和加强跨部门数据协作等步骤，来解决数据标准分析应用问题。而解决数据标准分析应用问题需要政府、企业和学术界共同参与，制定相应的标准和规范，开发适合能源大数据应用的算法和模型，建立统一的数据交换和共享机制，推进能源大数据应用的深入发展，促进能源安全保供与终端用能方式绿色低碳升级。

(1) 在数据标准化方面，建立一套包含数据元素、数据质量、数据模型、数据传输、跨境流通等方面的数据标准体系，以确保数据质量和数据之间的互联互通。国家电网公司作为全球性经营企业，其工业标准已成为事实层面的国际标准，应当推动其在数据标准化层面的国际标准。此外，还可以制定数据质量标准，保证数据的准确性、完整性和时效性。在数据交换和共享方面，需要建立统一的数据交换平台和共享机制，促进数据的跨部门、跨领域、跨地区共享和协同处理，实现数据价值的最大化。

(2) 在数据治理方面，建立统一的数据治理平台，实现对数据的全生命周期治理，包括元数据管理、数据标准管理、数据质量管理和数据资产编目等。通过这个平台，能源企业可以实现对数据的统一治理和管理，消除数据孤岛现象，提高数据质量和一致性。

(3) 在数据质量监控方面，建立一个数据质量实时监控系统，建立数据质量监控标准，采集和存储各个业务领域的有效数据，并对各个业务领域的数据质量进行监控和评估，及时发现和纠正数据质量问题，保证数据的准确性和可靠性。

(4) 在数据分析应用方面，利用大数据技术和工具，将数据分析应用与业务部门的实际业务结合起来，挖掘和分析数据中的关联性和规律性，开发适合能源大数据分析的算法和模型，应用这些技术帮助能源企业更好地理解和应对市场变化、优化能源生产和消费、提高能源利用效率、降低能源成本等方面的问题，实现数据价值的最大化。

1.4.1.3 强化应用模式创新

能源大数据的业务创新、合作创新、技术创新共同作用，通过数据赋能传统产业和数字能源产品新兴产业，不断推动新模式、新业态、新产业蓬勃发展，为新型能源体系低碳转型发展提供核心推动力的新型经济形态。

(1) 能源大数据的业务创新具体体现在利用能源大数据推动业务模式、产品和服务的创新，提高运营效率，降低产品成本，优化能源供应链，实现新的价值创造，提高企业核心竞争力。比如，运用能源大数据不断探索新的商业模式和盈利模式，推动新产品、新业务的研发和推广，推动企业向能源服务商转型，拓展能源消费领域等。

(2) 能源大数据的合作创新具体体现在跨行业、跨领域的合作中充分发挥能源大数据的作用，实现协同创新。如建立行业间联动机制，利用大数据平台实现数据共享和资源整合，推动能源系统协同优化。能源大数据的市场创新具体体现在利用能源大数据打造新的市场模式，推动市场的发展和壮大。又如构建基于能源大数据的新型能源交易模式，发展能源互联网，推动能源的市场化、数字化和智能化。

(3) 能源大数据的技术创新具体体现在技术创新中，为能源行业带来深刻的变革，应用能源大数据，推动能源技术的升级和创新，不仅提高了能源系统的效率和可靠性，还促进了能源技术的发展和应用，为实现能源转型和可持续发展目标提供了强有力支撑。如通过能源大数据分析优化能源系统，推动能源生产方式的升级，促进新能源技术的发展和应用。

1.4.1.4　完善能源基础设施

借助能源大数据可以将能源基础设施建设与算力基础设施建设同步规划、同步实施，从更大范围提升资源调配能力与发展质效，提高能源基础设施建设的效率和质量、优化基础设施资源配置，提高其运行安全性和可靠性，为经济社会提供完善更安全、更便捷、更智能的基础设施，为新型能源体系建设助力。

(1) 能源大数据可以提高能源基础设施建设的效率和质量，具体体现在通过分析和预测能源需求和消耗情况，提前做好基础设施建设规划和设计，优化施工方案，提高建设效率和质量，降低建设成本和风险。

(2) 能源大数据可以优化能源基础设施建设的资源配置，具体体现在对各种能源资源的生产、输送、分配和利用情况进行全面监测和分析，根据数据信息沉淀、算力资源分布情况，同步规划、同步实施基础设施建设与算力基础设施建设，促进电算力融合，优化资源配置，提高资源利用效率，避免资源浪费和损失。

(3) 能源大数据可以提高能源基础设施建设的安全性和可靠性，具体体现在通过监测和分析基础设施建设中的安全隐患和故障，及时发现和解决问题，提高基础设施建设的安全性和可靠性，保障人民群众的生命财产安全。

(4) 能源大数据可以推动能源基础设施建设的智能化升级，具体体现在促进基础设施建设的智能化升级，提高基础设施的自动化水平和智能化程度，实现智慧城市、智慧交通、智慧供能等智能化应用。

1.4.1.5　推动数据市场建设

能源大数据的市场潜力巨大，能源大数据的多样性和丰富性为各行业创新发展提供了广泛应用的可能性。然而，需要解决数据安全、隐私保护、数据质量和一致性等问题，同时遵守法律和政策约束。通过合作与协同发展，充分利用技术进步，推动数据共享，促进能源大数据的发展和创新应用，为企业和个人创造商机，并助力能源行业的可持续发展。

(1) 能源大数据市场潜力巨大，能源是社会经济的基础，其数据具有广泛的应用领域，包括渗透进各行业的能源生产、能源消费、能源管理等。能源大数据市场建设可以满足不同行业的多元化需求，为企业和个人创造巨大的商机。

(2) 能源大数据市场成为串联能源市场、碳市场、其他产业市场的关键枢纽，从能源大数据市场培育入手，将能够牵引构建起覆盖社会经济各领域的全国大市场建设，有利于在更广范围、更多主体中跨时空优化资源配置，促进各行业运行提质增效降本。

(3)技术的快速发展为能源大数据市场培育提供了重要支撑，随着物联网、云计算、人工智能等技术的迅猛发展，能源行业数据采集、存储、处理和分析的技术手段不断提升，为数据市场建设提供了强大的支持。

1.4.2 能源大数据的挑战

1.4.2.1 安全与发展的统筹

高效率和低成本的平衡发展与安全的需求，是当前充分利用能源大数据价值所面临的主要难题。能源大数据作为一种现代的生产要素，和传统资源不同，它具有非实体的无形特性和在使用过程中不会减少的非消耗性特征，可以接近零成本无限复制，对传统产权、流通、分配、治理等制度提出新挑战，亟须构建与数字生产力发展相适应的生产关系，不断解放和发展数字生产力。能源大数据汇聚的海量信息和数据，涉及大量的敏感信息，如何保证数据的安全性和隐私性是一个重要的难点，同时，能源大数据是新能源占比逐步提高发展趋势下确保能源安全稳定供应的关键媒介[15]，能源大数据安全问题是影响其发展的重要因素，涉及隐私保护、数据泄露、网络攻击等多方面。在能源生产、传输、储存、交易、消费、管理等全生命周期中，安全和发展是两个不可或缺的方面。此外，在跨境数据流通安全方面，同样存在空缺，需要开展未雨绸缪的研究。因此，如何在安全和发展之间取得平衡，实现统筹协调，是能源大数据解决的主要问题之一。

1.4.2.2 制度体系尚不完备

制度体系尚不完备成为能源大数据发展的关键制约，要通过统一标准体系、打通治理平台、建立质量把控、推进业数融合来逐步加强跨部门数据协作。目前能源大数据的管理缺少国家级、行业级的统一标准，能源大数据的开发利用欠缺健全的规范的法律制度以及能源企业主动开放共享自身数据的动力不足，相关机制不完善等问题。我国能源大数据的汇聚与融通仍然处于初级阶段，能源大数据质量和标准的不确定性会影响数据分析和应用的可靠性，容易出现数据录入错误、录入数据格式不规范、多头报数、数据沉睡等问题。伴随着能源企业大量的信息化自动化系统，会产生海量多源异构数据，这些系统数据的数据标准不一，形成了一个个数据烟囱，无法实现数据融合、关联分析。因此，能源大数据应用迫切需要解决数据标准分析应用问题[16]。

1.4.2.3 共享流通不够充分

多元数据在共享时存在数据异构、数据孤岛等问题，促进数据在更大范围、更多主体间的充分流通是激发数据要素价值的核心环节，但受制于权益界定、共享平台、技术支撑和制度保障等方面仍不完善，导致能源大数据的流通不够充分，进一步制约了多主体间共享应用的作用空间。由于能源数据通常与能源供应方、传输方、使用方甚至政府机构之间存在广泛紧密的关联关系，导致能源大数据在保护国家安全、企业商密和个人隐私中承担着重要作用，叠加流通技术规范不明确、平台不统一、激励不明确等问题，引发了不敢流通、不会流通、不能流通等问题。

1.4.2.4 应用生态不够丰富

应用生态不够丰富限制了能源大数据的价值发挥空间，需要通过业务创新、合作创新与技术创新拓展应用场景，逐步培育出更加广阔的生态土壤。能源大数据的应用模式创新是一个重要的发展方向[17]。传统的能源行业主要依靠经验和专业知识进行管理和决策，缺乏数据支撑和科学分析，难以做到精细化管理和优化决策。而基于大数据技术的应用模式创新可以解决这一问题，通过挖掘、分析和利用海量数据，实现精细化管理、智能决策和协同运营。

1.4.2.5 数字基础设施建设滞后

能源数字基础设施建设成本高、周期长成为制约能源大数据发展的重要基础原因之一。在能源大数据的发展过程中，面临建设高标准大规模的数据平台，能源大数据依赖于数字基础设施，包括云计算、大数据中心、物联网、5G 通信等，但相关基础设施的建设和完善需要巨大的投资和时间[18-20]，要利用能源大数据跨领域的广覆盖与超链接优势，支撑基础设施数智化升级改造降本增效。

综上所述，能源大数据存在广阔的发展前景，但也面临着多方面的挑战和难题，需要加强统筹规划、协同创新、共享开放、安全保障及基础设施建设等工作，以拓展能源大数据的应用场景，推动能源大数据在各领域各行业的高质量、可持续应用发展。

1.5 本书框架

本书共分为五部分，涵盖了概述篇、技术篇、运营篇、应用篇和展望篇。

第一部分概述篇：介绍能源大数据的演进、概念、内涵和总体框架，为读者提供对整体的认识。

第二部分技术篇：深入探讨能源大数据的模型、关键技术、安全等关键技术，为读者提供技术层面的深入理解。

第三部分运营篇：重点介绍作为能源大数据管理和运营主体的能源大数据中心的建设与运营，探索要素市场和商业模式，为读者在能源领域的具体运营实践提供帮助。

第四部分应用篇：阐述能源大数据在新型电力系统中的应用，介绍能源大数据助力碳达峰碳中和目标实现的策略，并探讨能源工业互联网应用和能源大数据产品及应用，帮助读者了解能源大数据实际应用中的具体场景和案例。

第五部分展望篇：预测未来能源大数据的发展趋势和前景，为读者揭示未来该领域的发展方向和可能的发展路径。

通过全书的阐述，读者将能够全面深入地了解和掌握能源大数据的相关知识，洞悉其在能源行业中的重要作用和潜力。

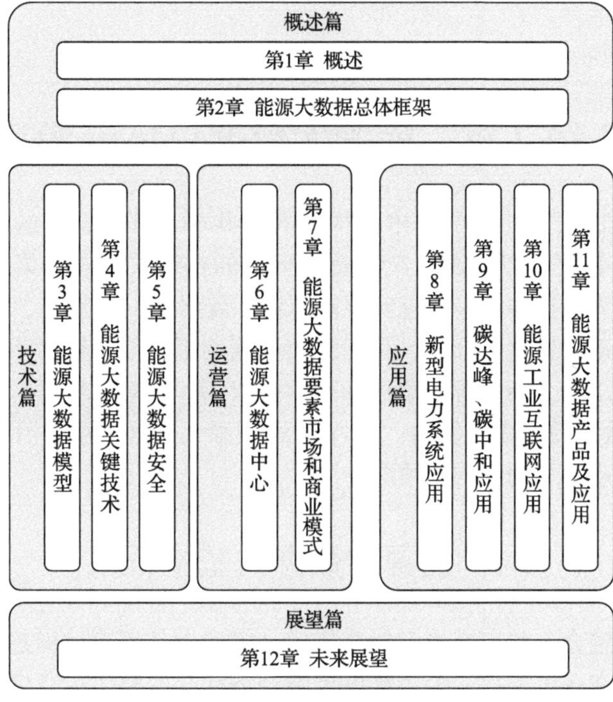

图 1.2 本书框架图

参 考 文 献

[1] 邹才能, 何东博, 贾成业, 等. 世界能源转型内涵、路径及其对碳中和的意义[J]. 石油学报, 2021, 42(2): 233-247.

[2] 刘冬. 全球能源转型与中阿能源合作的立体化发展[J]. 阿拉伯世界研究, 2023(6): 9-29, 156.

[3] 孙艺新, 吴文昭. 能源大数据时代[M]. 北京: 人民邮电出版社, 2019.

[4] 赵国栋. 数字生态论[M]. 杭州: 浙江人民出版社, 2018.

[5] 王积荣. 四大电网能量管理系统引进工程总结[J]. 电力系统自动化, 1991(Z1): 3.

[6] 卢强. 新世纪电力系统科技发展方向——数字电力系统(DPS)[J]. 中国电力, 2000(5): 15-18.

[7] 卢强. 数字电力系统(DPS)[J]. 电力系统自动化, 2000(9): 1-4.

[8] 柏秋云. 大数据的价值与挑战[J]. 科技信息, 2013(17): 47.

[9] 孙宏斌. 能源互联网[M]. 北京: 科学出版社, 2020.

[10] 阿莱克斯·彭特兰. 智慧社会: 大数据与社会物理学[M]. 杭州: 浙江人民出版社, 2015.

[11] 姚玮, 江樱. 浅析电力企业如何应对大数据[J]. 科协论坛(下半月), 2013(8): 49-50.

[12] 赵云山, 刘焕焕. 大数据技术在电力行业的应用研究[J]. 电信科学, 2014, 30(1): 57-62.

[13] 陈加友. 国外大数据发展经验对我国大数据发展的启示研究[J]. 中国市场, 2017(26): 12-13.

[14] 张振伦. 大数据产业现状与发展趋势分析[J]. 互联网天地, 2014(1): 25-29.

[15] 蔡泽祥, 李立浧, 刘平, 等. 能源大数据技术的应用与发展[J]. 中国工程科学, 2018, 20(2): 72-78.

[16] 陈浩敏, 梁锦照, 马赟. 能源大数据技术发展趋势及标准化动向研究[J]. 中国标准化, 2023(17): 35-38.

[17] 潘昭光, 孙宏斌, 郭庆来. 面向能源互联网的多能流静态安全分析方法[J]. 电网技术, 2016, 40(6): 8.

[18] 张红荣, 张峰. "物联网+"智慧综合能源站运营模式与优化策略[J]. 物联网技术, 2023, 13(11): 126-129.

[19] 李福仁. 大数据背景下国有能源企业管理创新路径研究[J]. 现代商贸工业, 2023, 44(19): 77-79.

[20] 王继业. 电力大数据技术及其应用[M]. 北京: 中国电力出版社, 2017.

第 2 章　能源大数据总体框架

能源大数据是以云边协同的技术架构和共建共享、开发合作的设计理念，广泛汇集能源行业内外部数据，以能源生产消费全环节的在线式动态采集与记录为基础，建立形成统一的能源大数据中台，促进实现能源流、数据流、业务流“三流合一”。本章围绕能源大数据的体系框架进行介绍，从能源大数据的采集与传输、治理体系、标准体系等方面展开研究。2.1 节介绍能源大数据的基本框架，就其体系结构向读者进行总体阐述；2.2 节介绍能源大数据的采集与传输；2.3 节介绍能源大数据的数据治理体系；2.4 节介绍能源大数据标准体系的规划及构建情况。

2.1　能源大数据的基本框架

基于跨界深度融合、共享交换和融会贯通，能源大数据通过构建智能化的建模分析和数据应用模式，在多个层次、多个维度反映经济社会的整体运行情况，实现面向最终用户和服务对象提供决策建议、能效优化、监测预警等多元能源大数据产品或服务，为政府决策、行业发展、民生改善等方面提供重要支撑，同时助力于优化能源消费模式，保障我国能源安全。

图 2.1 描述了能源大数据的基本框架，主要按照数据全生命周期中的采集存储、加工处理、传输交换、交易应用等整个过程，并依托能源大数据的关键技术、数据安全、治理体系及标准体系构建而来，该基本框架与本书各章节内容相一致。能源大数据基本

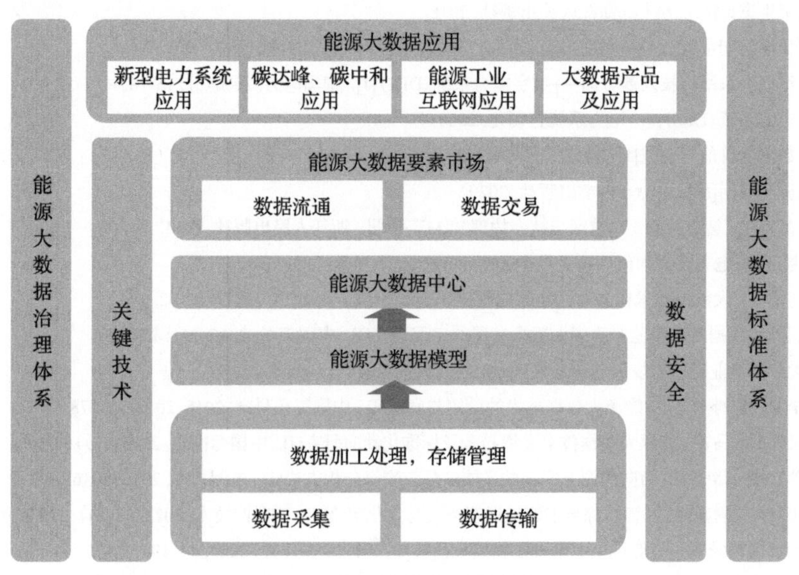

图 2.1　能源大数据基本框架

框架融合了新型电力系统、碳达峰碳中和、能源工业互联网、大数据产品等多元化场景应用，以数实融合方式支撑建设国家各级能源大数据中心，将其打造成为政府、行业和公众、行业生态的“能源大脑”，同时通过构建定制化场景化的数据模型，进一步推动数据流通与交易，支撑能源大数据在各行业领域的广泛应用，不仅为政府决策、行业发展、民生改善提供重要支撑，还助力优化能源消费模式和保障国家能源安全。

图 2.2 进一步细化了能源大数据的总体架构，它由物理层、平台层、数据层和应用层组成。物理层负责能源数据的采集与传输，确保数据的实时性和准确性；基础设施层则为数据处理、存储管理和分析提供基础支持，是整个架构的数据处理中心；平台层作为数据流通和交易的服务平台，确保数据的共享与交换；应用层则根据不同业务领域的需求，实现场景化应用，推动能源大数据的实践应用。整个架构在标准体系、治理体系和安全体系的保障下，确保了数据处理的规范性、有效性和安全性。

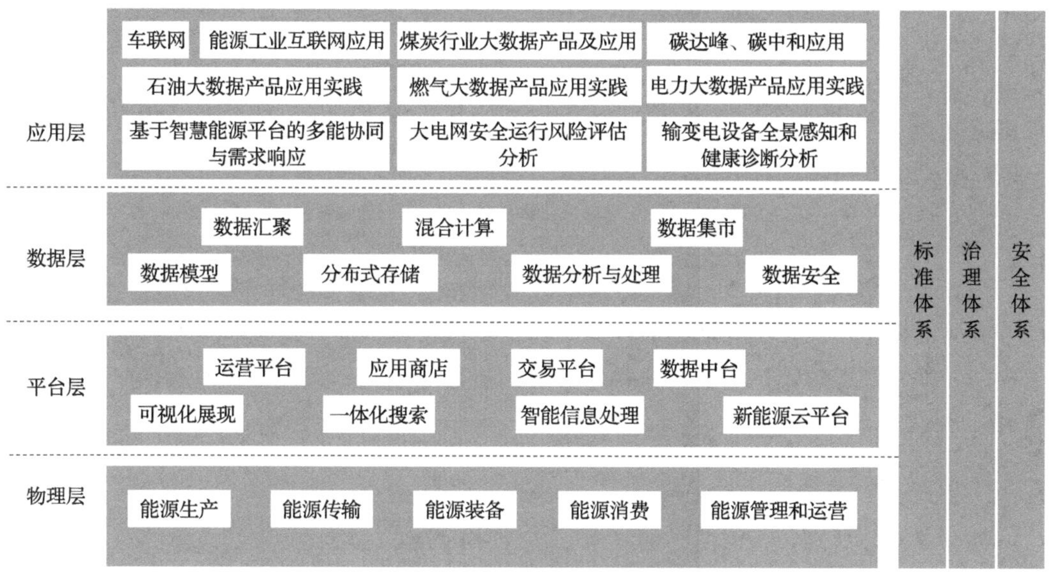

图 2.2 能源大数据总体架构

2.1.1 物理层

能源大数据的物理层包括能源生产、能源传输、能源装备、能源消费、能源管理和运营等全流程多环节以及每一环节的各类能源数据采集装备。通过装设在能源网络和能源装备的传感器装置和能源表计获取系统运行信息及设备健康状态信息，并将数据信息交由智能运营维护与态势感知系统实现数据可视化展示、状态监测、智能预警和故障定位等功能。信息通信与智能控制系统则负责能源系统各环节、各设备间的通信及控制，所产生的海量数据均与气象环境等外部系统数据一同存储在能源大数据的专用数据库中，以进一步加工并用于能效情况评价、风险辨识评估及能源经济利用分析等功能中。

基于能源大数据技术可实现能源生产侧的可再生能源发电功率的精准预测并协同

电-气-冷-热的多样化能源优化配置；在能源传输侧实现智能化的能源网络在线运营维护，有效监控能源系统的运行状态，自动辨识故障位置，为能源消费侧的用户提供能效分析与能效提升服务，并可整合能源消费侧的各类负荷资源，支撑能源管理和生产运营，实现需求侧响应，充分提高能源利用效益。

2.1.2　基础设施层

基础设施层包括了数据汇聚、数据模型、数据分析与处理、混合计算、数据安全、分布式存储、数据集市等环节。

1. 数据汇聚

利用大数据技术将海量的能源数据集成，并实现能源数据信息的开放共享，为互联网技术与传统能源系统的有效连接提供了路径，是建立“互联网+”智慧能源的必然途径。依托能源大数据中台对接国家级政府、行业机构、企业，省级对接属地政府、行业机构、企业，建立能源大数据多方计算生态服务，通过明细数据各自存储、政府、行业、企业等多方联合建模运算，实现在消除各方数据疑虑的同时激活能源大数据产业生态，在统一监管基础上，促使内部数据，外部数据的价值最大化，解决数据孤岛问题。

2. 数据模型

数据模型是基于能源业务需求分析构建概念模型，结合能源应用需求设计逻辑模型，以及具体数据库产品选型和非功能性需求设计物理模型，通过构建能源大数据的数据信息模型，模型涵盖能源、工业、建筑、交通、居民等领域，实现能源大数据业务拓展和管理创新。

3. 数据分析与处理

数据分析与处理是指用适当的技术、统计分析等方法对收集来的海量能源大数据进行处理与分析，将它们加以汇总理解并消化，以最大化地开发数据的功能，发挥能源数据的作用，支撑能源数据服务。

4. 混合计算

混合计算主要解决云计算、边缘计算、家庭计算、个人计算的协议适配、海量连接、数据存储、设备管理、规则引擎、事件告警等应用场景的能源共性和特性问题，目的是促进各种能源应用场景简易搭建、各种应用即想即建，从而使各种算力自协同的一种计算方法。

5. 数据安全

数据安全基于能源大数据的特征，重点选取敏感数据识别、数据权限管控、数据加密技术、隐私保护等数据处理，从而保证参与各方在满足隐私保护和数据安全前提下进行高效数据合作。

6. 分布式存储

通过构建分布式文件系统、分布式数据库、关系型数据库，针对不同机构或机构内的能源数据协同合作分布存储，实现各类数据的集中存储与统一管理，满足大量、多样化数据的低成本、高性能存储需求。

7. 数据集市

数据集市是满足能源特定的部门或者用户的需求，按照多维的方式进行存储，包括定义维度、需要计算的指标、维度的层次等，生成面向政府、行业、企业决策分析需求的数据立方体。

2.1.3 平台层

平台层基于云架构和数据中台，包含运营平台、应用商店、交易平台等模块组成。

数据中台通过数据技术是对能源海量数据进行采集、计算、存储、加工，同时统一标准和口径，并对外提供便捷数据服务的一种技术架构。数据中台首先采集与引入全业务、多终端、多形态的数据，经过数据计算与处理，通过数据指标结构化、规范化的方式实现指标口径的统一，存储到各类数据库、数据仓库中，以实现数据资产化管理，向上提供各类数据服务，面向能源业务构建统一的数据服务接口与数据查询逻辑，提供数据的分析与展示，形成以业务核心对象为中心的连接和标签体系。数据中台的技术特点可以很好地解决多种能源信息之间“数据壁垒”的问题，能够有效发挥数据及分析技术对前台业务的复用价值。

运营平台：是围绕能源大数据开发应用搭建的各个省的能源大数据中心，如国家电网能源大数据资源管理平台、南方能源大数据中心（中国南方电网有限责任公司与贵州贵安新区合作）、内蒙古能源（电力）大数据平台、湖北省能源大数据中心等。

应用商店：利用数据中台等提供的数据资源及组件能力，服务业务部门、基层单位、支撑单位等各方数据产品建设、管理及运营，孵化高价值数据产品的平台。以国家电网公司数据运营平台的应用商店为例，其分别在内外网运营平台独立运行，内网应用商店以数据中台为基础，集成智慧驾驶舱等各类数据工具，面向内部业务部门、基层单位、支撑单位提供数据产品管理和运营能力。外网应用商店则主要面向政府、企业、居民等用户，对外提供包括数据产品发布、定价、支付、结算、交付等数据产品服务，实现数据增值运营。

交易平台：能源大数据交易平台包括政府主导型交易平台、产业联盟交易平台、企业主导的交易平台三类。由于能源大数据属于国家核心数据信息，在能源大数据要素市场建设过程中将会呈现以政府主导建设平台为核心，产业联盟平台及大型能源企业或数据类企业主导平台在分支领域。

2.1.4 应用层

应用层主要包含能源大数据在不同业务领域下的场景化应用，包含碳达峰、碳中和应用、能源工业互联网应用、能源大数据产品及应用等。

(1)碳达峰、碳中和应用：能源大数据本身具备穿透、连接、叠加、倍增等效应，作为数字经济在能源领域的具体应用，能源大数据通过在能源的生产、消费、传输、运营、管理、计量、交易等环节和链条进行广泛应用，将能够直接或间接减少能源活动产生的碳排放量，助力我国碳达峰碳中和目标的实现。

(2)能源工业互联网应用：通过分析能源工业互联网各项关键技术及算法模型，从电、煤、油、气等典型案例，引出能源工业互联网的平台建设和应用情况，展望能源工业互联网的发展趋势、机遇和挑战，智能推荐相关建议政策。

(3)能源大数据产品及应用：以国家大数据战略规划为指导思想，基于海量能源大数据和大数据应用技术，加速产业链从纵向延伸走向横向互联，推进服务模式从以产品为中心转向以客户为中心。能源行业各企业的实践为业务数字创新提供了支撑，可有效持续助力能源安全、高效、绿色、可持续发展，主要包括电力大数据产品应用、煤炭行业大数据产品应用、石油行业大数据产品应用和燃气行业大数据产品应用等。

2.2 能源大数据的采集与传输

随着信息技术不断发展和普及，大数据逐渐成为人们关注的焦点之一。大数据的应用覆盖了各个领域，尤其是能源行业。过去能源行业的数据采集与传输方式比较粗糙，使用效率也相对较低，现在大数据技术的应用为能源行业提供了全新的数据处理和利用方式。

2.2.1 能源大数据采集

在能源管理系统中，数据采集是最基础也是最重要的一个环节。通过数据采集，能源管理系统可以实时、准确地获取能源数据，为企业和个人提供详细的能源消耗情况和各项能源利用效果的评估指标。常见的数据采集方法有以下几种。

(1)智能表计：智能表计是一种可以实现电能计量、电量按等级分时计价、电能质量监测等功能的电表，它能够实现对电压、电流、功率因数等各种电参量的实时监测和数据采集。在智能电网建设中，智能电表发挥着至关重要的作用。对于用电企业，智能电表可以提供用电量、用电时间等数据，用于企业的能源管理和优化。

(2)传感器：传感器可以实现对周围环境的多个参数的实时检测和数据采集。在能源大数据采集方面，传感器可以用于实时监测设备的运行状态及能源使用情况，并通过物联网技术实现数据的传递和共享，从而实现对能源的全面监控和管理。

(3)电子标签：电子标签是一种由射频芯片和天线构成的微型芯片，它可以将数据在无线射频的基础上进行数据传输，从而达到远距离地传输数据的目的。在能源管理方面，可以使用电子标签来实现对能源设备的追踪和监测，并与其他数据传感器相结合，实现对能源设备的运行情况的全面监控。

(4)3D 建模：3D 建模是一种能够实现对空间信息的表示和视觉化的技术，通过 3D 建模技术，能够实现对能源领域的各种设备的建模和仿真。这些 3D 模型可以在虚拟空间中进行操作和分析，从而可以更加直观地了解设备的运行情况和能源使用情况，为能源管理和优化提供更加准确的数据支持。

2.2.2 能源大数据传输

大数据的传输是基于通信网、信息网、数据网、物联网、互联网及有线无线专网等传输方式，实现数据传输。常见的数据传输方式如下。

(1)套接字(Socket)方式：Socket 方式是比较简单的交互方式。服务器提供服务，通过 IP 地址和端口进行服务访问。客户机通过连接服务器指定的端口进行消息交互。目前，常用的超文本传输协议(hypertext transfer protocol, HTTP)调用、JAVA 远程调用、Web Service 都是采用的这种方式。不同的是传输协议及报文格式不同。Socket 方式具有易于编程、容易控制权限、通用性比较强的优点。

(2)FTP/文件共享服务器方式：FTP/文件共享服务器方式适合对于大数据量的交互。系统 A 和系统 B 约定文件服务器地址、文件命名规则、文件内容格式等内容，通过上传文件到文件服务器进行数据交互。地方不动产登记信息平台接入部平台进行登记信息上报，采用的就是这种方式。这种方式在数据量大的情况下，可以通过文件传输，不会超时，不占用网络带宽。同时方便简单，避免了网络传输。

(3)数据库共享数据方式：数据库共享数据方式指系统 A 和系统 B 通过连接同一个数据库服务器的同一张表进行数据交换。当系统 A 提供数据，请求系统 B 进行处理时，系统 A 使用 Insert 语句向共享表插入数据，系统 B 通过数据库 trigger 触发或者数据库镜像等策略，自动读取数据进行处理，保证了数据的一致性。这种方式相比文件方式传输来说，因为使用的同一个数据库，交互更加简单。而且交互方式比较灵活，通过数据库的事务机制，还可以做成可靠性的数据交换。

(4)Message 方式：Message 方式则是指系统 A 和系统 B 通过一个消息服务器进行数据交换。系统 A 发送消息到消息服务器，如果系统 B 订阅系统 A 发送过来的消息，消息服务器会将消息推送给 B，双方约定消息格式即可。Java 消息服务(java message service, JMC)是 message 数据传输的典型的实现方式。这种方式由于 JMS 定义了规范，有很多的开源的消息中间件可以选择，而且比较通用。接入起来相对也比较简单。同时，通过消息方式比较灵活，可以采取同步、异步、可靠性的消息处理，消息中间件也可以独立出来部署。

(5)云计算：云计算是一种基于互联网的计算，它可以实现对数据的存储分析和处理，为能源大数据采集提供了更加便捷的途径。通过云计算的应用，能够将大量的能源数据进行在线存储，并运用各种算法进行数据分析和处理，从而可以提高能源设备的利用效率，同时优化能源的使用情况。

(6)物联网：物联网是一种将一切设备和物体通过互联网进行数据传输，它可以实现对设备的远程监控和数据传递，为能源数据采集提供了更加便捷的途径。通过物联网，能够实现对能源设备的实时监控和数据采集将各种不同设备进行智能互联，从而提高能源运行的效率，降低能源消耗的成本。

(7)互联网：互联网是以相互交流信息资源为目的基于一些共同的协议，并通过许多路由器和公共互联网连接而成，它是一个信息资源和资源共享的集合。Internet 采用了目前最流行的客户机/服务器工作模式，凡是使用 TCP/IP 协议，并能与 Internet 中任意主机进行通信的计算机，无论是何种类型、采用何种操作系统，均可看成是 Internet 的一部分。

2.3 能源大数据的数据治理体系

在数字化转型的背景下，数据作为企业的重要资产，其治理和质量的认知与发展逐渐受到重视。数据不仅是资产，更是价值的体现，同时也是服务的基础。然而，并非所有数据都能被视为资产并用于服务，因此需要规范能源大数据的治理，制定统一的标准和质量规范，提高数据质量，发掘数据关系，建立数据认责和问责机制。只有经过治理的标准化数据才能在不同业务领域中融会贯通，形成良性循环。

为了实现这一目标，需要基于国内外数据治理成熟度模型，制定数据治理的路线及关键领域的实施过程，并形成能源大数据的治理体系。这一体系应包括数据的规划、采集、存储、处理、分析、应用和销毁等全生命周期的治理，确保能源大数据在质量和安全方面得到有效管理和控制。同时，应注重培养和引进具有相关技能和知识的人才，加强与国内外同行的交流与合作，不断推进数据治理的实践和创新，以满足数字化转型的需求[1]。

2.3.1 国内外数据治理现状

2.3.1.1 DAMA 数据治理方法

针对数据治理工作，Danette McGilvray①在《数据质量工程实践——获取高质量和可信信息的十大步骤》一书中提出一套获取高质量数据的方法论，成为数据质量管理领域的国际经典理论，该方法论包括用来理解数据质量的概念框架和流程，其中包括详细方法、模板、技术、建议和实例等，可操作性强，对数据治理工作具有较高的参考价值。

如图 2.3 所示，该流程分四个主要阶段。①确定目标：通过定义业务需求，分析信息环境，明确数据治理的目标，厘清数据治理的关键点。②质量检查：通过评估业务影响和评估数据质量，确定数据质量检查的范围。③问题分析：通过对已有的信息进行归纳整理、逻辑推理和数据分析等方式来分析数据问题的根本原因。④整治提升：根据已

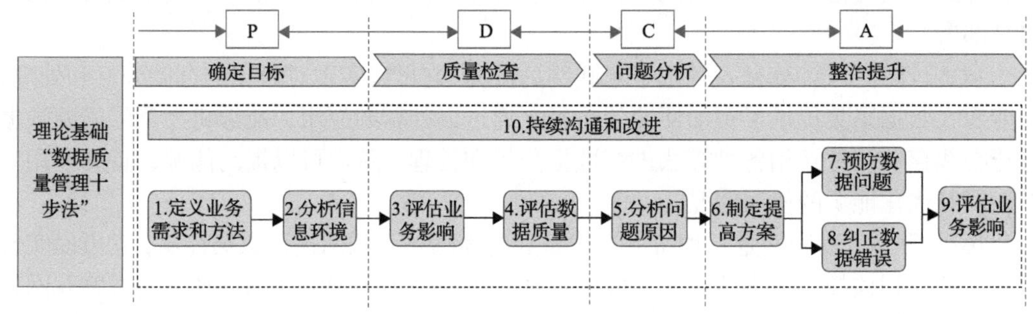

图 2.3 DAMA 数据治理方法

① 国际数据管理协会（DAMA）理事、国际信息和数据质量协会（IAIDQ）创始人。

有信息和分析结果来制定数据质量提升方案，实现问题数据闭环管理，防治数据问题，纠正数据错误，实施质量控制、持续沟通和改进，总结出的经验和教训应用到下一个问题解决过程中，并且不断地完善自己的方法和技能，实现数据治理。

数据管理成熟度评估(data management maturity assessment，PAMA)数据治理方法是在完成业务需求、目标的定义以及梳理、分析当前形势和信息环境的基础上，选择合适的数据质量维度，数据完整性、准确性、及时性等，开展数据质量评估。评估结果为后续根本原因分析、确定改进基线、数据纠错以及预防未来错误的合适改进等数据治理步骤提供基础。

2.3.1.2 数据管理能力成熟度评估模型

DCMM(data management capability maturity assessment model，数据管理能力成熟度评估模型)是由全国信标委大数据标准工作组(工业和信息化部信息化和软件服务业司主导，多家企业和研究机构共同组成)研发，并于 2018 年 3 月 15 日正式发布，是我国数据管理领域最佳实践的总结和提升。

DCMM 模型按照组织、制度、流程、技术对数据管理能力进行了分析、总结，提炼出组织数据管理的八大过程域，即数据战略、数据治理、数据架构、数据应用、数据安全、数据质量、数据标准、数据生存周期。这八个过程域共包含 28 个过程项、441 项评价指标，如图 2.4 所示。DCMM 模型将组织的数据能力成熟度划分为初始级、受管理级、稳健级、量化管理级和优化级共 5 个发展等级，帮助组织进行数据管理能力成熟度的评价。

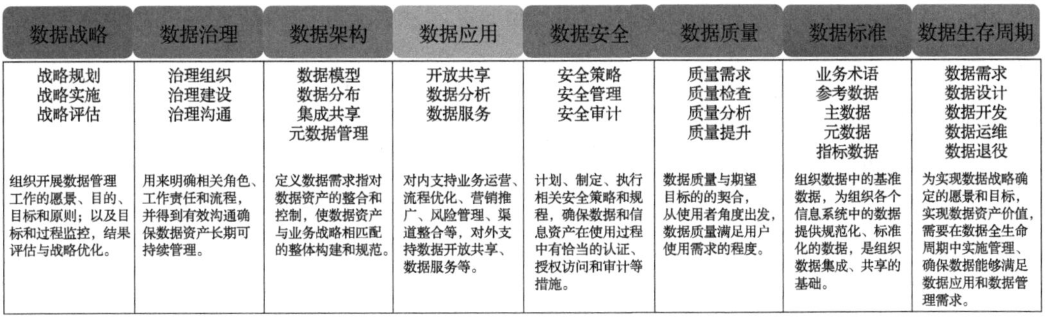

数据战略	数据治理	数据架构	数据应用	数据安全	数据质量	数据标准	数据生存周期
战略规划 战略实施 战略评估	治理组织 治理建设 治理沟通	数据模型 数据分布 集成共享 元数据管理	开放共享 数据分析 数据服务	安全策略 安全管理 安全审计	质量需求 质量检查 质量分析 质量提升	业务术语 参考数据 主数据 元数据 指标数据	数据需求 数据设计 数据开发 数据运维 数据退役
组织开展数据管理工作的愿景、目的、目标和原则；以及目标和过程监控，结果评估与战略优化。	用来明确相关角色、工作责任和流程，并得到有效沟通确保数据资产长期可持续管理。	定义数据需求指对数据资产的整合和控制，使数据资产与业务战略相匹配的整体构建和规范。	对内支持业务运营、流程优化、营销推广、风险管理、渠道整合等，对外支持数据开放共享、数据服务等。	计划、制定、执行相关安全策略和规程，确保数据和信息资产在使用过程中有恰当的认证、授权访问和审计等措施。	数据质量与期望目标的的契合，从使用者角度出发，数据质量满足用户使用需求的程度。	组织数据中的基准数据，为组织各个信息系统中的数据提供规范化、标准化的数据，是组织数据集成、共享的基础。	为实现数据战略确定的愿景和目标，实现数据资产价值，需要在数据全生命周期中实施管理、确保数据能够满足数据应用和数据管理需求。

图 2.4 DCMM 模型结构

DCMM 模型为企业数据治理提供良好的模型支撑，帮助企业建立与企业发展战略相匹配的数据管理能力体系。通过企业数据现状结合 DCMM 模型，形成一套行之有效且符合企业特性的数据治理实施路径。

中国电力企业联合会提出电力数据管理能力成熟度评估模型(power data management capability maturity assessment model)由国家电网公司大数据中心等多家电力行业企业共同研发，并于 2021 年 12 月 22 日正式发布，2022 年 6 月 22 日开始实施。该模型规定了电力数据管理力成熟度评估模型的数据战略、数据治理、数据架构、数据应用、数据安全、数据质量、数据标准、数据生存周期、数据平台、数据资产运营等 10

个能力域。与 DCMM 评估模型的等级划分一致，电力数据管理能力成熟度评估等级也分为五级：初始级(一级)、受管理级(二级)、稳健级(三级)、量化管理级(四级)、优化级(五级)共五个成熟度等级，低级别是实现高级别的基础。

数据治理是 DCMM 数据管理能力成熟度评估模型中八大过程域之一，涉及数据收集、存储、处理、分析和共享等方面。数据治理方法论的目的是确保数据的质量、可靠性和安全性，以便在企业中更好地利用数据来支持业务决策。数据治理方法论的核心是建立一个完整的数据管理体系，包括数据管理政策、数据管理流程、数据管理标准和数据管理工具等。这些组成部分相互关联，共同构成了一个完整的数据治理框架。

(1)数据管理政策是数据治理的基础。它包括数据定义、分类、归档、备份、恢复、保密和共享等方面的规定。这些政策应该与企业的战略目标相一致，以确保数据的价值和重要性得到充分认识和重视。

(2)数据管理流程是数据治理的关键。它包括数据采集、存储、处理、分析和共享等方面的流程。这些流程应该是标准化的、可重复和可测量的，以确保数据的一致性和准确性。

(3)数据管理标准是数据治理的保障。它包括数据命名、格式、结构、元数据和数据质量等方面的标准。这些标准应该是可执行、可验证和可维护的，以确保数据的可靠性和一致性。

(4)数据管理工具是数据治理的支撑。它包括数据管理软件、数据仓库、数据挖掘工具和数据可视化工具等。这些工具应该是易于使用、可扩展和可定制的，以满足企业的不同需求。

2.3.1.3 电力行业数据管理能力成熟度评估

数据管理能力成熟度评估(DCMM)是国家大数据重点标准之一，为企业推进数据管理能力提升提供了权威标准和根本遵循，如图 2.5 所示。能源、电力是较早开展 DCMM 贯标试点的行业，国网天津市电力公司(以下简称“国网天津电力”)早在 2017 年就开始参与全国 DCMM 贯标试点，在国家电网的大力支持下，于 2020 年成功获评 DCMM 4 级认证，国网公司也于 2021 年成为全国首家获评 DCMM 5 级认证的单位。DCMM 贯标对企业数据管理体系的构建起到了非常大的作用。

国网天津电力在国家电网的指导下，全面实施“1001 工程”“变革强企工程”和“9100 行动计划”，数字化转型发展工作取得突破进展。国网天津电力贯彻落实国家法律法规和国家电网制度规范，结合实际建立数据管理制度体系，涵盖数据治理、数据共享、数据应用等重点领域制度 43 项。深化数据标准建设，统一公司指标体系，牵头完成指标报表中心设计研发，沉淀专业指标 2481 个，全面支撑公司发展、人资、设备等多个专业标准化管理，并在总部及 13 家试点单位推广应用。

2.3.1.4 石油行业典型数据治理体系

石油行业数据按业务领域分为 12 类，已积累海量的计量、销售、生产、管理等各类数据，全面激活数据要素、充分发挥数据价值是石油行业非常重点的课题，设计数据治

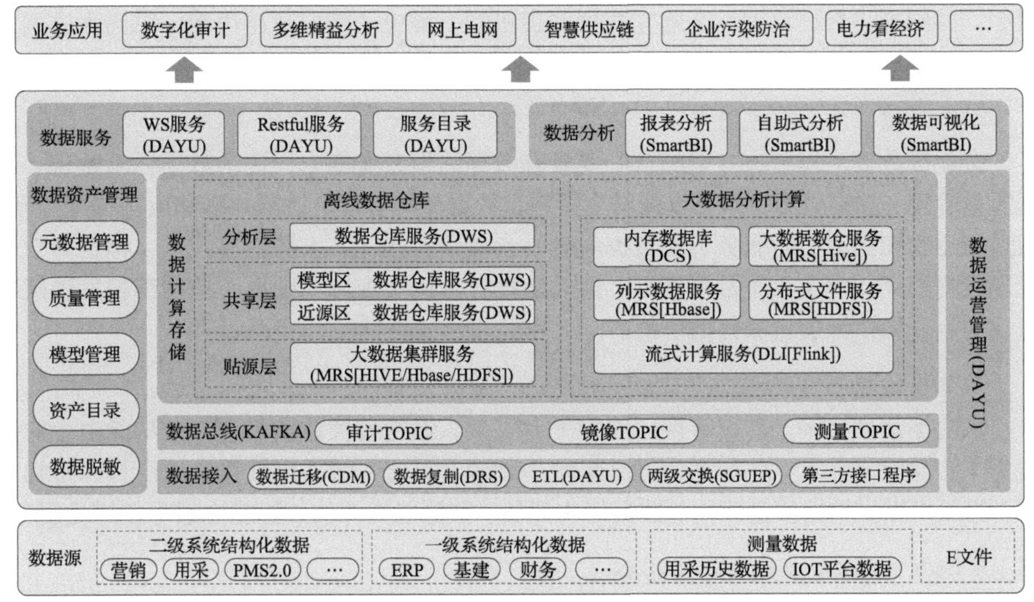

图 2.5　电力行业数据管理能力成熟度模型[2]

理体系架构，制定数据管理制度和标准，构建数据资源目录 260 项，识别数据实体 2100 个，形成 3500 条数据质量规则库，完成 1800 余项销售业务数据指标核对，数据准确率达到 97%，搭建统一的数据湖平台，建立数据入湖标准，推进业务数据的有效汇聚、统一管理和共享应用，实现数据全生命周期集中管控，如图 2.6 所示。

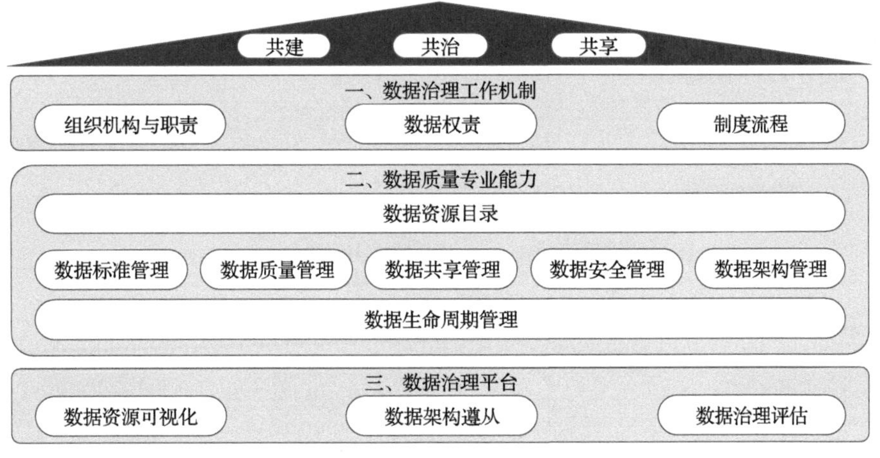

图 2.6　石油行业数据治理体系

2.3.2　能源数据治理体系

2.3.2.1　数据治理体系建设

1) 数据治理工作机制建设

数据治理需要企业所有部门的参与，需要协调所有资源。①建立规范化的数据治理组织，共同推进数据治理。②建立数据问责机制，解决“横向超越边缘，纵向无底洞”的共同问题。③建立数据运行机制，确保数据治理的有效发展。

2) 数据治理专业能力建设

企业级数据治理解决方案的核心要素是数据治理专业能力，包括数据标准管理、数据质量管理、数据资源目录、数据安全管理、数据架构管理、数据共享和应用程序管理。通过应用知识图谱、微服务、元数据收集、自然语言处理、大数据等技术，辅助高效地管理数据资产，规范系统数据模型，建立数据标准，实现协同变更，控制细粒度敏感信息，为企业提供深层次的数据价值。

3) 数据治理平台建设

从数据治理咨询、需求转换、原型平台实现，迅速转换数据治理专业功能由企业按需为平台建设的需求，将数据治理结果统一管理，通过平台实现数据资源全景和视觉显示，为用户提供数据质量评估、数据架构评估、数据能力评估、智能检索等多样化服务。

2.3.2.2　能源大数据治理方法论

参照 DAMA 数据治理方法论体系，根据“应用与批量相结合”的本地化数据质量实践，按照“面向应用服务实施质量控制、面向批量需求实施质量提升”的双闭环思路开展流程设计，初步形成本地化数据质量治理方法论。其中，确定目标阶段参考原 DAMA 数据治理方法前三步略微调整，以业务为导向，根据业务目标明确数据范围及治理需求；质量检查阶段将原方法论中评估数据质量的步骤进一步细化，明确数据质量评估的具体步骤；问题分析阶段除问题溯源分析外，还增添了明确问题责任、发布问题公示等步骤，以推动问题整治更加高效；最后，整治提升以及持续沟通和改进阶段参考原方法论中对应步骤，如图 2.7 所示。

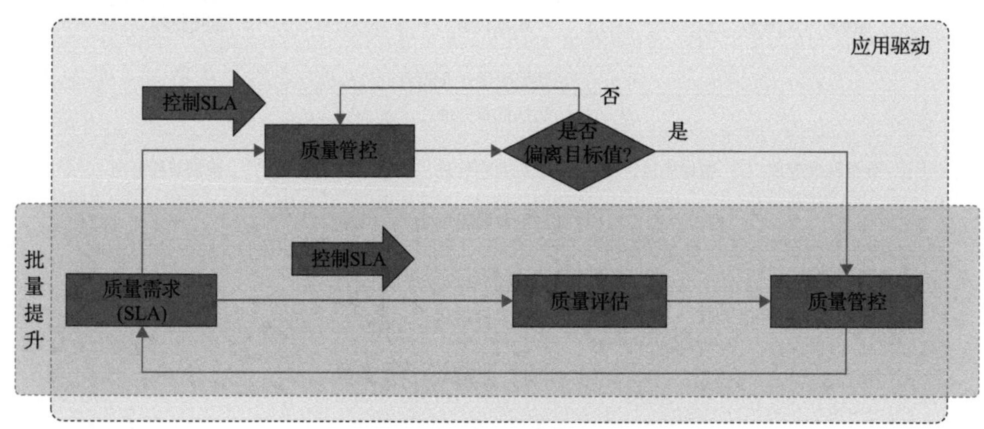

图 2.7　质量管理流程策略总体设计示意图

为提高数据治理水平，高效共享优质数据，开展批量数据治理和质量管理工作，需要采用如图 2.8 所示的数据质量管理方法论。①建立数据治理专项治理、常态治理两类机制，形成了源头治理、以用促治的数据治理模式；②建立数据质量规则库，完成数据校核规则的中台部署及监测，形成持续发现并解决数据质量问题的能力，提升数据完整性、一致性、准确性和有效性；③形成质量闭环改进机制，优化人员分工并明确职责，“当日事，当日毕”，排查、解决数据质量问题。

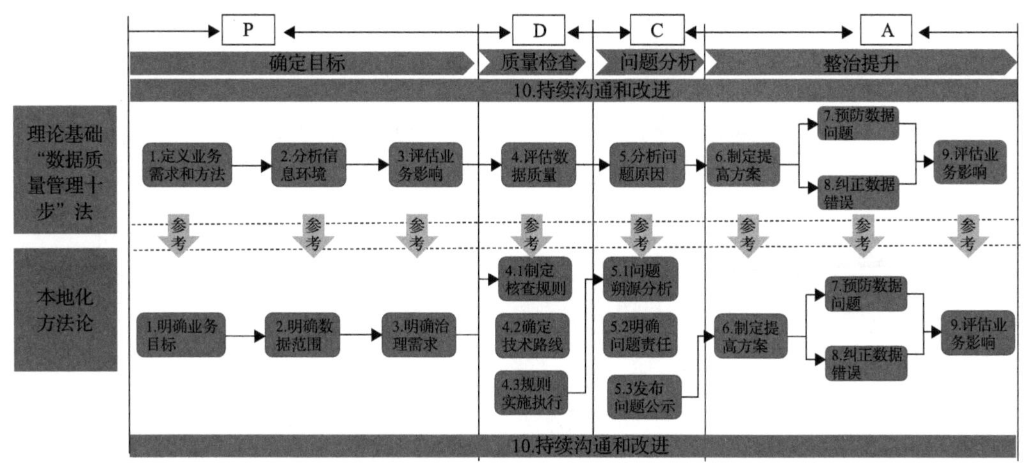

图 2.8 数据质量管理方法论

2.3.2.3 能源大数据治理流程

能源企业对数据治理的实践主要集中在结构化数据方面，通常分为以下 3 个方面。

(1)分析域数据治理(元数据管理)：以元数据为核心，目标是理顺数据分析和数据建模的过程，提高数据质量，实现分析型数据应用。

(2)事务域数据治理(主数据管理)：以主数据为核心，目标是确保业务应用及其集成与交互的顺畅，提高数据质量，降低业务风险。

(3)业务场景驱动的数据治理(数据标准管理)：对业务场景应用、分析应用在数据采集、传输、存储、建模、利用过程中涉及的数据，针对其技术上的唯一性、一致性、完整性等质量特性，以及业务上的准确性、标准化、全面性、有效性等质量特性，进行梳理、清洗、检验、维护等治理工作。

这三个方面在实践过程中相互有一定交叉，但目前还没有很好地融合三个方面的数据治理实践，也没有出现对非结构化数据尤其以时序数据为代表的能源大数据治理的典型案例。

针对能源大数据的现有问题，充分考虑到国家大数据战略规划的前提下，能源大数据应通过数据治理、数据赋能、数据化运营核心要素建设能源大数据治理平台，采用标本兼治、持续发展的设计理念，制定治本、治标、赋能“三步走”计划，如图 2.9 所示。

(1)治本：自上而下建立数据治理体系，有效控制异常数据新增。①从管理层面安排数据问题治理工作，并制定建设数据治理体系，制定数据质量管理办法，确定数据质量主体责任在业务部门，建立数据质量绩效考核制度，从源头上解决数据质量问题。②从业务层面制定数据标准，整合业务应用，规范数据采集入口；同时根据元数据问题表现，量化问题类型并明确治理内容；梳理业务规则，在数据采集源头把控数据质量。③从技

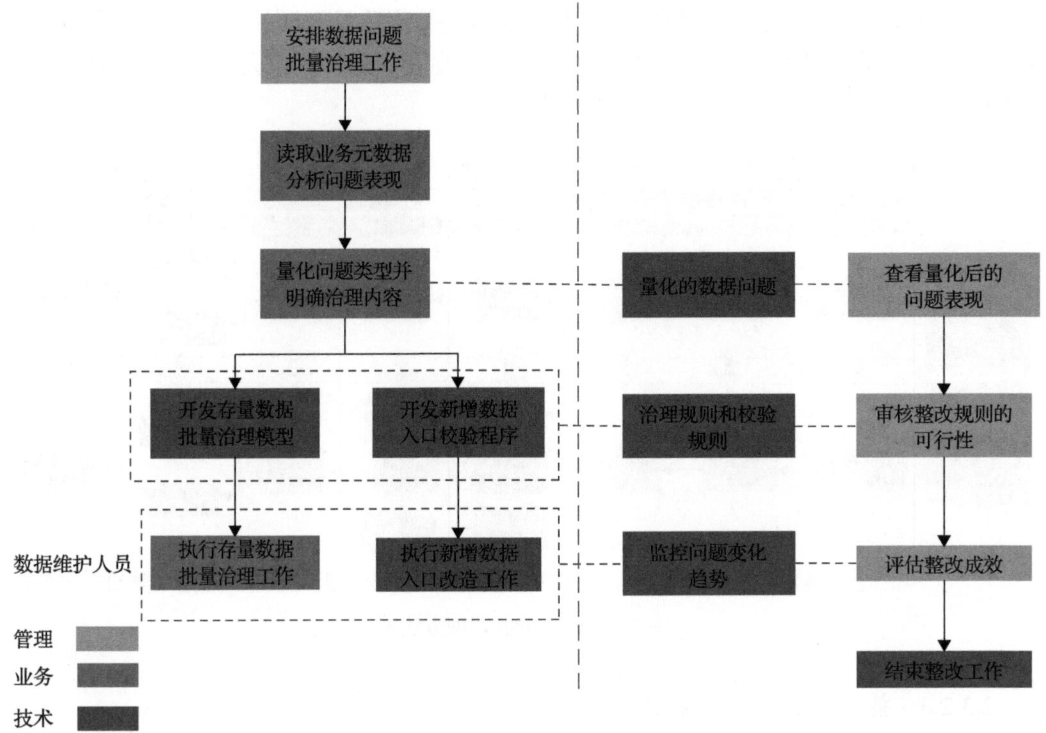

图 2.9 能源数据治理流程图

术层面涵盖数据全生命周期数据治理，通过元数据管理掌握数据来龙去脉；通过数据标准管理统一数据标准；通过数据质量管理发现数据质量原因，从源头循序渐进提升数据质量；通过数据资产编目让各业务部门了解能源大数据及其含义，促进数据治理。

(2)治标：搭建大数据资产平台，推动存量异常数据纠正。搭建数字化大数据平台，通过 Kafka、Flume 等技术手段，实现能源数据的实时采集、清洗和存储，并结合各系统治理之后的数据，进行数据整合。最终针对各类数据资产进行编目，形成整个大数据资产平台，同时通过权限管理、流程审批、数据加密脱敏等一系列手段保障数据安全，实现数据共享。

(3)赋能：赋能业务人员数据思维，提升员工数据分析能力。针对数据化运营，最终必须让一线业务人员具有数据思维，掌握数据分析能力，降低数据使用门槛，使业务人员不但可以利用现有的分析模型分析取数，更可通过简单的拖拽方式做探索性分析，尝试新的数据分析模型，学习数据分析思路，逐渐掌握数据分析能力，实现数据赋能。

2.3.3 数据安全治理体系

目前，新兴技术推动数据在各个领域和新型业态中的广泛应用，并呈现出快速发展态势。然而，在开发和利用过程中，虽然打破了数据孤岛，消除了数据壁垒，但数据安全和隐私保护等问题日益突出，在面对新业态和新应用的快速演变，传统数据安全管理体系暴露出诸多短板，已无法满足新的数据安全管理需求。亟须探讨如何构建与应用场景相适应的能源大数据安全管理与防护体系，确保重要数据、核心数据及个人隐私数据的安全可控，防止敏感数据泄露，同时在新技术、新场景和新应用不断涌现的过程中，实现数据管理体系、技术架构和模式的同步演进、发展与完善。

能源大数据安全治理体系遵循国家数据安全治理总体框架，从行业(宏观)、企业(机构)和个人(微观)等三个层面，围绕总体战略、政策要求、参与主体、治理活动、产业生态等维度，构建数据安全治理体系框架，如图 2.10 所示。

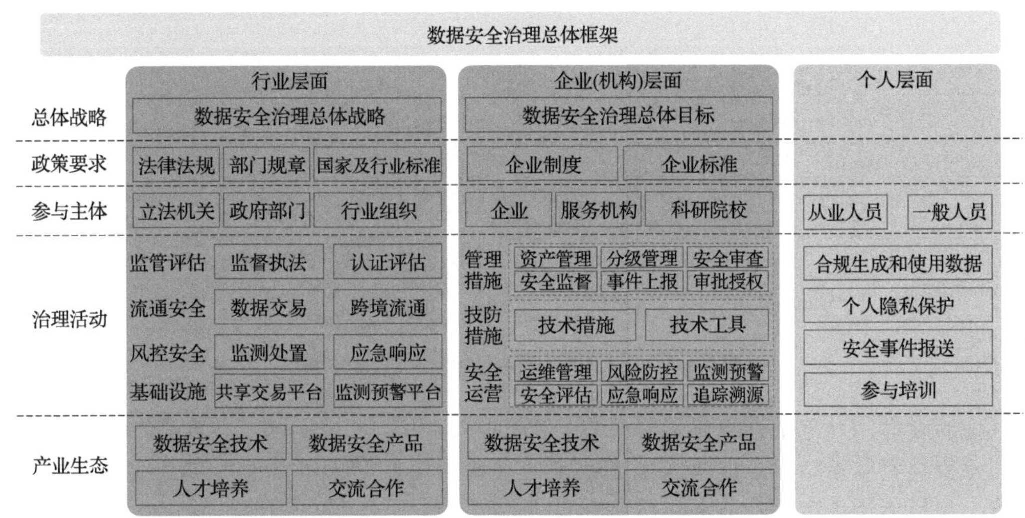

图 2.10 数据安全治理总体体系框架图

2.3.3.1 行业能源大数据安全治理体系框架

从宏观层面来看，在国家数据安全治理总体战略目标的指引下，逐步完善国家能源大数据相关法律法规、部门规章和标准，各参与主体有序开展能源数据安全治理活动，逐步明确各参与主体职责，明确能源大数据处理活动安全要求，培养数据安全产业生态，加强能源大数据安全技术、产品、人才、交流合作等产业生态环境建设，有序推进能源大数据安全治理，提升能源大数据安全治理水平。宏观层面能源大数据安全治理框架如图 2.11 所示。

(1)总体战略方面，以国家安全观为指导，贯彻落实安全与发展的理念，增强能源大数据安全风险防范意识，积极防御、有效应对。积极探索能源大数据开放利用，充分释放能源大数据资源价值。通过能源大数据相关法律法规制度逐步完善、能源数据保护水平不断提升、风险防控能力全方位增强、数据安全技术达到国际先进水平等一系列措施，促进国家能源大数据安全治理体系基本建成。

(2)政策要求方面，结合社会各界的相关意见，中央国家安全领导机构、国家数据局等政府部门统筹协调，组织各参与主体加快推进能源大数据资源分类分级保护制度、重要数据目录制度、数据安全风险监测预警制度、数据交易管理制度、数据出口管制制度等一系列规章制度制定完善，适时面向公众征求意见，尽快推动相关配套制度规范和标准的发布。

(3)参与主体方面，中央国家安全领导机构、国家数据局等政府部门主要负责统筹协

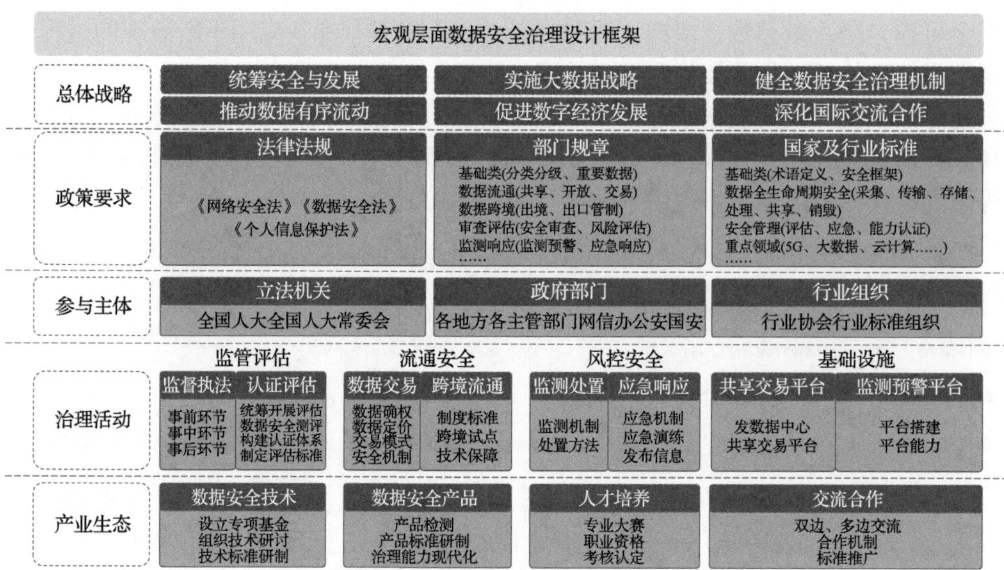

图 2.11 宏观层面能源大数据安全治理框架

调其他监管部门开展数据安全监管工作。各地方、各行业主管部门、公安、国安等监管部门主要负责监督指导企业落实能源数据处理者的相关责任和义务。能源行业的各个参与方，包括能源生产商、能源供应商、能源消费者、设备制造商等，应建立安全合作机制，共享关于数据安全的最佳实践、威胁情报和漏洞信息。这有助于提高整个行业的安全水平，共同应对潜在的安全风险和威胁。

(4) 治理活动方面，从监管评估、流通安全、风控安全、基础设施四个方面八项活动统筹进行能源大数据安全治理，完善监督执法手段，形成事前、事中、事后的能源数据安全监管闭环机制。

①开展能源大数据监管和审计。能源行业的数据安全治理体系需要受到监管机构的监督和审计，相关监管机构应确保能源行业企业和相关参与方遵守数据安全的法律法规和行业标准，制定数据稽核规则，进行定期的安全合规性审查和监督。同时，行业内部也应建立独立的审计机制，对能源大数据安全治理体系进行自查和评估，以发现和解决潜在的安全问题。

②开展能源大数据安全风险评估、安全测评、防范、处置等方面协作，制定关键数据安全技术相关标准。在能源行业组织中，通常会涉及多个第三方参与数据处理和服务提供。治理体系需要确保第三方供应商和合作伙伴具备充分的安全措施和能力，能够保护能源大数据的安全。这包括进行供应商评估和风险管理，签订明确的安全协议和合同，监督和审计第三方的数据安全措施。

③完善数据流通机制，逐步疏通流通障碍。建立集中统一、高效权威的能源大数据安全风险评估、报告、信息共享、监测预警机制，加强数据安全风险信息的获取、分析、研判、预警工作。构建数据行业合规联盟，围绕个人数据保护、企业数据交易流通、公共数据开放开发、国家数据跨境流动等领域，加快制定适用于能源行业的数据采集、流通、开发和利用的行业规范和标准，制定统一的能源数据目录、安全标准和规范，包括

数据隐私保护、数据传输和存储安全、访问控制和身份认证等方面的要求，加快形成数据治理方面的行业共识，提高行业自律能力。

④完善数据基础设施。首先，数据治理不是一次性工程、不是单纯的 IT 工作，需要业务充分参与，各行业需要遵从统一的、系统性的行业数据战略。其次，数据治理由单系统单领域走向跨系统全领域，开展行业级的数据治理成为打通部门壁垒、贯通业务流程的有力手段，特别是在一体化政务大数据体系建设和大型央国企集团数据治理体系建设中，跨层级、跨地域、跨系统、跨部门、跨业务成为显著特征，这对数据治理方法和工具都带来了新的挑战。再次，丰富的行业场景产生了复杂的数据形态，数据多来源、多协议、异构化、多模态、高并发成为普遍现象，数据治理技术难度急剧提升。

⑤制定应急响应和灾备计划。能源行业对于数据安全的敏感性很高，因此需要建立完善的应急响应和灾备计划。治理体系应该包括针对安全事件和事故的快速响应机制，以及数据备份和恢复策略，确保能源大数据在安全事件发生时能够迅速恢复和保护。

(5)产业生态方面，加大数据安全技术研发投入，推动在能源大数据领域的逐步拓展，规范数据安全产品研发标准，推进能源大数据安全治理能力现代化。

①构建数据安全人才培养机制，加强高技能人才与专业技术人才职业发展相互贯通。加强能源大数据安全交流合作，积极开展数据安全治理经验交流和信息共享，积极参与能源大数据安全相关标准制定。

②构建数据安全治理反馈机制，开展行业数据开发和治理发展水平评估，总结行业数据开发和治理经验，查找问题和不足，提高数据应用社会透明度，提升社会对企业数据应用的信任度。加强数据开发利用和治理行业交流，定期组织相关企业开展应用创新和治理研讨，探索数据应用和治理创新模式。

2.3.3.2 企业(机构)能源大数据安全治理体系框架

从企业(机构)层面看，能源大数据安全治理是以保护数据的保密性、完整性及可用性为主要目的，通过一系列的过程及方法，全面提升组织建设、管理建设、技术工具及人员能力等方面的数据安全保障能力，降低能源大数据所面临的数据安全风险，符合合规要求、抵御攻击威胁、保障业务发展。企业(机构)层面能源大数据安全治理框架如图 2.12 所示。

(1)总体策略方面，以组织的业务战略及 IT 战略为基础，开展能源数据安全需求管理，确定数据安全管理的执行机制，识别业务、场景、数据、分类分级及安全风险，设计整体数据安全保护策略，形成“依法合规、可视可管、可防可控、协同治理”的企业(机构)能源大数据安全治理局面。

(2)制度要求方面，能源大数据参与主体应建立明确的数据安全治理执行机制是落实数据安全保障的基础，需要建立完善的数据安全管理组织体系、明确数据安全管理的指导方针、明确数据安全管理的内容及制度要求、确定各相关角色参与数据安全管理的阶段及流程、根据实际场景建立规范的数据安全管控标准规范。

(3)参与主体方面，能源大数据参与主体包括能源领域油电煤气等各行业构建的能源生产、存储、传输、交易、消费、增值服务等全产业链，在监管部门的监督指导下，构

企业（机构）层面数据安全治理顶层设计框架				
总体策略	依法合规	可视可管	可防可控	协同治理
制度要求	数据安全管理办法	数据安全管理职责	个人信息保护要求	分类分级制度
	合规评估规范	风险评估指南	应急预案	……
参与主体	企业 数据所有者数据使用者	服务机构 第三方检测机构第三方评估机构安全厂商		科研院校 科研机构高等院校
治理活动	管理措施 ●资产管理 ●安全监督 ●分类管理 ●事件上报 ●安全审查 ●审批授权	技防措施 ●技术措施(基础安全、资产识别、安全防护、隐私保护、安全监测) ●技术工具(数据识别、安全防护、隐私保护平台、风险监测、安全评估、安全运维等工具)		安全运营 ●运维管理 ●安全评估 ●风险防控 ●应急响应 ●监测预警 ●追踪溯源
产业生态	数据安全技术 加大研发投入 拖着应用领域 持续演进核心技术	数据安全产品 研发治理工具平台 “需求定制”专业型 产品拓展应用领域	人才培养 专业培训 意识培训 培养体系	交流合作 校企交流 国内外企业合作 实验室组建

图 2.12　企业(机构)层面能源大数据安全治理框架

建政产学研用的大生态，利用公开共享的数据资源，培育发展智慧能源新业态，带动相关产业升级，促进智慧能源产业形成新的经济增长点。

(4) 治理活动方面，应规范数据安全管理活动，及时响应数据安全事件。制定形成数据分类分级清单，加强数据分类分级防护。持续完善数据安全治理技术措施，不断提升访问控制、安全审计、监测分析等数据安全保护能力。加强数据采集、传输、存储、使用、共享、销毁等方面数据安全防护，提升整体的数据安全保护能力。建立覆盖运维管理、风险防控、监测预警、安全评估、应急响应、追踪溯源的数据安全运营管理机制，不断降低数据安全风险。

(5) 产业生态方面，提升数据安全技术创新能力，为能源大产业的发展提供有力支撑。研发数据安全治理工具平台，拓宽数据安全产品应用领域。开展数据安全人才专业培训，构建数据安全人才培养体系。加强国内外、行业内外交流合作，联合开展数据安全研究工作。

2.3.3.3　个人数据安全治理体系框架

从个人层面来看，能源大数据安全治理的参与主体，主要包括数据安全治理从业人员和一般人员。数据安全治理活动建议从规范生成数据、合规使用数据、个人隐私保护、安全事件上报、主体权益保护、安全教育培训等方面开展。个人层面数据安全治理框架如图 2.13 所示。

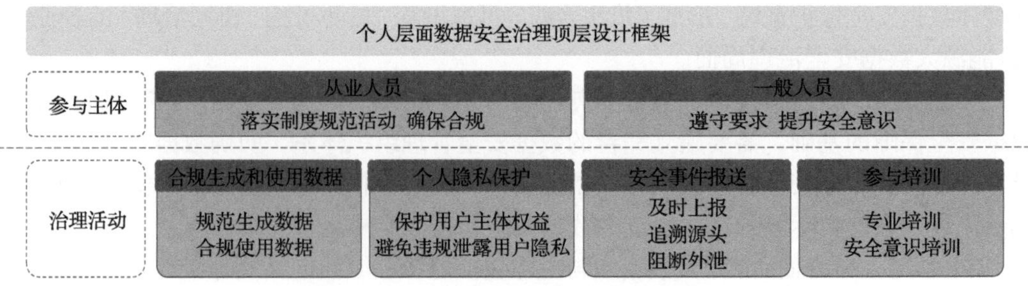

图 2.13　个人层面数据安全治理框架

(1)参与主体方面，明确参与主体职责，增强个人数安意识。从业人员规范使用数据，按照企业层面的数据安全治理体系，规范相关治理活动，保障企业数据安全和客户个人信息安全。一般人员遵守数据安全相关保护要求，积极参与培训，提升自身数据安全意识。

(2)治理活动方面：①合规生成和使用数据：从业人员应定期评估企业在数据收集、传输、存储、处理、共享、销毁等数据全生命周期的安全性，确保相关人员按照制度落实相关要求，保障数据生成、使用过程中的合规性。②个人隐私保护：个人在使用能源服务时会产生相关的个人数据，治理体系需要确保这些个人数据得到妥善保护。个人应对自己的信息进行保密，不随意泄露或分享给未经授权的第三方。同时，能源行业企业和相关服务提供商应采取措施确保个人数据的安全存储和传输，例如加密通信、合理的访问控制和身份验证机制等。③安全事件报送：一般人员按照企业规章制度生成、传输、存储和使用敏感数据，避免因个人违规操作泄露客户个人隐私和企业敏感数据。发生数据泄露、违法违规使用等数据安全事件时，及时上报安全事件，追溯泄露数据源头，及时阻断数据外泄，保护企业相关权益。④参与培训：个人在使用能源服务时需要具备一定的安全意识和知识，积极参加专业培训，了解个人数据安全的重要性，并采取适当的措施保护自己的个人信息。能源公司和相关服务提供商应提供相关的安全教育和培训，提高个人数据防范网络安全风险意识。

2.4 能源大数据标准体系

2.4.1 能源大数据标准现状分析

能源大数据是能源互联网的重要组成部分和基础支撑，是推动能源互联网建设不可或缺的一环。各市场主体对能源大数据建设的积极性较高，行业应用推广迅速，市场规模增速明显。然而，随着能源数据领域的规模不断扩大和复杂性逐步增加，处理和管理能源数据面临着诸多挑战。当前，能源大数据框架技术存在多种规范，缺乏统一的标准化框架，这给数据集成和共享带来了困难，难以保障能源数据的质量和准确性。因此，构建高效适用且兼顾行业发展的能源大数据标准体系，以引领更大范围的数据共享和应用服务，对提升行业数据规范性、推进能源大数据、支撑能源互联网建设具有重要意义。

为释放能源数据要素价值，拓展能源产业价值边界，国家电网有限公司在有关部委和中国能源研究会的指导下，联合电、煤、油、气、热、水等能源企业及互联网头部企业，发布了国内首份能源大数据标准体系，并开展20余项能源大数据标准研制，旨在指导能源大数据上下游之间的数据汇聚与贯通、共享与应用，致力打造“共创共赢”的能源大数据生态圈。

2.4.1.1 国际现状

1) IEC

IEC(International Electro Technical Commission，国际电工委员会)是世界上成立最早

的国际性电工标准化机构，负责有关电气工程和电子工程领域中的国际标准化工作，IEC致力于制定和推动、电子及相关技术领域的电气国际标准。

2）ISO

ISO（International Organization for Standardization，国际标准化组织）是由165个成员国组成的世界范围的联合会，其宗旨是在世界范围内促进标准化工作的发展，以利于国际物资交流和互助，并扩大知识、科学、技术和经济方面的合作。其主要任务是：制定国际标准，协调世界范围内的标准化工作，与其他国际性组织合作研究有关标准化问题。ISO与IEC共同制定通信技术领域标准。

3）ITU

ITU（International Telecommunication Union，国际电信联盟）是联合国重要专门机构之一，主要负责确立国际无线电和电信管理制度和标准（如5G标准制定）。

4）IEEE

IEEE（Institute of Electrical and Electronics Engineers）提供涵盖信息技术、通信、电力和能源等领域广泛的技术资源和标准，是国际标准化组织的重要参考。IEEE针对大数据业务安全风险评估、数据隐私流程、算法偏见考量、大数据治理与元数据管理等方面形成了一系列标准。

5）CIGRE

CIGRE（International Council on Large Electric Systems，国际大电网会议）主要关注高压电力系统和相关技术方法。CIGRE拥有多个工作组和研究委员会，涵盖了电力系统的各个方面，制定了智能电表系统数据利用等标准。

6）EPRI

EPRI（Electric Power Research Institute，美国电力研究协会）研究涵盖电力产业的发输配用各个环节。EPRI批准了多个能源电力领域大数据标准项目，包括分布式能源的协调通信和信息交换标准与指南，分布式能源、电动汽车和需求响应技术的信息和协议标准评估，电网数据分析标准等。

7）NAESB

NAESB（North American Energy Standards Board，北美能源标准委员会）是一个由能源行业参与者组成的非营利组织，其重要使命之一是制定支持能源领域数字技术应用的标准。NAESB成立数字委员会，针对能源领域数据交换、通信协议、业务流程、交易确认、合同等制定一系列标准。

2.4.1.2 国内现状

1）全国信息技术标准化技术委员会

全国信息技术标准化技术委员会成立了大数据标准工作组和大数据安全标准特别工作组。大数据标准工作组主要负责制定和完善我国大数据领域标准体系，组织开展大数据相关技术和标准的研究，其所属电力大数据行业组面向大数据在电力领域应用过程中涉及的技术、产品等相关标准化研究开展了一系列工作。大数据安全标准特别工作组批准了包括能源企业大数据应用安全防护指南(2018)和能源数据开放安全指南(2021)等标准研究项目。

2)全国电器设备网络通信接口标准化技术委员会

全国电器设备网络通信接口标准化技术委员会由上海市市场监督管理局筹建，其负责专业范围为开展电器设备通信接口、系统及智能电网用户端能源管理系统领域的标准化工作，已制定了《智能电网用户端系统数据接口一般要求》(GB/Z 32500—2016)《用户端能源管理系统 第3-2部分：子系统接口网关数据配置》等标准。

3)全国电力系统管理及其信息交换标准化技术委员会

全国电力系统管理及其信息交换标准化技术委员会由中国电力企业联合会筹建并进行业务指导，其负责专业范围为全国电力系统管理及其信息交换等专业领域标准化工作，已制定了《电力系统实时动态监测系统 第2部分：数据传输协议》(GB/T 26865.2—2023)《电力系统实时动态监测系统数据接口规范》(GB/T 32353—2015)等标准。

4)中国电机工程学会

中国电机工程学会是由从事电机工程相关领域的科学技术工作者及有关单位自愿组成并依法登记成立的全国性、学术性、非营利性社会组织。其分支机构电力信息化专业委员会在能源大数据标准方面，已发布了《能源大数据 第1部分：总则》《能源大数据 第2部分：术语》《能源大数据 第3部分：分级分类》《能源大数据 第4部分：数据目录》《能源大数据 第5部分：数据应用》等技术标准。

5)中国电力企业联合会

中国电力企业联合会是以全国电力企事业单位和电力行业性组织为主体，包括电力相关行业具有代表性的企业、行业组织自愿参加的、自律性的全国性行业协会组织。其分支机构电力行业信息标准化技术委员会在能源大数据标准方面，已发布了《电子数据恢复和销毁技术要求》(DL/T 1757—2017)、《电力行业公共信息模型》(DL/T 1991—2019)、《电力数据管理能力成熟度评估模型》(DL/T 2460—2021)、《电力数据脱敏实施规范》(DL/T 2549—2022)、《电力大数据资源数据质量评价方法》(T/CEC 261—2019)、《电力企业数据认责管理模型及技术要求》(T/CEC 587—2021)、《电力企业数据中台总体架构和功能要求》(T/CEC 589—2021)等技术标准。

6)中国能源研究会

中国能源研究会由从事能源科学技术的相关企事业单位、社会团体和科技工作者自愿结成的全国性、学术性、非营利性社会组织，其分支机构能源大数据专委会在能源大数据方面在研《能源大数据 处理技术 第1部分：数据接入》《能源大数据 数据资源 第1部分：模型规范》《能源大数据 数据生存周期安全技术规范》《能源大数据 数据合规管理指南》《能源大数据 数据交换》等技术标准。

2.4.1.3　问题与挑战

能源大数据标准化是政府主管部门和能源行业企业实施数字化工作的核心活动和首要工作，可以发挥出降低能源数据治理复杂度、提升数据质量、打通数据孤岛、加快数据交换共享、释放数据价值等关键作用。当前能源大数据标准化工作存在众多问题与挑战，主要体现在以下几个方面。

1）能源大数据标准化工作系统性不足

能源大数据涉及电、煤、油、气等各行各业，数据的形态和维度多样化，涉及产、输、用、营、配、调各环节维度，不同形态领域数据标准不统一。当前能源大数据标准化工作系统性不强，对能源数据治理各环节的考量不足，缺乏标准体系框架的规范和指导。

2）能源大数据管理标准制定需加强

当前，国内对能源行业数字化、能源大数据发展应用的数据管理标准缺乏，能源大数据资源定义、处理、治理、安全、流通等大数据体系各环节的标准尚未制定。能源大数据标准化未能在破解能源数据孤岛问题中发挥应有价值，进而制约了进一步挖掘分析与发展。

3）能源大数据标准落地应用见效难

能源行业存在存量系统包袱重的问题，各企业部门的参与度不高，在标准制定和实施过程中难以形成共识。标准本身的制定和落地应用牵涉面广、周期长、投入大，增加了推广应用难度。在标准体系规划与制定过程中，需要考虑标准的实用性，通过典型场景的应用助力推广，发挥成效。

2.4.2　能源大数据标准体系研究

随着全球能源需求的增长和能源行业的快速发展，能源数据的规模和复杂性也在不断增加。能源行业涉及各个环节的数据，包括能源生产、转化、传输、储存和消费等多个方面。这些数据的收集、管理和利用对于能源行业的发展至关重要。

然而，能源数据的处理和管理面临很多挑战。首先，能源数据来源广泛、类型丰富，包括电、煤、油、气等多种类型，同时还涉及能源市场、能源消费、环境影响等多个方面。其次，能源数据的规模庞大，涉及大量的数据点和时间序列。再次，能源数据的质量和准确性对于决策和分析的可靠性至关重要，还需要进行跨领域的整合和分析，以提供决策支持和智能化的能源管理。

为了解决能源大数据框架目前存在多种标准规范、缺乏统一框架体系的问题，需要整合能源大数据框架内容，建立统一的标准框架，以充分利用能源数据价值，促进能源行业的发展。参考国家大数据标准化框架和地方能源大数据框架技术要求规范，本书设计了针对能源大数据的标准化框架，其内容包括总体框架、业务框架、技术框架、数据框架、安全框架等多个方面，如图 2.14 所示。

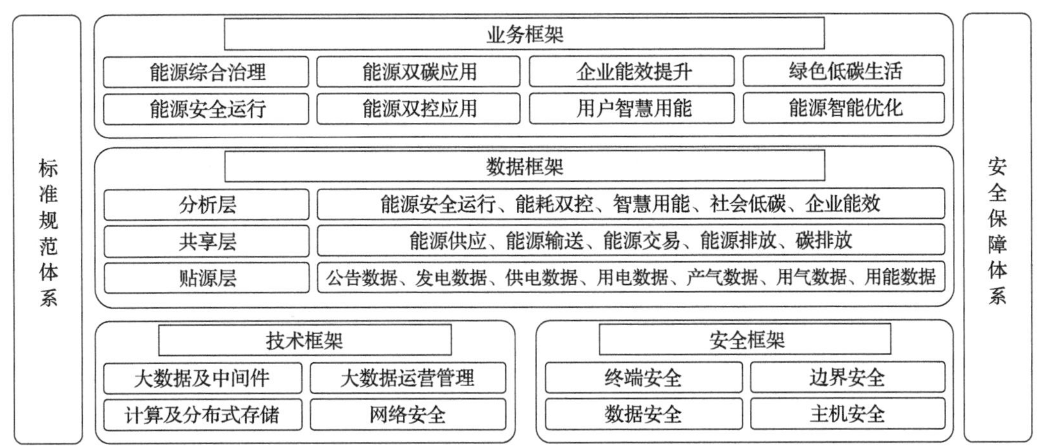

图 2.14　能源大数据标准化参考框架

能源大数据标准化参考框架设计是一个综合考虑业务需求、技术支撑、数据组织和安全保障的过程，其目标是建立统一的数据标准和规范，提升能源行业大数据的质量、可信度和可用性。同时，合理的技术架构和安全架构设计保证了能源数据的安全性和可信度，增强了能源大数据的应用价值和可持续发展能力，推动能源行业的数字化转型。

2.4.3　能源大数据标准体系框架

通过分析能源大数据标准化需求，结合能源大数据参考框架和特点，按照《标准体系构建原则和要求》(GB/T13016—2018)的规定，构建能源大数据标准体系框架及建设重点，包含大数据技术相关标准以及能源数据应用服务相关标准。整个标准体系框架由纵向结构和横向结构组成，纵向结构代表标准体系层级，横向结构代表标准体系的具体标准化对象领域。

能源大数据标准体系分两个层级：第一层级是通用标准，属于标准子体系，是在指导标准的基础上，为广泛通用的门类相关标准；第二层级是专业标准，在指导标准和通用标准的基础上，为适应能源大数据标准化的组类相关标准。同时，不同层级的标准互相关联、互相补充，构成了一个科学的有机整体。

能源大数据标准框架如图 2.15 所示，能源大数据标准体系由 7 个类别的标准组成，

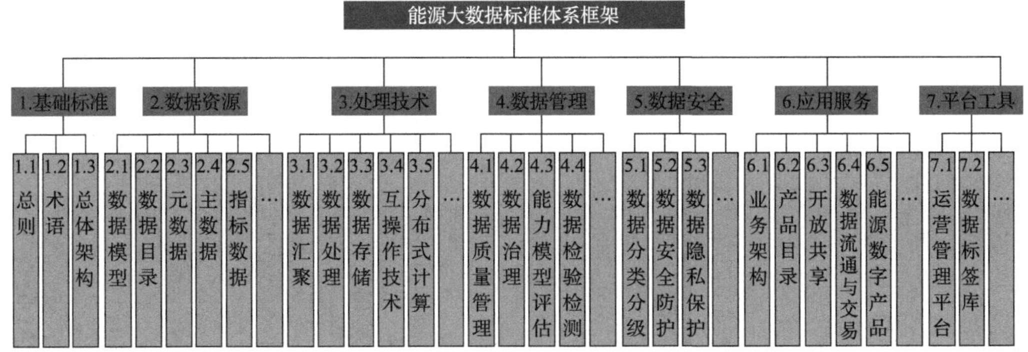

图 2.15　能源大数据标准框架

分别为基础标准、数据资源、处理技术、数据管理、数据安全、应用服务、平台工具。

1. 基础标准

为标准体系内其他类标准编制提供基础遵循，是能源大数据领域的基础标准，包括但不限于：总则、术语、总体架构等基础共性标准。

(1) 总则：规定能源大数据标准体系的总体结构与要求，标准分体系的构成，以及各类标准之间的关系与要求等。

(2) 术语：规定能源大数据行业的通用术语和定义，包含能源领域、基础数据、数据技术、数据治理与管理、数据安全、数据应用与服务等。

(3) 总体架构：规定能源大数据总体架构、技术和功能要求，包括数据接入、存储计算、数据分析、数据服务、数据信息产品、数据资产管理、运营管理和安全管理等功能要求以及非功能性要求等内容进行规定的标准。

2. 数据资源

主要对能源大数据底层数据相关要素进行规范，包括但不限于数据模型、数据目录、元数据、主数据、指标数据等内容。

(1) 数据模型：规范能源大数据信息模型(CIM)数据的构成、内容与结构、入库更新与共享应用，指导能源大数据信息模型及数据库建设，支撑能源及相关领域数据的共享应用。

(2) 数据目录：规范能源大数据中心数据资源的分类原则、结构组成、描述方式等，便于数据资源共享交换的检索、定位与发现。

(3) 元数据：规范元数据注册系统、元数据模型框架、数据元素、数据分类与编码、数据标识等。

(4) 主数据：规范能源大数据中主数据名称、分类、编码、主要提供机构、应用范围及对象、数据主要结构、各字段类文库型及含义、数据使用的方法、输入输出关系、新旧数据标准对照关系等。

(5) 指标数据：规范指标数据进行统一规范化定义、采集和应用，用于提升统计分析的数据质量。

3. 处理技术

对能源大数据领域形成的新兴技术及大数据通用技术进行规范，包括数据汇聚、数据处理、数据存储、互操作技术、分布式计算等内容。

(1) 数据汇聚：规范能源大数据的数据采集和接入技术要求，包括采集接口、采集指标、采集方式、采集基本要求、数据接入框架、接入流程、接入范围、接入方式、接入基本要求等。

(2) 数据处理：规范能源大数据的数据预处理、数据抽取、转换、加载、流计算等。

(3) 数据存储：规范能源大数据关系型、非关系型、实时内存、分布式、图数据库技术及其存储技术等。

(4)互操作技术：规范不同功能层次功能系统之间的互联与互操作机制、不同技术架构系统之间的互操作机制、同质系统之间的互操作机制等。

(5)分布式计算：规范分布式计算平台、远程调用要求、数据传输要求、分布式计算网络要求、安全性要求、基础通用要求等。

4. 数据管理

主要针对能源大数据生存周期的各个阶段数据管理技术进行规范，是实现高效采集、分析、应用、服务的重要支撑，包括但不限于数据质量管理、数据治理、能力模型评估、数据检验检测等内容。

(1)数据质量管理：规范能源大数据生存周期数据质量控制模型技术要求，包含数据标准质量控制、数据采集质量控制、数据存储质量控制、数据使用质量控制，数据质量评价维度及方法等。

(2)数据治理：规范能源大数据中心数据治理的顶层设计、治理环境、治理域、治理过程及治理评价的要求。

(3)能力模型评估：规范能源大数据解决方案、数据管理能力、数据服务能力、数据治理成效、数据资产价值的能力模型与评估方法等。

(4)数据检验检测：规范能源大数据生存周期数据检验检测、数据质量评估体系模型、数据质量问题分析与处理等。

5. 数据安全

贯穿于整个数据生存周期的各个阶段，主要针对应用安全、数据安全、服务安全、平台和技术安全的方法指导、监测评估和要求进行规范，包括数据分类分级、数据安全防护、数据隐私保护等内容。

(1)数据分类分级：规定能源大数据中心数据安全管理过程中，数据分类分级指南，分类分级原则、分类方法、分级方法及关键问题。

(2)数据安全防护：规范能源大数据的数据活动，涉及数据加密、数据脱敏、数据防泄漏、鉴别授权、记录审计等安全防护技术措施，以降低数据安全风险。

(3)数据隐私保护：规范能源大数据中心隐私和敏感数据的定义，以及收集、使用和存储敏感信息的管理要求。

6. 应用服务

主要针对能源大数据为各个行业提供的应用与服务进行规范，主要面向通用领域应用和垂直行业领域应用，包括不限于业务架构、产品目录、开放共享等内容。

(1)业务架构：主要针对能源产品、能源流、能源指标及典型能源信息产品要求等内容进行规定。

(2)产品目录：规范能源大数据应用服务产品的分类体系、数据服务目录框架和编码体系等。

(3)开放共享：规范能源大数据开放共享相关定义、参考架构，开放共享数据集、开放共享基本要求、开放共享评价指标等。

(4)数据流通与交易：规范基于能源大数据开展的数据流通与交易，主要包括数据要素流通、数据交易等。

(5)能源数字产品：规范能源领域及其密切相关领域的数据产品，主要包括服务政府治理、社会经济、行业发展等产品，"能源+""双碳+"产品功能要求。

7. 平台工具

主要针对能源大数据相关平台及工具产品进行规范，包括系统级和工具级产品等内容。

(1)运营管理平台：规范能源大数据中心运营服务平台的总体架构、功能要求和技术要求，适用于能源大数据中心运营服务平台规划、设计、开发、建设、运维等环节。

(2)数据标签库：规范标签规划设计、标签开发、标签应用与评估、标签共享管理、标签安全管理过程。

2.5 本章小结

能源行业是影响国计民生的基础行业，能源大数据是国家大数据战略发展的重要组成部分。通过研究能源大数据的行业特征，制定能源大数据的标准体系，明确能源大数据标准的概念、分类和构成，指导能源大数据的建设、管理、安全和应用管理，促进各相关行业数据的集成和共享，实现能源行业协同发展，有利于我国能源大数据产业健康快速发展。

参考文献

[1] 光亮, 张群. ISO/IEC JTC1/WG9 大数据国际标准研究及对中国大数据标准化的影响[J]. 大数据, 2017, 3(4): 20-28.

[2] 张华峰, 李志茹, 马之力, 等. 电网企业基于 PDCA 的信息安全治理提升方法研究与应用. 网络空间安全 2015(5): 87-90.

第二篇　技　术　篇

第 3 章　能源大数据模型

能源大数据模型是能源领域各种应用和产品的基础单元，不仅仅是数据要素的有机结合，更是数据与应用的中枢。能源大数据模型通过整合和分析大量的能源数据，能够提供有关能源生产、传输和消费的深入洞察。能源大数据模型能够帮助人们了解能源系统中的各种要素之间的相互关系，从而优化能源资源的利用和管理。此外，能源大数据模型还能够为能源决策者进行辅助决策，帮助他们制定更有效的能源政策和战略。本章围绕能源大数据模型展开阐述。3.1 节介绍数据模型的基本概念和分类；3.2 节对能源大数据模型的概念和分类进行详细阐述；3.3 节分析能源大数据模型的构建过程；3.4 节对能源大数据模型的应用进行案例描述；3.5 节全章总结。

3.1　数据模型基本概述

数据作为新型生产要素，是数字化、网络化、智能化的基础，而数据模型则是数据的承载。本节主要介绍数据模型的概念及分类。

数据模型（data model）是对现实世界客观存在的事物本身及互相之间的联系的抽象。数据模型是通过筛选、归纳、总结、命名等抽象过程产生出的概念模型，用以描述现实世界，然后转换成真实、容易被人们理解和便于计算机处理的数据表现形式。同时，数据模型是数据库系统的基础，反映了数据库中数据的存储方式和操作方式[1]。

从不同的维度，可以将数据模型分为不同的类型。如根据不同的应用层次，可以将数据模型分为概念模型、逻辑模型和物理模型。

1. 概念模型

概念模型是一种面向用户、面向客观世界的模型，将现实世界中的客观对象抽象为某一种信息结构，由核心的数据实体或其集合以及实体间关系组成，具备下述特征。

(1)应包含所有实体及实体间的关系，实体指生产、运输、存储、消费、交易、运营等业务涉及的客观存在且可以相互区分的对象或事物，实体之间存在一对一、一对多和多对多三种关系。

(2)应易于用户理解，描述简单清晰，能够直接、方便地表达业务含义。实体-联系方法（entity-relationship approach，E-R 方法）是概念模型常用的设计方法。

2. 逻辑模型

逻辑模型是一种面向数据库系统的模型，是概念模型的具体化，在概念模型的基础上定义了实体的属性，并通过图形化的展现方式，表达数据的逻辑结构，有效组织来源多样的业务数据，是一种使用统一的逻辑语言描述业务的数据模型，具备下述特征。

(1)应包含所有实体、关系和属性，并指定实体的主键和外键。

(2)应遵从“第三范式”，以达到最小的数据冗余。

(3)应详细描述数据内容，准确表达实体间的关系，完整表述业务的关联，直接反映业务部门的需求；但并不涉及数据的具体物理实现。

逻辑模型主要包括层次模型、网状模型和关系模型，其中最常用的是关系模型，对应的数据库称之为关系型数据库，如 Oracle、MySQL。

3. 物理模型

物理模型是概念模型和逻辑模型面向计算机物理的具体表示，描述数据在储存介质上的组织结构，即用于存储结构和访问机制的更高层描述，描述数据是如何存储，如何表达记录结构、记录顺序和访问路径等信息。它不但与具体的数据库管理系统(database management system，DBMS)有关，还与操作系统和硬件有关。

物理模型是在逻辑模型的基础上，结合具体的技术实现因素，设计数据库的体系结构，在保证完整性和一致性的同时实现数据在数据库中的存放。

其他的分类还有，根据不同的语义关系，分为可扩展标记语言(extensible markup language，XML)、资源描述框架(resource description framework，RDF)模型和超模型等；根据不同的应用场景，分为离线模型、在线模型和近线模型；根据不同的数据组织形式，分为结构化模型、半结构化模型、联机分析处理(online analytical processing，OLAP)模型和大数据模型。

3.2 能源大数据模型基本概述

随着大数据技术在能源领域的不断应用，传统的能源数据模型已无法满足日益复杂的业务数据使用需求，从而催生出能源大数据模型。根据使用方式的不同，本书将能源大数据模型分为业务模型(business model)和应用模型(application model)两类，并给出了其定义。

3.2.1 能源大数据模型的概念及分类

“能源大数据模型”这一概念在学术界尚无统一定义，本书给出以下定义：能源大数据模型(energy big data model)是从海量、异构、多源的能源数据中抽象或推理出的数据模型。

不同于传统数据类型的分类，能源大数据模型在分类上考虑了近年来新兴信息技术(如大数据、人工智能等)带来的影响，根据不同的用途，分为业务模型和应用模型。顾名思义，业务模型描述的是能源领域中客观存在的事物本身及相互之间的联系，一般情况下不会发生改变，除非发生业务的变更。应用模型反映事物的发展规律或内在机理，一般是基于历史数据并结合大数据分析手段和人工智能算法得到的。

3.2.2 业务模型

按照能源行业分类，业务模型可划分为 6 个一级主题域，包括煤炭域、石油域、天然气域、电力域、热力域和新能源域，每个一级主题域下面拥有各自的二级主题域[2]。

煤炭主题域主要描述煤炭行业的各个业务主体，包括安全、设备、能耗、经营管理等，涉及业务系统包含调度管理系统、生产执行系统(manufacturing execution system，MES)、安全环境监测系统、监控和数据采集(supervisory control and data acquisition，SCADA)系统等[3,4]。

石油主题域可概括为财务、人事、物资、项目4个管控领域，勘探开发、炼油化工、产品销售、管道储运、油田服务、工程建设、金融贸易、装备制造等8个专业领域，涉及包括企业内部计划、采购、生产、销售、财务等各业务数据，油气价值链产、炼、运、销、储、贸等各环节数据，以及外部市场供需变化、价格调整、政策环境等各方面数据[5]。

天然气主题域按照产供储销为主线进行构建，根据涉及的业务的不同，具体包括规划主题域、市场主题域、供应链主题域、工程主题域、生产主题域、安全环保主题域、研发主题域、财经主题域和人力资源主题域[6,7]。

热力主题域涵盖从热源到热用户的各个环节信息，包括热源、供热管网、调度、运营和销售等二级主题域。

新能源主题域主要描述传统能源之外的各种能源发电及利用信息，包括水电、光伏、风电、地热、生物质能及其他能源等二级主题域，每个新能源主题域下面可进一步划分为设备、地理位置、设计指标等子主题域。

电力主题域是本书重点讨论的内容，电力领域典型业务模型如下。

因为是基于业务本身而进行的建模，所以业务模型与业务之间具有很强的耦合性，业务发生变化时，业务模型需要随之改变，以保证其与业务的一致性。

3.2.2.1 CIM模型

电网企业公共信息模型(common information model，CIM)描述了电力企业中与电力运行相关的主要对象[8,9]。采用面向对象的建模方法和描述方式，CIM以类图的形式直观地展现了电力企业业务领域中的主要对象类、类属性和类之间的关联关系[10]。

CIM的对象规模较为庞大，因此用逻辑包的形式将其中的对象进行分类，由各个逻辑包共同组成了整个电力系统模型。每个逻辑包中包含一个或多个类，用图形方式表示它们之间的关系，并且结合类的属性，用文字形式给出了它们的定义。IEC 61970-301 Energy management system application program interface (EMS-API) - Part 301: Common information model (CIM) base中的CIM基本包简介如下[9]。

域包(Domain)：定义了被其他包中的类使用的基本数据类型。

核心包(Core)：包含所有应用共享的核心的PowerSystemResource和ConductingEquipment实体，以及这些实体的常见组合，因此，几乎所有其他包都依赖于该包的关联与泛化。值得注意的是，并不是所有的应用都需要所有的Core实体。同时，该包需要依赖于域包。

图形布局包(Diagram Layout)：描述对象如何在一个坐标系中排列。

运行限值包(Operational Limits)：定义了设备和其他运行实体所关联的限值规范。

拓扑包(Topology)：为核心包的扩展，与端点类(Terminal)一起建立连接性(Connectivity)的模型，而连接性是设备怎样连接在一起的物理定义。另外，它还建立了拓扑模型。拓扑是设备怎样通过闭合开关连接在一起的逻辑定义。拓扑包定义与其他电气特性无关。

电线包(Wires)：为核心包和拓扑包的扩展，它建立输电和配电网络的电气特性信息的模型。该包由网络应用软件，如状态估计、潮流、优化潮流等使用。

发电包(Generation)：包含用于机组组合(Unit Commitment)、水火电机组经济调度(Economic Dispatch of Hydro and Thermal Generating Units)、负荷预测(Load Forecasting)、自动发电控制(Automatic Generation Control)和动态培训仿真的机组建模(Unit Modeling for Dynamic Training Simulator)等信息的包。分为发电动态包(Generation Dynamics)和电力生产包(Production)两个子包。发电动态包包含了用于仿真和培训的各种原动机，如汽轮机和锅炉。电力生产包负责描述各种类型发电机的类。这些类还提供生产费用信息，可以应用于可调机组间经济地分配负荷及计算备用容量。

负荷模型包(Load Model)：包含用于能量用户和系统负荷建模等信息(包括影响负荷的特殊情况如季节和日类型)的包，一般用于负荷预测和负荷管理应用程序。

停运包(Outage)：包含用于建立当前和计划的网络结构信息模型，为核心包和电线包的扩展。

辅助设备包(Auxiliary Equipment)：包含常规导电设备以外的设备，如传感器、故障定位器和浪涌保护器等。这些设备并没有像导电设备那样规定了带电拓扑连接，但是与其他导电设备的端点有关联。

保护包(Protection)：包含用于建立保护设备(如继电器)的信息模型，在培训仿真和配电网故障定位方面应用，为核心包和电线包的扩展。

等值包(Equivalents)：用于等值网络建模。

量测包(Meas)：包含描述各应用之间交换的动态测量数据的实体。

SCADA 包(SCADA)：包含对监控与数据采集(SCADA)应用所使用的信息进行建模的实体。该包同时支持报警展示，但是它并不期望被其他应用程序使用。

控制区包(Control Area)：用于对各种用途的区域功能进行建模。该包从整体上对有可能相互重叠的控制区定义进行建模，而这些控制区的定义是为了实际的发电控制、负荷预测区域的负荷采集或者基于潮流的分析等目的。

预想故障包(Contingency)：包含需要研究的预想故障。

状态变量包(State Variables)：用于潮流计算之类分析求解的状态变量。

上述包之间的关系如图 3.1 所示。

3.2.2.2 SG-CIM 模型

2013 年，国家电网依据数据共享交互的需要，以及电网运行和管理现状的需求，提出 SG-CIM(State Grid-CIM)的概念，统一规范了电网建模。统一数据模型(SG-CIM)是国家电网参考国际标准 IEC 61970 /IEC 61968 /IEC 62325 CIM 和行业最佳实践，结合其核

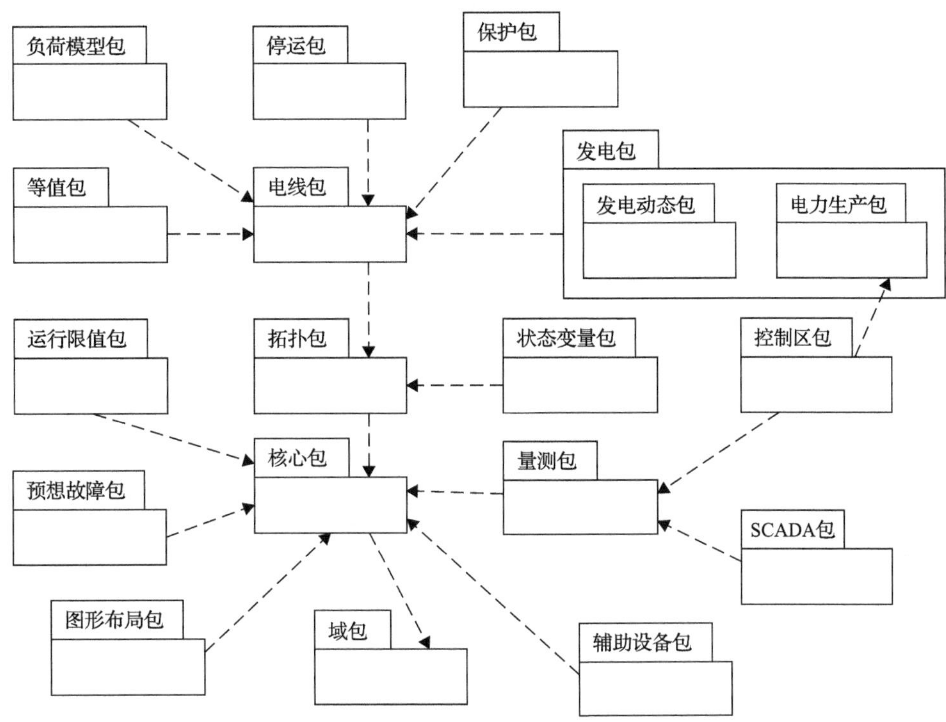

图 3.1　CIM 基本包和它们之间的依赖关系[9]

心业务需求、在运系统数据字典等，采用“业务需求驱动自顶向下”和“基于现状驱动自下向上”相结合的模式，基于面向对象建模技术而构建的企业数据模型。

SG-CIM 是使用面向对象的方式进行构建的抽象的公共数据模型，基于公共信息模型 CIM 并将之进行扩展、优化，满足国家电网数据共享交换的需求，为业务应用系统提供统一的数据模型。因此，SG-CIM 的内容，一部分是沿用的 CIM 的内容，一部分是 CIM 范围外的按照电网需求进行拓展的内容。随着电网业务的发展，SG-CIM 也随之不断完善。

SG-CIM 包括核心模型、公共模型、扩展模型。核心模型为管理域的基本信息模型，是类、类的属性和它们之间的关系的集合。公共模型为管理域的通用信息模型。扩展模型为对通用模型的扩展。SG-CIM 实现了业务应用系统间的数据共享，在各个业务应用系统中提供了统一企业信息视图使用，控制支撑系统数据的质量。

SG-CIM 分为一级主题域、二级主题域、类及类的关系。一级主题域共有 10 个，分别为财务、物资、项目、人员、电网、资产、市场、客户、安全和综合，定义如下[11]。

财务主题域：描述财务总账管理、应收管理、应付管理、财务报告、财税管理、资金管理、资产价值管理、预算管理、成本管理、电价管理、工程财务、产权管理、评价稽核等业务处理的信息。

物资主题域：描述企业物资计划、采购、合同、仓储、配送、废旧物资、质量监督、评标专家、供应商和采购标准化等物资供应全过程业务信息。

项目主题域：描述企业各种项目管理的全生命周期的信息，包括项目的基本信息、类型信息、计划信息、物资需求、项目资料、项目管理、预决算和成果信息。

人员主题域：描述人员、组织相关的业务活动。通过招聘、甄选、培训、薪酬等管理形式对组织内外相关人力资源进行有效运用，满足组织当前及未来发展的需要，保证组织目标实现与成员发展的最大化的一系列活动。

电网主题域：描述电网的基本信息、拓扑信息和负荷运行信息，包括在发电、输电、变电、供电和用电中用到的在网运行电力设备、其他相关设备的功能和位置信息。

资产主题域：描述投资、融资、产权以及企业物理、电子和机械设备的实物资产信息，包括设备的物理特性及全寿命周期的电网企业资产管理业务信息。

市场主题域：描述企业经营过程中发生的企业内部组织之间和企业组织与外部组织之间的商品交易形成的市场信息。

客户主题域：描述企业潜在用户信息和企业用户信息，包括客户的基本信息、计费规则、抄表计费、账单、缴费、信用、客户变更、电价和客户服务的信息。

安全主题域：描述企业运行过程中有关电网、设备和人员的安全检查、培训防护以及安全事故的信息，包括安全风险、安全隐患、安全事件、安全监督、安全培训、应急管理和质量监督。

综合主题域：描述企业运营过程中各种辅助管理的相关信息，包括办公公文、档案、法律法规、案件、合同、证照、标准规范、国际任务、同业对标、审计、监察、企业规划、企业计划、统计和招投标等信息。

一级主题域之间的关系如图 3.2 所示，其特征如下[11]。

(1)通过人员、设备对在运电网进行安全调控，保障公司生产活动的正常开展。

(2)通过提供电网的电能服务建立起公司、客户之间的供用电关系。

(3)通过客户消费触发与市场间的电力交易需求。

(4)通过综合管理和项目执行串联人员、物资等生产要素并形成资产。

(5)通过财务归集、控制运营元素，支撑电网运行。

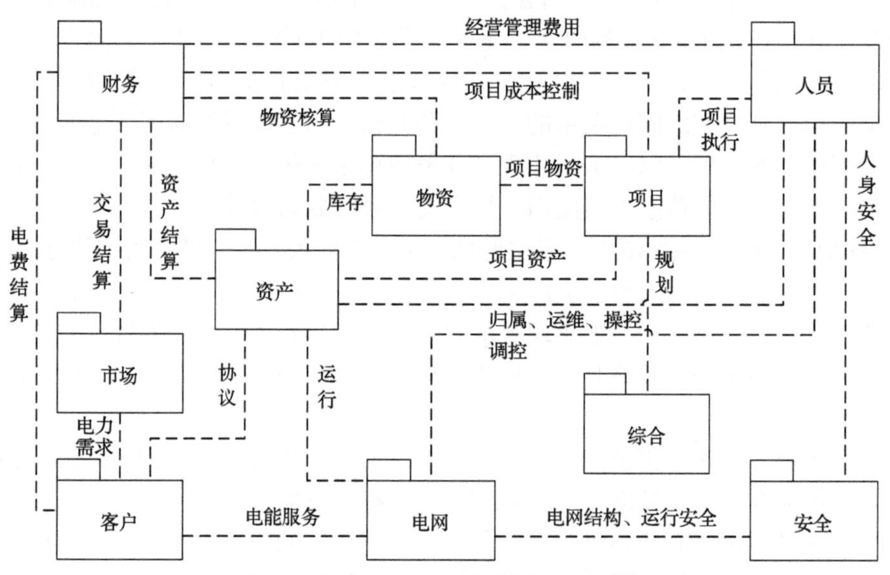

图 3.2　SG-CIM 一级主题域间关系[11]

一级主题域涵盖了公司管理和业务各个方面，与包存在对应关系。财务、物资、项目、人员域在 CIM 模型的 ERP 支撑包(ERP Support)中引用；电网域、资产域从 IEC 61970 CIM 的电线包(Wires)、量测包(Meas)、停运包(Outage)以及 IEC 61968 CIM 的资产包(Asset)、工作包(Work)、资产型号包(Asset Models)、电线扩展包(Wire Ext)等包中引用；市场域从 IEC 62325 CIM 的包中引用；客户域在 IEC 61968 CIM 的客户包(Consumers)中引用；综合、安全域没有相对应的 CIM 包。

3.2.3 应用模型

随着大数据与人工智能的发展，诸如大数据分析、机器学习和深度学习等技术已被广泛用于能源行业领域，构造以业务目标为导向的应用模型，如能源规划模型、能源预测模型、能源优化模型等[12]。

3.2.3.1 能源规划模型

能源规划模型(energy planning model，EPM)是能源规划与管理的有效手段，通过数学模型及能源系统因素的量化使综合管理更具有科学性，并能通过结果分析得出能源因素的相互关系、能源发展策略及能源结构调整方案等[13]。

模型可以采用自下而上的(工程)方法，也可以采用自上而下的(经济)方法，这两种方法截然不同。自下而上的模型包括对能源相关工作的描述，这些工作将通过给定的技术菜单以最低成本完成，而自上而下的模型则以函数的形式考虑能源需求，这取决于总的或部门的经济产品、能源价格等。

应用较为广泛的能源模型有 MARKAL(MARKet Allocation)、CGE(Computable General Equilibrium)、EFOM(Energy Flow Optimization Model)、NEMS(National Energy Modeling System)、TIMES(The Integrated MARKAL-EFOM System)及 HOMER(Hybrid Optimization Model for Electric Renewable)等。各种模型都有其适用范围，如模型研究中 MARKAL 模型多被应用于国家级尺度的长期能源分析，其实质是一种基于多目标的混合整数规划模型；CGE 模型则主要被应用于能源相关经济关系以及环境关系中的互动分析，该模型在国际能源贸易以及能源环境等方面都有较多的应用。

3.2.3.2 能源预测模型

能源预测模型(energy forecasting model，EFM)是使用人口、收入、价格、增长因素和技术等不同变量制定的，从不同维度出发，又可以将能源预测模型进行不同划分，如从能源种类维度可以分为化石燃料能源模型和可再生能源模型，从应用场景维度可以分为能源供应预测模型和能源消费预测模型[14]。

预测方法是能源预测模型的核心。预测方法的选择主要基于数据可用性以及工具和规划工作的目标。其中，人工神经网络(artificial neural network，ANN)是应用最广泛的方法，在 40%的能源预测模型中得到了应用。其他流行的方法按降序依次为：支持向量机(support vector machine，SVM)、自回归综合移动平均(autoregressive integrated moving average，ARIMA)、模糊逻辑(fuzzy logic，FL)、线性回归(linear regression，LR)、遗传算法(genetic algorithm，GA)、粒子群优化(particle swarm optimization，PSO)、灰色模型(grey model, GM)和自回归移动平均(autoregressive moving average，ARMA)等。在准确性方面，相较于统计方法，人工智能方法具备更好的性能，特别是对于源数据中可变性较大的参数。在时间尺度方面，统计方法仅用于短期和中期，而人工智能方法更适用于所有时间预测范围(短期、中期和长期)。在模型结构方面，混合方法的精度比独立方法更好[15]。

1. 面向化石燃料

化石燃料的供应通常较为稳定且有一定的计划性，较多的是研究它的消费预测。根据预测时间的长度，通常可将能源消费预测分为短期预测和中长期预测。短期预测的时间范围是从几分钟到几小时，对确保近期的持续能源供应具有重要作用，并有助于电力交易和现货价格计算。中长期预测的时间范围是从几周到几年，对输配电系统的开发、能源计划的制定以及发电设施的建设和维修有重要影响[16]。

能源消费预测方法通常可以分为统计方法、灰色预测方法和人工智能方法三大类。

1) 统计方法

该方法主要包括回归模型和时间序列模型。其中回归模型可根据自变量的数量分为一元回归和多元回归，根据因变量与自变量之间的关系分为线性回归和非线性回归(non-linear regression，NLR)，常见的几种回归模型有一元线性回归(simple linear regression)、一元非线性回归(univariate nonlinear regression，UNR)和多元线性回归(multiple linear regression，MLR)。时间序列模型包括自回归(autoregressive，AR)模型、移动平均(moving average，MA)模型、指数平滑(exponential smoothing，ES)模型和自回归综合移动平均(autoregressive integrated moving average，ARIMA)模型等。其中 ARIMA 模型可以被认为是在 AR 和 MA 组合的基础上加入了差分操作，是比较经典的能够处理非平稳时间序列的方法。

2) 灰色预测方法

该方法是一种预测灰色系统的方法，其中灰色系统理论由中国著名学者邓聚龙教授在 1982 年提出，理论指出灰色系统为部分信息已知、部分信息未知、内部各因素间有不确定关系的系统[17]。灰色预测方法利用灰色系统中已知的信息建模估计出未知的信息，该方法需要的信息较少，运算简单，适合于解决小样本预测问题。灰色模型通过生成操作将原始数据裂变为随机性降低且规律性增强的数据列，然后建立微分方程，以研究数据变化规律。

3) 人工智能方法

该方法主要包括支持向量机(support vector machine，SVM)、决策树(decision tree，DT)和人工神经网络(artificial neural network，ANN)。SVM 是一种先进的机器学习方法，在能源消费预测中已经得到了广泛应用，该方法通过在特征空间上找到最佳的分离超平面来达到学习目的，在引入了该方法之后也能够用来解决非线性问题。DT 是一种树形结构，常用于解决分类问题和回归问题，对分类问题来说，树形结构的每个内部节点表示一个属性上的判断，每个分支表示一个判断结果的输出，最后每个叶节点代表一种分类结果；对回归问题来说，树形结构的每个内部节点都是“是”和“否”的判断，以此将特征空间划分成多个单元，每个单元有一个特定的输出，即根据特征向量来决定对应的输出值。ANN 通过模拟生物的神经系统进行数学建模和计算，是目前最流行的能源消费预测方法之一，ANN 不需要提前假定模型类型，完全从训练数据中学习规律，是一种数据驱动的预测方法，另外，ANN 具有较强的泛化能力和良好的非线性拟合能力。

2. 面向可再生能源

太阳能、风能和生物质能被公认为可靠且广泛可用的可再生能源。随着可再生能源电网接入比例逐步提高，其精确预测对提高新能源消纳和电网稳定性，以及降低系统规划运行成本具有重要意义。以下以风力发电预测为例进行介绍[16,17]。

根据预测时间的长度，通常可将风电功率预测分为超短期预测(30min 以内)、短期预测(0.5～6h)、中期预测(6～24h)和长期预测(1d 以上)。其中超短期预测主要用于涡轮机控制和负荷跟踪，短期预测主要用于负荷分配，中期预测主要用于电力系统管理和能源交易，长期预测主要用于风力发电机组维修、机组投入规划以及电网和分布式储能电站的运行维护。

近年来，有很多学者相继提出了多种风力发电预测方法，这些方法通常分为物理方法、统计方法和人工智能方法三大类。

1) 物理方法

该方法基于数值天气预报(numerical weather prediction，NWP)和风电场周围的地形地貌信息，建立流体动力学和热力学模型，计算得到气温、气压、湿度、风速和风向等气象信息，并可根据风电场的功率曲线得到输出功率，通常需要求解复杂的数学模型。物理方法是一种基于大气中的物理过程进行预测的方法，它能够在不需要大量历史数据的情况下反映大气运动的情况，该方法得到的气象信息经常用作其他统计模型的输入或用于预测新建风电场的发电功率。但是物理方法需要大量的计算和足够的时间，不适合进行小区域预测和短期预测，因此在风力发电预测领域中应用较少。

2) 统计方法

该方法基于历史数据进行预测，主要包括回归模型和时间序列模型，常见的有 NLR、AR 和 ARIMA 等模型。虽然统计方法在短期的风电功率预测和风速预测问题中优于物理方法，但该方法不能准确预测非线性序列。

3) 人工智能方法

近几十年来，随着人工智能的快速发展，具有良好的学习能力和非线性拟合能力的人工智能方法已广泛应用于风力发电预测中，该方法主要包括 SVM 和 ANN。

3.2.3.3 能源优化模型

在以往的能源优化研究中，主要采用能源系统规划和仿真模型，如 OSeMOSYS(open source energy modeling Ssystem)、MESSAGE(model for energy supply system alternatives and their general environmental impacts)、LEAP(long-range energy alternatives planning system)等，在整个规划范围内设计最佳的发电技术组合，包括满足电力需求的发电厂类型、建设时间和规模。然而，这些方法不适用于可再生能源不断涌入的新型电力系统。近年来，为了弥合传统电力系统规划与新型系统运行机制之间的差距，一些新的能源优化模型不断被提出[18]。如 Rong-Gang Cong 结合学习曲线模型、技术扩散模型和对中国未来经济发展的预期，建立了一个新的模型——可再生能源优化模型(renewable energy optimization mode，REOM)，分析了 2009～2010 年三种可再生能源(风能、太阳能和生物质能)的发展[19]。Andrew Arnette 等具体讨论了多目标线性规划(multi-objective linear programming，MOLP)模型的开发，该模型可用于确定可再生能源和现有化石燃料设施在区域基础上的最佳组合，使决策者能够平衡年度发电成本与相应的温室气体排放量，并为实施各种不同的政策分析提供重要支持[20]。以下将分别从数学方法、目标函数、输入参数和不确定性分析方法等几个方面对能源优化模型的变化趋势进行介绍。

不同能源优化模型采用不同的数学方法，可分为经典方法、启发式/元启发式算法(heuristic/meta-heuristic algorithms)、人工智能方法[21,22]。经典方法通常使用微分计算得到最佳解决方案，包括线性规划(linear programming，LP)、动态规划(dynamic programming，DP)、混合整数规划(mixed-integer programming，MIP)等。启发式/元启发式算法是一种可以快速找到复杂优化问题可行解的方法，包括贪心算法(greedy algotithm)、局部搜索(local search)、遗传算法(genetic algorithm，GA)、粒子群优化(particle swarm optimization，PSO)、蚁群优化(ant colony optimization，ACO)。近年来，人工智能方法因其高效、高精度等优势被关注，包括机器学习(machine learning，ML)、深度学习(deep learning)、深度强化学习(deep reinforcement learning，DRL)等。

能源优化模型中的单一目标函数是最小化系统总成本，这被视为电力部门可负担性的典型经济指标。随着电力市场和电力改革的发展，发电部门累积利润最大化的目标也被考虑，以分析电力市场机制对电力系统规划的影响。随着全球对气候变化的日益关注，部分模型也将环境问题纳入了目标函数中，例如，最大限度地减少碳排放。可变可再生能源(variable renewable energy，VRE)可变功率输出对电力系统的影响同样也被考虑，例如为降低可变可再生能源的额外平衡需求[23,24]，最大限度地减少多余的风能和太阳能，以及最大限度地降低备用能源和输电容量。简而言之，目标体系已扩展到成本效益、环境影响和可再生能源政策等多维目标[25]。

在输入参数方面，传统发电机组根据其坚实的技术特征(如容量因数和发电效率)稳定发电，然而，风能和光伏发电机的功率输出在很大程度上取决于风速和太阳辐射的资源可用性。其他不断变化的参数，如燃料价格、二氧化碳排放证书价格和可再生能源发电财政补贴，也需要进一步考虑。

建模假设对模型结果有很大影响，这有助于对电力组合产生影响，因此能源优化模型中的不确定性至关重要。传统的不确定性包括资本成本、社会政治因素(政策)、负荷变化和电网性能。随着发电侧大量可再生能源和需求侧可控负荷源的加入，出现了新的不确定性，如天气等。为了解决日益增加的不确定性问题，必须采用计算技术来减轻模型风险，其代表性方法是随机规划和蒙特卡罗模拟，以及情景分析和敏感性分析。

3.3 能源大数据模型构建过程

随着人工智能技术的不断发展，基于数据驱动的应用模型越来越多采用人工智能算法来构建，其构建过程具体包括数据预处理、算法选择、模型训练、模型评估、模型应用与模型优化。而对于业务模型，描述的是能源领域中客观存在的事物本身及相互之间的联系，其构建方式通常基于生产实践总结而成，已然拥有了较为成熟的模型架构，如电力领域的 SG-CIM。因此，本节将围绕应用模型中基于数据驱动的建模过程展开阐述。

3.3.1 数据预处理

能源大数据往往需要经过采集、传输及存储。然而，得到的这些基本素材往往含有噪声，具有动态异构性，因此，在使用之前需要进行预处理，常见的处理方式有数据清洗、数据集成、数据变换和数据规约。数据清洗包括检查数据一致性，处理无效值和缺失值等操作，可以把原始数据集中噪声数据和无关数据删除，对脏数据进行清除，并处理丢失的数据、空缺值以及识别已删除的孤立点。数据集成是为了解决数据的冗余、不一致、重复等问题，将来自众多异构数据源的数据集成到一起，并保持一致性的数据存储，如数据仓库。数据变换主要是对数据进行规范化处理，将数据转换成更方便分析的形式，以适用于挖掘任务及算法需求，常用的数据规范化方法有最小-最大规范化、零-均值规范化和小数定标规范化。数据规约是在保持原始数据完整性的前提下，对原始数据进行规约，来降低时间复杂度，提升数据分析的效率和质量，常用的数据规约方法有维归约、数值规约、数据压缩、数据的离散化和概念分层。

3.3.2 算法选择

在进行能源大数据模型构建时，应以业务需求作为解决问题的出发点，结合具体的应用场景确定不同的建模思路，从而选择最为恰当的算法。经过近些年的发展，大数据建模方面已经具备了一些成熟稳定的算法，常见的几类如下。

1) 分类算法和聚类算法

分类算法与聚类算法常用于数据归类。对于类别已知的数据通常采用分类算法，它是一种有监督的学习。分类算法的目标是根据已知样本的某些特征，判断一个新的样本属于哪种已知的样本类。常见的分类算法有线性分类器分类算法、神经网络分类算法等。聚类算法则是一种类别未知的、无监督的学习，它不需要对数据进行训练或是学习。聚类算法是按照目标数据的相似性与差异性进行分类，其优化方向是使得所判定出的相同类别数据相似性尽可能大、不同类别数据相似性尽可能小。常见的聚类算法包括高斯聚类模型、基于密度的聚类算法、K 均值聚类等。

2) 回归分析

回归分析是基于统计学的数据分析方式，主要借助于统计学中定量分析与定性分析相结合的方法对问题进行研究。回归分析不仅可以表达自变量和因变量之间的显著关系，还能够确定多个自变量对一个因变量的影响强度。按照自变量的多少，回归算法可以分为一元回归分析和多元回归分析；按照自变量和因变量间的关系，又可分为线性回归和非线性回归分析。除了统计学上的方法，一些人工智能算法也被应用于解决回归问题，如随机森林(random forest，RF)、支持向量机回归(support vector regression，SVR)、长短期记忆网络(long short-term memory，LSTM)。

3)关联分析

关联分析是一种从大量数据中发现潜在的关联性或相关性，从而描述一个事物中某些属性同时出现的规律和模式，或者事物之间存在的联系和相互之间的依赖性的规律的分析手段[26]。通过关联分析，可以对目标数据的关联性进行描述，对于不同数据之间潜在的关联关系进行挖掘，从而向数据统计者提供更多数据之间的关系规律，以优化所采集的数据结构。典型的算法包括关联规则算法(Apriori 算法)、关联分析算法(FP-growth 算法)等。

3.3.3 模型训练

选定建模数据及算法后，在计算机上运行程序，便可生成模型，即确定模型的关键结构参数和约束参数[27]，这一过程也叫作模型训练。模型的训练一般可通过参数的调整来实现(常简称“调参”)，即通过调整模型中的参数，使通用模型更加贴合项目的实际情况。常见的训练算法有梯度下降法(gradient descent)、动量法(momentum)、Adam(Adaptive Moment Estimation)算法和自适应学习率算法(如 AdaDelta 等)[28]。

1)梯度下降法

梯度下降法是一种广泛用于求解线性和非线性模型最优解的迭代算法，它的中心思想在于通过不断迭代，获得使得损失函数最小化的权重。常见的梯度下降法包括全梯度下降算法(full gradient descent，FGD)、随机梯度下降算法(stochastic gradient descent，SGD)和小批量梯度下降算法(mini-batch gradient descent，MGD)。全梯度下降算法如下：

$$\theta^{k+1} = \theta^k - \eta^k \frac{\partial E_N\left(\theta^k\right)}{\partial \theta^k} \tag{3.1}$$

式中，θ 为待求解参数；k 为训练次数；$\eta(\eta > 0)$ 为学习率(learning rate)，用于调整模型参数收敛的难度，一般采用 0.1 或 0.01 等比较小的值；N 为采样数据总数；$E(\theta)$ 为误差函数(error function)或损失函数(loss function)：

$$E_N\left(\theta^k\right) = \frac{1}{N}\sum_{i=1}^{N} \text{loss}\left(f_{\theta^k}\left(x_i\right), y_i\right) \tag{3.2}$$

其中，x_i 为一条训练样本的特征值；y_i 为一条训练样本的标签值。

使用全梯度下降法，理论上可以完成模型的训练过程，但在实际使用中，更新参数时需要对所有 N 个数据求和。如果 N 非常大，计算时间将变得很长，相应地，随机梯度

下降算法被提出来解决这个问题。随机梯度下降算法采用每次随机选择一个样本数据去更新参数，即此时的损失函数变为

$$E\left(\theta^k\right)=\operatorname{loss}\left(f_{\theta^k}\left(x_i\right),y_i\right) \tag{3.3}$$

随机梯度下降算法过程简单、高效，通常可以较好地避免更新迭代收敛到局部最优解，但每次只使用一个样本迭代，若遇上噪声则容易陷入局部最优解。

小批量梯度下降算法则是全梯度下降算法和随机梯度下降算法的折中方案，在一定程度上兼顾了以上两种方法的优点。小批量梯度下降算法是将 N 个数据分成有 $M(\leqslant N)$ 个数据的小块（小批量）再进行训练的方法，被抽出的小样本集所含样本点的个数称为 batch_size，通常设置为 2 的幂次方，更有利于图形处理器（GPU）加速处理。

特别地，当 batch_size=1，即为随机梯度下降算法；当 batch_size= N，即为全梯度下降算法，其损失函数迭代形式为

$$E_n\left(\theta^k\right)=\frac{1}{n}\sum_{i=1}^{n}\operatorname{loss}\left(f_{\theta^k}\left(x_i\right),y_i\right),n=1,2,\cdots,N \tag{3.4}$$

2）动量法

动量法是一种用于优化算法的技术，它基于梯度下降算法，加入了一种动量项，可以加速收敛过程。在梯度下降算法中，每次更新参数时，都是根据当前的梯度方向来进行更新，而在动量法中，除了考虑当前的梯度方向，还考虑了之前的梯度方向，通过加权平均的方式来更新参数。这样做的好处是可以减少梯度方向的变化，从而加速收敛过程。具体来说，动量法中的更新公式如下：

$$\theta=\theta-\alpha\cdot\nabla J(\theta) \tag{3.5}$$

式中，θ 为模型参数；α 为学习率；$\nabla J(\theta)$ 为损失函数 $J(\theta)$ 关于 θ 的梯度。

批量梯度下降法的优点是收敛速度较快，但缺点是需要计算所有训练样本的梯度，因此在大规模数据集上计算代价较高。此外，批量梯度下降法容易陷入局部最优解，需要合适的学习率和初始化参数。

3）Adam 算法

Adam 算法是一种自适应矩估计算法，用于优化神经网络的参数。它结合了梯度下降和动量方法，并使用自适应学习率来调整每个参数的更新步长。Adam 算法的核心思想是根据每个参数的梯度和历史梯度信息来计算每个参数的更新步长。具体来说，Adam 算法维护两个指数加权移动平均数，分别是梯度的一阶矩估计和二阶矩估计。一阶矩估计是梯度的平均值，二阶矩估计是梯度的平方的平均值。在每次迭代中，Adam 算法计算每个参数的梯度和历史梯度信息，并使用这些信息来更新每个参数的值，具体来说，Adam 算法计算每个参数的一阶矩估计和二阶矩估计，并使用这些估计值来计算每个参数的更新步长。

Adam 算法的优点是可以自适应地调整每个参数的更新步长，从而更好地适应不同

的数据分布和梯度变化。此外，Adam 算法还可以有效地处理稀疏梯度和噪声梯度。因此，Adam 算法已经成为深度学习中最常用的优化算法之一。

4) 自适应学习率算法

自适应学习率算法是一种优化算法，用于在神经网络中更新权重，它是 Adam 算法的一种变体，旨在解决 Adam 算法中学习率衰减过快的问题，其核心思想是根据过去的梯度信息来自适应地调整学习率。具体来说，自适应学习率算法使用了两个累积变量：一个是平方梯度的指数加权平均值，另一个是平方步长的指数加权平均值，这两个变量用于计算每个权重的更新步长。

与 Adam 算法不同，AdaDelta 算法没有学习率超参数。相反，它使用了一个衰减系数来控制历史信息的权重，这个衰减系数通常设置为 0.9，但也可以根据具体情况进行调整。

总的来说，AdaDelta 算法是一种高效的优化算法，可以在神经网络中快速地更新权重。它的自适应学习率机制可以帮助避免学习率衰减过快的问题，从而提高了训练的稳定性和收敛速度。

3.3.4 模型评估

模型评估是为了衡量模型的精度与性能，判断所训练的模型是否符合使用者的预期。模型的评估标准往往会与所应用的场合、数据处理的目的息息相关。如回归模型中，评价模型质量的常用指标有：均方根误差（root mean square error，RMSE）、平均绝对误差（mean absolute error，MAE）和决定系数（r-square, coefficient of determination）等[29]；评估分类模型质量的指标通常基于混淆矩阵计算[30]。

1) 回归模型评估指标

对于测试集中的每组数据$(x_i, y_i)(i=1,2,\cdots,N)$，$x_i$是真实的输入值，$y_i$是真实的输出值，$\hat{y}_i = f(x_i)$是回归模型的预测值，$\overline{y}$是每组真实输出的平均值，则有

$$\mathrm{RMSE} = \sqrt{\frac{1}{N}\sum_{i=1}^{N}\left(y_i - \hat{y}_i\right)^2} \tag{3.6}$$

理论上，RMSE 的值越小，说明模型拟合效果越好，具有更好的精确度。

$$\mathrm{MAE} = \frac{1}{N}\sum_{i=1}^{N}\left|y_i - \hat{y}_i\right| \tag{3.7}$$

理论上，MAE 的值越小，说明模型拟合效果越好，具有更好的精确度。

$$R^2 = 1 - \frac{\sum_{i=1}^{N}\left(y_i - \hat{y}_i\right)^2}{\sum_{i=1}^{N}\left(y_i - \overline{y}\right)^2} \tag{3.8}$$

一般，R^2的范围是 0～1，其值越接近 1，说明模型拟合效果越好，具有更好的精确度。

2) 分类模型评估指标

分类模型中输出变量为类别标签，其误差通常基于混淆矩阵进行计算。混淆矩阵通过矩阵表格形式展示预测类别值与实际类别值的差异程度或一致程度。以二分类预测模型为例，其混淆矩阵如表 3.1 所示。

表 3.1 二分类预测问题的混淆矩阵

真实值	预测值	
	正 (Positive)	负 (Negative)
Positive	TP	FN (Type Ⅰ)
Negative	FP (Type Ⅱ)	TN

混淆矩阵将真实值和预测值分为 Positive (正) 和 Negative (负) 两类 (也可理解为 1 和 0)，其中，TP (True Positive) 可表示真实值为 Positive，预测值也为 Positive 的样本数；FN (false negative) 可表示真实值为 Positive，预测值为 Negative 的样本数，这种情形就是统计学上的第一类错误 (Type I Error)；FP (false positive) 可表示真实值为 Negative，预测值为 Positive 的样本数，这种情形就是统计学上的第二类错误 (Type II Error)；TN (true negative) 可表示真实值为 Negative，预测值也为 Negative 的样本数；TP+TN+FN+FP 为总样本数 N，TP+TN 为正确预测的样本数，FN+FP 为错误预测的样本数。基于此，派生出准确度 (accuracy)、灵敏度 (sensitivity)、召回率 (recall)、特异性 (specificity)、查准率 (precision)、F1 分数 (F1 score) 等指标，具体计算公式及含义见表 3.2。

表 3.2 混淆矩阵派生指标举例

指标	计算公式	含义
准确度 (accuracy)	$\mathrm{ACC} = \dfrac{\mathrm{TP}+\mathrm{TN}}{N}$	分类正确的样本占总样本的比例，越大越好
灵敏度 (sensitivity) 召回率 (recall)	$\mathrm{TPR} = \dfrac{\mathrm{TP}}{\mathrm{TP}+\mathrm{FN}}$ (TPR：真阳性率, true positive ratio)	在真实值为 Positive 的样本中预测正确的比例，越大越好
特异性 (specificity)	$\mathrm{TNR} = \dfrac{\mathrm{TN}}{\mathrm{TN}+\mathrm{FP}}$ (TNR：真阴性率, true negative ratio)	在真实值为 Negative 的样本中预测正确的比例，越大越好
查准率 (precision)	$\mathrm{PPV} = \dfrac{\mathrm{TP}}{\mathrm{TP}+\mathrm{FP}}$ (PPV：阳性预测值, positive predictive value)	在预测值为 Positive 的样本中预测正确的比例，越大越好
F1 分数 (F1 score)	$\mathrm{F1\ score} = \dfrac{2\cdot\mathrm{PPV}\cdot\mathrm{TPR}}{\mathrm{PPV}+\mathrm{TPR}} = \dfrac{2\cdot\mathrm{TP}}{N+\mathrm{TP}-\mathrm{TN}}$	F1 分数是查准率 PPV 和召回率 TPR 的调和平均值，越大越好

3.3.5 模型应用

模型应用是将已通过模型评估的模型具体运用在真实的业务场景之中。

对于能源企业而言，在宏观层面上可对能源消费进行统计、分析、控制和决策，在微观层面上可对配电设备、输电线路、用能设备进行监管和控制；对于节能服务机构而言，可通过对企业的用能情况进行大数据分析，及时发掘出能效水平较低、亟待提升能效的地方，并结合行业特点有针对性地提出节能技术改造方案；对于政府主管部门，能源大数据平台可以推动大数据产业在能源领域的进一步发展和完善，为建立智慧型工业奠定良好的数据基础。

按照能源大数据开发应用深入程度的不同，可将能源大数据模型的应用分为三个层次。第一层，描述性分析应用，是指从能源大数据模型中总结、抽取相关的信息和知识，帮助人们分析发生了什么，并呈现事物的发展历程，如基于电力设备的运行状态数据、运行机理和退化规律，展开电力设备的日常运维与健康管理。第二层，预测性分析应用，是指从能源大数据模型中分析事物之间的关联关系、发展模式等，并据此对事物发展的趋势进行预测，精确掌握能源负荷变化规律，提高负荷预测的精准度。第三层，指导性分析应用，是指在前两个层次的基础上，分析不同决策将导致的后果，并对决策进行指导和优化，如基于气象、环境、能源产出能力、耗能规律和设备运行状态等信息，对能源优化调度提供辅助决策支持[31]。

3.3.6 模型优化

优秀的模型都是通过不断优化迭代而生成的，同样，模型优化也是能源大数据模型构建过程中不可或缺的一步。按照发生的时间顺序，模型优化可分为两个阶段，第一阶段是模型评估后的改进，第二阶段是应用于实际业务场景后的调整，不同阶段运用的优化方法可能有所不同。目前，模型优化常见的思路如表 3.3 所示。

表 3.3 模型优化的常见思路

待优化的场景	优化思路与方法
避免过拟合	L1/L2 正则化
模型在应用时不合适、数据预测效果无规律波动较明显	选择新的模型或修改模型
预测结果受某一因素影响较大	新增显著因素，派生新的属性数据
样本分布不均匀，且偏差不大	尝试调整模型中的超级参数，使其阈值达到最优
根据具体应用中收集的数据，进行进一步优化	获取和使用更多的数据(数据集增强)

在实际应用中，针对不同的模型，其模型优化的具体做法也略有不同，比如回归模型的优化，可能要考虑异常或极端样本值对模型的影响；分类模型的优化，可能要考虑概率阈值设置的合理性，是否能够实现精准性与通用性的均衡。因此，应根据优化需求进行优化策略的调整或组合。

3.4 能源大数据模型的应用

能源大数据模型的应用十分广泛，因篇幅有限，本节仅列举了电力领域中两个能源大数据模型的应用案例。

3.4.1 模型遵从度核查

为打破跨项目间数字化资产的封闭和私域现象，构建数字化资产共享、交互的项目建设环境，保证各数字化资产在信息模型层面做到标准统一、设计严谨、竣工适配，从而促进数字化资产的可信共享、敏捷交互，所有新建信息类项目应当遵循统一数据模型规范标准进行设计，并取得检测认证才能进行项目建设。

通过模型遵从度核查，明确业务应用在设计、建设、交付及运行各阶段需要遵从的管控要求，推进统一数据模型在业务应用和数据中台建设过程中发挥基础支撑和规范管理的作用，可以对企业核心业务和共性普遍需求全覆盖，为打造企业级的中台服务及应用奠定坚实基础。

1. 确定模型全周期管控范围

统一数据模型全周期管控范围包括业务范围和应用范围两个方面。业务范围包括统一数据模型涉及的人员域、财务域、资产域、物资域、项目域、电网域、安全域、客户域、市场域、综合域等 10 个域所覆盖的业务内容。应用范围分为事务处理类应用和分析决策类应用，事务处理类应用分为新增应用和存量应用，是数据的源系统，采用不同的策略进行逻辑模型遵从度验证；分析决策类应用应基于数据中台构建，是数据的使用系统，设计规范应基于统一数据模型的逻辑模型为原则进行构建。

2. 确定柔性管控对象

对于事务处理类应用，以统一数据模型逻辑模型为基准，对系统设计、实现及运行阶段的逻辑模型、物理模型、数据字典、统一编码、数据流向和实体数据结构进行柔性管控。

对于分析型应用，以统一数据模型逻辑模型为基准，对系统设计、实现及运行阶段的逻辑模型、数据字典、数据链路及实体数据结构进行柔性管控。

3. 确定柔性管控内容

在设计实现阶段，对应用设计架构与实现上进行可行性验证，包括逻辑模型、物理模型、数据字典、统一编码(仅适用于事务处理类应用)、数据链路、实体数据结构六个方面进行柔性管控，具体包括可行性研究报告、概要设计、需求规格说明书、数据库设计说明书、建设方案、实施方案等几个方面。

在上线验收阶段，对应用提交材料进行排查，主要包括概要设计、需求规格说明书、数据库设计说明书、建设方案、实施方案、部署方案等几个方面进行人工审查其与 SG-CIM 的遵从度。

在系统运行阶段，主要抽查运行态应用是否遵从既有模型设计，从系统中能够导出指定数据的 CIM 格式逻辑模型数据，利用管控的工具来进行实体数据与 SG-CIM 的遵从度审核。

3.4.2　反窃电监控

长期以来，窃电问题一直困扰着供电部门。近年来，窃电这一不法行为呈现出手段高科技化、过程隐蔽化、数量大额化等特点，给国家造成了严重的经济损失，同时由窃电导致的事故所造成的间接损失更大。以往，电力部门用电信息采集系统虽然采集了大量的用户用电数据，但对用电数据和窃电行为的分析深度与广度不足。随着大数据技术的发展，通过借助大数据技术对采集系统所采集的电能数据、工况数据、事件记录数据及线损进行综合分析，建立窃电预警分析模型，可以实现快速、有效、全面的窃电行为分析[32]。

窃电预警分析模型主要通过计量信息、线损情况、电能表事件、用电行为等综合监测分析，从现场磁场异常、高频信号干扰监测、电能表开盖记录、电能表反走、超容量、电能表编程异常等方面与统计线损以及各类公用变压器、专用变压器基础台账和自动采集负荷数据进行对比分析，对窃电嫌疑进行判定和预警，窃电预警分析模型应用过程如图 3.3 所示。

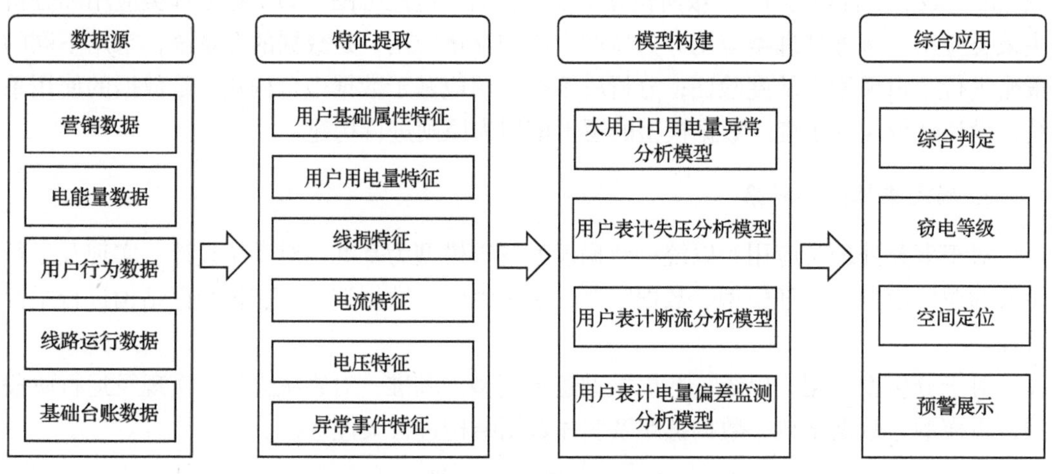

图 3.3　窃电预警分析模型应用过程

3.5　本章小结

能源大数据模型是大数据技术与能源产业的有机结合，其应用无疑将加速推动能源产业的发展，并带来商业模式的创新。本章通过对数据模型以及能源大数据模型概念和分类的论述，介绍了能源大数据模型在如今能源结构和能源背景下应运而生的过程和原因。同时本章第三节从对数据的处理到模型的建立与优化，详细说明了能源大数据模型的构建过程。结合大数据模型的建立并针对能源数据的特点，深入地分析了能源大数据模型的构建方法。最后，以“模型遵从度核查”和“反窃电监控”为典型案例，介绍了能源大数据模型的实际应用。

参考文献

[1] 信俊昌, 王国仁, 李国徽, 等. 数据模型及其发展历程[J]. 软件学报, 2019, 30(1): 142-163.

[2] 唐葆君, 吴郧, 邹颖, 等. 中国能源经济指数研究——基于行业视角[J]. 北京理工大学学报(社会科学版), 2021, 23(2): 9-16.

[3] 杜毅博, 赵国瑞, 巩师鑫. 智能化煤矿大数据平台架构及数据处理关键技术研究[J]. 煤炭科学技术, 2020, 48(7): 177-185.

[4] 苏上海, 张晓霞, 王霖, 等. 基于煤炭工业主题域的数据对象模型构建方法和装置[P]. 北京市: CN115510029A, 2022-12-23.

[5] 刘顺春. "共享中国石油"中的数据治理体系研究[J]. 北京石油管理干部学院学报, 2019, 26(6): 21-29.

[6] 高海康, 李莉, 杨玉锋, 等. 一种基于数智融合的智慧管网数据系统[P]. 北京市: CN116846954A, 2023-10-03.

[7] 罗勤, 王婷婷, 周代兵. 天然气产供储销全产业链标准化体系的建设与展望[J]. 天然气工业, 2022, 42(S1): 1-7, 199.

[8] 韩笑, 狄方春, 刘广一, 等. 应用智能电网统一数据模型的大数据应用架构及其实践[J]. 电网技术, 2016, 40(10): 3206-3212.

[9] 国家能源局. DL/T 890. 301-2016, 能量管理系统应用程序接口(EMS-API). 第301部分: 公共信息模型(CIM)基础[S]. 北京: 中国电力出版社, 2016.

[10] 曹晋彰. 面向智能电网的公共信息模型及其若干关键应用研究[D]. 杭州: 浙江大学, 2013.

[11] 国家电网公司. 国家电网公司公共信息模型(SG-CIM): Q/GDW10703—2018[S]. 北京: 中国电力出版社, 2018.

[12] Jebaraj S, Iniyan S. A review of energy models[J]. Renewable and Sustainable Energy Reviews, 2006, 10(4): 281-311.

[13] 王深. 不确定性条件下区域能源系统规划及关联要素互动影响研究[D]. 北京: 华北电力大学, 2020.

[14] Prasad R D, Bansal R C, Raturi A. Multi-faceted energy planning: A review[J]. Renewable and Sustainable Energy Reviews, 2014, 38: 686-699.

[15] Debnath K B, Mourshed M. Forecasting methods in energy planning models[J]. Renewable and Sustainable Energy Reviews, 2018, 88: 297-325.

[16] 胡焕玲. 基于改进回声状态网络的能源预测问题研究[D]. 武汉: 华中科技大学, 2021.

[17] Deng J L. Control problems of grey systems[J]. Systems & Control Letters, 1982, 1(5): 288-294.

[18] Deng X, Lv T. Power system planning with increasing variable renewable energy: A review of optimization models[J]. Journal of Cleaner Production, 2020, 246: 118962.

[19] Cong R G. An optimization model for renewable energy generation and its application in China: A perspective of maximum utilization[J]. Renewable and Sustainable Energy Reviews, 2013, 17: 94-103.

[20] Arnette A, Zobel C W. An optimization model for regional renewable energy development[J]. Renewable and Sustainable Energy Reviews, 2012, 16(7): 4606-4615.

[21] Klemm C, Vennemann P. Modeling and optimization of multi-energy systems in mixed-use districts: A review of existing methods and approaches[J]. Renewable and Sustainable Energy Reviews, 2021, 135: 110206.

[22] Ammari C, Belatrache D, Touhami B, et al. Sizing, optimization, control and energy management of hybrid renewable energy system—A review[J]. Energy and Built Environment, 2022, 3(4): 399-411.

[23] Tafarte P, Das S,Eichhorn M, et al. Small adaptations, big impacts: Options for an optimized mix of variable renewable energy sources[J]. Energy, 2014, 72: 80-92.

[24] Rodriguez R A, Becker S, Greiner M. Cost-optimal design of a simplified, highly renewable pan-European electricity system[J]. Energy, 2015, 83: 658-668.

[25] Koltsaklis N E, Dagoumas A S. State-of-the-art generation expansion planning: A review[J]. Applied Energy, 2018, 230: 563-589

[26] 高志鹏, 牛琨, 刘杰. 面向大数据的分析技术[J]. 北京邮电大学学报, 2015, 38(3): 1-12.

[27] 齐敏芳. 大数据技术及其在电站机组分析中的应用[D]. 北京: 华北电力大学, 2016.

[28] 阿斯顿·张(Aston Zhang)等. 动手学深度学习: PyTorch 版[M]. 何孝霆(Xiaoting He), 瑞潮儿·胡(Rachel Hu). 北京: 人

民邮电出版社, 2023.

[29] Fang L, He B. A deep learning framework using multi-feature fusion recurrent neural networks for energy consumption forecasting[J]. Applied Energy, 2023, 348: 121563.

[30] 周志华. 机器学习[M]. 北京: 清华出版社, 2016.

[31] 梅宏. 大数据发展与数字经济[J]. 中国工业和信息化, 2021(5): 60-66.

[32] 白宏坤, 刘湘莅. 大数据技术及能源大数据应用实践[M]. 北京: 中国电力出版社, 2021.

第 4 章　能源大数据关键技术

能源大数据中不仅包含大量能源流的物理信息，还包含大量与能源生产、传输、消费及管理相关的业务信息，并且各行业间数据标准不统一、数据不共享，存在严重的“数据孤岛”现象。因此，相比于传统模式，能源大数据的实现不仅要以信息化平台为基础，更是对能源系统内外部数据的融合共享和技术服务提出了更高要求。为解决上述挑战，本章提出促进能源大数据互联互通、挖掘能源大数据价值和充分提高能源利用效率等方面的内容，以供相关研究和工程技术人员借鉴参考[1]。具体而言，4.1 节介绍能源大数据关键技术总体框架；4.2 节介绍从如何激活能源数据要素为出发点以解决数据“怎么来”的问题，分析多源汇聚与计算存储方法；4.3 节介绍怎样发挥能源数据效能为途径以克服数据“不可用”的难题，梳理数据治理管理方法；4.4 节介绍从如何促进能源数据平台能力为实践以满足数据“应用落地”的要求，归纳数据分析应用技术；4.5 节介绍从数据中心的设计、建设到运营的每个环节如何贯彻落实绿色、环保的理念，实现不同形态能源的和谐共生。

4.1　能源大数据关键技术总体框架

能源大数据在底层技术上需要依托智能分析手段获取稳定可靠的基础支撑能力，在数据交换上需要规范高效的数据融合和安全防护体系，在运营管理上需要考虑多源异构数据下的多方共建共享模式，但该领域仍然面临着诸多技术挑战。

首先，针对能源大数据包含电、水、气、热、煤、油、清洁能源等多种数据来源的挑战，研究如何多源数据汇聚与融合并搭建高效实用的能源分析模型，以期实现从单一视角到多能源数据视角的能源规划布局和行业绿色转型，是能源大数据基础技术研究的出发点。其次，面向电力电网、水务燃气、传感通信、石油石化等不同能源服务商以及数据产业与通信运营商对能源数据的开放与共享意愿不足的难题，分析针对不同用能场景盘活数据变现能力的技术途径并打通能源相关行业的数据壁垒，是能源大数据平台应用研究的着力点。最后，基于海量多源能源数据且接入标准不一的现实困境，探索统一规范的数字、绿色化能源生态建设技术机制，并进一步结合计算分析和数据安全技术将能力转化为价值，为能源业务和用户决策提供服务，是能源大数据产品运营研究的落脚点。

4.2　能源大数据多源汇聚与计算存储技术

能源大数据是构建“互联网+”智慧能源的重要手段，对其多源数据进行系统化的汇聚与计算存储是实现后续高效分析的重要基石。能源大数据整合了电、煤、石油、供冷、供热和天然气等多种能源在生产、传输、存储、消费、交易、管理等各环节中的数据，能够成为政府进行能源监督与管理、促进社会共享能源信息资源、推动能源体制市场化改革的有效工具。能源大数据以开放共享为核心理念，在推进能源系统智慧化转型升级、突破行业壁垒并催生智慧能源新兴业态等方面具有重要作用。能源大数据涵盖多方数据，包括公开的统计年鉴数据、外部采购数据等，呈现出多源异构的特点，导致实现多模态数据融合难度增加，同时计算任务存在高效处理海量的数据和实现高并发的困难。因此，融合、存储和计算需要具备高扩展性和高性能，以应对这些挑战。本节聚焦多模能源数据融合技术，能源数据计算分析模式，能源数据存储技术等能源大数据融合与计算存储技术，为进行后续数据的提“能”增“效”工作提供可靠和高质量的数据，进一步激活能源数据要素，充分挖掘数据效能。

4.2.1　多源数据融合技术

能源大数据转型背景下，能源领域目前以清洁低碳、开放互动为目标不断建设，同时监测技术与通信技术也快速发展，能源系统中的数据来源更加广泛，数据结构更加复杂，为新型能源大数据融合提供数据基础的同时也提出了挑战[2]。本节首先对数据汇聚技术进行阐述，数据汇聚技术主要作用是在于将多源数据汇聚至能源大数据中心，并依据应用需求存储在分布式数据存储中。另外，数据匹配技术作为实现能源大数据融合的关键技术，可以将数据按照某种内在关系进行配准。

4.2.1.1　数据汇聚

能源大数据汇聚是指收集、整合和处理能源领域各种数据源产生的大数据。随着能源行业的数字化转型和技术进步，对能源大数据汇聚与整合正逐渐成为一个重要的趋势和挑战。目前，能源大数据汇聚涉及多个数据源，包括能源生产设施（如发电厂、风电场、太阳能电池板）、能源传输和配送网络、智能计量设备、传感器和监测装置、能源市场和交易数据等。同时随着能源行业的数据化转型，数据量呈现爆炸式增长，这些数据源产生的数据不仅仅体量庞大，还具有不同的格式、结构和频率，需要进行有效的汇聚和整合。

数据汇聚技术涵盖数据通信、消息队列、数据导入工具、数据抽取工具、数据复制工具等多种技术，旨在实现结构化、非结构化、海量准实时、空间数据接入，将能源全生命周期数据以及宏观经济、地理环境、政策法规等各类数据汇聚至能源大数据中心，并依据应用需求存储在分布式数据存储中[3]。

如图 4.1 所示，通过封装数据通过、数据抽取、数据同步、数据接口、消息队列、网页抓取、数据填报等多种数据接入技术，构建分布式数据整合功能，以实现对定时/实时数据的采集处理，为应对不同的数据来源、类型、规模和响应要求，采用不同的数据接入方式，以配置开发和过程监控，实现从数据源到平台存储的全面管理。

1. 数据通信

数据通信技术主要分为两个环节：①由现场产生的数据被传感器接收的数据获取环

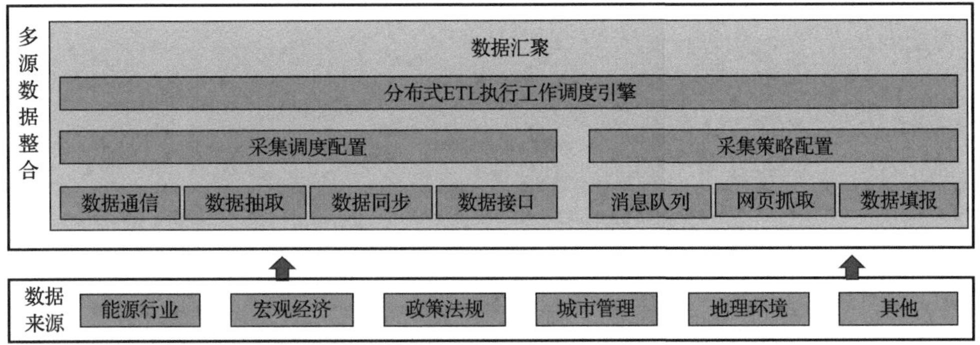

图 4.1 数据汇聚

节，②将处理后的数据发送到大数据中心的数据传输环节。数据获取环节，需要高度可靠性和安全性的传感技术，以下是针对这些方面的一些专用技术。

(1) 油田智能传感器：为了监测油井和油田环境，特殊设计的传感器可以测量温度、压力、流量、化学成分等参数。这些传感器需要适应极端环境条件下的工作，如高温、高压和腐蚀性介质。

(2) 振动和声波传感器：用于监测管道和设备的振动和声波变化，以便及早发现可能的故障和泄漏。这些传感器可以帮助及时识别并解决潜在问题，避免更大的损失。

(3) 图像传感器和无人机技术：用于对设备、管道和基础设施进行可视化检查和监测，以识别潜在问题和改进管理。借助图像传感器和无人机技术，能够实时获取高清图像，快速发现异常情况，并进行智能分析，以便采取必要的措施来提高效率和安全性。

高效的数据传输可以提高工作效率和降低成本，安全地传输保障数据的机密性和完整性，实时传输满足即时性要求，而远程监控和控制则提升了数据传输的安全性和便利性，使用户能够随时随地监测和管理数据。因此，在数据传输环节中，通信网络应当能支持数据高效、安全地实时传输，并且能远程监控和控制，以满足现代社会对数据传输的高效、安全和实时性的需求，以下是针对不同场景用来保障数据高效传输的专用技术。

(1) 在偏远地区或海上平台的石油石化生产现场，卫星通信技术提供了一种广覆盖、无地域限制的数据传输解决方案。这种技术能够确保在这些地理受限的环境中，关键的生产数据得以实时、高效地传输至控制中心，从而支持远程监控和运营决策的制定。

(2) 在电力系统中，专网（电专网）被用于实时采集电网中各个节点的数据，通过高速、可靠的通信链路将这些数据传输至中央控制中心。这样，运营人员能够实时监控电网的状态，并据此作出相应的决策，确保电力系统的稳定运行和优化管理。其中，专网通信链路可能采用光纤通信、无线通信或卫星通信等技术，以实现广覆盖、低延迟的数据传输。

(3) 借助工业物联网（IIoT）技术，整合高级传感器与智能设备，构建无缝互联网络，实现数据的实时捕获、系统监控及远程控制，提升运营智能化与效率。

最后，在数据通信过程中，还应使用加密通信或专用通信协议确保数据传输的安全性，避免数据泄露或被篡改，并建立访问控制机制和身份验证，限制对数据和系统的访问权限，防止未经授权的访问。数据通信总过程如图 4.2 所示。

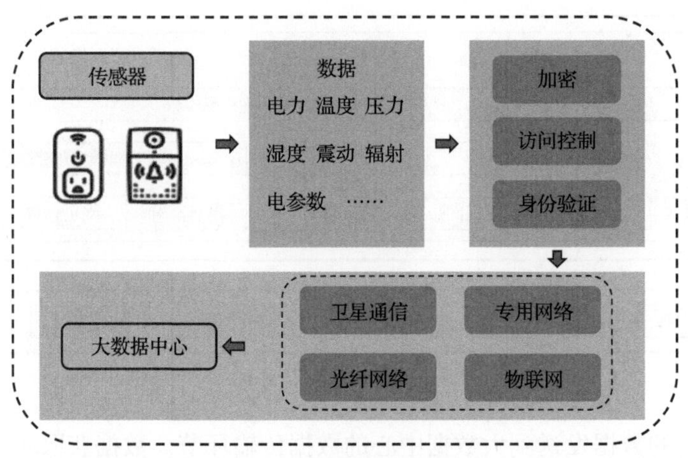

图 4.2　数据通信总过程

2. 数据抽取

数据抽取采用批量数据导入工具和数据清洗转换工具，如图 4.3 所示。

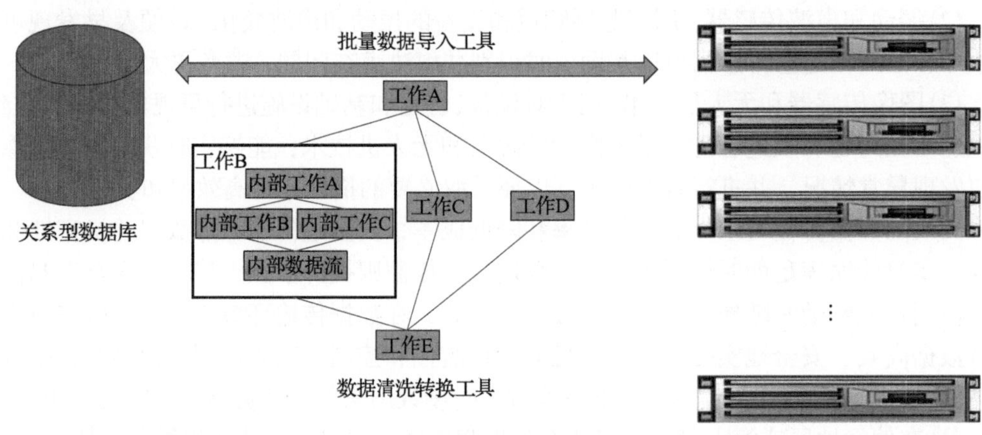

图 4.3　数据导入工具架构

(1) 批量数据导入工具可用于全量或定时增量抽取关系型数据库中的数据。

(2) 用户可以通过直观的图形化界面，自定义数据抽取规则来使用数据清洗转换工具，同时还可以与其他工具进一步结合使用，完成数据抽取的工作任务。

通过指定与原始数据库的连接配置和导入到大数据平台中的连接、表结构与数据定义等配置，数据导入工具可以自动调用任务处理逻辑对数据完成抓取、切分、转换和写入等工作。

3. 数据同步

数据同步采用数据库复制工具。

(1) 增量数据捕获工具通过解析关系型数据库的日志，实现数据实时同步到大数据平台。

(2)通过解析日志进行同步，将对源关系型数据库的负载影响降至最低。

(3)支持 Oracle、DB2、Sybase、Microsoft、MySQL 等多种关系型数据库。

如图 4.4 所示，数据库复制工具通过解析关系型数据库的日志(如重做和归档)，生成自己的队列文件，并通过队列文件传输到目标端。目标端读取相应的队列文件，重演事务以在目标数据库中同步数据。

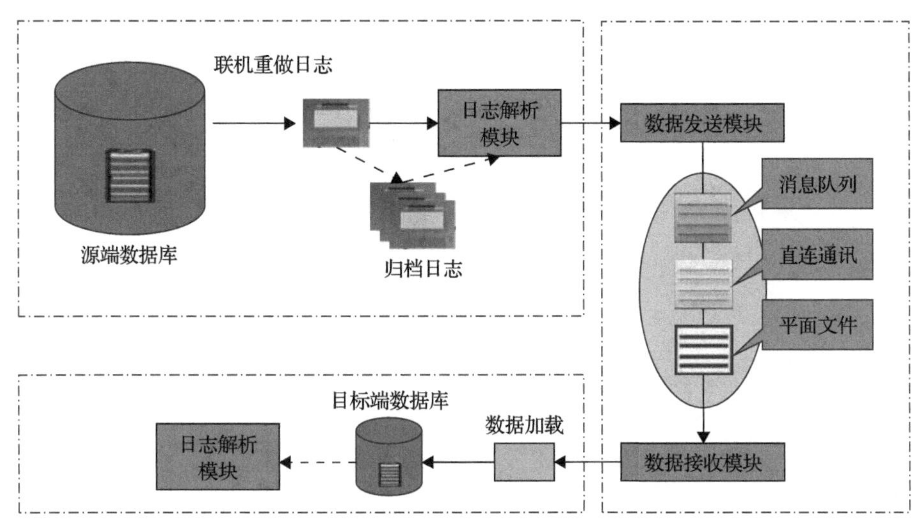

图 4.4 关系型数据库实时同步架构

4. 数据接口

如图 4.5 中所示的情境中，应用程序接口(API)定义了一组请求类型，这些请求类型可以由一个应用程序(如网页或移动应用程序)发送给另一个应用程序。API 还进一步规定了如何发送这些请求、使用哪些数据格式，以及用户必须遵循的最佳实践。

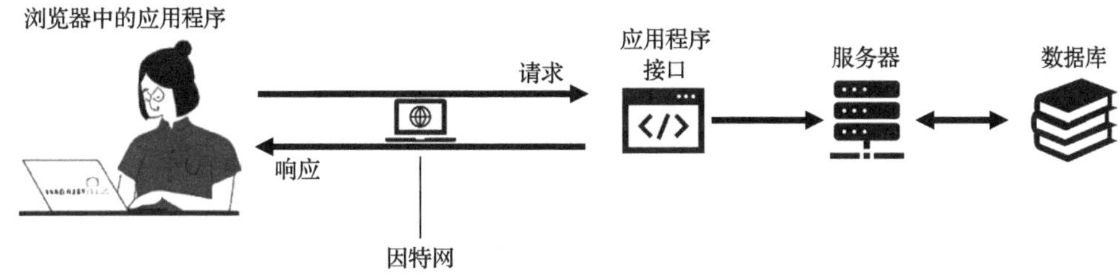

图 4.5 数据接口

5. 消息队列

消息队列由消息生产者、消费者组及存储节点组成。它的主要职责是负责实时采集数据，并将消息生产的前端和后端服务架构解耦。

消息生产者：指通过传感器等设备产生的实时数据，如电网传感器数据等。

消费者组：即消费者的并发单位，在数据量比较大的时候，需要采用分布式集群来处理消息，一组消费者各自消费某一主题来协作处理。

存储节点：具有将消息短暂持久化的功能，例如对最近五天内的数据进行储存，以确保在下游集群发生故障时，能重新订阅之前可能丢失的数据。同时，通过副本来实现消息的可靠存储，避免单机故障造成服务中断，增加输出带宽，支持更多的下游消费者订阅。

具体实现过程见图 4.6 所示。首先，状态监测消息的生产者经过安全认证流程，创建名为“状态监控数据”的主题。然后，将消息发送到存储节点，并进行短期持久化处理。流处理引擎等消费者通过订阅名为“状态监控数据”的主题获取相关数据，并进行进一步处理。

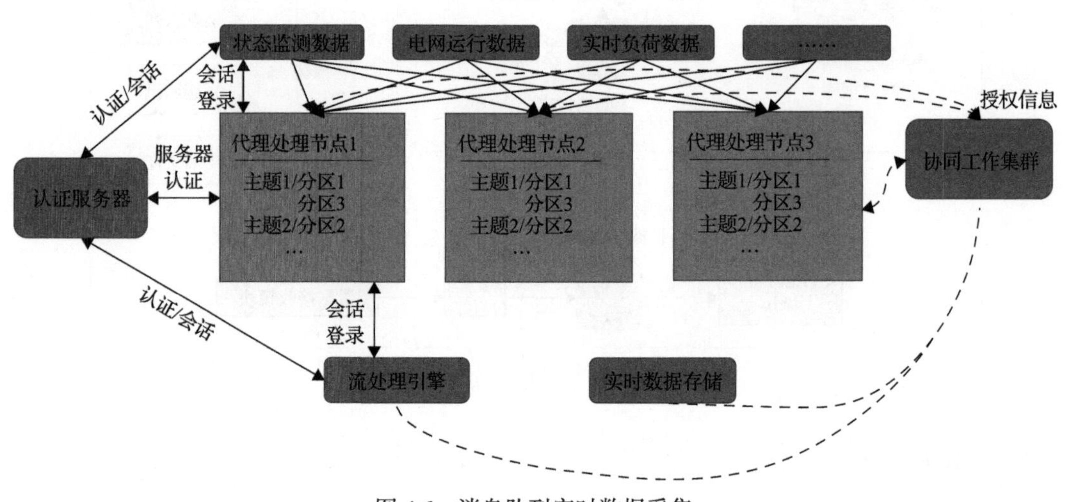

图 4.6　消息队列实时数据采集

6. 网页抓取

网页抓取是一种程序或脚本，能够按照特定的规则，自动获取网页信息。具体实现过程如图 4.7 所示。

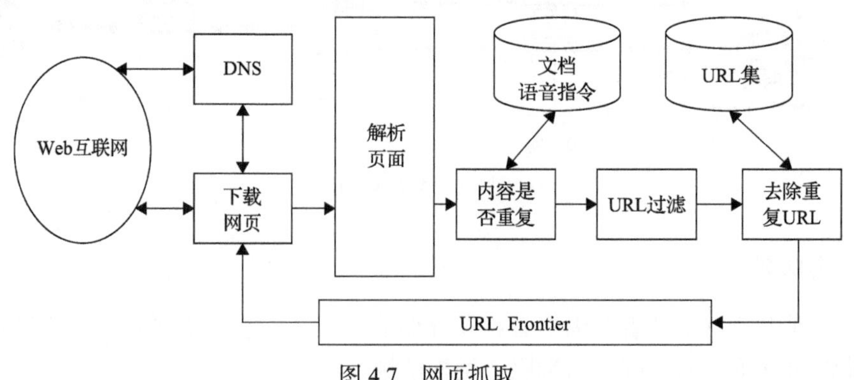

图 4.7　网页抓取

(1)统一资源定位符队列(URL Frontier)是爬虫当前抓取的 URL 队列(对于持续更新抓取的爬虫，以前已经抓取过的 URL 可能会回到 Frontier 重抓)。

(2) DNS 解析模块根据给定的 URL 决定从哪个 Web 服务器获取网页。

(3) 获取模块使用 HTTP 协议获取 URL 所代表的页面。

(4) 解析模块对网页进行处理，提取文本和网页的链接集合。

(5) 重复消除模块通过检查访问过的连接集合，判断一个解析出来的链接是否已经在 URL Frontier 中存在或最近被下载过。

7. 数据填报

数据填报即通过在线网页填报的方式获取线下人工数据。

具体实现过程如图 4.8 所示。

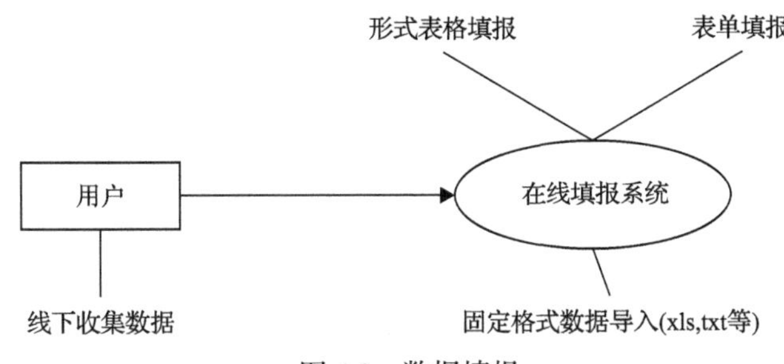

图 4.8 数据填报

(1) 用户通过线下方式收集需要填报的数据。

(2) 用户通过登录在线填报系统，使用形式表格、表单方式进行在线数据填报。

(3) 用户通过下载文件的方式，按固定格式文件整理数据批量导入数据。

4.2.1.2 数据匹配

数据匹配指的是将来自不同数据源的数据进行对比和关联，以确定它们之间的关系和相似性。数据匹配的目标是识别和合并具有相同或相似属性的数据记录，从而消除重复数据、提高数据质量，并生成更准确、完整的数据集。

在能源大数据场景中，涉及多数据源，因此伴随着描述方式或标准不一致的问题。通过数据匹配，可以识别和合并这些相似的数据，确保数据的一致性和统一性。同时，对于多个数据源中的分散数据进行数据匹配，实现数据合并，有助于提供更全面的信息，支持更准确的分析决策。数据匹配在提升能源数据质量上也发挥着至关作用，一方面，可以识别和删除重复的数据，减少数据冗余；另一方面，可以帮助发现和纠正数据中的错误、缺失或不一致之处。由此，数据匹配是确保数据一致性、完整性和质量的关键步骤。通过识别和合并相似的数据记录，可以消除重复数据、提高数据质量，并为决策提供更准确和全面的数据基础。

1. 数据匹配总流程

一般情况下，数据匹配是一个多阶段过程，主要包括以下步骤。

(1) 数据准备：在进行数据匹配之前，需要对待匹配的数据进行预处理和准备工作。这包括数据清洗、去重、格式统一等步骤，以确保数据的一致性和质量。

(2)数据标准化：在数据匹配之前，需要对待匹配的数据进行标准化，使其具有一致的格式和规范。这包括统一命名规则、统一单位和格式、转换缺失值等，以便有效地匹配和比较。

(3)特征选择：在进行数据匹配时，需要确定用于匹配的关键特征或属性。这些特征可以是唯一标识符、姓名、地址、电话号码等，根据具体情况选择合适的特征。

(4)相似度计算：在数据匹配过程中，需要计算待匹配数据之间的相似度或距离。相似度计算方法可以包括编辑距离、余弦相似度、Jaccard 相似系数等。根据特征的类型和数据的特点选择适合的相似度计算方法。

(5)匹配算法选择：根据具体的匹配需求，选择适合的匹配算法。常用的匹配算法包括基于规则的匹配、基于相似度的匹配、基于机器学习的匹配等。根据数据的规模、复杂度和匹配要求选择合适的算法。

(6)匹配结果评估：在进行数据匹配后，需要评估匹配结果的准确性和质量。这可以通过比对真实数据、使用样本数据进行验证或利用人工审核等方式进行。评估结果可以帮助调整匹配算法和参数，提高匹配的准确性。

(7)结果处理和后续操作：根据匹配结果，可以进行后续的数据处理和操作。这可能包括合并匹配数据、更新数据记录、生成匹配报告等。

值得注意的是，数据匹配是一个迭代过程，可能需要多次调整和优化，以达到更好的匹配效果。根据实际需求和数据特点，可以进行不同程度的定制化和优化。

2. 基础数据匹配方法

1)精确匹配

精确匹配表示根据所给的条件，给予精确的匹配结果，其示例示意图如图 4.9 所示。

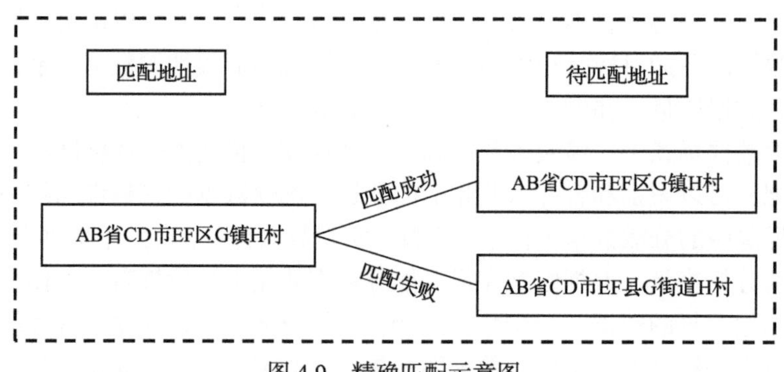

图 4.9　精确匹配示意图

2)模糊匹配

模糊匹配表示根据所给的条件，给予大致程度的匹配结果，其示例示意图如图 4.10 所示。

常用的模糊匹配方法有正则表达式制定匹配规则法、基于向量空间的相似性匹配法。

(1)正则表达式制定匹配规则法：该方法主要用于规则化数据，即能通过观测总结出有效的规则。通过对数据分析，对将需要匹配的数据形成一条规则，比如模糊匹配图

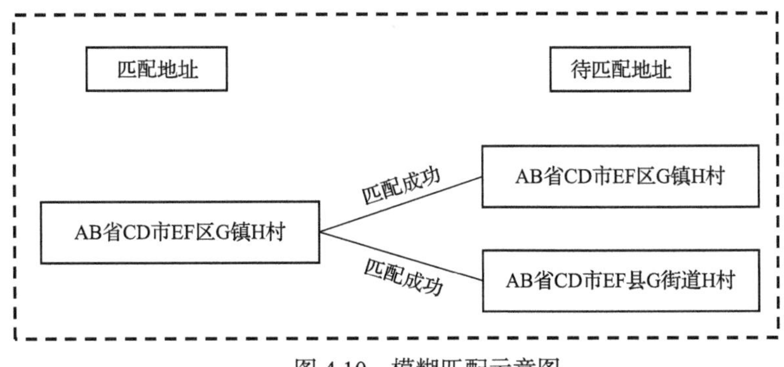

图 4.10 模糊匹配示意图

中的地址数据用正则表达式可以形成规则："AB**CD**EF**G**H**"，其中"*"表示任意字。

(2)基于向量空间的相似性匹配法：该方法一般适用于非规则化数据，即通过观测无法较好总结出有效规律。使用 jieba 分词等分词算法，将文本进行分词，分成词条组 N 维，对每一词条 Ti，使用 TFIDF 算法计算出 tiidf 值，作为该词在文本中的重要程度(即权值)Wi，并将看作一个 N 维的坐标系中的坐标轴，权重值维对应的坐标值，这样由 N 组分解而得到的正交词条矢量组就组成一个文本向量空间，即将每个文本映射成空间中的一个点；然后使用相似性算法(余弦相似、皮尔逊相关系数、欧几里得距离等)计算匹配对象与待匹配对象之间的相似性，基于相似性大小选取匹配结果(相似性越大，匹配强度越高)。

3. 基于实际场景解决思路

在真实数据处理与应用场景中，数据的质量常常受到多重因素的制约，包括但不限于数据收集时的疏漏、数据存储与更新的延迟以及数据传输与处理的错误等。这些因素导致单一方法往往无法确保数据之间高效且精确的匹配。因此，为了实现数据之间的准确匹配，必须采用一种综合的、多指标多方法的匹配策略，通过结合不同方法的优势，以及利用多个相关指标进行综合评价，从而有效地提升数据匹配的整体质量。这种综合策略的应用，不仅有助于解决单一方法在处理复杂数据时可能遇到的局限性，还能够更好地适应实际数据处理中多变且复杂的需求。

1)多条件融合精确匹配

如图 4.11 所示，多条件融合精确匹配是指：针对两个或多个数据源，且数据源间存在不止一个关联指标时，使用多个指标进行精确匹配来提升匹配质量。需要具备如下条件。

(1)数据源间存在多个关联的指标。

(2)不存在唯一主键(类似手机号、身份证唯一性的)，或唯一主键数据量严重缺失。

(3)匹配字段最好是短文本或字符，如姓名、手机号、年龄等。

2)精确匹配与模糊匹配结合

如图 4.12 所示，精确匹配与模糊匹配结合，主要是指同时使用精确匹配和模糊匹配，分别对多个数据源之间不同指标进行匹配，最终将匹配结果按照一定的匹配顺序(精确匹

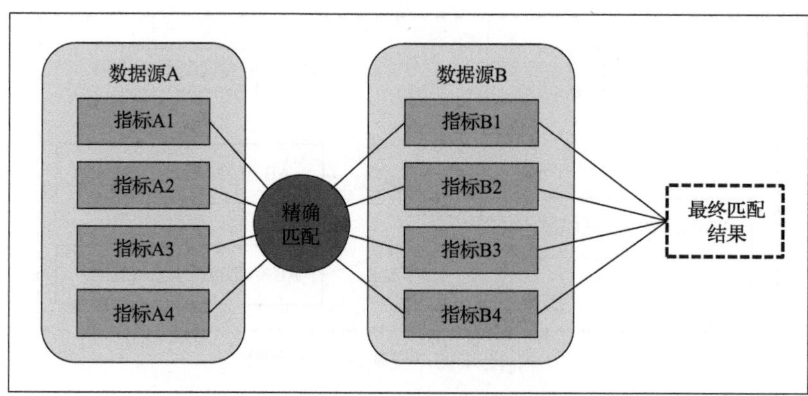

图 4.11　多条件融合精确匹配示意图

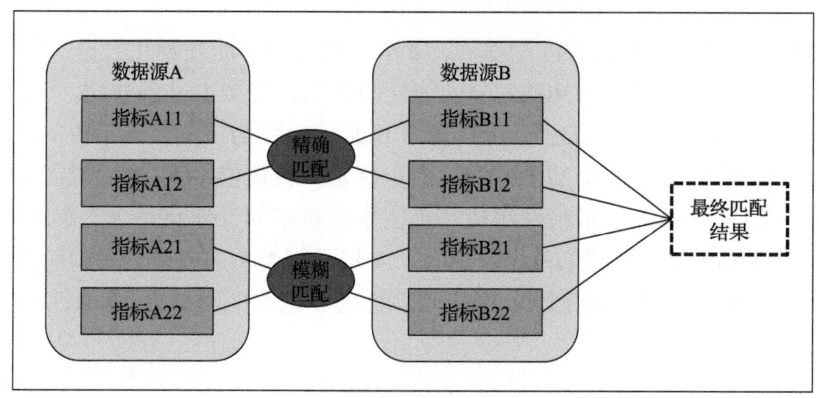

图 4.12　精确匹配与模糊匹配结合示意图

配优于模糊匹配)进行融合，提升匹配质量。需要具备如下条件。

(1)不存在唯一主键(类似手机号、身份证唯一性的)，或者唯一主键存在严重缺失。

(2)数据源间存在多个关联的指标。

(3)存在中、长文本或字符，仅使用精确匹配无法实现目标，中长文本比如明细地址、企业名等。

3) *多层级匹配*

见图 4.13 所示，多层级匹配主要指将整个匹配过程分不同层级进行，首先将各源数据按某一层级划分成不同类，然后对同类不同数据源之间数据进行匹配。需要具备如下条件。

(1)不存在唯一主键(类似手机号、身份证唯一性的)，或者唯一主键存在严重缺失。

(2)不同源数据存在一个共性可将其分为不同类别，如行政区域、行业等。

4.2.2　能源数据计算分析技术

针对能源大数据的多源、异构、异质特征，为满足对数据汇聚、数据存储及数据处理的多样性需求，传统的并行计算方法主要从体系结构和编程语言层面定义底层的并行计算模型，但由于能源大数据具有更多维度的数据特征和计算特征，同时需要支持大量

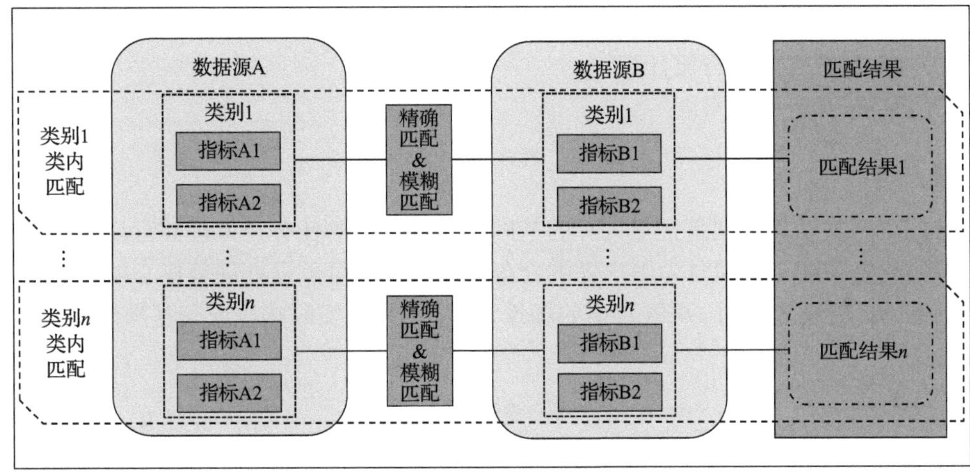

图 4.13 多层级匹配示意图

并发用户的高吞吐量处理模式和实现不同处理模式的共存、融合，所以高性能的计算分析模式成为迫切需求。本节主要介绍面向能源大数据的关键计算分析技术，包括流计算、批量计算和内存计算，同时以关键计算模式为底座，介绍主流的大数据计算框架，综合分析高性能计算的实现过程。

4.2.2.1 分析计算模式

1. 流计算

流计算是通过将一定时间窗口内应用系统产生的实时变化数据不进行持久化存储，直接导入内存进行计算，实现数据实时计算和反馈的能力。

流计算强调的是实时性，数据一旦产生就会被立即处理，当一条数据被处理完成后，会序列化存储到缓存中，然后立刻通过网络传输到下一个节点，由下一个节点继续处理。见图 4.14 所示，使用流计算进行数据处理，一般包括 3 个步骤。

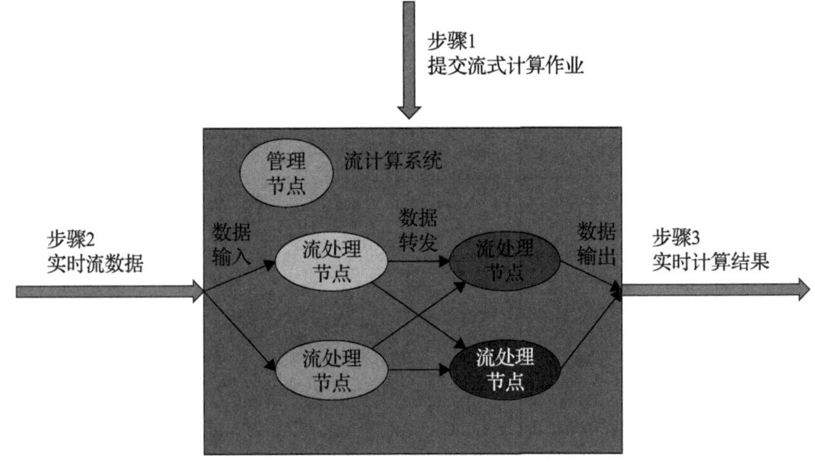

图 4.14 流计算

(1)提交流式计算作业。
(2)加载流式数据进行流计算。
(3)持续输出计算结果。

2. 批量计算

MapReduce 计算框架是批量计算的基础，计算框架的任务是处理并行计算中的各种系统层面的复杂细节，同时为用户提供分布式计算和批量数据处理等核心功能。这种框架特别适用于处理非实时、离线数据的场景，其中不需要实时响应或交互操作，如图 4.15 所示。

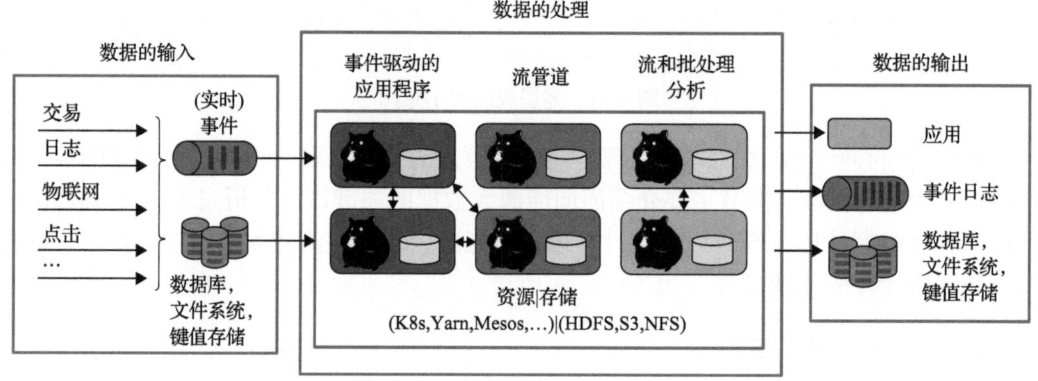

图 4.15　批量计算

批量计算创造性地统一了流处理和批处理，作为流处理看待时输入数据流是时间无界的，而批处理被作为一种特殊的流处理，只区别在于输入数据流具有时间边界，具备以下能力。

(1)支持多种数据来源及输出，包括关系数据库、分布式文件系统、分布式列式存储等，满足各业务系统根据业务需求进行各类型统计分析任务的定义。

(2)具备错误检测和恢复机制，支持节点自动重启技术，使集群和计算框架具有应对节点失效的健壮性，能有效处理失效节点的检测和恢复。

(3)业务应用能够通过调用批量计算服务 API 实现批量计算逻辑。

(4)具备任务定义、提交、发布、调度、监控能力。

(5)支持横向扩展，可动态扩展节点，用于批量计算。

3. 内存计算

内存计算是充分利用中央处理器和内存的卓越性能与速度，把数据的计算完全放在内存中的计算方法。通过采用并行计算技术，它成功地消除了磁盘输入输出(I/O)性能瓶颈，从而实现了高速数据计算，极大提升了系统的并发访问能力。如图 4.16 所示，图中，Mesos 常被称为“分布式系统内核”，用于管理服务器集群中的资源，YARN(Yet Another Resource Negotiator 的缩写)意思“又一个资源协调器”，是 Hadoop 中的资源管理层，负责资源的分配和任务的调度。

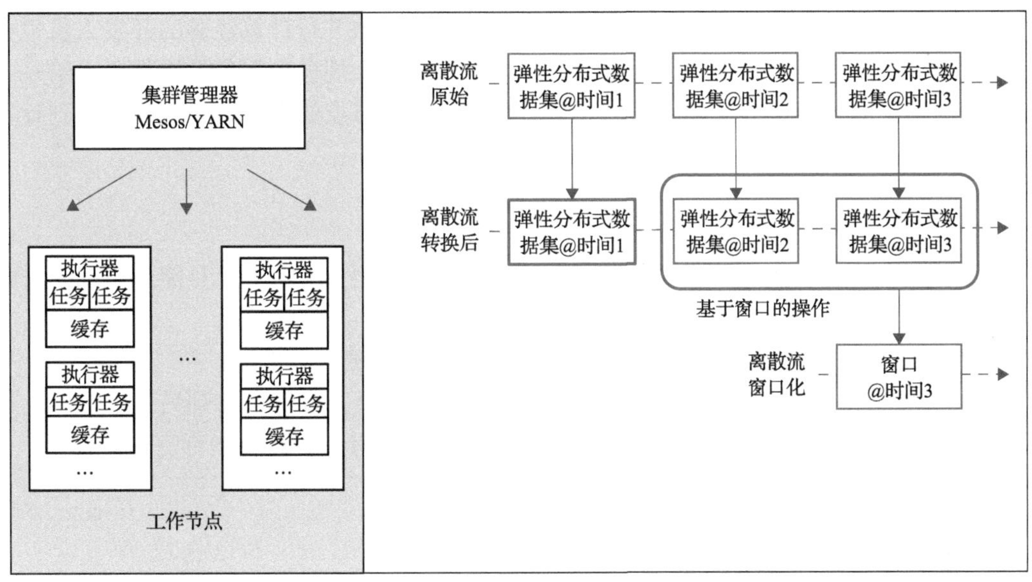

图 4.16 内存计算

内存计算主要实现高性能计算，提供系统并发访问能力，具备以下能力。

(1) 支持多种数据来源，包括关系型数据库、分布式列式存储、分布式文件系统等。

(2) 支持冗余/高可用的配置，能够保证模块无单点故障。

(3) 业务应用能够通过调用内存计算服务 API 实现内存计算逻辑。

(4) 具备任务定义、提交、调度、监控能力。

4.2.2.2 高性能计算框架

随着能源数据规模和容量不断扩大，现代能源行业正逐步迈向能量与信息互动，海量信息处理和智能调度相结合的发展方向。结合能源领域的大数据现状，以流计算、批量计算和内存计算为主要分析计算技术，数据的高性能计算框架主要分为离线计算框架和实时流计算框架两大类。

离线计算通常也称为“批处理”，表示那些离线批量、延时较高的静态数据处理过程。离线计算应用的多数场景是定时周期性执行一个任务，任务周期可以小到分钟级，比如每五分钟做一次能源数据统计分析，大到月级别、年级别，比如每月执行一次任务。实时计算通常也称为“实时流计算”“流式计算”，表示那些实时或者低延时的流数据处理过程。实时计算通常应用在实时性要求高的场景，比如供电配电系统对于调度监控海量数据和数据的实时采集等。本节主要对典型离线框架——MapReduce 进行分析，对于实时框架 Storm，将在 4.3.1.2 小节中与数据治理技术联立，进行详细阐述。

1. MapReduce 并行离线计算框架

MapReduce 是一种简化、并行计算编程模型，它最早出现在 2004 年 Google 公司 Jeffrey Dean 和 Sanjay Ghema wat 的论文 *MapReduce: Simplified Data Processing on Large Clusters*(面向大型集群的简化数据处理)中，是 Google 公司开源的一项重要技术。

MapReduce 用于进行大数据量的计算，它能够让欠缺并行计算经验的开发人员也可以开发并行应用程序。它采用“分而治之”的思想，将大规模数据集的操作分发给一个主节点管理下的各个子节点共同完成，然后整合各个子节点的中间结果，最终得到计算结果。简而言之，就是“分散任务，汇总结果”。

2. MapReduce 的特点

(1) 易于编程，用它的一些简单接口，即可完成一个分布式程序，且能分布到大量廉价的 PC 上运行。

(2) 良好扩展性：可通过简单地增加计算机来扩展它的计算能力。

(3) 高容错性：若其中一台主机出故障，可把上面的计算任务转移到另一个节点上运行，保证任务运行成功，且这个过程无须人工干预，由 MapReduce 内部完成。

(4) 对 PB 级以上海量数据进行离线处理。

3. MapReduce 不擅长的场景

(1) 实时计算：无法在毫秒或秒级内返回结果。

(2) 流式计算：MapReduce 的输入数据集是静态的，不能动态变化。

(3) DAG (有向图) 计算。

4.2.3 能源数据存储管理技术

针对能源大数据体量大、类型多的特点，分布式文件系统采用分布式存储架构，将能源大数据分散存储在多个节点上。这种分布式存储方式允许数据在各个节点上并行存储和处理，从而提供了更大的存储容量和处理能力。当能源大数据的体量增大时，分布式文件系统可以轻松扩展，通过添加新的存储节点来增加存储空间和处理能力。另外，分布式文件系统可以将能源大数据分割成多个数据块，并在不同的节点上进行分布存储。这种数据分片的方式有助于提高数据的读取和写入性能，同时减轻了单个节点的负载压力。为了保证数据的可靠性和容错能力，分布式文件系统通常会对数据进行冗余备份，将同一数据块复制到不同的节点上，以防止数据丢失或节点故障。

针对能源大数据速度快的特点，关系型数据库可以将能源大数据水平分割成多个部分，将每个分区存储在不同的物理节点上。这种分区方式可以使查询并行化，提高查询效率。通过水平分区，可以实现数据的负载均衡和并发访问，从而提高存储和查询的性能。

针对价值高这一特性，关系型数据库可以实现高可用性和容灾备份。通过数据库复制和数据备份机制，可以将数据复制到多个节点，以提供数据的冗余备份和容灾恢复能力。当某个节点发生故障时，系统可以自动切换到备份节点，保证数据的可用性和持久性。

在能源大数据存储和管理中，核心技术包括分布式文件系统和分布式数据库。这是因为这两种方法不仅可以有效处理软件层面的结构化、半结构化和非结构化数据的存储和管理，还能充分利用底层物理设备的性能，以满足上层应用对存储性能和可靠性的需求。这种技术选择符合能源大数据的特点，即数据体量庞大、类型多样、生成速度快、价值高。

如图 4.17 所示，分布式数据存储系统专注于存储和查询各种类型的数据，包括结构化和非结构化数据。其主要特点是能够应对大规模数据的存储需求，并能够以高速进行查询和读取操作。这一系统基于成本较低的硬件，例如 X86 架构和普通磁盘，并整合了多种行业标准的功能系统，包括分布式文件系统、分布式数据库、NoSQL 数据库、实时数据库及内存数据库等。这些系统协同工作，支持高级数据处理应用。

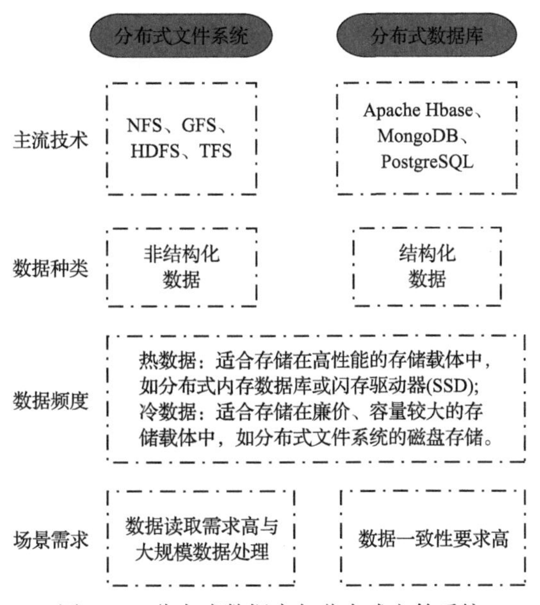

图 4.17 分布式数据库与分布式文件系统

在能源大数据存储和管理中，分布式文件系统和分布式数据库作为核心技术，为处理大数据提供了高效的存储和查询解决方案。然而，随着数据规模和复杂性的不断增长，引入数据湖技术成为解决更多挑战的有效手段。

数据湖技术在此背景下崭露头角，为能源行业提供了更加灵活和全面的数据存储和管理方案。与传统的数据存储方式相比，数据湖技术以原始格式保存来自不同源头的数据，无须预定义数据结构，为能源公司提供了更大的灵活性和洞察力。这种架构设计不仅允许数据存储于分布式环境中，还使得能源大数据的分析更具深度和广度。

数据湖技术与分布式存储系统和数据库的集成，提供了更强大的数据处理能力。通过整合分布式文件系统和分布式数据库的优势，数据湖技术可以更好地满足能源大数据的存储、查询和分析需求。这种整合不仅提高了数据的处理速度和容量，还能够更好地支持不同类型和来源数据的多维分析，为能源行业带来更全面的数据视角和决策依据。

4.2.3.1 分布式文件系统

作为一种可运行在 X86 低成本硬件上的分布式文件系统，具有高吞吐量、支持大数据集、自动冗余、扩展性好等特征，适合作为大数据平台存储的基础，在分布式文件之上可构建分布式数据库或数据仓库产品。

分布式文件系统针对小文件存储提供了优化方案，具备作为非结构数据中心分布式存储的条件。在应用分布式文件系统改造非结构化数据中心时，需针对不同大小的文件采取不同的优化策略。在大数据平台中采用统一的底层分布式文件系统，所有数据汇聚存储在该文件系统之上，同时支持纠删码(erasure code)功能及文件加密存储，并能够通过参数调整分布式文件系统的副本数量及文件块大小等存储设置。分布式文件系统数据读取操作流程如图 4.18 所示。

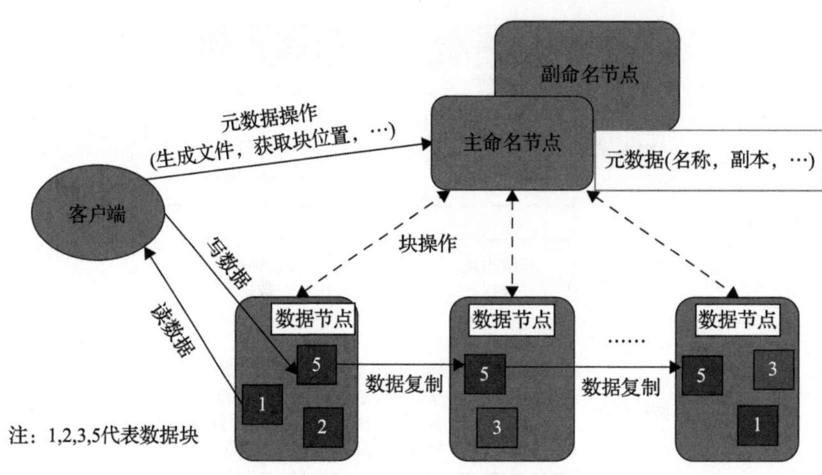

图 4.18　分布式文件系统

分布式文件系统的高可用性和高存储能力特点使其非常适合于能源大数据的存储与管理，分布式文件系统的特点如下。

1. 高可用性

分布式系统文件通过高可靠的命名策略，采用始终有一个命名节点做热备的方式，防止单点故障问题，提高系统的可用性和可靠性。通过命名节点高可用性解决了命名节点的单点故障问题，但是不能解决命名节点的单点性能处理瓶颈问题。通过分布式文件系统中多个命名空间的管理不同的命名空间来解决分布式文件系统中单点性能瓶颈问题，每个命名空间中有两个命名节点作高可用，命名空间相当于挂载在分布式文件系统的根分区下的一个个目录。

2. 高存储能力

热数据(hot data)：这部分数据是频繁访问的数据，对性能要求较高。通常存储在更快速的存储设备上，以便能够快速访问。在图 4.19 中，热数据被分布在不同的区块中，以提高访问效率和降低延时。

冷数据(cold data)：相比之下，冷数据是不常访问的数据。因为访问频率低，这部分数据可以存储在相对廉价的存储介质上，如磁带或高容量硬盘等。冷数据通常用于长期存储和备份。

冷数据可以使用分布式文件系统中纠删码功能进行降低副本，自动降低存储开销，以提高集群存储容量。如图 4.19 所示，可对分布式文件系统目录、数据生命周期时间进行策略配置，通过设置数据的冷却时间，当这些数据到达冷却时间后，会自动触发降副本的过程。图中，Reed-Solomon Erasure Codes 是指 Reed-Solomon 纠删码技术，通过增加额外的编码块(P1、P2、P3)，即使原始数据的一部分丢失或者损坏，也能从剩余的数据和编码块中恢复出完整的数据集。

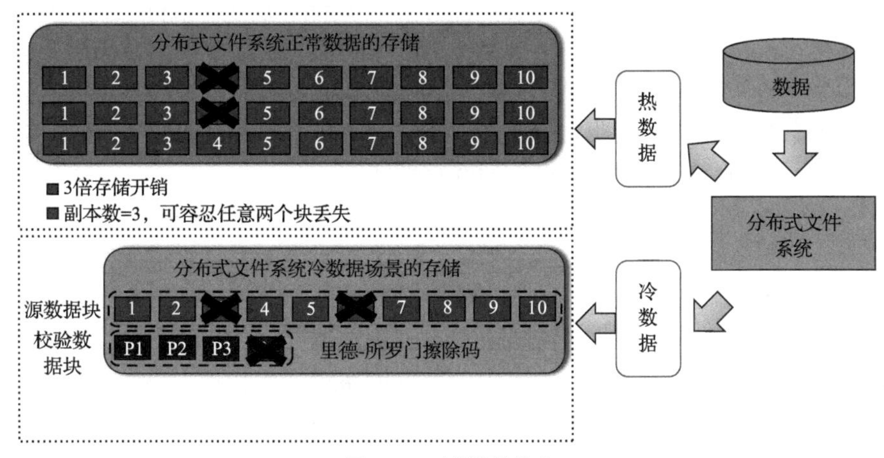

图 4.19 纠删码技术

1)大规模的非结构化数据存储

当需要存储和管理大量非结构化数据时，分布式文件系统可以提供高容量和可扩展性。对于图像、音频、视频等多媒体数据，分布式文件系统也提供了适当的存储和访问机制。

在分布式文件系统大规模非结构化数据存储中主要有以下优点：①数据模型：非结构化数据没有固定的模式或预定义的结构，可以是文本、图像、音频、视频等形式。在分布式文件系统中，非结构化数据通常以文件的形式进行存储。②数据查询和处理：非结构化数据的查询和处理通常依赖于特定的应用程序或工具。分布式文件系统可能提供基于文件属性、元数据或自定义标签的检索功能，以支持对非结构化数据的查询和访问。③数据一致性：对于非结构化数据，分布式文件系统可能采用最终一致性的策略，即允许在分布式环境中存在一定的数据复制和同步延迟。这种策略可以提高系统的性能和可伸缩性，但可能导致在数据访问过程中出现数据不一致的情况。

2)主流分布式文件存储技术

(1)网络文件系统。网络文件系统(network file system)是一种分布式文件系统协议，最初由 Sun Microsystems 开发。它允许计算机通过网络透明地访问远程计算机上的文件和资源，就好像这些文件和资源是本地的一样。NFS 主要用于 UNIX 和类 UNIX 操作系统，但也有支持 NFS 的实现可以在其他操作系统上运行。

(2)全球预报系统。全球预报系统(global forecasting system)是一个可扩展的分布式文件系统，用于大型的、分布式的、对大量数据进行访问的应用。它运行于廉价的普通硬件上，并提供容错功能。它可以给大量的用户提供总体性能较高的服务。

(3) Hadoop 分布式文件系统。Hadoop 分布式文件系统(Hadoop distributed file system, HDFS)是 Hadoop 项目的一个子项目，是 Hadoop 的核心组件之一。Hadoop 非常适于存储大型数据(比如 TB 和 PB)，其就是使用 HDFS 作为存储系统. HDFS 使用多台计算机存储文件，并且提供统一的访问接口，像是访问一个普通文件系统一样使用分布式文件系统。

(4) 淘宝文件系统。淘宝文件系统(taobao file system)是一个分布式文件系统，专为处理大规模非结构化数据而设计。它建立在普通的 Linux 服务器集群上，旨在提供高度可扩展、高可用性和高性能的存储服务，特别适用于互联网服务的需求。TFS 采用了高可用性架构和平滑扩容技术，确保了整个文件系统的可用性和可扩展性。此外，TFS 采用了扁平化的数据组织结构，使文件名能够直接映射到文件的物理地址，从而简化了文件访问的过程，同时也有助于提供卓越的读写性能。

4.2.3.2　分布式数据库

分布式数据库的核心概念是将数据库系统的数据拆分成多个部分，然后将这些部分存储在不同的计算机主机上，每个主机上都有自己的局部数据库。这些主机通过网络连接在一起，形成一个整体的、逻辑上集中的数据库系统，但物理上分散在不同的地方。这种分布式架构允许更大规模的数据存储和处理，提高了数据库的可用性和性能，实现海量数据的 OLTP 类秒级检索查询和 OLAP 类高速数据分析应用需求。通常实时分布式数据库由主管理服务器与多个分区服务器组成，部署结构见图 4.20 所示。

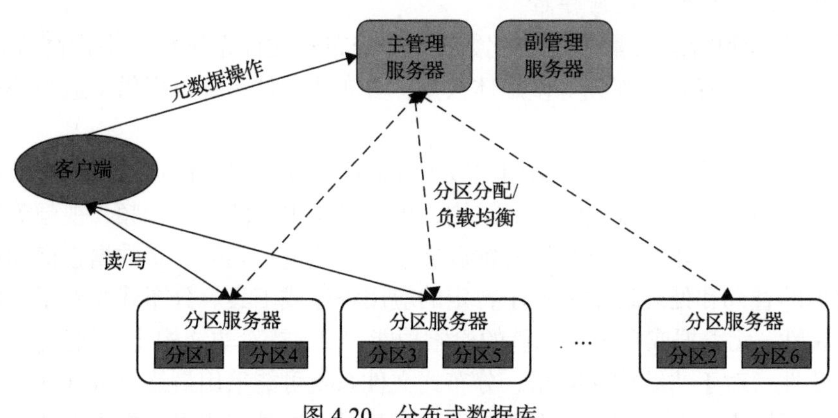

图 4.20　分布式数据库

(1) 主管理服务器：负责表的创建、删除和维护以及数据分区的分配和负载平衡。

(2) 分区服务器：负责管理维护数据分区及响应读写请求。

(3) 客户端：与管理服务器进行有关表元数据的操作，之后直接读/写数据服务器。

1. 结构化数据存储

分布式数据库在存储结构化数据方面具有数据一致性、灵活的数据模型、强大的查询和分析功能、数据安全性、事务支持以及可扩展性和高可用性等优势。这些优势使分布式数据库成为处理大规模结构化数据的首选解决方案。分布式数据库存储结构化数据的优势有：①数据一致性。分布式数据库能够提供强一致性的数据存储和访问机制，通过使用复制和同步机制，确保分布式环境中的数据副本保持一致，避免数据冲突和不一致的情况。②数据模型和约束。分布式数据库使用结构化的数据模型，如关系型数据模型，以表格和列的形式组织数据。这种模型允许定义各种数据类型、键、索引和约束条件，确保数据的完整性和一致性。③强大的查询和分析功能。分布式数据库提供了丰富的查询语言和功能，如 SQL(structured query language)，使对结构化数据进行复杂的查询、连接、聚合和排序操作更加便捷和高效。④数据安全性和权限控制。分布式数据库可以实施严格的数据安全性和权限控制机制，以确保只有授权用户能够访问和修改数据。这包括身份验证、访问控制和数据加密等安全措施。⑤事务支持。分布式数据库支持事务处理，保证数据操作的原子性、一致性、隔离性和持久性。这对于需要保证数据完整性和可靠性的应用场景非常重要，如金融系统和订单处理系统等。

2. 主流分布式数据库技术

1) Apache HBase

Apache HBase 是一个使用 Java 语言编写的、以谷歌 BigTable 技术为基础的开源非关系型列式分布数据库，可运行在 HDFS 文件系统之上。HBase 提供了很好的存储容错能力和快速访问大量稀疏文件的能力。

2) MongoDB

MongoDB 是一种用 C++编写的分布式文件存储的数据库系统，其设计目标是提供可扩展的高性能数据存储解决方案，特别适用于支持 Web 应用程序。MongoDB 被称为面向文档的数据库，它与传统的关系型数据库不同，不需要使用 SQL 查询语言，而是提供了自己强大的查询语法。在 MongoDB 中，数据以 BSON 格式进行存储和传输，这是一种二进制序列化文档格式，类似于 JSON，但支持更复杂的数据结构，包括嵌套对象和数组。

从结构上来看，MongoDB 可以与传统的关系型数据库 MySQL 进行比较。在 MongoDB 中，文档(document)可以类比于 MySQL 中的行(row)，而集合(collection)则对应于 MySQL 的表(table)。这种比较有助于理解 MongoDB 的数据组织方式，尽管 MongoDB 在数据模型和查询语法等方面与 MySQL 存在显著的不同。

3) PostgreSQL

通常简称为 Postgres，是一种开源的关系型数据库管理系统(RDBMS)。它是根据 ACID(原子性、一致性、隔离性和持久性)原则设计的，具有强大的功能和高度的可扩展性。PostgreSQL 的具体特性有：①开源。PostgreSQL 是一个开源的项目，它的源代码可以被任何人免费获取、使用和修改，使用户能够自由地使用和定制数据库系统，也促进了开发者社区的活跃参与。②关系型数据库管理系统。PostgreSQL 采用关系型模型，数据以表格的形式进行组织和存储。它支持 SQL，这是一种常用的数据库查询语言，使用户能够执行各种数据库操作，如查询、插入、更新和删除数据。③可扩展性。PostgreSQL 具有良好的可扩展性，可以处理大规模的数据集和高并发访问。它支持水平扩展和垂直扩展，允许用户在需要时增加硬件资源或分布式集群来提高性能和容量。④多种数据类型支持。PostgreSQL 支持各种数据类型，包括整数、浮点数、字符串、日期/时间、数组、JSON 等。此外，它还提供了对几何、全文搜索、网络地址和二进制数据等复杂数据类型的支持。⑤ACID 事务支持。PostgreSQL 遵循 ACID 原则，确保事务的原子性、一致性、隔离性和持久性。它支持并发事务处理，可以保证数据的完整性和一致性。⑥多用户和权限管理。PostgreSQL 支持多用户环境，可以为不同的用户和角色分配不同的权限和访问级别。这样可以确保数据的安全性和隔离性，只有经过授权的用户才能访问和修改特定的数据。⑦扩展性和自定义功能。PostgreSQL 提供了丰富的扩展和自定义功能。用户可以编写自定义函数、存储过程和触发器，以满足特定的业务需求。此外，PostgreSQL 还支持多种扩展模块，如空间扩展、全文搜索扩展和时间序列扩展等。现阶段腾讯和华为等科技前沿公司都基于 PosgreSQL 开发了自己的数据库，如 TBase 是腾讯数据平台团队在基于 PostgreSQL 研发的，支持 HTAP（hybrid transaction and analytical process），主要由协调节点、数据节点和全局事务管理器（GTM）组成。其具有分布式事务支持 RC 和 RR 两个隔离级别、支持高性能分区表的特点，而且数据检索效率高，SQL 语法兼容 SQL2003 标准，也支持 PostgreSQL 语法和 Oracle 主要语法。GuassDB 由华为研发，也是基于开源 PostgreSQL 研发的，支持 HTAP，支持 SQL92、SQL99 和 SQL2003 语法，并且支持提供存储过程、触发器、分页等。

4）NoSQL（not only SQL）

一类非关系型数据库管理系统的总称，与传统的关系型数据库（如 MySQL、Oracle 等）相对应。NoSQL 数据库采用了不同的数据存储模型和查询语言，适用于不同类型的应用场景和数据需求。NoSQL 具有以下特征：①非结构化数据存储。NoSQL 数据库通常采用键值存储、文档存储、列存储或图形数据库等非结构化数据存储模型，相对于关系型数据库的表格模型，更加灵活和自由。②分布式架构。NoSQL 数据库天生支持分布式计算和存储，可以水平扩展到多台服务器，处理大规模数据集和高并发访问。它们通常具有高可用性和容错性。③高性能和可伸缩性。由于采用了非结构化数据存储和分布式架构，NoSQL 数据库能够提供更高的性能和可伸缩性，适应于处理大量数据和高负载的应用场景。④灵活的数据模型。NoSQL 数据库允许在不提前定义表结构的情况下存储数据，可以根据需要动态添加、修改数据模式，适应快速变化的数据需求。⑤低一致性模型。为了实现高性能和可伸缩性，NoSQL 数据库有时会采用较弱的一致性模型，例如最终一致性。这意味着数据在不同节点间的同步存在一定的延迟，但通常适用于对数据一致性要求相对较低的应用场景。

目前，基于 NoSQL 技术已经开发了许多应用于不同场景的数据库产品，上文中的 MongoDB 就是一种典型的基于该技术的数据库产品，以具有灵活的数据模型和强大的查询功能而闻名。此外，主流的产品还有以下几个：①Redis。一种高性能的键值存储数据库，支持持久化和缓存功能，广泛用于缓存、会话存储和实时数据处理。②Cassandra。一种列存储数据库，具有良好的可扩展性和高可用性，适合于大规模分布式系统和时间序列数据的存储。③Neo4j。一种图数据库，专注于存储和处理图结构数据，广泛应用于社交网络分析、推荐系统和知识图谱等领域。④Couchbase。一种面向文档存储和缓存的多模型数据库，具有高性能和可扩展性，适用于大规模的实时应用程序。

能源数据的复杂性和多样性要求在满足不同能源业务的数据需求时，考虑多个因素，包括数据量、存储模型、读写频率及响应时间等。为此，可以结合大数据存储技术，建立一个综合的能源大数据存储体系，进行数据的优化管理。在这个体系中，可以采用不同的存储方式来处理不同类型的数据，对于结构化数据可采用行式数据库进行存储，非结构化数据可采用 HDFS 等分布式文件系统进行存储，半结构化数据可采用列式数据库进行存储。

4.2.3.3 数据湖技术

在能源数据存储管理技术中，分布式存储和数据湖技术是两个关键领域。分布式存储为能源行业提供了高效可靠的数据存储方式，能够处理大规模数据，并保证数据的持久性和可扩展性。数据湖技术作为数据存储管理的新兴范式，将存储技术提升到一个更高的层次。数据湖能够更有效地利用分布式存储所提供的大规模存储能力。这两者相互补充，共同构建了一个完整的数据生态系统，使能源公司能够以更高效、更智能的方式管理和利用庞大的能源数据资产。

数据湖技术是一种数据存储和管理的架构，旨在容纳各种类型和来源的大规模数据，无论是结构化、半结构化还是非结构化的数据，以原始形式存储，为企业提供了一个集中式、高度可扩展和灵活的数据存储环境。它与传统的数据仓库相比更加灵活，不要求对数据进行预先整理或定义结构，允许数据以原始形式存储，随后根据需求进行分析和处理。

在能源行业，数据湖技术是针对能源大数据挑战而设计的解决方案。能源大数据来自多个渠道，包括能源设备传感器、监控系统、市场交易信息等。这些数据可能具有不同的格式、频率和结构，如时间序列数据、地理信息数据等。数据湖技术允许能源公司以原始格式存储这些多样化的数据，无须预先定义数据模式或转换数据格式。

能源大数据的处理需要一个高效的存储和分析平台，数据湖技术提供了这样的环境。通过数据湖，能源公司可以将大量的数据汇集在一个中心化的位置，并利用数据湖的处理层对这些数据进行分析、挖掘和洞察。这些分析可以涉及能源生产优化、市场需求预测、设备性能管理等方面，帮助企业更好地理解能源消耗模式、优化生产过程、提高能源利用效率。

数据湖技术为能源行业提供了高度灵活性和可扩展性，能够适应不断增长和变化的数据需求。它允许能源公司存储和管理大量的原始数据，并通过先进的分析工具和技术，提取有价值的见解和洞察，从而促进能源行业的创新发展、提高运营效率，并更好地满足市场需求。通过数据湖技术，能源公司能够更有效地利用数据资产，实现数据驱动的决策和业务优化，为未来的可持续能源发展铺平道路。

数据湖技术在数据管理领域有着独特的特点和优势。

(1)容纳多样化数据类型。数据湖能够容纳各种类型和格式的数据，包括结构化数据(如关系型数据)、半结构化数据(如 JavaScript Object Notation、Extensible Markup Language)及非结构化数据(如文本、图像、音频、视频等)。这种灵活性使数据湖能够处理来自各种来源的多样化数据，无须提前对数据进行格式转换。

(2) 原始数据保存。数据湖以原始格式保存数据，不对数据进行预处理或修改。这种保存方式保留了数据的完整性和原始价值，使数据分析时能够更加全面和灵活。

(3) 高度可扩展性。数据湖架构设计为高度可扩展，可以轻松地扩展存储容量和处理能力，以满足不断增长的数据需求。这使它适用于处理大规模数据和应对快速增长的数据量。

(4) 多源数据整合。数据湖技术能够整合来自不同来源、不同系统和不同格式的数据，集中存储在一个统一的数据存储空间中。这种能力使企业能够从多个数据源中获得全面的视角和更深入的洞察。

(5) 实时性和即席查询。数据湖支持实时数据的处理和查询，使企业能够及时获得最新的数据并作出相应决策。同时，即席查询功能也允许用户根据需要随时对数据进行灵活查询和分析。

(6) 高级分析和洞察力。数据湖为企业提供了丰富的数据分析工具和技术支持，包括机器学习、人工智能和高级数据分析。这使企业能够从海量数据中挖掘出有价值的信息和洞察力，帮助做出更具前瞻性的决策。

(7) 安全性和合规性。数据湖技术提供了严格的数据安全措施，包括数据加密、权限管理和审计跟踪等功能，确保数据在存储和处理过程中得到充分保护。同时，也能够满足不同行业对数据安全和隐私保护的法规要求。

数据湖技术是指一个集中存储各种类型和来源数据的存储系统，为企业提供了能够保存大规模、多样化数据的平台。在能源领域，数据湖技术的架构设计旨在处理和管理能源大数据，涵盖了数据采集、存储、管理和分析等关键步骤。

数据湖的架构(图 4.21)通常包括数据采集、数据存储、管理与组织、处理与分析和安全与合规五个主要层面。数据湖通过各种渠道和方式进行数据采集，这是数据湖的起点，涵盖数据从各种来源采集的过程。这些数据可以来自能源生产设备、传感器、计量装置、市场交易等多个来源。在这一层，这些数据以原始形式被获取并传输至数据湖存储，无须预先定义数据结构或格式，确保了数据的完整性和原始价值。

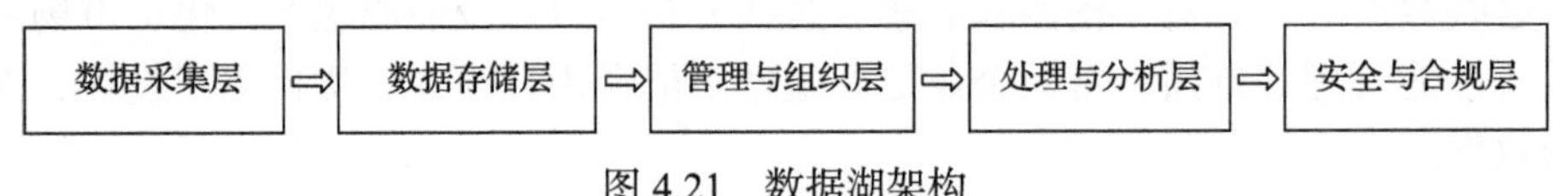

图 4.21 数据湖架构

在数据湖中，存储层扮演着关键角色，是数据湖的核心。能源大数据以分布式文件系统或对象存储的方式存储，常用的存储解决方案包括 Amazon S3、Azure Data Lake Storage、Google Cloud Storage 等。这些存储系统具备高度可扩展性、安全性和持久性，能够存储和管理大量结构化、半结构化和非结构化数据。

数据湖的管理层面涉及数据组织、标记和分类，包括元数据管理等。元数据描述数据的特征、来源、格式等信息，方便用户理解和使用数据。同时，数据湖也需要严格的安全措施来保护数据免受未授权访问和泄露。这包括数据加密、权限管理、身份验证等措施，确保数据在存储和处理过程中的安全性和合规性。在数据湖中进行数据分析和处理，通常使用分布式计算和处理框架(如 Apache Spark、Hadoop 等)，这些工具可以对存储在数据湖中的大规模数据进行分析、挖掘和建模，利用机器学习、人工智能和高级分析技术获取洞察力。

数据湖技术处理能源大数据的过程涵盖从数据采集到存储再到分析的全流程。通过数据湖技术，能源公司可以更全面地理解能源生产和消费的情况，优化能源生产和分配，预测市场趋势，实现设备性能优化和预测性维护等。这些洞察力和数据驱动的决策有助于提高能源公司的运营效率、降低成本，并在市场中保持竞争优势。

主流的数据湖存储技术包括以下几种。

1) Amazon S3 (Simple Storage Service)

Amazon S3 是 Amazon Web Services (AWS) 提供的对象存储服务，被广泛用于构建数据湖。它提供高度可扩展、安全性强和高度持久的存储服务，能存储任意类型和大小的数据。

2) Azure Data Lake Storage

Azure Data Lake Storage 是微软 Azure 云平台提供的数据湖存储解决方案。它能够无缝地集成到 Azure 生态系统中，具备高度可扩展性、安全性和良好的性能，适用于存储和处理大规模数据。

3) Google Cloud Storage

Google Cloud Storage 是谷歌云平台提供的对象存储服务，也可以用作数据湖的存储基础。它具有高度可扩展性、安全性和全球范围的数据访问性，支持多种数据类型和用途。

4) Hadoop Distributed File System (HDFS)

HDFS 是 Apache Hadoop 生态系统的一部分，作为分布式文件系统，被广泛应用于数据湖的搭建。它能够处理大数据量，并提供容错性和高可靠性。

5) Cloudera Data Platform (CDP)

Cloudera 提供的数据平台 CDP 集成了多种存储技术，包括 HDFS、Amazon S3 等，提供了完整的数据湖解决方案，支持跨多云和混合云环境。

这些存储技术都具备高度的可扩展性、安全性和灵活性，可以满足不同规模和需求的数据湖建设。选择合适的数据湖存储技术通常取决于企业的具体需求、现有的基础设施以及与其他数据处理和分析工具的集成能力。

4.3 能源大数据质量优化和资产管理技术

随着能源设备智能化和网络化的发展，能源数据量快速增长，导致基于传统数据库和数据仓库技术的数据质量治理方法难以满足海量能源数据的处理需求，同时如何保障海量数据的数据质量也成为必须攻克的难题。本节通过开展数据质量优化技术，列举能源数据的数据清理技术、单能源数据源中孤立点的检测技术和能源数据校验技术，对能源大数据的数据质量实时管理框架进行了系统的分析处理，并详细阐述了能源企业数据资产管理中所运用到的各项技术。

4.3.1 能源行业数据质量管理技术

如果不能及时发现能源数据中存在的问题，那么在接下来应用的过程中，很可能发生未知错误，进而导致分析结果发生偏差，最终使企业无法依据数据进行业务决断。数据质量优化技术通过数据清理、孤立点数据检测和能源数据校验技术，优化能源数据质量；而数据实时治理框架识别“脏数据”，针对“脏数据”，可以较好地保证数据处理的实时性与准确性，也为后期针对能源大数据的进一步处理和利用奠定良好的基础。

4.3.1.1 数据质量优化技术

1. 数据清理技术

数据质量问题中，记录重复、数据不完整、数据不正确三种问题主要在能源数据源中出现。具体而言，数据清洗过程的步骤如下。

(1) 能源数据分析：为了检查数据是否存在问题以及对出现的问题进行分类，首先应该对数据进行详尽分析。一般采用的方法是人工检查以及抽检、利用相应的程序提取能够描述数据特性的元数据等。

(2) 定义变换和映射规则：数据转换和清洗的依据包括能源数据源的数量、各个数据源间的差异情况、数据有多“脏”(即数据中是否存在过多且影响程度较大的数据质量问题)等。

(3) 验证：在步骤(2)后，应对数据转换和与之对应的定义是否准确有效进行鉴定。方法包括利用原能源数据的复制样本或者是抽样样本进行实例验证。在此基础上，可以视具体情况对前面数据清洗的过程进行修正。

(4) 变换：根据规则进行能源数据的变换和映射。

(5) 清理后的能源数据替换原数据：数据中存在的错误被剔除后，数据质量问题已在很大程度上得到了解决。鉴于此，应该用清洗后的正确数据代替原始数据中的“脏”数据供应用程序进行使用。如此做，也可以避免重复的清洗工作，提高未来数据抽取工作的效率。

2. 单能源数据源中孤立点的检测

检验并去除这类数据质量问题是非常容易的。其中的“脏”数据以“孤立点”的形式展现，与其他数据的差别是显而易见的，度量错误或某些程序运行过程中发生问题均会引发“孤立点”的出现，另外，历史数据如果发生变异也可导致异常，所以，常说的数据清洗往往等价于对“孤立点”进行识别。但是，孤立的数据并不能一概而论为有错的数据，在识别之后，还应联系实际问题中的相关知识或经验，结合数据库中的元数据来进行判断。目前，已有很多成熟有效的算法可以用来识别“孤立点”，最常用的方法包括基于统计的方法、基于聚类的方法。

1) 基于统计的方法

统计的方法首先利用假设给出一个特定的数学模型，这个模型可以是分布的或者是概率的。将该模型作用于特定的数据集上，然后采用不一致性检验(discordancy test)来确定能源数据集中存在的“孤立点”。该检验的前提是预先明确数据集参数、数据集的平均值及方差和数据集中可能存在的“孤立点”数量。

2)基于聚类的方法

将多个能源数据对象通过分组的方式形成多个类或簇(cluster)的操作称为聚类(clustering)。如果多个数据对象均属于同一类簇，则它们之间的类似程度就高，反之，不同类簇间的数据具有比较大的差异。在解决实际问题时，如果多个数据同属一个类簇，则将它们视为一个整体进行相应的操作。数据经过聚类，用户可以一眼发现哪些数据紧密，哪些数据松散，进而掌握整个数据集的分散规律，以及它们之间是否具有某种特殊关联。多年以来，关于聚类的分析大多采用基于距离的方式，因此，“孤立点”的检测在通常情况下也利用与上述相同的方法进行。

基于距离的(distance-based)“孤立点”是指：在数据总体 a 中，若存在一个对象 x 与该总体中至少 y 部分的距离大于 z，则可将 x 视作一个“孤立点”，该孤立点具有参数 y、z，即 DB(y,z)。换言之，排除统计检验的方法，我们能够把以距离为基础的“孤立点”看作是一个特殊的对象，该对象位置偏僻，“邻居”较少。

类比基于统计的“孤立点”检测方法，这里提出的检测方法是对前一节基于统计的方法的进一步延伸和拓展，但是该方法要求用户设置参数 y 和 z，用户可能需要进行多次实验和修正才能确定合理的参数。

3. 能源数据校验技术

主要有以下几种方法进行能源数据校验。

1)基于统计的校验

基于统计的校验方式首先给特定数据集合假定数学模型，然后以此为基础来检测是否存在异常数据，常见的方法如下。

(1)分时段设定阈值判别法：通过确定同一测量点在不同时间段内的数据波动情况，设置上、下阈值，并以此为基础进行数据筛选。此方法在检测特定范围或城市电力供应、设备负荷值是否存在异常方面效果良好，能够筛选出大部分错误数据。

(2)数据横向对比法：将某一时间点采集到的数据与前一时刻(t–1)和后一时刻(t+1)的数据进行比较。如果误差超过预先设定的范围，则判断该采集数据存在异常。

(3)数据纵向对比法：将某一时刻采集到的数据与一天或两天前的数据进行比较。如果差值超过某一阈值，则认为该采集数据存在异常。

请注意，以上方法仅供参考，实际应用中可能需要根据具体情况进行调整和优化。

2)多个数据来源的能源数据校验

如果一个数据的数据来源不同，则可以把这些数据进行对比分析，如果其误差大于设定的阈值，则为异常数据。

3) 基于能源数据间关联关系的校验

依据能源数据本身运行产生的约束关系，进行异常数据判别，或人为设置一些数据间的关联性，其目的在于简化管理，这些规则同样可以用作数据检验。

4.3.1.2 数据质量实时治理框架

能源大数据中的电网时序数据是电网设备状态监测、故障诊断的重要基础，对实时性要求较高。然而，通用的数据质量治理方法及框架由于自身存在的问题，难以应对超大规模的数据集，因此能源大数据领域需要海量时序数据源的实时并发治理，对时序数据进行预测，比较不同数据样本对预测值的影响，Storm 分布式实时计算系统将其与数据清洗技术相结合，能解决大规模能源数据集实时治理的问题。当某一时刻 t 的实际采集数据到达时，如果 t 时刻的预测数据已经就绪，将会对实际分析带来极大便利。能源大数据质量实时治理框架基本工作原理，如图 4.22 所示。

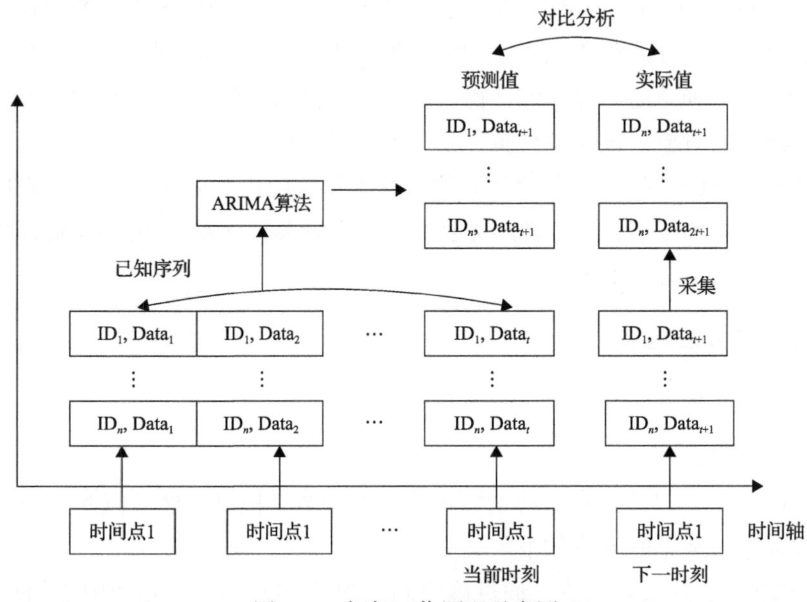

图 4.22 框架工作原理示意图

图 4.22 展示了一个时间序列，由虚线左侧的 n 个监测点在当前时刻(时刻 t)及之前采集到的数据组成。在时刻 t，ARIMA 算法被调用，用于根据已知的数据序列预测下一个时刻(t+1)的未知数据。

当时刻 t+1 的真实数据到达时，通过数据清洗技术判断该数据是否可能是“脏数据”。如果确定该数据是“脏数据”，为了确保后续数据分析等工作的准确性，可以使用预测值来替换该错误数据。Storm 分布式实时计算系统作为重要的数据质量实施治理框架，下面将对 Storm 基本组件和运行机制进行介绍。

1. Storm 基本组件

(1)元组。在 Storm 中，Tuple(元组)是消息传递的基本单元，它是一个命名的值列表。这意味着每个 Tuple 都有一个特定的字段名称，并且这些字段名称在 Tuple 被传递给组件之前已经定义好。字段可以是任何类型，包括基本类型、字符串和字节数组。因此，可以认为 Tuple 是一个 value 的列表。

(2) 流。流是 Storm 的核心抽象概念，它由一系列连续传递的 Tuple 组成。由于在 Storm 中传递的 Tuple 是无界的，因此可以将其视为一个流。流可以在分布式环境中以并行的方式创建和处理，图 4.23 所示。

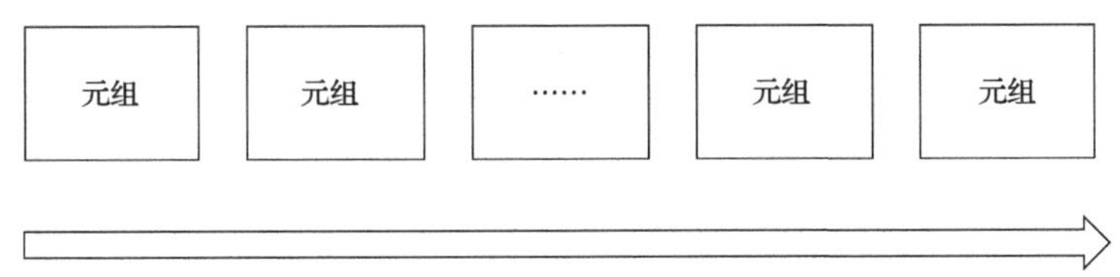

图 4.23 Storm 示意图

2. Storm 运行机制

Storm 集群包含控制节点 (master node) 和工作节点 (worker node) 两类节点。

Nimbus 是控制节点上运行的后台程序，与 Hadoop 中的 JobTracker 功能相似。它负责给集群中的工作节点分配任务，同时对它们的状态进行监视。每个工作节点上运行的后台程序名为 Supervisor，它会收集下达到自身的任务，并根据需求启动或关闭工作进程。

如图 4.24 所示，工作 (Worker) 进程的功能是执行具体的处理逻辑。每个 Worker 执行一个拓扑的子集，并启动一个或多个执行线程来执行拓扑中的一个组件。任务是最终运行 Spout 或 Bolt 代码的单元，一个物理线程 (Executor) 可以执行一个或多个任务 (Task) 实例。

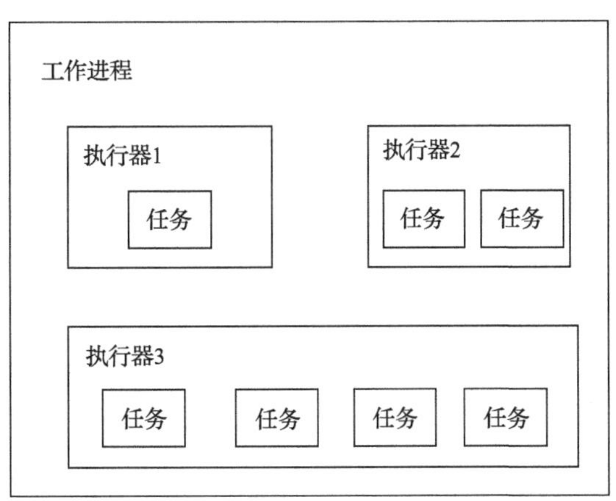

图 4.24 Worker、Executor、Task 之间的关系

以一个拓扑示例来详细说明 Storm 中 Worker、Executor 和 Task 的分配原则。mytopology 拓扑的描述如下。

(1) 该拓扑描述了一个使用两个工作进程的 Storm 拓扑。

(2) Spout 即一个 BlueSpout 实例，其 ID 为 blue-spout，并行度为 2，将产生 2 个执行器和 2 个任务。

(3)第一个 Bolt 是 ID 为 green-bolt 的 GreenBolt 实例，其并行度为 2，任务数为 4，使用随机分组方式接收 blue-spout 所发射的元组。它将产生 2 个执行器和 4 个任务。

(4)第二个 Bolt 是 ID 为 yellow-bolt 的 YellowBolt 实例，其并行度为 6，使用随机分组方式接收 green-bolt 所发射的元组。它将产生 6 个执行器和 4 个任务。

因此，该拓扑包含两个工作进程(Worker)，总共有 10 个执行器(Executor)和 12 个任务(Task)。每个工作进程分配到 5 个执行器和 6 个任务。默认的情况下，每个执行器执行一个任务。然而，如果指定了任务的数量，任务将平均分配到执行器中。具体来说，green-bolt 的一个执行器将分配到 2 个任务，如图 4.25 所示。

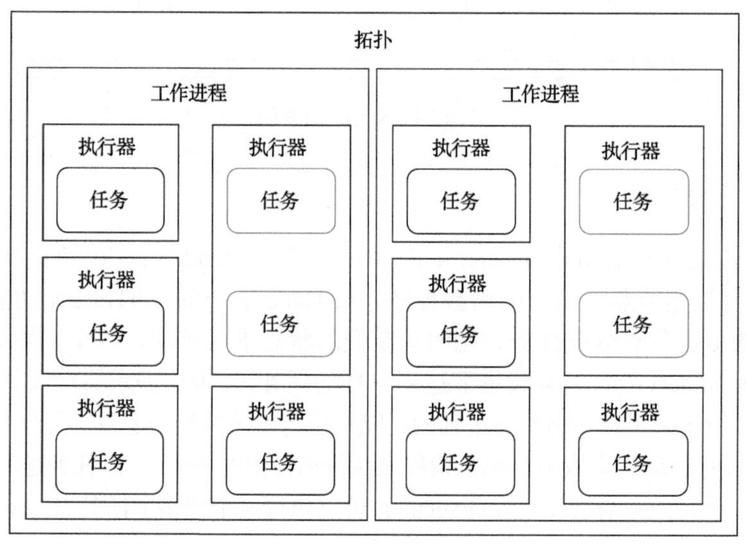

图 4.25 拓扑的资源分配

一个完整的 Storm 运行过程如图 4.26 所示。

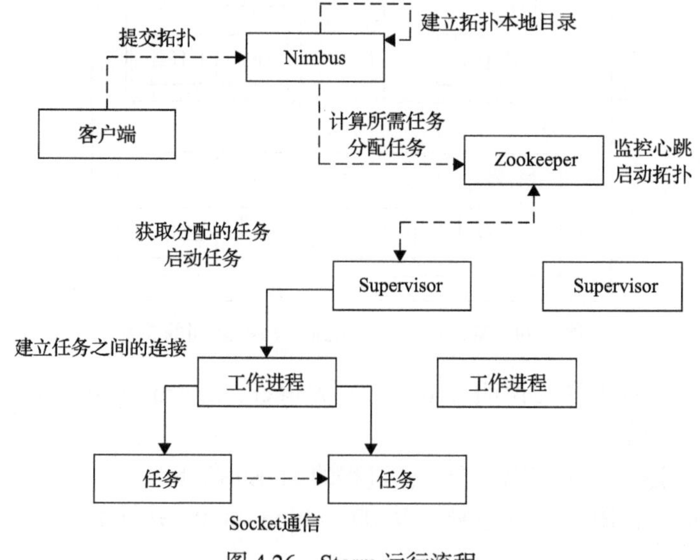

图 4.26 Storm 运行流程

首先，客户端将一个拓扑结构提交到 Nimbus 服务器(这是一个用于实时流数据处理的分布式计算系统)。Nimbus 会根据这个拓扑结构在本地建立相应的目录，并计算和分配任务。同时，在 ZooKeeper(这是分布式计算系统中的软件服务工具)分布式协调服务上建立节点，用于存储工作节点和任务之间的对应关系。ZooKeeper 负责监控任务的状态。与此同时，Supervisor(监管者)从 ZooKeeper 获取分配到的任务，并启动多个工作节点以并行执行这些任务，同时建立任务之间的通信连接。

在拓扑开始执行后，其内部数据处理的流程如图 4.27 所示。

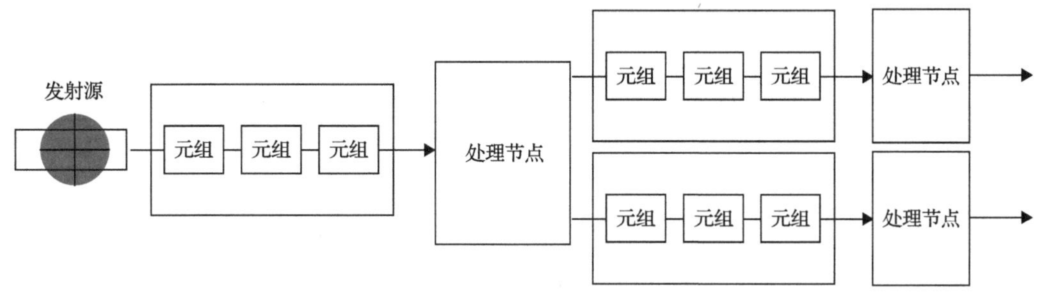

图 4.27 拓扑内部数据处理流程

4.3.2 能源企业数据资产管理技术

能源大数据管理的需求目标是对能源领域的数据进行收集、整合、分析和应用，以提高能源系统的效率、优化资源利用和支持决策制定。数据资产管理在能源大数据管理中的作用是确保能源相关数据的可信度和可用性，以实现对能源数据的统一管理和有效利用[4]。通过分节列举数据资产管理中的元数据管理技术、主数据管理技术和数据模型管理技术，进行关键技术阐述。

4.3.2.1 元数据管理技术

在能源大数据管理中，元数据管理技术用于描述、定义和管理能源数据的元数据，以提供对数据的更好理解和使用，其主要关键技术有元数据获取识别技术、元数据部署分布技术和元数据存取技术[5]。

1. 元数据获取识别技术

自动获取和智能识别能源元数据可以大大提高处理能源数据的效率。传统的手动方法需要大量的时间和人力，而自动化和智能化的方法能够迅速、准确地提取和识别大量的能源元数据信息，节省了人力资源和时间成本。自动获取和智能识别的元数据为智能化应用和创新提供了基础。通过准确和高质量的元数据，可以开发出更智能的能源管理系统、预测模型、优化算法等。这有助于提升能源行业的效率、可持续性和创新能力。

能源元数据的自动获取和智能识别主要涉及以下关键技术。

(1)自然语言处理(natural language processing，NLP)：NLP 技术在处理能源相关的文本数据方面发挥着重要作用。通过高级文本分析技术，包括语义分析、上下文理解和情感分析，NLP 能够深入挖掘文本中的隐含信息。实体识别技术可以从文档中识别出特定的能源相关实体，如设备名称、地点或能源类型。关键词提取技术则用于从大量文本中提取出最关键的元数据信息，如产量数据或时间标签。这些技术共同工作，能够从各种能源文档中自动提取出重要的元数据信息，提供更深入的数据洞察。

(2)机器学习(machine learning，ML)和深度学习(deep learning，DL)：ML 和 DL 在能源数据的智能识别中扮演着核心角色。通过训练算法模型识别和预测数据模式，这些技术可以处理大量复杂的能源数据。深度学习，特别是使用卷积神经网络(convolutional neural network，CNN)和递归神经网络(recurrent neural network，RNN)的技术，非常适合处理图像数据和时间序列数据。在能源领域，这些技术可以用于预测能源需求、监测设备性能和识别异常模式。分类算法可以将数据划分为不同的类别，而聚类算法则用于发现数据中的自然群组。此外，神经网络在处理复杂数据模式时表现出色，尤其是在处理大量多维度的能源数据时。

(3)大模型技术：大模型技术如变换器模型(transformer models)在处理能源数据时展现出巨大的潜力。这些模型由于其庞大的参数量和对大数据集的训练，能够更准确地理解和预测复杂的能源模式。例如，通过使用大模型可以更准确地预测能源消耗趋势、需求波动以及可再生能源的产量变化。这些模型特别擅长于处理时序数据，对于预测基于时间变化的能源需求和供应极为关键。

(4)计算机视觉(computer vision，CV)：CV 技术在分析基于图像的能源数据中显示出强大的能力。通过使用高级图像处理技术，如目标检测、图像分割和特征提取，CV 能够从能源设备的图像中识别出关键信息，例如设备的类型、状态和读数。这些技术在监控能源设备和基础设施、评估设备健康状况以及自动化设备检测过程中至关重要。

(5)数据挖掘和信息提取：数据挖掘技术在从能源数据集中提取有价值信息方面具有重要作用。这些技术可以分析复杂的数据集合，识别潜在的关联规则和模式。例如，通过分析能源消耗数据，数据挖掘技术可以识别出能源使用的趋势和异常模式。信息提取技术则专注于从大量的数据中提取出有意义的元数据信息，这对于制定更有效的能源管理策略和优化能源分配至关重要。

(6)智能光学字符识别(optical character recognition，OCR)：OCR 技术在处理能源数据中的印刷或手写文本方面显示出其独特的价值。这项技术可以将扫描的文档或图像中的文字转化为可编辑的电子格式，从而可以从中提取关键的元数据信息。OCR 技术在自动化文档处理、数据录入以及从历史记录中提取关键信息方面非常有效，从而大大提高数据处理的效率和准确性。

2. 元数据部署分布技术

能源元数据的合理分布是集群提供所有服务的基础。为了提供能源元数据服务，分布式文件系统需要建立文件目录与元数据集群的映射关系，将文件目录树中的所有元数据节点合理地部署在元数据集群中。这种分布方式不仅决定了后续操作中元数据的检索方式，也是提供能源元数据服务的基础。

为了应对文件系统中客户端的高并发元数据访问，元数据集群中的多个节点需要同时提供服务。然而，过大的负载压力可能导致数据震荡和访问偏斜，从而使集群中的负载失衡。此外，集群中的各个服务器之间也可能存在负载不平衡的问题。

当文件系统中的文件规模较小、访问形式单一且以横向扩展时，单台服务器可以满足用户的元数据服务需求。此时，采用中心式的元数据管理和索引方式，并将系统中的全部元数据部署在该中心节点上。这种实现方式简单、易于管理，硬件资源占用较小，并能降低维护开销。

然而，随着文件系统规模的增长，请求 I/O 数量激增，单台服务器无法承担繁重的元数据服务任务，逐渐成为系统性能的瓶颈，还会引发单点故障的问题。为了缓解元数据中心式部署所产生的问题，确保元数据具有高可靠性和高可用性，通常会采用配置备用元数据服务器的方式。当配置一组备用节点时，就形成了使用能源元数据集群来管理全部元数据的分布式管理。

这种管理方式将全部能源元数据分散并部署到集群内的多个节点中，整个集群的机器联合承担元数据服务的工作。能源元数据分布式部署需要在文件目录空间层面进行层次结构分割，并采用合适的分布策略将这些元数据均匀地分布到不同的服务器上去。当某台机器的服务能力欠缺导致负载失衡或者集群发生扩展时，也需要使用相应的策略进行分布和部署。

分布式部署能够提供高并发访问的能源元数据服务，解决性能瓶颈、单点故障等问题。然而，如何维持数据一致性、降低随之而来的系统开销，是分布式部署研究中的一个难点。尽管如此，由于其显著的优势，采用能源元数据分布式部署的元数据管理方案已成为主流的发展趋势和必然的发展方向，如图 4.28 所示。

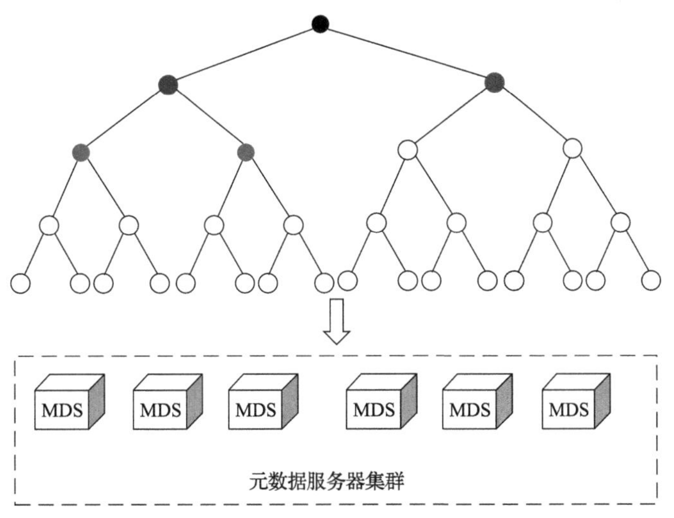

图 4.28　能源元数据部署分布

能源元数据的部署机制和负载均衡机制通过将文件系统目录结构分割成多个部分，将系统中的元数据均匀地分布到集群的各个服务器节点上。当元数据服务性能欠佳或者集群需要扩展时，负载均衡机制被用来分散负载。主流的分布机制包括基于子树划分、基于哈希映射以及其他一些应用在不同组件上的较新策略。

3. 元数据存取技术

随着系统中文件规模的增长，元数据的规模也相应扩大，能源元数据的量超出了内存的容量，需要将其持久化到底层存储设备中。考虑到能源元数据服务器只能被动响应请求，无法主动优化访问流程，因此，为了实现高效的元数据管理方案，迅速的元数据访问方法至关重要。

分布式文件系统通常采用客户端/服务器(C/S)模式。在这种结构下，客户端负责向服务器发出各种操作请求，而服务器则存储整个分布式文件系统的全部数据，并处理客户端请求并返回结果。这一架构可以进一步细分为客户端(Client)、数据服务集群(OSD)和元数据服务集群(MDS)。

OSDs 主要负责存储所有文件的实际数据部分，而 MDSs 则负责存储文件的数据索引、基本属性、权限等元数据信息。客户端的职责包括向 OSDs 发起对数据的访问请求以及向 MDSs 发起对元数据的访问请求。

当用户希望对文件进行操作时，相关的应用程序会通过标准的 POSIX 文件系统访问接口，由客户端发起对文件的访问请求。客户端会先检查本地缓存中是否存在目标文件的元数据。如果存在，客户端将返回相应的元数据信息，并通过其中的数据索引信息与对应的 OSD 进行交互，从而完成文件操作。如果未命中，客户端将通过网络将访问请求转发给 MDSs。MDS 会在文件目录树上自顶向下遍历，以检查权限。如果文件可以被访问，MDS 将返回文件的唯一标识符(inode 号)、文件大小、最近修改信息、数据索引等相关元数据信息。当文件或客户端缺乏操作权限时，MDS 还可以为其分配相应的操作权限，如读写权限、缓存读权限、缓冲区写权限，以及安全权限，如加解密等，如图 4.29 所示。

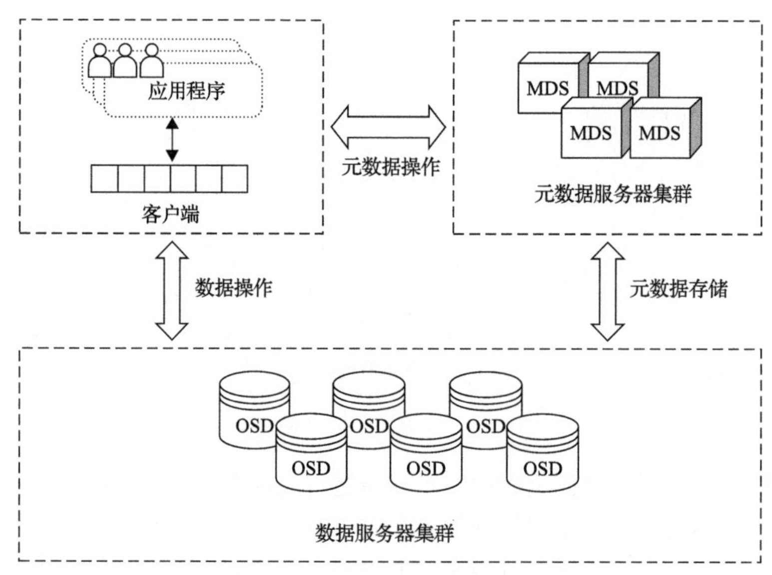

图 4.29　能源元数据请求处理流程图

4.3.2.2 主数据管理技术

主数据是指组织中核心业务实体(如客户、产品、供应商)的关键数据集合，具有唯一性、一致性和广泛共享的特点。在能源大数据中，主数据可以包括能源设备、计量点、能源供应商等关键实体的数据，用于支持能源管理和决策，确保数据的准确性和一致性，促进能源行业的效率和可持续发展。

能源大数据主数据管理面临的问题包括数据存储和编码的分散性、数据冗余和重复以及数据一致性的挑战。通过主数据管理技术，能够统一存储和编码能源企业的信息主数据，保护原有数据源系统的编码规则，并消除数据冗余，确保能源数据的统一准确。

1. 模型创建

在能源大数据管理中，主数据模型的创建是一个关键步骤。在创建主数据模型之前，需要根据实际能源大数据的需求，建立统一的标准体系规范，以处理来自不同来源的多元异构数据。这包括对名称、指标、计量单位等进行规范化，并进行数据的初步处理；接下来，根据规范指标，创建主数据模型[6]。首先，输入模型的基本信息，如模型代码和模型名称等。然后，进行属性和元属性的配置。属性和元属性不仅包括基本的名称和代码，还需要配置类型、长度、取值方式、计量单位等相关信息；创建完模型后，需要进行模型的审核，以验证模型的准确性和正确性。这一审核过程确保模型成功地建立起来。在审核完成后，可以对模型进行查询和变更操作，以满足不同的能源数据管理需求。

2. 编码规则

在能源大数据中，编码器部分将输入数据映射到低维表示，也称为编码。编码规则是能源大数据信息的支撑数据，在管理平台中必须保持数据的准确性和一致性。在信息集成中，每条数据实体都有一个特定的编码来表示，以确保数据的唯一性和格式统一，因此，制定合理的编码规则对于建立能源主数据管理平台非常重要。考虑到能源数据的敏感性和安全性，采用自动编码形式。自动编码是指流水号形式的编码，系统在审核数据之后自动生成。配置规则时，还需要配置编码类型、编码长度、编码步长等几项。

在能源大数据领域，自动编码技术可以应用于特征学习、降维和数据压缩等任务。自动编码器是一种神经网络模型，由编码器和解码器两部分组成。

通过自动编码器的编码过程，关键的能源数据特征可以被捕捉和提取出来，并以紧凑的编码形式表示。常见的编码器结构，如多层感知器(MLP)和卷积神经网络(CNN)，可以应用于能源数据的特征提取和表示学习。

解码器部分将编码器的输出恢复为原始数据的重建，以保留输入数据的重要信息。解码器的目标是尽可能准确地重构原始能源数据。通过最小化重构误差的训练过程，自动编码器可以调整模型参数，提高重建的准确性。

在能源大数据中，自动编码技术的应用可以帮助发现能源数据中的潜在模式和关联关系，实现数据的降维和压缩，从而减少存储空间和计算资源的需求。此外，通过学习到的有效表示形式，能源数据的特征和属性可以更好地被提取和利用，支持能源领域的决策分析、预测建模和能效优化等任务。

3. 约束规则

约束规则技术在能源大数据管理和处理过程中扮演关键角色，旨在确保能源数据的质量和可信度。通过定义和应用规则，约束规则技术用于限制能源数据的输入、存储和处理，以确保数据符合预期的规范和要求。

在能源大数据的输入验证方面，约束规则可用于验证数据的有效性和完整性，防止无效或缺失的数据进入系统。例如，可以定义规则确保能源数据中的时间戳字段符合特定的格式，能耗值字段在合理范围内，能源供应商字段满足特定的命名规则等。

在能源数据的存储约束方面，约束规则可用于定义数据表之间的关系、主键约束、外键约束等，以确保数据在数据库中的一致性和完整性。这些规则可防止重复记录、无效的关联和不一致的数据关系，从而维护能源数据的一致性和准确性。

在能源数据的转换和集成规则方面，约束规则技术可用于数据清洗、转换和整合过程中的操作。例如，可以定义规则将来自不同能源设备的数据映射到统一的数据模型中，进行数据匹配和合并，并保证数据在转换和整合过程中的准确性和一致性。

为了保障数据的唯一性、准确性及格式统一性，可以通过配置约束规则，对数据进行初步处理，约束规则分为唯一性校验与关联性校验，负责约束主数据模型中的元属性。

1) 唯一性约束

唯一性约束是用来保证数据的唯一性，需要配置以下几项。

首先，条件表达式用于对当前唯一性约束进行条件判断，配置约束的生效条件和作用范围。如果满足条件，表达式将进行校验，否则不进行校验。

其次，值类型配置用于指定进行唯一约束的属性值类型，并且只显示对应类型的元属性。

再次，区分大小写控制校验时是否区分大小写。例如，当选为“是”时，A 和 a 被视为两个完全不同的数据；而当选为“否”时，A 和 a 则被视为同一个数据。

最后，校验规则级别包括“错误型校验规则”和“警告型校验规则”。前者在校验失败时禁止数据进入系统，而后者在校验失败时仅提供提示信息，但数据仍可正常进入系统管理。

2) 关联性约束

关联性约束是利用元属性之间的关联关系来校验数据填写的规范性，以满足业务要求。同样是通过条件表达式进行设定，检验元属性的值是否在上下限范围或枚举范围内，以及是否为必填项而未填写等。

4.3.2.3 数据模型管理技术

统一能源数据模型的使用简化了能源领域中复杂的数据管理和交换过程，实现了数据的一致性和标准化，促进了数据集成和共享，支持数据分析和决策制定，推动了能源行业的数字化转型和智能化发展。常见的统一能源数据模型标准有 SG-CIM、CIM、

EnergyIP 和 SGAM，其中统一数据模型(SG-CIM)是国家电网公司基于面向对象建模技术，参考国际标准(IEC 61970/61968/62325)和行业最佳实践(SAP/ERP)构建的企业数据模型。该模型考虑了企业自身核心业务的需求、在运系统数据字典等，并且采用了“业务需求驱动自顶向下”和“基于现状驱动自下向上”相结合的模式。

能源数据模型管理在能源大数据领域扮演着重要角色。它通常基于模型构建、模型发布、模型在线管理更新等技术，实现了能源数据模型的类定义、模式映射规则的制定和管理，以及数据的获取、共享和发布。其主要目的是对全业务统一数据中心的数据模型进行统一、有效管理，以方便管理和发布数据模型。

1. 模型构建设计技术

用于构建数据仓库的数据模型和架构设计的关键技术方法有星型模型、雪花模型和多维模型。

(1)星型模型。星型模型具有简单直观、灵活性、高查询性能、易维护和适用于较小规模数据等特点。其结构清晰，易于理解和解释，能够快速满足常见查询和聚合需求，便于数据分析和报表生成。然而，对于复杂的分析需求和大规模数据处理，可能需要考虑其他更复杂的模型。以下是星型模型的几个关键要素。

中心事实表(fact table)：中心事实表是星型模型的核心，用于存储与能源相关的事实或指标数据。在能源大数据中，事实表可以包含诸如能源消耗、发电量、能源负荷等数据。每个事实表表示一个特定的能源事件或指标，并与维度表建立关联。

维度表(dimension table)：维度表包含用于描述事实表中指标的维度属性。在能源大数据中，维度可以包括时间、地点、能源类型、供应商等。维度表的每一行对应一个唯一的维度值，并与中心事实表通过共享的关键字进行关联。

关键字(key)：关键字是星型模型中连接事实表和维度表的关键元素。在能源大数据中，关键字字段用于建立事实表和维度表之间的关联关系。例如，可以使用时间维度的日期字段作为关键字来关联能源消耗事实和时间维度表。

粒度(granularity)：粒度决定了事实表中每个记录所代表的能源事件的详细程度。在能源大数据中，粒度可以根据需求来定义，可以是每小时、每天、每月或其他时间段。选择适当的粒度对于满足特定的分析需求非常重要。

数据冗余(data denormalization)：在能源大数据中，数据冗余可以被应用以提高查询性能。例如，将一些常用的维度属性冗余到事实表中，以避免频繁连接多个维度表。然而，需要权衡存储空间和数据更新的复杂性。

(2)雪花模型。雪花模型是基于星型模型(star schema)的扩展和改进。雪花模型的主要特点是将维度表进一步细分为多个层次，形成了多级的维度表结构，从而使数据模型更加灵活和可扩展。以下是雪花模型的几个关键要素。

中心事实表(central fact table)：与星型模型类似，雪花模型仍然包含一个中心的事实表，其中包含了业务度量和指标。事实表包含了与业务过程相关的事实和指标数据，并与维度表进行关联。

维度表(dimension tables)：维度表包含了与业务过程相关的描述性信息，如产品、时间、地理位置等。与星型模型不同的是，雪花模型将维度表进一步细分为多个层次，以实现更好的数据组织和查询效率。

层次化的维度表结构：雪花模型中的维度表可以包含多个层次，每个层次表示维度的不同粒度和层级。这样可以更好地支持数据分析和查询，使得用户可以按照不同的维度层级进行数据切片和钻取。

维度表的归一化：雪花模型采用了维度表的归一化设计，即将维度表中的重复数据进行拆分和归并，以减少数据冗余和存储空间。这样可以提高数据的一致性和维护性，但在查询时可能需要进行更多的关联操作。

(3)多维模型。多维模型是一种在能源大数据分析中广泛应用的数据模型，它基于多维数据结构，通过多个维度交叉分析来提供更全面的视角和深入的洞察。以下是多维模型的几个关键要素。

维度(dimensions)：维度是多维模型中的关键元素，用于描述和分类能源数据。在能源大数据中，维度可以包括时间、地点、能源类型、供应商、客户等。每个维度代表一种分类属性，通过维度的交叉分析可以实现对能源数据的不同视角和维度的深入分析。

度量(measures)：度量是多维模型中的数值指标，用于表示能源数据的实际值或计算结果，如能源消耗量、发电量、传输损耗等。度量是能源大数据分析的关键指标，可以进行聚合、计算和比较。

立方体(cube)：立方体是多维模型的核心概念，它由维度和度量组成，形成一个多维的数据集合。立方体提供了对能源数据进行多维分析的能力，可以实现各种交叉分析、切片和切块操作，以及数据聚合和汇总。

层次结构(hierarchy)：在多维模型中，维度可以具有层次结构，用于组织和分类维度数据。例如，时间维度可以有年、季度、月份等层次结构，地点维度可以有国家、城市、区域等层次结构。层次结构提供了在不同粒度下对数据进行导航和分析的能力。

多维查询(MDX)：多维查询语言(MDX)是用于查询和分析多维模型数据的查询语言。通过使用 MDX，可以编写复杂的查询和报表，实现对多维模型数据的灵活检索和分析。

2. 模型发布技术

模型发布可以通过 Web 服务实现，这是一种平台独立、耦合度低、自包含的基于可编程 Web 应用程序。它使用开放的 XML(标准通用标记语言的一个子集)标准来描述、发布、发现、协调和配置这些应用程序，以便开发分布式的互操作应用程序。

Web 服务技术使得在不同机器上运行的不同应用程序可以相互交换数据或集成，无须依赖额外的第三方软件或硬件。依照 Web 服务规范实施的应用程序之间，无论它们使用的语言、平台或内部协议是什么，都可以相互交换数据。Web 服务是自我描述、自包含的可用网络模块，可以执行具体的业务功能。它们也很容易部署，因为它们基于一些通用的产业标准以及已有的一些技术，例如 XML 和 HTTP。

Web 服务降低了应用接口的成本，并为整个企业甚至多个组织之间的业务流程集成提供了通用机制。

XML 和 XSD(XML 模式描述语言)是 Web 服务平台中表示数据的基本格式。除了易于创建和解析之外，XML 的主要优点是它既与平台无关，又与厂商无关。XSD 是由万维网协会(W3C)创建，它定义了一套标准的数据类型，并提供了一种语言来扩展这些数据类型。

在能源大数据管理中，Web Service 平台起到了关键作用。它使用 XSD(XML Schema Definition)作为数据类型系统，并符合 Web Service 标准。构建 Web Service 时，无论是使用 VB.NET、C#或其他语言，为了满足 Web Service 的要求，所有使用的数据类型都需要转换为 XSD 类型。

若让它传递于不同平台和不同软件的不同组织之间，还需要用一种协议(如 SOAP)将它包装起来。

SOAP 即简单对象访问协议(simple objectAccess protocol)，它的作用是交换 XML(标准通用标记语言下的一个子集)编码信息的轻量级协议。其主要包括三个方面：XML-envelope 为描述信息内容和如何处理内容定义了框架，将程序对象编码成为 XML 对象的规则，执行远程过程调用(RPC)的约定。SOAP 可以运行在任何其他传输协议上。

Web Service 的目标是实现在不同系统之间使用“软件—软件对话”的方式进行相互调用，打破软件应用、网站和各种设备之间的隔阂，实现“基于 Web 无缝集成”。

WSDL 是一种基于 XML 的标准通用标记语言下的子集，用于描述 Web Service 及其函数、参数和返回值。这种描述语言既适用于机器阅读，也适用于人类阅读。

在能源大数据管理中，UDDI(universal description, discovery, and integration)发挥了重要的作用。UDDI 的主要目标是建立电子商务的标准。它是一个基于 Web 的、分布式的系统，为 Web Service 提供信息注册中心的标准实现。同时，UDDI 也包含一组协议，使企业能够将它们提供的 Web Service 注册到该中心，以便其他企业能够发现并使用这些服务。

Web Service 是一种实现应用程序间通信的技术。在应用程序通信中，通常有两种方法：远程过程调用(RPC)和消息传递。使用 RPC 时，客户端的观念是调用服务器上的远程过程，一般是通过将一个远程对象实例化，并调用其方法和属性。RPC 系统试图达到位置上的透明性，即服务器公开远程对象的接口，而客户端就像在本地使用这些对象的接口一样，不需要知道对象是在哪台机器上，从而隐藏了底层信息。与之相对的消息传递方法，则更加关注于数据的发送和接收，而不是过程或方法的调用。在消息传递模型中，通信双方通过交换消息来互动，这些消息包含了需要传输的数据或命令。消息可以是同步或异步的，允许更灵活的通信方式，比如消息队列和发布/订阅系统。这种方式不仅可以跨越不同的操作系统和编程语言，还能适应分布式系统中的不同网络条件和负载要求。消息传递提供了一种松散耦合的通信模式，使各个服务组件能够独立更新和扩展，而不直接影响其他组件。

3. 模型在线管理更新技术

模型在线管理更新的好处是可以实时更新和管理模型，确保模型的准确性和有效性，提供持续改进和优化的能力。关键数据模型在线管理更新技术主要包括以下几种[7]。

(1)数据库迁移工具：数据库迁移工具可以帮助将数据模型从一个版本迁移到另一个

版本。这些工具可以执行数据库架构的变更，包括添加、修改和删除表、列和约束等。

(2)数据库版本控制系统：数据库版本控制系统允许开发人员对数据库架构进行版本控制，类似于代码版本控制系统。这样可以跟踪和管理数据库模型的变更，并允许团队成员协同开发和更新数据模型。

(3)数据库脚本和迁移脚本：使用数据库脚本和迁移脚本，可以以脚本的形式定义和管理数据库模型的变更。这些脚本可以包括创建、修改和删除表、列和约束的语句，使得数据模型的变更可以被跟踪和版本控制。

(4)ORM(对象关系映射)工具：ORM 工具可以将数据模型映射到关系型数据库中的表和列，使得开发人员可以通过对象和类的方式操作数据库。ORM 工具通常提供了自动化的数据库模式更新功能，可以根据代码中的数据模型定义自动创建或更新数据库结构。

(5)数据库变更管理工具：数据库变更管理工具提供了一套管理和执行数据库模型变更的功能。它们可以跟踪和应用数据库模型的变更，同时提供回滚和版本控制的功能，确保数据模型变更的可靠性和一致性。

(6)持续集成/持续交付(CI/CD)工具：CI/CD 工具可以自动化数据库模型的更新和部署过程。通过配置 CI/CD 流水线，可以将数据模型的变更集成到开发、测试和生产环境中，并自动执行必要的数据迁移和更新操作。

4.4 能源大数据共享与分析技术

随着能源行业的快速发展，能源系统的拓扑特征以及对应的运行方式复杂程度日益提高，传统的人工管理的数据分析方法容易降低数据价值及产生资源浪费的问题，已不再能够满足智慧能源的发展需求。数据服务在当今信息社会具有重要的意义，它不仅为各个领域的决策和创新提供支持，还为用户带来便利和价值。随着技术不断进步和数据不断增长，数据服务将继续发展壮大，成为推动社会进步和经济发展的重要力量。构建智慧能源大数据平台，实现数据可视化，为能源数据采集、存储、管理、分析和处理提供智能化运作方式，使得能源大数据在能源行业全环节释放出巨大应用潜力，对促进可再生能源的发展、激发能源行业的跨界融合活力与创新发展动力具有重大的意义[8]。

在数据服务过程中，本节首先通过梳理共享全环节所涉及的关键技术，充分展示数据服务共享过程。其次，为进一步获取实时运行状态以及提供业务应用功能，介绍典型可视化分析技术，实现对电网数据、政务数据、能源企业数据及其他外部数据等能源数据的可视化统一，提高交互能力。最后，介绍面向能源领域的大数据平台关键搭建技术，把分散的资源连接为一个整体，实现资源整合、共享和有机协作，建立统一数据体系和服务体系[9]。

4.4.1 能源大数据共享服务技术

目前，大数据应用技术分散在能源产业链的各个领域，应用范围很广泛，但是，在相互依赖和相互连接的过程中，通常存在协调能力弱、自定义开发困难、可伸缩性差等问题，形成数据和技术资源孤岛。本小节以能源数据的综合化管理、差异化处理、定制化行业应用为需求，研究基于数据共享服务技术，为能源数据满足不同产品业务流提供技术支撑。

4.4.1.1　数据服务封装技术

随着信息技术的不断发展，应用系统用户数量的不断增加，行业应用逻辑日益复杂，应用系统的发展和维护迎来巨大挑战。传统的面向服务的单体架构难以满足现代大型应用软件的灵活性、可定制化、随业务可变的需求，数据服务封装应运而生。

1. 微服务技术

微服务架构模型提倡将应用程序分解为一系列小型、独立的服务，为了实现可扩展性和增强容灾能力，每个服务都专注于单个功能，可以独立部署。相比于传统的单体式架构，微服务架构有以下五个主要优势。

(1) 服务解耦：大型单体应用被划分为多个微服务，每个微服务通过暴露一套 REST API 来提供服务，这大大降低了微服务之间的耦合复杂度。

(2) 技术异构：各微服务可以使用更加符合业务需求的技术进行实现，而不受编程语言和技术栈一致性要求的限制。

(3) 独立部署：微服务可以通过完全自动化的部署机制实现独立和持续部署，开发维护团队只需专注于微服务相关工作，减少了沟通成本与全量部署。

(4) 可扩展性：在微服务架构中，各个微服务开放的大量接口可以满足各种扩展需求。由于微服务体量较小、功能单一，增加接口也更加便捷，比单体架构具有更优秀的扩展能力。

(5) 弹性伸缩：微服务体量较小、功能单一，可以通过增加或减少服务实例数来实现动态扩缩容，实现资源的合理充分利用。

2. 云平台技术

云平台也被称为云计算平台，是一种基于硬件资源和软件资源的服务，具有计算、网络和存储能力。根据其功能，云平台可以分为以数据存储为主的存储型云平台、以数据处理为主的计算型云平台，以及计算和数据存储处理兼顾的综合云平台三类。云平台在智慧能源中起到整体管理的作用，实现各种能源之间的实时监测调度、能耗分析等，解决整个区域能源合理化利用的问题，是实现数据集成封装的基础和支撑。构建云平台的关键技术为编程模型、数据分布存储技术、数据管理技术、云计算平台管理技术。

1) 编程模型

云计算环境下的程序简单编辑提供基础，Google 公司推出的基于 Java、Python、C++ 等计算机语言的编程模型 MapReduce，是一种简单化的分布式编程模型。它一般用于大规模的数据集(大于 1TB)并行运算。

2) 数据分布存储技术

数据分布存储技术是保证高性能计算和可靠数据传输的关键技术。一般来说，云计算系统由大量的服务器构成，它能够同时为大量的用户提供计算服务，因此，云计算系统多采用分布式存储的方式来存储数据，在存储过程中，会存入大量的冗余数据来保证数据的可靠性。

3) 数据管理技术

数据管理技术是对海量多源数据进行分析处理的技术，实现数据的提能增效。虚拟化技术可以让软件系统和硬件系统隔离，它包括两种模式：一种是将单个资源划分为多个虚拟资源的裂分模式；另一种是将多个资源结合成一个虚拟资源的聚合模式。

4) 云计算平台管理技术

云计算平台管理技术是云平台应用的技术前提，解决了云计算系统的资源规模大、服务器数量多和应用复杂的问题，实现服务器的协同工作和数据的处理与分析的高效准确。

4.4.1.2 数据接口服务技术

在各个应用系统之间，尤其是设备管理信息系统和电力设施可靠性管理信息系统之间，利用数据接口技术构建一套数据共享服务机制，有着很强的现实意义。

1. 接口系统的编码处理技术

KKS 编码起源于德国，是在欧洲工业化国家中广泛用于能源动力工程建设的编码标准。其包含了对设备功能、安装和地理位置的描述，具有合理、统一标识的特点，且结构层次分明。可靠性管理系统也有一套严格的编码规范。在建立数据接口时，编码的集成和对应是基础工作。虽然基础编码的内容较多，但变化不大，它是主题数据库的组成部分。许多编码规则在全国或全省范围内统一，相对稳定。这部分工作在系统建设完成初期即可进行初始化，且系统运行过程中，无须定期维护。

编码涉及的主要内容如下。

(1) 单位编码(位数不定，视单位的级别而定)。

(2) 下属单位编码 2 位。

(3) 变电站编码。

(4) 设备位置编码，可靠性管理信息系统中设备编码在第 1、2 位(有些是第 3 位)都是固定的，由程序根据不同设备编码规则自动生成，其他位由系统根据序列号产生。

2. 接口系统实现技术

数据接口系统的技术实现需要对各关联系统的技术特点进行分析，并采取具有针对性的技术策略，尽可能地提高接口系统的通用性。一般的数据接口系统实现如下所示。

1) 设备信息更新子系统

设备管理信息系统是 C/S 结构的多用户应用系统，其特点是有若干个用户并发地、不定时地要对数据库进行更新操作，系统中使用了一个服务器端守护程序，负责监听客户机端发送的数据库更新请求。当守护程序收到客户端数据库更新请求后，激活相应的数据处理子进程。数据处理子进程是一套 Socket 应用程序，为客户端提供批量数据操作、存储过程执行，完成数据从逻辑数据库到可靠性管理信息数据库转换的服务过程。

2) 编码比对子系统

编码比对子系统包含客户端应用程序，该程序在数据接口系统开始初始化时，该系统生成编码的对应关系。对于之前的没有任何对应关系的设备编码来说，系统会按编码规则生成。

3) 数据库逻辑层

数据库逻辑层采用数据库系统视图、储存程序和触发程序来执行资料库逻辑层。当设备数据发生删除、添加、修改等变化时，守护程序会侦听到这些变化，并在记录变化的同时与两个数据库进行通信，实现数据同步。

4.4.2 能源大数据分析可视化技术

可视化是利用计算机图形学和图像处理技术，将数据转换成图形或图像在屏幕上显示出来，并进行交互处理的理论、方法和技术，它涉及计算机图形学、图像处理、计算机视觉、计算机辅助设计等多个领域，是研究数据表示、数据处理、决策分析等一系列问题的综合技术[10]。在依托云平台与数据中台实现能源系统全要素的智慧化和数字化的过程中，全状态的可视化是实现平台到应用服务的重要桥梁，细化大数据的可视化内容的分析与研究，结合新时期的管理、建设思路进行创新，有利于实现展示的协同化和智能化。

4.4.2.1 三维信息可视化技术

早期由于计算机软、硬件技术水平的限制科学计算，只能以批处理方式进行，而不能进行交互处理对于大量的输出数据，只能用人工方式处理，或者用绘图仪输出二维图形。这种处理方式不仅效率低下，而且丢失了大量信息。近年来，随着计算机应用的普及和科学技术的迅速发展，来自超级计算机、卫星遥感、电子计算机断层扫描、天气预报、地震勘测等领域的数据量越来越大，以及物联网中的智慧园区、智慧工厂、智慧建筑、智慧消防等一系列工程化项目的发展，三维可视化技术已经成为科学研究中的必不可少的手段，具备工程图可视化、3D 场景可视化、环境监测可视化和数据分析可视化的强大功能。

1. 技术支撑

(1) 科学可视化。电力输电网数据可分为状态数据和计算数据，状态数据如线路电压、电流等，因为输电网本身的分散性而具有离散特性，而许多计算数据，如功率数据，又不具有明显的物理意义，所以一般的数据表现方法都不能很好地解决这个问题，科学可视化技术的发展带来了曙光。

科学可视化是可视化领域最早、最成熟的一个跨学科研究与应用领域。面向的领域主要是自然科学，如物理、化学、气象气候、航空航天、医学、生物学等学科具有的空间几何特征数据的学科，这些学科通常需要对数据和模型进行解释、操作与处理，旨在寻找其中的模式、特点、关系以及异常情况，并提供交互分析手段。

(2)信息可视化。在能源行业，三维信息可视化是实现数据高效分析与管理必不可少的技术。科学计算可视化是对过程的可视化，无法实现三维可视化的目标，而信息可视化是一门研究非空间数据的视觉呈现方法和技术的学科，处理的对象是抽象数据集合，起源于统计图形学，又与信息图形、视觉设计等现代技术相辅相成，结合平行坐标和多维尺度降维分析方法，分别通过高维数据映射为平面空间折线和高维空间中聚类信息投影降维方式，为人们提供理解高维度、多层次、时空、动态、关系等复杂数据的窗口。

2. 能源行业的三维可视化技术应用场景

综合利用科学计算可视化和信息可视化技术实现三维可视化，利用数据的空间信息对数据进行三维空间上的展示，根据数据包含的三维空间信息，实现对数据在空间上的展示。

(1)智慧能源节能管理系统三维可视化方案。我国目前还存在较为严重的能源浪费问题，所以节能和高效一直是本行业转型过程中关注的重点，具体到各个企业，由于经费和技术限制，导致建设节能产业处于停滞状态，因此，智慧能源可视化解决方案将成本中心和能耗分析纳入了综合考量。一方面，通过电量分析、电费单专项分析对应设备的单品能耗和实际用量等等，给客户提供科学、精确的数据，让客户能对成本进行有效控制。另一方面，从负荷、用电量构成、分时电量、报装方式等多个维度进行综合分析，为客户的最终决策提供数据支撑。这样一来，既降低了客户的用能成本，又能显著提高能源利用效率。

通过三维可视化技术，实现能源可视化管理，达到一站式交互。工厂直接搬到线上，从建筑到设备均可实现 3D 展示和互动。管理员在后台就可以监控设备运行状况、对工厂进行全面巡检并针对相关数据做出及时反馈，实现监控、运维和数据分析实时、交互和可视的特点，加速能源行业的节能化、清洁化、智慧化发展。

(2)能源损耗数据三维可视化表达。在电量损耗情况及其使用规则的分析中，则可利用该趋势呈现不同方向的数据价值，以便后期技术人员进行管理制定和数据汇总的评定管理，最后利用对应的编码转化将点位呈现在空间当中，从而实现可视化管理的目标。其中，实时数据的三维可视化表达主要是通过将监测到的实时数据进行分类，将各类数据所呈现的价值信息走势以空间坐标表示。基于此，能够对数据实现空间上的精准的状态监测和分析，利用机器学习技术，结合大样本库，计算或推测出原本无法直接测量的状态或指标。大数据和人工智能的结合也能够对数据进行建模分析，对问题进行分析、诊断，查找问题原因，结合传感器的历史数据及设备故障特征，对问题进行预测，为数据决策提供全面的支持。

三维技术的引入，相比于一维、二维平面数据场，在此基础上增加上空间特征，从而对故障的区域特征进行更为精确的分析，达到不同区域故障的差异化分析的效果。

4.4.2.2　数字孪生

数字孪生指的是将物理模型、传感器更新、运行历史等数据进行充分利用，将多学科、多物理量、多尺度、多概率的仿真过程进行集成，在虚拟空间中完成映射，从而将与之相对应的实体装备的全生命周期过程进行反映，依托于大数据、云计算、物联网人工智能和三维建模等新一代信息技术的发展和广泛应用。数字孪生是一种超越现实的概念，可以被视为一个或多个重要的、彼此依赖的装备系统的数字映射系统，融合多尺度、多分辨率、多源空间数据、时空大数据、城市物联感知数据，构建从微观到宏观的一个高精度、多联动、三维全景在线、智能分析的体系。

构建智慧能源生态系统是我国能源行业的发展趋势，而融合物联网技术、通信技术、大数据分析技术、高性能计算技术和先进仿真分析技术的数字孪生技术体系，成为解决当前智慧能源发展面临问题的关键抓手。在现有能源系统的建模仿真和在线监测技术的基础上，数字孪生技术体系进一步涵盖状态感知、边缘计算、智能互联、协议适配、智能分析等技术，为智慧能源系统提供更加丰富和真实的模型，从而全面服务于系统的运行和控制。

数字孪生在智慧能源系统中的架构，针对智慧能源系统的特点该架构分为五部分：物理层、数据层、机理层、表现层和交互层，如图4.30所示。数据层首先从物理层中收集大量数据，然后进行预处理并传输；机理层从数据层接收多尺度数据(包括历史数据和实时数据)，通过“数据链”输入仿真模型后进行数据整合和模拟运算；表现层获得机理层仿真的结果，以“沉浸式”方式展现给用户；交互层可以实现精准的人机交互，交互指令可以反馈至物理层对物理设备进行控制，也可以作用于机理层实现仿真模型的更新

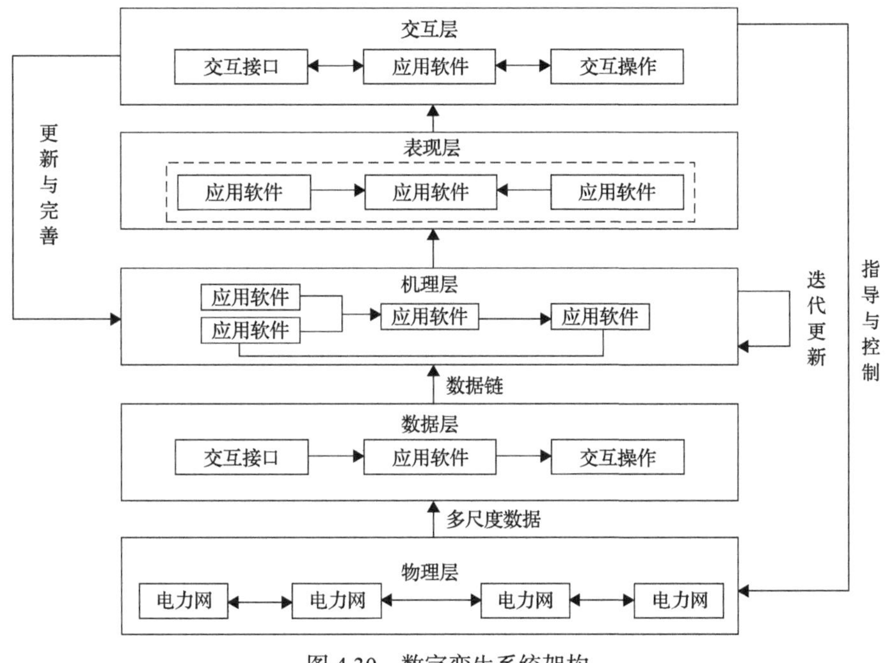

图4.30　数字孪生系统架构

和迭代生长。相应层次的特点具体阐述如下。

1. 物理层

常规的能源系统状态监测，首先在能源设备上安装传感器，然后由数据采集软件汇总，但分散的数据采集系统交互困难。物理层基于能源物联网平台，在各智能设备中应用先进传感器技术收集系统运行的多模异构数据，集成了物理感知数据、模型生成数据、虚实融合数据等海量数据；支持跨接口、跨协议、跨平台交互，可实现能源系统中各子系统的互联互通。

2. 数据层

常规的能源系统状态监测只关注传感器本身数据，而数字孪生更关注贯穿智能设备全生命周期的多维度相关数据。数据层在各智能设备本地侧对数据进行实时清洗和规范化，采用高速率、大容量、低延迟的通信线路进行数据传输；同时依托云计算和数据中心，动态地满足各种计算、存储与运行需求。

3. 机理层

数字孪生所构建的智慧能源系统仿真模型使用了“模型驱动+数据驱动”的混合建模技术，采用基于模型的系统工程建模方法学，以“数据链”为主线，结合 AI 技术对系统模型进行迭代更新和优化，以实现真实的虚拟映射。这一模型对智能设备的选型、设计和生产制造都有指导价值，而不仅限于根据数据变化来决定能源设备是否需要检修或更换。

4. 表现层

数字孪生技术应用虚拟现实（VR）、增强现实（AR）及混合现实（MR）的 3R 技术，建立可视化程度极高的智慧能源系统虚拟模型，提升了可视化展示效果。利用计算机生成视、听、嗅等感官信号，将现实与虚拟的信息融为一体，增强用户在虚拟世界中的体验感和参与感，辅助技术人员更为直观、高效地洞悉智能设备蕴含的信息和联系。

5. 交互层

基于数字孪生的智慧能源系统虚拟模型不再仅仅是传统的平面式展示或简单三维展示，而是实现用户与模型之间的实时深度交互。利用语音、姿态、视觉追踪等技术，建立用户与智能设备之间的通道，实现多通道交互体系来进行精准交互，以支持对电力网、燃气网、热力网、交通网、供水网等多能耦合的能源系统的高效精准控制和交互。

整体来看，数字孪生既不是对物理系统进行单纯的数值模拟仿真，也不是进行常规的状态感知，更不是仅仅进行简单的 AI、机器学习等数据分析，而是将这三方面的技术都有机整合于其中。

数字孪生对能源系统进行数字化建模，并在数字空间与物理空间实现信息交互；首先应用完整信息和明确机理预测未来，再发展到基于不完全信息和不确定性机理推测未来，最终实现能源系统的数字孪生体之间共享智慧、共同进化的孪生共智状态。

4.4.2.3 虚拟现实

虚拟现实技术是一种可以创建和体验虚拟世界的计算机仿真系统，它利用计算机生成一种模拟环境，使用户沉浸到该环境中。虚拟现实技术就是利用现实生活中的数据，通过计算机技术产生的电子信号，将其与各种输出设备结合使其转化为能够让人们感受到的现象，这些现象可以是现实中真真切切的物体，也可以是我们肉眼所看不到的物质，创造一个虚拟的三维交互场景，借助特殊的硬件设备，为用户提供跨时空的、有自然交互的多维虚拟空间。虚拟现实技术作为连接虚拟世界和现实世界的桥梁，正加速各领域应用形成新场景、新模式、新业态。

虚拟现实系统的最大特点就是参与者能与计算机生成的虚拟环境进行自然的交互，能用人类自然的技能与感知能力与虚拟世界中的对象进行交互作用。对于能源行业，虚拟现实技术的应用不仅提高了工作效率，同时也能增强系统运行安全，因此我国能源行业发展，应该利用好虚拟现实技术，随着应用不断深入挖掘出更多可能性，以此推动能源行业持续性发展。

目前虚拟现实技术已经得到广泛运用，包括以下几个方面。

1. 将虚拟现实技术运用到变电站设计与运行可视化方面

在电力系统变电站设计、管理中，以往会利用建模的方式进行设计，不过使用过程中问题较多，尤其是需要耗费大量时间，利用虚拟现实技术可以很好地解决这个问题。

例如，基于虚拟现实技术的数字化变电站综合管理系统，通过现代科技改变管理方式，能够为用户打造出虚拟现实操作平台，实现操作的可视化分析，通过网络连接随意进入虚拟现实环境，查看变电站中的各类设备设施。除此之外，虚拟现实技术还可以对变电站内部进行观察，成为优化整体的结构设计，确保内部空间布置更加合理，同时解决了以往管理过程中的各类问题，在变电站的维护与检修方面也能发挥出明显作用。

2. 虚拟技术在运行安全可视化中的应用

作为一个庞大且复杂的多源能源数据系统，系统的运行涉及多方面内容，想要实现安全管理提高运行效率，可以借助虚拟现实技术，确保能源系统的运行规范，同时提高生产质量。另外，涉及安全问题，尤其是操作人员的人身安全，运用虚拟现实技术可以提高运行管理水平，并且增加了强化的安全系数，通过模拟现场的方式进行数据采集，从实际运行来看整体较为接近，工作人员通过虚拟环境就能接触实际的运行过程，以此来判断运行过程中的问题。除此之外系统的运行环境相对恶劣，例如噪声、温度及电压等，都会对工作人员造成影响，随着虚拟现实技术的应用，将避免这些影响因素。

例如，在输电网中，电力系统在运行过程中要求输电线路的充分建立，电力系统在运行的过程中，需要对输电线路进行充分的设置，从而有效地保证电力系统在运行过程中的安全和可靠性，利用虚拟现实技术可以有效地实现这一目的。在输电线路的运行检修时，需要掌握输电线路运行过程中的一些基本情况，要求具有一定的专业知识能力。

在虚拟现实技术的基础上，可以开展对输电线路进行检修的培训工作，提高检修人员的参与度，提高检修人员的业务能力，有利于对输电线路的正常运行情况有一个全面了解，最终使输电线路可以实现安全运行。

3. 虚拟现实技术在能源站实际运行中的可视化应用分析

将虚拟现实技术应用于槽式光热电站规划场景可视化，应用包含模型环境和漫游交互两大部分。通过应用虚拟现实技术，建立了与规划场景一致的三维可视化槽式光热电站模型，实现了槽式光热电站的沉浸式展示，满足设计迭代、规划评审、宣传展示等需求，能最大程度地提升交互能力。

通过应用虚拟现实技术，不仅能够提高工作效率，还可以适当节约运行成本，所以虚拟现实也成为能源大数据系统中的关键技术之一。从实际应用来看，虚拟现实技术的作用明显，对能源系统发展可以产生深远影响，同时带来一系列的提高、优化[10]。因此虚拟现实技术与能源系统的结合，也将成为其主要的发展方向，并实现能源数字化目标，为我国能源行业提供更多发展动力。

4.5 能源大数据中心高效绿色化新技术

在当今日益增长的能源需求与全球气候变化的大背景下，能源大数据中心的绿色化发展显得尤为关键。能源大数据中心作为现代社会日益增长的能源需求的满足者，不仅要确保能源的有效供应，更要在运行过程中秉持绿色、低碳的理念。其绿色发展的核心途径主要集中在深度整合异构能源数据资源以实现能源的最高效利用，鼓励如太阳能、风能等不同形态的能源和谐共生，广泛推广新能源技术和环保节能技术，以及通过先进数据分析实现对碳排放的精准监控和管理。此外，智能控制技术也确保了从数据中心的设计、建设到运营的每个环节都充分体现了绿色、环保的理念。这种对绿色发展的重视，不仅体现了技术与环保的结合，更显示了我们对未来更加绿色、低碳社会的远见和责任感，确保能源大数据中心不仅满足当前的需求，更为未来的可持续发展奠定了坚实基础。

绿色大数据中心是指采用环保节能技术，以减少能源消耗和碳排放为目标建设的大规模数据中心。这些数据中心通过采用节能技术，如高效的空气调节系统、能源回收系统、智能温控系统等，来减少能源消耗和碳排放。此外，绿色大数据中心还可以采用可再生能源，如太阳能、风能等作为其能源来源，进一步降低碳排放。绿色大数据中心旨在降低数据中心的环境影响，并为企业提供更加可持续和环保的数据处理和存储解决方案。随着数据中心在现代社会中的重要性不断增加，绿色大数据中心已成为一个越来越重要的概念，对于保护环境和实现可持续发展具有重要意义[11]。本节将重点探讨能源大数据中心绿色化相关的关键技术。

4.5.1 资源池化技术

伴随着云计算技术的蓬勃发展，云计算数据中心的设备规模也在迅速增长，云计算数据中心内的装备种类也越来越多，同时由于不同类型资源存在生命周期不同步的问题，云计算数据中心内的异构设备也越来越多，如何实现对异构设备资源的统一部署与管理，提升资源利用率与资源自适应灵活度是云计算数据中心建设过程中亟须解决的问题，而云计算数据中心资源池化方法作为该问题的解决方案之一[12]。

数据中心虚拟化技术为云计算底层计算、存储等资源的集中管控提供了技术上的支持。数据中心虚拟化技术主要关注于如何将各种底层物理资源进行抽象，从而向上层提供可统一分配的虚拟资源池。但如何对资源池中的资源进行高效管理及使用，以实现数据中心多样化、灵活、统一管理各类物理资源的目标，成为数据中心亟须解决的问题。另外，数据中心底层设施通常由 IT 设备和非 IT 设备组成，传统数据中心 IT 设备层和非 IT 设施层之间缺乏联动，能耗支出昂贵，数据中心 IT 设备层和基础设施层协同管理是提升能源效率的关键。

基于虚拟化的数据中心资源池化技术可分别对制冷配电层(L1 层)的供电、制冷和网络服务器层(L2 层)的计算、存储、网络等资源进行池化，支持池化资源统一管理、按需分配，如图 4.31 所示。

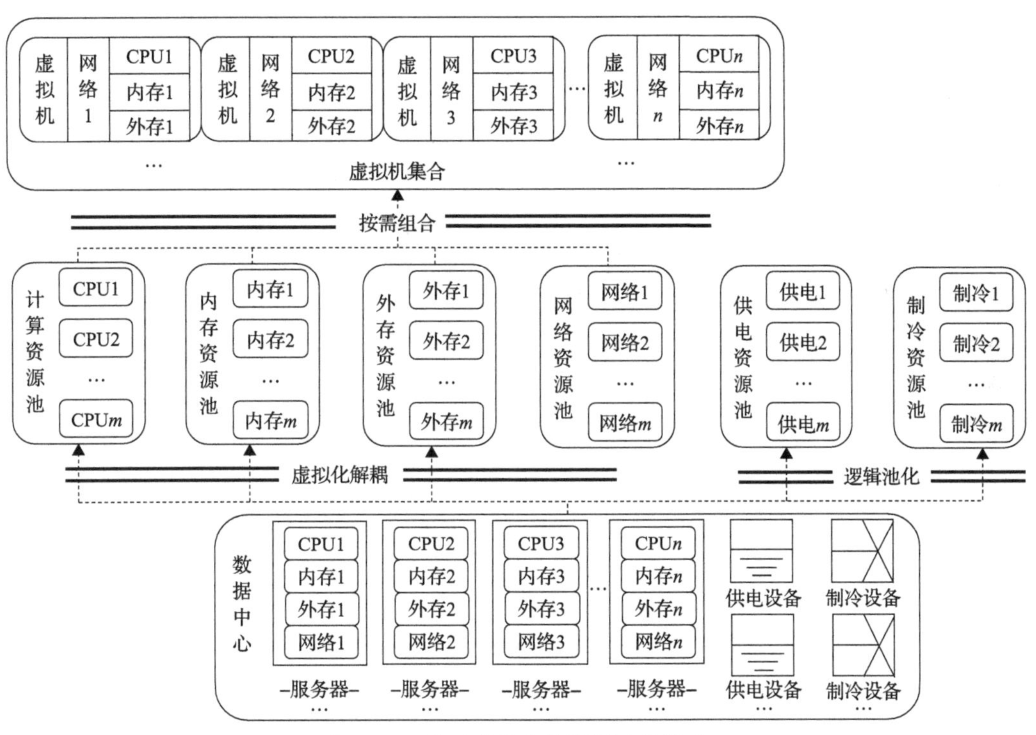

图 4.31 基于虚拟化的资源池化策略

如图 4.31 所示，基于虚拟化的数据中心资源池化技术，首先通过逻辑池化技术，对供电和制冷设备进行资源整合，形成供电资源池和制冷资源池；其次，在数据中心内部，对服务器上的中央处理单元(CPU)、内存、辅助存储以及网络资源进行虚拟化处理，从而构建计算资源池、内存资源池、外存资源池和网络资源池，实现资源的类型解耦。在进行虚拟化处理的同时，还需构建不同资源池间的资源关系映射表，以准确确定各资源池内的资源是否属于同一物理服务器，从而为后续的虚拟机组装过程提供便捷和支持。

基于虚拟化和资源解耦的架构，针对数据中心业务对各种资源(如计算和存储)的特定需求，从不同的资源池中按需选取并组合资源以构建虚拟机。值得注意的是，资源的组合过程受到数据中心内物理服务器架构的制约。在组装虚拟机时，根据预先建立的资源关系映射表，应优先从同一物理服务器上选取 CPU、内存和硬盘资源进行组合，以满足特定任务的计算和存储需求，进而最大程度地减少因跨物理服务器而产生的额外计算和传输开销。

4.5.2 液冷服务器技术

冷板式液冷系统主要由换热冷板、热交换模块、循环管线和冷源等组成。在该系统中，热量从换热冷板传递至循环管道内的冷却介质，并通过该冷却介质的独特热物性将服务器产生的热量有效地排出，从而提升冷板的热效率并显著减少数据中心的总体能耗。换热冷板采用空气、水或其他冷却介质，在强迫对流的作用下，有效地吸收和排出服务器的热量，进而有助于优化数据中心的电源使用效率(power usage effectiveness，PUE)。冷板通常由具有高热导率的材料构成，以实现近似等温表面条件，从而能有效地吸收和排出集中的热量。此外，冷板的使用还能降低冷却介质对电子元器件的污染风险，从而延长数据中心硬件的使用寿命。冷量分配模块一般有竖直和水平两种设计形式，通过这些分液单元将低温冷却液均匀地分配到各个热交换单元。这样做可以防止集成电路芯片因热量无法有效散发而引发的散热问题，从而提升整个系统的计算性能。循环管线作为换热冷板、热交换模块及其他相关组件之间的连接元件，常见的有直连和环路两种配置形式。这些选择通常基于数据中心特定的建设和运营需求。冷源作为数据中心热量排放的最终“汇流点”，是冷却系统的关键组成部分。通常，该冷源由室外冷却装置提供的低温冷却水充当，在热交换模块中与升温后的冷却液进行间接热交换，从而使冷却液在低温状态下重新进入电路，进而形成有效的散热循环。因此，冷源的选型将直接影响到整个冷却系统的运行效率和经济性。例如，阿里巴巴千岛湖数据中心采用了利用自然湖水进行冷却的方法，使其 PUE 达到了 1.28，有效地降低了数据中心的运营成本。

全液冷系统是在高密部署、TCO 节约、节能降噪、提升系统性能等方面带来极具竞争力的解决方案。全液冷机柜的核心部件是机柜两侧的风液换热器，将板式液冷服务器约 30%～40%的非冷板覆盖的散热用液冷循环系统带出服务器机柜，大幅度降低传统风冷基础设施的能耗，从而实现数据中心 PUE 低于 1.1 的结果。核心研发成果采用了扰流强化换热器，相比普通换热器可提高 20%的换热系数。采用场协同原理优化换热器结构设计，经多轮仿真和实验验证，15°倾斜产生的温度场和速度场协同，降低了换热过程中所需要的通风量，从而将服务器风扇转速降低，服务器风扇功耗降低了 45%。

浸没式液冷技术通过将发热元器件直接置于冷却液中，实现与液体介质的直接热交换。该技术可以根据液体介质是否经历相变，分类为单相和相变两种浸没式液冷模式。本研究主要集中在相变浸没液冷技术上，旨在探讨其在降低数据中心能源消耗方面的工作机制。该液冷系统主要由冷却介质、容器结构、热交换单元以及相应的连接管道等组件构成。在这些组件中，冷却液体充当数据中心热交换的核心媒介，其具有高电绝缘性、低动力黏度和出色的化学兼容性。元器件，例如主板芯片的表面热传导性能，在很大程度上决定了液体介质的相变换热强度。若元器件表面具有较高的平滑度，则其在液-固界面的热传导系数将相应提高，从而加速热量的排放。为了进一步优化散热性能，现有市场通常会采用增加热散器或热罩的方法，以增加有效的散热面积，进而提升数据中心的热管理效能和减少能量损耗。在浸没式液冷系统中，冷却模块是主要的热交换组件，包括液-气热交换器、循环泵等多个子单元。这些冷却模块的配置和布局方式会直接影响冷却介质的凝结和换热效率，从而调整整个系统的冷却性能。例如，在高性能和高热流密度的计算环境下，如中科曙光 E 级超级计算机，该设备完全摒弃了传统的风冷散热方式，配置了 512 个计算节点，其系统的峰值功耗达到 249kW，而 PUE 值仅为 1.04，有效地解决了高密度计算带来的散热挑战。

其中，网速科技作为液冷数据中心产品领域的先驱，其通过采用浸没式液冷技术，实现了热能耗降低 90%～95%以及设备能耗降低 10%～20%，有效地减少了数据中心总体能源消耗。

4.5.3 新型网络技术

为打破云数据中心中有线连接的固定拓扑结构，引入无线节点实现动态地构建拓扑，并通过无线节点的部署来提高服务器间的数据传输速率[13]。云数据中心新型网络技术包括以下几方面。

1. 空分复用

为了分离无线设备，无线设备主要安装在不同高度的服务器上，相比于传统的二维平面密集型无线部署方案，空分复用方案将无线设备部署在几个分离的空间上，因此，无线设备的部署密度与传统的二维部署方案相比大幅降低。反射板隔离出空间结构，信号可以通过它在不同的无线设备间传输。由于空间上的隔离特性，相同的无线信道可以复用在不同的空间结构之间，从而实现了系统中的干扰隔离。

2. 多重反射传输

利用多重反射技术，无线信号可以从一个服务器反射传输至另一台服务器，从而显著增加了可用无线链路的多样性。在这种架构中，平面金属板被用作反射镜，以实现高质量的镜面反射，同时在每次反射过程中只导致微量的传输能量损耗。这一基于反射的多跳(multi-hop)传输策略避免了传统有线多跳网络中的一个主要瓶颈，即在每一个中间跳跃节点处进行数据包缓存的排队延时。这样不仅优化了传输路径，还显著减少了网络延迟和开销。该方法的创新性在于其利用物理层的反射性质来实现网络层的连通性和可扩展性，而这在传统的有线或无线网络传输模式中是难以实现的。因此，这种多重反射技术为无线网络传输提供了一个高效低延迟的解决方案，具有广泛的应用前景，无线精准反射的示意图如图 4.32 所示。

3. 带宽预分配和动态拓扑构建

基于对数据中心业务流的实时预测进行网络带宽的预分配，以及通过动态构建无线

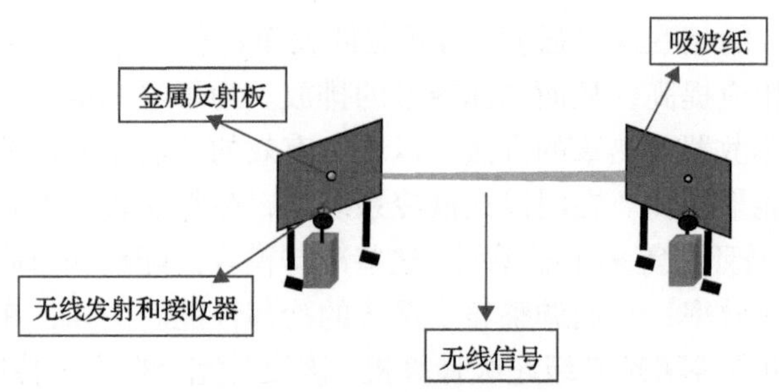

图 4.32　无线精准反射的示意图

拓扑，实现有线无线网络资源协同利用，充分提高了网络的能效。

4. 资源碎片整合技术

在保证资源重映射尽可能少的条件下利用整数规划方法先计算新的资源映射方案，再结合拓扑特征选择尽可能短的迁移路径进行高效的资源整合，最大限度提高资源利用率。

5. 面向流特性的流调度技术

按照减小大流拥塞、避免小流超时的准则来对网络中的数据流进行调度，优先将大流调度到大容量有线链路上以保证高带宽需求，并将小流汇聚到无线直传链路上以保证低时延需求，为了提升网络的能效比，在完成小流调度后，对无线链路带宽碎片进行聚合，将可拆分的大流部分调度在无线链路上，同时整合有线链路上剩下的大流，减少有线链路上的交换机端口的使用，进行网络设备休眠。

4.5.4　调度与精确能源管理技术

高性能数据中心调度与精确能源管理中面临的主要挑战是异构服务器效能的感知和调度控制模型的构建。在多数据中心场景下，微/全模块包含了计算、存储、网络以及制冷、供电、照明等多种异构资源，通过构建跨层感知的数据采集系统，重点解决异构效能的数据同步、消息队列及多元融合建模关键问题。通过大数据分析的效能数据分析方法，可解决动态、多维度、非线性约束的效能数据建模的科学难题，基于机器学习、数据挖掘、神经网络等方法可构建数据中心效能预测模型和推荐模型。通过设计合理的神经网络模型，建立业务资源使用数据和能耗数据之间的映射关系，同时控制神经网络的结构复杂度，实现业务能耗数据的准确、实时预测。通过功率限制技术、按需伸缩的集群等面向精确能源管理的调度策略集，可实现满足服务质量与能耗要求的双目标优化与多数据中心业务调度。具体来说，在高性能数据中心调度与精确能源管理方面的主要技术包括以下几种。

1. 基于深度网络的相关性挖掘技术

基于深度网络的相关性挖掘技术是依据典型应用的深度网络，进行能效的学习模型建立，在此基础上，实现应用系统资源冷启动推荐方案，最终实现精确能源管理与控制。其中，面向服务器的基本的跨层感知技术包括对每一个物理服务器进行详细部件级解析，分层 CPU、GPU、风扇等大功耗部件，也包含内存、芯片等小功耗部件。对每个小部件进行精确的功耗采集与调度，实现动态指挥与节能运行，中间用到资源动态分配、功耗和散热均衡、电力应用管理等思想，如图 4.33 所示。

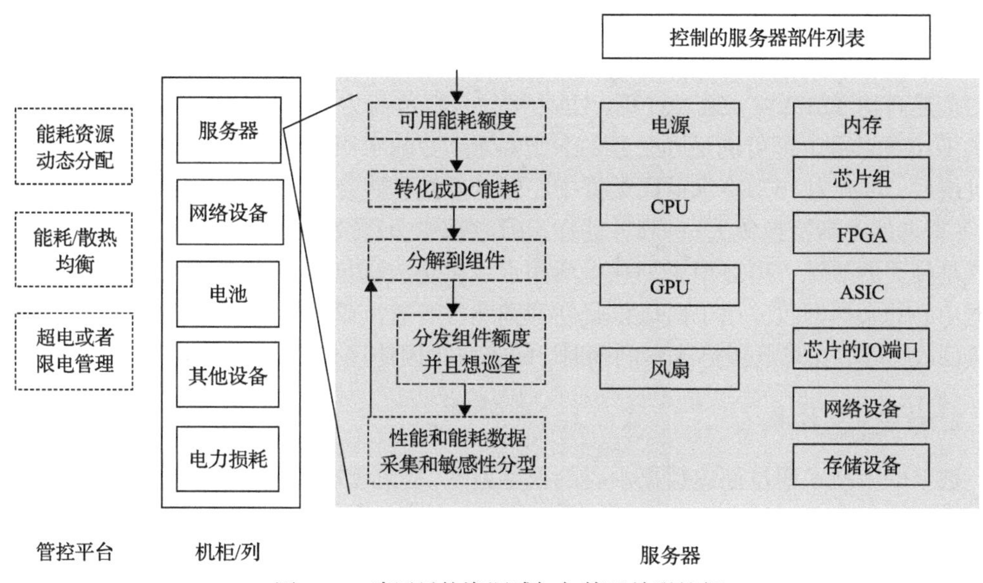

图 4.33　跨层异构资源感知与管理关联挖掘

2. 异构资源的跨层效能感知技术

异构资源的跨层效能感知技术是通过感知数据中心制冷模块、供电等所有基础环境设备和 IT 节点的能耗情况，结合精确能源管理的效能分析，在多个数据中心间，实现多维代价模型指导下的节能优化调度，实现从功耗洞察、到量化分析、进而构建完整统一的多数据中心联动的“电网友好”的软件应用体系。

在面向海量测点的高频、细粒度协同感知数据采集、汇聚与同步机制方面，可依据任务—跨层细粒度资源感知理论，研发实现对数据中心中部署各类传感器，感知数据中心能耗、环境、IT 设备状态等情况感知采集；实现基于时序感知数据的分析方法，保障感知数据的可靠性。业务层需要创建或者迁移业务实例时，需要调用功耗资源监控层提供的服务判断是否有足够的功耗资源满足需求，判断是否对效能有影响，以及相应影响是否在可以接受的范围内。业务层需要把对功耗动态管控的特定需求通过一组接口传送给功耗资源监控层。底层的一些异步功耗事件，如果对业务层有影响(比如建议业务的实例进行迁移)，也应该由功耗资源监控层推送给业务层。

对特定的服务器的功耗管控，包括实时功耗数据追踪，功耗资源池更新，由功耗资源监控层完成，业务层不必参与。紧急情况熔断时，由功耗资源监控层直接对接紧急预案来处理。

4.5.5 其他关键技术

1. 数据中心的余热回收和利用技术

数据中心的余热回收和利用是一个日益受到关注的领域，主要目的是通过捕获和重用数据中心产生的废热来降低能源消耗和减少运营成本。目前国内的一些大型数据中心已经开始实施热回收技术。例如，阿里巴巴的千岛湖数据中心和腾讯的天津数据中心。在腾讯天津数据中心的案例中，数据中心的精密空调冷冻水供回水温度为15/20℃，可回收的余热高达5233kW。通过计算，办公楼的采暖负荷为540kW，在热泵运行阶段只需提取1/10的热量，即可满足办公楼的采暖需求。冷冻水回水温度为20℃，一部分经过热泵机组后，转换为15℃冷水返回数据中心制冷系统，剩余9/10的热量进入机房原制冷系统(冬季自然冷却板换模式)。服务器在运行过程中会释放出大量的中低品位余热，这些余热是优质的热源，可以用来加热生活用水、供暖或满足其他热需求。利用热泵技术将数据中心的余热回收并用于区域供暖在我国北方有着广阔的市场前景和节能意义。通过余热回收，可以在降低用热成本的同时，间接减少因使用化石燃料产生的二氧化碳排放。

2. 数字孪生技术

数字孪生技术通过创建数据中心的数字副本，能够实时监控和预测数据中心的运行，从而实现数据中心的智能运营和维护。数字孪生技术可以提供一个虚拟的环境，用于验证不同场景下设计方案的适应性和合理性，从而提高设计效率和优化设计方案。在数据中心设计阶段，数字孪生技术能够通过3D建模和仿真，在虚拟环境中验证不同场景下设计方案的适应性和合理性。通过使用CAD软件、BIM软件、CFD软件等工具实现设计阶段的数字孪生模型。这样，设计人员可以在一个安全的虚拟环境中测试不同的设计方案，以确定最优的设计方案。数字孪生技术的应用不仅能够提高设计效率，还能够优化设计方案，从而降低数据中心的能耗。此外，数字孪生技术还可以通过大数据和其他先进技术，分析和优化设备运行策略，从而实现能耗监测和管理。例如，图扑软件能耗管理3D可视化方案通过底层数据应用接口，将运行设备大量的监测数据进行分析统计，得出各种能耗所占比重，通过大数据等技术分析计算，优化设备运行策略。进而对高能耗的设备，分析节能空间，提出节能改造方案。

参考文献

[1] 韩丁, 白宏坤, 王圆圆, 等. 能源大数据中心建设标准框架体系研究[J]. 能源与环保, 2022, 44(5): 216-224.

[2] 孟小峰, 杜治娟. 大数据融合研究:问题与挑战[J]. 计算机研究与发展, 2016, 53(2): 231-246.

[3] 罗军, 张艳贺. 结构与内容一体化搜索[D]. 重庆: 重庆大学, 2013.

[4] 王继业. 数据中心能源效率与资产价值之间关系的研究[J]. 电力信息与通信技术, 2021(4): 1-8.

[5] 王志强, 江樱, 王剑, 等. 基于公共模型技术的非结构化元数据管理技术研究与应用[J]. 工业仪表与自动化装置, 2017(6): 20-24, 91.

[6] 蒋荣, 陈可, 陈学先, 等. 能源大数据中心数据模型研究[J]. 能源与环保, 2023, 45(2): 243-249.

[7] 张建, 张文轩, 陈辉. 探究大数据技术调度端电网模型管理和分析架构[J]. 电子测试, 2021(3): 71-72, 95.

[8] 熊华文. 从能源消费弹性系数看经济高质量发展[R]. 国家发展和改革委员会能源所, 2019.

[9] 于雪辉, 韩道强, 王哲, 等. 关于政企联合建设能源大数据体系的探索[J]. 中国设备工程, 2023(8): 51-53.

[10] 顾杨青, 兴胜利, 何平, 等. 基于大数据云平台的电力能源大数据采集与应用探讨[J]. 网络安全和信息化, 2023(1): 60-63.

[11] 王继业, 周碧玉, 刘万涛, 等. 数据中心跨层能效优化研究进展和发展趋势[J]. 中国科学: 信息科学, 2020, 50(1): 1-24.

[12] 王继业, 周碧玉, 张法, 等. 数据中心能耗模型及能效算法综述[J]. 计算机研究与发展, 2019, 56(8): 1587-1603.

[13] Wang J Y, Liu H, Yu C. Design and Research of SDN Unified Controller in Large Data Center. In: IOP Conference Series: Materials Science and Engineering[J]. IOP Publishing, 2019.042009.

第 5 章　能源大数据安全

能源大数据的开发利用、流通共享带来了新的安全风险和挑战，如何保障能源大数据安全，更好地服务政府治理和科学决策、支撑数字经济协同发展、助力企业提质增效、推进数字化转型和社会民众高效智慧用能，是当前急迫需要解决的问题。本章聚焦能源大数据安全问题，提出能源大数据安全防护思路，5.1 节阐述能源大数据安全形势，对国内外数据安全政策进行了解读，列举能源数据泄露案例，分析当前能源大数据面临的安全挑战。5.2 节介绍能源大数据常用的安全防护基础，包括基础数据安全技术和数据全生命周期安全防护技术。5.3 节提出能源大数据安全防护体系构建，从能源大数据安全管理、全生命周期安全防护、安全运营等维度提出防护思路。5.4 节选取能源大数据中心、电动汽车等典型场景，分析业务场景特点和痛点难点问题，并给出解决方法供读者参考借鉴。

5.1　能源大数据安全形势与挑战

5.1.1　能源大数据安全形势

5.1.1.1　数据安全形势分析

1. 近年来网络安全事件层出不穷

数字化变革下，智能设备接入类型更加复杂，网络安全边界更加模糊、数据流动更加频繁，安全风险暴露面大幅度增加，网络安全成为绕不开的重要话题。2015 年 12 月 23 日，乌克兰电网遭受“黑暗力量(Black Energy)”病毒网络攻击，造成 7 个 110kV 和 23 个 35kV 变电站发生故障，导致伊万诺－弗兰科夫斯克地区发生大面积停电事件，140 万人受到影响，整个停电事件持续了 6 小时之久，本次事件是首次由黑客的攻击行为而导致的停电事件。2016 年 12 月 17 日，乌克兰首都基辅部分地区再次因网络攻击，出现了持续 1 个多小时的停电事件，引发国内外高度关注。伴随网络攻击技术与手段的迅速发展，网络攻击的自动化程度和攻击速度不断提升，网络安全攻击的针对性、持续性、隐蔽性显著增强，大大增加了网络安全防护难度。

2. 数据安全问题成为关注的焦点

当今时代，数字技术创新不断取得突破，数字经济时代正在开启，数字经济规模快速增长，数据已经成为基础性战略资源，以大数据为核心的数字经济成为最活跃、最重要的新动能。大数据价值的提升以及数据市场的驱动使数据利益相关方趋之若鹜，围绕网络攻击、数据窃取和非法数据交易等违法行为日趋增多，数据违法滥用及数据安全事件愈演愈烈，导致数据安全防护难度持续升级，进而对国家、企业和个人利益造成严重威胁。近年来数据泄露事件数量呈爆发式增长，数据窃取、数据非法交易等违法行为日趋增多，针对重要数据、个人信息的非法收集、贩卖和利用行为日益猖獗，通过暗网、社交平台等方式进行地下黑产数据交易造成重要数据被窃取和滥用，已形成巨大地下黑色产业链，成为影响社会稳定的重大隐患。

3. 数据安全风险源众多且难以防范

引发大数据安全风险的风险源可能是机器故障、内部人员的恶意行为或失误操作，也可能是外部黑客的恶意攻击，恶意攻击途径又有不同，可能采用恶意软件、安全漏洞、社会工程学等手段或多种手段的组合。与此同时，发起数据安全攻击的动机也不尽相同，单纯的炫技、商业或经济利益、军事或政治利益等，这为数据安全风险的防范带来一定难度。引发数据泄露的事件分类主要包括系统入侵、社会工程、基本 Web 应用程序攻击、人为错误、勒索软件、资产丢失和窃取、特权滥用等，其中勒索软件近年来占比持续上升。

4. 大数据安全问题造成影响加剧

大数据时代下的数据安全问题已对国家、企业和个人产生严重影响，随着技术的成熟和普及，利用大数据对国家重要数据资源进行挖掘分析能够获得反映社会经济运行情况、国家军事及科技实力等关键信息，威胁国家安全。与此同时，数据安全问题对企业财产和个人信息安全造成的影响也在逐年增加。2024 年 7 月，IBM Security 发布 2024 年《数据泄露成本报告》，该报告研究了数据泄露的财务影响，数据泄露事件给企业造成的平均成本为 386 万美元，而其中员工账户遭受攻击是损失昂贵的最主要原因。通过对全球 500 多个组织数据泄露事件的深入分析发现，有 80%的事件导致客户个人身份信息暴露，对客户合法权益造成的损害持续加剧。

5. 各国开始重视大数据安全问题

针对大数据安全问题，国内外加强数据安全布局，欧美等国家数据安全立法情绪高涨、配套动作频繁，在数据分类分级、重要数据、数据跨境流动以及域外适用效力等关键领域出台了数据安全相关的法律法规政策，制定符合本国国情的数据保护规则。我国诸多战略布局、法律法规、政策制度齐头并进，自上而下都在不断完善数据安全保护要求，为数据安全提供指导方针。在保障数据安全的前提下，我国也在积极推动数据资源在国内以及全球范围内流动，释放数字红利，助力数字经济快速发展。

资源能源与国家安全密切相关，是国家兴衰的重要变量，而能源大数据作为能源企业生产管理的重要数据资产，是关系国家经济社会发展的全局性、战略性问题，国家对能源大数据安全问题也越来越重视，推动开展能源数据安全共享及多方协同等技术研发，强化数据共享中的确权及动态访问控制，提高敏感数据泄露监测、数据异常流动分析等技术保障能力。

6. 能源大数据安全问题成为关注焦点

能源大数据汇聚政务、气象、能源、互联网等多种类型的数据，数据接入有政府公开，商业采购、企业共享等多个渠道，数据来源主体多样，数据应用服务对象广泛，在数据流转采、传、存、用、销的全生命周期，数据泄露的风险高，可能存在数据被篡改替换、传输通道被窃听、敏感数据存储未加密、重要数据未备份、数据监控审计不足、数据销毁不及时或被复原等风险。从大数据安全角度来看，以能源大数据安全为典型代表的数据安全问题逐渐成为关注焦点之一，能源大数据具有极大的经济价值和社会价值，同时也是一把“双刃剑”，在推动技术架构和业务管理创新的同时，也给数据处理、使用、存储等方面的信息安全带来了新挑战。

5.1.1.2　国外数据安全政策

重视数据资产价值、加强数据安全及公民个人隐私保护已成为共识，为了抢占数据资源，除美国和欧盟以外，日本、加拿大、澳大利亚、俄罗斯等发达国家也在数据分类分级、重要数据、数据跨境流动及域外适用效力等关键领域出台了数据安全相关的法律法规政策，制定符合本国国情的数据保护规则。

在国家政策方面，美国、欧盟等国家的管理思路和具体措施紧密围绕本国核心利益，与国家整体战略高度匹配。美国倡导“信息自由流动”占据数据资源优势，凭借信息科技优势和互联网巨头，从战略立法等多个层面，汇聚数据资源。欧盟力图引领数据保护规则，同时也提出了《非个人数据自由流动框架条例》创造更具竞争力的内部市场。

在数据安全立法方面，欧盟数据安全立法处于领先水平，其代表性的立法包括《个人数据处理及自由流通个人保护指令》《通用数据保护条例》(GDPR)、《美国数据隐私与保护法案》等。美国更倾向利益导向的数据治理模式，在电信、金融、健康、教育及儿童在线隐私等领域都有专门的数据保护立法，代表性立法包括《电子通信隐私法》《加州消费者隐私法》，日本、澳大利亚、印度、巴西等国也纷纷出台了数据相关法律法规。

在数据安全监管方面，欧盟、澳大利亚、英国、新加坡均根据相关法律分别设立了专门的个人信息保护监管机构，建立常态化监管模式实现个人信息保护的事前监管以及事后的整改追踪，对违规机构的惩处较为严厉。在数据安全标准方面，国际标准化组织ISO、国际电信联盟ITU-T、美国国家标准组织NIST均在积极研制数据安全和个人信息保护相关标准。

未来，大数据安全仍为关注的重点，各国都在加紧制定相关法律法规，对于隐私问题尤为关注。例如：美国《加利福尼亚州消费者隐私保护法案》已于2020年1月1日正式实施，葡萄牙、泰国、新加坡等国家在2019年也发布了关于个人信息保护的相关法律法规指引。同时，重点细分领域制度将逐步完善，指导企业更好地落实数据安全法律法规要求。例如，法国数据保护机构国家信息和自由委员会于2019年7月发布了关于cookies和其他追踪方式的指引、2020年3月12日美国华盛顿州发布了《华盛顿州关于规范使用人脸识别服务的议案》、2020年7月30日英国信息专员办公室(Information Commissioner’s Office，ICO)在其官方网站发布了针对人工智能与数据保护的指导意见。

除此之外，数据作为战略资源引发各国激烈争夺，尤其欧盟和美国通过制定一些数据保护国际规则来强化规则输出，已经形成以欧美和美国为主导的两大数据流动圈。未来美欧还持续加强数据治理领域的前瞻性战略布局，强化数据资源掌控。

总体来说，国外政策法律环境由前期的以信息自由、数据共享为价值导向，逐步发展到以个人信息及隐私保护为重点，而后向全面的数据治理扩张，为数据安全治理及其法治化提供了良好的政策环境保障。

5.1.1.3 我国数据安全政策

我国近年来诸多政策、立法齐头并进，数据安全法律法规和政策体系不断完善，相关配套制度不断健全，为数据及其安全治理落地实践提供全面保障。

1. 基本法律与行政法规

我国历来都非常重视数据保护和网络安全方面的工作，早在 2002 年就成立了国家网络与信息安全协调小组，负责协调跨部门间的网络与信息安全工作。2011 年，国家互联网信息办公室成立，我国加快了针对企业的数据保护监管工作，有序推进数据安全工作。2018 年，中央网络安全和信息化领导小组被改制为中央网络安全和信息化委员会，进一步强化了党中央对数据保护监管工作的领导，提高了网络安全保障的职能。此后，立法部门相继出台了数部数据安全相关法律，奠定了我国数据保护的基础，为数据的有序治理指明了前进方向。

我国数据安全主要法律见表 5.1 所示数据安全法律汇总表。

表 5.1 数据安全法律汇总表

序号	法律名称	主要内容
1	《中华人民共和国国家安全法》(2015 年通过)	对“国家安全”进行了全新的阐述，首次提出“网络空间主权”的概念，将网络与信息安全作为“维护国家安全的任务”之一，提出实现网络和信息核心技术、关键基础设施和重要领域信息系统及数据的安全可控的总体要求
2	《中华人民共和国网络安全法》(2016 年通过)	我国网络空间安全管理的基本法律，在《国家安全法》规定的基础上，对保障网络安全、维护网络空间主权和国家安全进行了系统的规定。《网络安全法》对数据的安全保护，主要着眼于三方面：一是要求各类组织切实承担起保障数据安全的责任，即数据保密性、完整性、可用性；二是在个人数据保护方面保障个人信息的安全可控；三是强调关键信息基础设施数据安全防护。作为诸多碎片化的部门规章和规范性文件的上位法，《网络安全法》梳理了我国网络安全保护监管体系，明确了各执法部门的职责，也为相关配套措施出台奠定了基础[1]
3	《中华人民共和国密码法》(2020 年 1 月 1 日起施行)	规定了密码的管理原则和密码发展促进和保障措施，其中第三章规定了商用密码制度，包括“涉及国家安全、国计民生、社会公共利益的商用密码产品，应当依法列入网络关键设备和网络安全专用产品目录，由具备资格的机构检测认证合格后，方可销售或者提供”“关键信息基础设施应当依法使用商用密码、开展安全性评估及国家安全审查”“对涉及国家安全、社会公共利益或者中国承担国际义务的商用密码实施出口管制”等要求
4	《中华人民共和国民法典》(2021 年 1 月 1 日起施行)	对各主体的民商事活动产生了极其深刻的影响，具有里程碑意义。其中，在涉及个人信息保护方面，特别是在当前数字经济大发展的背景下，《民法典》也作出了相关调整。在第四编第六章“隐私权和个人信息保护”中规定了保护公民隐私权、严防个人信息泄露的详细举措。《民法典》明确个人信息的内涵和外延以及个人信息权利人享有的权利，并且侧重于对个体弱势群体的保护[2]

续表

序号	法律名称	主要内容
5	《中华人民共和国数据安全法》(2021年9月1日起施行)	这是我国第一部有关数据安全的专门法律，确立了数据分类分级保护等基本制度，明确了开展数据处理活动及其安全监管组织和个人的义务和责任，规定了支持促进数据安全与发展的措施以及保障政务数据安全和推动政务数据开放的制度措施。与此同时，随着数据安全法的出台，正式明确因数据泄露的处罚从原来的行政处罚转变成刑事处罚。自此，数据安全建设正式迈入有法可依、依法建设的新时代[3]
6	《中华人民共和国个人信息保护法》(2021年11月1日起施行)	全文共八章七十四条的内容。个人信息保护法聚焦目前个人信息保护的突出问题，在有关法律的基础上，该法进一步细化、完善个人信息保护应遵循的原则和个人信息处理规则，明确个人信息处理活动中的权利义务边界，健全个人信息保护工作机制。确立以“告知—同意”为核心的个人信息处理规则，落实国家机关保护责任，加大对违法行为的惩处力度。此外，在相关法条中蕴涵着立法者对人脸识别、未成年人保护、数据跨境传输、自动化决策、公共场所安装个人身份识别设备等热点问题的对策及解答

《中华人民共和国网络安全法》《中华人民共和国数据安全法》《中华人民共和国个人信息保护法》等法律中数据治理相关制度保持衔接，并形成我国网络空间治理与数据安全的“三驾马车”，有效丰富和完善了我国数据安全体系，推动我国数据安全工作进入一个全新的快速发展阶段。

2. 部门规章及规范性文件

《中华人民共和国网络安全法》通过以来，国家互联网信息办公室、工业和信息化部、公安部等相关部门与各行业的主管与监管部门、国家与行业的标准制定组织等机构共同协作，根据网络安全法相关条款的规定陆续发布或正在制定一系列重要配套措施，与数据安全领域相关的内容，数据安全法规汇总表见表 5.2。

表 5.2 数据安全法规汇总表

序号	法律名称	主要内容	颁发机构
1	《数据安全管理办法(征求意见稿)》(2019年5月28日发布)	着重规范了网络运营者对于个人信息和重要数据的安全管理义务。具体而言，该办法明确了对网络运营者的合规要求及主管部门的监管态度，扩大了跨境传输评估义务的范围，新增个人敏感信息和重要数据备案管理制度与向第三方提供重要数据的批准管理制度，提出开展自愿性数据安全管理认证和应用程序安全认证机制，并针对网络爬虫、AI 自动合成技术、算法歧视等新型数据安全问题进行了规制	国家互联网信息办公室
2	《个人信息出境安全评估办法(征求意见稿)》(2019年6月13日发布)	在 2017 年发布的《个人信息和重要数据出境安全评估办法(征求意见稿)》的基础上进行了很大的变动，对个人信息与重要数据进行了区分，对评估的主体、评估的内容，以及后续监管的要求，都作出了更严格和细致的规定，例如明确了个人信息出境申报评估要求、申报材料、重点评估内容、个人信息出境记录、出境合同内容及权利义务要求、安全风险及安全保障措施分析报告内容要求等要求	国家互联网信息办公室
3	《网络安全审查办法》(2020年04月27日发布)	由国家互联网信息办公室等 11 个部门发布，该办法规定运营者不可利用提供产品和服务的便利条件非法获取用户数据，并需要重点评估重要数据被窃取、泄露、毁损对国家安全带来的风险[4]	国家互联网信息办公室等 11 个部门发布

续表

序号	法律名称	主要内容	颁发机构
4	《常见类型移动互联网应用程序必要个人信息范围规定》（2021年3月22日发布）	明确移动互联网应用程序（App）运营者不得因用户不同意收集非必要个人信息，而拒绝用户使用App基本功能服务	国家互联网信息办公室、工业和信息化部、公安部、国家市场监督管理总局联合发布
5	《关键信息基础设施安全保护条例》（2021年7月30发布）	提出发生关键信息基础设施整体中断运行或者主要功能故障、国家基础信息以及其他重要数据泄露、较大规模个人信息泄露、造成较大经济损失、违法信息较大范围传播等重大网络安全事件或者发现重大网络安全威胁时，关键信息基础设施运营者应当按照有关规定向保护工作部门、公安机关报告。对于特别重大的事件和重大威胁，保护工作部门应当在收到报告后，及时向国家网信部门、国务院公安部门报告[5]	国务院第133次常务会议通过，2021年7月30日，国务院总理李克强①签署中华人民共和国国务院令第745号
6	《移动互联网应用程序个人信息保护管理暂行规定（征求意见稿）》（2021年4月26日发布）	由工业和信息化部会同公安部、市场监管总局共同起草，提出App个人信息处理活动应当采用合法、正当的方式，遵循诚信原则，不得通过欺骗、误导等方式处理个人信息，切实保障用户同意权、知情权、选择权和个人信息安全，对个人信息处理活动负责	工业和信息化部
7	《汽车数据安全管理若干规定（试行）》（2021年7月5日发布）	倡导汽车数据处理者在开展汽车数据处理活动中坚持“车内处理”“默认不收集”“精度范围适用”“脱敏处理”等原则，减少对汽车数据的无序收集和违规滥用	国家网信办联合国家发展和改革委员会、工业和信息化部、公安部、交通运输部发布
8	《工业和信息化领域数据安全管理办法（试行）（征求意见稿）》（2021年9月30日发布）	界定工业和信息化领域数据和数据处理者概念，明确监管范围和监管职责。确定数据分类分级管理、重要数据识别与备案相关要求。针对不同级别的数据，围绕数据收集、存储、加工、传输、提供、公开、销毁、出境、转移、委托处理等环节，提出相应安全管理和保护要求。建立数据安全监测预警、风险信息报送和共享、应急处置、投诉举报受理等工作机制。明确开展数据安全监测、认证、评估的相关要求。规定监督检查等工作要求。七是明确相关违法违规行为的法律责任和惩罚措施[6]	工业和信息化部
9	《网络数据安全管理条例（征求意见稿）》（2021年11月14日发布）	提出国家推动公共数据开放、共享，促进数据开发利用，并依法对公共数据实施监督管理。同时，国家建立健全数据交易管理制度，明确数据交易机构设立、运行标准，规范数据流通交易行为，确保数据依法有序流通[7]	国家互联网信息办公室会同相关部门研究起草
10	《数字中国建设整体布局规划》（2023年2月发布）	规划提出筑牢可信可控的数字安全屏障，切实维护网络安全，完善网络安全法律法规和政策体系。增强数据安全保障能力，建立数据分类分级保护基础制度，健全网络数据监测预警和应急处置工作体系[8]	中共中央、国务院印发

3. 数据安全标准

2016年，全国信安标委（TC260）成立大数据安全标准特别工作组（SWG-BDS），主要

① 中华人民共和国工业和信息化部.四部门负责人就《关键信息基础设施安全保护条例》答记者问. [2023-12-31].https://www.miit.gov.cn/zwgk/zcjd/art/2021/art_93d739929bb94f5bba08ac7e1d4a7bc2.html，

负责数据安全、云计算安全等新技术新应用标准研制，现有数据安全国家标准已初成体系。我国数据安全标准发布时间集中在 2019 年以后，目前已发布 26 项。其中，通用要求类共 5 项，涉及数据安全能力要求、数据安全管理要求、数据安全能力成熟度等内容；个人信息保护类共 10 项，涉及个人信息保护规范、个人信息安全评估、个人信息保护技术等内容；专业领域类共 11 项，涉及政务、医疗、汽车、即时通信、快递物流、网上购物、网络支付等专业内容。

具体数据安全标准汇总见表 5.3。

表 5.3　数据安全标准汇总表

序号	类别	标准号	中文名称	工作组
1	通用要求类	GB/T 41479—2022	信息安全技术 网络数据处理安全要求	WG7
2		GB/T 37932—2019	信息安全技术 数据交易服务安全要求	SWG-BDS
3		GB/T 37973—2019	信息安全技术 大数据安全管理指南	SWG-BDS
4		GB/T 37988—2019	信息安全技术 数据安全能力成熟度模型	SWG-BDS
5		GB/T 35274—2017	信息安全技术 大数据服务安全能力要求	SWG-BDS
6	个人信息保护类	GB/T 41574—2022	信息安全技术 公有云中个人信息保护实践指南	WG7
7		GB/T 41773—2022	信息安全技术 步态识别数据安全要求	SWG-BDS
8		GB/T 41806—2022	信息安全技术 基因识别数据安全要求	SWG-BDS
9		GB/T 41807—2022	信息安全技术 声纹识别数据安全要求	SWG-BDS
10		GB/T 41817—2022	信息安全技术 个人信息安全工程指南	SWG-BDS
11		GB/T 41819—2022	信息安全技术 人脸识别数据安全要求	SWG-BDS
12		GB/T 35273—2020	信息安全技术 个人信息安全规范	SWG-BDS
13		GB/T 39335—2020	信息安全技术 个人信息安全影响评估指南	SWG-BDS
14		GB/T 37964—2019	信息安全技术 个人信息去标识化指南	SWG-BDS
15		GB/Z 28828—2012	信息安全技术 公共及商用服务信息系统个人信息保护指南	SWG-BDS
16	专业领域类	GB/T 41391—2022	信息安全技术 移动互联网应用程序(App)收集个人信息基本要求	SWG-BDS
17		GB/T 41871—2022	信息安全技术 汽车数据处理安全要求	SWG-BDS
18		GB/T 42012—2022	信息安全技术 即时通信服务数据安全要求	SWG-BDS
19		GB/T 42013—2022	信息安全技术 快递物流服务数据安全要求	SWG-BDS
20		GB/T 42014—2022	信息安全技术 网上购物服务数据安全要求	SWG-BDS
21		GB/T 42015—2022	信息安全技术 网络支付服务数据安全要求	SWG-BDS
22		GB/T 42016—2022	信息安全技术 网络音视频服务数据安全要求	SWG-BDS
23		GB/T 42017—2022	信息安全技术 网络预约汽车服务数据安全要求	SWG-BDS
24		GB/T 39477—2020	信息安全技术 政务信息共享 数据安全技术要求	SWG-BDS
25		GB/T 39725—2020	信息安全技术 健康医疗数据安全指南	SWG-BDS
26		GB/Z 38649—2020	信息安全技术 智慧城市建设信息安全保障指南	SWG-BDS

5.1.2　能源大数据安全挑战

当前，能源大数据安全尚处于发展阶段，面临着外部攻击、内部使用、科技发展等问题，相应的安全风险和需求增多，对数据安全提出了更高要求和挑战。

1. 外部数据攻击事件频发，能源大数据安全压力陡增

数据泄露事件频发，对企业造成深远影响。近年来全球范围内爆发多起大规模网络攻击、数据泄露事件，黑客攻击、内部工作人员有意或无意泄露、第三方泄露等是主要原因。数据泄露事件呈逐年上升趋势，以获取数据为目的的网络安全攻击事件呈现快速增长趋势。2022 年 2 月俄乌军事冲突爆发以来，双方以破坏性攻击活动为主、网络信息战为辅，频繁开展网络攻击活动，多维度全方位打击、干扰甚至瘫痪对方的军政、信息传媒、银行、互联网服务商等在线公共服务基础设施，其中数据成为攻击重点对象。2022 年 9 月国家计算机病毒应急处理中心和 360 安全科技有限公司分别发布了关于西北工业大学遭受境外网络攻击的调查报告，近年来美国国家安全局（NSA）下属特定入侵行动办公室（TAO）对西北工业大学实施了上万次的恶意网络攻击，控制了数以万计的网络设备，窃取了超过 140GB 的高价值数据。能源大数据中包含大量数据资产，涵盖人力、财务、运检、物资等专业数据及大量能源用户数据，具有数据量大、分布面广、利用价值高等特点，容易成为黑灰产攻击的主要目标，数据安全防护工作更加艰巨。

随着能源行业数字化、网络化、智能化程度越来越高，网络攻击对能源行业的安全运营造成了巨大威胁，特别是以能源行业为代表的关键基础设施成为网络攻击的首要目标。能源行业作为关键信息基础设施重要组成部分，与现代社会生产生活紧密相连，不仅关系到民计民生，同时还关系到其他关键信息基础设施的能源保障，严重时可能对国家安全造成影响深远。2020 年以来，能源行业发生多起数据安全事件，美国、欧盟、巴西等国均发生过数据安全事件，本书梳理了相关数据泄露典型案例为读者提供参考，典型能源数据安全事件汇总见表 5.4。

表 5.4 典型能源数据安全事件汇总表

序号	事件	事件描述
1	美国电力公司遭黑客攻击导致账户泄露	2020 年 2 月，伊朗政府资助的黑客组织 Magnallium 针对美国电网基础设施进行了广泛的密码喷射攻击，并对美国的电力公司以及石油和天然气公司的数千个账户使用通用密码轮询猜测
2	西班牙能源巨头遭遇数据泄露	2020 年 3 月，总部位于毕尔巴鄂的英国供应商苏格兰电力公司（Scottish Power）和其他公司的母公司表示，导致客户 ID 号，家庭和电子邮件地址以及电话号码被盗，但不包括银行账户详细信息或信用卡号等财务信息
3	欧洲能源巨头 EDP 公司遭勒索软件攻击	2020 年 4 月，葡萄牙跨国能源公司（Energias de Portugal）遭 Ragnar Locker 勒索软件攻击，赎金高达 1090 万美金。攻击者声称已经获取了公司 10TB 的敏感数据文件，如果 EDP 不支付赎金，那么他们将公开泄露这些数据
4	美国 RigUp 公司数据泄露	2020 年 4 月，RigUp 公司在 Amazon Web Services（AWS）S3 bucket 被发现暴露了美国能源行业组织和个人的数万份私人文件部分泄露文件与能源行业人力资源相关，包括大量个人身份信息，如雇员和候选人简历、个人照片、保险单和能源计划相关的文书工作和 ID
5	欧洲电力公司 Enel 遭受勒索软件 Snake 攻击	2020 年 6 月，欧洲能源公司 Enel Group 遭受了勒索软件 Snake 攻击，其内部 IT 网络中断，所有连接于 6 月 8 日凌晨安全恢复

续表

序号	事件	事件描述
6	巴西电力公司遭 Sodinokibi 勒索软件攻击	2020 年 6 月，巴西的电力公司 Light S.A 被黑客勒索 1400 万美元的赎金，AppGate 的安全研究人员分析认为是 Sodinokibi 勒索软件。Sodinokibi 可在 RaaS（勒索软件即服务）模式下使用，它可能由与 Pinchy Spider（即 GandCrab 勒索软件背后的组织）有联系的威胁者操纵。研究人员还发现该软件可以通过利用 Windows Win32k 组件中 CVE-2018-8453 漏洞的 32 位和 64 位漏洞来提升特权
7	巴基斯坦电力供应商遭受 Netwalker 勒索软件攻击	2020 年 9 月，巴基斯坦最大的电力供应商 K-Electric 遭受了 Netwalker 勒索软件攻击，并从 K-Electric 窃取了未加密的文件。但尚未得知多少数据被盗。攻击导致计费和在线服务中断。从 9 月 7 日开始，K-Electric 的客户无法访问其账户的在线服务。勒索软件运营商要求支付 385 万美元的赎金。并威胁称如果没有在 7 天内支付，赎金将增加到 770 万美元
8	英国能源供应商 People's Energy 遭受数据泄露	2020 年 12 月，英国能源供应商 People's Energy 遭受数据泄露，影响了整个客户数据库，包括以前客户的信息。其中客户的敏感个人信息，包括姓名、地址、出生日期、电话号码、电费和电表 ID 等黑客窃取
9	全球能源巨头壳牌公司数据泄露	2021 年 3 月，全球能源巨头壳牌公司披露，攻击者入侵了由 Accellion 的 FTA 驱动的公司安全文件共享系统，导致壳牌公司部分个人数据，以及部分敏感商业数据遭到泄露
10	沙特阿美发生数据泄露	2021 年 3 月，攻击者从沙特阿美石油公司盗窃 1TB 专有数据，开价 500 万美元在暗网上出售；具体数据包括近 1.5 万名员工的个人信息、多个炼油厂内部系统项目文件、客户名单与合同等
11	欧洲能源技术供应商遭勒索攻击	2021 年 5 月，挪威公司专为欧洲能源及基础设施企业提供技术方案的厂商 Volue 遭遇勒索软件攻击，被迫关闭业务系统
12	美国燃油管道运营商遭勒索软件攻击	2021 年 5 月，美国燃油管道运营商 Colonial Pipeline 于 5 月 7 日遭受网络犯罪团伙 DarkSide 的勒索软件攻击，导致该公司被迫关停其主要输油管道或影响 5000 万人生活
13	世界最大石油公司 1TB 数据遭泄露	2021 年 7 月，沙特阿美石油公司 1TB 的企业数据资源被窃取，涉及 14254 名员工的完整信息，企业内部分析报告、定价表，炼油厂位置，企业相关系统项目规范，以及最重要的客户数据等敏感信息。起因是 ID 为 ZeroX 的勒索者疑似采用 0day 漏洞攻击，并向阿美勒索 5000 万美元
14	西班牙能源公司遭受攻击导致数据泄露	2022 年 3 月，西班牙能源巨头 Iberdrola 遭受了网络攻击，导致数据泄露，影响了超过一百万客户。导致客户 ID 号，家庭和电子邮件地址以及电话号码被盗，但不包括银行账户详细信息或信用卡号等财务信息
15	欧洲能源集团遭到黑客组织攻击导致 150G 数据泄露	2022 年 7 月，黑客组织 ALPHV/BlackCat 攻击了欧洲能源集团 Encevo Group 旗下的供电网络 Creos 与能源制造商 Enovos，导致其客户门户网站无法访问，窃取了 150G 数据，包括合同、协议、护照、账单和电子邮件等
16	新能源车企蔚来汽车数据泄露事件	2022 年 10 月，蔚来汽车收到外部邮件，发件人表示拥有大量蔚来内部数据，并以泄露数据勒索 225 万美元（约合 1570 万元人民币）等额比特币
17	国际石油巨头森科能源遭网络攻击	2023 年 6 月，加拿大石油公司（Petro-Canada）位于全国各地的加油站受到技术故障影响，客户无法使用信用卡或奖励积分支付油费。故障原因是母公司森科能源（Suncor Energy）遭遇网络攻击

2. 能源行业数字化变革趋势，带来能源数字安全变化

随着能源革命和数字革命的加速融合，能源电力行业加速数字化转型成为大势所趋。一是能源行业绿色化趋势明显，党的二十大报告提出“要积极稳妥推进碳达峰碳中和，加快规划建设新型能源体系。”要在2030年前实现二氧化碳排放达到峰值、2060年前实现碳中和，作为占据80%碳排放的能源行业，直接成为主战场。新型电力系统和新型能源体系构建，现有系统发生重大变化，增加大量可移动电源，导致能源应用场景复杂，数据动态变化。二是数字化变革带来能源行业新变化，构建清洁低碳、安全高效的新型能源体系，是实现“双碳”目标的重要途径，而数字技术正是构建新型能源体系的关键驱动力，对于能源行业而言，正处于数字化、绿色化“两化融合”“两化并进”的快速发展阶段，数据共享融通加快、数据环境更加开放、数据流动更加频繁、交互对象更加复杂，传统的数据安全能力在适应新的数据业务场景时面临新的挑战，亟须进一步深化数据安全防护能力。

3. 能源大数据流通交互频繁，共享与安全的矛盾突出

数据开放流通可能导致数据泄露风险，能源大数据总体上呈现“专业间数据融通”“生态链协同开放”“企业间广泛交互”等特点。随着大数据融合开发，数据权属关系将更为复杂，即便采取匿名化和假名化的技术措施，仍然可能在开放流通的各个环节产生用户数据滥用等风险。此外海量数据的关联分析也可能导致数据泄露。缺乏相应政策指导数据安全共享，数据共享已成为挖掘数据价值、发展数字经济的刚性需求，数据作为资产供给意愿不断增强，但国家层面缺乏专门的数据安全配套制度规范，无法指导体系化地构建数据安全体系，导致“想共享但不敢共享”现象普遍存在，形成了阻碍数据共享融通的阻力。数据应用需求与安全可信共享之间的矛盾日益加剧，强调对数据的安全保护，就会增加数据流通成本，甚至阻碍数据流通的实现。而促进大规模的数据流通共享，也会对数据安全防护带来风险，如何实现二者的平衡，是目前面临的现实困境。

4. 传统安全措施难以适用，安全防护能力亟待提升

传统网络边界防护措施面临失效风险，能源大数据应用系统边界更加模糊，这样导致难以准确划定传统意义上的每个数据集的“边界”，传统基于边界的安全保护措施将变得不再有效。数据安全技术能力碎片化，缺乏统一服务能力，传统方法中，需要部署数据访问控制、加密、审计、脆弱性扫描、敏感数据发现等多种硬件设备或软件模块，数据保护策略规则同步困难且难以有效扩展，也不能对数据安全态势进行集中呈现。数据安全能力难以与能源大数据业务场景有效结合，数据业务场景往往需要调用多类安全能力，当前市场上的各类数据安全能力相对独立，未形成以业务流程驱动数据安全能力的机制，数据安全管理难以与技术措施有效衔接，各项安全能力难以有效发挥其最大效能，需要主动适应共享互联业务发展要求，推进防护体系向更细致、更实时的信任控制体系演进。

5.2　能源大数据安全防护技术

能源大数据安全防护技术包括基础数据安全技术和数据全生命周期安全防护技术两部分，其中，密码技术、区块链技术和隐私计算作为其中的基础数据安全技术，用于确保数据的机密性、完整性和可信度。这些技术在信息安全领域相互关联并相互支持，为能源数据建立保护屏障。数据全生命周期安全防护技术涉及数据采集、传输、存储、处理、共享、销毁等各环节提供完整的安全防护，这些技术在信息安全领域相互关联并相互支持，为能源数据建立保护屏障。

5.2.1　基础数据安全技术

5.2.1.1　密码技术

密码技术是对信息进行加密、分析、识别和确认以及对密钥进行管理的技术，这项技术包括两个主要分支，分别是密码编制和密码破译。尤其是密码编制技术，它的主要目标是将重要信息按照特定算法或技术转化为密文形式，以确保信息的完整性，并且可以安全地存储或传输。一旦密文信息被接收，通过特定的技术手段进行解析，原始信息可以被还原，从而确保信息的完整性并得到保护。密码学已被广泛应用在日常生活，包括自动柜员机的晶片卡、电脑使用者存取密码、电子商务等。特别地，加密主要分为对称加密和非对称加密。

1. 对称加密

对称加密使用相同的密钥执行加密和解密操作，具备双重功能。加密和解密的过程紧密相关，如已知解密密钥，就可以逻辑上推导出加密密钥，反之亦然，这种关系称为对称性，因此它被称为对称加密，又称为作用密钥加密。由于只需要一个密钥，所以在对称加密算法中也被称为秘密密钥算法或单密钥算法。这种算法的核心思想是，只需双方设置一个密钥，然后使用该密钥对传输的信息进行加密和解密，这简化了加密技术和算法的复杂性，如图 5.1 所示。

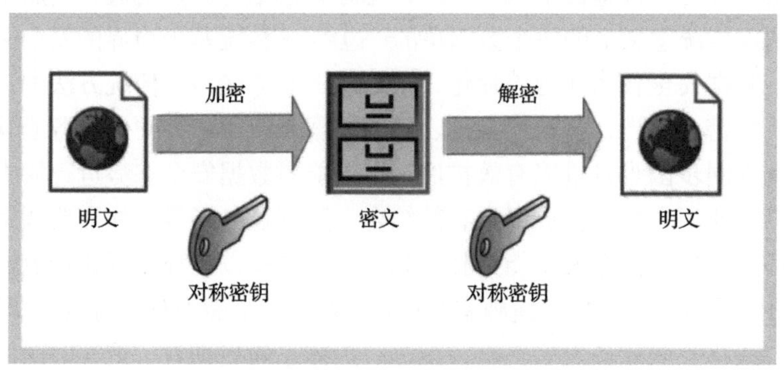

图 5.1　对称加密

2. 非对称加密

非对称加密与对称加密不同，它使用两个不同的密钥来执行加密和解密操作，无法通过加密密钥逻辑上推导出解密密钥，因此不具备对称性。此外，非对称加密使用公开密钥和私有密钥两种密钥。公开密钥可以被其他人知道，而私有密钥是用户私有的，不会被其他人获取，包括通信的对方也无法获得密钥信息。用户的私有密钥和信息受到高度保护，因此加密密钥是可以公开分享的公开密钥，而解密密钥是用户高度保密的私有密钥，如图 5.2 所示。

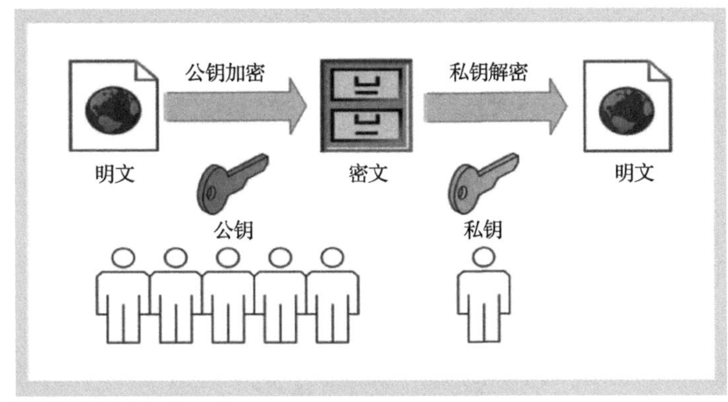

图 5.2　非对称加密

基于密码技术的应用有多种，下面来介绍常见的两种。

1) 单向散列函数

单向散列函数是将长消息转换为短散列值的技术，用于验证消息的完整性。它可以单独使用，也可用于消息认证码、数字签名及伪随机数生成器中。

2) 数字签名

数字签名利用公钥加密技术，需要与相应的私钥匹配，以确保信息的发送和接收安全。不同文件类型和内容通常需要不同的公钥和私钥。只有使用正确的私钥才能解密机密文件。因此，数字签名技术与非对称加密技术的计算原理是相似的，如图 5.3 所示。

综上所述，密码学是安全解决方案的基础。密码算法的不当使用，或者使用有缺陷的密码算法，将造成严重的数据安全隐患。

5.2.1.2　区块链技术

区块链是一种独特的数据库机制，其将一系列数据区块按照时间先后顺序组合，以密码学来保证信息的不可篡改和不可伪造。与传统数据库相比，区块链的去中心化分布式存储使其更为公开透明，而不可篡改和可追溯降低了信息的不确定性。以上两方面的优势使基于区块链展开的合作与信息交互比传统方式更为安全、开放，能够融合数据流、信息流、资金流，从而实现降本增效。目前区块链行业应用加速推进，工业和信息化部发布的《2018 年中国区块链产业白皮书》，深入分析我国区块链技术在金融领域和实体

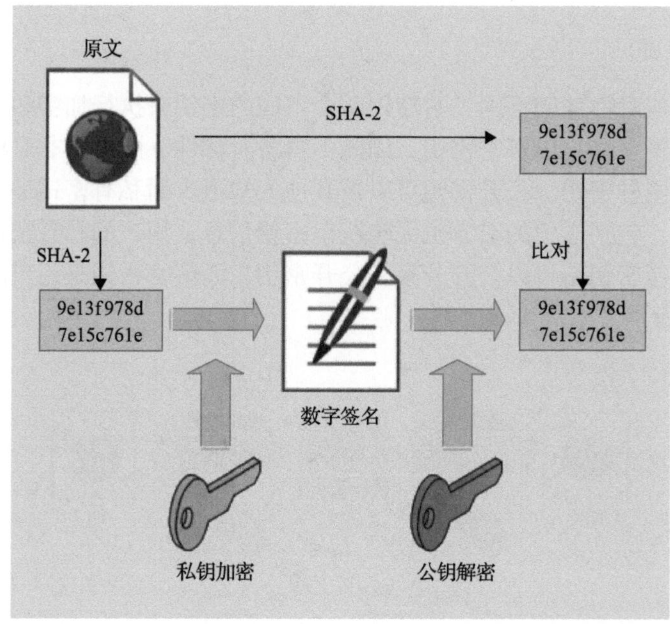

图 5.3　数字签名

经济的应用落地情况，并指出“区块链的应用已从金融领域延伸到实体领域，电子信息存证、版权管理和交易、产品溯源、数字资产交易、物联网、智能制造、供应链管理等领域。”

1. 平台模式

目前，区块链主要有三种比较主流的平台模式，分别是公有链、联盟链和 BaaS(区块链即服务)。

1) 公有链

公有链是指向全世界所有人开放，每个人都能成为系统中的一个节点参与记账的区块链，它们通常将激励机制和加密数字验证相结合，来实现对交易的共识。

公有链的优点如下。

(1) 能够保护用户免受开发者的影响。

(2) 所有交易数据都默认公开。

(3) 访问门槛低，任何人只要有联网的计算机就能访问。

(4) 能够通过社区激励机制更好地实现大规模的协作共享等。

作为底层平台，公有链能够推动整个社会进入“可信数字化”时代，真正开启“价值互联网”的新篇章。一方面，基于区块链的激励模式推进分享经济向共享经济升级，这也符合创新、协调、绿色、开放、共享的新发展理念，是一种更高层次的新型平台经济；另一方面，基于底层公链的区块链应用也将迎来大爆发，DAPP 时代即将来临。DAPP 之于底层公链，就如同 APP 之于 IOS 和 Android 系统，未来可能会衍生出一个新的生态体系。

目前，在公有链领域，我国技术处于世界先进水平，已经诞生了几家比较领先的底层平台企业。

2) 联盟链

联盟链是指若干个机构共同参与记账的区块链，即联盟成员之间通过对多中心的互信来达成共识。联盟链的数据只允许系统内的成员节点进行读写和发送交易，并且共同记录交易数据。联盟链作为支持分布式商业的基础组件，更能满足分布式商业中的多方对等合作与合规有序发展要求。

3) BaaS

BaaS 通常是一个基于云服务的企业级的区块链开放平台，可一键式快速部署接入、拥有去中心化信任机制、支持私有链、联盟链或多链，拥有私有化部署与丰富的运维管理等特色能力。BaaS 目前可广泛应用于金融、医疗、零售、电商、游戏、物联网、物流供应链、公益慈善等行业中，重塑商业模式，提升行业内的影响力。

2. 功能架构

各类区块链虽然在具体实现上各有不同，但功能架构存在共性。区块链的功能架构比较稳定，大体划分为基础设施、基础组件、账本、共识、智能合约、接口、应用、操作运维和系统管理等模块，如图 5.4 所示。

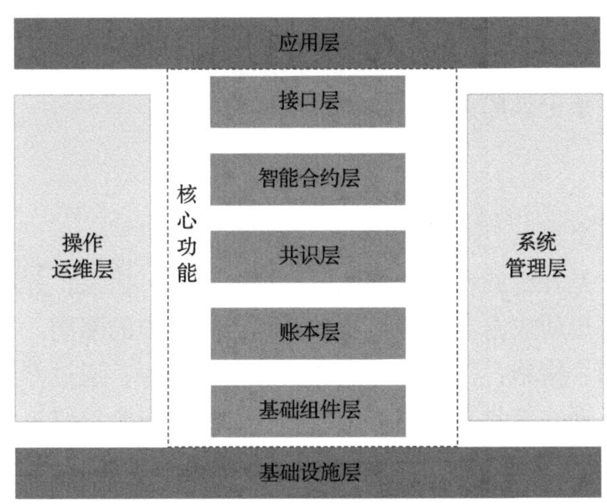

图 5.4 区块链功能架构

其中，基础设施层为上层提供物理资源和计算驱动，是区块链系统的基础支持；基础组件层为区块链系统网络提供通信机制、数据库和密码库；账本层负责交易的收集、打包成块、合法性验证以及将验证通过的区块上链；共识层负责协调保证全网各节点数据记录一致性；智能合约层负责将区块链系统的业务逻辑以代码的形式实现、编译并部署，完成既定规则的条件触发和自动执行；接口层主要用于完成功能模块的封装，为应用层提供简洁的调用方式；系统管理层负责对区块链体系结构中其他部分进行管理；操作运维层负责区块链系统中日常运维工作。

3. 特征解析

1) 去中心化

片面的解读一度使区块链饱受诟病，甚至被称“虚伪”或“自己想取而代之成为新的中心”。对此，更加准确的理解应该是通过生产力层面去中心化，实现生产关系层面去中介化，或者说通过底层共享数据，实现业务多方主体安全互信，起到“降低价值流动摩擦”的作用。

2) 不可篡改

区块链的数据组织方式使链上数据一旦被修改就会导致数据块链接的逻辑基础被破坏，让其他节点很容易验证出异常，进而“篡改”不被全网认可。

3) 可编程

允许在链上存储特殊形式的代码或智能合约，执行约定的指令，如定时转账、结算等。区块链不等同于数字货币，链上存储内容及智能合约对其进行什么类型的操作，决定了区块链的应用方向，如存储表示货币的数值，可用于数字货币；存储表征资产的数值，可用于数字资产流通；存储文本或相应的 HASH 值，可用于存证；存储结构化业务数据，可用于构建业务系统。

4) 可追溯

每一个区块上都有时间戳，为互联网和大数据增加了时间维度，使数据可以追溯，保障了区块链的每一条记录都可通过链式结构追溯本源。

4. 安全防护

1) 底层代码的安全性

区块链项目通常是开源的，以此特性来提高项目的可信性，并吸引更多的参与者。然而，源代码的公开也使攻击者更容易找到并利用系统中的漏洞。为了应对这一问题，目前主要采取以下两个措施：①使用专业的代码审计服务，通过专业的安全团队对源代码进行全面审查，发现并修复潜在的安全问题；②了解安全编码规范，从源头上防止安全问题的发生。

2) 密码算法的安全性

以比特币为例，每个区块都对应一个散列值，采用 SHA256 算法计算得到。在现阶段，该算法依旧满足散列函数的三个特性(单向性、弱无碰撞性和强无碰撞性)是安全的。比特币中的交易采用了椭圆曲线数字签名算法 ECDSA，确保了交易的完整性。目前应对措施有如下：作为设计者，一是在设计时采用现阶段安全的密码算法，同时关注抗量子攻击的密码研究的进展，在其成熟后优先考虑使用；二是借鉴比特币对公钥地址的处理方式，可以降低公钥泄露的潜在风险。作为用户，尤其是比特币用户，为确保用于存储比特币资金的公钥不会泄露，每次交易后都会采用新的地址来存储余额。

3）共识机制的安全性

共识机制包括作量证明（proof of work，PoW）、权益证明（proof of stake，PoS）、授权权益证明（delegated proof of stake，DPoS）、实用拜占庭容错（practical Byzantine fault tolerance, PBFT）等。总的来说，任何共识机制都有其成立的特定条件。对于攻击者来说，需要考虑的是，如果攻击成功，可能会导致该系统的价值归零，而攻击者除了破坏系统外，并没有得到其他有价值的回报。因此，区块链项目的设计者需要清楚地了解各种共识机制的优缺点，以便选择合适的共识机制，或者根据具体场景的情况，设计新的共识机制。

4）智能合约的安全性

智能合约具有低运行成本和低人为干预风险等优势，但如果设计存在问题，可能会带来较大损失。目前的应对措施主要包括对智能合约进行安全审计，以及遵循智能合约安全开发原则。

智能合约的安全开发原则主要包括以下几点。

（1）准备好应对可能出现的错误，确保代码能够正确处理任何 bug 和漏洞。

（2）在发布智能合约之前进行谨慎测试，包括功能测试和安全测试，并充分考虑边界情况。

（3）保持智能合约的简洁性，避免过于复杂和冗长的代码。

（4）关注区块链威胁情报，及时检查更新，以确保智能合约的安全性。

（5）了解并清楚区块链的特性，以避免可能出现的风险。

5.2.1.3 隐私计算

隐私计算是指在处理和分析数据的过程中，能保持数据的不透明、不泄露、无法被恶意攻击及被其他非授权方获取，其中关键技术包括联邦学习、多方安全计算、同态加密等。随着《中国数据安全法》和《个人信息保护法》的实施，数据安全正越来越受到重视，而在安全和合规要求尤为严格的金融领域，隐私计算更能帮助金融机构在合规前提下充分挖掘数据价值。

1. 主流隐私计算技术

1）密码学隐私计算技术

密码学是以安全多方计算（secure multi-party computation）、同态加密（homomorphic encryption）、零知识证明（zero-knowledge proof）等代表的隐私计算技术。

安全多方计算能够实现计算参与各方在原始数据保留在各自本地的情况下，完成数据的协同分析，并产生正确的结果。整个计算过程中，除了计算结果能被各方获知外，其他任何有效信息均不会泄漏。

同态加密可实现对密文数据进行任意函数的计算，这意味着将原始数据加密后，通过一个计算资源强大的第三方，即能对数据拥有者的数据密文进行任何所需的处理分析。需要实现如此高难度的技术要求，因此同态加密，或者称为“全同态加密”的技术研究，被誉为密码学中的圣杯，是隐私计算技术中的大杀器，如其他技术如安全多方计算或联邦学习等组合，被用于解决如机器学习一类的复杂数据计算任务。

零知识证明技术是一种非常特殊的证明系统。在这一证明系统里，证明者知道关于某个问题的答案，他需要向验证者证明“他知道答案”这一事实，但是要求验证者不能获得答案的任何信息。

2）可信执行环境

可信执行环境（TEE）通过硬件技术来对数据进行隔离保护，将数据分类处理。支持TEE 的 CPU 中，会有一个特定的区域，该区域的作用是给数据和代码的执行提供一个更安全的空间，并保证它们的机密性和完整性。因为 TEE 提供了一个与外部环境隔离的特定环境（有时也称为“安全飞地”）保存用户的敏感信息，TEE 可以直接获取外部环境的信息，而外部环境不能获取 TEE 的信息。通过软件算法或者硬件技术实现的各类系统和应用级别的隔离，保证了隐私信息在特殊环境下被安全地计算、保存、传输和删除。TEE 技术通常依赖于具体的技术平台（例如移动端、PC 端等）和实现厂商，常见技术包括 Intel SGX、ARM TrustZone、AMD SEM/SEV 等。

3）联邦学习

联邦学习则是近些年新崛起的新兴人工智能技术，2016 年由谷歌最先提出，其设计目标是在保障大数据交换时的信息安全、保护终端数据和个人数据隐私、保证合法合规的前提下，在多个参与方或多个计算节点之间开展高效率的机器学习。联邦学习本质上是一种分布式机器学习技术，或机器学习框架，其目标是在保证数据隐私安全的基础上，实现共同建模，提升 AI 模型的效果。根据多参与方之间数据分布的不同，联邦学习一般分为三类：横向联邦学习、纵向联邦学习和联邦迁移学习。

2. 隐私计算平台能力框架

隐私计算平台的能力主要包括应用层、服务层、平台层、基础层四个方面，平台功能架构图如图 5.5 所示。

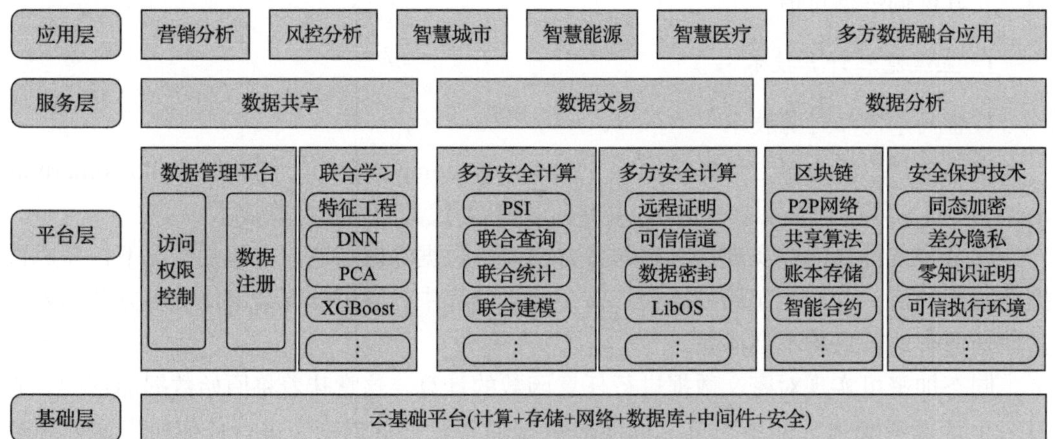

图 5.5　隐私计算平台架构

应用层主要是描述基于隐私计算的相关技术构建相应的业务系统，可以有营销分析、风控分析、智慧城市、智慧能源、智慧医疗等多方数据融合应用。

服务层是基于平台层的平台能力，为应用层提供数据共享、数据交易、数据分析等基本服务能力。

平台层包括数据管理平台、联合学习、多方安全计算、可信计算平台、区块链、安全保护技术等技术能力，是数据安全计算平台的核心层。数据管理平台包括访问权限控制、数据注册；联合学习包括特征工程、DNN、PCA、XGBoost 等基础能力；多方安全计算包括 PSI、联合查询、联合统计、联合建模等基础能力；可信计算平台包括远程证明、可信信道、数据密封、LibOS 等基础能力；区块链包括 P2P 网络、共享算法、账本存储、智能合约等基础能力；安全保护技术主要有同态加密、差分隐私、零知识证明、可信执行环境等相关安全保护能力。

基础层主要是指云基础平台，包括计算、存储、网络、数据库、中间件、安全等相关基础资源，主要是为平台层提供数据存储、数据计算、数据管理、区块链等运行资源和基础的网络认识和硬件层面的安全保障。

5.2.2 能源数据全生命周期安全防护

本节从数据的采集、传输、存储、处理、共享等环节出发，介绍各环节所涉及的关键技术，建构基于全生命周期的数据安全防护能力，实现对内部敏感数据的自动发现，及时发现数据流动异常和操作异常，全面掌控敏感数据流向，确保数据全生命周期安全。

5.2.2.1 数据采集环节

在数据采集环节涉及的相关技术有数据识别技术和分类分级技术。

1) 数据识别技术

数据识别技术是能源大数据安全防护的基础技术，其主要目的是识别和发现敏感数据，从而能够更有效地保护关键数据。传统的数据安全识别技术以关键字、字典和正则表达式匹配为主，这种方法再辅以人工的帮助非常简单适用。然而，在能源大数据场景下人工参与耗费人力较多且数据的结构复杂难以提取出准确的关键字，当前，数据识别技术普遍引入机器学习和自然语言处理等技术可以在一定程度上自动生成关键字、字典和正则规则大大提高了自动化程度。但引入机器学习和自然语言处理后非常依赖算法的成熟度，所以仍要结合人工来纠正算法覆盖未能识别到的范围。综上所述，数据识别技术实现倾向于采用智能算法为主、人工为辅的方式，其作为能源大数据安全防护的必要技术基础逐步实现自动化、智能化。

2) 分类分级技术

分类分级是能源大数据安全防护和安全检测策略制定的基础，能够更有效地保护关键数据。加快推进数据安全分类分级、实行差异化数据安全防护是目前能源大数据安全保障的首要工作，也是落实企业主体责任的一项重要措施，亦是加强数据安全监管的一项重要抓手，更是推动数字经济健康发展，维护国家数据主权的一项重要保证。

国内个别行业已有小范围的企业标准和配套的企业管理制度，但实施情况不理想，会降低工作效率、增加企业成本。与此同时，安全厂商们也相继发布了一些数据安全的分类分级工具，但其在实际应用中，无法做到全自动化，需要结合人工和不断更新识别规则。

5.2.2.2 数据传输环节

在数据传输环节涉及的相关技术有数据传输加密技术。

数据传输加密技术是最基本的安全技术，被誉为信息安全的核心，可用在数据传输环节保障数据传输安全。该方法的保密性直接取决于所采用的密码算法和密钥长度，它通过变换和置换等各种方法将被保护信息置换成密文，然后再进行信息的存储或传输，即使加密信息在存储或者传输过程中为非授权人员所获得，也可以保证这些信息不为其认知，从而有效地避免敏感信息的泄露。对称加密算法、非对称加密算法和不可逆加密算法可以分别应用于数据加密、身份认证和数据安全传输。除此之外，数据加密技术也被广泛地使用于信息甄别、数字签名等技术中，用来避免电信诈骗，数据泄露和滥用等，这对信息处理体系的安全起到极其重要的效果。

5.2.2.3 数据存储环节

在数据存储环节涉及的相关技术有数据存储加密技术和区块链技术。

1. 数据存储加密技术

数据加密也可用在数据存储环节保障数据安全，防止数据在存储和传输过程中被窃取、劫持、篡改等。通过采用国密算法，结合认证鉴权、访问控制等措施，最大化保障数据存储和传输安全。

采用透明加密技术、密文索引、密钥管理技术，实现数据加密后对外部访问完全透明，支持多种访问方式和数据库特性，支持加密状态下能高速地执行等值、范围、模糊检索的数据库加密功能，支持 Oracle、MySql 数据库，字段包括 char、varchar、date 等常见类型。

数据库加密是一项重要的数据安全措施，可以帮助保护敏感数据不被未经授权的访问者获取，有三种常用的数据库加密方法。

1) 前置代理及加密网关技术

这种方法将一个安全代理服务置于数据库之前，所有数据库访问都必须通过该安全代理服务进行。在安全代理服务中，数据可以进行加解密、存取控制等安全策略。这种方法使数据在传输过程中得到加密，且加密数据存储在安全代理服务器，而不是直接存储在数据库中。这有助于增加数据的安全性。

2) 应用层改造加密技术

这种方法要求应用程序对敏感数据进行加密，然后将加密数据存储在数据库底层文件中。当需要检索数据时，应用程序负责将密文数据取回并进行解密。这种方法需要应用程序对数据进行加解密处理，因此可能会增加编程复杂度。此外，它无法实现对现有系统的透明加密，通常需要对应用程序进行大规模改造，而且由于加密后的数据无法利用数据库索引，可能会影响检索性能。

3）基于文件级的加解密技术

这种方法不直接与数据库原理融合，而是在操作系统或文件系统层面对数据存储的载体进行加解密。通常，这需要在操作系统中植入一个具有一定入侵性的进程，以在数据存储文件被打开时执行解密操作，在数据写入时执行加密操作。这种方法具备基础的加解密能力，并且可以根据操作系统用户或访问文件的进程 ID 进行基本的访问权限控制。

2. 区块链技术

区块链是一种基于互联网发展基础上的，以区块为单位产生和存储数据，并按照时间顺序首尾相连形成链式结构，通过密码学保证传输和访问安全，实现数据一致存储、无法篡改、无法抵赖的分布式数据库软件。其本质是分布式数据存储、点对点传输、共识机制、加密算法等技术的集成应用，具有单点发起、全网广播、交叉验证、共同记账的特点。主要用来解决隐私保护、数据溯源等数据安全问题，实现数据在传输和访问过程的安全性和一致性。

5.2.2.4 数据处理环节

在数据处理环节涉及的相关技术有数据脱敏技术、数据库审计技术、态势感知技术和用户行为分析（user and entity behavior analytics，UEBA）。

1. 数据脱敏技术

数据脱敏技术是一种可以通过数据变形方式对于敏感数据进行处理，从而降低数据敏感程度的一种数据处理技术。适当地使用数据脱敏技术，可以有效地减少敏感数据在采集、传输、使用等环节中的暴露，降低敏感数据泄露的风险，尽可能降低数据泄露造成的危害。根据不同的数据脱敏规则和算法，可以对特定敏感数据使用若干种数据变形方式进行组合处理，在不同程度上降低数据的敏感程度，在较为严格的脱敏规则和算法下可实现匿名化处理。数据脱敏可以保护数据共享等环节数据安全，防止敏感数据被非法访问和传播。通过敏感数据的标识、脱敏规则的制定、脱敏操作的执行，以及脱敏效果评估改进等措施，实现敏感数据的精准脱敏。

1）敏感数据脱敏方法

通过在应用服务器部署插件，动态地获取用户信息和功能分类信息，并与预设的用户白名单和功能白名单进行匹配；同时智能识别并抓取涉及敏感数据的数据访问 SQL 语句，结合之前的匹配结果，与预设的敏感数据脱敏规则进行智能匹配，最终实现数据权限可灵活定制的敏感数据静态批量脱敏能力和面向不同用户、面向不同页面的差异化敏感数据动态脱敏能力。

2) 数据脱敏技术

在实际应用数据脱敏技术时，常常会涉及脱敏算法、脱敏规则、脱敏策略 3 个不同的概念。数据脱敏技术的核心是通过对敏感数据进行变形处理以降低其敏感程度。其中，在脱敏处理过程中使用的特定数据变形方式为脱敏算法。在原始脱敏算法的基础上，通过将一种或多种脱敏算法的组合应用在一种特定的敏感数据上便形成了脱敏规则。在具体的业务场景中，根据不同业务场景选择特定一系列脱敏规则可称为脱敏策略。

当前数据脱敏技术主要可以分为静态数据脱敏和动态数据脱敏两类，两者面向的使用场景不同，实现时采用的技术路线和实现机制也均有所不同。

静态数据脱敏的主要目标是实现对完整数据集的大批量数据进行一次性整体脱敏处理，一般会按照制定好的数据脱敏规则，使用类似 ETL 技术的处理方式，对于数据集进行统一的变形转换处理。在根据脱敏规则降低数据敏感程度的同时，静态脱敏能够尽可能减少对于数据集原本的内在数据关联性、统计特征等可挖掘信息的破坏，保留更多有价值的信息。静态脱敏通常在需要使用生产环境中的敏感数据进行开发、测试或者外发的场景中使用。

动态数据脱敏的主要目标是对外部申请访问的敏感数据进行实时脱敏处理，并即时返回处理后的结果，一般通过类似网络代理的中间件技术，按照脱敏规则对外部的访问申请和返回结果进行即时变形转换处理。在根据脱敏规则降低数据敏感程度的同时，动态脱敏能够最大程度上降低数据需求方获取脱敏数据的延迟，通过适当的脱敏规则设计和实现，即使是实时产生的数据也能够通过请求访问返回脱敏后的数据。动态数据脱敏通常会在敏感数据需要对外部提供访问查询服务的场景中使用。

2. 数据库审计技术

数据库审计是一种基于安全事件的合规性管理方法，它侧重于全面审计和精确审计，通过实时记录网络上的数据库活动，对数据库操作进行细粒度审计，并及时发出风险行为的告警。

数据库审计的核心价值是在发生数据库安全事件后，为追责、定责提供依据，与此同时也可以对数据库的攻击和非法操作等行为起到震慑的作用。数据库自身携带的审计功能，不仅会拖慢数据库的性能，同时也有其自身的弊端，比如高权限用户可以删除审计日志、日志查看需要专业知识、日志分析复杂度高等。独立的数据库审计产品可以有效避免以上弊端。三权分立原则可以避免针对审计日志的删除和篡改，SQL 语句解析技术可以将审计结果翻译成通俗易懂的业务化语言，使一般的业务人员和管理者也能看懂。同时，也是为了满足国家《网络安全法》及各行业规定中对于数据库审计的合规性需求。

3. 态势感知技术

态势感知的概念最早在军事领域提出，覆盖感知、理解和预测三个层次，随着计算机网络的发展又提出了网络态势感知（cyberspace situation awareness，CSA），即在大规模网络环境中对引起网络态势发生变化的要素进行获取、理解、展示以及对发展趋势进行预测，从而帮助决策和行动。随着数据资产价值不断提升，态势感知在数据安全领域也得到高度重视和广泛应用，主要应用于监管机构监测关键信息基础设施的整体安全、大型机构或企业内部系统的数据安全运营情况等。

数据安全态势感知是一种基于环境动态地、整体地洞悉安全风险的能力，它利用数据融合、数据挖掘、智能分析和可视化等技术，将数据资产分布状况、敏感数据访问行为进行动态展示，并预测数据资产可能面临的泄漏风险，为数据安全保障提供技术支撑。数据安全态势感知可以让企业清楚地掌握数据资产的安全状态和风险趋势，做好相应的防范准备，减少甚至避免恶意攻击、数据泄露等带来的损失。同时，应急响应组织也可以从数据安全态势中了解所服务信息系统的数据安全状况和发展趋势，为制定有预见性的应急预案提供基础。

4. 用户行为分析

用户行为分析将数据内容与用户行为数据作为输入，是一种数据驱动的数据安全风险监测技术。通过机器学习对用户、实体进行分析，检测安全威胁的能力大大提高。UEBA作为目前异常发现的重要分析技术，无论是数据安全态势感知，还是结合数据防泄漏(data loss prevention，DLP)等内部人员安全方案进行更精准的异常定位，都是不可或缺的一项重要能力。

UEBA 的价值主要体现在发现未知、增强安全可见、提升能效、降低成本等方面。UEBA 主要用来解决恶意内部人员窃取敏感数据、账号盗用、主机失陷、数据泄露等安全问题，在医疗行业、金融行业、电信和互联网行业、能源行业、政务行业等都有广泛的应用。然而，毕竟 UEBA 技术在数据安全领域的应用时间较为短暂，在真正实际应用时对于用户画像、威胁分析等不尽如人意，仍然需要积累实际经验来完善 UEBA 在数据安全领域的应用，同时还要结合数据安全运营使 UEBA 真正落地。

5.2.2.5 数据共享环节

在数据共享环节涉及的相关技术有数据追踪溯源技术、安全多方计算技术、差分隐私技术、同态加密技术、联邦学习技术和分布式数字身份技术等。

1. 数据追踪溯源技术

数据水印溯源是为了保护数据在交换等环节数据安全，防止数据泄露后无法有效追踪泄露源头。通过敏感数据识别、水印策略制定、水印操作执行、泄露数据水印回溯等措施，实现对数据泄露事件的精准溯源。

采用伪行、伪列和数据字位变形等数据水印添加技术，根据具体的应用场景选择数据水印添加策略，包括添加比例、添加方式等，用户对添加的数据水印无感知，用户在对数据进行预订的操作时也不会轻易地破坏数据水印信息，并且添加的数据水印一事一生成。一旦包含数据水印的对外共享数据发生泄漏，将数据水印与分发时保存的样本精准匹配。

目前，数据水印、数据溯源产品可适用于非结构化数据，用于解决数据泄露后的追责问题。目前常用的追踪溯源技术包括数字水印和数据血缘追踪，其中，数字水印技术是为了保持对分发后的数据流向追踪，在数据泄露行为发生后，对造成数据泄露的源头可进行回溯。目前的数字水印方案大多还是针对静态的数据集，主要用于文本和数据库，对于满足数据量巨大、更新速度极快的水印方案还处于研究阶段。而数据血缘追踪技术主要用来追踪异常发生的原因，通过数据血缘追踪技术可以获得数据在数据流中的演化过程，把风险控制在适当的水平。

2. 安全多方计算技术

安全多方计算是密码学的一个分支，旨在实现多方之间的协同计算，同时保护数据隐私，确保在不泄漏原始数据的情况下完成计算任务，为数据需求方提供不泄漏原始数据前提下的多方协同计算能力。随着隐私智能合约的推动下，安全多方计算(secure muti-party computation，MPC)向着高效可用和高安全保障的方向持续发展，在电子选举、电子投票、电子拍卖、秘密共享、门限签名等场景中有着重要的作用。在目前个人数据毫无隐私的环境下，对数据进行确权并实现数据价值显得尤为重要。在目前大数据场景下，安全多方计算主要应用于数据合作计算场景，大多是以一对一、一对多的情况，当遇到大规模多方合作时，效率很低。

3. 差分隐私技术

差分隐私是针对统计数据库的隐私泄露问题提出的一种新的隐私定义，是目前最严格的隐私保护模型。差分隐私技术对数据库的计算处理结果对于具体某个记录的变化是不敏感的，单个记录在数据集中或者不在数据集中，对计算结果的影响微乎其微。所以，一个记录因其加入数据集中所产生的隐私泄露风险被控制在极小的、可接受的范围内，攻击者无法通过观察计算结果而获取准确的个体信息。

大数据环境下，差分隐私技术在隐私保护领域应用越来越广泛，主要应用于隐私数据采集和处理之中，用于解决隐私泄露等问题。从应用领域来看，差分隐私保护方法还被普遍应用于许多其他场合，例如推荐系统、网络数据分析、运输信息保护、搜索日志发布等。在实际应用中 Google 和 Apple 都有将差分隐私应用到本公司软件中的例子。在未来的发展的方向中差分隐私主要集中在研究更加实用的算法满足本地化差分隐私模型。

4. 同态加密技术

同态加密(Homomorphic Encryption，HE)是一种相对特殊的加密形式，通过直接在经过加密后的密文上进行运算，将得到的结果解密后与直接在明文上的运算一致，从而保证了源数据的隐私。同态加密允许数据提供方共享开放加密后的数据，以此来保证数据的安全与隐私需求。同态加密技术可以用于联邦学习及多方可信计算，以及数据提供方向数据服务方提供加密数据进行 AI 服务。同时，同态加密技术也是解决在云服务模式下用户的隐私安全问题的关键手段，在计算数据的过程中，既可以保证数据的隐私性，又可以保证其可用性。但同态加密技术目前还存在一些问题亟待解决，在训练阶段，虽然理论上可行，但由于加密技术的计算开销较大，容易导致训练过程缓慢，所以在应用同态加密技术时，需要充分考虑时间和算力资源的限制。同时，同态运算乘法深度加深导致的噪声水平增长，一旦超过阈值，结果将无法正确解密。

5. 联邦学习技术

联邦学习是针对“数据孤岛”和隐私保护两大问题的解决方案。在技术层面上，联邦学习可以使数据联合建模的各方不用汇总数据，即可完成机器学习的训练和预测工作。不汇总数据使各企业仍可对自身数据保持有效控制，避免了违法违规和隐私泄漏的风险。在应用层面上，联邦学习作为数据共享阶段的关键技术，可有力支撑我国数据要素市场化政策，活跃我国的数据要素市场。

联邦学习的典型应用场景包括车险定价、信贷风控、销量预测、视觉安防、辅助诊断、隐私保护广告、自动驾驶等。例如，在车险定价方面，针对从人、从车、从行为等数据分散在不同的企业，数据无法出库，无法直接进行聚合并建模的症结，引入联邦学习机制建模，在保护各合作机构企业用户隐私数据不出库的前提下，安全合规接入多方数据源，打破数据壁垒。

6. 分布式数字身份技术

区块链与隐私计算结合的应用要大规模落地需要三个前提条件：①全社会数字化程度的提升；②技术的进一步成熟；③法律法规的完善与数据交易商业模式的形成。其中，前两个条件更为关键。在此影响下，分布式数字身份(decentralized identity，DID)逐渐走进大众视野。DID相对于传统的基于PKI(public key infrastructure，公钥基础设施)的身份体系，基于区块链建立的DID数字身份系统具有保证数据真实可信、保护用户隐私安全、可移植性强等特点，其优势在于：基于区块链的身份管理系统避免了中心化的身份控制，实现了身份的自主可控。用户的身份不再由第三方控制，而是由用户本人管理，同时身份相关数据得到可信的交换，无须依赖于提供身份的应用方。

一个用户的DID数字身份包含三个部分：DID标识、DID文档和可验证凭证。每一个DID都必须拥有唯一的DID文档，但可拥有不定数量的可验证凭证。分布式数字身份(DID)可广泛适用于多个场景。

场景一：(G To C)政务系统，可适用于政务窗口业务办理，用户出示证件信息，相应业务窗口可以通过扫码验证其合法性。

场景二：(G To B)行业监管，可适用于货物流通监管，每个货物都有来自各环节监管部门的可验证凭证，流通市场后可验证其来源和流转的合规性。

场景三：(C To B)数据授权，可适用于金融借贷领域，比如个人去银行借款，后者需要用户提供一些消费数据，则可以发起数据查看申请，由用户侧授权同意并签发同意凭证，即可访问相关数据并办理对应业务，随着Web3.0的到来，数据的所有权将回归用户，想要获得用户的数据使用权必须经过其授权，相关的授权场景将会越来越多。

场景四：私钥丢失不丢资产，在实际Dapp开发使用过程中，用户可能会丢失私钥，传统区块链账户简单的公私钥对结构，丢失私钥意味着失去了账户权限，也就永久失去了所属资产，无法承受之痛，而采用DID账户结构的Dapp，当用户出现这种情况时，其可在本地生成新的公私钥对，并通过管理账户发起链上变更操作，重新替换原有公钥（私钥仍在本地），进而完成新的公私钥对与DID账户的重新绑定，进而重新掌握资产所有权，安全放心。

场景五：多应用一键登录，在同链条中衍生出的Dapp，用户无须重复注册账号，可通过给同一DID账户签发各应用方的授权登录凭证，即可实现统一账户登录，省去繁琐的账户注册及管理程序，方便用户快捷使用，并且基于此可实现链上账户资产统一管理，DID账户间可实现跨应用级的资产转移，无须经过应用间结算，方便链业务搭建和用户使用，在不同联盟链间，也可通过DID账户（不同链，不同的DID账户体系）进行快捷的链上交易，而无需通过各自的好几个应用账号互相关联交易，省时省力。

场景六：元宇宙身份，随着元宇宙的蓬勃发展，每个个体虚拟现实都将拥有唯一身份，DID账户很天然地适用于此场景。用户在元宇宙中拥有唯一DID账户身份，里面可以包含个人在现实生活中的各种真实有效证件凭证，也可以包含虚拟世界中的各种授权凭证，根据实际所需，用户可以自行选择展示、使用和体验元宇宙带来的更好服务，不同元宇宙可以拥有不同的DID账户身份，往后也可以实现不同元宇宙之间的账户穿梭，资产“跨宇宙”交易等。

5.3 能源大数据安全防护体系构建

5.3.1 目标与思路

5.3.1.1 总体目标

遵循国家数据安全法律法规要求构建能源大数据安全防护体系，坚持维护数据安全与促进数据开发利用并重思路，设计能源大数据安全防护架构，制定数据安全管理、技术防护和运营管控能力，实现“全过程、全环节、全层级”的数据安全防护，全面提升能源大数据安全防护水平和数据共享利用效率。

(1)能源大数据安全管理提升：能源大数据安全职责全面厘清，数据安全制度逐步建立，数据安全工作机制有效覆盖，数据操作流程全面规范，数据使用全程闭环可控，数据安全各项管理工作可支撑数据高效流通共享、增值服务。

(2)能源大数据安全技术防护提升：能源大数据安全体系逐步建立，数据使用场景全面覆盖，数据安全技术工具有序建成，数据安全措施有效部署，数据分级防护精准可控，数据安全技防水平稳步提升。

(3)能源大数据安全运营提升：能源大数据安全运营模式逐步建成，数据安全监测内容全面覆盖，数据异常行为监控手段日臻成熟，数据安全违规联动处置能力逐步完善，数据安全应急响应稳步落实。

5.3.1.2 数据销毁环节

在数据销毁环节涉及的相关技术有逻辑销毁技术、物理销毁技术和数据匿名化技术。

1. 逻辑销毁技术

数据逻辑销毁通常采用数据覆写法。数据覆写是将非保密数据写入以前存有敏感数据的硬盘簇的过程。硬盘上的数据都是以二进制的“1”和“0”形式存储的，使用预先定义的无意义、无规律的信息反复多次覆盖硬盘上原先存储的数据，就无法知道原先的数据是“1”还是“0”，也就达到了销毁数据的目的。

根据数据覆写时的具体顺序，可将其分为逐位覆写、跳位覆写、随机覆写等模式，根据时间、密级的不同要求，可组合使用上述模式。美国国防部网络与计算机安全标准和北约的多次覆写标准规定了覆写数据的次数和覆写数据的格式，覆写次数与存储介质有关，有时与其敏感性有关，有时因国防部的需求有所不同。在不了解存储器实际编码方式的情况下，为了尽量增强数据覆写的有效性，正确确定覆写次数与覆写数据格式非常重要。

数据覆写法处理后的硬盘可以循环使用，适应于密级要求不是很高的场合，特别是需要对某一具体文件进行销毁而其他文件不能破坏时，这种方法更为可取。笔者认为，到目前为止，数据覆写是较安全、最经济的数据软销毁方式。需要注意的是，覆写软件必须能确保对硬盘上所有的可寻址部分执行连续写入。如果在覆写期间发生了错误或坏扇区不能被覆写，或软件本身遭到非授权修改时，处理后的硬盘仍有恢复数据的可能，因此该方法不适用于存储高密级数据的硬盘，这类硬盘必须实施物理销毁。

2. 物理销毁技术

数据硬销毁是指采用物理破坏或化学腐蚀的方法把记录涉密数据的物理载体完全破坏掉，从而从根本上解决数据泄露问题的销毁方式。数据硬销毁可分为物理销毁和化学销毁两种方式。物理销毁又可分为消磁，熔炉中焚化、熔炼，借助外力粉碎，研磨磁盘表面等方法。

消磁是磁介质被擦除的过程。销毁前硬盘盘面上的磁性颗粒沿磁道方向排列，不同的 N/S 极连接方向分别代表数据“0”或“1”，对硬盘施加瞬间强磁场，磁性颗粒就会沿场强方向一致排列，变成了清一色的“0”或“1”，失去了数据记录功能。如果整个硬盘上的数据需要不加选择地全部销毁，那么消磁是一种有效的方法。不过对于一些经消磁后仍达不到保密要求的磁盘或已损坏需废弃的涉密磁盘，以及曾记载过绝密信息的磁盘，就必须送专门机构作焚烧、熔炼或粉碎处理了。物理销毁方法费时、费力，一般只适用于保密要求较高的场合。化学销毁是指采用化学药品腐蚀、溶解、活化、剥离磁盘记录表面的数据销毁方法。化学销毁方法只能由专业人员在通风良好的环境中进行。

3. 数据匿名化技术

数据匿名化是通过擦除或加密将个人连接到存储的数据的标识符来保护私有或敏感信息的过程。例如，通过保留数据但使源保持匿名的数据匿名化过程来运行诸如名称，社会保险号和地址之类的个人身份信息(PII)。但是，即使清除标识符数据，攻击者也可以使用反匿名方法来追溯数据匿名过程。由于数据通常会通过多个来源(某些可供公众使用)传递，所以匿名化技术可以交叉引用来源并显示个人信息。

数据匿名化已定义为“一种过程，通过该过程不可逆地更改个人数据，以使不再只能通过数据控制器或与任何其他方协作直接或间接识别数据主体。”数据匿名化可以跨边界(例如，一个机构内的两个部门之间或两个机构之间)进行信息传输，同时降低意外披露的风险，并且在某些环境中，可以通过以下方式进行评估和分析。

(1)数据屏蔽：隐藏值已更改的数据。可以创建数据库的镜像版本，并应用修改技术，例如字符改组，加密以及单词或字符替换。例如，用“*”或“x”之类的符号替换值字符。数据屏蔽使反向工程或检测变得不可能。

(2)假名化：一种数据管理和取消标识方法，用伪造的标识符或假名替换私有标识符，如用“Mark Spencer”替换标识符“John Smith”。假名保留统计的准确性和数据完整性，允许将修改后的数据用于培训、开发、测试和分析，同时保护数据隐私。

(3)通用化：故意删除一些数据以使其难以识别。可以将数据修改为一组范围或具有适当边界的广阔区域。可以在地址中删除门牌号，但请确保不要删除道路名称。目的是消除一些标识符，同时保留一定的数据准确性。

(4)数据交换：也称为改组和置换，一种用于重新排列数据集属性值以使其与原始记录不对应的技术。例如，交换包含标识符值(例如出生日期)的属性(列)可能比成员身份类型值对匿名性的影响更大。

(5)数据扰动：通过应用四舍五入并添加随机噪声的技术来稍微修改原始数据集。值的范围必须与扰动成比例。例如，可以将 5 的底数用于年龄或门牌号等舍入值，因为它与原始值成比例。可以将门牌号乘以 15，该值可以保留其可信度。但是，使用较高的基数(例如 15)会使年龄值看起来是假的。

(6)合成数据：由算法制造的与真实事件无关的信息。合成数据用于创建人工数据集，而不是更改原始数据集或按原样使用它，从而冒着隐私和安全风险。该过程涉及基于原始数据集中找到的模式创建统计模型。可以使用标准差、中位数、线性回归或其他统计技术来生成综合数据。

5.3.1.3 安全防护原则

依法依规，注重实效：严格遵守国家数据安全相关法律法规和要求，秉承总体国家安全观理念，坚守数据安全“红线”和“底线”，依法依规构建能源大数据的数据安全防护体系，切实有效推进数据安全工作。

结合实际，统筹规划：深入结合能源大数据业务实际，统筹开展能源大数据安全防护设计，贴合各业务需求的典型业务场景，剖析业务安全管控风险点，构建数据安全要求和流程规范。

全面覆盖，重点保障：根据能源大数据业务特性和数据重要程度，逐步健全数据安全防护能力，涵盖数据安全管理和技术，构建全面覆盖的数据安全防护能力，优先、重点加强重要数据重要环节的安全防护。

全程管控，规范要求：结合典型业务场景，对数据采集、传输、存储、处理、共享、销毁等全过程提出管理要求和技术防护要求，制定相应合规流程和措施，确保各过程数据活动安全。

5.3.1.4 防护思路

在能源大数据安全能力建设过程中应充分结合其特点，建立合规、全面、可用的防护体系，其核心思路是建设实现全覆盖的数据安全管理体系、加强全生命周期的数据安全防护、强化智能化驱动的数据安全运营。

1) 建设实现全覆盖的数据安全管理体系

数据安全管理应统筹规划、全面覆盖、切实有效。明确能源大数据中涉及的安全主体责任，构建能源大数据安全责任体系。建立健全网络及数据安全管理制度，结合国家法律法规要求动态修订网络及数据安全红线，明确数据全生命周期各环节安全管控要求。加强数据安全治理，实行数据分类分级管理，制定数据分类分级规范，构建数据分类分级管理体系。加强安全审查、风险评估、预警处置等大数据安全机制建设，实现闭环管理，全面保障数据安全。

2) 加强全生命周期的数据安全防护

数据安全防护应遵循国家网络和数据安全方面的制度、规范和要求，结合能源大数据典型业务场景，充分复合运用检测、监测预警、基于角色的权限控制、数据识别与处理等多种手段以及云安全、大数据等技术，从数据安全法律法规和业务发展、数据安全人员和管理、数据安全过程和工具、安全体系和技术等方面进行设计，明确数据全生命周期的安全技术要点。在上述基础上，重点结合数据分析、使用、测试等场景，梳理典型合规风险，规范设计数据安全流程，部署数据安全相关工具和技术，将数据相关要求和措施落到具体场景，指导能源大数据安全工作有序开展。

3) 强化智能化驱动的数据安全运营

依托能源大数据海量的数据资源，开展以数据为核心的安全防护技术研究，形成业务风险预警、安全态势感知、内外部情报分析、舆情监测等核心安全服务能力。联合内外部专业力量，建立全面协同、持续优化、完整规范的数据安全运营机制，并在网络安全运营基础上，提出数据分类分级、安全合规评估、安全合规审查、安全风险预警、红蓝攻防对抗、应急管理等运营机制，将传统的事中检测和事后响应防御体系逐步转变为事前评估预防、事中检测和事后响应恢复的全面防护体系，为能源大数据安全带来新的管理理念和技术创新，持续优化提升数据安全管控与技术防护能力，保证能源大数据安全。

5.3.2 安全防护体系

能源大数据安全防护架构是在遵循国家法律法规、国家标准、行业要求等基础上，融合数据全生命周期安全成熟度模型理论，从法律法规、参与主体、数据活动、产业生态等维度，围绕数据采集、传输、存储、处理、交换及销毁等各个阶段的全生命周期，分别从数据安全管理能力、技术能力及安全运营能力等方面进行防护，能源大数据安全防护体系架构如图 5.6 所示。

图 5.6　能源大数据安全防护体系架构图

1. 法律法规

遵循《中华人民共和国网络安全法》《中华人民共和国数据安全法》《中华人民共和国个人信息保护法》《关键信息基础设施安全保护条例》等法律法规、政策要求，参考国家及行业数据安全相关标准，统筹开展能源大数据安全防护体系建设。

2. 参与主体

明确数据安全治理工作涉及的各类参与主体安全职责，协同推进数据安全治理。在国家和行业监管下，能源企业是数据安全治理的主体，科研院校、安全服务厂商协助进行数据安全治理工作。

3. 分类分级

根据不同类别能源大数据遭篡改、破坏、泄露或非法利用后，可能对国家安全、社会稳定、企业生产、经济效益等带来的潜在影响，从高到低将能源大数据分为一级、二级、三级 3 个级别，一级为核心数据，是指对国家安全、经济运行、社会稳定、公共健康和安全具有重大影响的数据。这类数据需要最高级别的保护，通常涉及国家秘密、关键基础设施信息等。二级为重要数据，是指特定领域、特定群体、特定区域或者达到一定精度和规模，一旦遭到篡改、破坏、泄露或者非法获取、非法利用，可能直接危害国家安全、经济运行、社会稳定、公共健康和安全的数据。三级为一般数据，是除核心、重要数据之外的数据。能源大数据分类分级流程图如图 5.7 所示。

第一步：资产梳理，对现有全量能源大数据进行盘点和梳理，并对数据格式进行统一规范，形成数据资产清单。

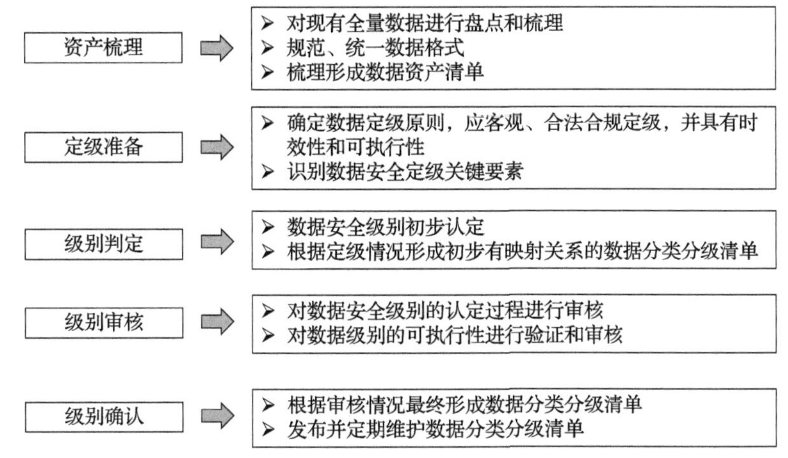

图 5.7 能源大数据分类分级流程图

第二步：定级准备，明确数据分类分级原则，在数据分类分级过程中应客观、合法合规地开展定级工作，并充分考虑数据时效性和分类分级后的可执行性。明确数据分类分级的颗粒度，如库、表、字段级，并识别数据安全定级关键要素。

第三步：级别判定，按照数据分类分级定级规则，并结合国家要求，对数据资产的安全级别进行初步判定，并根据定级情况形成有映射关系的数据分类分级清单。

第四步：级别审核，综合考虑数据规模、数据聚合、数据时效性、数据形态(如是否经汇总、加工、统计、脱敏或匿名化处理等)等因素，对数据安全级别进行复核，调整形成数据安全级别评定结果及定级清单。

第五步：级别确认，根据审核情况形成数据分类分级清单，定期对数据分类分级清单进行维护和发布。

4. 数据活动

数据活动主要包括能源大数据安全管理、安全技术工具和安全运营。

1)能源大数据安全管理

(1)厘清安全组织机构及相应职责。按照“责权明确、协同管理”思路，厘清各部门、各单位数据安全管理职责，构建层次清晰、职责明确的数据安全管理架构。健全数据安全责任体系，安全归口管理部门和业务部门密切协同、充分配合，共同推进数据安全管理，协同推动能源大数据安全管理。

(2)完善数据安全管理制度。围绕能源大数据的使用各环节，按照“合法正当、科学适用、最小必要”的原则，制定完善、全面的数据安全制度体系，规范指导能源企业内部数据安全管理工作，实现数据安全全过程闭环管控。其中，数据安全总体制度包括能源企业数据安全管理办法、能源企业个人信息保护要求等；管理制度包括能源企业数据安全管理职责、能源企业数据分类分级管理制度、能源企业数据安全评估规范、能源企业数据合作方管理规范、网络安全与信息通信应急管理办法；技术标准包括能源企业数据脱敏技术要求、能源企业数据共享开放负面清单、能源企业数据安全风险监测实施指南。

⑶ 常态开展数据安全审查。应组织召开数据安全防护方案评审会，对能源大数据相关系统数据安全防护方案进行评审，采购网络产品和服务时，应当预判该产品和服务投入使用后可能带来的国家安全风险，影响或者可能影响国家安全的，应当向网络安全审查办公室申报网络安全审查，相关系统通过国家或企业认可的第三方安全测试机构的安全测试后方可上线，其中安全测试中应包括数据安全风险相关测试。

⑷ 加强数据安全风险评估。建立数据安全风险评估规范，定期组织开展数据安全自评估或采购第三方评估服务，评估内容包括数据安全合规评估、数据生命周期风险评估等，并及时整改发现问题，尽可能将数据安全风险降到最低。

⑸ 建立健全数据安全应急响应。根据数据应用场景建立数据安全应急预案，并定期进行应急演练。快速研判发现的数据安全威胁事件，结合数据安全应急预案进行及时处置，提升数据安全应急处置能力。

⑹ 强化数据业务流程管理。以国家法律法规要求为基准，结合能源大数据安全要求及业务现状，明确数据安全流程管控要求，制定数据接入、传输、存储、处理、交换和销毁阶段需遵循的管控流程，保障数据全生命周期安全。数据接入前充分审查数据来源合法性，履行审核手续，并对获取的数据进行评估和验证；数据分析使用前针对不同类别和级别的数据制定访问授权规则和授权流程，确保所有的数据使用过程经过授权和审核；数据共享前明确共享数据保护责任，对范围、对象、内容进行审核，严格执行规范的数据共享审批流程；数据不再使用时履行数据销毁工作的审核和登记，并对销毁结果进行验证，确保数据销毁后不可复原。

⑺ 加强内外部人员安全管理。按照接触数据的类型、场所的不同，将人员分为运维人员、项目组人员、业务人员、安全管理员等不同角色，依据人员类别及数据重要程度签订数据保密和安全协议，承诺不泄漏任何相关数据。遵循“既防内、又防外”原则，强化内外部人员安全管控；进一步加强全员日常行为管理，明确数据业务人员安全管理要求；加强对全员的数据安全宣贯与教育，明确数据安全及保密事项。在访问控制管理方面，根据不同角色划分不同数据访问权限，原则上权限满足最小化原则。人员访问数据前严格履行重要数据操作审批流程，审核通过后再根据人员角色和审批信息赋予相应的访问权限。人员离岗离职时及时回收离岗离职人员权限，防范权限残留造成的安全风险。

2) 能源大数据安全技术工具

明确数据采集、传输、存储、处理、共享和销毁等环节安全管控要求及措施，依托敏感数据识别、数据脱敏、水印溯源、隐私计算、安全监测等各类数据安全工具和技术（关键技术详见 4.5 节），实现数据全环节全过程安全防护。

3) 能源大数据安全运营

明确数据安全运营工作，建立数据安全运营工作机制，明确安全运营职责及运营范围，形成规范的数据安全运营体系，充分依托各类流程和规范、工具和技术开展能源大数据安全运营工作（详见 5.2.4 节）。

5. 产业生态

持续加大数据安全前沿技术研究创新及应用，以“需求定制”为驱动，研发电力数据安全技术能力。研发数据安全治理工具平台，拓宽数据安全产品应用领域。开展数据安全人才专业培训，构建数据安全人才培养体系。加强国内外、行业内外交流合作，联合开展数据安全研究工作。

5.3.3 全生命周期安全防护

随着数据安全技术不断发展完善，数据安全技术已经从单一的数据库加密、审计扩展到数据资产识别、安全防护、监测/检测、共享流通安全、隐私保护、追踪溯源等数据全生命周期的方方面面，随着能源数字化进程的推进，数据安全产品的应用场景越来越丰富，也推动了数据安全产品的快速迭代和发展。从数据全生命周期视角来看，数据安全产品体系已经初步建立并在逐步完善，各环节的数据安全技术工具不断涌现。

1) 数据采集安全

能源大数据产生和采集来源主要包括生产数据采集、用户数据采集、从第三方获取数据等，重点加强用户数据采集合规、第三方数据获取的来源合法性管控，落实相关合法性要求。

(1) 生产数据采集，加强安全认证和监测，重点保障涉控、涉敏终端数据安全。涉控、涉敏等采集终端优先集成硬件安全密码芯片/TF 卡/UKey，实现终端认证和数据加密。

(2) 用户数据采集，通过互联网 App 应用采集个人信息时，遵循“依法合规、最小必要”原则，通过弹窗等明显方式向用户明示采集目的、用途、安全措施等，并征得用户同意。

(3) 从第三方获取数据，与第三方明确数据来源，履行必要的审批手续，审查数据来源合法性，并对数据进行评估验证。涉及个人信息的，必须要求第三方明确已取得被采集者同意。通过爬虫技术在互联网爬取数据的，按国家对数据爬取相关要求执行。

2) 数据传输安全

数据传输主要包括内部系统间数据传输、终端采集数据传输、对外交互数据传输等场景，重点明确优先采用安全专线方式与第三方进行数据交互。

能源企业内部业务应用系统间数据传输，传输用户信息等敏感数据时，采用安全通道或数据加密等安全控制措施，并优先采用加密措施，保证数据传输的安全性、保密性和可靠性。

终端采集数据传输，通过互联网移动 App 采集的个人信息传输时，建立国密 SSL 安全传输通道。

对外交互数据传输，与外部第三方之间传输数据时优先建立安全专线，并进行加密传输。涉及数据跨境时，应严格执行报批、安全评估、认证等工作。

3) 数据存储安全

根据数据重要程度采取数据加密、存储备份等技术进行差异化存储防护，重点规范资源资产数据等数据安全存储要求。

涉及国家安全和能源企业利益的敏感数据，应采用国密算法加密存储，禁止在互联网存储和处理。对敏感数据脱敏处理后，可转换为一般数据存储于互联网。特殊要求下的数据应按照保密要求使用处理。

涉及用户个人信息，存储期限还应与隐私政策声明中存储期限保持一致，到期后按要求删除个人信息或对个人信息进行匿名化处理。

根据数据的重要程度，制定数据的备份恢复策略，并定期开展数据恢复演练，对数据的有效性进行验证。

4) 数据处理安全

数据处理主要涉及数据分析、研发测试、数据运维等场景，数据处理时遵循“最小授权”原则处理数据，并结合数据业务场景采用数据脱敏、数据水印、数据库审计等技术手段实现差异化防护。

(1) 数据分析。分析数据时满足业务“最小化”原则，涉及敏感数据应履行审批程序，对数据分析过程进行监测，防止违规处理数据。对数据模型进行安全评估，防止模型存在安全漏洞导致数据泄露。数据分析的结果应以规范化接口方式供业务系统调用，并做好调用过程的安全监测。

(2) 研发测试。落实测试研发环境数据防护，加强对应的人员权限管控、安全风险监测等措施。禁止在研发、测试环境中直接使用真实生产数据，应使用模拟样本数据或脱密、脱密数据，导出生产数据用于测试研发时，对数据进行脱敏并添加水印。

(3) 数据运维。运维过程中做好权限管控、数据库日志管理，并利用堡垒机记录相关日志，防范数据泄露。避免批量数据的导出操作，涉及导出操作时应有明确的审批流程，并可事后溯源。在数据运维过程中采取数据脱敏措施，防止运维人员直接查看业务数据。

5) 数据共享安全

数据共享主要包括在线访问数据、对外数据共享、数据披露等场景，重点加强对外数据共享、数据披露的流程管控和监测，防范数据共享泄漏。

(1) 在线访问数据。根据数据级别及用户权限进行差异性实时脱敏。在 Web 浏览页面添加数字水印，实现对因拍照或截屏造成的数据泄露进行溯源。

(2) 对外数据共享。不直接对外提供生产经营、个人信息等敏感数据，确需共享的，履行审批手续，并留存相关材料。通过接口共享数据时，应进行注册备案，禁止使用未注册接口进行数据对外交互；部署数据防泄露措施，对交互接口、交互数据内容进行监测。导出数据对外共享时，严格控制数据导出行为，履行审批手续；采用专人专机方式导出数据，导出前进行数据脱敏、添加水印处理。涉及多方协同分析且数据难以集中的，优先利用联邦学习、多方安全计算等隐私保护技术支撑多方数据协同需要。

(3) 数据披露。原则上不允许披露生产经营、个人信息等敏感数据。数据披露履行审批流程，通过指定渠道发布。数据披露时应按需对数据进行脱敏、水印等安全处理。对外发布特定数据产品和服务时应获得第三方相应的备案、资质或牌照，并向业务部门和数据管理工作归口部门报备。

6) 数据销毁安全

数据销毁包括物理销毁和逻辑销毁等方式。业务系统、存储介质等下线、腾退时应报有关部门审批，并将相关数据及时销毁。因监管要求或个人信息主体权利要求对采集的个人信息进行删除时，应及时对个人信息进行删除或匿名化处理。

商密数据、重要数据不再继续使用时，应采取覆写等逻辑销毁方式及时销毁，防范数据泄露。存储介质不再使用时，应采用粉碎、消磁等物理销毁方式彻底销毁存储介质，并确保存储介质不可以再次使用。

5.3.4 能源大数据安全运营

能源大数据的安全运营工作，应以数据安全管理制度、流程及数据安全策略为基础，建立覆盖运维管理、风险防控、监测预警、安全评估、应急响应、追踪溯源的数据安全运营管理过程，不断降低数据安全风险、提升数据安全运维管理水平。

1) 运维管理

能源企业应重点针对数据资产、配置、行为等进行统一运维管理，定期对安全运营日志记录进行审计。在数据资产管理方面，企业应具备技术能力，定期对相关平台系统数据资产进行扫描并更新数据资产清单，能够发现识别个人信息和敏感数据，并对不同等级的敏感数据采取的安全措施进行核查，确保按照相应等级进行保护。在配置管理方面，应对网络及数据安全技术措施进行统一使用、对相关技术产品进行一致的配置，确保数据安全相关产品之间可以联动使用，协同进行运维管理。在行为管理方面，企业应定义数据应用行为的管理基线，定期对企业内部人员的应用行为进行核查，并根据业务系统和数据资产的更新情况定期更新应用行为的管理基线。

2) 风险防控

数据安全风险防控应与网络安全风险防控保持一致，并重点针对能源大数据中的敏感数据继续重点管控，通过威胁管理、漏洞管理、安全加固等过程，持续降低数据安全风险。在威胁管理方面，应整合威胁管理策略，通过统一威胁管理平台，对病毒、恶意软件、Web 或内容过滤及垃圾邮件等进行防御，以减轻数据损坏或盗窃的风险。在漏洞管理方面，应定期对内部的所有业务系统进行漏洞扫描，发现可能导致数据泄露、滥用等问题的安全漏洞，并形成漏洞分析报告，提供漏洞修复建议。在安全加固方面，企业应针对识别的安全威胁、安全漏洞，对所有业务系统和数据库进行安全加固，防止攻击者利用系统和数据库的漏洞窃取企业的敏感数据，持续提升企业风险防控能力。

3) 监测预警

能源企业应对数据的访问过程进行全面监测，并基于数据应用行为管理基线对异常行为进行分析，及时发现敏感的数据操作，在发生安全事件时可及时提供预警，提升安全态势感知能力。在安全监测方面，能源企业应对数据的访问过程进行全面监控，并基于数据应用行为管理基线对访问行为进行分析，及时发现敏感的数据操作。在异常行为分析方面，能源企业应对发现的可疑行为进行分析，确定是否属于数据安全威胁事件，对确定的数据安全事件应采取应急响应措施。在安全预警方面，部署异常行为监测、数据安全态势感知等相关产品，发生安全事件可及时提供预警。

4) 安全评估

能源企业应定期开展数据安全自评估或采购有关专业服务机构的第三方评估服务。评估内容包括数据安全合规评估、数据安全风险评估、个人信息保护评估等，并对安全问题进行整改，尽可能降低数据安全风险。在合规评估方面，能源企业应定期开展数据安全自评估或采购有关专业服务机构的第三方评估服务。依据数据安全法律法规、各行业主管部门的部门规章、国家及行业标准等要求开展合规性评估。评估之后，能源企业应根据整改建议进行整改，尽可能降低数据安全风险。在风险评估方面，企业应依据内部数据安全风险评估制度，定期针对企业的数据资产和业务系统开展数据安全风险评估，降低数据泄露风险。在个人信息保护评估方面，能源企业应依据个人信息保护相关法律法规、国家标准以及企业内部制定的个人信息保护相关管理办法，定期对个人信息的采集、使用进行评估，保障个人信息主体权益，可采用自评估或第三方评估的方式。

5) 应急响应

能源企业应根据数据应用场景建立数据安全应急预案，并定期进行应急演练。对发现的数据安全威胁事件进行快速研判，根据应急预案执行快速应急处置，提升应急指挥研判能力。在应急演练方面，应强化数据泄露(丢失)、滥用、被篡改、被损毁、违规使用等安全事件应急响应能力。结合事件场景和等级制定应急预案并开展演练，典型场景至少每年开展一次演练。在应急处置方面，对发现的数据安全威胁事件进行研判，根据预案执行应急处置。应对应急过程中发现的主要问题、漏洞采取快速的补救措施，以尽快遏制威胁、恢复数据及相关服务。在指挥研判方面，可借助业务系统与数据安全风险监测系统、数据安全态势感知系统等联动，提升应急指挥研判能力。及时总结数据安全事件情况，分析原因、查找问题，调整企业数据安全策略，避免再次发生类似情况。

6) 追踪溯源

发生安全事件后，能源企业应尽快使业务及数据恢复到事件发生前的状态。对威胁事件的发生过程进行深入的溯源分析，并及时对发现的问题及缺陷进行修正。在业务恢复方面，在应急响应后，应使用异地备份的业务系统和数据尽快使业务及数据恢复到事件发生前的状态。在溯源分析方面，对威胁事件的发生过程进行全面的调查取证，进行深入的溯源分析，进而确定事故的责任人。

5.4 典型场景数据安全保护

随着数据脱敏、安全监测、隐私计算等数据安全相关技术逐渐成熟，数据安全能力部署也逐步从单个产品向提供数据安全集中管控平台、数据安全中台等完善的整体解决方案方式演变，持续改善能源大数据融合创新应用和安全保护的技术条件。在依法合规的前提下，推动能源大数据典型场景安全保护，能够有助于发挥数据要素的倍增作用，助力更好实现能源行业高质量发展。本节选择数据分析、共享、多方协同等代表性场景，结合具体场景的业务背景、数据应用痛点及相关特点，研究提出具有探索价值的针对性解决方案，期望能够为未来能源大数据相关场景的行业实践提供参考借鉴。

5.4.1 客户服务数据安全场景

1) 业务背景

以客户服务数据安全场景为例，该场景的用电用户数量多，并涉及大量居民的敏感信息和用电动态、党政机关的供电信息、工商业大客户的用能状况，同时也是公检法、政府部门按规开展执法、巡查、便民服务等工作的对接平台，这些系统中的数据在使用流动过程中面临巨大安全风险。

用户实时访问数据，未进行脱敏或脱敏白名单配置过多，存在重要敏感信息泄漏风险。

业务跨区交互数据，接口漏洞、访问越权或数据未脱敏等易造成数据泄漏，且难以及时发现相关风险。

业务存在与外部社会第三方离线共享数据，缺乏过程管控或泄露追溯措施，易造成数据泄露且难以定位责任归属。

部分员工缺乏数据保护意识，开展数据业务过程未充分考虑数据安全，无意间泄露重要数据尤其是用户个人信息。为非法牟取利益，个别工作人员利用职务便利窃取数据，如利用默认口令、运维口令等。

2) 解决方案

本节主要针对上述问题提出相应的解决方案，以数据安全为主线，针对页面访问、对外交互、数据导出等不同业务场景制定差异化的安全措施，结合数据安全风险情况，构建场景化的安全能力调用模式，强化数据安全管控，实现“静态数据可知、数据使用可控、操作过程可审、泄露数据可溯”，防范个人及企业信息等重要数据泄露。

解决方案示意图如图 5.8 所示。

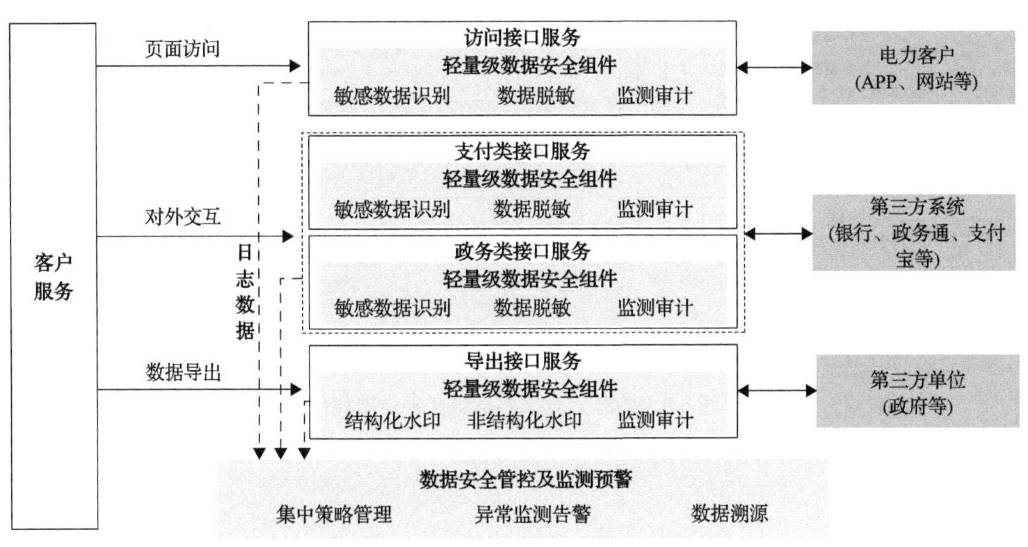

图 5.8 客户服务数据安全防护示意图

(1) 建设数据安全管控及监测预警能力，基于分类分级、敏感数据识别等技术，实现对数据资产全面安全感知和可视化。基于过程管控和安全能力服务，实现数据共享流动过程的安全管控和安全防护。基于日志关联及分析技术，实现异常监测告警。基于基于水印溯源技术，实现共享流动数据精准溯源。

(2) 整合敏感数据识别、数据脱敏、数据水印等核心技术，打造轻量、标准化的数据安全组件，通过“统一词库、统一算法、统一策略”，实现数据安全组件调用、快速集成和统一管理，为各场景提供规范化数据安全能力。

(3) 数据安全管控及监测预警对数据安全组件统一管理，由数据安全管控及监测预警向数据安全组件下发安全策略，数据安全组件将日志数据统一上传到数据安全管控及监测预警统一展现。

(4) 针对页面访问、对外交互、数据导出等不同场景，利用轻量级的数据安全组件，在不需要业务系统改造的情况下，实现外发数据全过程线上处理、数据导出过程分离、敏感数据自动脱敏及隐形数据水印添加，解决外发过程难管控、数据导出难监督、数据操作难审计、数据泄漏难追踪等问题。

5.4.2 能源大数据中心安全场景

1. 业务背景

以能源大数据中心为例，能源大数据通过构建共享服务平台，形成“内部加工、外部服务”数据产品建设模式，采集经济、环保、能源等外部数据，通过安全处理后与电力数据融合，对数据加工、处理后提供给能源大数据共享服务平台，由能源大数据共享服务平台统一对外共享和发布。能源大数据共享服务平台架构图如图 5.9 所示。

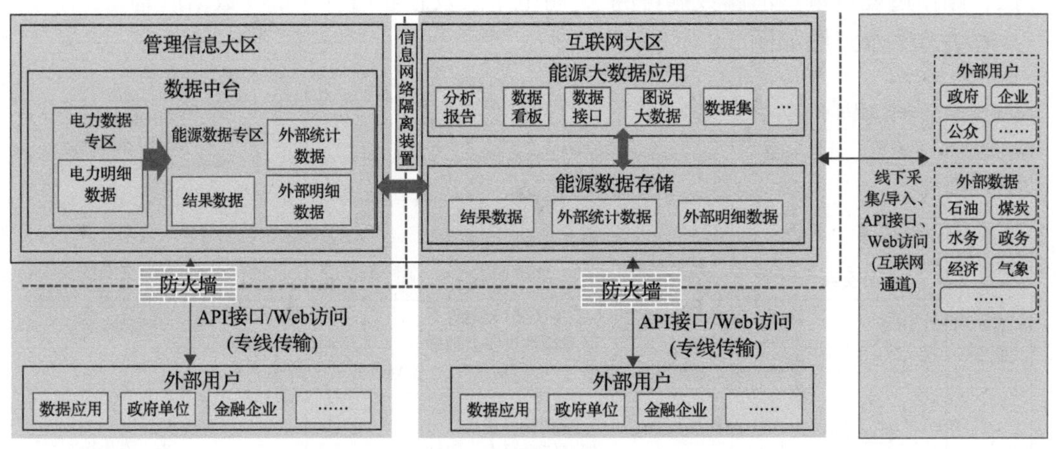

图 5.9 能源大数据共享服务平台架构图

2. 痛点难点

数据共享带来安全合规风险，共享的数据没有经过数据脱敏等处理，以及未采取数据防泄漏措施，都可能导致敏感数据泄露。数据未采取水印措施，数据泄露后无法追溯到数据泄露源头。

3. 解决方案

主要针对能源大数据向外部单位共享场景提出相应的解决方案，如图 5.10 所示。

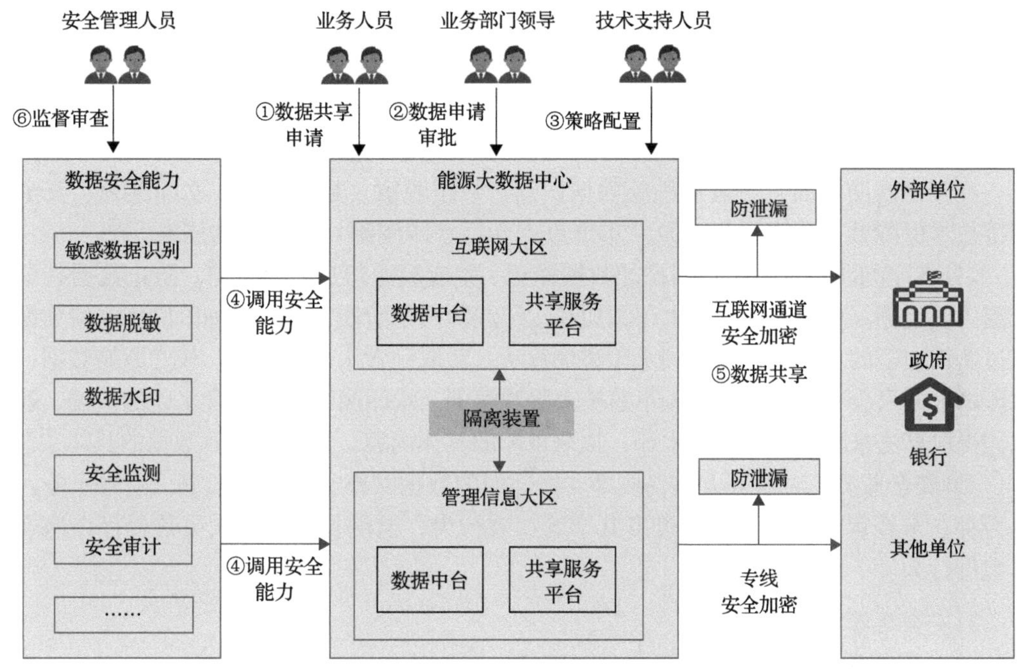

图 5.10　能源大数据中心共享场景安全防护示意图

具体安全防护措施主要包括安全管理、安全技防、安全运营三部分。

1) 安全管理

在安全管理方面，制定能源大数据中心数据对外发布和共享流程，严格履行共享行为审批，根据能源大数据中心涉及的人员情况，分配相应的人员角色和权限。

安全管控流程如下。

(1) 业务需求部分发起数据共享申请，申请内容应包括业务需求和安全需求两方面。业务需求应包括数据共享原因、数据共享对象和范围、提供方式等，安全需求应包括申请数据脱敏、数据水印等。

(2) 业务需求部门领导对业务需求进行审核确认，并对安全需求进行审核。如业务需求涉及重要数据和个人信息且未做脱敏处理，应报领导审核。

(3) 数据中台技术支持部门对业务需求进行确认和验证，并辅助查询能源大数据中的数据资源情况，由查询人员进一步予以确认。

(4) 数据中台技术支持部门按申请需求进行业务和安全策略配置，配置下发安全和业务配置策略，调用敏感数据识别、数据脱敏、数据水印溯源等数据安全能力，从能源大数据抽取需要数据，并对敏感数据进行脱敏等安全处理，对全量数据添加数据水印，处理后的数据经技术支持部门验证后，提供给业务需求部门。

(5) 业务需求通过指定途径获取数据后，通过互联网通道或专线方式共享给外部政府、银行等单位，在互联网通道、专线出口处部署防泄漏能力，防止数据违规共享导致数据泄露。

(6) 相关流程到安全管理部门进行备案，安全管理部门定期进行安全监督检查，抽查流程是否合规，数据安全技术措施是否有效。

(7) 发生共享数据泄露时，技术支持部门对泄露的数据进行溯源，利用数据水印溯源技术，通过添加的水印信息准确追溯数据泄露的源头。

2) 安全技防

在安全技防方面，可通过敏感数据识别、数据脱敏、数据权控、水印溯源、安全监测等技术保障数据共享过程安全。本节重点介绍水印溯源、安全监测技术。

(1) 水印溯源：对共享数据添加数据标记、生成溯源信息后再共享，防止数据共享后泄露无法追溯。水印溯源分为水印添加和水印溯源两个阶段，水印添加阶段将原始数据和通过密钥加密的水印内容输入到水印添加算法，获取到含水印的数据。较之原始数据，含水印的数据只会有细微的变化，不易被人眼观察到。水印溯源阶段将含水印的数据，通过水印提取算法来判断是否含有水印，提取水印的具体内容，进而定位到数据的具体来源。

(2) 安全监测：对业务人员、技术支持部门的数据共享行为进行监测。监测业务人员是否存在未经审批私自共享、过度共享等违规行为，监测技术支持人员是否存在违规共享数据行为。

3) 安全运营

在安全运营方面，主要包括监测预警、安全评估、应急响应等内容。

(1) 监测预警：基于数据应用行为管理基线，对违规批量导出数据、未授权访问数据等可疑行为进行分析，确认是属于数据安全威胁事件，及时对威胁时间进行预警。

(2) 安全评估：定期组织对能源大数据中心共享业务进行安全评估，包括数据安全风险评估、合规评估等内容，评估本场景数据安全措施是否合理，及时发现数据安全风险并落实整改。

(3) 应急响应：根据数据安全应急响应预案，针对能源大数据中心业务定期组织应急演练，对演练过程中发现的主要问题、漏洞采取快速的补救措施，及时总结应急演练情况，分析原因、查找问题、调整数据安全策略。

5.4.3 车联网数据安全场景

1) 业务背景

车联网作为新一代网络通信技术与汽车、电子、道路交通运输等领域深度融合的新兴产业形态，凭借搭载的传感器、控制器等装置，并融合现代通信与网络技术，实现车、路、人的云端智能联动与数据互通。车联网服务平台现阶段主要实现电动汽车充电、租赁和交易的客户侧服务业务，功能主要分为充电资源管理、客户运营管理、营收管理、能力中心四部分，是连接电动汽车用户、电动汽车、充电桩、服务提供商的互联网信息服务平台，覆盖电动汽车用户在购车、用车、充电、保障与售后处理等全生命周期的服务需求。

2)痛点难点

车联网场景数据交互日益频繁，网络安全威胁延伸至车联网领域，高精度定位、摄像录音等数据采集设备广泛应用在车联网，车联网数据全生命周期的安全保障能力不足，数据处理活动不规范问题十分突出，国家重要数据和个人敏感信息面临泄露风险。

3)解决方案

针对智能网联汽车数据安全治理出现的系列问题，政府部门、行业组织、企业等都在探索解决之道，在可控成本范围内探索示范区数据安全治理主体责任边界、安全保障目标、安全管控范围和方法，并配套合理的应急响应预案。从而实现安全治理手段对数据资产的全面覆盖，避免对特定数据对象重复管理，以及不同数据管理主体之间的责权重叠。

(1)制定整体工作流程，从“车”“路”“云”“网”“图”“第三方”六个门类对自动驾驶示范区数据进行盘点，分类分级结果涵盖数据格式、应用场景、存储状态、主管部门、流转方向、重要或敏感程度等全面的数据资产信息。

(2)确定数据安全等级，以不同类型的示范区数据在遭泄露、破坏或非法利用后带来的负面影响作为判断依据，从影响对象和影响程度两方面综合考虑，确定示范区数据的重要性等级。通过判断数据一旦遭到破坏、泄露、损毁等，对国家安全、公众利益、个人权益和企业合法权益的危害程度与影响，进行数据级别划分。

(3)制定数据安全相关要求，配套制定数据安全等级保障要求。其中，既包括常规管理、安全审计与报告、风险评估与监控以及安全事件管理等总体要求，又包括面向数据采集、存储、使用等数据全生命周期的各重要环节制定的数据安全等级保障要求。

(4)落实数据安全技防措施，通过数据分类分级，在部分位置引入针对核心数据安全的处理能力，进行统一部署，实现数据安全的可视化监控、数据流转的可视化追溯及安全事件的快速响应，形成数据安全治理持续化运营能力。

车联网数据安全防护措施如图 5.11 所示。

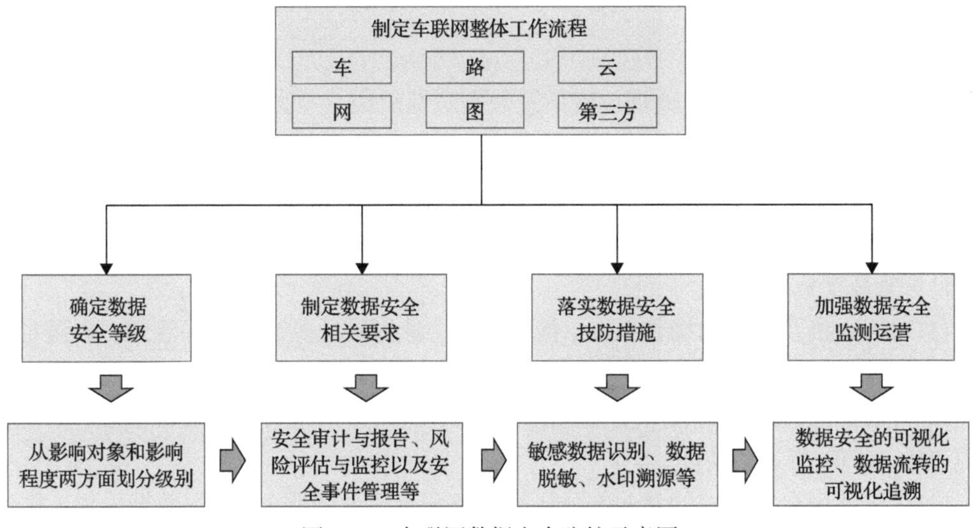

图 5.11 车联网数据安全防护示意图

5.4.4 无人机数据安全场景

1. 业务背景

无人机巡检作业用于能源电力企业输电、变电和配电专业对杆塔、线路等电力设施进行巡检，是主要的设备巡检方式之一，无人机作业依托无人机应用、灵活的接入模式，满足海量无人机、机场(为无人机提供起降、充换电等的综合装置，也称机巢、机库)等接入需求，实现无人机巡检统一规范化、作业智能化管理。无人机属于涉控终端，飞行过程中飞行控制、定位服务等通信具有实时性要求。无人机业务场景架构如图 5.12 所示。

2. 痛点难点

无人机业务在数据采集、传输、使用等场景存在众多数据安全风险。

(1)采集终端被恶意攻击，无人机终端系统存在安全漏洞、登录后门。入侵者可利用弱口令、非必要网络端口发起恶意攻击导致飞机被劫持、造成地理位置信息数据被窃取。

(2)地理位置信息数据未加密传输，巡检采集的视频数据、缺陷数据、无人机飞行轨迹等数据传输过程未进行加密处理，数据一旦被截获将造成地理位置信息数据泄密。

(3)违规使用地理位置信息数据，未对无人机采集的地理位置信息数据进行分类分级防护，可能存在违规使用重要地理位置信息数据情况，加大数据泄露风险。

(4)部分安全防护措施不足，对无人机管控平台的敏感数据识别、数据脱敏、安全监测等能力不足情况，相关技术手段不足，缺乏对地理位置信息数据使用过程的安全防护及监测。

(5)违规批量导出数据，无人机管控系统及应用访问控制权限不足等原因，业务人员直接通过页面批量导出无人机管理平台中的地理位置信息数据，可能导致地理位置信息数据批量泄露。

3. 解决方案

无人机巡检场景涉及的地理位置信息数据包括航线、空域、线路杆塔定位坐标等飞行支撑数据，视频、飞行轨迹、缺陷图片等采集回传数据，以及上传至外网的线路走廊影像、线路激光点云等数据。在采集、传输、存储、使用及共享地理位置信息数据时，采取安全措施如下。

1)采集环节防护

(1)对无人机及终端的操作系统、接入方式、身份认证等建立统一管理，加强对无人机及终端的发现、权限、上下线等控制，强化设备边缘侧安全感知、控制、预警。

(2)开展无人机终端的入网安全测试，对无人机入网前进行全面安全加固，关闭非必要的蓝牙、WiFi 等通信功能。

(3)优先使用自主可控的北斗差分计算服务和自建地图服务，确保数据采集工作环境的安全性。使用坐标转换程序，实现飞行轨迹数据坐标保密处理。

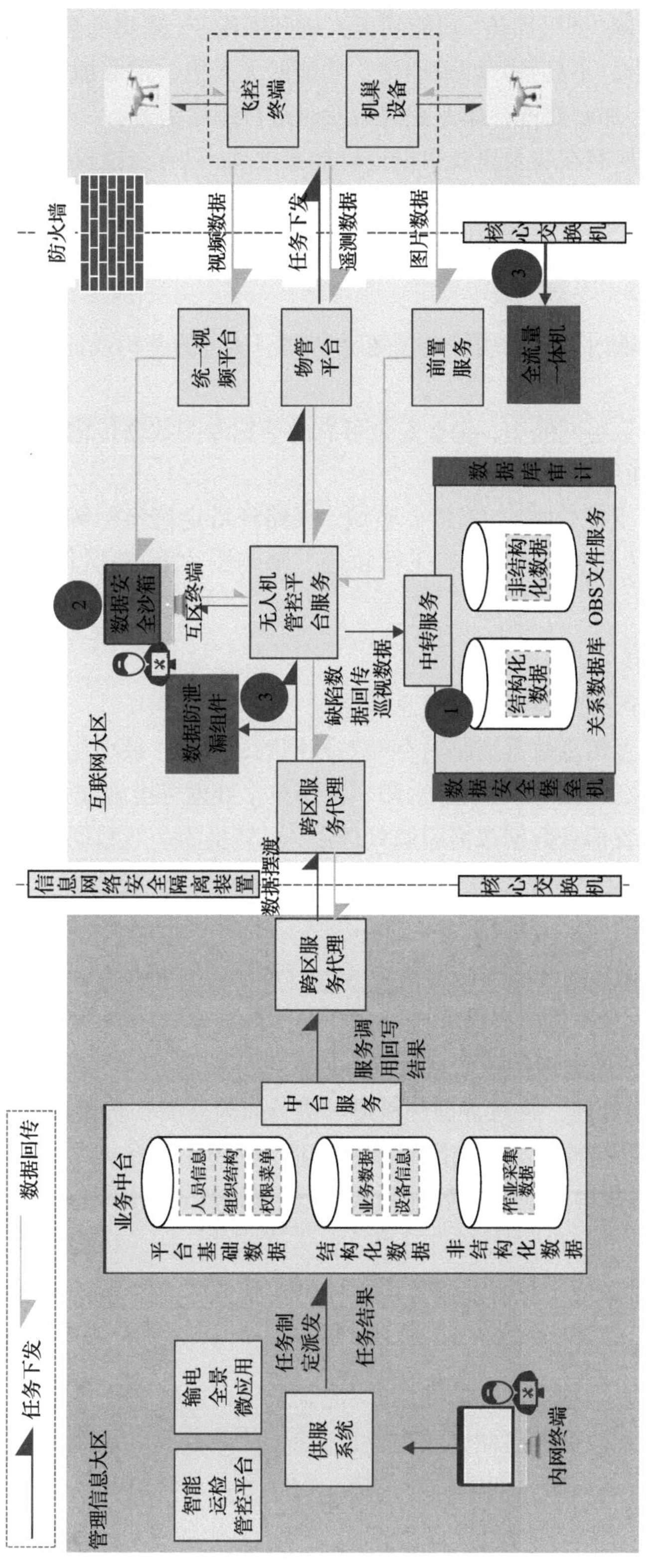

图 5.12 无人机业务场景架构示意图

(4) 优先使用具备“即采即传”功能的无人机开展作业，采集的数据不经过本地存储，直接回传到管控平台；不具备“即采即传”功能的无人机，采取加密存储卡等安全加密技术对缓存数据进行加密处理，作业完成后及时进行删除销毁。

(5) 对移动终端所有在线及离线数据进行加密处理，只有在授权的终端上才能打开加密数据，脱离了安全范围即使数据被获取也无法使用，防止终端设备遗失被盗造成数据泄密。

2) 传输环节防护

(1) 重要数据传输时优先采用符合国家保密部门认可的密钥或证书，保证数据传输的安全性和可靠性。

(2) 实现安全可信组网能力，建立安全可靠的虚拟专网数据传输通道，保障无人机数据交互安全和云边通信安全。

(3) 无人机飞行支撑数据(如航线、空域、线路杆塔定位坐标等)跨区传输应对数据进行加密传输，无人机回传数据(如飞行轨迹、缺陷图片等)跨区传输应对数据进行加密传输。

3) 存储环节防护

(1) 严格分级分区存储地理位置信息数据。

(2) 重要地理位置信息数据需临时存储在外网的，遵循“最小化”原则，采取必要数据管理技术，并采取安全加密、数字水印、保密技术处理等措施加强安全防护。

(3) 重要地理位置信息数据按需脱敏处理后，可转换为一般数据长期存储于外网，采取安全保护措施进行适度防护。

4) 使用环节防护

(1) 在线浏览：在线浏览地理位置信息数据时进行权限和许可控制；浏览重要数据时根据用户权限进行差异性实时脱敏并添加用户对应的数字水印。

(2) 数据分析：使用地理位置信息数据开展数据分析业务时，结合业务需求对地理位置信息数据进行脱敏处理，并对数据分析过程进行风险监测，防止违规使用数据。

(3) 数据导出：严格控制导出权限和审批流程，采用专人专机方式，因业务需要脱离网络可控环境导出数据时，应采取数据脱敏、数字水印和数据审计等措施。

5) 共享环节防护

应严格履行审批手续，并对数据进行脱敏、水印等处理后方可共享。

6) 销毁环节防护

(1) 地理位置信息数据不再继续使用时，应采取不可逆措施及时删除，防止数据泄露。

(2) 地理位置信息数据的存储介质在退役更换、故障替换以及存储空间释放再分配等场景下，应采取不可逆措施，如消磁、焚烧、粉碎等，及时销毁其中存储的数据，防止数据泄漏。

5.5 本 章 小 结

保障能源大数据安全是激活能源大数据价值、发挥数据要素潜力的基础条件，是更好地服务政府治理和科学决策、支撑数字经济协同发展、助力企业提质增效、推进数字化转型和社会民众高效智慧用能的先决条件。本章首先分析了能源大数据安全形势与挑战，总结了数据全球化背景下国内外数据安全形势和国内外数据安全政策及主要做法，解析了典型数据泄露案例，分析了国内外数据安全政策和能源大数据面临的主要安全挑战，让读者对国内外数据安全政策和形势有了一个初步认识。在此基础上，提出能源大数据安全防护的目标、原则、思路和体系框架，提出了能源大数据分类分级的方法，并从数据安全管理、全生命周期技防、数据安全运营三个维度明确了安全防护措施。最后，针对数据分析、共享等典型场景提出数据安全防护思路，形成可供参考的体系化、可落地解决方案。

参 考 文 献

[1] 《中华人民共和国网络安全法》[EB/OL]. 新华社. 中华人民共和国国家互联网办公室.（2016-11-07）. [2024-05-13]. http://www.cac.gov.cn/2016-11/07/c_1119867116.htm.

[2] 《中华人民共和国民法典》[EB/OL]. 新华社. 中华人民共和国中央人民政府.（2020-06-01）. [2024-05-13]. https://www.gov.cn/xinwen/2020-06/01/content_5516649.htm.

[3] 《中华人民共和国数据安全法》[EB/OL]. 中国人大网. 全国人民代表大会.（2021-06-01）. [2024-05-13]. http://www.npc.gov.cn/npc/c2/c30834/202106/t20210610_311888.html.

[4] 《网络安全审查办法》[EB/OL]. 中国网信网. 中华人民共和国国家互联网办公室.（2021-01-04）. [2024-05-13]. http://www.cac.gov.cn/2022-01/04/c_1642894602182845.htm.

[5] 《关键信息基础设施安全保护条例》. [EB/OL]. 新华社. 中华人民共和国中央人民政府.（2121-08-17）. [2024-05-13]. https://www.gov.cn/zhengce/content/2021-08/17/content_5631671.htm.

[6] 《工业和信息化领域数据安全管理办法（试行）（征求意见稿）》[EB/OL]. 工业和信息化部.（2022-12-13）. [2024-05-13]. https://www.miit.gov.cn/cms_files/filemanager/1226211233/attach/20219/6b7e6d62a890492996225806cc530144.pdf.

[7] 国家互联网信息办公室关于《网络数据安全管理条例（征求意见稿）》公开征求意见的通知. [EB/OL]. 中国网信网. 中华人民共和国国家互联网办公室.（2021-11-14）. http://www.cac.gov.cn/2021-11/14/c_1638501991577898.htm.

[8] 中共中央　国务院印发《数字中国建设整体布局规划》. [EB/OL]. 新华社.（2123-02-27）. [2024-05-13]. https://www.gov.cn/zhengce/2023-02/27/content_5743484.htm.

5.5 本章小结

参考文献

第三篇　运　营　篇

第 6 章　能源大数据中心

随着数字技术的不断进步和普及，数字经济和实体经济融合不断加强，新能源、智能电网、能源互联网等新业态兴起。党中央和国务院高瞻远瞩，成立国家数据局，发布《数字中国建设整体布局规划》[1]，将数字化转型放到了一个前所未有的高度。在能源革命与数字技术深度融合下，能源数字经济与能源数字化转型同步发展，能源大数据中心作为新型能源基础设施的重要性日益凸显，对于充分发挥能源大数据巨大价值潜力，支撑政府科学决策、推动能源行业变革、服务国家治理优化，具有重大意义[2]。本章主要从能源大数据中心起源和国内建设情况进行经验总结，对能源大数据中心进行定位、目标设定，从顶层规划、组织模式、平台建设、应用场景建设、数据能力建设和运营服务方面开展能源大数据中心建设，并进行相关的实践案例分析。其中，6.1 节介绍能源大数据中心的起源、国内外建设情况；6.2 节通过对能源大数据中心进行定位，分析建设目标和发展路径；6.3 节从组织模式、平台建设、应用场景建设、数据能力建设和运营服务管理等方面介绍如何建设能源大数据中心；6.4 节分析浙江、湖南、重庆、云南等能源大数据中心实践案例；6.5 节是对能源大数据中心建设的总结。

6.1　能源大数据中心概述

能源大数据中心并没有一个标准化的定义，《新时代的中国能源发展》白皮书中提到，新时代的能源发展，要贯彻“四个革命、一个合作”能源安全新战略，能源大数据中心是推动能源革命和数字革命深度融合的重要载体。结合近年来各地关于能源大数据中心的建设实践与介绍，本书定义为：能源大数据中心是聚焦于以能源企业为建设和运营主体，以信息化数字化平台为载体，打造以数据服务、数据运营、数据资产管理为核心能力的能源数据共享服务平台及其相关基础设施和组织机构。其目标为聚合能源数据服务供需双方，协同政府、企业、社会、生态伙伴各方主体，推动政府治理持续提升、社会服务优质高效、能源转型创新升级、能源产业协同发展。按照这个定义，能源大数据中心既是一个组织机构，也是 N 个平台。作为一个组织机构，能源大数据中心的建设主体通常具有多样性，考虑到电力具有二次能源的枢纽属性，以及电力数据采集、汇聚、建模、分析、应用的数字化建设基础，不少省市多以电网企业作为承建主力，也有以属地能源企业作为第三方承接平台建设。作为 N 个平台，能源数据在 N 个平台上物理上分离，进行分布式存储，能源大数据中心通过能源数据的汇聚、共享和应用，从而进行统一调用，实现能源数据的价值创造。

6.1.1　能源大数据中心起源

国内能源大数据中心是国家大数据战略在能源领域的具体实践。2015 年 12 月，承德市政府依托京津冀生态涵养功能区定位，提出建设京津冀智慧环境能源大数据中心。自此，在智慧城市建设、大数据产业发展、工业互联网平台建设等政策推动下，各地纷纷启动能源大数据中心建设。2017年，河南省为积极贯彻河南省委省政府决策要求，全面落实“新基建”发展战略，国网河南省电力公司全力推进全国首家省级能源大数据应用中心——河南能源大数据中心的建设工作，以能源数据综合应用为切入点，聚焦能源经济、综合能源服务、智慧能源等能源行业应用，为社会提供各类应用服务，逐步形成河南能源行业共建、共治、共享、共赢的能源大数据生态。基于对能源大数据中心的建设定位分析，可以划分为基础设施类、产业经济类、平台发展类三种类型。

(1)基础设施类：早期的能源大数据中心偏基础设施类，典型代表是新能源大数据中心，涵盖服务器、网络、存储等硬件建设，以及微模块系统、智能化管理系统、大屏系统、供配电系统等。如2018年陕西渭南市推进的渭南市新能源数据中心建设项目、2019年河北张家口市察北管理区建设新能源大数据中心项目等均属于此类。

(2)产业经济类：以区域能源大数据产业聚集与招商引资为目标，提出偏向于概念性的目标愿景，如2015年的承德市京津冀智慧环境能源大数据中心，以及2019年陕西榆林在打造世界一流高端能源化工基地的基础上，与华为合作打造的“中国能源大数据中心”。

(3)平台发展类：以软件平台为载体，能源大数据融合汇聚为基础，涉及能源大数据的融合共享、资产化与交易、能源大数据价值对外服务、各类平台化业务模式创新等多方面的探索。自2019年开始，平台模式的能源大数据中心建设逐渐增多。以电网企业为例，国家电网公司在2020年重点工作任务中提出“强化政企联动”，统筹推进能源大数据中心建设，积极推进“新基建”基础设施建设，鼓励各单位因地制宜构建省级能源大数据中心[3]。中国南方电网有限公司提出广泛集聚全社会力量，加快构建平台生态系统，加快基础设施建设和建立资源共享中心，开展电动汽车充电桩、多站合一、大数据中心等“新基建”相关基础设施建设，打造能源生态系统统一品牌。平台发展类能源大数据中心的典型代表主要是2019年的重庆能源大数据中心、2020年的山东临沂市能源大数据中心等。

国外能源大数据中心的起源可以追溯到2011年，当时美国学者杰里米·里夫金提出了“能源互联网”的概念，即“基于可再生能源的、分布式、开放共享的网络，即能源互联网”。这个概念的提出，为后来的能源大数据中心的发展奠定了基础。随着大数据与人工智能、区块链、物联网和信息通信等技术在能源领域的深入应用，全球能源领域的科技创新不断涌现，实践应用变得更加多元化。

6.1.2 国内外建设情况

6.1.2.1 国内建设情况

国内能源大数据中心的建设近几年取得了显著进展，在国家及各地智慧城市建设、大数据产业发展、工业互联网平台建设等政策推动下，政府单位和相关机构广泛投资和开展能源大数据中心的建设，旨在收集、整合和分析各个领域的能源数据，以提高能源效率、优化能源系统运行，并支持可持续能源发展。我国能源大数据中心组织模式主要呈现以政府主导、省市县各级“百花齐放”。根据建设主体的区别，本书将能源大数据中心建设案例归为以下三类。

1）政府牵头、电网企业为建设主体

省级能源大数据中心一般由政府牵头主导，各省电力公司负责承建，并和政府大数据中心形成协同，逐渐成为政府大数据中心的有机组成部分。能源大数据中心汇聚能源数据资源和产品应用，为地方能源和经济社会发展、企业数字化转型提供服务。

截至2023年底，我国由国家电网承建完成的省级能源大数据中心已达26家。省级能源大数据中心建设的典型省份有青海、河南、福建等。

(1)青海省能源大数据中心前身是青海新能源大数据创新平台，最早于2016年8月启动建设，2020年，国网青海电力建设运营的新能源大数据中心升级为青海省能源大数据中心，经过4年左右的发展，吸引众多第三方研发团队来开发各种工业App，为行业提供多元的服务，已成为能源服务领域的“开放操作系统”。青海能源大数据中心通过不断整合产业链资源优势，深入探索实践资源共享模式，实现新能源规划、建设、运营、检修及后期评估等全寿命周期管理，先后推出备件联储、共享运维、智能清扫等助力新能源场站数字化、智慧化运维的新服务。

(2)河南能源大数据中心启动于2017年，为贯彻落实国务院发布的《促进大数据发展行动纲要》精神，响应河南省发展和改革委员会《河南省大数据产业发展引导目录》指导意见，国网河南省电力公司开始探索能源大数据中心建设，2020年4月，河南省发展和改革委员会与国网河南省电力公司签署了建设河南省能源大数据应用中心的委托协议，开启了政企合作新模式的探索。该能源大数据应用中心定位于服务政府科学决策、服务企业精益管理、服务公众智慧用能、服务公司战略落地，创新开展省级能源大数据中心建设特色实践，目前已建成能源监测预警和规划管理、重点用能单位能耗在线监测、决战决胜脱贫攻坚、新能源规划与消纳监测预警、充电智能服务等多项应用场景。

(3)福建省东南能源大数据中心于2020年6月在国家电网公司与福建省政府战略合作框架协议中提出。东南能源大数据中心立足福建，辐射东南，汇聚共享能源行业数据，推进“平台+数据+生态”一体化发展，致力于服务政府治理能力提升、能源行业转型升级和社会便捷高效用能。目前，东南能源大数据中心在数据产品化方面开展了积极探索，与政府部门、院校、专家等建立密切的合作关系，加强策划研究，提出面向数据应用管理的数据应用需求库、储备库、研发库和产品库“四库”管理模式。当前构建了“电易+”数据产品体系，涉及乡村振兴电力指数、茶产业用能可视化看板等多项数据产品，另外，企业排污治理、住宅空置分析、群租房识别等数据产品已初步实现对外增值。

地市级的能源大数据中心是为地方政府和企业提供重要支持，推动能源数字化、网络化和智能化发展，提高能源综合利用水平，为经济社会发展提供更好的服务。其整合政务平台和能源企业数据系统，促进能源资源优化配置，与省级和县级能源大数据中心共同构建高效的协同运作体系，以山东部分地市最为典型。

(1)东营市能源大数据中心按照“政府主导、电力主体、多方参与”的原则建立，该中心打破了行业内的“信息壁垒”，使市域电、煤、油、气、水等能源数据得以全面统筹。东营市能源大数据中心成功实施了能耗在线监测系统，并在全省范围内率先大规模投入应用，为 105 家重点用能企业完成了系统注册，并实现了 96 家企业的能耗数据上报。此外，该中心还制定了针对重点用能企业的在线监测平台建设方案，计划在 2023 年底前将年能耗 1 万吨标煤以上的企业纳入监控范围，以提高智能化动态监测能力。东营市能源大数据中心的建设和运营，不仅推动了东营市能源数据的整合，也为政府决策和企业运营提供了重要支持，这对于推动东营市的能源管理和智慧城市建设具有重要意义。

⑵临沂市能源大数据中心采用了高起点规划、高标准设计、高质量推进的策略，广泛融合了多方需求，严格遵循了建设标准，打通了能源数据互联通道。通过初步搭建了基础数据、运营管控、创新孵化“三大平台”，该中心推动了全场景网络安全防护体系的建立和实施。它还通过大数据融合提高了民生服务质量和政府决策能力，实现了 9 类涉电政务信息共享，开发了企业用电行政审批线上“一链办”和居民用电零证“刷脸办”等功能。临沂市能源大数据中心的建设对于临沂市能源转型与数字化发展具有里程碑意义，同时也为临沂市政府、企业和居民提供了更为高效和便捷的服务，有助于实现临沂市的数字化转型和智慧城市建设。

⑶淄博市能源大数据中心利用互联网技术汇集了能源生产、传输、消费等各环节的数据，使得传统的单一能源服务模式转变为综合能源服务模式。这一转变推动了高耗能行业的高质量发展和互联网技术与能源产业的深度融合。该中心为政府和相关企业提供了能源方面的大数据服务，包括能源商品的价格动态和供需形势的大数据分析。它还为政府决策提供了重要参考，支持了淄博市智慧城市建设。通过数据汇集存储、深度分析、场景应用等多项服务，淄博市能源大数据中心致力于挖掘电力大数据的价值，为政府、企业提供电力数据共享服务，探索电力大数据在研判经济社会发展、服务产业转型升级和绿色环保等方面的应用，为淄博市智慧城市建设提供了有力支持。

县级能源大数据中心将能源数据与地方经济社会发展和企业数字化转型需求相融合，深度挖掘能源数据的价值，加强应用场景开发，并推动符合本地特色的能源数据创新应用，以县为单元建设能源大数据中心，典型的有正定县能源大数据中心等。

正定县能源大数据中心是在石家庄正定县政府的委托下，由石家庄供电公司组织开发建设的。该项目得到了政府的政策和资金支持，双方共同推进了电力物联网以支撑智慧城市建设的新进展。该中心对企业用电数据进行监测分析，并为企业提供能源管理方案，预计每年能节约大量的用能成本，同时也推动了正定县智慧城市建设的进一步发展。通过大数据中心的建设和运营，正定县能在能源互联、运营监测、供电服务、调度指挥、数据分析和数字城市功能方面取得了重要的进步，为正定县的智慧城市建设新进展提供了有力的支撑，实现了电力、能源信息互联互通、实时共享，为政府提供了以电测税、以电测产等数据增值产品，为政府决策提供了重要的参考和支持。正定县能源大数据中心的建设是河北省首家具备能源互联、运营监测、供电服务、调度指挥、数据分析和数字城市功能的“六位一体”县级能源大数据中心，标志着正定县在智慧能源和数字化转型方面取得了重要的突破，为未来正定县及周边地区的智慧能源和智慧城市发展奠定了坚实的基础。

2）政府牵头、非电网企业为建设主体

政府部门协同其他主体（非电网）为建设主体推动能源大数据中心建设的典型代表有重庆能源大数据中心、江西新能源汽车大数据中心等。

（1）重庆能源大数据中心是国家发展和改革委员会、重庆市政府推动，由重庆石油天然气交易中心牵头组建，经国家信息中心授权，独家建设运营的“国家信息中心能源大数据中心”，通过整合国家政务信息工程中的全国性跨部门数据资源，以及重庆石油天然气交易中心交易结算数据和会员企业数据等资源，打造具有行业特色和竞争力的能源大数据资源库。

2020年8月13日，重庆市能源大数据中心正式挂牌成立，中心汇集了煤、气、油、水等能源宏观数据以及用户侧明细数据，初步实现了能源数据的实时、开放、共享模式，同时通过数据分析开展商业化运营，为向社会提供更智慧的能源服务奠定了基础。整体采取“1+N”两级能源大数据中心同步建设模式，“1”是重庆市能源大数据中心，汇集全市和各区县宏观数据，重点对全市能源生产、消费以及行业发展情况进行宏观监测与分析，辅助政府决策。“N”是区县级能源大数据中心，汇集区县宏观数据和用户侧明细数据，并通过数据分析开展商业化运营，进一步挖掘能源大数据价值，为政府、企业、社会提供智慧能源服务。

（2）江西新能源汽车大数据中心是由南昌市政府与同济大学合作建立，针对新能源汽车企业监管、新能源汽车车辆运行里程核查及汽车运行的相关统计分析，为政府部门制定新能源汽车相关政策、发放新能源汽车补贴、监管动力蓄电池全生命周期轨迹、监测新能源汽车各项技术参数提供参考和依据。①通过车辆监控服务，为江西省各新能源汽车应用推广城市的各级管理部门提供车辆运行情况监控、安全信息报警、节能减排统计等服务，提升政府新能源汽车监管水平。②通过大数据挖掘服务，为新能源汽车全产业链提供基于实车运营数据的大数据分析，分析成果将对关键零部件生产企业技术应用选型，整车制造企业车型升级改造，车辆运营企业安全监控提供支撑，促进产业链上下游企业技术改良。③通过产学研合作、技术交流、实地验证，提升地方高校及科研机构在新能源汽车研发、制造、运营方面的技术水平，带动江西省内科研水平发展。

3）政务支持、其他单位为建设主体

（1）能源与经济大数据平台。中电联电力发展研究院有限公司（中电联技经中心）是中国电力企业联合会的直属单位，聚焦火电、水电、变电和送电工程设计、施工、技术经济管理等领域。能源与经济大数据平台是中电联电力发展研究院以“能源智囊、国家智库”为宗旨打造的提供全面数据参考、技术支持和资源开放互联的大数据平台。通过云计算、大数据、物联网、人工智能与电力行业的加速融合，建立电力产业链与能源生态圈。“E数聚”是能源与经济大数据平台的数据发布与运营中心，拥有电力行业火电发电设备、电气设备、智能化设备、电力辅机及仪器仪表和通用设备器材等海量数据源，能实现电力行业全产业链数据与资源信息的贯通。“E数聚”还是集材料信息运营、供应商运营、能源经济运营、信息定制服务、指数指标定制、用户渠道分析、电力形势分析、综合信息展示等于一体的应用服务体系，在加强政府电力建设投资、建立电力建设监控指数指标、规范政府指导计价及市场管理、开展能源与经济、电力发展信息监测等方面均有突破。平台以在线的方式为"G20"和"一带一路"共 80 个国家提供了能源政策动态、能源科研成果及动向、能源企业发展战略及运营绩效、能源行业发展现状及走势等国际能源信息数据，并向国内外输出《全球典型国家电力经济发展报告》，为行业研究提供信息参考，为国际业务拓展提供决策支持。能源与经济大数据平台的主要数据服务包括国际能源数据和价格查询两部分，数据模块通过图表展示与文字分析相结合的形式，呈现国际大宗商品、原油、天然气、电力价格的变化趋势，搭建国际能源数据可视化模块，平台还提供可视化分析工具以及对比分析工具。

(2) 中石化大数据平台。2015 年 3 月，中国石油化工集团公司(简称"中石化")以提升节能降耗水平，提高产品质量、管理效率和资源配置能力为目标，提出在石化领域推动工业化与信息化深度融合，通过建设统一、集成、共享的信息化平台，建立具有数字化、自动化、智能化特征的新型生产运营模式。为吸收借鉴互联网企业在云计算、大数据等领域的技术优势，中石化与阿里深度合作，对部分传统石油化工业务进行升级，深入挖掘石油大数据价值，打造新型商业服务模式，向社会公众提供更为优质便捷的服务。中石化采用多种技术搭建资源池，提供弹性资源，以建立大数据处理平台，并增强数据的收集、处理、建模和实时展现能力，实现了在行业中领先水平的平台层服务组件的开发，使系统内部形成了敏捷、弹性、按需供给的 IT 基础环境[4]。总部资源服务于全集团，区域中心的云资源节点优先为本区域内的需求提供服务，企业的云资源节点则专门为本企业服务。总部建成一个集中共享的资源池，包含基础设施层资源和平台服务组件资源，具备处理和存储大数据的能力，为应用开发提供了良好的基础。当前，中石化云平台为集中建设的大型系统和平台提供了支持，其中包括约 150 个应用，如易派客和第四方物流等。在开发易派客电商、燃料油、化工销售品、客户关系管理(CRM)等重要应用过程中，中石化云平台初步积累了共享服务组件，例如用户中心、商品中心和订单中心等。这些共享服务组件为企业的应用开发提供了基础组件，同时也为其他企业使用云平台提供了参考方案。

6.1.2.2　国外建设情况

在全球范围内，越来越多的国家和地区正在投资和开展能源大数据中心建设，旨在收集、管理、分析和利用大量与能源生产、传输、消费和管理相关的数据，以提高能源效率、优化能源系统运行并支持可持续能源发展，较为典型的代表包括美国能源信息署(Energy Information Administration，EIA)数据共享平台、英国国家电网(UK National Grid)、德国能源转型数据中心(German Energy Transition Data Hub)、欧洲能源交易所(European Energy Exchange，EEX)、C3 IOT 能源管理平台、AUTO Grid 能源大数据平台等等。这些机构或平台致力于收集、分析和提供能源相关的数据和信息，以支持能源行业的发展和决策。国外的能源大数据中心相关机构和平台建设，虽然尚未形成业态，但其建设内容和模式或值得参考借鉴。

1)美国能源信息署数据共享平台

美国能源信息署(EIA)是由其国会设立的能源统计机构，创建于1977年，隶属美国能源部(U.S.Department of Energy)，其宗旨是通过提供有关能源政策的信息及能源预测和分析，提升决策理性和市场成效，促进能源与经济、环境之间的协调发展，提升社会公众对能源政策的认知程度。美国能源信息署是美国能源数据分析预测的主要信息来源平台，负责收集、分析和传播独立且公正的能源信息。

EIA建设了公开的数据共享平台，在平台上提供免费公开的数据服务，包括报告、Web产品、新闻、数据浏览器、API和地图等。如图6.1所示，平台分为能源与应用(Source & Uses)、主题(Topics)、地理(Geography)、工具(Tools)、了解能源(Learn About Energy)、新闻(News)6大部分，其中能源与应用模块按照能源类型与应用进行划分，包括使用及其他液态能源、煤炭、天然气、可再生能源及替代燃料、电力、核能与铀、消费及效率、全部能源8个子模块。主题(Topics)部分包括分析及预测、环境、市场与财政、能源分布等4个子模块。EIA每天、每周、每月、每年根据需求定期在网站上发布信息。产品涉及特定的能源行业或燃料，主要包含相关数据、分析和预测、不同燃料或能源用途的综合视图等。

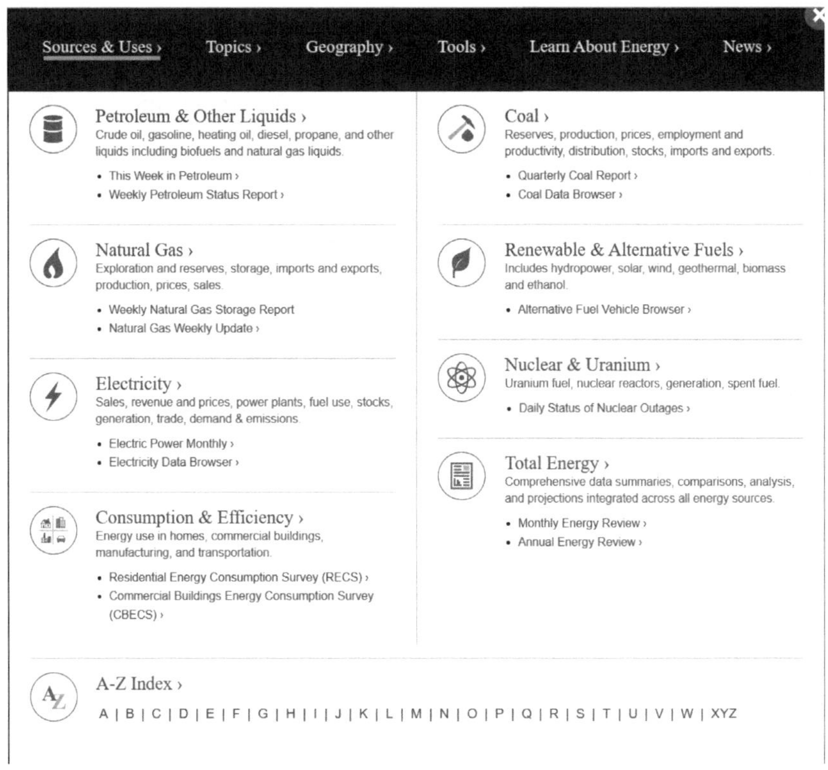

图6.1　EIA数据共享平台能源与应用模块视图

在EIA数据平台的工具(Tools)部分列示了多种数据工具，致力于通过应用程序编程接口(API)和开放数据工具来提高数据的价值，以提供更好的服务。API中的数据获取渠道包括批量文件、EXCEL 中的插件、Google 在线表格中的插件以及嵌入 EIA 网站上的交互式数据可视化小部件。EIA 数据平台的 API 是作为免费的公共服务提供的，用户注册并遵守 API 服务条款协议即可使用。

美国能源信息署数据共享平台通过应用程序编程接口(API)和开放数据工具提供免费、开放数据的价值，API 中的数据也可以批量文件形式提供，通过以机器可读格式提供 EIA 数据，可以利用私营部门、非营利组织和公共部门的创造力找到增值服务的新方法，更好地为客户提供服务。

2) C3 IOT 能源管理平台

C3 IOT 公司是全球物联网解决方案领先供应商，以自行研发的 C3 数据集成器为基础，整合来自公共事业公司内部和其他第三方的超过 22 种数据，包括公共事业公司拥有的仪表数据、能耗数据、第三方或用户的建筑物特性、企业运营情况、地理信息数据等，形成自己的分析引擎——C3 能源分析引擎(C3 Energy Analytics Engine)，提供电网实时监测和即时数据分析。

C3 IOT 提供平台即服务(PaaS)，用于快速开发和运营大数据、预测分析、AI 及机器学习以及物联网的软件运营服务(SaaS)应用程序。基于 PaaS 开发和运行，C3 IOT 还提供一系列可配置和可扩展的 SaaS 产品。C3 能源分析引擎将大量分散的电力系统数据存储在云平台上，与工业标准、天气预报、楼宇信息和其他外部的数据相结合，并且基于该平台开发了 C3 电网分析、C3 石油天然气分析和 C3 用户分析 3 个分析工作，另外还开放了多个 App。

C3 电网分析主要服务于供应侧，如公共事业单位、调度机构、输配电公司等智能电网拥有者、操作者和使用者，用于降低电网运营成本、预测并应对系统故障、掌握用户耗能情况等分析。C3 电网分析形成了智能仪器控制、资产保护、预测性维护、需求响应分析、负荷预测等 10 余种成熟解决方案。C3 用户分析是双向的，一方面面向公共事业公司，帮助其了解用户用能情况，合理设计需求响应方案，提供能源投入冗余分析、能耗基准点、电力用户空间视图等服务类应用；另一方面通过公共事业公司授权面向用户，用户可以借此进行能耗管理和需求响应管理，调整自己的能耗使用安排。

C3 IOT 公司的能源管理平台利用 AI、机器学习主动识别节能机会，自动采取实时行动，帮助大型商业和工业企业客户降低能源成本。C3 IOT 能源管理平台的 AI、机器学习算法能分析多种类型的数据，包括能耗数据、运行数据、传感器数据和天气预报，以提供能源使用和成本、高峰需求、异常活动和降低成本机会的预测。所有解决方案的数据结构均会被 C3 能源分析引擎可视化，供应侧和需求侧的使用者都可以通过 C3 IOT 能源管理平台提供的软件界面直观地看到这些结构，用户也可以通过 C3 IOT 能源管理平台直接进行操作。

3) AUTO Grid 能源大数据平台

Auto Grid 于 2011 年成立于美国硅谷，是由前斯坦福大学智能电网研究室负责人 Amit Narayan 创办，通过建立能源数据云平台(Energy Data Platform，EDP)，实现对电力系统的全面动态图景展示。EDP 将挖掘电网产生的结构化和非结构化数据，并进行数据集成，以建立数据使用模式、定价和消费者群体的分析。该平台旨在为能源领域提供一个全面的数据分析和管理解决方案，帮助利益相关者更好地理解和利用电力系统的数据，并为决策制定提供支持。公共事业单位基于 EDP 提前预测数周或者分、秒的电量消耗，大型工业电力用户可以借此优化生产计划，避开用电高峰，Auto Grid EDP 生产计划和作业优化模型如图 6.2 所示。

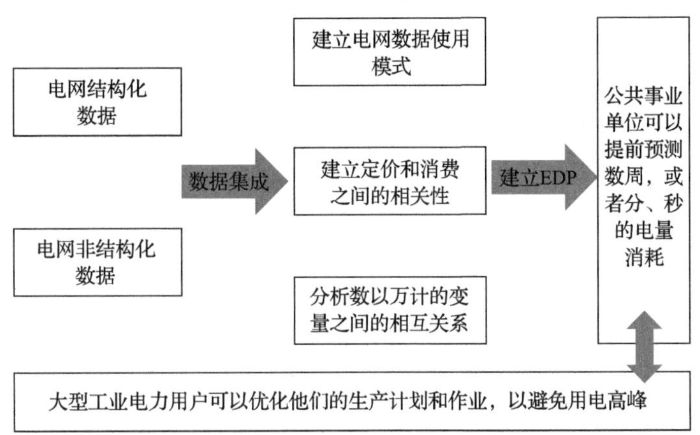

图 6.2 Auto Grid EDP 生产计划和作业优化模型

Auto Grid 的客户覆盖发电端、输电端、配电端、用户，可以帮助电网各端匹配电力供应和需求，降低电网各端的成本。EDP 收集和处理连接到智能电网的智能电表、建筑管理系统、电压调节器和温控器等设备的数据，为用电客户提供需求响应优化和管理系统(demand response optimization and management system，DROMS)，以获取能量消耗情况、预测用电量，并结合电价信息实现需求侧响应。EDP 生成需求侧管理项目的分析报告，提升客户全生命周期的价值收益。同时，EDP 还为电网运营者提供 DROMS，该系统可提供需求响应应对策略、预测发电情况和电网动态负荷，并预测电网运行故障，改善客户平均停电时间和系统运营时间。通过此系统，实现电网优化调度，减少非技术性损失，降低运营成本。Auto Grid 主要从采用其 DROMS 或其他服务的用户那里获得收入，主要有三种收费模式：SaaS 模式，用户按照 Auto Grid 为其处理的数据量付费；共享收益模式，Auto Grid 向客户发送报告，客户进行需求响应，并与其分享收益；合作模式，通过向设备供应商提供软件，向其收取许可费用。

从竞争优势来看，Auto Grid 凭借其 PB 级的数据分析和预测能力，Auto Grid 吸引了众多公用事业公司和软件产品公司与其展开合作。Auto Grid 致力于将其能源数据平台 EDP 开放给第三方，努力将其打造成能源行业大数据的统一公共平台。促进各方共享能源数据，并为能源行业提供统一的数据分析和预测服务。

总体来看，国外能源大数据中心的发展尚未形成完全成熟的生态系统，多数国家发布相关政策，促进绿色数据中心行业的发展。尽管对数据服务器的需求在迅速增加，但在过去十年中数据中心的大量能效提升使能源使用保持在较为平稳的水平。

6.1.2.3　现状总结与分析

分析国内外能源大数据中心的建设起源与现状可以发现，部分发达国家在能源大数据中心的建设方面相对较早，已经有一些较为成熟和有影响力的中心和机构。相比之下，国内的能源大数据中心的发展相对较新，但也正在迅速发展，并呈现出以下特点。

(1)能源大数据中心的主流模式为政府主导、电网企业主建。

从物理角度来看，电能是各类能源转化的枢纽，支撑能源互联互通，具有“基础设施”的属性。从数字角度来看，电网企业同样具有丰富的能源大数据中心建设经验，国家电网公司连续多年获得央企信息化建设领先企业，且在多能源汇聚融合方面做了大量探索实践。因此，在政府主导下，电网企业作为建设主体，多方协同参与，成为当下和未来能源大数据中心建设的主流模式。

(2)能源大数据中心的组织模式呈现省市县各级“百花齐放”。

一方面，各级政府都在积极探索推进“能源行业数字新基建”，预期将能源大数据中心作为推动地方绿色发展转型升级、助力地方经济绿色发展的动力。另一方面，能源大数据中心作为一种新业态，还未形成一种标准化的建设模式，也很难形成标准化的建设模式。由于各地能源发展特点、重点各不相同，地方经济发展各有特色，能源大数据中心建设将会是各地结合自身特色、创新探索的过程。

(3)能源大数据中心的核心定位是提供能源相关数据服务。

从建设实践案例中看出，能源大数据中心的各类数据应用或者数据产品，无论是能源金融创新、家庭智慧用能、智慧家居营销，或是企业用能监测、企业能耗诊断、行业能效对标等，核心都是基于数据或数据分析结果，为目标用户提供各类数据服务。

(4)能源大数据中心的快速发展需要产品迭代和平台运营。

随着政府等各方诉求的变化，平台数据的不断拓展汇聚，平台能力的不断沉淀，平台资源的不断聚合，平台提供的数据服务、数据产品也将不断推陈出新。如青海能源大数据中心在建设初期仅提供功率预测、设备健康管理、电站运营托管、金融服务等 12 项平台服务，经过三年左右的发展，平台吸引 13 家研发团队，11 家新能源发电企业，汇聚 39 家企业入驻，提供 24 类 47 项应用服务。

(5)能源大数据中心的建设过程面临复杂形势和诸多挑战。

能源大数据中心汇聚各类能源数据、政府宏观经济等内外部数据，数据的接入与融合共享成为第一道难关，例如家庭用户在水务、燃气、电力各自都有各自的定义与属性，多源异构数据的融合、多源数据实体对象的匹配及知识融合工作是首先需要解决的问题。除此之外，数据产品的规划设计与迭代创新、数据产品商业运营、开放技术平台选型等也是能源大数据中心建设正在面对的关键问题。

因此，以电网企业为建设主体的平台模式类能源大数据中心建设，核心在于以信息化平台为载体，打造以能源数据服务能力、能源数据资产管理能力、能源数据运营能力为核心的平台能力，聚合能源数据服务供需双方，通过持续创新不断做大能源数据服务生态，协同服务政府、企业、社会、生态伙伴各方诉求，推动能源数字化转型、社会综合能效提升、能源产业生态发展、政府精准能力提升。

6.2 能源大数据中心规划

能源大数据中心规划主要通过明确中心定位，围绕中心总体建设目标，分阶段开展能源大数据中心建设，面向政府、社会、企业等主体提供多样化能源数字服务，加快构建开放共享、互利共赢的能源大数据生态。

6.2.1 中心定位

能源大数据本身具备穿透、连接、叠加、倍增等效应，新形势下，能源大数据中心的角色正在从单纯的基础设施转变为一个具有多种价值活动的能源数字共享服务平台，中心的定位也随之发生了变化，如图 6.3 所示，能源大数据中心变成了一个赋能政府、行业和公众、行业生态的“能源大脑”，是政府治理现代化的服务者、能源低碳转型的驱动者、社会低碳绿色发展践行者和能源数字生态的引领者。

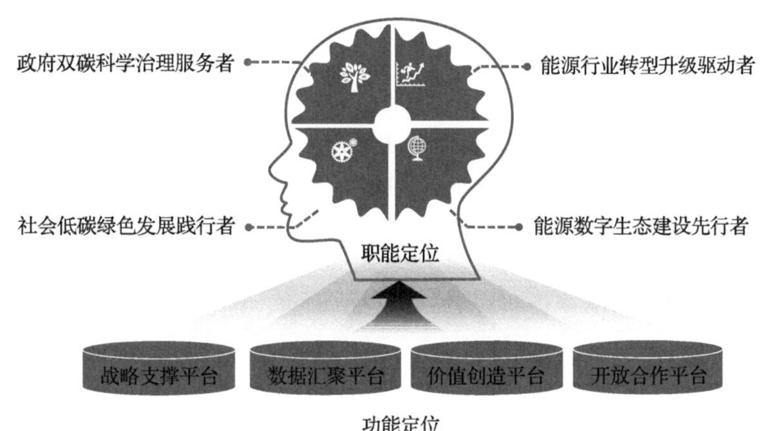

图 6.3 能源大数据中心定位

能源大数据中心组织的职能定位体现在以下几方面。

(1)政府双碳科学治理服务者。科学治理更加强调制度体系科学完备、多元主体共同参与、治理手段精准高效，更加依赖制度、人与技术的有机结合。基于能源数据与多种其他数据进行融合创新，建立一个能源数据统一共享开放平台，为政府提供经济治理能力增强和社会治理手段丰富的服务。

(2)能源行业转型升级驱动者。能源大数据中心在加强自身绿色化建设发展的同时，广泛整合异构能源数据资源，推动多种能源形态的协同共存，加强能源的高效利用，实现大规模的能源优化配置和更高效的供需对接，为构建清洁低碳、安全高效的能源体系提供重要支撑。

(3)社会低碳绿色发展践行者。能源大数据中心通过加强自身低碳绿色建设，以及服务政府、企业、社会公众构建精准碳排管理机制，开展碳排放供需管理，搭建居民碳普惠体系，助力全社会绿色低碳生活方式的推广。

(4)能源数字生态建设先行者。依托能源大数据中心数字化平台的互联互通和数据要素潜力的充分挖掘，可实现推动各层级各领域能源数据平台深度关联，扩大能源数字产业生态发展空间，推动能源数字生态的公共服务与产业发展模式创新。

能源大数据中心平台的功能定位体现如下。

(1)战略支撑平台。服务支撑碳达峰碳中和、新型电力系统构建、绿色低碳循环发展经济、能源转型、能源安全、能源互联网、数字新基建、数字中国、智慧城市等重大战略，发挥能源大数据中心能源发展智库、城市智慧大脑、数字低碳引擎等重要载体平台作用。

(2)数据汇聚平台。以电力数据为核心先导，打通能源行业数据壁垒，汇聚电、煤、油、气、水、热、新能源和可再生能源等能源数据，以数据融合推动技术融合、业态融合、市场融合，推动能源数字产业化，通过数据赋能能源全产业链协同转型。

(3)价值创造平台。创新运用大数据、物联网、人工智能、区块链等新一代数字技术，激发基层创新活力，激活能源数据价值，联合各方力量开展能源大数据价值挖掘和融合创新，构建能源大数据业务产品体系，服务政府治理决策、能源数字化转型、社会经济绿色低碳发展和人民群众美好用能。

(4)开放合作平台。以平台经济、共享经济和互联网理念谋发展，积极与政府、能源行业、社会企业、科研院所和高校合作，构建“多方参与、平等开放”的能源大数据生态圈，实现优势互补、合作共赢，辐射带动能源上下游、大中小企业协同发展。

6.2.2 建设目标

能源大数据中心的总体建设目标是：汇聚电、煤、油、气、水、热、新能源等能源数据以及经济、环保、工业、建筑、交通、地理等行业数据，研究制定能源数据资源共享管理机制，有效释放能源数据要素价值，促进能源和“云大物移智链”数字技术深度融合，探索构建能源大数据典型应用场景，培育能源互联网新技术、新业态、新模式。创新能源大数据中心绿色建设运营模式，提升能源数据的开发与应用水平，加快构建清洁低碳、安全高效的能源体系。扩大能源大数据中心辐射范围，构建开放共享、互利共赢的能源大数据生态，打造能源行业“数字引擎”和“智慧大脑”，支撑实现碳达峰碳中和目标。

6.2.3 发展路径

围绕能源大数据中心总体建设目标，能源大数据中心建设分阶段开展，由“公益化服务”逐步向“市场化运营”发展，“十四五”期间主要是以公益化服务为主，逐步向市场化过渡，“十五五”期间主要是公益化和市场化相结合，面向政府、社会、企业等主体提供多样化能源数字服务。能源大数据中心主要功能是为政府收集、整合和分析能源数据，通过对能源数据的深入研究和分析，提供决策支持和政策建议，帮助政府进行精细化管理和科学决策。

“十四五”期间，能源大数据中心建设着眼于推进能源大数据中心的纵深化、多元化、规模化发展，逐步形成全国一体化的能源大数据中心格局，构建覆盖能源行业上中下游、大中小企业的能源大数据联合创新体和生态圈。持续拓展能源数据汇聚共享范围，并逐步覆盖一次、二次能源的生产、传输、存储、消费、交易、流通全环节。实现能源大数据关键核心技术自主可控，提升能源大数据中心绿色化规划、设计、建造、运维技术，让数据中心实现最大能源利用效率，深度挖掘能源大数据应用价值，更好地服务政府治理、能源转型、数字经济、绿色低碳发展，并构建成熟完备的产品服务体系和可持续发展商业模式。这些措施将为构建能源行业的数字化转型提供重要支撑。通过对数据的收集和利用，政府可以更好地制定相关政策，推动能源转型和低碳发展。同时，行业企业通过能源大数据分析更好地掌握市场需求，优化产品研发和生产流程，提升企业竞争力。此外，能源大数据中心还将为智慧城市、智慧交通等领域的发展提供有力支持。

“十五五”期间，能源大数据中心将围绕能源领域核心业务，通过大范围内汇集、配置与共享能源、政务及通信等各类数据，建立起全面、系统的能源数据标准，实现能源数据的高效共享和应用。同时，针对不同的能源数据类型和应用场景，保证能源数据的可靠性、实时性和准确性。打通各类能源数据产供销链条，以客户为中心，推动能源数据业务全链条创新。通过提供多元化的能源数据服务，满足客户不同的能源需求，促进能源行业的转型升级。通过打造多元化的能源数据市场，促进能源数据的流通和交易，推动能源行业的数字化转型和市场化发展。在能源数据要素市场中，各类数据生产、采集、加工和应用企业可以通过数据交易和共享，实现共同发展和互惠共赢，推动能源大数据中心迈向公益化和市场化平衡发展阶段。

未来，能源大数据中心将加快推进敏捷化、智能化发展，打造灵活弹性和快速交付的能力以适应业务需求的变化，挖掘多元化场景应用，孵化多元化数据产品，以市场化方式培育和拓展新的商业盈利模式，培育新兴利润增长点。通过跨行业数据融合、数据资源目录建设，整合各行业数据资源，形成面向产业链的数据资源图谱，基于能源大数据中心全产业链数据融合及分析应用能力，实现各行业之间的协同、共享、共赢，为跨行业数据管理、应用提供典型示范，优化社会能源配置，为政府机构、能源企业和社会大众提供强有力的数据服务，推动新型智慧能源生态建设。吸引、培育产业链条上下游合作伙伴，为政府、能源行业等提供一站式能源大数据创新应用平台，助力业务生态快速发展，赋能关联行业发展培育新型繁荣的能源产业发展新业态，打造共建共治共享的能源互联网生态圈。通过能源大数据助力“智慧环保”，推进绿色、清洁能源的高效利用，促进区域电源结构和布局优化，构建多元化清洁能源供应体系，助力减少能源、资源消耗和污染物排放，带动区域企业绿色发展，实现经济效益与环境效益双赢。

6.3 能源大数据中心建设

能源大数据中心建设以“智慧能源服务智慧城市发展”为主题，结合各地区发展实际，明确组织建设模式，以平台建设为底座、数据能力建设和运营服务管理为抓手，围绕能源服务智慧化与能源供应数字化，构建多样化应用场景，提升数据管理与运营服务能力，对内夯实基础，对外赋能运营，以智慧能源协同智慧城市发展，以智慧运营助力能源生态圈构建，总体建设思路如图 6.4 所示。

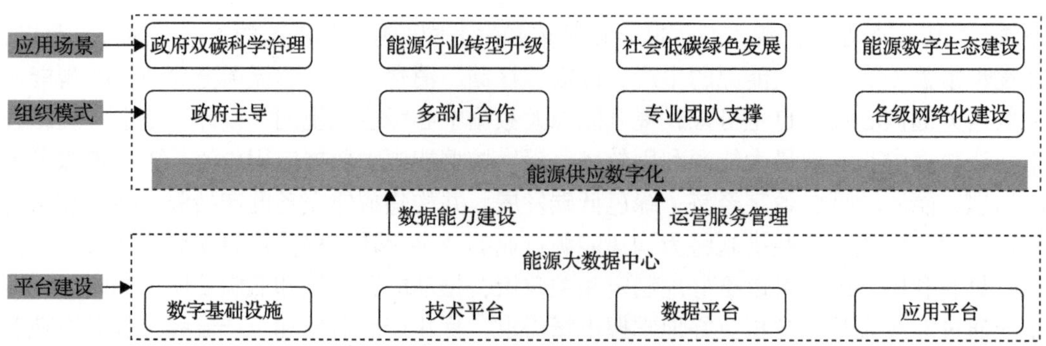

图 6.4　能源大数据中心总体建设思路

(1)平台建设：能源大数据平台是一个综合的数据采集、存储、处理和分析的系统，旨在提供全面的能源数据管理和决策支持功能，当前平台建设基本依托和复用本身能源行业已有数字化能力，包括数字基础设施、技术平台、数据平台、应用平台四个部分。

(2)数据能力建设：能源大数据中心提高对能源大数据进行汇聚、存储、整合、分析、处理和应用的能力，加强数据汇聚、数据存储、数据服务、数据资产管理，将不同领域、不同来源、不同层级、不同结构的能源数据有序接入能源数仓，形成结构统一、标准统一、业务清晰的综合能源信息模型，建立和完善数据服务体系与数据资产管理体系，为能源规划、政策制定、运营管理等决策提供科学的依据和支持。

(3)运营服务管理：能源大数据中心提高对能源大数据及数据产品的开发、应用、推广和服务支撑能力，包括产品与服务运营、客户关系管理、平台运营与安全体系建设等。

(4)组织模式：能源大数据中心在结构、职责、权责关系、决策制定等方面的组织架构和运作方式。我国能源大数据中心的组织模式呈现出政府主导、多部门合作、专业团队支撑和各级能源大数据中心网络化建设的特点。

(5)应用场景：通过数据收集、技术处理、分析等方式建设能源大数据应用场景，服务政府、企业、社会公众和行业生态伙伴等需求对象，包括支撑政府机构开展能源经济指标分析、规划辅助分析、节能减排分析，支撑企业单位开展能源运营、非能源企业服务、能源协同等，支撑社会公众开展社会保障分析、民生保障分析，与生态伙伴间形成良好合作关系、共建大数据生态等，助力政府双碳科学治理、能源行业转型升级、社会低碳绿色发展、能源数字生态建设。

6.3.1　组织模式

我国能源大数据中心的组织模式主要呈现出政府主导、多部门合作、专业团队支撑和多层级网络化组织等特点，建设主体多样化，因此较多采用“多主体、多层级”模式，确保能源大数据中心能够高效运作、充分发挥作用，并为能源行业的发展和决策提供支持。例如青海省能源大数据中心、河南省能源大数据中心等，均建立健全了能源大数据中心管理体系，明确运营主体、组织架构和职责分工，采用了省、市、县多层级组织模式进行能源大数据中心建设，实现能源大数据运营管理的指挥有序、工作协调，多层级组织模式如图 6.5 所示。

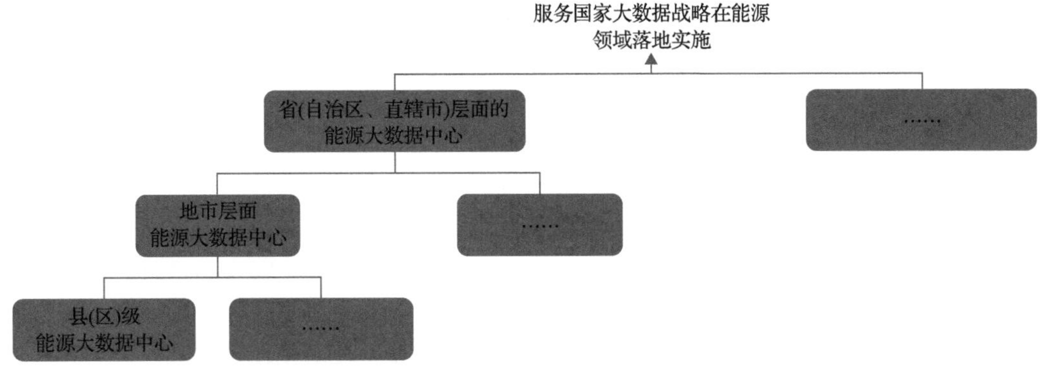

图 6.5　能源大数据中心多层级组织模式

为更好地服务国家大数据战略在能源领域的落地实施，能源大数据中心可采用省级、地市级和县级多层级组织模式。其中，省(自治区、直辖市)层面的能源大数据中心以服务各省当地能源和经济社会发展、企业数字化转型等为目标，在各级省政府指导下，由省级电力公司承建，联合各能源企业参与，打通各省级数据链路和跨行业数据壁垒，汇聚地市能源数据资源和产品应用，提供数据服务、产品管理、互动交流等功能，构建能源大数据联合创新和应用推广的平台阵地。地市层面的能源大数据中心对推动地方政府治理、企业增效，提高能源综合利用水平，更好地服务全市经济社会发展具有十分重要的发展意义，通过地市级能源大数据中心整合政务平台、能源企业现有数据系统，推进能源资源优化配置。地市级能源大数据中心和省级、国家级能源大数据中心构建了上下协同、运作高效的能源大数据中心组织体系。县级能源大数据中心是能源大数据中心“神经末梢”，通过建设县级能源大数据平台，汇聚当地能源行业的各类数据，包括电力、石油、天然气、煤炭等多个领域的能源数据，深入融合当地能源和经济社会发展、企业数字化转型需求，深度挖掘能源数据价值，加强应用场景开发，拓展符合本地特色的能源数据创新应用。

从机构设置来看，能源大数据中心组织需设置运营机构，明确运营主体，统筹指挥运维单位、支撑单位与合作伙伴等多方组织共同支撑开展能源大数据中心运营管理工作，其中运营主体单位负责能源大数据中心的建设和运营工作，包括开展能源大数据中心应用系统建设，研究能源大数据中心关键技术、商业模式和运营体系等，其他支撑单位依据职责分工负责能源大数据中心技术支持、系统运维、数据应用成果商业化推广等工作。

从部门内部分工来看，能源大数据中心应基于自身发展定位与发展战略，明确合适的部门设置与职能划分，通常包括运营中心、技术中心、信息中心和管理中心等部门。①运营中心负责能源大数据中心发展规划、综合能源项目管理及业务拓展、数字产品及商业模式策划；负责与政府、企业、社会公众以及能源系统的合作、交流和服务、维护对接。②技术中心负责能源大数据中心数据数字产品的技术研发、实施和维护；负责信息化架构和技术政策设计、统一数据模型设计和管控；负责能源大数据科技创新研究；负责泛在电力物联网数据支撑方案研究及物联管理；负责信息化项目技术支撑以及中心各部室技术支撑等。③信息中心负责能源大数据中心平台建设、维护、运行分析和结构优化；负责中心网络安全和数据安全归口管理、运营范围内网络安全监控和分析研判、安全检测队伍组建和业务管理，负责编制能源大数据标准、数据安全相关制度及操作手册等。④管理中心负责能源大数据中心综合计划管理、物资采购管理、相关专业人才培养计划制定和实施、综合事务管理及协调等。

6.3.2　平台建设

目前，业内大数据公司主要专注于为互联网公司提供技术支持和咨询服务，而能源大数据增值服务具有明显的能源电力特色，现有大数据企业无法完全满足政府、企业和居民的具体需求。因此，各省市政府或电力公司投资建设的能源大数据中心成为能源大数据增值服务的主要平台。考虑到这一情况，在对能源大数据建设模式进行探讨和分析时，采用电网公司通用平台架构模型进行阐述。能源大数据中心采用的技术架构主要从 IaaS 层、PaaS 层、DaaS 层、SaaS 层四个层面进行构建，包含数字基础设施、平台层、数据层、应用层和管理体系五部分，如图 6.6 所示。

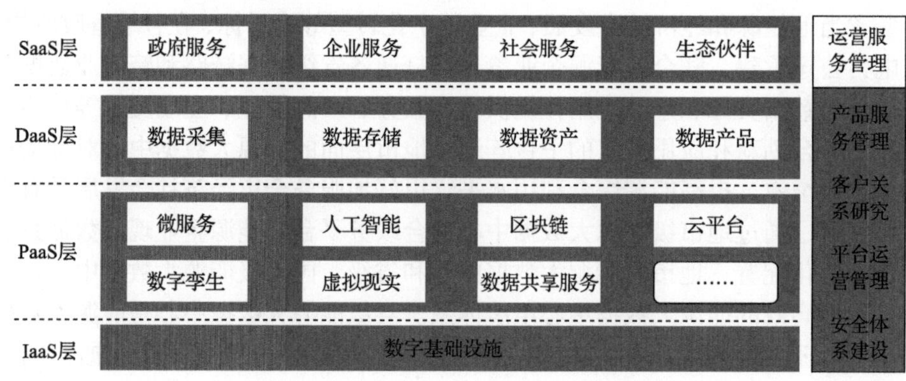

图 6.6　能源大数据中心技术架构框架

6.3.2.1　数字基础设施

数字基础设施为整个能源大数据中心提供网络、存储、计算物理机、虚拟化资源、云资源及协同调度服务，实现资源的动态灵活调配，提升资源利用效率，降低基础设施和运维成本投入。

6.3.2.2　平台层

能源大数据中心平台层是提供大数据集成、管理、分析、共享等能力的技术平台，包括基于数据服务开发技术框架的微服务、基于区块链技术框架的区块链技术、人工智能、云平台、数字孪生、虚拟现实、数据共享服务等平台或技术组件。通过应用智能传感等数据感知技术，结合区块链的去中心化分布式存储机制和链式结构，实现对能源生产、传输、负荷、存储、设备性能、市场交易、用户需求、生态环境等各方面的数据进行广泛采集和有序存储，为能源行业提供更多的智能化支持。通过加强分布式数据存储、点对点传输、共识机制、加密算法等计算机技术在互联网时代的创新应用模式[5]，达到去中心化、信息共享、智能合约、信息追溯和隐私保护的效果。

6.3.2.3 数据层

能源大数据中心数据层通过数据中台建设统一的接入、管理、清洗转换、价值挖掘、分析处理和可视化展示等功能，针对特定的应用场景进行封装，以充分发挥数据的价值。主要涵盖数据汇聚、数据存储、数据服务和数据资产管理等方面，为企业提供强大的数据支持和决策依据。

6.3.2.4 应用层

能源大数据中心应用层主要面向能源行业、政府部门、社会企事业单位、社会公众等用户提供业务服务，服务类型包括封装好的数据 API、在线数据分析软件模块等。

6.3.2.5 管理体系

能源大数据中心管理体系一般包括运营服务管理、产品服务管理、客户关系管理、平台运营管理和安全防护管理体系建设等。

就能源大数据中心平台建设实践来看，基础资源层上基本复用本省能源企业已有云基础资源，平台层基本复用本省能源企业已有的业务中台、数据中台，不同之处在于，能源大数据中心结合本省实际业务需求，在应用层百花齐放，充分发挥创新主观能动性，建设了一批优秀的能源大数据应用。如河南省能源大数据中心遵循“两大体系、三大平台”的总体架构推进各项建设工作，已初步形成了面向政府、企业、公众和公司自身的经济服务平台，为能源互联网体系大数据运营提供战略支撑；依托全球首个基于黄河鲲鹏服务器、华为云和数据中台 8.0 版本建设的河南电力云和数据中台初步完成硬件基础设施平台、数据管理平台、应用众创平台建设工作，分别提供数据管理应用的软硬件环境，实现数据的存储、管理、访问等功能，为客户提供生产运行、业务咨询、高级应用等服务，如图 6.7 所示。

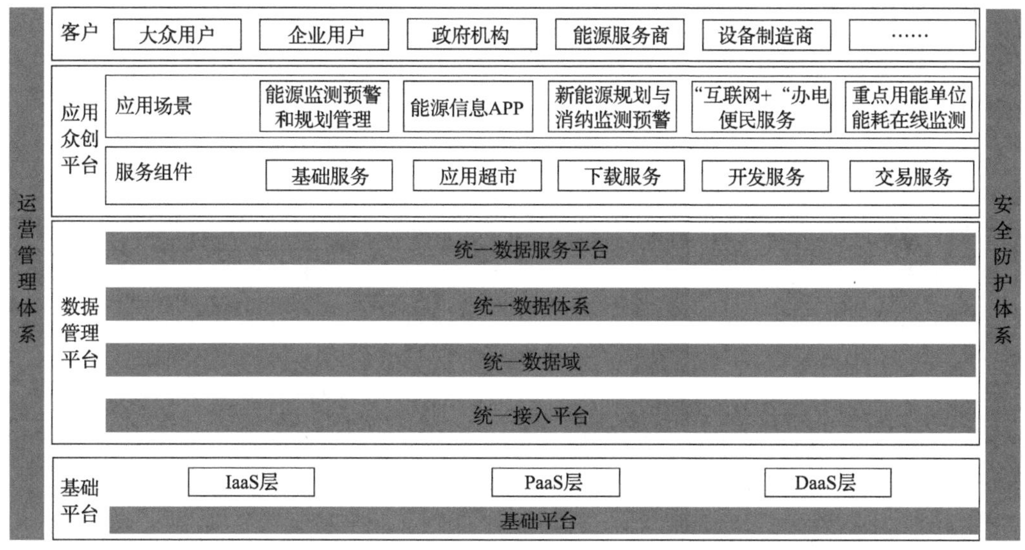

图 6.7 河南省能源大数据中心平台总体架构图

6.3.3 应用场景建设

6.3.3.1 面向服务对象

能源大数据中心通过与政府机构、能源企业进行数据采集与交换，沉淀行业多样、类型全面的能源基础数据库，经过数据技术处理等手段，实现能源数据的对外共享与服务，面向政府、企业、社会和生态伙伴四类服务对象，为政府机构提供能源经济指标分析、规划辅助分析、节能减排分析等服务，企业单位提供能源运营、非能源企业服务、能源协同等服务，为社会提供社会保障分析及民生保障分析等服务，与生态伙伴之间形成良好的合作关系，通过签订战略框架、运营代理、开展增值服务活动等形式，共建大数据生态，由此形成能源大数据中心的业务架构布局，如图 6.8 所示。

(1) 政府机构：包括地方发展和改革委员会、网络安全和信息化委员会办公室、国家统计局、工业和信息化部、城市管理委员会、规划和自然资源局、商务部、科学技术部、市场监督管理总局、生态城市建设管理委员会、能源集团有限公司、水务集团有限公司等。

(2) 企业单位：包括发电企业、电网企业、园区能源供应商等各类型购售电主体；高耗能企业、大工业用户等能源消费者；装备制造企业、金融服务企业、技术及数据服务商等外部合作机构；新能源企业、功率预测服务提供商等。

(3) 社会公众：包括社会机构和城市居民，未来将面向农村居民提供差异化服务。

(4) 生态伙伴：包括能源产业链上下游合作伙伴，共同激活能源行业和市场新动力，形成良好经济社会效益和示范带动效应。

6.3.3.2 应用服务场景

能源大数据中心的价值体现依托于服务场景的应用，能源大数据中心可持续发展的关键也在于有效支撑特定应用场景。根据服务对象的不同，可分为政府类应用服务场景、企业类应用服务场景、社会类应用服务场景和生态类应用场景，并通过基础设施、数据服务、智慧环境、智慧治理、智慧经济、智慧民生 6 类智慧城市指标为政府、企业等提供决策支撑。

1. 政府类应用场景

政府类应用场景主要通过收集各政府部门发布的公共数据资源以及能源企业提供的煤炭、石油、天然气、电力、水务、热力等能源数据，借助平台数据产品和数据服务等为政府宏观调控、监管决策提供数据分析与研判，为政府部门各项管理职能丰富数据维度，为相关专业领域提供专题分析，在能源大数据领域的政企合作可以用能源大数据佐以信息化手段，反哺政府精准治理和高效监管。能源大数据政府应用服务场景主要从能源经济指标分析、规划辅助分析、节能减排分析三个方面进行构建，如表 6.1 所示，为政府在基础设施、数据服务、智慧环境、智慧治理、智慧经济、智慧民生 6 类智慧城市指标方面提供决策支撑。

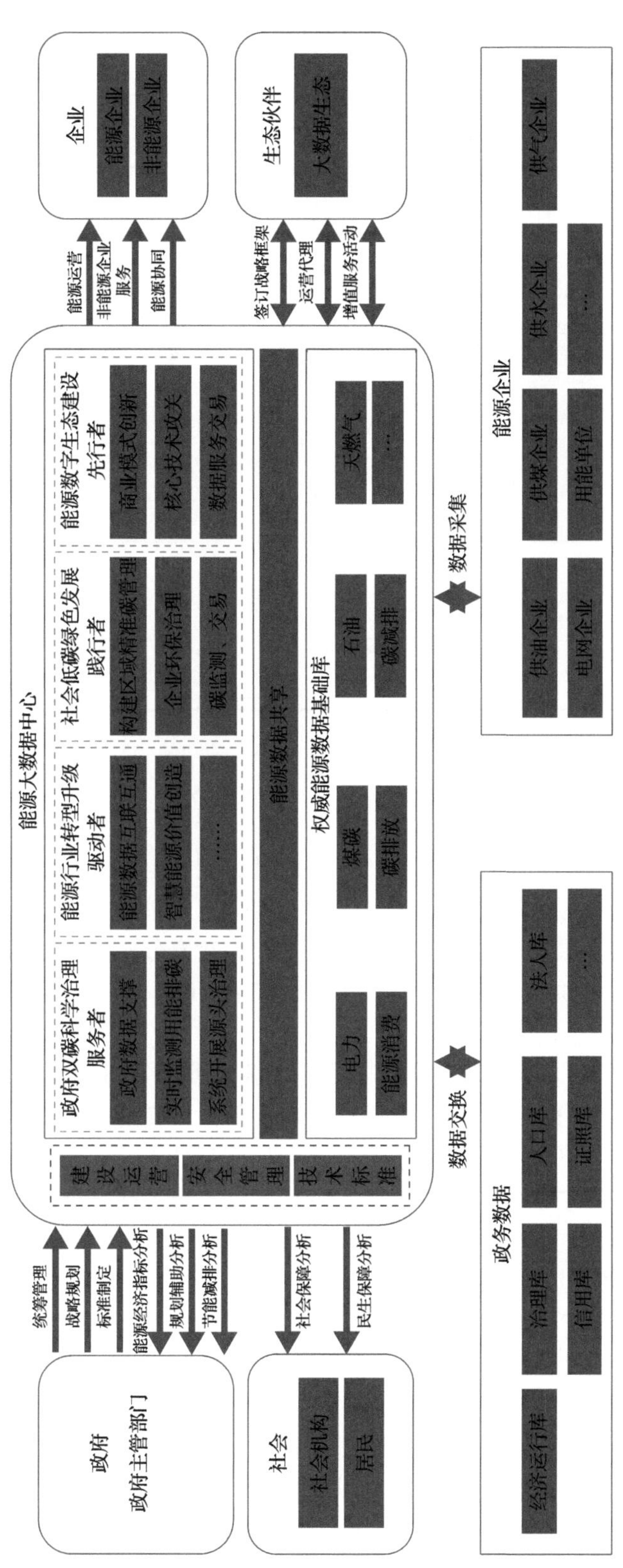

图6.8　能源大数据中心业务架构图

表 6.1　政府服务应用场景

序号	场景分类	典型应用服务	智慧城市指标					
			基础设施	数据服务	智慧环境	智慧治理	智慧经济	智慧民生
1	能源经济指标分析	能源数字全景图	○	○	○	○	●	○
2		能源供给保障发展与预测分析	○	○	○	○	●	○
3		电力看经济	○	○	○	○	●	○
4		……						
5	规划辅助分析	城市住房空置率分析(电力看住建)	●	●	○	○	○	○
6		企业安全生产监测	○	○	○	○	●	●
7		电力+低收入人口监测	○	○	○	○	●	○
8		新能源汽车充电设施规划建设	●	○	○	○	○	○
9		……						
10	节能减排分析	清洁能源发电减排分析	○	○	●	●	○	○
11		能源“双控”与供应质量监测评估			●	●		
12		能源看生态环保	○	○	●	●	○	○
13		……						

●表示场景包含的智慧城市指标。

○表示场景不包含的智慧城市指标。下同。

1) 能源经济指标分析

能源经济指标分析是指通过能源生产消费总量、能源生产消费结构、非化石能源消费占比、电能占终端能源消费比重、单位 GDP 能耗、人均能源消费量、人均用电量等重要指标分析，系统直观展示各层级能源发展水平，为政府分析研判能源运行形势和制定能源战略规划布局提供决策支撑[6]，包括能源数字全景图、能源供给保障发展与预测分析、电力看经济等。

(1) 能源数字全景图。能源数字全景图依托能源大数据中心汇聚的电、煤、油、气、水、热、新能源等能源分布、生产、输送、消费、价格、交易和进出口等数据，综合运用大数据、人工智能、知识图谱、数字孪生等多种信息技术，从“国家—省—市—区乡镇—园区—企业”等多层次能源时空视角，进行数据整合关联、分层叠加、智能分析和集成展示，形成多维度能源全景的“电子沙盘”，构建数字化“能源一张图”。

(2) 能源供给保障发展与预测分析。面对错综复杂的国际形势和能源市场存在的不确定性，基于区域能源生产、外购、存储、消费的能源供需数据开展综合分析，站在“历史、现在、未来”视角，提供能源供需分析、能源结构变革、能源供需安全分析、城市圈能源发展对比，并以能源流图的形式，呈现能源发展状态，为政府展现“源—网—荷—储”总体能源一盘棋的态势，纵观能源供需新格局，图说能源转型成就和水平。开展能源供给保障月度、日度、实时监测，包括电力生产、煤炭生产、油气生产、新能源生产、能源供应市场等多维监测分析，结合极端高温、寒潮、低温雨雪冰冻等极端天气，建设能源供需保障供需分析预测预警体系，服务政府部门科学研判能源供应形势，制定应急保供方案，及时组织各地有关部门和能源企业做好能源供应保障，服务民生用能安全。

(3) 电力看经济。运用区域税收和电力大数据构建经济活力税电指数体系，构建电力经济指数、行业动能转换指数、城乡协同发展指数、工业企业景气指数等指标，形成一系列穿透性强、覆盖面广的中观和宏观指标体系，以产业/行业、企业为分析单元，用于衡量税收产出效率和经济运行活力，从不同角度监视和解释经济走势，为经济社会和政府单位提供辅助参考。构建相关业务模型，从电力视角对全省、行业、企业、园区四个维度进行常态监测，利用监测数据对全省经济进行宏观、微观等方面的分析，为政府相关决策的制定提供依据。

2) 规划辅助分析

规划辅助分析是指利用大数据技术和分析方法，借助对能源生产、消费、供应、价格、环境影响等方面数据的分析结果，辅助支持政府在规划方面的决策和分析，包括电力看住建、企业安全生产监测、电力+低收入人口监测等。

(1) 电力看住建。主要面向省住建厅，为政府提供在楼市供给情况、识别建筑物房龄、住房空置率检测、建设项目检测、建筑能耗检测以及用能大数据运行态势一张图管理等数据分析服务，实现非接触式、精准核查，节省调研成本，辅助住建部门开展规划、决策工作，提高精细化管理能力，为提升智慧城市发展建设水平提供有力支撑。对于建筑房龄超过一定年限的房屋进行集中预警，有效避免房屋倒塌、危害人身安全的事件发生。

(2) 企业安全生产监测。针对煤矿、地下矿山、烟花爆竹及危化品高危行业企业，利用电力大数据与企业生产行为强耦合的独特优势，以企业历史、实时用电数据为基础，结合企业报装容量、行业属性、是否双电源供电等基础信息，采用支持向量机、随机森林、梯度提升决策树等方法设计算法模型，构建停产企业违规生产监测预警、正常运营企业生产异常监测预警、灾害天气停产限产建议等监测功能模块，研判企业法定停工停产期间实时状况，通过多重可视化方式，直观展示违规生产企业数据、分布情况和用电行为，支撑应急管理部门开展高危行业企业的电力实时数据监管。

(3) 电力+低收入人口监测。通过电力数据与民政厅低收入人口数据融合运用，对其用电度数、电费缴纳、电费减免等用电行为和用电习惯进行监测，研究分析低收入人口用电情况、缴费情况、停复电情况等行为，建立低收入群体动态监测信息库，创新精准救助对象的研判监测预警机制，加强对城乡低保对象、特困人员、支出型困难人口等低收入人口的监测预警，建立健全低收入人口主动发现机制，实现对低收入群体的科学预警，面向政府提供低收入人口“分类监测、分级预警、分类处置”一站式服务，助力省民政厅向低收入人口及时提供帮扶和救助，切实做到“应保尽保、应救尽救”。

3) 节能减排分析

节能减排分析类应用场景包括清洁能源发电减排分析、能源“双控”与供应质量监测评估、能源看生态环保等。

(1) 清洁能源发电减排分析。结合企业电力、生产、用能历史数据，建立电力、能源、碳排关联关系，并基于电网潮流分析研判分时、分区的电力碳排放因子，形成行业能—

电—碳转换模型，只需获取用户的用电数据和能源消费结构，即可推算出企业的碳排放数据，解决企业碳监测数据获取难的难题，提高碳排核算精准度，支撑政府主管部门科学开展区域电网碳排放核算。

(2) 能源“双控”与供应质量监测评估。围绕国家节能减排工作要求，开展区域、重点行业和重点企业多维度的能源“双控”指标数据统计和综合分析，实现“双控”指标发展跟踪和监管预警；引入“社交”元素，开展企业双控指标标杆对比，辅助政府跟踪和预测双控指标的监管成效，促进节能降耗，助力能源综合改革。依托能源大数据中心连续监测和分析评估电力、天然气、煤炭、油品等能源供应质量，结合主要用能系统的运行状态等进行实时监测分析，对运行状态及电能质量出现异常的状态进行预警，及时发现能源质量问题，提高能源质量水平。

(3) 能源看生态环保。基于各类能源数据纵向开展能源生产、传输、转换、消费全过程跟踪，分析国家能源生产消费总量和结构、综合碳排放强度与社会经济发展的趋势变化规律，评价地区绿色能源结构特征；横向对比省、地市、产业间的能源消费特点，分析不同能源结构与碳排放强度的关系，为地区经济转型和绿色、高效用能提供对标依据。针对行业、产业能源消耗分析监测，分别从区域和行业两个维度出发，开展宏观层面能源消耗情况监测，对各区域、各重点行业能源消耗情况进行详细展示，为地区经济状态评估和绿色用能引导提供支撑。基于各地能源消费、行业经济产值与气象环保大数据，有效配置清洁电力资源，集成用户数据、电网数据和社会环境数据，推动能源结构绿色转型。同时进行对“散乱污”场所大数据监控治理，提高污水治理、垃圾处理能力，综合分析环境污染与能源消费、产业结构之间的内在关系，为各地优化能源消费结构，制定环境保护措施提供参考。

2. 企业类应用场景

通过汇聚电、煤、油、气、新能源等能源数据，搭建多类能源分析模型，从单一视角到多能源数据视角进行转变，对能源使用情况和发展趋势提供可量化、可视化展现，引导能源规划布局，助力“能源双控”，推进绿色转型。能源大数据企业应用服务场景主要从能源运营和非能源企业服务两方面进行构建，为企业在数据服务、智慧环境、智慧经济 3 类智慧城市指标方面提供决策支撑，企业服务应用场景见表 6.2。

表 6.2　企业服务应用场景

序号	场景分类	典型应用服务	智慧城市指标					
			基础设施	数据服务	智慧环境	智慧治理	智慧经济	智慧民生
1	能源运营	智慧用能监测分析	○	○	○	○	●	○
2		碳资产管理	○	○	○	○	●	○
3		企业多维画像与信用评级	○	○	○	○	●	○
4		……						

续表

序号	场景分类	典型应用服务	智慧城市指标					
			基础设施	数据服务	智慧环境	智慧治理	智慧经济	智慧民生
5	非能源企业服务	绿色金融辅助服务		●	○	○	●	○
6		流域水资源管理		●	●	○	○	○
7		交通行业能源绿色、高效利用		●	●	○	○	○
8		……						

1) 能源运营

能源运营类应用场景包括智慧用能监测分析、碳资产管理、企业多维画像与信用评级等。

(1) 智慧用能监测分析。通过汇集用能企业实时用电、用气、用水等能耗数据，实时监测用能企业用能情况。构建基于电、水、气等多源、多维数据的综合用能异常客户识别、用户综合用能行为分析、区域综合用能需求预测模型，对客户进行用能标签画像和评估，精准把控客户综合用能行为，为客户提供用能查询和优化服务。建立能耗分析模型，比对同行业标杆企业能耗水平，提供预警、专业化用能诊断、用能分析报告，优化企业用能策略，推动用能企业提质增效、节能减排，实现精益化管理。

(2) 碳资产管理。能源大数据平台将符合条件的水、风、光等绿色能源进行“碳资产”核算，构建碳资产签发、撮合销售和碳中和抵消等碳资产交易链条，为企业提供碳资产交易的全流程服务。后期将在构建以新能源为主体的新型电力系统背景下，围绕电网公司、发电企业、售电公司、用电客户等电力交易市场主体，基于分时电价、辅助市场、现货市场、碳资产交易等行业热点动向，打造能源交易撮合产品，从线下交易撮合探索，到线上服务模式验证，打磨能源撮合业务，形成稳定收益。

(3) 企业多维画像与信用评级。利用多渠道用户数据，建立涵盖用电特征、逾期缴费、违约用电、碳配额、碳资产、超限排放等要素的全域企业标签体系，形成多维度、全方位的“企业画像”，并提供能源信用、碳排信用评价，从能碳视角开展企业信用评价、客户资格审查等应用，为政府、能源企业的融资授信提供依据，助力区域融资环境改善。

2) 非能源企业服务

非能源企业服务类应用场景包括绿色金融辅助服务、流域水资源管理、交通行业能源绿色、高效利用等。

(1) 绿色金融辅助服务。绿色金融辅助服务是指通过研究企业电、煤、油、气等数据，分析企业经营管理情况，加强能源大数据在普惠金融拓客以及贷后风险管理端的应用，依托企业的电力耗能状况可以对企业信用做出准确预判，从而有的放矢地开展供应链金融，同时还可以授权银行将电力征信数据作为中小企业精准风控的关键依据，增强银行和中小企业的互信。通过加强和金融行业合作伙伴合作，聚焦普惠金融、绿色金融，可建立能源数据助力金融增信新模式。

(2) 流域水资源管理。基于能源大数据，整合多元数据资源，流域水资源数据共享及协同调度管理平台以物理流域为单元、时空数据为底座、专业模型为核心、知识引擎为驱动，开展数据共享、共治，构建数字孪生流域，利用高精度地形和高分辨率的卫星遥感影像，融合电力、气象、水文等多源数据，打造资水流域、水电厂的数字孪生，服务电力部门和水利厅联合开展“电调”“水调”，为提升调度管理效能和应急管理水平提供技术支撑，实现流域水工程安全运行、水资源评估及预测、发电能力评估及优化、电力设施防治洪安全、防洪优化调度、生态流量监测、会商决策等功能，提升水资源利用率。

(3) 交通行业能源绿色、高效利用。基于石油、电动车、氢能、天然气、生物燃料消费数据，分析交通行业能源消耗总量、结构构成和变动趋势，洞悉当前交通领域能源结构、低排放、零排放交通发展趋势，反映交通行业绿色能源消费转型特点。同时分析地铁、铁路、客车和货车等交通载具应用和能源消费结构，分析能源利用效率，横向对比不同地区交通结构特点下能源消费和能源利用效率情况，为交通行业能源绿色、高效利用提供依据，为政府政策引导绿色出行和低碳出行提供评价依据。此外，以清洁能源汽车为关注点分析交通行业产业布局变化趋势，为石油、天然气、电力等能源供应商积极参与交通行业能源发展和变革提供契机，为行业高端布局提供参考，促进能源行业和交通行业相互融合和联合优化。

3. 社会类应用场景

面向社会应用服务场景主要从社会保障和民生保障两方面进行构建，服务社会治安管理，改善农村能源结构，提供智慧交通出行方案，保障能源供应稳定可靠，优化居民生活配套设施，实现对城市社会综合能效的科学评价，从而进一步优化营商环境，构建智慧社区，提升居民幸福指数。社会应用服务场景见表 6.3。

表 6.3　社会应用服务场景

序号	场景分类	典型应用服务	智慧城市指标					
			基础设施	数据服务	智慧环境	智慧治理	智慧经济	智慧民生
1	社会保障	服务社会治安管理	○	○	○	●	○	●
2		电力应急与供需分析	○	○	○	●	○	●
3		农村能源结构分析	○	○	○	●	○	●
4				……				
5	民生保障	社会公众节约用能管理	○	○	○	●	○	●
6		“一网通办”便民服务	○	○	○	●	○	●
7		……						

1) 社会保障

社保保障类应用场景包括服务社会治安管理、电力应急与供需分析、农村能源结构分析等。

(1)服务社会治安管理。能源大数据中心主要助力政府通过电力监测独居老人安全、识别农村低保户、特困户等信息，促进社会服务管理；有效配置清洁电力资源、监测企业能耗、监控“散乱污”治理等，辅助政府加快推进生态文明建设；为特色农业提供分布式电源、储能、可调节负荷等多种能源策略服务、建立区域用电数据地图，提升农村社区治理水平；通过电力数据识别出租群体、区块热度、群租密度等，加强流动人口服务管理。借互联网东风开展数字化创新，盘活数据资产，唤醒数据价值，提升社会治理的综合效率。

(2)电力应急与供需分析。充分发挥电力数据资源共享和创新应用优势，打造电力助应急系列产品，以电力大数据为支点释放应急管理效能，支撑应急管理工作全面感知、动态监测、智能预警、精准监管和快速处置。依托能源大数据中心的电力大数据优势，从电源侧、需求侧、供需平衡三个角度建立电力供需分析体系。电源侧分析火、水、风、光、核等各类发电方式的装机量、发电量、利用小时、新能源发电利用效率等指标，建立电源优化规划模型。从需求侧，依托历史全国、省、市、县电力需求，通过建立预测模型对未来电力需求进行预测。基于电力平衡模型，分析未来各地电力供需情况，为各地发展新能源发电和淘汰落后火力发电机组提供参考。同时可以分析各地电能消费、电能消费结构、装机结构、电耗趋势及对比。

(3)农村能源结构分析。通过能源看乡村振兴，紧密对接数字化乡村建设的业务需求，基于经济、电力、新能源、工商、气象等各类资源，同时分析地铁、铁路、客车和货车等交通载具应用和能源消费结构数据，实现对重点脱贫地区、乡村的能源数据多维度发展概况展示、运行监测、供应预测预警，构建脱贫效果分析、乡村振兴指数模型，分析不同区域乡村经济、生产、生活发展变化情况，助力农村能源革命，为特色农业提供分布式电源、储能、可调节负荷等多种能源协调策略服务，建立区域用电数据地图，通过农村生产生活用电数据，监测其发展情况提升政府农村治理能力，支撑地方政府部门监测脱贫成效，并对乡村振兴重点帮扶县进行生产发展监测分析，支撑脱贫攻坚与乡村振兴有效衔接。

2)民生保障

民生保障类应用场景包括社会公众节约用能管理、“一网通办”便民服务等。

(1)社会公众节约用能管理。①能源大数据可以帮助公众了解各种新能源的优势和缺陷，了解各种新能源技术的应用情况和前景。积极推广利用太阳能、风能等可再生能源，减少对传统能源的依赖，指导公众了解太阳能、风能、生物能等各种新能源的应用情况和发展趋势。②能源大数据可以帮助公众了解能源使用与环境保护的关系，通过分析能源使用的数据，公众可以了解自己能源使用带来的环境影响，通过分析能源使用的数据，公众可以了解自己的能源使用情况，从而找出能源浪费的地方，采取相应的措施来降低能源消耗，指导公众更加有效地使用电器设备，调整室温等措施，减少能源浪费。③增强能源意识，通过教育、宣传等方式提高公众对能源的认识和重视，鼓励大家积极参与到节能减排的行动中。

(2)“一网通办”便民服务。结合当下简政放权、放管结合、优化服务、加快建设现代服务体系的工作要求，能源大数据中心可通过数据融合共享，打通公安厅、工商局、不动产交易中心相关数据，提供数据服务支撑，依托政务服务平台部署电力应用模块，拓展用户办电渠道，精简用电服务办理环节，压缩用电业务办理时间，全面提升业务质量和效率。构建“一网通办”便民服务场景。

4. 生态类应用场景

能源大数据中心作为数字能源生态建设的链接平台，基于能源大数据产品孵化及联合创新，能够聚合能源相关水务、燃气、电力生产、电网、石油、能源服务商、通信运营商等企业，形成能源大数据产业联盟，汇集各种数据资源，共同探索平台经济、共享经济在能源领域的有效应用。通过数据共享、价值共创，支撑全产业链数据智慧运营服务，支撑能源互联网生态圈共建共享。

6.3.4 数据能力建设

能源大数据中心的数据能力建设是指在能源领域建立和完善数据采集、管理、分析和应用的能力，以支持能源行业的决策和运营，主要包括数据汇聚、数据存储、数据服务和数据资产管理等。通过将不同领域，不同来源，不同层级，不同结构的能源数据有序接入能源数仓，形成结构统一、标准统一、业务清晰的综合能源信息模型。通过对能源数据的融合，打破行业壁垒，实现多源异构数据跨领域融通，实现具备支撑大数据共享开放、挖掘分析能力，并以此丰富能源大数据应用。

6.3.4.1 数据汇聚

能源数据汇聚是指按照“应接尽接”原则，汇聚电网、燃气、煤炭、水务、燃油等能源数据，文旅、交通、水利、环保、安监、城管、民政、乡村等政务数据，园区、行政区域、商圈等地理信息数据，经营、法人等工商信息数据，以及物联网、通信等综合类数据。能源大数据中心承接政府、行业、企业等多方的数据应用诉求，需要先将不同来源数据进行有效地汇总、整合。但是，能源体系内的电、煤、油、气等运转相对独立，各行业间数据标准不统一、数据不共享，存在严重的“数据孤岛”现象。因此，建设能源大数据中心的基础工作之一就是数据融合[7]，只有打通能源大数据体系后，才能开展更深入的数据分析，为政府施政和社会服务提供有力的数据支撑。数据融合是能源大数据中心建设的重点和难点，主要包括数据多源接入管理、数据处理、数据匹配、模型设计等。

1) 数据多源接入管理

通过建立多源数据渠道，制定可行的数据接入方案，实现能源数据全生命周期数据接入，做好能源数据接入管理。针对各类数据资源，明确政策和机制支持、接入方式、协作方式等内容，形成数据接入工作方案并组织进行准备工作。最后要建立数据资源的接入、变更、迁出等相关信息管理流程与机制。

2) 数据处理

能源大数据中心主要通过专有网络、云服务提供商的网络或者 VPN(虚拟专用网络)等网络，将采集到的数据传输到数据汇聚中心进行数据清洗，关键步骤包括去重、填补缺失值、平滑异常数据与数据转换、规范化、聚合等操作，借此提高数据质量和准确性。经处理的数据需进一步完成数据集成，包括数据模型设计、数据标准化、数据映射等工作，以建立统一的数据视图。最后通过数据集市建立数据目录，实现共享数据资源、数据访问权限管理等功能，方便用户使用和共享数据。

3) 数据匹配

数据匹配是实现多源数据融合的关键技术，本质是将数据按照某种内在关系进行配准，通过寻找不同数据源之间的关系，形成一条或多条关联规则，最终将不同数据源进行融合。基础数据匹配方法按匹配的程度可以分成精确匹配和模糊匹配。精确匹配表示根据所给的条件，给予精确的匹配结果。模糊匹配表示根据所给的条件，给予大致程度的匹配结果。常用的模糊匹配方法有正则表达式制定匹配规则法、基于向量空间的相似性匹配法等。在现实应用环境中，数据质量受到众多因素的干扰，诸如信息缺失、更新滞后，以及采集错误等问题频繁出现，这些挑战意味着依靠单一的处理手段难以实现数据的完美对应。为了增强匹配效果，必须采纳综合多维度指标和多元化方法相结合的策略来进行数据匹配。

4) 模型设计

针对电、煤、油、气等能源行业，基于已有的电力数据模型，利用描述性语言从多个能源数据的海量高频次交互数据中提取的相关数据，建立统一的元数据模型；根据不同能源产品的数据结构和实例特征，构建电、煤、油、气等数据模式之间的映射；通过分析高频次交互数据之间的聚类，发现全局数据模式，实现提取数据和已有数据之间的统一建模，实现多种能源数据模型在数据明细层的融合统一。

6.3.4.2 数据存储

能源大数据中心数据存储主要采用分布式并发数据处理技术，众多存储节点可以同时向用户提供高性能的数据存取服务，从而可以更好地保证数据传输的高效性。提升能源大数据中心数据存储能力，关键举措包括建设分层数据仓库、采用分布式存储技术、优化数据存储架构、数据压缩与优化、引入数据分析技术等。

1) 建设分层数据仓库

依照“数据贴源层、数据共享层、数据分析层”等分层结构，根据能源大数据相关业务特点，进行能源数据仓库建设方案整体设计规划，同时根据制定的数据仓库建设整体规划方案，开展数据表构建，数据加工链路构建等数据仓库建设实施工作。

2) 采用分布式存储技术

分布式存储是指将数据存储在多个节点上，并通过网络连接实现数据的分散存储和访问。采用分布式存储技术可以增加数据存储的灵活性和可扩展性，提高数据存储的容量和性能。如可以使用分布式文件系统(如 HDFS)或对象存储系统(如 Amazon S3)来支持大规模数据的存储，分布式文件系统是一种在多台服务器上分布存储数据的文件系统，具有高可扩展性和高容错性，可以处理大量的并行读写操作。

3)优化数据存储架构

设计合理的数据存储架构，提高数据的读写效率和响应速度。可以采用存储集群、数据分片、数据分区等技术，根据数据的特点和访问需求来选择合适的存储方式和存储结构。同时，合理规划存储节点之间的数据分配和负载均衡，确保数据的均衡存储和高效访问。

4)数据压缩与优化

对于大规模的数据存储，数据的压缩和优化是提升存储能力的有效手段。可以采用压缩算法和压缩格式(如 gzip、Snappy 或 Parquet 等)对数据进行压缩和编码，减少数据的存储空间占用，同时提高数据的读取和传输效率。

5)引入数据分析技术

通过引入数据分析技术，可以对存储的数据进行智能分析和处理，提取有价值的信息和洞察力。例如，可以使用数据预处理、数据挖掘、机器学习和人工智能等技术，对数据进行快速查询、统计分析、模式识别和预测分析，以支持更高级的数据应用和决策支持。

6.3.4.3 数据服务

能源大数据中心的数据服务能力建设主要是在能源领域建立和完善数据服务体系，以提供高质量、高效率的数据服务，满足能源行业的需求，并为能源领域的决策和业务提供有力的支持。主要包括数据标准化和共享、数据开放和开放 API、数据产品和工具开发、数据服务平台建设、用户培训和支持等，支撑提供全面、高效的数据服务和决策支持，为能源领域的决策者提供有力的数据支持和指导。

1)数据标准化和共享

能源大数据中心应推动制定统一的数据标准和格式，确保数据的一致性和互操作性。通过制定数据共享政策和机制，实现能源数据的共享，促进数据的流通与共享，避免“数据孤岛”现象，提高数据利用率和价值。加强与相关部门、企业和机构合作，开展数据共享项目，促进数据的跨界交流和共享，提高数据的利用率和影响力。

2)数据开放和开放 API

开放 API 允许其他系统或应用程序与能源大数据中心进行集成和交互。建设开放 API 能够促进数据的广泛应用和创新，提供给开发者和合作伙伴使用数据的接口和工具，让用户和开发者方便地获取和使用能源领域的数据，促进创新和应用开发，激发社会各界的创造力，并增加数据服务的价值和影响力[8]。

3)数据产品和工具开发

能源大数据中心可以根据用户需求和政府规划，基于数据分析和挖掘的结果，开发定制化的数据产品，如数据报告、分析图表、指标查询等，以及为用户提供有针对性的数据服务。这些数据产品可以提供给政府部门、企业和研究机构作为决策支持工具，帮助他们更好地理解和利用能源数据，提高决策的科学性和准确性。

4) 数据服务平台建设

建立数据服务平台，集成和展示各类数据服务，提供用户友好的数据查询、订阅、下载等功能。提供数据服务的管理和监控功能，包括数据质量检测、性能监测和故障排查等，确保数据服务的稳定性和可靠性，使用户能够方便地从能源大数据中心获取所需的数据和信息[9]。

5) 用户培训和支持

为能源大数据中心的用户提供培训和支持是提升服务能力的重要环节。通过组织培训课程、研讨会和在线教育等方式，帮助用户熟悉数据存储与访问的流程、数据分析工具的使用和数据产品的应用方法。这样可以提高用户对数据的理解和应用能力，促进数据服务的有效使用，帮助用户解决问题和提高数据服务的利用效率。

6.3.4.4　数据资产管理

数据资产管理包括标准规范设计、数据资产目录构建、模型资源目录构建、对外数据服务目录构建、数据标签构建、数据质量治理等内容。针对不同能源业务特性及能源数据应用需求，制定数据仓库各层数据标准，并根据已制定的标准规范，开展各类能源数据的数据治理工作，通过对平台中的数据资产质量进行全程管控，提升平台数据资产的及时性、完整性、准确性。根据数据标签规范，完善数据仓库数据标签，提升数据可读性，便于业务人员进行数据检索分析。

1) 能源大数据标准规范设计

制定能源大数据中心的数据管理标准和规范，包括数据质量标准、数据命名规范、数据链路规范等，统一数据资产的管理要求，确保数据的一致性和可比性。

2) 数据资产目录构建

建立数据资产目录，记录数据的来源、格式、结构等信息，便于数据管理人员追溯数据的历史和溯源数据质量问题。

3) 模型资源目录构建

建立模型资源目录，记录各种数据模型、算法和模型指标的定义和使用情况，为数据分析和挖掘提供规范和便利。

4) 对外数据服务目录构建

建立对外数据服务目录，记录能源大数据中心提供的对外数据服务和 API 接口，方便用户和合作伙伴查询和使用。

5) 数据标签构建

根据已制定的标准，为数据资产打上标签，如数据类型、数据来源、数据质量等，提升数据的管理和可读性。数据标签可以帮助业务人员更快速准确地定位和使用数据。

6）数据质量治理

进行数据质量管理和治理，包括数据清洗、去重、校验和异常处理等操作，确保数据的准确性、完整性和一致性。同时，建立数据质量评估指标和流程，对数据进行定期评估和监控，快速发现和解决数据质量问题。

6.3.5　运营服务管理

能源大数据中心运营服务管理是指提升对能源大数据的开发、应用、推广和服务支撑能力，主要包括产品服务管理、客户关系管理、平台运营管理与安全体系建设等。

1. 产品服务管理

1）数据产品开发类

数据产品的开发管理是指对数据产品从概念到最终交付的全过程进行管理和协调的活动，开发管理面向数据增值服务的第三方，能源大数据中心提供开发、运营和维护的一体化管理，方便第三服务方管理公众或单位的深度数据服务需求，以打造完整的第三方数据服务生态，如图 6.9 所示。

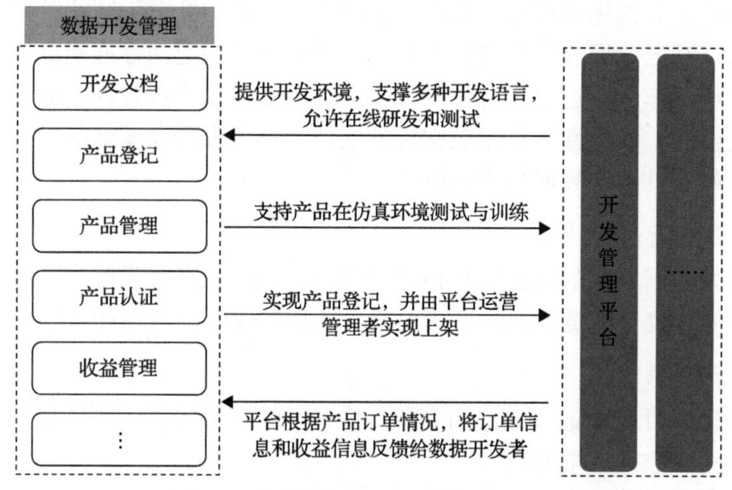

图 6.9　能源数据产品开发管理流程图

能源大数据中心需要对客户、利益相关者的需求进行分析和定义，明确数据产品的功能、特性、交付要求等。基于需求定义，使用适当的数据建模和分析算法，进行数据产品的模型和算法开发，根据需求和模型完成数据产品的设计，包括用户界面、功能模块、数据可视化等方面。最后对数据产品进行全面测试和验证，确保其性能、稳定性和可用性，完成数据产品上线。

2）数据产品加工类

数据产品加工管理是指对已有数据产品进行加工和处理的管理和监控，提升各类数字产品加工服务水平，确保数据产品的质量和性能，能源数据产品加工管理流程如图 6.10 所示。

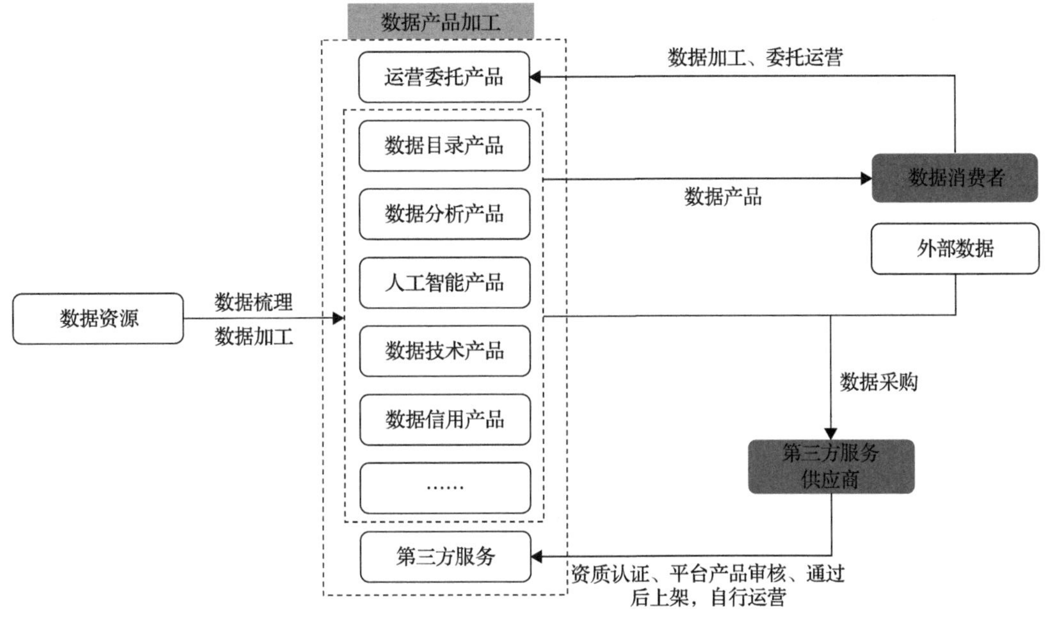

图 6.10 能源数据产品加工管理流程图

为更好地满足用户需求，提高用户满意度，能源大数据中心需加强对数据产品的更新和维护，确保数据的时效性和准确性。监控数据产品的质量包括数据的准确性、一致性和完整性，对数据产品进行安全管理，包括数据的备份、加密和权限控制等，保护数据的机密性和完整性。建立用户反馈与提升机制，对数据产品进行性能优化和改进，提高数据产品的效能和用户体验。中心还需要提供必要的数据产品技术支持和培训，帮助用户正确使用和理解数据产品的功能和价值。

2. 客户关系管理

1) 普通交易型客户关系

普通交易型客户关系指的是客户与中心保持“一对一”的交易关系。政府、企业、电网公司提供数据资源，能源大数据中心围绕客户需求，通过智能手段对数据进行收集、整理、过滤、校对、分析、挖掘，提炼基于客户诉求的关键信息，建设面向不同主体、适合不同业务领域的应用场景，为客户提供差异化的数据增值服务或节能产品设备。

这种客户关系的收入来源主要是产品及服务的收入，包括数据产品及增值服务的收费。未加工数据类产品与加工后数据产品通过数据产品销售产生收益；增值服务定价策略是核心服务高定价、半边缘服务次之、边缘服务低定价或免费提供的方式，可采用项目制方式销售产生收益，还可采用会员制订阅模式、节能及绿电交易返点兑换、用能服务套餐收费等方式获利，能源大数据中心普通交易型客户关系如图 6.11 所示。

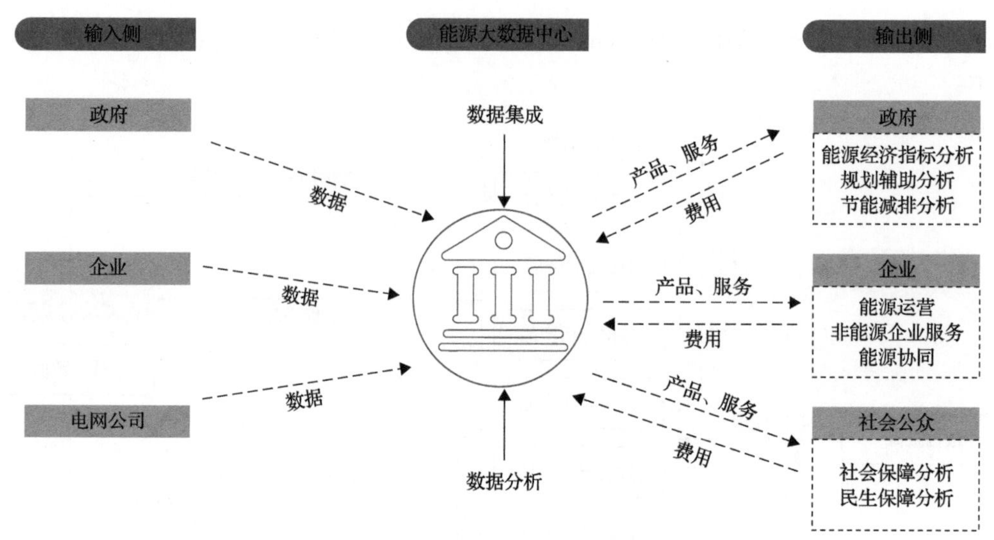

图 6.11　能源大数据中心普通交易型客户关系

2) 共享交易型客户关系

共享交易型客户关系指的是客户与中心保持“多对多”的交易关系。能源大数据中心作为数据资产的中间商，为数据卖家和数据买家提供数据服务的平台，而中心也在其中扮演资源买方和卖方的角色，数据资源三方共享。中心通过汇集政府、企业委托授权的可交易数据以及电、煤、油、气等多方能源数据，基于数据授权与分级建立“阶梯式”共享机制，形成数据资源目录，通过政务信息资源统一交换共享平台为政府及企业用户等提供共享服务，根据交易协议，为用户提供数据下载、数据接口等服务。

这种客户关系的收入来源主要是产品及服务收入，包括基础数据及相关服务的收费。基础数据可按下载次数、下载频度、下载流量等计费，或者签订周期性服务合同，数据接口服务采用会员制订阅的形式来收费；服务收费与普通交易型客户关系服务收费相同。能源大数据中心共享交易型客户关系如图 6.12 所示。

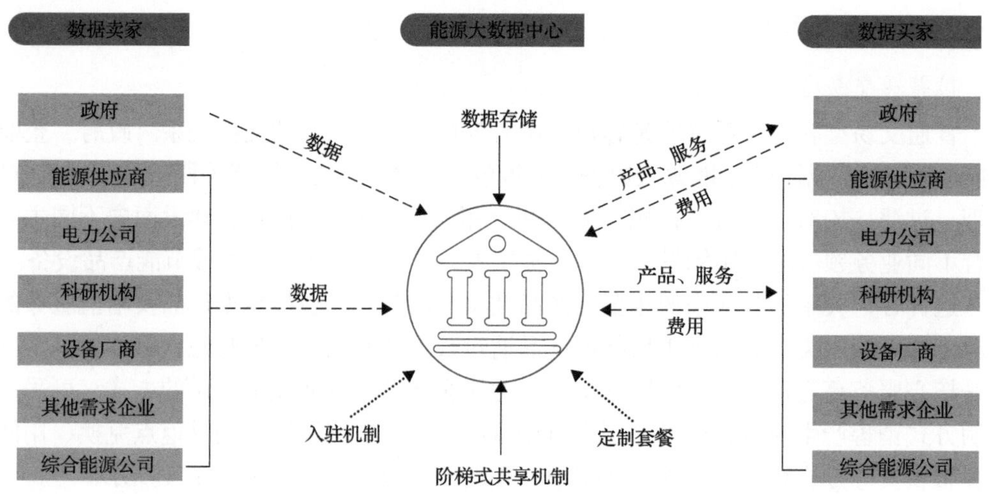

图 6.12　能源大数据中心共享交易型客户关系

3)联合创新型客户关系

联合创新型客户关系指的是客户与中心保持“产学研用一体化”的合作关系。能源大数据中心与政府、企业、金融机构、高校等利益相关方达成联合创新协议，明确合作、投资模式。中心整合数据资源、平台资源和团队资源，联合高校、科研院所等机构对数据挖掘、物联感知等技术进行研发，并通过多方资源交换和利益共享，形成能源数据产学研用联合创新机制，加速数据创新成果转化，打造能源大数据联合创新基地。这种客户关系的收入来源主要是科研项目、产品及服务的收入，包括合作项目利润分成、增值服务收费、节能配套设施的收费以及无形资产收费。

具体来说，能源大数据中心可收取一定的管理费、测试费或者部分研发费、股权收益分成、产品费用、成果转让费用，也可联合生态圈伙伴对收益按固定比例分成，或浮动收益分成；增值服务收费标准同普通交易型客户关系；能源大数据中心节能配套设施可按照“成本＋利润”的方式收费，能源大数据中心联合创新型客户关系如图 6.13 所示。

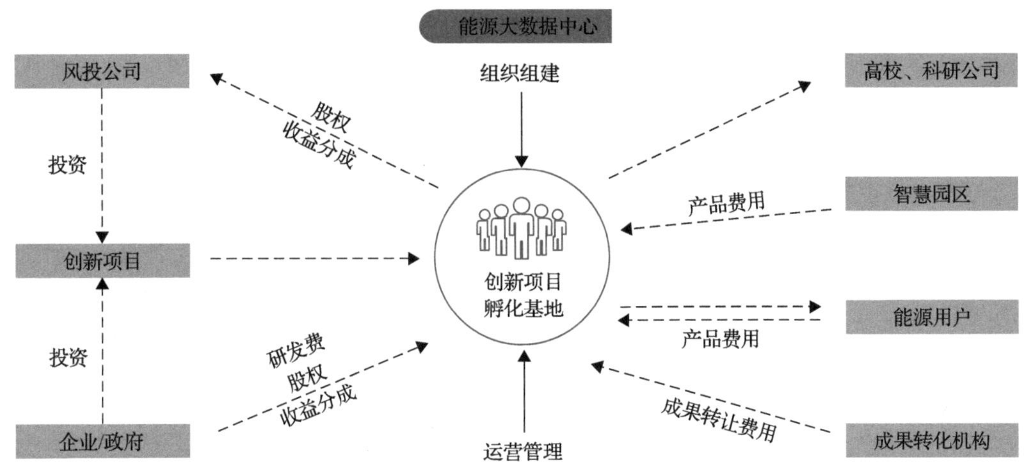

图 6.13 能源大数据中心联合创新型客户关系

4)产业联盟型客户关系

产业联盟型客户关系指的是客户与中心形成战略联盟式的合作关系。能源大数据产业链上下游企业依托能源大数据中心搭平台、建生态。能源大数据中心通过开放数据、服务、技术等资源，广泛吸纳智慧能源产业生态的各方参与者，通过平台提供的服务挖掘数据价值，让能源产业链的各相关方来共享数据资源和智慧成果，实现软件模型开发、数据分析挖掘、项目建设运营等多个环节的产业良性循环，从而建立产业联盟，带动数据价值链和数据产业链发展，实现生态共生共赢。

这种客户关系的收入来源主要是科研项目、产品及服务的收入，包括项目利润分成、增值服务收费及其他收费项目。能源大数据中心通过收取项目管理费、运营利润分成、资源使用费、利润合成分红、服务费等费用盈利；增值服务收费标准同普通交易型客户关系；产品定价标准同联合创新型客户关系，能源大数据中心产业联盟型客户关系如图 6.14 所示。

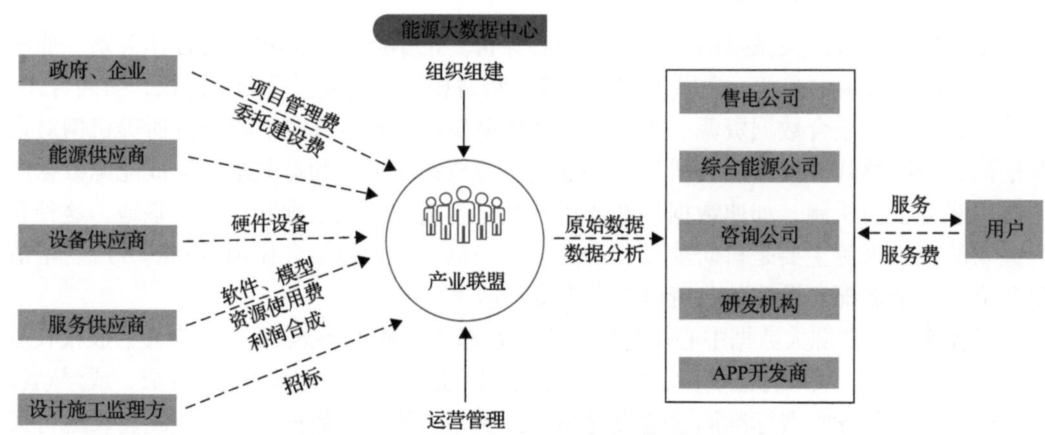

图 6.14　能源大数据中心产业联盟型客户关系

5) 委托运营型客户关系

委托运营型客户关系指的是客户与中心保持基于委托运营的代理关系。能源大数据中心通过接受政府、企业等多方托管授权，结合用户委托需求，提供项目的数据采集、物联感知体系构建、智慧能源衍生功能方案制定及运行维护等多种定制化服务。

这种客户关系的收入来源是租金收入及其他收入，包括委托代理费及其他收费项目。能源大数据中心通过提供相应资源收取委托运营费、平台租金、运维服务费等实现盈利，能源大数据中心委托运营型客户关系如图 6.15 所示。

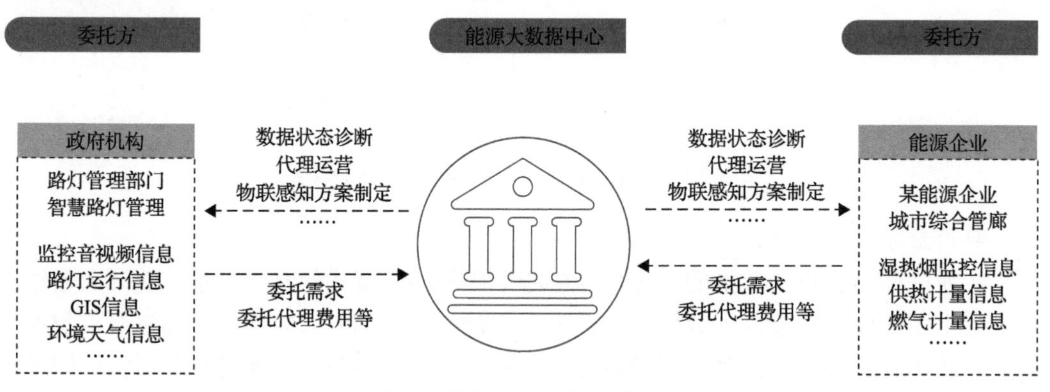

图 6.15　能源大数据中心委托运营型客户关系

3. 平台运营管理

与一般的大数据中心相比，能源大数据中心更需要能源系统外部数据的融合共享。运营管理上需要具备面向市场的运营机制，更好地适配能源大数据中心多方共建共享的模式，实现多方共享共赢的良好能源生态。

1) 建设多功能数据产品服务应用窗口

打造功能敏捷、方便实用的数据产品服务平台，为数据消费者提供数据订单管理、技术服务撮合、运营委托、快速搜索、数据展示等服务，其数据产品服务流程如图 6.16 所示。

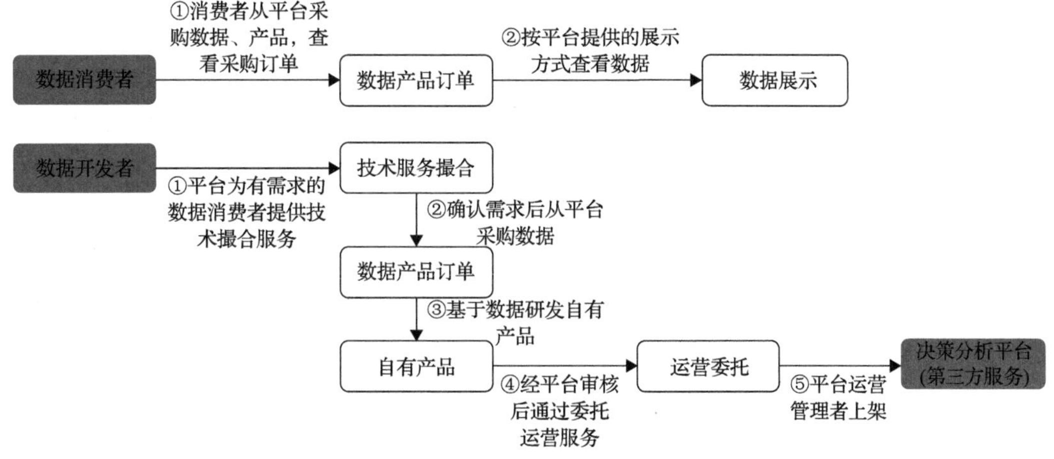

图 6.16　能源大数据中心数据产品服务流程

2) 构建多样化的数据服务能力体系

现阶段能源大数据中心对数据资源的利用方式较为简单，为更好支撑未来数据价值实现，需加快构建多样化的数据服务能力体系，建立配套的管理能力，加强数据服务的复用，简化数据获取过程，强化数据服务管控等，为未来能源数据生态构建提供助力，为“数据”到“数据+能力”输出奠定基础。

①畅通能源数据全面归集，明确与应用紧密结合的能源数据清单与获取来源；②建立稳定的外部数据获取通道，明确不同数据的获取方式(购买、交换、无偿获取等)；③对内外部数据进行融合、贯通，通过标准的共享模式，实现数据的统一存储、维护、使用；④构建(文件、接口、推送)多样化、可复用、快速响应、持续优化的数据服务能力；⑤建立常规、临时等分类数据获取机制(资产目录、共享目录、开放目录)，各业务单元清晰的权限体系，打破数据孤岛；⑥推动数据应用需求服务化和组件化，简化数据获取方式，减少不必要的需求审批环节等。

3) 打造专业化数据人才梯队

数据人员作为未来企业竞争的核心，随着企业数据应用层级的推进，对人员的能力要求不断提升，因而，应充分结合数据应用的价值方向进行相应的能力体系建设，以保障数据人员的可持续成长，更好支撑企业未来数据商业生态构建。

作为企业数据产品商业化运营的先锋探索，加快团队组建与配置，成立专业的数据需求管理、技术保障、应用开发组织，研究并完善数据资产管理过程中各个业务部门之间的分工界面和认责管理机制。培养一批懂数据、懂业务、懂技术、懂运营的复合型数据人才，为产品全生命周期管理提供保障。

4) 提升区域能源数据话语权

能源大数据中心所具备的数据资产、行业影响力、投资规模、技术发展层次，能够作为区域经济运行、能源发展的倡导者，助推相关产业和行业的发展。能源大数据中心可以发挥能源大数据“黏合剂”与“助推剂”作用，抢先打造开放、繁荣、安全、共赢的能源互联网数据生态，同时强化与外部机构的数据运营经验成果交流分享与商务、技术合作，提升自身在数据运营领域的话语权和影响力。

①加强商务合作，深入 ToB 市场，通过数据交易、产品销售、项目承接等形式，推动企业数据资产的价值变现。可优先选择付费能力强、对应用创新容忍度高的企业，不断夯实能源数据产品的服务能力。②服务好政务民生，巩固 ToG 市场，密切跟踪区域经济发展、政策走向与产业态势，分析区域能源互联网市场数据发展潜力，主动掌握市场竞争格局以及潜在竞争，持续丰富数据产品和服务，更好地服务社会公众智慧用能。

4. 安全体系建设

安全体系建设也是能源大数据中心运营管理的重要任务之一，核心在于数据安全的安全管理。从参与主体来看，能源大数据中心作为能源大数据安全管理的第一责任人，需要积极联合政府机构、能源企业、社会机构等，围绕数据采集、传输、存储、处理、交换、销毁的全生命周期，明确数据安全管理要求，保障每一项数据活动的安全进行。①加强安全管理水平，建立安全管理组织，明确安全管理职责，落实网络及数据安全责任，制定并不断完善各项安全管理制度、流程规范、工作机制，加强人员管理。②全方位保障安全运营，建立健全能源大数据中心风险防控、监测预警、安全评估、应急响应、追踪溯源等运维管理机制，强化能源数据安全预警能力建设，提高态势感知、测试评估、预警处置的能力与水平，建立完备的应急预案体系，实现闭环管理，全面保障数据安全。③加强能源数据安全技术攻坚，如加密传输、访问控制、数据脱敏等安全技术，增强网络安全和网络弹性。④提出能源互联网大数据共享挖掘和开放应用场景下的数据安全管控方案，保障能源数据的完整性、可用性和保密性。

6.4 能源大数据中心实践案例

能源大数据中心作为我国能源领域新型基础设施建设的重要组成，是服务于能源大数据存储、挖掘、分析和应用的数据中心。在各地政府的大力推动下，各省份陆续开展能源大数据中心建设，目前已有 30 多个省级能源大数据中心建成验收，并涌现了大量优秀实践案例。本节选取浙江、湖南、重庆和云南 4 家省级能源大数据中心作为典型案例，总结分析各省份能源大数据中心的建设背景、建设内容、应用成效等方面优秀实践。

6.4.1 浙江省能源大数据中心

6.4.1.1 建设背景

2021 年 9 月 17 日，浙江省能源大数据中心在杭州揭牌成立。经浙江省政府同意，在浙江省发展和改革委员会、浙江省能源局指导和国网浙江省电力公司的协同下，由浙江省能源监测中心和国网浙江省电力公司数据中心共同组建，并明确职责分工。浙江省能源局下属的省能源监测中心负责统筹管理、战略规划和标准制定，国网浙江省电力公司下属的省信通公司(数据中心)负责建设运营、安全管理和技术研究。

6.4.1.2　建设内容

浙江省能源大数据中心立足于能源数据共享、政府决策支撑和智慧用能服务“三大核心”，具备高开放性、高安全性、高灵活性、高协同性、高智能性“五高特征”，支撑发改委、经信局等 20 余个政府部门，服务全省 3000 余万户企业和居民用户，数据采集规模、开发场景规模均处于全国前列。整体建设秉承标准先行、以用促建的理念，构建了《能源大数据中心总体架构和技术要求》与《能源大数据中心业务架构》两项企业级能源大数据中心标准，起草完成《能源大数据中心通用架构和技术要求》地方标准、《浙江省能源大数据中心产品开发规范》两项行业规范，针对性解决能源数据采集、接入、管理等方面的难点痛点，实现对省级能源大数据中心规划、设计、建设、运营的全方位规范引领。建成了国内首家贯通政府公共服务平台、能源企业和高耗能企业的省级能源大数据中心平台，采用省地一体化部署的方式建设运营，实现数据接入全、数据模型多和数据服务优。

浙江省能源大数据中心全面归集了电、煤、油、气、热五大品类能源数据，覆盖能源供应、传输、消费等全链路。数据主要通过省统计局、省能源局等政府部门平台、省综合能源平台等途径，采用数据接口集成，归集至省能源大数据中心。面对数据来源多头、数据频度不一的现状，中心充分依托电力数据实时高效的特点，结合供应侧统计维度、消费侧采集维度，通过构建“电—能—碳”协同路径，构建用能数据模型、协同预测模型、应用分析模型 500 余个，通过日度测算、月度校核，推动模型不断完善。数据服务方面，中心开展统一对外门户建设，2021 年 9 月份在中心揭牌仪式上对外正式发布，面向各地市贯通数据、计算、应用资源，构建服务省地联动纵向贯通体系打造实现数据统一管理。开展数据对外开放目录建设，完善数据申请、使用、接入、共享等运营服务流程，形成集能源、碳排、综合类数据跨域融合的服务能力。

6.4.1.3　应用成效

应用场景建设方面，浙江省能源大数据中心全面承接浙江双碳智治工作，建设浙江省双碳数智平台。这是全国首个由政府授权的全领域、全地域省级双碳数字化平台，目前已在“浙政钉”实现首屏驾驶舱上线。平台主要面向“6+1”重点领域，围绕政府治碳、企业减碳、个人普惠需求，以能源数据为枢纽，建设政府治碳“一站通”、企业减碳“一网清”、个人低碳“一键惠”三大多跨场景，打造“一屏感知、一网研判、智能治理、高效服务”的双碳智治平台，如图 6.17 所示。

在支撑省能源局方面，浙江省能源大数据中心建设了“节能降碳 e 本账”应用，推动节能降碳“一户通管”。实时监控、在线预警全省 1896 家省控企业、57787 户规上企业的能耗和碳排情况，从“事后控能”转向“事前计划”，从“一刀切”转变为“柔性化、市场化、精准化”的节能减碳，实现对八大高耗能企业节能降碳情况的闭环管理。

在支撑金融企业创新发展方面，通过“能效+金融”激发企业发展活力。浙江省能源大数据中心联合金融机构推出“碳惠贷”等绿色金融产品，将企业能效作为贷款授信和阶梯利率核准依据，发放绿色低息贷款。同时以“用能+交易”引导客户挖潜增效。整合绿电交易、用能权交易等平台，实现企业节能降碳“一网办”。

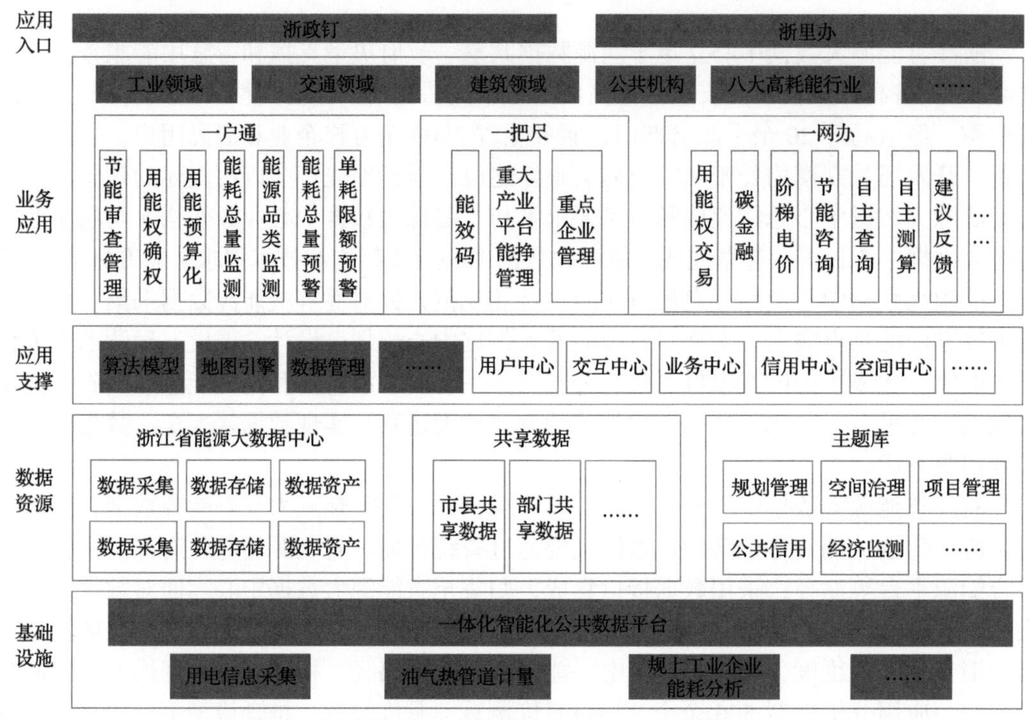

图 6.17　浙江省“一户通、一把尺、一网办”

产品研发方面，浙江省能源大数据中心积极开发个性数据产品，推动碳效水平“一网研判”。根据政府部门差异化管理需求，开发了“电力灾害指南针”“电力看外贸”和“浙江省共同富裕指数”等60余项数字产品，拓展能源数据应用和服务领域，支撑“服务政府科学决策、服务社会经济发展、服务企业能效提升、服务社会民生改善”的整体目标。加快创新构建智慧用能服务产品，帮助用户算好节能“经济账”“绿色账”。以“碳效+评价”营造全员节能氛围，在全省推广融合企业碳排放水平、碳利用效率、碳中和于一体的“碳效码”应用，为政府降碳治理、企业节能减排提供精准数据服务，为企业提供线上用能查询、能效方案等服务，引导企业主动参与能耗精细化管理。

6.4.2　湖南省能源大数据中心

6.4.2.1　建设背景

2020年，湖南省政府主持召开湖南能源大数据平台建设专题会议，明确了“政府牵头、电网主导、多方参与、开放共享、市场运作、混合体制”的工作原则，以及湖南能源大数据智慧平台(以下简称“平台”)“4+N”(一朵云、一个库、一张网、一个台和N个应用)的整体工作思路，成立“一委两办”，其中，平台建设管理委员会由副省长任主任，湖南省发展和改革委员会主任和国网湖南省电力有限公司董事长分别任副主任，省政府相关厅局及国网湖南省电力有限公司为成员单位；协调办公室设在湖南省发展和改革委员会(能源局)，由湖南省能源局局长任主任，负责政府层面统筹协调；实施办公室设在国网湖南省电力有限公司，负责平台具体建设。

2020 年 12 月 26 日，湖南能源大数据中心有限公司正式揭牌成立，是国内首家混合所有制省级能源大数据公司。国网湖南省电力有限公司负责发起(占比 34%)，联合湖南湘投控股集团有限公司(占比 20%)、国网信息通信产业有限公司(占比 14%)、湖南省湘水集团有限公司(占比 9%)、五凌电力有限公司(占比 9%)、大唐华银电力有限公司(占比 9%)和新奥数能科技有限公司(占比 5%)组建。其中，高级管理人员均由国网湖南省电力有限公司和国网信息通信产业集团派驻。

6.4.2.2　建设内容

湖南省能源大数据智慧平台按“4+*N*”的总体思路建设，汇聚全省电、煤、油、气、水、新能源等宏观数据，全方位展现全省能源生产结构、能源消费结构、能源结构变化、能源效率、能源市场供求状况、能源对外依存度、能源价格走势、产业发展水平等情况，总体架构图如图 6.18 所示。平台现已纳入湖南省第二批省级工业互联网平台、长株潭一体化 2021 年三十大标志工程、长株潭一体化发展五年行动计划，获得省委省政府高度重视。

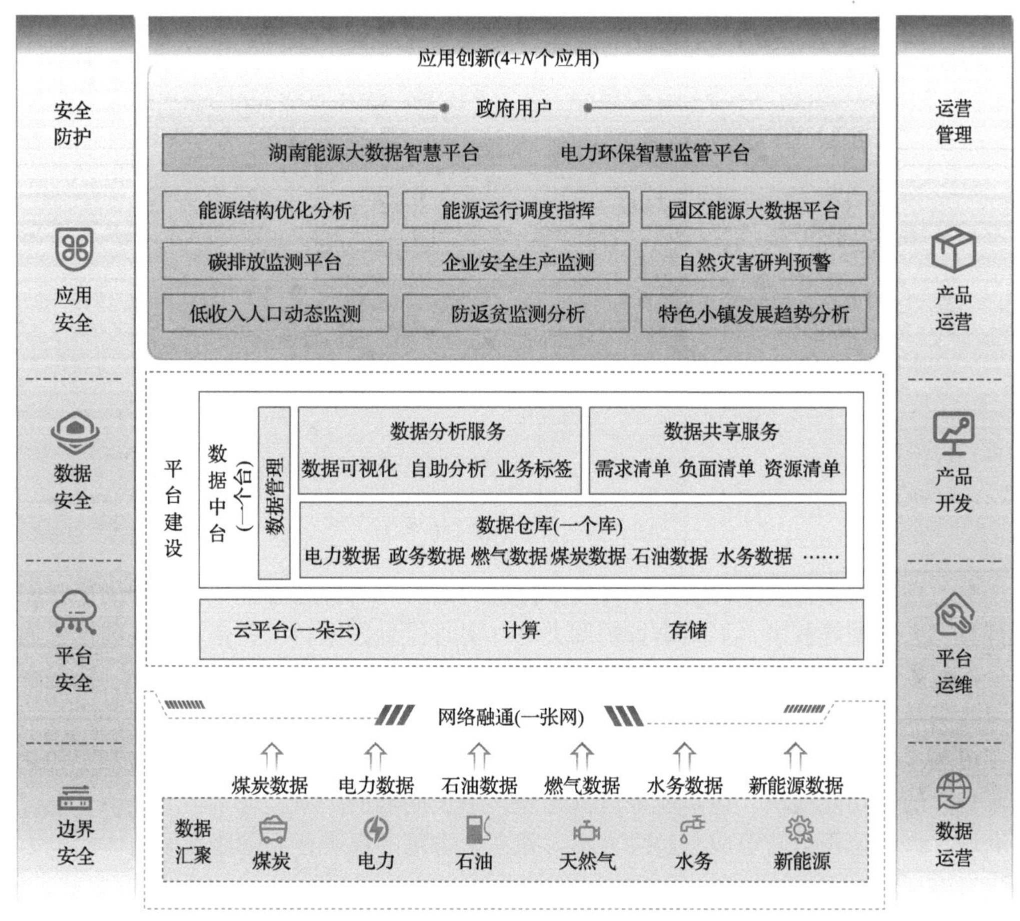

图 6.18　湖南能源大数据智慧平台

6.4.2.3　应用成效

湖南省能源大数据中心提供能源结构分析、能源调度指挥支撑、碳排放监测分析、电力环保智慧监管、市场主体智慧服务、碳资产管理、国际绿证业务、流域水资源数据共享及协同调度管理、企业安全生产监测、低收入人口动态监测、电力助乡村振兴、电力看住建、园区运行监测分析、电力看经济等多项核心产品与服务。

能源结构分析汇聚全省煤、电、油、气等近 7 年宏观数据，全方位展现全省能源生产结构、能源消费结构、能源结构变化、能源效率、能源市场供求状况、能源对外依存度、能源价格走势、产业发展水平等情况。

能源调度指挥支撑展示湖南电网负荷以及各类电源发受电力，动态监测湖南电网电力供需平衡情况，实时掌握全省负荷高峰期各电源出力水平，了解全省用电结构、负荷特性、峰谷差值、有序用电执行情况。

碳排放监测分析依托湖南能源大数据智慧平台，构建碳数据目录及碳排放监测指数，丰富碳排放统计维度，提升碳排放量化精准度，实现全省区域内碳排放监测、对标、诊断，为促进能源低碳转型提供监测手段，助力湖南省加快构建清洁低碳、安全高效的现代化能源体系，碳排监测分析平台整体架构如图 6.19 所示。

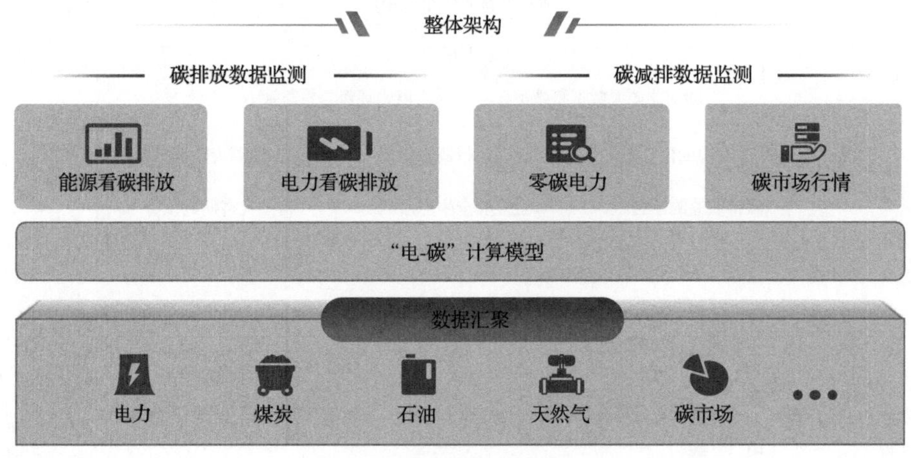

图 6.19　碳排监测分析平台

电力环保智慧监管是为省生态环境厅打造的电力环保智慧监管平台，利用物联网、云计算、大数据等技术，汇聚全省统调火电厂实时监测数据和工业企业用电数据，通过充分挖掘生态环境+电力大数据价值，实现环保电价核算、应急减排辅助分析、涉铊企业用电监测等功能，支撑省厅对企业生产过程的排污情况在线监控及精准监管。

市场主体智慧服务依据湖南中长期和现货交易规则，构建“电力交易决策”和“电力零售”两大功能板块，包括业务运营管理、中长期辅助决策、现货辅助决策、电力零售商城、售电公司运营等成套解决方案，并在全省范围逐步建立围绕市场主体的电力交易生态圈。

碳资产管理围绕能源低碳转型、节能降碳增效、碳交易市场等热点动向，面向政府部门、企业等主体，建立碳排放数据管理、碳配额资产管理、碳减排资产管理、碳交易管理四大服务板块，激活湖南地区碳资产管理和交易活跃度，成为湖南地区碳资产管理和交易的核心平台。

流域水资源数据共享及协同调度管理通过利用高精度地形和高分辨率的卫星遥感影像，融合电力、气象、水文等多源数据，打造资水流域、水电厂的数字孪生，服务电力部门和水利厅联合开展“电调”和“水调”，为提升调度管理效能和应急管理水平提供技术支撑。

企业安全生产监测紧密对接应急管理厅安全生产远程监管需求，以煤矿、地下矿山、烟花爆竹和危化品企业的用电行为数据为基础，依靠电力数据的高实时性、可靠性、准确性，打造全方位的监管体系，有效提升执法的时效性与精准性。

低收入人口动态监测通过深入挖掘低收入人口用电、缴费、月度年度用电曲线、户表对应资产等多维数据，构建融合研判模型，根据综合分析结果形成边缘人口准入建议和低收入人口退出预警，为湖南省民政厅开展现场核查提供数据支撑。

电力助乡村振兴打造电力看乡村产业振兴、电力看乡村治理、电力看空心村、电力看特色小镇等应用场景，全力推动脱贫攻坚成果巩固提升、农村电力服务水平升级、乡村电气化项目推广等工作，为全省“数字化乡村”体系建设贡献力量。

电力看住建打造住房空置率监测、建筑房龄监测、建设项目监测、建筑能耗监测应用场景，辅助住建部门开展规划决策，提高精细化管理能力，为提升智慧城市发展建设水平提供有效支撑。

园区运行监测分析、电力看经济从“宏观 - 中观 - 微观”的视角，围绕宏观经济运行、产业发展、民生消费几大板块，实现系列“电力看”应用场景。按季度、半年度、年度向省委省政府输送不同类型的专题分析报告，获得省委省政府相关领导的多次批示肯定。

6.4.3　重庆能源大数据中心

6.4.3.1　建设背景

重庆能源大数据中心是国家发展和改革委员会、重庆市政府推动建设的全国性专业化能源大数据平台，由重庆石油天然气交易中心牵头组建，于 2019 年 3 月 25 日注册成立，通过整合国家政务信息工程中的全国性跨部门数据资源，以及重庆石油天然气交易中心交易结算数据和会员企业数据等资源，打造具有行业特色和竞争力的能源大数据资源库。

6.4.3.2　建设内容

重庆市能源大数据中心采取“1+N”两级能源大数据中心同步建设模式。“1”是重庆市能源大数据中心，汇集市区和各区县整体数据，重点对全市能源生产、消费以及行业发展情况进行宏观监测与分析。“N”是区县级能源大数据中心，汇集区县整体数据和用户侧明细数据。国网重庆电力与重庆能源大数据中心有限公司紧密合作，已初步建成了全市能源大数据中心以及铜梁、南岸、长寿 3 个区县级能源大数据中心，计划建设两江新区、渝中区、涪陵区、綦江区、大足区、奉节县等 15 个区县级能源大数据中心。

重庆大数据中心主要开展国内外能源领域大数据的采集、整理、分析和应用，以及大数据技术开发等业务，面向政府和社会提供系统建设、决策参考、资讯咨询、信息发布、会议培训等专业化服务，发挥大数据在能源行业宏观调控、产业发展、公共服务等领域的作用。大数据中心已开发建设了全国城市燃气和管道运输企业运行监测分析平台、重庆石油天然气交易中心电子交易结算平台，开发推出了面向全行业的能源快讯等资讯产品。大数据中心将着眼能源产业全局和长远发展需求，充分发挥数据、人才、技术等资源优势，突出行业特点，打造特色品牌，促进数字经济和实体经济深度融合，为政府监管和企业决策提供支撑，更好地服务能源市场建设和实体经济发展。

6.4.3.3　应用成效

重庆能源大数据中心目前已开发建设了能源大数据监测平台、能源政务信息平台，能源大数据资源与服务生态平台等，并通过“能源快讯”资讯产品，持续向行业提供深度资讯报告，专业培训和行业研讨等服务，旨在打造“以数据服务实体，以服务整合数据”的良性生态，促进数字经济和实体经济深度融合，为政府监管和企业决策提供支撑，更好地服务能源市场建设和实体经济发展。

能源大数据监测平台整合国家有关部委、地方政府及专业权威机构数据，从国内外行业供求关系、市场状况、能源安全等多方面状况进行分析与预警。能源政务信息平台针对政府市场监管难度大、成本高等痛点，充分借助大数据技术实时采集能源行业和企业运行数据，建立了行业细分领域分析模型，并形成标准化行业运行分析体系。

重庆能源大数据资源与服务生态平台围绕“能源”与“数据服务”两个核心主题，基于“市场化+公益性”原则，借鉴国内外大数据中心成熟运营模式，结合国家电网公司在数据增值服务模式上的探索及能源大数据特点，构建科学合理、具备市场竞争力的数据运营与服务体系。运营服务总体思路是依托国网内部数据资源，整合平台价值服务链中数据、场景、产品、技术、服务资源，基于应用场景，打造数据产品与服务，为用户场景价值赋能。在服务运营过程中，建立良性商业模式，制定数据增值服务行业标准，构建能源大数据资源与服务生态平台，开拓数据增值服务新业态，全面推动能源大数据中心体系化、生态化发展，促进能源大数据产业和关联产业协同发展。

6.4.4　云南省能源大数据中心

6.4.4.1　建设背景

云南电网有限责任公司于 2021 年 11 月印发了《云南省能源大数据中心建设方案》，提出依托其数据中心，汇聚能源生产、传输、存储、消费和交易全环节全链条数据，聚集各参与方的共性需求，形成云南省能源大数据中心产品服务库，支撑对内对外提供丰富的大数据产品服务，积极推动云南能源大数据中心建设，促进全省各地市开展数据接入和数据产品应用，加速形成“1(省级)+16(地市级)”的能源大数据中心布局，支撑云南打造国家级新型电力系统示范区。

6.4.4.2 建设内容

云南省能源大数据中心的建设秉承“以能源数据需求为抓手、以精准辅助决策为方向”的建设理念，构建“一云(彩云能源云)、三平台(云平台、数据中台和统一服务平台)，三服务(面向政府、企业、公众)、三体系(运营、安全、保障三大支撑体系)”的能源大数据中心总体框架，如图 6.20 所示。

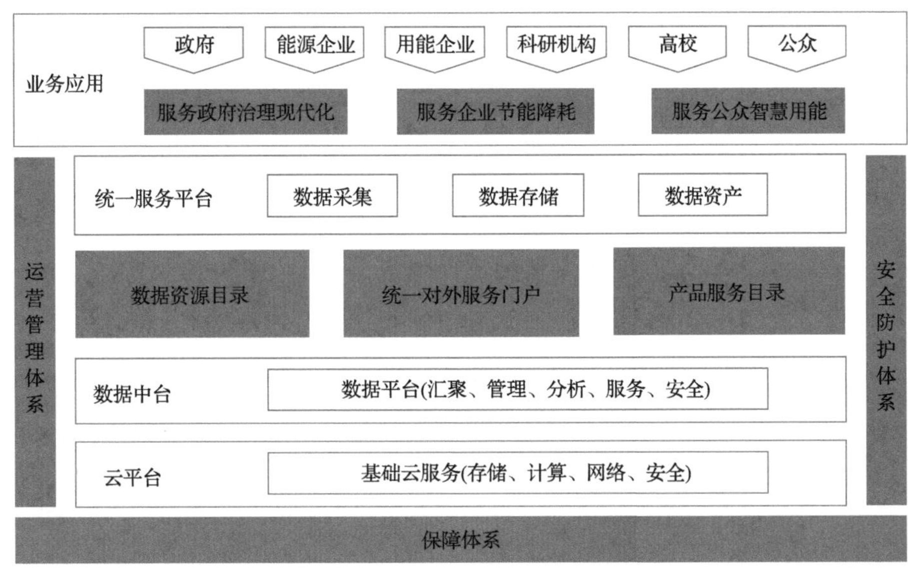

图 6.20 云南能源大数据中心总体架构

“一云”：彩云能源云。打造以三平台为基础、三体系为核心、三服务为方向的彩云能源云，融通多源数据，构建运营体系，强化数据挖掘分析，服务政府能源监管和宏观经济分析、服务企业节能降耗、服务公众智慧用能。

“三平台”：打造云平台、数据中台和统一服务平台三大平台。依托云平台提供能源大数据中心基础 IT 能力，依托数据中台提供数据获取、存储、共享等基础数据能力及高级开发能力，依托统一服务平台支撑对外数据服务和辅助决策。

“三服务”：面向政府、企业、公众提供能源监管、能源规划、宏观经济分析、产业布局、节能减排、新能源消纳、公众便捷用能等方面多元数据服务，是彩云能源云的方向。

“三体系”：构建运营、安全、保障三大支撑体系。运营、安全和保障体系涵盖能源大数据中心运转的各方各面，横向到边，纵向到底，既确保底层平台与上层需求的无缝对接，又确保数据安全与运营效率的同步推进，是彩云能源云的核心。

技术架构方面，云南能源大数据中心倾力构建云平台、数据中台和统一服务三大平台，提供能源大数据中心基础 IT 能力，数据存储、共享等基础数据能力，对外服务的统一入口。在服务体系方面，云南能源大数据中心构建了云南省、地(16 个地州)统一对外服务窗口（含 PC 桌面端、App 移动端、大屏端），高效服务各级政府部门、企业、公众三类用户需求，其中 PC 端支撑业务数据分析与查询，App 端支撑数据指标、分析结果快速查询，大屏端支撑建设成果的总结与汇报演示。

数据汇聚方面，云南能源大数据中心坚持多方共建原则，与数据主体各方签订数据战略协议，明确责任和义务，基于政府主导的平台，推动各方数据汇聚。①做好外部数据接入，按照数据汇聚标准体系规范开展能源大数据中心各类数据高效规范接入和存储。目前已实现数据采购、数据协议开放、数据交换等多种形式。②明确三方协议确权：通过政府、电网、企业签订三方协议明确数据权属，解决企业数据“不能给、不敢给、不愿给”的后顾之忧，推动能源数据汇聚，流通共享。目前已与云南省计量院、煤炭产业集团等促成数据汇聚。③构建能源大数据中心数据资产目录，将能源产供销、经济、统计年鉴等数据汇聚初步构建能源大数据中心数据资产目录基线版，持续提升数据资源和数据服务模块能力，打造对外数据资产目录发布和数据流通窗口。

6.4.4.3　*应用成效*

云南省能源大数据中心对接数字政府，以大数据汇聚融合、共享融通和创新应用为主线，统筹推进自上而下的体系化建设和自下而上的先行先试。自上而下构建“1+3+4+*N*”产品体系蓝图，面向政府、企业、公众三大用户群体需求，围绕能源监测、能源洞察、能源金融、双碳达标搭建 4 个平台级应用，在能源监管支持、经济决策支持、市场监督辅助等方面完成产品规划 110 个，其中已上线 32 个数据产品。自下而上将针对能源保供、新能源消纳、碳排双控、能效分析等重点领域开展典型示范应用建设，以点带面推动能源数据融合应用场景建设，同时共享能源行业数据、技术、产品等方面的系列服务，能源监测类典型产品如图 6.21 所示。

“数字云南”智能能源展厅

向省地各政府、社会各界面全面展示出，云南省在“西电东送”与“云电外送”方面所作出的成果和贡献，展区得到省委、省政府主要领导的称赞。

电力经济及时查

支撑快速掌握电力供需形势，将电力经济数据报送模式由“被动提供”转为“主动服务”，以数字化手段全力支撑电力保供工作。

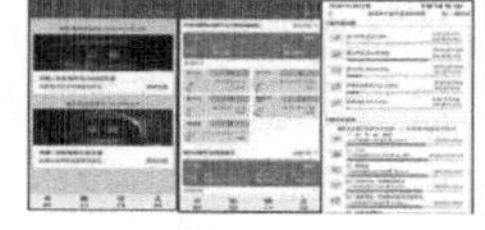

云南省公共充电基础设施建设运营监管

提供充电站点位置快速定位，充电桩智能推荐等服务，支撑对全省完成站点以及对历史申领过云南充电设施建设补贴的桩进行复核。支撑能源局筛查出疑似骗补3000多万元。

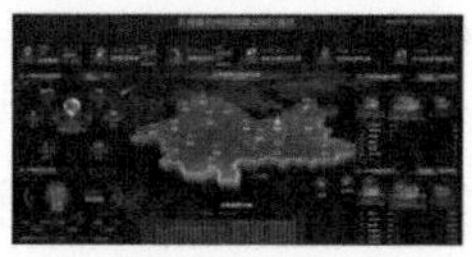

重点工业项目用电信息服务平台

对重点工业项目动态跟踪，第一时间掌握用电需求，实现优质服务与重点项目无缝对接，支撑电网规划和用电提前服务。

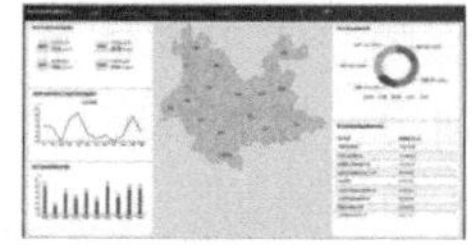

云南省增煤保供分析应用

实现发用电负荷和煤企日产煤量预测，优化煤炭资源调度有效保障火电厂的发电小时数，保障全省电力供应的稳定。

能源总览

监测云南能源的产供销情况，从宏观的角度反映云南省能源生产、消费的规模、分布和发展趋势

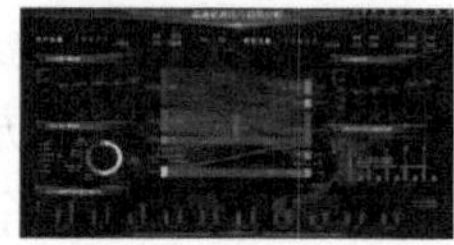

图 6.21　云南能源大数据中心典型产品之能源监测

外部生态促建方面，云南能源大数据中心正在牵头成立产业联盟。作为能源产业链中心积极主动积极推进成立产业联盟，增进政府部门、能源企业、高校及相关组织间的

交流与合作，先后前往云南省计量院、煤炭产业集团、昆明通用水务、昆仑燃气等企业，初步达成数据汇聚、应用合作意向，共同攻克技术难题，推动能源和信息深度融合，促进能源互联网新技术、新模式和新业态发展。此外，云南能源大数据中心构建了能源数据服务能力。面向能源行业上下游企业，基于统一对外门户全面开放平台和数据资源，梳理构建 47 项能源行业指标，上线 9 个数据产品、222 项数据资源，运营好能源数据资产目录和产品目录清单，初步形成数据服务能力，全面赋能能源数据产业生态建设。

通过对以上四家省级能源大数据中心的案例分析，结合对其组建背景、组织成分、平台建设等方面优秀实践的对比与总结，不难看出，当前能源大数据中心建设运营既有普遍的共性，又体现各省特性。

(1)共性方面，能源大数据中心组件的背景基本相似，大多由政府指导，能源行业企业负责落实。在平台建设方面，基本依托和复用本身能源行业已有数字化能力，包括基础设施底座、数据中台、业务中台。在上层数字化应用建设方面，都遵循发改委、能源局等政府单位指导和统筹，探索建设了一批共性能源大数据应用。

(2)个性方面，能源大数据中心在建设过程中，充分结合地区实际情况，呈现出不同的建设特色和亮点。浙江省能源大数据中心接入重点用能企业数据覆盖面广、数据量大、能源数据种类齐全，是能源大数据中心数据汇聚工作的学习案例。湖南省能源大数据中心由国网湖南省电力公司发起，联合多家相关企业，组建国内首家混合所有制省级能源大数据公司，开发上线湖南能源大数据智慧平台，支撑全省能源数字化转型。重庆能源大数据中心则辐射范围扩大到了地市区县，并在科创园重点企业用能监测方面做出了特色和亮点。云南省能源大数据中心是南方电网公司积极响应云南省政府关于打造绿色能源强省、建设“数字云南”工作要求的部署，旨在建设联通国家、省、州、市有关部门以及企业的能源数据传输网络，支撑能源数据应用建设。

6.5 本 章 小 结

能源大数据中心是数字革命与能源革命深度融合的产物，是贯彻落实能源安全新战略和新型基础设施战略部署的重要举措，是能源领域国家大数据战略和创新驱动发展战略的重要组成部分，是实现能源数据互联互通的枢纽工程，是激活能源数据价值的生态保障，是服务碳达峰碳中和目标的重要载体平台，是支撑构建以新能源为主体的新型电力系统的创新实践。对于充分发挥能源大数据巨大价值潜力，构建数字化、智能化、低碳化、平台化的能源互联网新生态，洞悉能源、经济发展趋势和运行规律，服务国家治理能力和治理体系现代化、构建清洁低碳安全高效的现代能源体系、助力经济社会绿色低碳发展、推动企业数字化转型升级，具有重大意义。

展望未来，数字化技术必将深刻改变能源系统的功能形态和运行方式，能源大数据中心作为能源数据要素价值挖掘的载体，将持续推进能源数据生态建设，凝聚能源数据价值链各方力量，充分释放能源数据价值，助力国家能源转型战略目标实现。

参 考 文 献

[1] 中共中央 国务院. 数字中国建设整体布局规划[EB/OL]. (2023-02-27). [2023-10-25]. https://www.gov.cn/xinwen/2023-02/27/content_5743484.htm.

[2] 国网能源研究院. 能源大数据中心在推动能源数字化发展中的功能作用[EB/OL]. 数字能源网. (2022-02-09). [2023-10-259]. https://digital.iesplaza.com/article-1109-1.html.

[3] 国家电网公司能源大数据中心建设运营工作指引[EB/OL]. 国网大数据中心. (2023-06-16). [2023-10-25]. https://www.sbglcx.com/xwzx/detail.asp?articleId=3355.

[4] 中国石化打造云计算大数据平台[EB/OL]. 中国石化新闻网. (2016-11-04). [2023-10-25]. https://oil.in-en.com/html/oil-2570461.shtml.

[5] 熊华文. 从能源消费弹性系数看经济高质量发展[M]. 国家发展和改革委员会能源研究所, 1003-2355-(2019) 05-0009-04,10.3969/j.issn.1003-2355.2019.05.002.

[6] 孙宏斌, 等. 能源互联网[M]. 北京: 科学出版社, 2020.

[7] 孟小峰、杜治娟. 大数据融合研究: 问题与挑战[J]. 计算机研究与发展, 2016, 53 (2): 231-246.

[8] Wang, J Y, Liu H, Yu C. Design and Research of SDN Unified Controller in Large Data Center. In: IOP Conference Series: Materials Science and Engineering[J]. IOP Publishing, 2019.042009.

[9] 王继业, 周碧玉, 刘万涛, 等. 数据中心跨层能效优化研究进展和发展趋势[J]. 中国科学: 信息科学, 2020, 50 (1): 1-24.

第 7 章　能源大数据要素市场和商业模式

能源大数据作为新型生产要素，对于推动经济发展和社会进步具有重要的作用。首先，能源大数据的运用能够实现将生产过程的精准生产，生产、运输、销售等环节无缝连接，各环节之间的信息流通将更加顺畅。这种无缝连接的纽带就是能源大数据生产要素，它能够通过对土地、劳动力、资本、技术等传统生产要素与能源大数据的结合，实现放大、叠加、倍增的作用，从而推动生产方式、生活方式和治理方式的深刻变革。其次，能源大数据的运用能够提高生产要素之间的匹配度。通过能源大数据的收集、分析和应用，可以更加精确地了解各种生产要素的需求和状况，从而更好地配置资源，提高生产效率。最后，能源大数据的运用能够推动产业升级和转型。通过能源大数据的应用，可以发现和解决生产过程中的瓶颈和问题，从而优化生产流程，提高产品质量，推动产业升级和转型。本章对能源大数据要素市场和商业模式的相关内容进行了阐述，7.1 节对能源大数据要素市场进行概述；7.2 节介绍能源大数据要素的确权体系；7.3 节介绍能源大数据要素市场体系及其核心机制；7.4 节围绕能源大数据要素商业模式进行了阐述；7.5 节归纳总结数据要素市场的发展趋势。

7.1　能源大数据要素市场概述

能源大数据要素市场实质是个相对新兴的概念，它是指将能源大数据要素作为一种商品进行交易和购买的市场。在这个市场中，能源大数据要素的所有者可以出售自己拥有的数据要素，并从中获利，而数据需求方则可以通过购买这些数据要素获得更多有效的资源，并支持其决策和业务发展。能源大数据要素市场体系的框架包括市场主体、市场客体、市场载体、定价机制、运行规则、监管机制等。由于能源大数据要素的确权具有行业特殊性，本书将能源大数据的确权体系作为单个分支体系独立介绍。

7.1.1　能源大数据要素的分类分级解剖

能源大数据要素的定义详见本书 1.3.1 节，本节针对能源大数据要素进行分类分级解剖，从中引出对要素市场体系建设各工作位面的思考。

1) 能源大数据要素的生产价值与四种形态

能源是国民经济的基础，能源大数据要素的变化态势在某种程度上决定着整个国民经济的发展方向。能源大数据要素的生产价值深远，单纯用“大数据在能源领域的应用”或“能源+大数据”都不能概括能源大数据要素的内涵。大数据技术主要强调从海量数据中快速获得有价值信息的能力，然而能源企业涉足大数据的主要目的是从海量能源数据中高效地获取高价值的市场要素，并进一步用于能源投资、生产、交易与运营。能源大数据要素不仅仅局限于能源行业内的数据，凡是能够为能源决策提供参考的任何行业数据、方法、技术和应用等都属于能源大数据要素范畴。

能源大数据要素涵盖了能源流要素、信息流要素、实物流要素与价值流要素的总和：一方面，对电力、石油、燃气等能源领域数据及人口、地理、气象等其他领域数据要素进行综合采集、处理、分析与应用，从而提升了能源行业发现问题、解决问题的能力；另一方面，大数据技术在能源相关领域中的深入应用，将能源生产、消费的相关技术革命与大数据理念进行深入融合，加速推进了能源产业的发展以及商业模式的创新应用。从数据价值链角度、按层次递进发展的过程看，能源大数据要素的四种形态包括原始能源数据、能源数据资源、能源数据产品、能源数据资产。从加工程度角度看，能源大数据要素的四种形态包括原始数据、脱敏数据、模型化数据和人工智能化数据。从能源大数据要素的主要来源看，可分为能源数据、运营数据、客户数据、社会数据(政策、制度、交通等数据)、环境数据(天气、地理位置、自然资源等数据)等。

2) 基于数据要素价值分类分级的能源大数据要素

能源大数据核心的有价值、必须管理的数据应得到全面梳理。将能源大数据要素按一定的标准进行分类和分级，有助于管理和应用。

一般来说，能源大数据要素可以分为以下几类：①能源资源数据要素，包括煤、油、气、水力、风力、太阳能等各类能源的储量、产量、进出口等数据；②能源消费数据要素，包括各类能源的消费量、消费结构、消费趋势、用途分析等数据；③能源生产数据要素，包括各类能源的生产量、生产结构、生产技术、生产成本等数据；④能源市场数据要素，包括各类能源的价格、供需关系、市场结构、市场规模等数据；⑤能源环保数据要素，包括各类能源的环境影响、环境治理、节能减排等数据；⑥能源安全数据要素，包括与能源业务安全、系统安全、网络安全、硬件安全的配置数据、实时数据、衍生数据等，可归类为资产数据、威胁数据、脆弱性数据和网络结构数据等。

根据数据的重要性和应用范围，这些数据可以分为不同层级，有专家建议的分级标准如下[1]：①一级数据，是最为核心和重要的数据，对能源行业决策、管理、监管具有重要的决策指导和支撑作用，如能源总量、消费总量、生产总量等；②二级数据，是对一级数据进行深入分析和解读的数据，如各种能源在不同地区、不同用途上的消费量、生产量、价格等；③三级数据，是对二级数据进行进一步细化和补充的数据，如能源消费结构、产业结构、技术水平、环保情况等；④四级数据，是对三级数据进行详细的统计和分析的数据，如能源消费的季节性、地域性、用途性等。不同层级的数据在应用上也有不同的重要性和优先级，一级数据通常是能源行业管理和政策制定的重要基础，而二级、三级和四级数据则更多地用于市场分析、技术评估和环保监测等方面。

7.1.2 能源大数据要素市场特征

相比于其他行业大数据要素，能源大数据要素具有下述六大特征。

①多源。在能源互联网中包括冷、热、电、气、交通等多种多样的能源数据类型。②海量。我国已在能源互联网中部署了大量数据信息采集设备，如智能电表、传感器、

合并单元、网络通信设备等，使能源互联网中的数据体量急剧增长。③异构。能源大数据既涵盖大量的结构化数据，也涵盖了海量视频、图像、语音等非结构化数据，如在输电线路防外力破坏系统中，就需要采集图像和视频信息，以分析判断在输电线路的安全走廊中是否出现了外界物体入侵的情况，在变电站小动物入侵防御系统中同时也需要采集非结构化数据。④实时。能源大数据具有较强的实时性要求，能源生产交付都需要在瞬间之内完成。⑤精确。通过大数据分析技术和数据挖掘技术，可以准确得出数据分析结果。⑥高附加值。能源大数据全面改变了能源行业生产交易和运营的模式，不仅可以优化能源互联网的运行，更可以在相关领域催生更多的增值服务。

能源大数据要素市场化的基本特征也有四点。

①构建“中间态”，解耦数据源和数据应用。从对接方式看，海量、分散、多源异构的能源大数据供需对接形态下，需要以可计量、可定价的“中间态”作为交易标的物提升供应链流通效率。从交易标的物(能源大数据)形态看，由于能源大数据具有隐私性、敏感性、高危性，数据资源只有经过脱敏、提炼、融合后形成安全可控的“标准件”，才具备高效流通交易条件。②通过三级确权，从操作层面降低数据确权的复杂性。数据确权涉及隐私权、财产权、安全权等多种权利，原始数据直接交易情况下确权难度大、风险高，将数据确权分解成针对能源大数据资源、能源大数据元件、能源大数据产品的三级确权，在数据价值传递的同时逐级降低隐私、安全风险和确权难度。③能源大数据定价应以数据利用价值作为核心，兼顾成本、收益，通过市场化方式确定。针对能源大数据要素跨专业、跨地域、跨群体特点和属性，其利用价值不同。根据信息消除数据应用中的不确定性因素，建立差异化估值体系，结合能源行业的特殊性，通过指导价(限价)、议价(如电价听证会)和竞价等在政府引导下的、有规范约束机制的市场化方式定价。④交易方式灵活，协议、竞价等多种方式并存。当前能源大数据要素交易方式仍处于创新探索阶段，主流交易模式多达八种，对技术支撑能力、撮合平台柔性、市场机制设计、制度环境建设、安全保障能力等提出了更高要求[2]。

7.1.3 能源大数据要素的产生、演变及作用

生产要素是指为维系国民经济运行及市场主体生产经营过程所必需的基本社会资源，其最主要的特征在于为经济发展系统提供基础与动力来源。在一般意义上，生产要素包括提供商品或服务所需的任何资源。在传统经济理论上，一般认为土地、劳动力和资本是三大生产要素。随着理论与实践的不断发展，生产要素的外延不断扩展，逐渐出现了生产要素“四元论”“五元论”甚至“六元论”的衍生观点。“数据是生产要素”最早出现在 2016 年 G20 杭州峰会论坛，但那只是一个国际合作宣言。2019 年 10 月底，中共中央召开党的十九届四中全会，其后发表了 3 万余字的《中共中央关于坚持和完善中国特色社会主义制度推进国家治理体系和治理能力现代化若干重大问题的决定》(后文简称《决定》)，其中有这样的论述：“健全劳动、资本、土地、知识、技术、管理、数据等生产要素由市场评价贡献、按贡献决定报酬的机制[3]。”2022 年 11 月 22 日《人民日报》刊发的《坚持和完善社会主义基本经济制度》进一步点明“《决定》首次增列了‘数据’作为生产要素。”因此，《决定》是对数据要素的第一次正式的官方定义，其定义基

本可以理解为：数据是除了劳动、资本、土地、知识、技术、管理以外的第七种生产要素。把数据纳入七大生产要素中，是中国在探索社会主义建设 70 余年经验基础上，不唯理论、不唯经典、理论联系实践、实践创新推动理论创新的发展道路上所做的生产要素理论创新和经济学理论创新[4]。数据已成为关键生产要素。

2022 年 12 月 2 日，中共中央、国务院印发《关于构建数据基础制度更好发挥数据要素作用的意见》(简称《意见》或“数据二十条”)，从数据产权、流通交易、收益分配、安全治理四个方面，初步搭建了我国数据基础制度体系。2023 年 2 月 27 日，中共中央、国务院印发了《数字中国建设整体布局规划》，按照“2522”的整体框架进行布局，即夯实数字基础设施和数据资源体系“两大基础”，推进数字技术与经济、政治、文化、社会、生态文明建设“五位一体”深度融合，强化数字技术创新体系和数字安全屏障“两大能力”，优化数字化发展国内国际“两个环境”。2023 年 7 月 24 日，中国人民银行发布了《中国人民银行业务领域数据安全管理办法(征求意见稿)》，鼓励数据处理者在保障安全合规前提下，积极促进数据高效流通和创新应用。

2023 年 3 月 28 日，国家能源局发布了《关于加快推进能源数字化智能化发展的若干意见》，意见指出，打造能源产业与数字技术融合发展是新时代推动我国能源产业基础高级化、产业链现代化的重要引擎，是落实“四个革命、一个合作”能源安全新战略和建设新型能源体系的有效措施，对提升能源产业核心竞争力、推动能源高质量发展具有重要意义。2023 年 10 月 25 日，国家数据局正式揭牌。成立国家数据局，将重塑形成从中央到地方运行顺畅、充满活力的“一张网”“一盘棋”数据工作格局，对于统筹推动数字中国建设、数字经济发展、数字社会建设、数字基础设施建设、数据管理利用具有里程碑意义。

国家数据局已印发《“数据要素 x”三年行动计划(2024-2026 年)》《数字经济促进共同富裕实施方案》《加快构建新型电力系统行动方案(2024-2027 年)》。国家数据局局长刘烈宏 2023 年 11 月 10 日出席北京数据基础制度先行区启动会并讲话时表示，要探索数据“三权”分置落地，让数据放心“供”出来；培育多层次数据流通交易体系，让更多数据“活”起来；推动数据基础设施建设，让数据安全“动”起来。

除中央政策指导性文件和各行业出台的相关政策以外，各地相继出台了数字化要素市场发展行动方案，如北京市印发了《关于更好发挥数据要素作用进一步加快发展数字经济的实施意见》、天津市印发了《天津市加快数字化发展三年行动方案(2021-2023 年)》、上海市印发了《立足数字经济新赛道推动数据要素产业创新发展行动方案(2023-2025 年)》、重庆市印发了《重庆市数字经济“十四五”发展规划(2021-2025 年)》、浙江省推出了《浙江省推进产业数据价值化改革试点方案》。

能源大数据作为新型生产要素，与传统生产要素发挥作用方式有明显区别。这就意味着，生产过程的精准生产，即生产、运输、销售之间将有可能通过能源大数据实现无缝连接，劳动、资本、土地、技术、知识、管理、才能等生产要素之间的匹配度将大大提高、生产过程中的效率将会提高，实现这种无缝连接的纽带就是能源大数据生产要素。同时，这种纽带是大数据通过对土地、劳动力、资本、技术等传统生产要素与能源大数据相结合后进行放大、叠加、倍增作用，催动生产方式、生活方式和治理方式深刻变革。

7.1.4 数据要素市场发展现状及问题

1) 国外数据要素市场的基本情况

美国采用 C2B 分销、B2B 集中销售和 B2B2C 分销混合三种数据交易模式，后者占据美国数据交易的产业主流。在涉及数据保护等方面，目前美国尚没有联邦层面的统一立法。欧盟致力于通过打造 27 国统一的数字交易流通市场，借以摆脱美国“数据霸权”。欧盟于 2018 年发布了《通用数据保护条例》(DGPR)，并在此基础上发布了《欧盟数据战略》(2020 年 2 月 19 日) 和《数据治理法案》(2022 年 5 月 16 日) 以完善顶层设计，积极推动数据开放共享，涉及制造业、环保、交通、医疗、财政、能源、农业、公共服务和教育等多个行业的领域，以此推动公共部门数据开放共享、科研数据共享、私营企业数据分享。德国采用了“实践先行”的思路，打造“数据空间”构建行业和国家间安全可信的数据交换途径，形成相对完整的数据流通共享生态，该空间得到了包括中国、日、美在内的 20 多个国家和上百家企业及机构的支持。英国采取在金融行业先行先试的战略，促进金融数据交易市场的优先发育。日本则最早提出了“数据银行”交易模式，通过数据银行搭建起个人数据交易和流通的桥梁，最大化释放个人数据价值、提升数据交易流通市场活力。

2) 国内数据要素市场的基本情况

国内数据要素市场处于高速发展期。当前，在国家政策引领、地方试点推进、企业主体创新、关键技术创新等多方合力作用下，我国数据要素市场不断探索和创新。据国家工业信息安全发展研究中心测算数据，2021 年我国数据要素市场规模达到 815 亿元 (见图 7.1)，2022 年市场规模接近千亿元，并且在“十四五”期间有望保持 25%的复合增速。据 2023 中国国际大数据产业博览会新闻发布会的数据显示，2022 年我国大数据产业规模达 1.57 万亿元，同比增长 18%，成为推动数字经济发展的重要力量[5]。

近年来，国家紧锣密鼓地推出数据要素市场建设相关政策文件。继 2022 年 12 月 2 日，中共中央、国务院印发《关于构建数据基础制度更好发挥数据要素作用的意见》(简称《意见》) 之后，财政部起草了《企业数据资源相关会计处理暂行规定 (征求意见稿)》，中共中央、国务院印发了《扩大内需战略规划纲要 (2022-2035 年)》，进一步明确“建立完善跨部门跨区域的数据资源流通应用机制，强化数据安全保障能力，优化数据要素流通环境。”在政策引导下，各地陆续成立数据交易机构。根据市场监管总局全国组织机构统一社会信用代码数据服务中心统计数据，截至 2023 年 9 月，全国已成立 60 家数据交易机构，已注销 11 家。受益于法规标准持续完善以及生态持续扩容，数据要素产业将迎来快速发展期。数据作为关键生产资料的地位进一步明确，伴随着近期政策密集释放，相关建设进程有望提速。在政策、生态、市场等多重驱动下，数据交易将成为数据要素产业未来发展的核心增长极，数据采集、数据存储、数据流通等环节将从中受益。

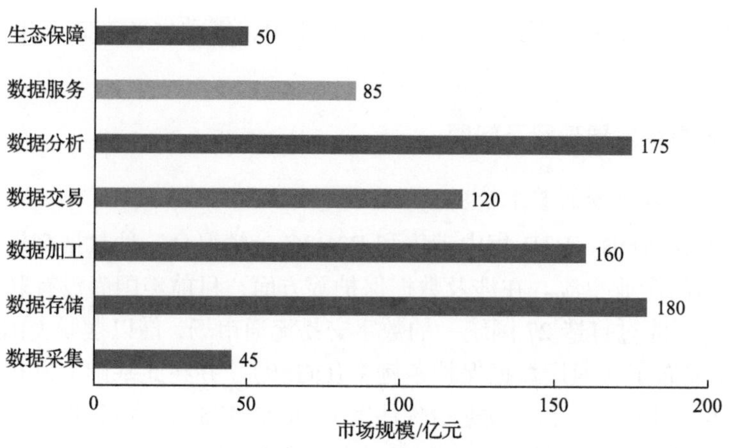

图 7.1　2022 年中国数据要素市场规模

图片来源：国家工业信息安全发展研究中心

3) 当前数据要素市场存在的问题

(1)“数据孤岛”问题。当前，我国公共数据治理还存在数据资源底数不清，数据采集、更新责任机制不健全，数据质量不高、完整性不足等问题，无法有效支撑跨部门协同应用需求。同时，数据共享不够充分，基层数据需求无法获得有效响应，“数据孤岛”与“数据饥渴”现象并存。

(2) 流通缺乏监管。我国现有的数据流通相关的法律制度多是从保护和监管的角度出发，强调对数据的规范利用和安全隐私保护，并未就具体的流通形式、市场准入、市场监管等方面给出清晰的法律界定。在数据流通立法尚不完善、数据交易市场缺乏统一监管机制的背景下，各类数据流通参与主体难以把握监管尺度，对责任的界定没有可靠预期，市场相关主体参与数据交易时找不到明确的合规依据，顾虑重重。

(3) 权益缺乏保障。现阶段，我国数据资源化、资产化等过程尚未完成，数据作为资产或商品直接进行流通的理论基础不扎实，数据要素权属界定、分类分级、估值定价、收益分配等方面缺乏系统框架，数据要素流通难以制定明确的规则。通常数据流通都会涉及数据来源方、收集方、持有方、使用方等多方主体，如何保障私人数据的人格权，如何体现收集者付出的劳动价值，如何防止持有者传出的数据被无限复制，使用者如何防范遇到虚假数据，如何保证各方的数据价格和所得收益的计量公平合理，这些问题都会成为数据流通的障碍。因此，保障参与各方权益的共识还未达成，参与方之间信任机制的建立缺乏规则的指引。

(4) 安全隐私问题。近年来世界范围内多起数据泄露、越权滥用等事件，加剧了人们对数据安全和隐私保护的不安。数据要素时代变迁带来的一个重大变化是数据安全概念的变化。数据安全内涵的变革大大扩展了数据安全对象的外延。在传统工业时代，数据安全的静态技术目标主要是保护存储数据，确保数据库的边界安全。在数据要素时代，数据安全的动态技术目标是确保数据全生命周期安全，关注数据交易过程中的持续性安全。数据要素的特性决定数据安全的风险是无法避免的，目前全人类还没有某个单一技术手段可以确保涉及秘密和隐私数据不失控[6]。

(5)确权制度未立。数据确权制度尚未完全建立，掌握数据的部门多是具有市场实力和规模优势的大型企业，这类实体同时也是数据的主要消费者。在数据权属不明晰，数据流通存在风险的情况下，除战略互补等特定需求外，数据所有者缺乏主动共享数据的动机。数据的价值往往来自对数据加工和挖掘所传递的有效信息，但是除了一些拥有大数据技术核心竞争力的大型机构或企业之外，大部分中小供需主体往往缺乏这方面能力，仅仅依靠交易平台提供的交易安全技术手段往往难以全面规避因数据确权难带来的数据安全风险问题。

(6)定价体系未成。我国尚未形成统一的数据资产定价机制，数据要素流通实践中常以基于可见成本的数据权利主体的不可见权益综合估算定价方式，包括基于数据特征的第三方定价模型、基于博弈论的协议定价模型和基于查询的定价模型等，数据价值具有极大的不确定性。价值是价格的基础，供求关系影响数据价格，数据要素价值需要根据典型应用场景有针对地进行核算。由于缺乏统一的数据要素市场交易规则和有效定价机制，导致每个数据交易平台都只是独立的专业市场或区域市场，阻碍一体化数据交易市场的形成，服务能力不足，严重缺乏公信力[7]。

(7)市场壁垒突出。数据要素市场的部门壁垒、区域壁垒和产业壁垒依然突出。在政府层面，政务数据开放的动力机制虽已初步建立，但政府数据开放刚刚起步，全国开放数据规模仅为美国的约 11%，政府提供的企业生产经营数据仅占 7%；在区域层面，各地数据交易中心同质化竞争严重，且由于区域壁垒限制服务半径很小；在行业层面，近年来互联网企业阵营划分界限逐步明晰，彼此之间数据壁垒森严，垄断现象开始凸显，各头部企业交易生态体系彼此竞争激烈，阻碍了数据要素市场的一体化步伐[8]。

7.2　能源大数据要素确权体系

7.2.1　能源大数据要素确权机制的构建

能源大数据要素确权是指确定能源大数据要素的权利属性，其包含两个层面含义：一是确定能源大数据的权利主体，即谁对能源大数据要素享有权利；二是确定权利的内容即权利主体享有能源大数据要素的哪些权利。大数据要素的确权体系本身属于大数据要素市场体系的核心内容之一，区别在于数据要素的确权工作是实现大数据要素的市场化目标的前提，即只有完成了大数据资产的确权认定，才能为其进入流通市场提供可行性。由于能源大数据要素的确权有其行业特殊性，操作层面的难度也高于其他大部分行业大数据要素，所以本书将其单独列为一节内容进行阐述。

7.2.1.1　国外关于数据确权的基本情况

目前，全球数据立法规制主要包括欧(隐私权导向)美(财产权导向)两大体系，前者对数据过度保护，数据产业发展活力不够；后者则片面强调市场规则，个人隐私难以保障。具体到不同的国家和地区，数据确权的政策走向也有明显差异[8]。

欧盟在数据领域具有三部统帅意义的法律：2018 年 5 月公布的《通用数据保护条例》，也就是通常所说的 GDPR，对各成员国在数据保护上都产生了深刻的影响。2021 年 2 月发布的《电子隐私条例(草案)》，在电子通信领域对 GDPR 进行了补充。此外，2016 年 5 月出台的《非个人数据自由流动条例》则补充了欧盟在非个人数据的处理和流动规则。欧盟的《数据法案(草案)》，保留了 GDPR 下现有个人数据相关权利界定，数据访问权和数据可携权依然适用，并进一步明确了数据相关主体的权利和义务。

相较于其他国家和地区，美国对个人数据保护的法律规定较为宽松，坚持以市场为主导、以行业自律为主要手段，辅以政府监管的模式。2022年6月，美国参众两院发布的《美国数据隐私和保护法(草案)》(ADPPA)，在数据确权及相关方面立法规定：防止美国个人数据遭到歧视性使用、相关实体允许消费者关闭定向广告、信息处理者在特定时间方面遵守忠诚义务，同时确保消费者不必为隐私付费等。

大多数发展中国家则推行数据本地化政策，如韩国着力推进 MyData 模式，支持对个人数据的确权控制，分享自身数字红利；澳大利亚确定了消费者数据权(CDR)，加强消费者对于数据的控制权。

7.2.1.2　能源大数据三权分置框架

“数据二十条”作为首部从生产要素高度部署数据要素价值释放的国家级专项政策文件，以基础制度的规范破解了数据要素价值释放的多个难题，其中最首要的问题就是“数据产权归谁”。大数据资源的三权分置框架，是探索建立保障权益、合规使用的数据产权制度成果，将促成新的市场竞争合作机制的形成。

能源大数据三权分置框架指能源大数据资源持有权、加工使用权和产品经营权的分置。三种产权针对不同的能源大数据要素形态，数据资源的持有权主要是针对原始数据进行加工处理后的数据集(即数据资源)，数据加工使用权可以是针对数据资源，形成数据产品或者数据资产，而数据产品经营权主要是针对可以进行交易的数据产品。

(1)能源大数据要素资源持有权，指天然持有能源大数据要素或依法获得授权的主体，将成为能源大数据要素资源的持有者，可以是本身生产、形成能源大数据要素的组织或者个人，也可以是依法获得授权的主体。持有权人包括有权作为数据资源登记者，有权在遵守法律和合同的基础上对数据进行加工处理和应用，深度挖掘数据价值，赋能数据流通交易。数据资源的持有者能够在法律及合同允许范围内自主决策数据的应用场景，并具有同意他人获取或转移其所产生数据的权利，同时也需要按法律法规及合同约定、遵守数据持有时间的限制等。

(2)能源大数据要素资源的加工使用权，指在保护公共利益、数据安全、数据来源者合法权益的前提下，承认和保护依照法律规定或合同约定获取的数据加工使用权，尊重数据采集、加工等数据处理者的劳动和其他要素贡献，充分保障数据处理者使用数据和获得收益的权利。能源大数据要素资源的加工合作权包含加工权和使用权[4]。其中，能源大数据要素的加工指对能源大数据要素进行筛选、分类、排列、加密、标注等处理，而使用是指对要素进行分析、利用等。联邦学习、多方安全计算等交付技术的发展赋能“原始数据不出域，数据可用不可见”数据加工使用可以实现与原始数据分离，数据在价值链中更好地体现出形态多变性。能源大数据要素资源的加工使用权在行权过程中应确保合法和数据安全，要素处理者应当采取加密、去标识化、匿名化等技术措施和其他必要措施来保障能源数据安全。

(3)能源大数据要素资源的经营权，是指相关组织或个人依法获得的能源大数据要素的经营和收益权，并限制其他同行利用其数据产品非法获利的权利。能源大数据要素经营权包括收益权和经营权，要素资源产权人有权对其开发的数据产品进行开发、使用、交易及支配，并获得收益。能源大数据要素资源经营权可以有效保障产权人的合法权益，有助于激发其提供数据产品服务的积极性。与具有垄断保护性的知识产权相似，数据产品经营权的确立可以有效保护数据产品产权人的权益。能源大数据要素资源的经营权的确立，有助于加快能源大数据资源向高质量的数据资源产品与服务的转化，加速能源大数据要素市场供给侧的结构性优化，进而推动构建多层次能源大数据要素交易市场体系。

7.2.1.3 能源大数据分类分级确权授权制度

“数据二十条”指明了我国建立公共数据、企业数据、个人数据的分类分级确权授权制度的原则和方法。能源大数据要素因其特殊性，涵盖了从公共数据到企业数据、个人数据的三个分级。

“数据二十条”意在推动公共数据要素无偿赋能公共治理和公益事业，以及有偿赋能产业、行业发展，同时推进非公共数据要素按市场化方法“共同使用、共同收益”。根据这三种数据的特点，明确了三条探索机制，即推动公共数据资源的授权运营；针对企业数据资源，强化供给激励，引导行业龙头企业、互联网平台企业与中小微企业双向授权；针对个人数据则探索数据受托机制。

能源公共数据蕴含巨大价值等待挖掘，能源公共数据确权授权机制的确立有望发挥引领作用。能源公共数据资源要素开放分为无偿及有偿使用机制。能源公共数据蕴含着巨大的经济及社会价值，能够为社会治理、公共服务、能源产业发展等各方面做出巨大贡献。“数据二十条”明确了公共数据按照用途进行定价的机制，强调了当公共数据被用于社会治理、公益事业时，应该在监管下进行有条件无偿使用，充分推动公共数据为社会发展创造价值、为居民生活提供便利、为社会问题提供解决方案。而当能源公共数据应用于产业发展或行业发展时，应考虑数据开发成本，遵循能源大数据交易的市场化机制进行有条件有偿使用，建设统一安全可靠的能源公共数据开发利用平台，通过“数据不搬家、可用不可见”“算法多跑路、数据少跑路”等方式，推动能源公共数据向市场主体授权开发利用等，充分推动各方开发使用公共数据的积极性，使数据价值最大化。

企业能源数据是能源生产经营过程中产生的不涉及个人信息和公共利益的数据。保障企业能源数据要素的授权机构，应按照能源大数据要素市场贡献获得经济回报，赋予能源数据市场蓬勃活力。打破能源数据孤岛，促进能源产业链上下游企业间数据共享是破局之法。“数据二十条”提出，要实现大企业和中小微企业之间的双向公平授权，推动企业依法承担起数据共享的社会责任，动员整个市场共同促进数据要素有序发展。同时，虽然推动数据共享是法定义务，但同时应该按照“谁投入、谁贡献、谁受益”的原则，对收集、处理并提供能源数据的大企业提供经济收益，激励全社会更深层次的数据共享。

加大家庭和个人能源数据要素资源供给的前提之一是保护个人隐私。当前，不少人都在下载使用 App 时遇到过“不授权就不给用”的问题。大量涉及个人数据的互联网产品例子表明，用户在打开 App 使用到一些功能时，部分 App 强制收集的个人信息或系统权限不是其正常运行或实现相关功能必须用到的，比如影音类 App 强制索要位置权限、游戏类 App 读取联系人权限等、充电桩支付类 App 读取车辆保险信息等。针对此类现象，《意见》提出建立健全个人信息数据确权授权机制。对承载家庭和个人用能信息的数据，推动数据处理者按照个人授权范围依法依规采集、持有、托管和使用数据，规范对家庭和个人信息的处理活动，不得采取“一揽子授权”、强制同意等方式过度收集个人信息，促进个人信息合理利用。

7.2.1.4 能源大数据要素的登记制度

能源大数据要素登记制度是能源大数据确权与数据资产化的基础。“数据二十条”强调了确立数据产权制度的重要性、提出了建立数据要素登记体系的大致方向和相关要求。能源大数据资产登记制度是对能源数据资产自然属性和法律性财产的确认，是数据产权界定的基础，同时还能解决定价、入场、互信、监管等能源大数据要素市场建设难题。能源大数据资产登记内容包括厘清供给方的数据来源、评估数据质量价值、明确数据应用场景等，是能源大数据要素市场建设和发展的基础前提和必要条件。

我国数据资产登记始于政务数据和公共数据，各地积极探索实行数据资产登记制度。2017 年由国家发展和改革委员会和中央网信办等五个部门联合发布的《政务信息系统整合共享实施方案》中提出“编制政务信息资源目录，开展全国政务信息资源大普查”等工作要求。同时，《政务信息资源目录编制指南（试行）》提出加快建立政府数据资源目录体系，推进政府数据资源的国家统筹管理，各地区也在数据资产登记工作方面进行了一系列尝试。2017 年，贵州省出台全国首个政府数据资产管理登记办法《贵州省政府数据资产管理登记暂行办法》。2020 年，山东省打造首个全国数据（产品）登记平台。2021 年，广东省启动数据资产凭证化工作，南方电网公司在其公司财务会计科目中首次设置了“数据资产科目”，并在行业首发了《电力数据定价方法》，广东省政府与南方电网发布的全国首张公共数据资产凭证，同时也是国内第一张电力大数据资产凭证。

7.2.1.5 能源大数据知识产权保护机制

能源大数据本身不受知识产权法保护，但经过能源互联网、区块链、人工智能等相关技术开发或者智力创作后所生成的内容则可能被纳入知识产权的保护范围，例如，由能源大数据平台衍生的数据或数据集合，它们从原始能源数据中经过清洗、加工、分类、整理而形成的数据产品，只要数据控制者付出足够劳动，形成有价值的智力成果，体现人类的创新活动，未来便有可能受到知识产权的保护。数据知识产权服务需深入研究数据的产权属性，探索开展数据知识产权保护的相关著作权、专利等服务。2021 年 10 月国务院发布的《“十四五”国家知识产权保护和运用规划》中明确提出要设立“数据知识产权保护工程”，要求深入研究数据的产权属性，支持有条件的地区开展数据知识产权保护和运用的试点，促进数据要素合理流动。

对于能源大数据要素所有权是归属于哪一方，目前业界、学界和司法界尚未形成一致意见，而以所有权为基础的加工使用权、运营权等更难以界定。由于知识产权的特定属性，在界定上述资源要素权利归属过程中极有可能被当作关键证据来使用，因此，对知识产权的保护机制可能在未来的实践中会成为三权分置的成功关键之一。有专家建议，可以根据能源大数据知识产权内容诞生时所处的环节，该过程中各方的参与度、贡献度(如独立开发或共享开发)，知识产权对后续行权的影响程度等，来作为知识产权的界定的依据。比如在能源大数据加工环节所产生的知识产权，根据所有权人的参与程度，采取“先协商有争议再裁定”的原则，确定该环节知识产权的产生过程是否与所有权人有关、对所有权人对该数据要素后续行权是否产生决定性影响，再来确定该知识产权的独立性，如果无关且无决定性影响，则该知识产权由加工使用权人所有。

未来，与能源大数据知识产权保护有关的立法工作、实践工作仍有很长的一段路要走，该过程中要解决的问题还有很多：①健全立法，确保平衡。在能源大数据要素知识产权立法中，要在全面准确理解能源大数据权属关系和保护范围的基础上，做到法规制度的全面和平衡，不仅要保护能源大数据的所有权、使用权和经营权，还要确保能源大数据要素知识产权在三权行使过程中的合法性、有效性。②完善流通规则，加强能源大数据资源交易流程与知识产权的同步监管。能源大数据交易规则必须公开透明，能够被交易参与各方理解接受并严格执行，在此过程中，知识产权的授予、保护和驳回工作，应充分依托实事、讲求证据，同步授权、同步交易、同步转让。③加大处罚力度，厘清各方责任。权责明晰有利于防止道德风险和职业犯罪，实现优胜劣汰。若数据资产要素来源违法，则应对知识产权申报方进行严厉处罚，对情节严重者实施市场禁入；若中介机构尽职调查不严，则采取停业整顿或处罚；若知识产权使用过程违规，则应对知识产权所有方进行处罚，并及时向社会进行披露。

7.2.1.6 能源大数据收益分配制度

“数据二十条”提出的“建立体现效率、促进公平的数据要素收益分配制度”，目的是顺应数字产业化、产业数字化发展趋势，充分发挥市场在资源配置中的决定性作用，更好发挥政府作用。完善数据要素市场化配置机制，扩大数据要素市场化配置范围和按价值贡献参与分配渠道。完善数据要素收益的再分配调节机制，让全体人民更好共享数字经济发展成果。

在能源行业和大数据行业的交叉部分，如何决定数据要素的市场评价贡献，并按贡献决定报酬机制，这就应从能源大数据要素的属性特征出发进行研究。能源大数据要素的属性特征是，首先其诞生于能源行业，具有能源的价值属性，其次是其具有数字价值的属性，那市场就有可能允许其通过能源互联网等载体，实现远超“1+1>2”的市场倍增效应。如何实现公平、高效、激励与规范相结合的分配目标，按照“谁投入、谁贡献、谁受益”的原则，着重保护数据要素各参与方的投入产出收益，依法合规维护数据资源资产权益，探索个人、企业、公共数据分享价值收益的方式，建立健全更加合理的市场评价机制，促进劳动者贡献和劳动报酬相匹配。推动数据要素收益向数据价值和使用价值的创造者合理倾斜，确保在开发挖掘数据价值各环节的投入有相应回报，强化基于数据价值创造和价值实现的激励导向。通过分红、提成等多种收益共享方式，平衡兼顾数据内容采集、加工、流通、应用等不同环节相关主体之间的利益分配[4]。

发挥政府在能源大数据要素收益分配中的引导调节作用，关注公共利益和相对弱势群体，推动大型能源企业和数据企业积极承担社会责任，防止和依法依规规制资本在数据领域无序扩张形成市场垄断等问题，消除行业内不同企业间的数字鸿沟，增进社会公平、保障民生福祉、促进共同富裕。

能源大数据的交易分配模式可能且不限于：交易分成模式、流量变现模式、中介盈利模式、一次交易模式、多次交易模式、收益权模式、技术服务型模式、数据和服务混合模式等，详见 7.4 节。

7.2.2　能源大数据确权路径

7.2.2.1　三种权确立的思路原则和目标，三种权之间的内在逻辑

1）三种权确立的目标

三种权确立的目标，是为了在当下立法环境背景下，在确保维护国家数据安全、促进数据高效流通使用的前提下，正确处理好数据资源要素持有者、加工使用者和经营者三者间的权利界面、权益归属和权益保护问题。

2）三种权确立的思路

数据资源要素确权工作思路，一是要明确确权对象，二是要明确确权载体，三是要寻求确权保障措施。根据能源大数据资源要素在市场流转过程中内涵和形态的变化，采取分级、分类的方式明确确权要素内容和形态，分阶段明确权利归属对象及权利边界，加快部署并丰富相关阶段的法律制度、先进技术、宣传普及等保障措施。具体而言，采取分级授权机制是数据确权最初的高效方式。有专家建议[9]，为了推动数据交易、流通，最大程度释放数据价值，可在交易内容维度建立三级数据要素市场，分别是数据授权市场、数据要素市场、数据产品和服务市场，分别采取场内集中交易、场外分布交易和场外数据平台交易模式满足应用场景需要。

也有专家提出另一种解决数据确权问题的新思路，让用户和数字平台围绕着数字经济的生产活动进行市场化的数据分组授权。从数据的正外部性和市场开发程度出发，根据赋予数据持有者可对数据流通使用的权限范围的大小，对数据授权内容和程度进行分级。数据在交易流通中可转让权利范围越大，数据授权级别越高。根据此原则，数据可被分为从“拒绝授权”到“完全授权”的多级不等，根据数据权属内容划分不同的授权级别，可以根据生成场景不同而定。例如，L0 属于“拒绝授权”，用户完全不授权其所有数据。L5 级属于“完全授权”，包括两类情况，一是完全可交易，用户同意完全转让数据以及基于数据的开发利用并因此而获利，但不同意对数据进行再次转让；二是完全可转让，用户同意完全转让数据以及基于数据的开发利用并因此而获利，同意对数据进行再次转让。同时，根据不同类别级别的数据授权体系，设计分类分级的数据要素治理体系，明确相应监管主体与要求，规范各级各类的数据交易，将治理体系落实到数据要

素生产流程各环节、各层级及各相关责任主体。

3) 能源大数据确权原则

能源大数据确权原则：依法规范、循序渐进、政府主导、电力领衔、全行参与。能源大数据确权目前还处于“摸着石头过河”的探索阶段，既无历史经验可循，也无国外模式可鉴，但基于能源大数据要素的特殊性质，在大数据确权时应当遵循以下原则。

(1) 依法规范。任何权属的确定必须以法律为依据，大数据确权首先要以合法为前提。权属的确定是在法律上确定大数据归属，如果权属确定的过程本身就存在法律问题，则所确定的权属内容也就难以保证其效力。因此，能源行业应依据我国出台的有关数据信息方面的法律法规，抓紧拟定能源大数据确权工作目前存在的负面清单，坚持法有禁止不可为的思想，确保数据确权合法合规。“数据二十条”的出台为能源大数据确权提供了基础思路和整体制度框架。

(2) 循序渐进。能源大数据确权是一项长期性、复杂性、系统性工程，涉及法律、经济和技术多个层面，也囊括了政府、企业、个人等多个主体，不可能一蹴而就，需要久久为功，徐徐图之。因此，能源大数据确权要从当前容易确权的环节开展试点工作，通过总结经验教训，创新工作思路，强化典型示范，实现能源大数据确权工作的多专业、多层级全面展开。

(3) 政府主导。能源大数据涉及企业、个人信息隐私和国家信息安全等重要问题，在相应数据确权规范还没建立起来的情况下，开展数据确权工作必须以政府为主导，以政府和央企公信背书，消除信息安全隐患。同时，利用政府和央企公权的介入，整合信息资源，消除信息孤岛，规范数据收集方式，减少数据收集成本。

(4) 电力领衔。电力是能源互联网的中枢，电力行业是最早启动信息化数字化改革和能源互联网建设的行业，目前也是能源行业内整体投资规模最大、拥有数据量最多的主体。国有电力企业义不容辞、当仁不让地理应成为能源大数据三权立法实践探索的排头兵。

(5) 全行参与。能源大数据是由能源投资、建设、生产、交易、运营、消费全环节汇聚而成的，其最终目的应该是服务于社会的资源，无论是数据的收集还是数据应用都离不开整个社会的参与。因此，要通过试点示范作用，在确保信息安全的前提下，形成人人贡献数据、人人使用数据的“取之于民，造福于民”的良好氛围。

4) 大数据要素三种权之间的内在逻辑

在独立存在、有价值、可交换的这种大数据要素客体难以被纳入物权、知识产权及债权法体系的情况下，构建大数据要素新型财产权以保护财产显得尤为重要。尤其是大数据资源交易急速扩容、利益冲突日益显化的背景下，仅通过传统意义上合同、契约和交易结构确认信息财产事实，实际享有和行使大数据要素财产权利，已难以有效化解数据要素生产者、使用者和相关者之间的权益纷争。以法律确认的形式将信息财产权纳入既有财产权谱系，进而形成物权、使用权、经营权并列的大数据要素财产权体系，将是大数据时代应对资源交易的必然选择。

大数据三种权之间的内在逻辑，从不同阶段数据资产要素价值差异的角度来说，可以归结为“价值逻辑”，或者叫“赋能逻辑”。其中，大数据要素持有权是针对初始获得或初始赋能的要素持有者赋予的权利，大数据要素加工使用权是针对通过加工、使用过程实现要素价值二次赋能、多次赋能的要素加工使用者赋予的权利，而经营权是针对资源交易过程中、通过提供交易服务实现大数据要素的平台赋能、市场赋能等实现对资源要素的第三轮增值的经营者赋予的权利。能源大数据要素三种权间的另一种内在逻辑还包括“运行逻辑”。从数据获取、采集的角度界定数据资源持有权，从数据加工的角度界定数据加工使用权，从数据产品生成的角度界定数据产品经营权，“三权分置”与能源大数据产业链的运行逻辑一脉相承。通俗地理解，大数据三种权之间的内在逻辑，就是“谁投入、谁贡献、谁获权”[10]。

7.2.2.2　能源大数据持有权的总体思路和实现路径

数据资源持有权是数据权益的基础。在数据要素产权配置中，数据资源持有权着眼于数据的归属功能，为数据流转、数据处理和其他数据权利的构建奠定了基础。与传统的有形资源相比，数据具备非竞争性和重复利用性，基于此，以支配和排他为核心的所有权确权模式难以适用于数据保护，占有、使用、收益和处分等权利内容或权能也无法准确描述数据权利。与此同时，数据权利涉及数据来源者、数据处理者等不同主体之间的利益平衡，逐渐呈现出相对化的趋势，难以用传统民法中绝对权和支配权的逻辑来简单套用。对数据的“持有”应当重点围绕为权利主体“依法持有”数据提供正当性依据为目的，以防止其他主体对数据的非法获取和利用[11]。

能源大数据持有权的权利配置是依据能源大数据流转主体的类型来进行的，也就是根据数据处理全周期来界定各阶段的数据产生或持有主体。总的来说，能源大数据可以分为公共数据、企业数据和个人数据，相应地，数据持有主体包括政府、企业和个人。根据《意见》，对各类市场主体在生产经营活动中采集加工的不涉及个人信息和公共利益的数据，市场主体享有依法依规持有、使用、获取收益的权益；对承载个人信息的数据，推动数据处理者按照个人授权范围依法依规采集、持有、托管和使用数据，强调“合理保护数据处理者对依法依规持有的数据进行自主管控的权益”。在具体内容上，能源数据资源持有权主要包括：①自主管理权，即对能源大数据进行持有、管理和防止侵害的权利。②能源大数据流转权，即同意他人获取或转移其所产生数据的权利。比如，网络安全法、个人信息保护法均规定收集、使用个人信息须经本人同意。③数据持有限制，即数据持有或保存期限的问题。对于自己产生的数据，本人持有不受保存期限的限制。对于他人产生的数据，个人信息保护法规定：“除法律、行政法规另有规定外，个人信息的保存期限应当为实现处理目的所必要的最短时间。”这里“法律、行政法规另有规定”的情形主要是基于监管目的要求数据留存一定时间。比如，电子商务法要求商品和服务信息、交易信息的保存时间不少于三年，《网络交易监督管理办法》要求平台内经营者身份信息、商品和服务信息、交易记录等数据保存时间不少于三年[11]。

具体以电力大数据要素为例，不同于其他生产要素，电力数据的可复制性、非排他性，使其无法像传统物权对所有权进行二元分割。事实上，同一数据承载了多元主体的权益，在数据源主体之外，数据采集平台投入了采集、标注、清洗、脱敏、治理、存储等成本，也应当有相应的数据权益主张[11]。从技术角度，电力数据采集是能源数字化转型攻坚任务的核心环节之一。智能电表除了电能计量功能外，在新型电力系统发展和物联网技术的加持下，它还逐渐发展出了多协议数据传输模式、多费率双向计量功能、用户侧控制功能、自动抄表、智能结算、安全预警及防窃电等各种智能化功能。电力零售商可以根据当地政策、结合用户需求灵活分时电价政策并实现智能收费，积极响应电力交易市场改革；电网企业能够更加迅速地检测配电故障，加快实现坚强配电网建设目标。因此，电力企业在与数据需求方开展数据服务协议时，以确保取得电力用户的数据处理许可与使用授权为前置步骤，而后与数据需求方协议约定数据使用的目的和范围，并采用“区间值”或“标签化”等方式，将原始数据经脱敏、加工处理后再输出结果。类似的情况还包括空调、水、热、气等采集终端共同组成的现代能源大数据的数据采集端口。能源企业借助这些端口的自动化数据采集行为持有了原始数据，即确立了最初的数据持有权，进而实现对这些数据权利的使用和经营。

7.2.2.3 能源大数据使用权的总体思路和实现路径

能源大数据加工使用权是能源大数据实现价值增值的核心。根据《中华人民共和国数据安全法》，数据处理包括数据的收集、存储、使用、加工、传输、提供、公开等行为。通过对数据集合进行抽取、清洗、分析、统计、转换、运算和进一步挖掘，从杂乱无章的数据中提炼出内在规律，是数据加工的要义所在。

能源大数据加工使用权的权利主体是能源大数据处理方，一般指能源大数据处理单位(如能源大数据中心等)。数据处理方行使数据加工权需要两项附加条件，一是获取数据加工使用权不应损害公共利益、数据安全、数据来源者的合法权益；二是数据处理方加工、使用数据应当以依法合规为前提。对于非法获取的数据，数据处理者不仅无权加工使用，还应为其非法获取行为承担相应的法律责任；同时，对于非法获取的信息数据，即便随着加工处理而最终实现匿名化，也无法推定其合法性[11]。

7.2.2.4 能源大数据经营权的总体思路和实现路径

能源大数据产品经营权是盘活“沉睡”的能源大数据资源、充分实现数据要素市场价值的关键。进行能源大数据开发利用，最重要的成果形式就是提供能源大数据产品或者提供能源大数据服务。实现能源大数据经营权的实现路径，可分四步走。第一步是要完善能源大数据基础设施建设，补齐各种形态下的能源物联网和信息互联的基础设施短板，推进电、气、水、暖和相关信息数据采集传输网络设施的基础建设；第二步是加速能源体系与大数据体系的融合，完成大数据作为能源系统智力升级的角色转变，通过实现能源信息数据采集、存储、传输、安全等的标准统一，推动能源与数据系统硬件资源、基础软件、网络通信、数据集成、算法支持、应用支持、安全管控等环节环境的集成；第三步是要加强能源大数据知识图谱等深层知识应用，通过人工智能技术、可视化技术、人机交互技术实现能源大数据在全社会生产、生活服务的全方位应用；第四步是同步加快能源需求侧与供给侧改革，进一步放开售电市场和能源用户侧市场，加快能源大数据市场和能源金融市场建设，积极培育第三方交易与综合能源服务，加速民营资本在上述市场的进入，通过业态设计、政策导向、项目扶持、平台建设、市场培育，完善能源大数据市场法律法规，形成长效机制[12]。

7.3 能源大数据要素市场体系

7.3.1 市场主体

鉴于能源大数据在行业中的特殊定位，能源大数据要素市场主体既包括来自传统能源行业的市场主体，还包括新兴能源互联网、大数据相关行业的市场主体。

(1)传统能源企业：传统能源企业挖掘已有大数据资产潜能，转型综合能源大数据服务供应商。电力、石油、天然气等传统能源供应商正在利用大型国企的规模、技术、人才优势，加速企业数字化转型与业务领域创新。在可再生能源、分布式能源、储能技术、信息通信技术应用加速的背景下，传统能源企业通过网络运营模式优化、能源输送能力升级、商业模式创新开辟能源大数据服务新业态新模式，对内实现业务在线协同和数据贯通，对外实现效率提升和大数据要素服务增值。国家电网、南方电网两大电网公司以及大唐、华能等发电集团是其中的主要代表。

(2)新兴能源企业：新兴能源企业积极开展能源大数据要素市场的先期探索，在园区、公共建筑和城市综合体开拓能源大数据资源服务市场。新兴能源企业利用先进的能源新技术，借助智能化能源网络收集大数据信息，在利用节能技术、产品和大数据分析提供能源管理、能效提升解决方案、分布式能源系统运维租赁等多种能源管理服务过程中，快速布局传统能源服务外的能源大数据开发与市场交易利用领域。远景能源有限公司、新奥能源控股有限公司、协鑫集团有限公司等是其中的典型代表。

(3)新兴互联网企业：互联网企业与能源互联网衍生机构提供先进的信息通信技术和数字金融服务，支持能源大数据价值创造。科技发展促使消费者对能源产品和数据服务产生更多个性化需求，互联网企业凭借信息技术和客户资源优势，从多能服务监控平台、数据深度挖掘、终端用户交易平台等方面切入多能服务市场。互联网企业、金融机构、咨询机构成为能源企业终端用户服务战略合作伙伴，共同将能源互联网应用边界扩展到能源大数据等新领域、并衍生出大量数据安全与区块链技术及算法服务企业等。阿里巴巴、华为、腾讯、字节跳动、趣链科技等企业是其中的主要代表。

(4)生态跨界企业：生态跨界企业通过业务与客户群有效结合，借机跨入能源大数据要素市场。随着新能源汽车和智能家居发展，车企、家电企业、建筑和房地产企业、零售商等通过引入节能、智能化等技术，使电动汽车、家电、能源设备具有节能、智能和万物互联等特征，进而基于对用户需求的大数据分析提供延伸服务，进入家庭智能设备管理、能源大数据等服务领域。小米、蔚来汽车等企业是其中主要的代表。

(5)能源大数据平台服务型组织及个人：贯穿了能源大数据生产、存储、传输、交易、消费、增值服务的平台服务类型组织及个人，涵盖了包括信息化基础设施建设单位、各省市能源大数据中心、能源大数据交易平台、能源大数据金融服务机构(含相关银行)、数据经纪人等，如中国电信、铁塔公司、欧美国家数据银行、地方政府、新兴产业园区、贵州省大数据中心、浙江省能源大数据中心等。

(6)能源大数据家庭及个人用户：随着用户侧智慧用能、智慧小区、智能家居对家庭及个人用户的全方位覆盖与渗透，如家庭屋顶光伏、充电桩、家庭储能业务的普及，能源大数据深度参与了家庭分布式能源的消费与余电并网，家庭及个人用户已经逐渐成为能源大数据要素市场主体的重要一员。

7.3.2　市场客体

能源大数据交易机构交易标的物主要包括数据服务、数据集、数据项、数据产品等类别，交易方式的不同主要取决于数据的敏感级别和供方的要求(产品的特性)。财政部于 2023 年 8 月 21 日发文《企业数据资源会计处理暂行规定》(下文简称《暂行规定》)，到明年 1 月 1 日开始执行，对数据资源能否作为会计上的资产“入表”、作为哪种资产入表等问题加强了指引。能源大数据交易的标的物是《暂行规定》中原则确认的可资产入表的数字内容[13]，其客体形态可能包括数据服务、数据模型和数据报告三大类。

7.3.2.1　数据服务

数据服务指提供数据采集、数据传输、数据存储、数据计算、数据处理(包括数据标注、整合、分析、可视化等)、数据交换、数据销毁等数据各种生存形态演变的一种信息技术驱动的服务。对于接受能源大数据消费与服务的组织与个人而言，能源大数据服务不仅能带来能源消费技能组合的标准化并提高管理效率，还为跨组织共享数据提供了更多机会，从而带来更多的协作和知识共享。数据服务在数据质量、敏捷性、财务灵活性方面具有先天优势。基于数据中台技术和相关的大数据传输以及存储技术、实时分析和处理技术、大数据展示技术等，实现智能数据终端与能源行业的结合，以数据服务的形式提供生产能力，将业务数据转化为生产力，用于反哺能源生产业务，不断迭代循环形成闭环过程。数据中台通过打通多源异构数据，统一治理、管理企业数据，大大提高能源企业业务系统的运行效率，解决了部门内部和部门之间的数据共享和协调的问题，实现数据服务在能源领域的“数据即能量”“数据即交互”“数据即共情”。实现能源数据以及政务、经济、气象和交通等其他领域数据汇聚，为能源大数据跨界深度融合、共享交换和融通应用提供基础支撑。

7.3.2.2　数据模型

大数据和数据中台虽然解决了数据流通的问题，但是仍然存在一些不足，此类方式只适合在企业内部进行数据流通，因其数据具有独特的商业价值，无法直接对外提供，跨企业、跨机构的数据流通难题仍未解决。要实现能源大数据产品“原始数据不出域、数据可用不可见”的交易范式，除了数据源头服务和数据最终报告之外，数据模型是必不可少、重中之重的中间客体。类似于交通工具(如飞机)既可以是简单购销的交易资源客体(如制造厂和商飞公司之间的交易合同)，也可以是商业服务的工具资源客体(如提供航空服务的客运公司与旅客之间的服务合同)，数据模型既可以是数据服务的工具，模型本身也可能成为市场交易的标的物。

近年来，大数据模型技术迅猛发展。以区块链和隐私计算模型技术为例。区块链通过共识、分布式账本、智能合约等机制保证了多方协作过程中的公开、透明、可追溯。隐私计算技术通过安全多方计算技术(MPC)、可信执行环境(TEE)、联邦学习(FL)这三类技术实现隐私数据的安全共享。其中，安全多方计算技术主要解决在无可信第三方的情况下利用多方数据安全地进行计算，保证各数据拥有方除了计算结果以外不暴露其他任何数据，用于进行隐私的算术运算、集合运算及统计分析。可信执行环境主要依赖可信硬件，通过借助 CPU 芯片构建一个可信的执行环境，可以在该环境中对加密数据进行解密计算，外部(操作系统、BIOS 等)无法获取该数据，从而保证原始数据的隐私安全。联邦学习是一种分布式机器学习技术，保证参与方原始数据不出库的前提下，两个以上参与方之间通过安全算法协议的方式进行联合机器学习和模型参数加密交换，实现多方的数据建模和预测。联邦学习主要通过同态加密、秘密分享等技术保证多方协作过程中的数据安全性。

目前，我国大数据技术发展迅速，各省市都在积极部署大数据中心。然而，由于大部分政府机关单位的数据包括部分行业数据，如能源大数据大部分内容都涉及企业隐私，大数据中心难以将这些隐私数据汇集起来，影响了大数据中心的部署进程。区块链和隐私计算技术近年来发展迅速，相关模型成果必将成为大数据要素市场的主要客体之一，算法投入往往会成为服务器之外的第二大成本对象。

在能源大数据领域，目前可参与流通的模型主要是三类，第一类是数据算法模型，第二类是数据治理模型；第三类是数据应用模型。算法模型主要是在大数据技术开发阶段发挥价值，数据治理模型主要在数据质量及治理评估领域发挥价值，应用开发模型主要通过应用场景发挥价值。算法模型中常见的有：数据分析模型(如回归、聚类分析、降维等数据预处理模型)、机器学习模型(如神经网络、进化算法等)、智能控制结构模型、数字仿真模型(如数字孪生)、机器学习模型、深度学习模型等。数据治理模型常见的有：数据质量评估模型、数据加密算法模型(如对称加密模型)、软件能力成熟度模型、数据能力成熟度模型等。应用开发模型中常见的有：城市数字模型、SG-CIM 电网公共信息模型、安全预测模型、负荷预测模型、碳流轨迹分析模型、能电碳评估模型、电力指数景气模型等。

7.3.2.3 数据报告

数据报告主要是基于能源大数据的专业应用平台数据，围绕政府部门、经济部门对宏观、微观经济发展态势监测分析需求，基于电力数据、融合经济、工商、税务等其他数据，从小微企业指数典型应用、电力经济指数产品、税电指数产品、乡村振兴典型应用等方面构建智慧经济发展分析并发布数据报告，数据报告的表现形式包括行业分析报表、报告、白皮书等，实现对区域经济发展趋势的动态分析，助力政府部门精准施策。

7.3.3 市场载体

7.3.3.1 交易平台

当前国内的大数据交易平台大致包括政府主导型数据交易平台、产业联盟交易平台、企业主导的交易平台三类。由于能源大数据属于国家核心数据信息，在能源大数据要素市场建设过程中将会呈现以政府主导建设平台为核心，产业联盟平台及大型能源企业或数据类企业主导平台在分支领域起关键支撑作用的建设定位。在我国目前已有的近 40 家数据交易所中，由地方政府发起、主导或批复的数据交易所占了绝大多数。在过去，这些交易中心股东相对多元化，可以发现上市企业的身影；而近一两年来，数据交易所的股权更加集中到国企，真正体现规模优势、数据安全、赋能社会。

在能源大数据领域，目前报道可见的大数据交易平台有如下几家：①2017 年 12 月 6 日，中国(太原)煤炭交易中心正式启动能源大数据平台，这一平台收集整合了 1 万余家交易商的信息、结算和物流数据，以及 530 类煤炭相关行业近八年的 2800 多万条数据，初步构建起能源大数据平台的生态圈。②2019 年 4 月，在原国网青海省电力公司新能源大数据创新平台基础上，由青海省发展和改革委员会授牌成立青海省能源大数据中心，作为国内首家能源大数据平台实体化运营的数据交易平台，面向政府和社会大众提供公益性服务，为政府提供碳排放监测、碳减排分析、碳汇监测分析、碳核查评估、碳中和路线规划等双碳服务，为社会大众提供碳积分、碳币和商业优惠等碳普惠服务，为企业提供碳资产管理、交易撮合、绿色评估、碳咨询、自愿减排量(CCER)项目开发、减碳技术、碳金融等双碳增值服务，通过海量能源数据汇聚，建立创新、高效、开放的管理体系、技术体系、服务体系和运营体系，构建“双碳”业务服务生态圈。③2022 年 4 月国网北京市电力公司(以下简称国网北京电力)正式入驻北京国际大数据交易所(简称北数所)，成为北数所完成的全国能源行业的首笔线上数据交易，交易采用的是北数所、国网北京电力、北京实创联合签订的电力大数据合作与交易框架协议。④双碳指标是能源大数据的一个子类，目前国内已有的碳交易服务平台分别有四川联合环境交易所、广州碳排放权交易中心、上海环境能源交易所、北京绿色交易所、天津排放权交易所、湖北碳排放权交易所、海峡资源环境交易中心、重庆联合产权交易所、深圳排放权交易所等。

7.3.3.2 *数据运营开发平台*

以能源大数据开发运营为主要职能成立的平台，是能源大数据要素市场载体的重要一环。以浙江省能源大数据中心为例，2023 年已完成 3 万余家重点企业用能数据接入，汇聚煤炭、石油、天然气等能源数据 476.42 亿条、65 项能源大数据产品。2022 年以来，浙江省推动数字技术与新型电力系统建设深度融合，启动数字化牵引新型电力系统省级示范区建设。浙江以数字赋能来推动经济用能，打通数字化和经济用能之间的转换通道。由国网浙江省电力有限公司参与建设的浙江省能源大数据中心，实现电、气、油等全品类用能数据采集，服务企业用能诊断和能效对标，助力政府做好能耗管理。为实现“双碳”目标涉及管理能源供给、电网调度、客户用电等，针对数据碎片化成为统筹管理的难点，中心开发双碳智治平台、节能降碳 e 本账、复工复产指数等 60 余项数字化应用。浙江省重点用能企业全部接入省能源大数据中心，各地市供电公司也依托能源大数据中心，打造高耗能企业用电监测数据产品，直观呈现高耗能企业用能情况，通过对园区、写字楼等量身定制综合能效提升改造计划，通过空调集控管理系统终端平台远程管理，实现大楼空调负荷可调可控。平台通过运营“电力看经济”“电力看低碳”“电力看乡村振兴”等数字产品，为共同富裕、城乡一体化发展提供更科学的数据分析监测评价手段，协助乡村智慧用能，为乡村老人提供“贴心电保姆”。通过对量子、人工智能、数字孪生、大数据、区块链、柔性技术等前沿技术的落地应用，平台为浙江电网开展多形态服务提供了更多手段支撑，为能源大数据要素在浙江的开发利用铺平了快速发展的道路。以用能数据为基础开发数字化应用，结合国网浙江综合能源公司提供的节能减排方案，预计全年可促进浙江全社会节约用电 165 亿 kW·h，减少碳排放 913 万 t。

目前国内能源大数据运营开发平台主要是围绕电力数据开发应用搭建的各个省的能源大数据中心，包括国家电网有限公司能源大数据资源管理平台、南方能源大数据中心(南方电网公司与贵安新区合作)、内蒙古能源(电力)大数据平台、湖北省能源大数据中心等。

7.3.3.3　全球能源互联网

全球能源互联网是清洁能源发展的载体，是实现清洁能源全球化生产、配置和使用的现代能源体系，实质是“智能电网+特高压电网+清洁能源”。全球能源互联网的本质是全球能源命运共同体，将有力推动全球能源转型、应对气候变化、保护生态环境、促进经济繁荣和社会进步，是构建人类命运共同体的重要内容。在能源即数据、数据即能源的时代，全球能源互联网本身就是能源大数据交易的市场载体之一。在全球能源互联网最初提出的概念中，是以特高压电网为骨干网架、全球互联的坚强智能电网，是清洁能源在全球范围大规模开发、配置、利用的基础平台。在全球能源互联网真正进入数字时代以后，将是集能源传输、资源配置、市场交易、信息交互、智能服务于一体的“物联网”，是共建共享、互联互通、开放兼容的“巨系统”，是创造巨大经济、社会、环境综合价值的和平发展平台。站在全球能源互联网的载体上看，对于能源大数据交易，特高压电网是骨架、智能电网是基础、清洁能源是重点、能源大数据是关键。全球能源互联网能够将具有时区差、季节差的各大洲电网连接起来，解决长期困扰人类发展的能源和环境问题，保障能源安全、清洁、可持续供应，让世界成为能源充足、天蓝地绿、亮亮堂堂、和平和谐的“地球村”。

7.3.4　定价机制

7.3.4.1　能源大数据定价模式及其难点

1. 能源大数据定价模式

对于能源大数据要素市场的建设，除了从通常的大数据的获取、信息服务架构及模式等方面工作考虑，还应重点考虑能源大数据定价模式，以能源大数据的合理定价更好地服务市场。

能源大数据要素市场定价，综合受到成本、价值和交易行为的影响。建议能源大数据定价模式可采用成本法、价值法、市场法三种方法的综合应用。

1) 成本法

能源大数据要素的内在成本包括固定成本和变动成本，固定成本主要来自信息的生产或获取、对信息进行传递时所建立或使用的通信系统，信息开发、存储、交换所用的计算机机组和相关软件，以及软硬件的基本运维；变动成本主要来自程序升级及信息产品投放和营销成本。两种成本的累加，确定了能源大数据要素产品和服务的价格底线标准。

2) 价值法

能源大数据要素价值反映的是顾客效用，是对消费者在消费商品时所感到的满足程度的一种科学衡量，一般受产品属性(外在的物理特征)、顾客利益(顾客体验感或品牌特征)、顾客价值(顾客的社会需求和稳定的信念)三个层次因素影响，对产品开发、品牌评估及其定位、产品推广、产品市场细分有着重要影响。将大数据要素价值结合入产品线标准，能充分包含市场外部性因素对信息产品采纳意愿的动态影响，从而形成能源大数据要素理论定价的第二部分。

3) 市场法

受数据信息供需情况影响，能源生产和需求状况本身受多种因素影响，能源大数据要素市场定价与供需关系走势的变化有着显著关联性——能源大数据要素市场由现实的能源商品市场和生产要素市场数字延伸转化而来，能源生产端的数据应用在能源大数据要素市场的市场活动中占主要分量。但由于诸多因素，数据供给不足已成为制约当前数据要素市场发展的主要问题，其形成重要原因在于，能源大数据作为准公共产品，其具备的非竞争性、部分排他性、安全性等特征，容易导致能源大数据作为商品出现在市场时受到较大约束。又由于大数据产品存在交易不积极、分散价格低、确权难等情况，传统的先确权再交易的方式不完全适用于数据产品(尤其是在实时交易情形下)，扩大了数据供给不足困境。缓解数据供给不足问题，仍需要依托政府公共数据开放共享，从数据流动前端降低数据资源获取成本，并完成流动数据规范性约束。具体到电力能源大数据要素市场，还需要综合考虑电力细分市场特性和发电售电实际情况(价格因素等)才能形成最后参考价格。从决定电力市场价格形成的供需关系来看，能源市场供需关系曲线不仅受到分布式能源建设、电力产销一体化、电力需求响应、电力改革后配电侧及售电侧逐步开放等外部的环境影响，同样受到发电机组的持续开机时间、起停机成本、最小出力限制、爬坡限制、多节点间通道阻塞等内部因素影响，这就造成了：一方面，能源生产与能源需求的曲线涉及大量的变量约束，由这些变量造成的边际成本会诱导发电侧报价偏离真实边际成本，导致市场效率下降；另一方面，对于供需曲线可能存在的多个交点，需要运用更为复杂的机制，例如迭代改良后的系统、分区、节点边际电价机制等，加大了电力市场出清难度。

2. 能源大数据市场要素定价难点

在传统买卖双边关系作为价格形成主体的模式中构造能源大数据要素市场定价机制存在着实施阻碍：①传统买卖双边关系有供需关系透明的先决条件，在该种路径下的价格体系通常由市场卖方分散决策和自由定价情况下，买方基于价格、品质方面的对比做出购买决定，并形成整体的市场价格动态平衡。然而，数据要素市场相比于传统要素市场面临着存在低交易信息透明度、高场景依赖、标准化建设水平不足、交易标的权属界限模糊等问题。②在能源大数据要素市场建设初期、缺乏数据卖方价格披露机制的情况下，数据买方对信息产品的价值性难以形成有效认知，无法开展传统的价格对比，进一步放大了不充分、不对称的市场竞争；同时由于信息不对称，很可能造成市场中出现价格歧视、价格垄断等乱象，在定价时可能掌握绝对主导权，获取垄断性利润。③结合现有数据产品以买方个性化需求为导向的市场情况，能源大数据市场信息产品也将面对因非标准化而难以实行统一价值衡量乃至定价标准的难题。结合三种问题产生的客观原因和现有数据市场建设经验可知，在数据买卖双方中引入第三方机构作为中间桥梁、对部分溢出边际成本(如发电侧边际成本、辅助服务成本)实行上抬费用机制，会是“破局”的重要方向。

在此路径下，一方面，交易所/交易平台、第三方机构等市场主体在价格形成过程中未来将承担更多的角色。随着数据要素市场及其机制的发展健全，数据交易所/交易平台和第三方机构在数据要素市场规则及体系构建的参与度正持续深化，在能源大数据定价过程中引入除买卖双方外独立、客观的第三方机构，可帮助能源大数据市场建立估价模型乃至多维价值评估指标体系开展科学评估、确定数据产品的公允市场价值。另一方面，采用上抬费用机制补偿市场出清价格收入与其投标价格之间存在的差异费用(边际成本)。上抬费用机制可分为两个部分：补偿支付手段和机会成本控制手段。补偿支付是指当卖方在市场中的回报无法使其收回其生产活动的成本时，会对其亏损的部分进行补偿；机会成本控制是指卖方利润未达到最大化利润的情况下给予补偿。上抬费用向市场参与者进行分摊。

综合来看，能源大数据要素市场定价机制可遵循以下路径：从产品成本切入，对能源大数据的信息获取和信息整合成本进行基线(最底线)划定，参考结合客户的感觉价值、服务个性化差异等顾客效益，对成本组成进行加成、确定出信息服务产品的理论定价，并采用补偿支付、机会成本投入等因素完成价格修正；进一步引入第三方平台，结合预定价、拍卖定价、动态定价、协议定价、实时定价、使用量定价、免费增值等第三方平台估(定)价方式，最终可获得受市场竞争形势影响而不断波动的价格参考线及参考价格。

7.3.4.2 能源大数据交易定价模型

能源大数据交易定价模型设计当前主要有两个方向：基于产品内容的要素挖掘和基于市场博弈的逻辑反应，这两种设计方向间接反映了信息产品的不同市场经营策略，如免费数据策略、套餐定价策略、使用计价策略、平价策略、消费增值策略等。针对不同产品内容要素和市场经营策略现已形成多种能源大数据交易定价模型，主要包括以下七种定价模型。

(1)基于数据维度的定价模型：核心机制在于选定数据信息维度并构造数据效用函数，通过函数计算结果进行数据的各维度评估从而定价，因此具备维度越多越准确、数据价值量越大的特点，但也因为其维度依赖性，该模型受数据维度选择的主观影响程度更大，且模型机制本身对维度内容的形成逻辑关联不足。目前，基于数据维度的定价模型数据维度选取标准仍未达成统一，未来的主流应用方向是作为其他模型的辅助支撑。

(2)基于消费者感知的定价模型：消费者感知模型认为，消费者感知价格由所有消费者愿意支付的价格决定，其受外部影响程度主要取决于五个要素：顾客效用、市场环境、消费动机、供应商价值、经济价值。由于该模型较好地考虑了市场终端(消费者)的反馈，通常被用作补足简单的市场成本累加模型。

(3)动态数据定价模型：动态数据定价模型是由差异定价模型演变而来，差异定价模型针对同一产品在面对不同的市场及客户时制定不同价格，而动态数据定价模型作为差异定价模型的特例，在能源大数据要素市场中动态数据定价模型主要通过识别信息产品的使用情况(使用量峰值时段、使用产品类型)来实现动态性，可较显著地放大卖方收益，对买方市场行为也会有一定的调节作用。

(4)基于信息熵的定价模型：核心机制在于基于获取的信息量结合信息论理论分析的最优决策。信息熵在金融、经济学等领域的定价机制中已有一定应用，且信息熵在数据特征的高度直观性使其在个人隐私数据处理方面展现一定优势。又由于信息熵依托历史数据进行概率运算进而获得数据价值分布，相对而言过于依赖人为决策，且相对数据质量的多维度评价有明显弱势。

(5)基于查询的定价模型：核心机制在于用预设场景或模块(视图)限定大数据信息颗粒度，根据用户需求提供不同覆盖面或聚合程度的数据。该模型有显著的需求精确性、用户像精准度高、操作较为便捷等特点，但也具备包括视图构筑相对复杂、运算重复性高、数据库更新工作量大等不足之处，同时还需预防利用各视图服务交易过程进行套利的行为。

(6)基于博弈论的定价模型：核心机制在于多角色的经营决策作用并达到市场平衡，经典的博弈包括零和博弈、非零和博弈、主从博弈、非合作博弈等，该机制着重考虑了多个市场对象的决策互动行为影响，但对数据本身并没有进行过多挖掘，适用场景也局限于全局性的产品定价，无法满足部分产品的特定需求。

(7)基于机器学习的定价模型：核心机制在于运用机器学习算法模拟定价问题，是围绕人工智能为核心所拓展出的应用，基于商务信息及技术信息提取、建立数据库、建立算法、模型训练的流程形成机械学习定价模型。相比其他模型，机器学习的方式具有更高的智能性和成熟度，缺点是机器学习模型的数据增益结果偏向于数据量较大的特征，且容易产生过度拟合及数据集中属性之间相关性缺失的问题。

按照上一节确定的机制路径，综合比对几种定价模型后，总体上可采用以数据维度的定价模型和信息熵定价模型为基础，在决策或数据维度内容中加入消费者感知要素，同时可利用其他模型在不同信息产品和不同场景中的特定作用进行适配性应用，进一步完善能源大数据要素市场的定价机制设计。

《企业数据资源相关会计处理暂行规定》[13]对企业内部使用的数据资源、无形资产的初始计量、后续计量、处置和报废等相关会计处理原则给出了意见，明确外购方式取得确认为无形资产的数据资源成本可以包括购买价款、相关税费，以及直接归属于使该项无形资产达到预定用途所发生的数据标注、整合、分析、可视化等加工过程所发生的有关支出等。企业通过外购方式取得确认为存货的数据资源，其采购成本包括购买价款、相关税费、保险费，以及数据权属鉴证、质量评估、登记结算、安全管理等所发生的其他可归属于存货采购成本的费用。企业通过数据加工取得确认为存货的数据资源，其成本包括采购成本，数据采集、脱敏、清洗、标注、整合、分析、可视化等加工成本和使存货达到目前场所和状态所发生的其他支出。企业出售确认为存货的数据资源，应当按照存货准则将其成本结转为当期损益；同时，企业应当根据收入准则等规定确认相关收入。

7.3.4.3 电网数据资产价值评估的实践案例

2021 年，南方电网发布了《中国南方电网有限责任公司数据资产定价方法(试行)》，明确数据资产的基本特征、产品类型、成本构成、定价方法并给出相关费用标准，提出一种以成本法为基础，同时考虑数据价值因素和市场供求因素的综合评估方法。该办法以成本价格法为基础，综合考虑影响数据价值的实现因素和市场供求因素对数据资产定价的修正因子，对不同的定价方法进行多重校验；同时，结合传统定价方法与数据资产的差异性，给出数据资产在采集核验、分析挖掘、转移交换等各阶段产生的直接成本和间接成本的计算方法，为数据资产成本计量提供参考依据，具有较强的可落地性。

南方电网构建的电力数据价值评估体系包括六个维度的内容：以价值发现为目的，建设内生价值评估体系；以成本管理为目的，建设成本价值评估体系；以内部增效为目的，建设应用价值评估体系；以外部增值为目的，建设交易定价评估体系；以社会责任为目的，建设社会价值评估体系；以资产计量为目的，建设资产价值评估体系。南方电网从产品体系、技术平台及运营机制三个方面创新构建了数据对外服务体系框架，并针对政府、金融机构、企业和个人四类不同的用户主体形成了 63 种企业数据对外服务产品矩阵和公司数据资产变现的四种商业模式，一方面为银行、金融企业等机构提供数据服务，另一方面全面对接数字政府，率先在粤港澳大湾区试点开展新兴数据业务。

7.3.5 运行规则

7.3.5.1 能源大数据交易规则和流程

能源大数据的交易规则主要包括服务模式、交易模式、定价方式和权利归属等，图 7.2 梳理了能源大数据在上述几个方面的主要内容。服务模式可以分为场景牵引模式、需求导向模式、平台依托模式、数据供应模式。交易模式可包括免费服务并获得政府支持、一次性交易所有权、多次交易使用权、多次交易数据使用权、保留数据增值收益权等模式。定价方式可采用第三方预定价、协议定价、按次计价等；权利归属包括保留所有权、完全转移所有权、保留收益权等方式。

大数据交易平台的典型交易流程可分为三大环节(交易前、交易中、交易后)11 个步骤。交易前部分分为注册账号、登记申请、获得数据商凭证、数据产品上架申请、获得数据要素登记凭证五步；交易中部分分为交易撮合、合同签订、产品交付、费用清算四

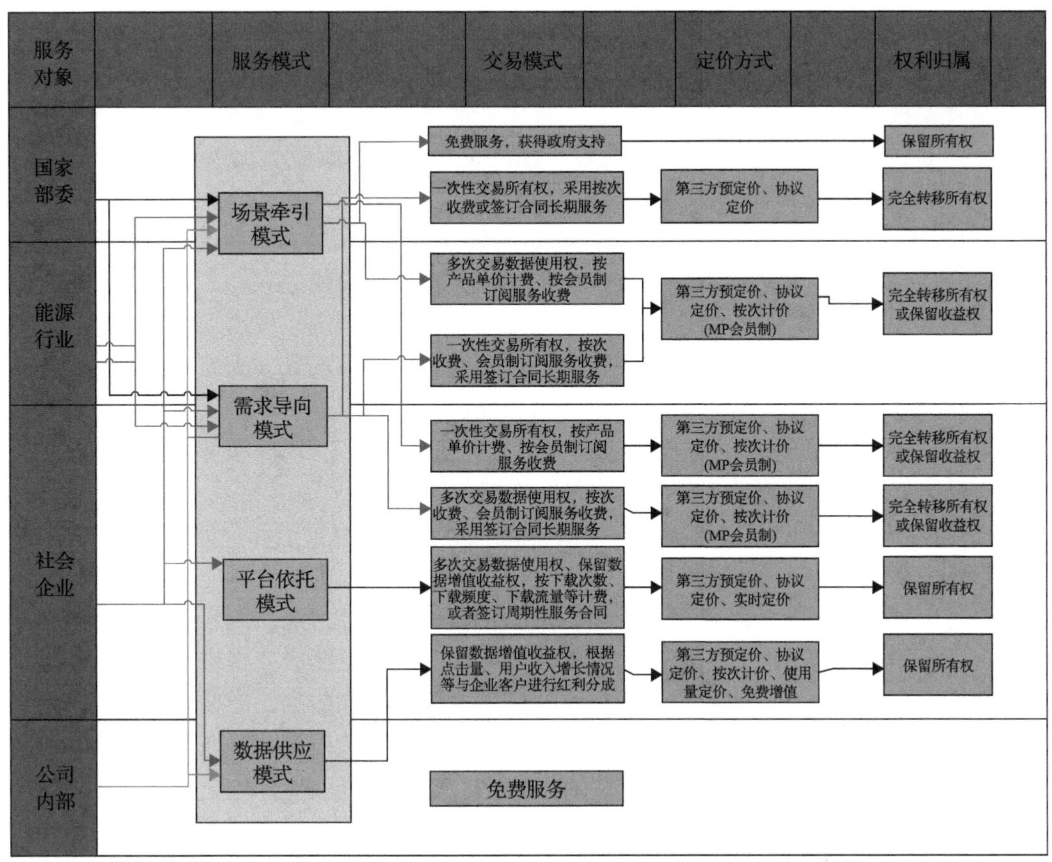

图 7.2 能源大数据交易规则

步；交易后部分分为交易评价、交易备案。其中，买方步骤和卖方步骤略有差异，主要体现在，交易前环节，卖方需要供应商凭证和数据产品的上架申请，而买方会有一个“发布需求”的步骤[12]。

7.3.5.2 能源大数据交易服务模式

国务院办公厅发布的《要素市场化配置综合改革试点总体方案》在“拓展规范化数据开发利用场景”部分，强调了要发挥领军企业和行业组织的作用，尤其是“在金融、卫生健康、电力、物流等重点领域，探索以数据为核心的产品和服务创新，支持打造统一的技术标准和开放的创新生态，促进商业数据流通、跨区域数据互联、政企数据融合应用”，明确了未来数据要素市场的建设方向，其中同样涵盖了能源大数据交易市场的建设需求。能源大数据交易服务场景涵盖众多方面，根据已建成的能源大数据中心数据产品业务体系可覆盖以下场景服务：①运用于为国家部委提供高耗能产业分析报告、行业景气指数报告、贫困区域用能报告等专题研究报告服务，并为宏观经济形势预判、精准扶贫评估等解决方案咨询服务；②为能源行业提供行业用能分析、行业能效分析、行业碳分析等专题研究报告服务，以及清洁能源替代、电能替代等解决方案咨询服务；③为社会企业内部单位提供上下游产业分析、行业能效分析、行业碳分析等专题研究报告服务，园区综能服务方案、充电桩选址方案、客户优质服务方案等解决方案咨询服务，以及数据的查询、下载服务；④为社会企业提供企业能耗分析报告、行业景气指数报告、住房空置率报告等专题研究报告服务；⑤提供能源优化方案等解决方案咨询服务；⑥提供基于平台的精准营销、精准广告投放、精准资讯推广、相关数据的查询、下载服务等[14]。上述服务，可归并为以下几类服务模式。

(1)需求导向服务模式。该模式是根据能源数据资产价值特征，重点围绕政府和企业用户的个性化需求，通过定制化的方式提供解决方案，获得相应收益，其重点服务对象分为企业用户和政府用户。对于企业用户，针对企业战略制定、发展规划、金融风控、业务拓展等具体需求，聚集相关数据资源，结合特定的需求场景，为客户量身打造定制化开发相关咨询类产品；对于政府用户，结合能源大数据中心汇聚的大范围、多品类的用能数据，为政府用户提供宏观经济形势预判、供给侧改革、精准扶贫评估、优化公用设施布局、提升综合治理能力等专题决策咨询建议报告。

(2)专项牵引服务模式。该模式是结合能源大数据的来源渠道和价值细分领域，分析数据市场需求及潜力，形成系列专题分析报告、专题研究报告、专题应用产品等，开展公益性与市场化相结合的服务：分析报告产品主要针对社会大众，内容以能源行业发展动态、社会用能分析、公众用能行为分析及预测等为主；专题研究报告产品主要针对企业和政府用户，重点分析客户关注的行业、领域、区域用能数据，形成系列报告产品，如高耗能产业分析报告、行业景气指数报告、行业动能指数报告、区域用能报告、住房空置率报告、贫困区域用能报告等。

(3)平台依托服务模式。该模式是通过对能源大数据分析，掌握市场独有的价值数据，如用户品类、行为特征、产品偏好等，构建相应的服务平台，实现各类产品供应端之间、供应端与消费端之间的畅通连接，形成价值渠道，为用户提供精准营销、咨询服务、广告服务等。

(4)数据供应服务模式。该模式是根据用户需求，提供数据查询、下载等服务。在数据供应模式中，由能源大数据交易中心将聚集的能源行业相关企业用户用能数据、系统运行数据、设备及环境监控数据等，经过清洗、聚类、脱敏等数据分析加工，形成基础数据产品，同时设计相应的数据接口，供用户直接查询和下载相关基础数据。

7.3.5.3 能源大数据资产会计入表和披露规则

按《暂行规定》[13]的要求，企业应当按照企业会计准则相关规定，根据能源大数据资源的持有目的、形成方式、业务模式，以及与能源大数据资源有关的经济利益的预期消耗方式等，对能源大数据资源相关交易和事项进行会计确认、计量和报告。对确认为无形资产的能源大数据资源进行初始计量、后续计量、处置和报废等相关会计处理。企业在对确认为无形资产的能源大数据资源的使用寿命进行估计时，应当考虑无形资产准则应用指南规定的因素，并重点关注数据资源相关业务模式、权利限制、数据时效性、有关产品或技术迭代等因素。

企业应当按照相关企业会计准则及本规定等，在会计报表附注中对能源大数据资源相关会计信息(包括确认为无形资产的数据资源和确认为存货的数据资源)进行披露。对于使用寿命有限的能源大数据资源无形资产，企业应当披露其使用寿命的估计情况及摊销方法；对于使用寿命不确定的能源大数据资源无形资产，企业应当披露其账面价值及使用寿命不确定的判断依据。企业应当按照《企业会计准则》的规定，披露对能源大数据资源无形资产的摊销期、摊销方法或残值的变更内容、原因以及对当期和未来期间的影响数。企业应当按照外购存货、自行加工存货等类别，对确认为存货的能源大数据资源（以下简称“数据资源存货”）相关会计信息进行披露，并可以在此基础上根据实际情况对类别进行拆分。企业对能源大数据资源进行评估的，应当披露评估依据的信息来源，评估结论成立的假设前提和限制条件，评估方法的选择，各重要参数的来源、分析、比较与测算过程等信息[13]。

7.3.6 市场监管

为实现能源大数据要素市场有序健康发展，避免在能源大数据要素市场中形成盲目价格竞争、投机趋利和市场供给失序的情况，在数据的交易市场建立初期的基本市场经济关系、规律、秩序和法则，同时针对初期市场的环境状态制定一系列限制价格的举措，开展体系化、制度化的数据价格监管措施，对帮助组建大数据信息生产力、构筑大数据经济结构和营造良性大数据生产交易条件起到关键作用。同时，把价格管理作为基点，拓展监管场景以提升能源大数据要素市场监管力度，为当前能源大数据要素市场的市场化手段提供更多市场工具和资源配置选择也有着重要实践意义[4]。

7.3.6.1 建立健全数据流通管理规则

为实现数据流通交易行为“可控可计量”，国务院办公厅在 2022 年 1 月 6 日印发的《要素市场化配置综合改革试点总体方案》（下文简称《方案》）中提出了关于土地、劳动力、资本、技术、数据五大要素的试点任务及加强资源市场制度建设、要素市场治理、要素间协同配置的相关要求。从数据要素方面来看，《方案》进一步提出要探索建立流通技术规则，聚焦数据采集、开放、流通、使用、开发、保护等生命周期的制度建设，推动部分领域数据采集标准化，分级分类、分步有序推动部分领域数据流通应用、“推动完善数据分级分类安全保护制度，探索制定大数据分析和交易禁止清单”。结合《方案》相关描述与其提出背景下数据要素市场建设情况来看，显然，制度建设在数据要素市场的建设初期、对数据的全生命周期管理发挥着关键作用，且相比于其他要素市场，数据要素市场在市场初期对交易的规范性、体系的完整性有更高的成熟度要求。开展数据管理制度建设，重点是对数据的交易（市场的关键活动）进行规范，包括数据交易的内容、范围、条件限制；数据使用的分级、分类工作。

1. 数据交易的内容、范围、条件限制

当前数据要素市场的交易内容包含数据信息、数据的模型算法和算力（衍生技术）、数字产品，在未来数据要素价值化持续深入的情况下，还将实现向数据资产乃至数据资本的跨越。因此，解决如何保证充足基础数据量以形成衍生市场及产品驱动力问题，对推动数据交易从场外向场内拓展、从数据链及数字场景丰富的政府部门和国有企业或机构向非公有经营单位拓展具有关键意义。由于数据本身易复制，极易产生负外部性，出现部分个人或企业无限制的数据使用或数据滥用的情况；另外，数据源的多样性使用、跨平台融合使用使数据流向控制有很高难度。当前能源等重要行业数据的市场内容限制由国有企业或机构明确，其限制范围也经国有企业或机构界定——不同于传统交易规则下的所有权转让模式，数据要素市场中作为数据源的国有企业或机构会以安全性作为首要考量对原始数据进行脱敏处理，一般将规定原始数据使用域、限定原始数据流动平台作为维持安全性的主要手段，在使用路径上实现能源大数据信息所有权和使用权分离。

能源大数据信息所有权与使用权的分离，重点在于所有权的确认。对数据所有权争议目前有两种主要观点，即数据所有权归属于原始个人或组织和数据所有权属于数据开发者。前者认为数据由大量个人信息组成，数据泄露等信息安全问题在数据开发过程中几乎无法避免，明确数据所有权属于原始个人或组织是对数据信息保护的重要基础，且由数据价值产生的数据财产也不能等同于现有法律中无形财产进行认定；后者认为从产业发展角度而言，数据在进行收集和开发的过程中数据收集者和开发者已投入其劳动成本并挖掘出了潜在的数据价值，理应对这些数据价值享有所有权。国内目前出台的数据领域基础性法律(包括《个人信息保护法》《数据安全法》《网络安全法》)中对数据的所有权归属尚未做出明确的规定，而在国内数据监管领域则有明确的分级管理和保护制度用以严格保护包括国家安全、国民经济命脉、重要公共利益和重大民生的“国家核心数据”，若沿此路径，能源大数据市场的原始数据信息由国有企业及机构掌握并拥有数据流向主导权的市场模式便明晰了。

2. 数据使用的分级、分类工作

数据分类分级是数据要素市场建立初期解决的首要问题。传统的分类分级方式主要遵循科学性、适用性、灵活性、全面性、独立性和标准性的原则，依据分类对象的多维度特征和内在逻辑，科学系统化地设置符合业务需求和普遍认知的类目或级别，且保证各类目之间维度统一全面、颗粒度保持一致。能源大数据的分类方法在总体遵循上述原则的前提下，还需要针对数据的使用对象、使用标准、使用可靠性、使用安全性等角度进行评估考量，针对不同的对象开放不同共享条件及机密级别的数据。

对于能源大数据的分级工作，重点考虑的则是数据的影响范围和数据内容敏感性，综合考虑能源行业特定要求或业务需求等因素。做到数据的有效分类分级，需要把握好专业市场技术人员和人工智能技术在形成分类体系和规则体系时的任务部署及资源配置情况，精准扩大各自优势，例如人工干预较为复杂的数据，利用计算机完成海量及重复的数据标签化、数据分类分级工作实施并优化的过程。以当前数据要素市场的主流方式及市场实操性角度来看，未来能源大数据要素市场通过数据牌照或数据准用许可证作为管理媒介有较大可能性。具体来说，由相关部门先划定发放数据牌照的内容范围及级别，再结合第三方数据信托与公共机构管理。

7.3.6.2　拓展能源大数据交易监管场景

能源大数据交易监管对象包括对市场主体、市场客体、市场载体的全面监管。

在监管理念上，应研究如何统筹发展与安全，厘清国家主权与全球治理、主观与客观等数字安全基本概念和主要矛盾，树立正确的监管理念将成为能源大数据交易安全与全球合作的重大课题。

在监管工具上，建立在广泛共识基础上的客观评估标准和分级分类监管体系将成为合理有效保障交易安全的关键政策。

在关键议题上，数字基础设施和网络安全保障、人工智能监管、虚假信息治理、产业链保障仍将是最迫切的交易安全与全球合作问题。

在治理机制上，建立在国际秩序民主化和数字大国间协调双重基础上的集体数字安全机制，将是交易安全监管机制建设的努力方向。

其中，对市场主体的监管重点，是在分类分级确权基础上的行权合法性；对市场客体的监管重点，是在数据质量、虚假信息治理、知识产权保护等方面的监管；对市场载体的监管重点，则是针对数字基础设施和网络安全、交易规则等方面的监管[15]。

拓展能源大数据交易监管场景，是指在规范化数据开发利用场景后，结合交易场景开展数据交易监管的沙盒式管理，进一步支持打造统一的技术标准和开放的创新生态，完善商业数据服务价值链。在政府主导型数据交易平台、产业联盟交易平台、企业主导的交易平台三类平台中，由于建设定位、服务对象、管理基础多有不同，监管重点也会存在明显的差异。能源大数据交易监管体系的设计及落地对后两者显然具备更高的要求，也面临更大的挑战。

政府主导型数据交易平台是当前大数据交易的重要平台。在数据交易市场建设初期，以政府单位(或国有企业)作为主要力量推动数据交易平台建设能够最大化地提高规范性和权威性。就平台性质而言，与国际上绝大多数的数据交易机构定位不同，政府主导型数据交易平台作为准公共服务机构的设立目的是要赋能整个数字经济良性发展，其交易行为在进行商业考量之余要更多的兼顾数字资源的最大化利用和最便利开发，是以加快数据要素流通、释放数据红利、推动数字经济建设为核心建设思想的基础设施。对于政府主导型数据交易平台，其监管体制同样需要依循政府主导。在宏观层面，政府主导型监管体制注重统筹社会稳定社会和市场经济发展两者之间的关联性和稳定性，由政府统一管理尺度，维护市场行为的公开、公平和公正。在微观层面，政府主导型监管体制相比传统的政府直接监管更能接近市场、更熟悉市场的实际业务操作手段，应对市场变化和违法违规行为具有更高灵活性和敏感性。

与政府主导型数据交易平台相比，产业联盟交易平台的参与主体由联盟的性质决定，同时，产业联盟交易平台也是对政府主导型数据交易平台的重要补充。据不完全统计，从 2015 年国内设立首家大数据交易所伊始到 2021 年底，国内由地方政府推动设立的数据交易平台总数已超过 20 个，但整体处于市场前期的快速增长阶段，有关法规和机制建设尚未完善，市场边界尚不明朗，当前数据交易的市场反馈也反映出交易平台仍有较大的提升改进空间，产业联盟交易平台的建立或是解决上述问题的有效路径。产业联盟是一类为解决特定产业共性问题而设立的、以高度市场化的机制运行的企业间组织，其设立目的带有一定公益性，在制定标准、技术研发、产业链创新等方面形成企业间合作以解决关乎企业直接利益的实际问题，以平衡资源互补和减少协调成本两个相互制衡的因素；基于非利益冲突合作的原则，产业联盟交易平台可划分成异业联盟或同行业中阶梯(或商业版图)互补的业内联盟两大类，两者在服务对接、数据共享、商机开发等业务方面没有太大差异，但由于异业联盟不存在竞争关系，同时由于其跨行业的特性，更能帮助参与主体扩大自身影响力。故在能源大数据市场交易平台的建设中加入非行业内元素会是一种有益尝试。

另外，从能源大数据市场交易平台的监管角度而言，能源大数据交易市场中具体的参与主体包括能源大数据供需双方企业、中间交易支撑和技术服务等功能企业、商协学会、高校及科研机构等，对产业联盟实行监管将同时涉及不同领域多种性质社会组织，显然，由单一领域的权威机构进行全盘监管无法应对复杂的组织结构和业务操作。因此，产业联盟的监督同样可以吸收其他行业监管思路，从内部监督、平行监督和联席监督三个层次搭建产业联盟大数据交易监督体系，针对参与主体的技术使用、产品产出、产品质量、数据流通、利益分配等方面开展监督机制部署。

产业联盟大数据交易监督体系的三个层次监督，需要依循从组织内部到外部、从基层到顶层的建设思路，在完成基础业务的监督落实之余，成立以监督任务为向导的最高监督小组或建立联席监督会议制度。在履行包括数据生产要素的交易范围、算法治理和个人信息保护与数据安全等方面的监督职责时，可以由最高领导小组或联席监督会议决定联盟各参与主体主要任务、各单位内部监督工作小组执行具体任务，比如数据牌照的申请、审核、发放、限制使用和吊销(由数据提供方的政府单位成员负责)，以及推动算法审计(负责审计单位成员)、协调个人信息保护和数据安全方面的工作(负责监事单位成员)、设定争端解决与协调机制(负责日常维护单位成员)、巡查监督(选举获得)等。传统的数据交易往往发生在数据供需方(有时包括中间平台)之间，而数据流动是长链态、多分支的，在这样的数据流通形态下更容易产生数据关联态。然而，由于数据交易市场生态是长链态且多分支的，产业联盟的参与主体数量和规模可能存在较大差异，用完全一致的标准来要求同生态位乃至同支路的单位可能存在执行不力、效率较低的情况，所以，可利用先进行生态位重要性评估和工作定性、后根据参与主体在同生态位规模比重进行配置的方法，基于产业联盟中各单位的实际情况和部分单位、任务的特殊性进行最适任务分配。

企业主导的交易平台是基于合规的数据源进行数据产品或服务开发，并将成品直接交接于买方。企业主导的交易平台一般是由自身拥有庞大数据资源或者具备技术优势的企业主导建立，而且与一般企业线上服务平台差异性主要体现在功能层面，因此与针对一般企业线上服务平台相似，能源大数据要素市场交易平台的监管工作应注重市场监管部门的关键作用，实行在大型交易平台所在地建立监察机关或设立专业化网络监管机构的方式，统一区域交易平台监管的管辖权，同时加强监察机关和数据交易平台在部分内容或工作上的协同监管。

建立区域监察机关并对企业主导的交易平台进行集中管辖的模式，是基于传统市场监管的属地管辖模式的实践经验，结合互联网特点和数字经济特征形成的。传统的属地管辖，是行政监管权和执行管辖权以行为发生地为区划配置标准，以提升监管有效性和效率性的模式，该模式在应用于数字经济时，面临的首要问题便是数据高度的流动性和分散性导致不同区域监察机关难以形成明确的责任分担，该问题若简单以“谁发现、谁负责”或根据监管事件影响程度来定责，很可能产生责任配置不合理情况，进一步造成各监管机关间推诿扯皮、无人担责。因此，参考传统市场监管的属地管辖模式，利用数据存储处理易产生集中效应和规模效应的特性，以大型交易平台所在地作为区域划定依据会是一条有较大参考价值的实践路径。在能够充分明确监察机关责任的同时，该模式也能为监察机关与企业交易平台直联合作、协同企业开展监督产生更多契机。

7.3.6.3 能源大数据跨境流动相关法规和企业实践

“数据二十条”指出，“参与数据跨境流动国际规则制定，探索加入区域性国际数据跨境流动制度安排。推动数据跨境流动双边多边协商，推进建立互利互惠的规则等制度安排。鼓励探索数据跨境流动与合作的新途径新模式”。数据跨境流动对经济增长有明显的拉动效应，数据流动量每增加 10%，将带动 GDP 增长 0.2%，数据流动对各行业利润增长的平均促进率在 10%，在数字平台、金融业等行业中可达到 32%。因此，数据跨境流动正受到越来越多国家的重视。

近年来我国先后出台了大量政策和法规文件，对大数据跨境流动进行相关规范，包括《个人信息和重要数据出境安全评估办法(征求意见稿)》(2017 年)；国家标准《信息安全技术 数据出境安全评估指南(草案)》(2017 年)、《个人信息出境安全评估办法(征求意见稿)》(2019 年)、《中华人民共和国数据安全法》(2021 年)、《中华人民共和国个人信息保护法》(2021 年)、《网络数据安全管理条例(征求意见稿)》(2021 年)、《网络安全标准实践指南——个人信息跨境处理活动认证技术规范》(TC260-PG-20222A)(2022 年)、《个人信息出境标准合同规定(征求意见稿)》(2022 年)、《数据出境安全评估办法》(2022 年)。上述政策和法规文件，对明确个人信息跨境规则，出境安全评估、保护认证及标准合同出境方式等进行了规范和指引。

各地也正在加快数据出境管理机制的探索，并采取了一系列创新性举措。2020 年 6 月 1 日，中共中央、国务院于印发《海南自由贸易港建设总体方案》，将“开展数据跨境传输安全管理试点，探索形成既能便利数据流动又能保障安全的机制”作为自由贸易港封关前的重点任务。2020 年 8 月 14 日，商务部发布《关于印发全面深化服务贸易创新发展试点总体方案的通知》，提出在北京、上海、海南、雄安新区等条件相对较好的试点地区开展数据跨境传输安全管理试点，支持试点开展数据跨境流动安全评估，建立数据保护能力认证、数据流通备份审查、跨境数据流动和交易风险评估等数据安全管理机制。

在企业方面，越来越多的中国企业开始积极探索数据跨境流动的模式和路径。例如，阿里巴巴集团旗下的阿里云已经在全球布局了数百个数据中心，为客户提供全球覆盖的云计算服务。在数据跨境流动方面，阿里云也通过与当地的合作伙伴建立数据中心、云计算合作等方式，为企业提供数据出境管理咨询服务和数据安全咨询服务，帮助企业完成数据出境的合规整改工作，实现了数据跨境的快速传输和处理。大型跨国企业励讯集团和英中贸易协会共同倡议成立了“英中贸易协会数字经济工作组”，帮助成员企业进行数据跨境流动探索并提供数据跨境流动咨询服务，确保其数据跨境流动行为符合当地法规，促进英中两国数字经济领域的合作与发展。

我国既需要认识到跨境数据流动的必要性，同时也要以国家安全等为要义建立适当的保障措施，从法律支持、技术创新和研究、充分发挥企业在数字经济市场中的主体作用并促进政府和企业之间的数据双向共享等角度，继续提升跨境数据流动治理能力[16]。

7.4　能源大数据要素商业模式

当以电子形式记录的能源大数据投入能源生产、存储、传输、交易、消费等能源生产经营活动，与其他生产要素相互融合，从而为能源使用者或所有者带来经济效益时，能源大数据要素便产生了商业价值。商业模式则是描述企业或组织通过能源大数据要素创建、提供和捕获商业价值的渠道。

7.4.1　模式探索

国内能源大数据发展迅速，但对于能源大数据商业变现探索仍处于初级发展阶段，能源大数据要素发展依托的商业模式处于分散化、无序化的状态，尚未形成针对能源大数据的具体、可执行的发展模式，也未建立充分考虑数据产品、盈利模式、业务架构、合作伙伴等因素的能源大数据商业模式运营与评价指标体系[16]。因此，本节从能源大数据要素流转视角与能源大数据要素产品视角，列举并分析可实现的要素商业类型与盈利模式，从而总结能源大数据要素的商业发展模式。

7.4.1.1　能源大数据要素流转视角

基于能源大数据从产生、存储、传输到市场应用的过程流转，流转环节分为能源大数据数据源层、基础设施层、软件系统层、应用服务层和产业支撑服务层 5 层，能源大数据要素商业应用根据流转环节可划分为数据源供应、基础设施供应、数据软件技术服务、能源数据服务、数据交易平台、产业支撑服务等 6 类商业模式，其中能源大数据应用服务层数据要素商业应用包含能源数据服务和数据交易平台两种商业模式。

(1) 能源大数据数据源层，可将源数据以库表、接口等形式提供给数据需求者，这种数据源供应模式以数据集、数据 API 等产品为输出，原则上不涉及复杂的数据分析与处理，供应商根据数据需求量进行收费。但是数据源层面信息安全的政策风险往往较高，其市场空间有限，更适用于政府层面公共服务领域的数据源供应服务。

(2) 在能源大数据基础设施层，可将大数据基础设施以交易的形式提供给政府、企业等需求者，支撑需求方从数据资源中获取丰富价值，常见的基础设施供应模式包括 IDC 数据中心建设运维、数据传输网络建设等，但这种类型的服务输出对于供应商的准入门槛相对较高，目前的市场发展已较为成熟，预计未来将呈平稳增长趋势，但不排除技术创新带来突破性增长的可能性。

(3)在能源大数据软件系统层，可将大数据系统软件以交易的形式提供给政府、企业等需求者，支撑其更好地管理数据资源并从中获取相应价值，常见的数据软件技术服务模式包括基础软件系统服务、应用软件系统服务等，但本质上是以大数据分析能力为产品输出，客户需求相对统一。

(4)在能源大数据应用服务层，可采用直接对外输出能源数据服务和通过数据交易平台进行商业运作两种商业模式。能源数据服务模式是指将能源大数据分析处理成果以服务的形式提供给政府、企业、公众等需求者，产品类型包括数据报告、数据模型、数据解决方案等，用户群体最为广泛，需求最为丰富多样，基本涵盖了社会经济生活的所有主体，市场前景广阔。数据交易平台模式是指通过汇聚各类能源数据，构建开放的数据交易平台，通过平台交易模式提供用户所需数据并获取收益，产品类型包括不涉及底层和原始数据的数据集与数据 API、数据分析报告等。这种模式需打通线上线下的数据服务营销、购买、消费链，对于数据技术支撑和数据安全保障等有较高的能力要求，通常在大数据发展初期并非主流模式，但随着能源大数据应用市场的不断成熟和发展，该模式的发展空间将不断扩大。

(5)在能源大数据应用产业支撑服务层，可通过为能源产业发展提供资金、技术、影响力等方面的支撑服务，以收入分成或服务佣金的形式获取收益。产业支撑服务模式主要是应用在辅助或推动大数据产业发展的相关领域，包括能源科研教育机构、能源创投孵化组织、能源行业咨询公司等，不直接涉及大数据生产领域，但对能源大数据产业发展具有重要推动作用。

具体对比梳理如表 7.1 所示。

表 7.1 按能源大数据流转分类的商业模式对比

流转环节	服务描述	典型产品	市场前景
能源大数据数据源层	数据源供应：将源数据以库表、接口等形式提供给数据需求者，供应商根据数据需求量收费	数据集、数据 API	以数据为产品输出，相对简单，不涉及复杂数据分析处理，信息安全政策风险较高，市场空间有限，更适合于政府层面公共服务领域
能源大数据基础设施层	基础设施供应：将大数据基础设施以交易的形式提供给政府、企业等需求者，支撑其从数据资源中获得丰富价值	IDC 数据中心建设运维、数据传输网络建设等	供应商准入门槛相对较高。市场发展已趋成熟，需要技术创新
能源大数据软件系统层	数据软件技术服务：将大数据系统软件以交易的形式提供给政府、企业等需求者，支撑其更好地管理数据资源并从中获取相应价值	基础软件系统服务、应用软件系统服务	以大数据分析能力为产品输出，客户需求相对统一
能源大数据应用服务层	能源数据服务：将能源大数据分析处理成果以服务的形式提供给政府、企业、公众等需求者	数据报告、数据模型、数据解决方案	用户群体最为广泛，需求最为丰富多样，基本涵盖了社会经济生活的所有主体，市场前景广阔

续表

流转环节	服务描述	典型产品	市场前景
能源大数据应用服务层	数据交易平台：通过汇聚各类能源数据，构建开放的数据交易平台，通过平台交易模式提供用户所需数据并获取收益	数据集&数据 API(不涉及底层和原始数据)、数据报告等	需要高水平的数据技术支撑和数据安全保障能力，在大数据发展初期非主流模式，随着大数据应用市场成熟与发展将不断扩大市场空间
能源大数据产业支撑服务层	产业支撑服务：通过为大数据产业发展提供资金、技术、影响力等支撑服务，以收入分成或服务佣金的形式获取收益	能源大数据产业支撑服务	主要应用于辅助或推动大数据产业发展的相关领域，对大数据产业发展具有重要推动作用

7.4.1.2　能源大数据要素产品视角

根据能源大数据要素在商业流转过程中呈现的数据产品与服务类型进行划分，可分为数据集、数据 API、数据报告、数据模型、数据服务 5 种类型，见表 7.2。

表 7.2　按能源大数据产品分类的商业模式对比

产品形式	类别定义	描述复杂性	资产专用性	类别
数据集	可用一种或多种格式访问或下载的可标识的数据集合	多为表格或数据库等通用格式，字段清晰，可量化，可计算性高	不针对某一具体需方	低描述复杂性—低资产专用性
数据 API	以 API 形式对外提供数据产品，如企业电费缴费单 API	涉及调用地址、请求方式、返回结果等内容	为具备 API 使用能力的需方所用	高描述复杂性—低资产专用性
数据报告	通过对产业、行业、项目等相关数据进行全方位的分析，为其项目相关决策提供科学、严谨的分析支持	涉及数据的去重、改错、抽取、排序、分组等内容	需要与需求方就该类服务的范围和程度进行沟通，定制数据清洗加工方案	高描述复杂性—高资产专用性
数据模型	从数据中提取出的用于对数据进行识别的形式化表示	版本较多，算法多样	标准化计算工具可以实现一对多提供	高描述复杂性—低资产专用性
数据服务	提供数据采集、数据传输、数据存储、数据处理、数据交换、数据销毁等数据各种生存形态演变的信息驱动服务，不以交易数据控制者所控制的数据及数据衍生品为目的	描述内容一般包括数据来源、服务对象、核验方式、画像描述等内容，构建全方位数据应用体系及服务解决方案	需要与需方以项目制方式深入沟通，了解应用需求，定制化程度较高，成果专属性较强	高描述复杂性—高资产专用性

(1)数据集是一种可量化、可计算性高的数据产品，多为表格或数据库等通用格式，字段清晰，通常可以结合统计指标进行描述，描述复杂性不高，但一个数据集往往可以用于多个不同的领域，因此资产专用性依赖于场景。

(2)数据 API 属于描述复杂性较高、资产专用性较低的数据产品，容易以集市交易模式进入数据流通市场，如北部湾大数据交易中心的数据产品主要为数据 API。然而，随着这一类数据产品的资产专用性不断提升，容易导致其流通模式从数据平台市场向其他方式转变。以企业工商数据为例，作为描述复杂性低、应用范围广的数据产品，初期更加适合在数据平台市场上进行交易。然而当企查查、天眼查等数据服务商逐渐将数据聚合，加工形成的个人和企业征信等数据产品服务为特定领域带来的价值更加凸显，此时数据服务商就可以将客户带离平台，出现去平台化的现象。

(3)数据报告、数据模型等数据产品通常需要根据客户的具体要求定制化实施，因此资产专用性较高或很高。数据报告涉及数据的去重、改错、抽取、排序、分组等内容，通过对产业、行业、项目等相关数据进行全方位分析，为其项目相关决策提供科学、严谨的分析支持，包括周报/年报等定期分析报告与综合研究报告等。数据模型是从数据中提取出的用于对数据进行识别的形式化表示，如电力模型，通常版本较多，算法多样，采用标准化计算工具可以实现一对多的提供方式。

(4)数据服务包括提供数据采集、数据传输、数据存储、数据处理、数据交换、数据销毁等数据各种生存形态演变的一种信息驱动服务，且该服务不以交易数据控制者所控制的数据及数据衍生品为目的，如数据标注、数据应用、数据定制、大数据解决方案等，需要与需方以项目制方式深入沟通，了解应用需求，其定制化程度较高，成果专属性较强。目前我国数据要素市场中数量最多的是行业应用类数据服务，即提供针对特定行业的解决方案。例如华东江苏大数据交易中心网站上在售的品牌营销解决方案、政企行研解决方案、企业创新解决方案、电商风控解决方案等，其购买途径需要通过管家咨询匹配，深度了解诉求，定制解决方案，并最终在特定企业应用。

7.4.2 商业形式

7.4.2.1 数据产品服务

1) 数据集、数据 API 等能源基础数据产品

能源大数据中心基于能源基础数据资源提供标准化、定制化的数据，往往能满足客户最直接的数据需求。能源基础数据资源包括国家统计局、国家能源局、各级政府部门的公开数据以及能源企业提供的煤炭、石油、天然气、电力等数据，经数据清洗、聚类、脱敏、加工后，按照能源产业与行业标准对能源数据进行分类，按照能源数据的应用领域进行分层，构建完善的数据资源目录，对外展示数据基本信息、数据云图、样例数据等内容，方便用户查找与获取。

能源大数据中心可以直接通过数据集、数据 API 等常见产品形式提供给需求方，也可以通过交易平台提供授权，实现数据合法买卖和交易监督。交易时可以按照能源数据的数据量、更新频率、数据质量等维度进行按次或按月定价，或者签订周期性服务合同，具体价格参考国内现有数据资源定价标准执行。

2) 数据报告

能源大数据中心通过对各类能源数据的采集、汇集、存储，实现对能源业务的跟踪、可视化分析、实时监测、及时预警和持续优化，结合能源大数据的来源渠道和价值，按照服务对象、服务类型、应用场景将分析结果进行领域细分，形成一系列非定向的分析报告和专题研究报告，如电力看复工复产、电力看征信、企业能耗优化分析、家庭用电

行为分析及预测等，并将数据报告按照应用场景与目标用户进行分类展示，向目标用户展示报告基本信息与使用说明，支持产品下载试用。用户可以通过能源大数据中心自有平台查找、申请试用和下载数据报告，也可以通过能源大数据交易中心进行购买。

当目标用户为政府时，能源大数据中心可通过自有平台为政府部门提供专题研究分析报告，或者将能源数据分析结果以公众号和小程序等形式实时推送，为政府部门提供无偿能源监测、决策参考和规划支撑。当目标用户为企业时，可采用产品单件计价、会员制订阅服务模式、点券兑换模式、重要客户免费发布等手段，按照产品支撑的应用场景进行合理定价，原则上不超过市场上同类型、支撑类似应用场景数据产品的最高价格，也可以结合为企业带来的实际应用价值及能源大数据中心自身的投入成本进行综合考量与定价。

7.4.2.2　数据应用服务

数据应用服务是指根据市场形势、目标客户的实际需求，基于海量的优质能源数据与数据应用，针对不同应用场景与研究课题，为目标用户提供满足实际需要的应用服务，过程中经常涉及与客户需求相关的能源基础数据、数据报告等数据产品交易，是一种综合性强的数据服务。目前能源大数据中心主要是重点围绕政府和企业用户的个性化需求和特定业务场景，通过定制化方式开发数据应用与数据产品，提供能源数据解决方案，获得相应收益。

在服务政府单位方面，能源大数据中心通过整合大范围、多品类的能源数据，为政府用户提供宏观经济形势预判、产品结构调整、供给侧改革、精准扶贫评估、优化公用设施布局等综合治理分析应用，目前比较成熟的应用类型包括精准脱贫服务、能源经济消费指数、污染防治服务、行业用电情况及夜间经济分析、优化营商服务、边境控制服务、城市辅助规划服务等，如图 7.3 所示。

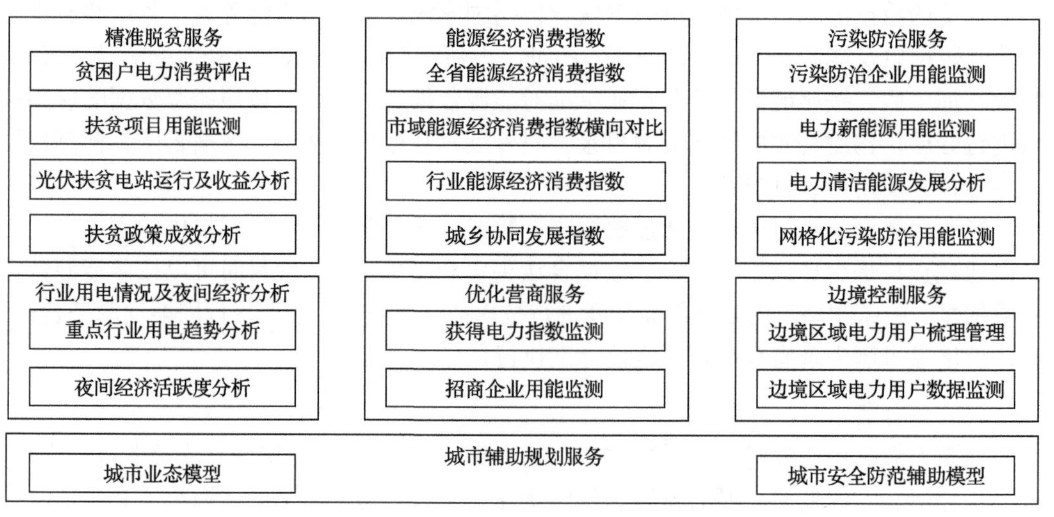

图 7.3　政府综合治理分析应用架构图

以湖南省为例，湖南省能源大数据中心主动对接湖南省发展和改革委员会、湖南省工业和信息化厅、湖南省能源局等政府部门，通过为政府相关部门积极提供能源数据服务，获得政府对能源数据汇聚支持，顺利推进煤、油、气、水、新能源等能源行业数据和通信行业、地理气象等综合类数据接入工作，将能源大数据平台建设纳入湖南省“十四五”能源发展规划、省级工业互联网平台计划、长株潭一体化2021年三十大标志工程、长株潭一体化发展五年行动计划（2021—2025年），助力政府能源政策及发展规划制定、政策落地效果验证、能耗监管等能源行业宏观调控。通过构建电力经济指数、城乡协同发展指数、企业复工复产率等经济指标，辅助政府对经济发展趋势进行研判。通过监测房屋空置率、出租率、商业区活跃度等指标，辅助制定科学合理的城市发展规划。通过为政府提供无偿能源监测、决策参考和规划支撑，获得政府对能源数据汇聚支持、相关政策和奖补支持，以及部分数据产品对外服务的政策优势。

在服务企业用户方面，能源大数据中心的典型应用包括企业能源经济运行分析、综合能效分析、金融服务等。其中，能源经济运行分析方面较为成熟的应用场景包括能源企业技术创新、能源经济同业对标、能源装置运行实时监测、能源经济成本效益分析、能源装备制造企业科技创新、碳资产交易及管理等，如图7.4所示。

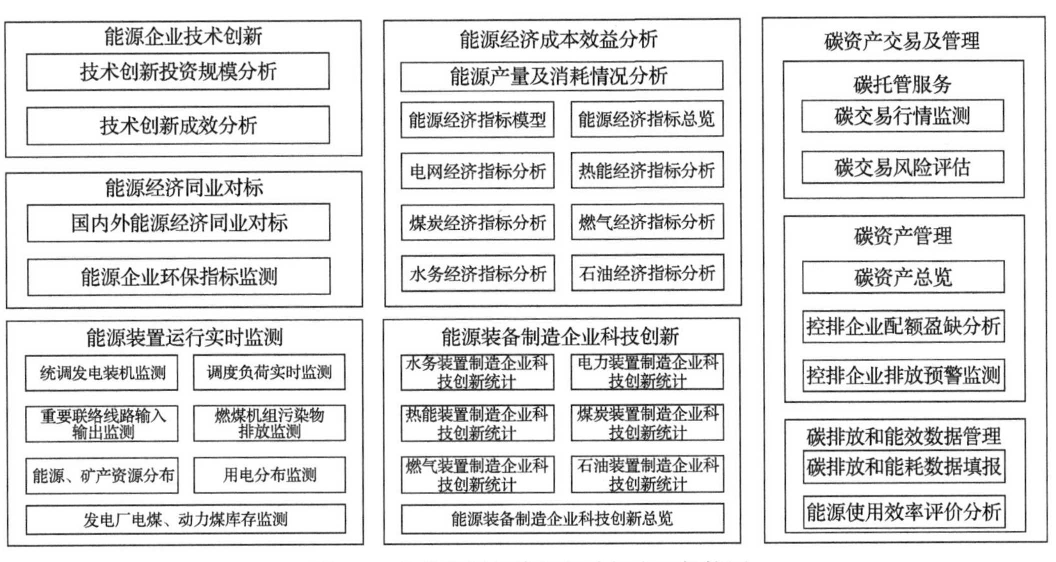

图7.4　企业能源经济运行分析应用架构图

综合能效分析方面较为成熟的应用场景包括能源供给现状监测、能源消纳水平分析、用能企业运营分析、能源运行保障监控等，如图7.5所示。

金融服务是指能源大数据中心为企业提供融资业务支撑，通过构建企业电力金融信用报告，整理当前申贷企业用电情况，综合应用企业电力信用指数以及用电增长度、用电稳定度、行业景气度、缴费信用度四个维度数据，对企业电力金融信用进行总体评级、评分，协助企业在最短的时间内获取贷款。目前青海、重庆、福建等能源大数据中心已经开展数据金融服务，如福建省能源大数据中心围绕电力大数据价值特点和数据生产要素的定位，主动对接银行和企业客户的需求，提出“数据+算法+模型”策略，构建基于

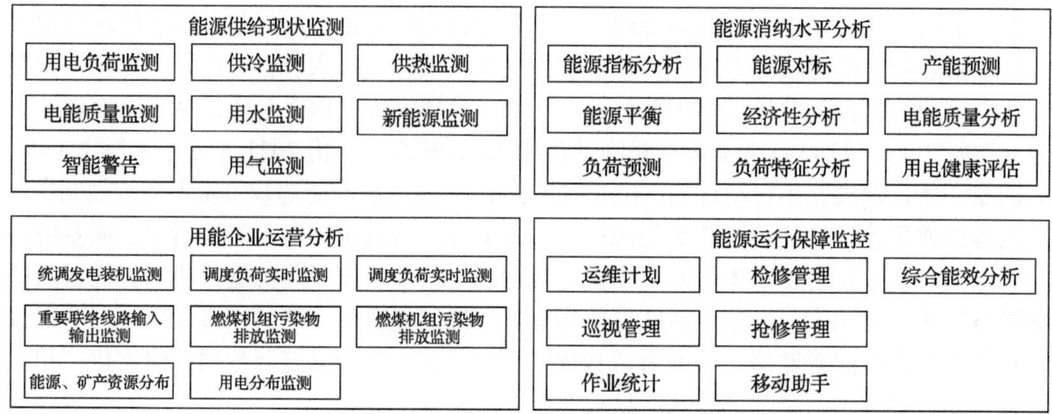

图 7.5 综合能效分析应用架构图

“电力+金融+政务”多样化数据的深度学习企业信用模型。基于该模型，可以有效监测企业生产经营情况，实现更加精准、完善的征信，助力银行完善风险防控、优化授信流程、健全信用评价体系，助力“电力数据—银行授信—金融创新—企业发展”良性循环，实现供电、银行、客户三方共赢的良好局面。

7.4.3 交易中心

7.4.3.1 业务范围

能源大数据交易中心主要开展国内外能源领域大数据采集、整理、分析和应用，以及大数据技术开发等，通过平台对外提供服务，包括完整的数据交易、预处理交易、算法交易及大数据分析、平台开发、技术服务、数据定价及采购、数据金融、交易监管等综合服务，为数据拥有方提供盘活数据资源、数据价值发现的全面解决方案，为数据需求方提供优质可靠数据、衍生数据分析等服务，为数据交易提供安全合法的交易环境，为政府机构、企业、个人提供一站式大数据解决方案。能源大数据交易中心建设思路如图 7.6 所示。

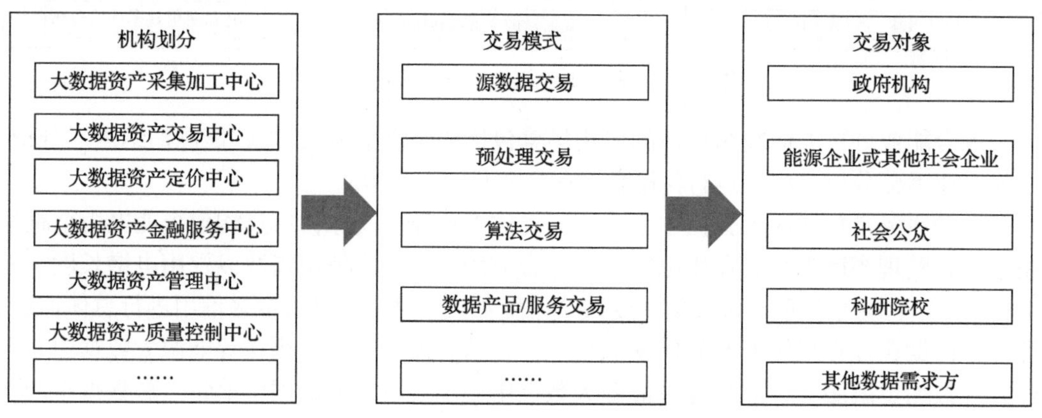

图 7.6 能源大数据交易中心建设思路

7.4.3.2 组织机构

能源大数据交易中心包括大数据资产采集加工中心、大数据资产交易中心、大数据资产定价中心、大数据资产金融服务中心、大数据资产管理中心和大数据资产质量控制中心等。

(1)大数据资产采集加工中心：负责基于可扩展的指标体系，采用元数据相关技术对能源相关原始业务数据进行清洗和整理，将不同来源、不同类型的海量数据整合加工为更加完备、一致和权威的数据资源，提高数据在采集处理阶段的整体质量，为后续数据分析及应用提供支撑。

(2)大数据资产交易中心：负责在确保数据不涉及个人隐私，不危害国家安全，同时获得数据所有方授权的前提下，面向政府机构、企业、个人提供数据交易和使用的平台，通过开放的应用程序接口实现数据录入、检索、调用，为数据拥有者提供大数据变现的渠道，为数据开发者提供统一的数据检索、开发平台，为数据需求者提供丰富的数据来源和数据应用。

(3)大数据资产定价中心：基于交易实践经验，通过研究能源大数据资产定价参考模型，探索建立能源大数据资产价值计量指标体系，完善能源大数据定价机制，形成切实可行的数据资产定价体系，支撑能源大数据要素及产品的交易。

(4)大数据资产金融服务中心：负责发挥数据治理认证、数据格式标准化、数据金融工具等作用，开展数据期货、数据融资、数据质押等业务，建立基于交易双方数据的信用评估体系，增加数据交易的流量，加快数据的流转速度。

(5)大数据资产管理中心：负责以电力数据为核心先导，打通能源行业数据壁垒，汇聚电、煤、油、气、新能源和可再生能源等能源数据，加速推进数据资产化进程，推动能源数字化转型和绿色低碳发展，为实现碳达峰碳中和目标提供有力支撑。

(6)大数据资产质量控制中心：负责建设数据信息质量控制相关的标准化管理体系与严格的质量控制管理制度，负责指导并制约数据录入、采集、审核、传输、加载、维护管理的全过程。负责加强与国家相关标准制定组织的合作，推动制定能源大数据分类、文件格式、传输协议、访问 API 等技术标准，细化交易过程中的隐私保护、数据安全保护等方面要求，推动标准实施。

7.4.3.3 交易内容

能源大数据交易中心的交易内容可涵盖能源基础数据交易、能源数据处理交易、数据模型与算法交易、数据产品/服务交易等多种形式。产品交易不涉及底层和原始数据，交易对象为通过实质性加工和创新性劳动所形成的数据产品和服务。

(1)能源基础数据交易：包括 API 数据接口、终端数据、搜索引擎数据、公共网站数据、政府大数据等交易方式，提供私人数据交易，并且可以通过交易平台提供授权下的“批发和零售”数据合法买卖和交易监督。

(2)能源数据处理交易：提供大规模批量的数据清洗、数据集汇总、数据归类等预处理服务，同时也为政府、机构、企业数据等公众性能源数据提供大数据分析和二次数据挖掘及应用。

(3)数据模型与算法交易：利用“大数据分析”挖掘隐藏在各类能源数据间的关联关系，形成一种特定算法，其隐含的核心商业价值可应用到对新业务的开拓，从而实现对算法的变现和转换。算法交易就是把这种关联关系进行交易。

(4)数据产品/服务交易：一种“B2C+众筹”的数据采集方式，需求方提供数据格式、维度、样式及每条数据价格，在网上发起邀约；数据拥有方按照需求方提供的网址或数据终端上传数据，从而获取收益。各类经济主体均可注册并上传数据信息，发布需求，由交易平台进行匹配数据提供商，实时寻找数据流转变现的各类途径渠道和解决方案，从而达到融合和盘活各类大数据存量资源，加快数据增值变现率。

整体来看，能源大数据交易中心需要根据市场建设的战略目标、交易的复杂性、交易的频率、平台商与供方的关系、市场结构、需方的相对实力等因素来选择平台的主要交易模式，在确保数据安全、保障用户隐私的前提下，调动能源行业协会、科研院所、企业等多方参与数据价值开发，探索高价值应用场景，探索合理的机制防止或减缓去平台化，通过服务能力的建设来提高数据供需双方对平台的依赖性，把好的数据产品“请进”市场，“留在”市场，提高市场的流动性。

7.4.4　盈利模式

根据能源大数据要素流通地点来看，可分为场外和场内交易两种形式。场外交易通常由能源大数据中心、能源企业、能源数据服务商等主体，为能源数据需求方提供服务。场内交易是指以交易所为载体进行数据交易，通常采用收取中介费、会员制收费等方式盈利。

7.4.4.1　场外盈利模式

不同类型的能源大数据产品盈利模式不同，同一类型的能源大数据产品针对不同服务对象，其盈利实现方式也不同。能源大数据目前主要服务于政府单位、能源企业、社会企业等目标用户，总体来说，面向政府机关主要采用免费服务和一次性交易所有权的盈利模式，面向能源企业主要采用一次性交易所有权和多次交易数据使用权的盈利模式，面向社会企业主要采用一次性交易所有权、多次交易数据使用权、保留数据增值收益权的盈利模式。能源数据产品场外盈利模式见表 7.3。

表 7.3　能源数据产品场外盈利模式

对象	产品	盈利模式
政府单位	数据报告	免费服务：免费的专题研究报告服务，获得政府支持，通过政府号召力，推荐面向企业及公众的数据产品服务
	数据解决方案	一次性交易所有权：根据政府提出的个性化产品功能需求按年或次收取一定的咨询服务费用，一次性转移产品所有权
能源企业	数据报告	多次交易数据使用权：为能源企业提供行业用能分析、行业碳分析登封专题研究报告服务，一份研究报告可向多家能源企业出售

续表

对象	产品	盈利模式
能源企业	数据解决方案	一次性交易所有权或多次交易数据使用权：当提供行业通用解决方案时，可采用多次交易数据使用权的盈利模式，当提供定制化解决方案时，可采用一次性交易所有权的盈利模式
社会企业	基础数据	多次交易数据使用权或保留数据增值收益权：为企业提供查询和下载基础数据的服务，可采用多次交易数据使用权或保留数据增值收益权
	数据报告	一次性交易所有权：为企业提供行业景气指数报告、住房空置率报告等专题研究报告，一份研究报告向多家企业销售
	数据解决方案	多次交易数据使用权：为企业定制能源优化方案，一次性转移产品的所有权

7.4.4.2 场内盈利模式

成立的能源大数据交易中心可参照当前场内交易所的交易盈利模式，大体上分为佣金、会员制、增值服务三种，见表 7.4，结合实际发展情况综合使用多层次盈利模式。

表 7.4 三种主要场内盈利模式对比

模式	佣金模式	会员制模式	增值服务模式
盈利来源	交易手续费	会员费	增值服务收费
优势	简单易执行，门槛低	有利于催生出企业之间的长期数据合作，交易安全性和交易质量更容易获得保障	盈利模式更加多样化，可与其他盈利模式搭配
弊端	抑制交易需求，绕开平台交易	对交易机构信誉和持续服务能力有较高门槛	抑制潜在的服务商供给，对服务能力有门槛
说明	主流佣金不断降低，当前市场整体佣金率为 1%～5%不等	如华东江苏大数据交易中心的盈利模式主要是对会员收取年费	当前大部分数据交易平台都提供相应的数据增值服务模式，且这一块业务在平台营收中的占比不低

(1)佣金模式：盈利逻辑简单，易于操作。采取佣金收取模式的典型代表是早期的贵阳大数据交易所，对每单交易抽取 10% 的佣金。在交易规模具有较好预期的情况下，佣金模式具有较低的边际成本和较高的成长性，但弊端也显而易见，因为场外交易盛行，过高的佣金抽取会打击数据交易主体的交易积极性和交易需求，不利于早期行业成长。

(2)会员制模式：会员制模式有利于维护交易主体和服务商与交易机构之间稳定的合作关系，而稳定的合作关系也便于交易平台方对交易主体的合规性和资质进行审核，促进了平台安全性和交易质量。相应地，会员制的执行需要交易机构有良好的信誉背书，且能持续提供优质交易服务。

(3)增值服务模式：增值服务在大多数时候可以与佣金模式和会员制模式并存，数据交易各个环节几乎都需要服务商具备较高的专业性。确权、资产定价和交付结算等环节是数据交易机构比较容易搭建的服务能力，随着交易行业整体发展，数据交易机构的增值服务也可以逐步拓展到数据清洗和聚合服务，提高数据交易机构的综合运营竞争力。

7.5　数据要素市场发展趋势

数据要素市场发展的未来，有八大趋势：公共数据先行、数据专区兴起、数据银行服务、数据沙盒监管、数据分级交易、数据资产入表、数据保护上链、数据多边主义[5]。

(1)公共数据先行。公共数据是构成我国数据资源的主体。“十四五”时期，创新公共数据运营模式，健全公共数据管理机制，完善公共数据资源体系，探索公共数据资产化管理，扩大公共数据共享与开放，深化公共数据资源开发利用成为各地数据要素市场建设的重要内容，也是今后数据要素市场发展的关键一环[8]。

(2)数据专区兴起。推进数据专区模式，旨在建设不同领域的数据专区，授权企业做平台化运营，积极培育一批数据服务企业，带动相关产业发展，推动数据在数字经济、社会治理各个领域的应用。数据专区作为相对独立和封闭的数据开发利用平台，汇聚了经过脱敏的数据，授权相关企业运营面向应用侧开放数据，促进数据为企业和百姓服务。

(3)数据银行服务。数据银行以个人、企业授权或主动上传数据作为主要数据来源，通过数据利益分配机制实现数据资源持有者、数据资源加工者、数据产品经营者等多方共赢，促进数据要素高效流通。该模式既能够保证数据共享和流动的合法性，又能够实现数据的增值，并使数据提供方能够分享其数据带来的收益。

(4)数据沙盒监管。监管沙盒概念最早由英国金融行为监管局(FCA)于2015年提出。作为一个“安全空间”，在监管沙盒中的商业主体可以测试金融新型产品、服务、商业模式、交付机制而不会因为存疑行为而引发通常监管。推广数据要素监管沙盒模式，依托政府作为数据要素市场治理主体，形成以监管科技为引擎，多方共建的创新治理体系。这种模式既符合国际趋势，也具有鲜明的中国特色，必将大有用武之地，有益于形成健康有序的数字生态。

(5)数据分级交易。根据敏感度对数据进行分级分类，按照数据性质匹配相应的交易模式。针对不同敏感度的数据，交易平台应保证购买机构具备相应的使用资质。对于常规开放的公共数据和明文交易的数据，可以面向一般的商贸类企业进行提供；对于金融、财税等特定领域数据，则面向商业银行等金融机构合规提供；对于高价值个人数据，只能向具备公信力和特定资质的持牌机构(如个人征信机构)审慎提供[17]。

(6)数据资产入表。“数据二十条”及《关于加强数据资产管理的指导意见》先后提出了对数据资产入表模式的要求，对于探索用货币度量数据要素的资产价值，推动数据资产化、资本化，更好发挥数据对生产效率提升的倍增效应具有重要指导意义。下一步，要积极探索实现数据资产入表的切实可行路径，加快推动数据入表的实施进度和案例积累，为促进释放数据要素价值和市场潜力提供强大的内生动力。

(7)数据保护上链。隐私计算和区块链技术是让数据真正成为生产要素的关键一环。《中华人民共和国个人信息保护法》《中华人民共和国数据安全法》与《中华人民共和国网络安全法》一起，共同构成中国网络法律体系的“三驾马车”，为数据资源安全保护提供法律依据。隐私计算和区块链技术在保护数据拥有者个人隐私的前提下，实现数据价值的流通及数据价值深度挖掘。这些技术目前还处在起步阶段，未来更多相关技术的诞生，将为我们迎来的数据大爆炸的时代、共建数据共享生态做好准备。

(8)数据多边主义。数字经济已发展成为继农业经济、工业经济之后的一种新型经济形态。数字经济发展速度之快、辐射范围之广、影响程度之深前所未有，正在成为重组全球要素资源、重塑全球经济结构、改变全球竞争格局的关键力量。缩小全球数字鸿沟离不开多边主义，防范数据安全风险离不开多边治理。为了适应全球数字经济的发展，数据跨境流动成为必然的趋势。当前，北京、上海、广东、天津等省市都在进行跨境交易模式的探索，广东正在进行“数据海关”的尝试。对于未来的跨境数据交易，可在三个方面加强跨境数据流通政策和制度建设，一是构建数据跨境合作平台，二是建立个人数据和重要数据跨境流通安全审查机制，三是开展数据跨境流通监督管理机构建设，以保障数据跨境合作机制有效运行。

7.6 本章小结

本章以能源大数据要素为分析主体，通过研究能源大数据要素市场的特征与发展趋势，在明确能源大数据要素确权机制和确权路径的前提下，探索全方位的能源大数据要素市场体系建设内容，并对应提出了能源大数据要素在交易中存在的安全问题与安全解决方案。最后，本章创新性探索了能源大数据要素商业模式，列举了当下可行的多种要素交易模式，并通过案例的形式进行补充说明，在此基础上，探索建立能源大数据交易中心，为能源大数据要素流动提供安全规范的场内交易环境。

参考文献

[1] 徐春雷, 顾斌, 夏飞, 等. 能源大数据数据分类分级指南: T/JSIA 0001-2022[S]. 南京: 江苏省软件行业协会.

[2] 中共中央关于坚持和完善中国特色社会主义制度 推进国家治理体系和治理能力现代化若干重大问题的决定[EB/OL]. 新华社.(2019-11-05)[2024-04-09]. https://www.gov.cn/zhengce/2019-11/05/content_5449023.htm.

[3] 中共中央 国务院关于构建数据基础制度更好发挥数据要素作用的意见[EB/OL]. 新华社. (2022-12-19)[2024-04-09]. https://www.gov.cn/zhengce/2022-12/19/content_5732695.htm.

[4] 国家能源局关于印发《2022 年能源监管工作要点》的通知[EB/OL]. 国家能源局. (2022-01-12)[2024-04-09]. http://zfxxgk.nea.gov.cn/2022-01/12/c_1310432975.htm.

[5] 李纪珍, 钟宏. 数据要素领导[illegible]部读本[M]. 北京: 国家行政管理出版社, 2021.

[6] 刘金钊, 汪寿阳. 国际数据要素市场的战略布局 我国发展现状与对策探究[EB/OL]. 中国发展门户网, 2022.11.15. http://cn.chinagate.cn/news/2022-11/15/content_78514149.htm?eqid=933bf1ca00b998ef00000002647fd475.

[7] 王璟璇, 窦悦, 黄倩倩, 童楠楠. 全国一体化大数据中心引领下超大规模数据要素市场的体系架构与推进路径[J]. 电子政务, 2021(6): 20-28.

[8] 陈兰杰, 侯鹏娟, 王一诺, 孙耀明. 我国数据要素市场建设的发展现状与发展趋势研究[J]. 信息资源管理学报, 2022, 12(6): 31-43, 57.

[9] 刘涛熊、李若菲、戎珂. 基于生成场景的数据确权理论与分级授权[J]. 管理世界. 2023, 39(2): 30-47.

[10] 初萌. 数据产权三权分置是什么[EB/OL]. 理论网, (2023-01-18).[2024-04-09]. https://paper.cntheory.com/html/2023-01/18/nw.D110000xxsb_20230118_1-A3.htm.

[11] 周慧之. 电力数据“寻路”要素市场[EB/OL]. 南方能源观察. (2022-01-18). [2024-04-09]. https://mp.weixin.qq.com/s/Qc1VF6gl065cbVZVnjAN4Q.

[12] 汤齐峰, 邵志清, 叶雅珍. 数据交易中的权利确认和授予体系[J]. 大数据, 2022, 8(3): 40-53.

[13] 中华人民共和国财政部. 关于印发《企业数据资源相关会计处理暂行规定》的通知[EB/OL]. (2023-08-01).[2024-04-09]. https://www.gov.cn/zhengce/zhengceku/202308/content_6899395.htm.

[14] 李成熙, 文庭孝. 我国大数据交易盈利模式研究[J]. 情报杂志, 2020, 39(3): 179-186.

[15] 何小龙. 中国数据要素市场发展报告(2021-2022)[J]. 软件和集成电路, 2021(5): 57-58.

[16] 王小辉, 陈岸青, 李金湖, 等. 基于能源大数据中心的数据商业运营模式研究[J]. 供用电, 2021, 38(4): 37-42.

[17] 范文仲. 完善数据要素基本制度 加快数据要素市场建设[J]. 中国金融, 2022(S1): 14-17.

第四篇　应　用　篇

第 8 章　新型电力系统应用

新型电力系统背景下，电源侧新能源装机占比迅速提升，负荷侧多元用电终端爆发式增长，电力系统的不确定性和复杂性与日俱增，传统的运行控制技术面临新的风险和挑战。近年来，以大数据为代表的数字技术飞速发展，为应对新型电力系统的不确定性和复杂性提供了新手段和新思路，逐渐成为新型电力系统构建的重要基础技术。本章介绍能源大数据在新型电力系统建设中的应用：8.1 节首先对能源大数据在新型电力系统建设中的整体应用情况进行总览，8.2 节到 8.8 节分别选取总体路径规划、大电网安全稳定分析、输变电设备运维管理、新能源功率预测、新能源云平台、新型负荷管理和车联网等具体场景开展详细介绍，8.9 节对全章进行总结。

8.1　能源大数据在新型电力系统中的应用概述

“双碳”目标下，电力部门将承担更大的减排责任[1]。在过去的 20 年间，我国实现了风电、光伏等新能源技术的跨越式发展，新能源发电装机占比逐渐提升，发电侧强不确定性和弱可控性愈发凸显，迫切需要加快构建适应新能源占比逐渐提高的新型电力系统，推动能源电力低碳转型发展。

新型电力系统将主动实现五个转变：电源构成由以化石能源发电为主导，向大规模可再生能源发电为主转变；电网形态由“输配用”单向逐级输电网络向多元双向混合层次结构网络转变；负荷特性由刚性、消费型向柔性型转变；技术基础由支撑机械电磁系统向支撑机电、半导体混合系统转变；运行特性由“源随荷动”单向计划调控向“源-网-荷-储”多元协同互动转变[2]。这些转变使电力系统逐渐发展为电力电子化、高维强不确定性的复杂巨系统，传统的运行控制技术面临随机性增强、未知量增多、机理复杂化和非线性非凸目标函数(或约束条件)等问题，性能严重下降，电网安全稳定和新能源消纳面临极大挑战。

2023 年 6 月国家能源局发布的《新型电力系统发展蓝皮书》指出，新型电力系统以数字信息技术为重要驱动，呈现数字、物理和社会系统深度融合特点。

随着数字化转型战略的深入，先进数字信息技术广泛应用，电力行业数据基础逐渐完善：①数据采集方面，先进的数字传感和物联技术广泛使用，数据采集范围不断扩大、频率不断提升；②数据传输方面，通过统筹电力光纤、加密无线虚拟专网等多种方式，实现了数据的安全高效传输；③数据存储方面，依托企业级数据中台架构，沉淀基础共性能力，正逐步实现海量能源数据的共建共享共用。在电力系统运行控制中，利用能源大数据开展挖掘、分析、预测，可从数据驱动的角度弥补传统解析方法和物理建模方法的不足，有效应对新型电力系统带来的挑战。能源大数据在新型电力系统源-网-荷-储各环节中的应用如图 8.1 所示。

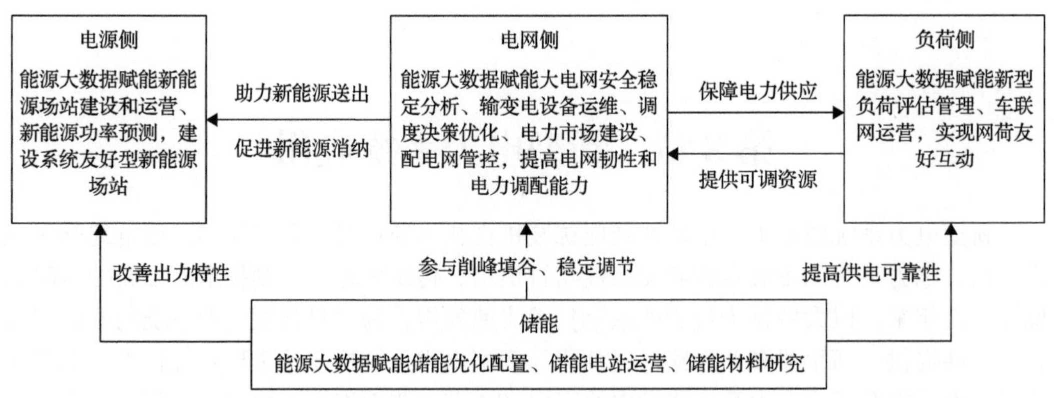

图 8.1　大数据技术在新型电力系统各环节中的应用

在电源侧，大数据技术赋能新能源功率精准预测，掌握新能源出力特征。

在电网侧，随着电力系统向“双高”方向发展和电网规模的不断扩大，传统的分析模型面临未知量增多、复杂度提升、求解困难等问题，利用大数据技术开展大电网安全稳定分析、输变电设备运维、调度决策优化、电力市场建设及配电网管控，可弥补传统分析模型的不足，助力电网韧性提升，促进新能源消纳，保障电力供应。

在负荷侧，用电终端的特性正在发生变化，并且规模急剧提升，利用大数据技术开展负荷评估和聚类，可降低“双峰”特性对电网的冲击，同时有效利用柔性负荷的充放电特性，为电网提供调峰、调频资源。

在储能方面，利用大数据技术规划储能配置，可改善新能源出力特性，增强电网调节能力，提高供电可靠性。目前，大数据技术在新型电力系统建设中的作用已得到广泛认可，表 8.1 列出了大数据技术赋能新型电力系统建设的热点研究方向。

表 8.1　大数据技术赋能新型电力系统建设的热点研究方向

领域		研究方向
总体发展规划		源-网-荷-储协同规划、能源-电力-环境协同优化
电源侧		新能源场站智慧运营、高比例新能源发电集群服务与管理、新能源发电企业运行效率与经济效益提升、新能源功率预测、新能源场站选址
电网侧	新型电网保护与安全防御	大电网安全稳定态势量化评估与风险防御、电力系统暂态稳定评估、大容量电力电子系统可靠性评估、电力电子设备广域协调控制方法、继电保护通信系统故障定位、继电保护全维度管理
	输变电技术	输变电设备全景展示、输变电设备智能运维、变电站损耗分析、交直流输电通道线损分析
	电网调度与电力市场	电力电量平衡能力分析及调度决策、交直流混联电网态势感知、市场主体用户画像、基于电力市场行为数据的精准化推送、电力市场主体征信评估与分析、多源异构环境下电力市场运营、日前现货辅助策略制定
	配电网与微电网	配电网智能运维与故障诊断、配电网规划辅助决策、配电网全时序运行效率分析、多能互补微电网的能量管理、微电网一次调频优化、直流微电网二次控制
负荷侧		负荷识别与负荷预测、负荷可调能力评估、负荷聚类、电动汽车充电需求评估、V2G功率容量评估与预测、充电桩选址辅助决策
储能		分布式风电光伏储能容量配置优化、抽水蓄能机组稳定性分析、电化学储能材料研究

8.2 电力系统主动支撑能源转型与“双碳”变革

能源转型与双碳变革是一场广泛而深刻的经济社会系统性变革。新型电力系统的发展应该嵌入到整个能源转型及“双碳”目标的路径优化过程中，考虑来自信息、物理、社会环节的各种不确定性，涉及信息技术、自然科学、社会科学等多领域的交叉，以及对复杂非线性系统时空演化规律的研究。

8.2.1 能源的信息—物理—社会系统理念

南瑞集团薛禹胜院士将信息物理社会系统(cyber physical social system，CPSS)理念应用于能源领域，通过在智能电网研究中增加广义的物理、信息和社会元素，提出了能源的信息—物理—社会系统(cyber physic social system in energy，CPSSE)理念[3]，如图 8.2 所示。

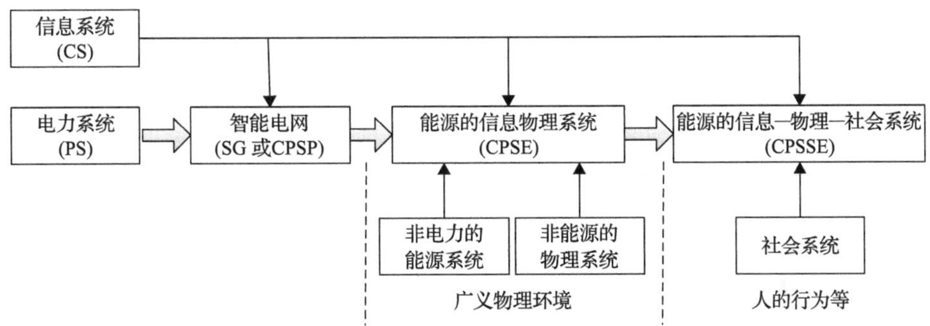

图 8.2 从智能电网向能源的信息物理社会系统的发展过程

文献[3]强调能源的信息—物理—社会系统是实现“双碳”目标与能源转型路径优化的框架，其中的信息元素，是指支撑大规模交流直流混合输电及电力电子装备入网，使系统动态特性愈加复杂的先进信息技术，在迈向“双碳”目标的同时，保证我国的电力安全、能源安全、经济安全和环境安全。其中的物理元素，是指在中国经济社会发展的碳约束条件下，能源领域是减少碳排放的主战场，新能源大规模替代火电，能源系统的复杂性、不确定性大幅提高，电力系统的枢纽角色将更为突出。其中的社会元素，是指大规模新型负荷涌现，辅助服务与需求侧参与的问题更加紧迫，大量社会参与者的博弈行为，特别是政策与规则将影响电力系统的工况与响应，电力系统必须依靠更加智能的规划、调度及市场引导，才能支撑“双碳”目标。

8.2.2 混合动态仿真方法

“双碳”目标下，虽然碳达峰及碳中和的目标及达标年份不同，但两者路径必须统一优化，其目标实现绝非单纯的技术问题，而是有赖于正确的政策引导与监管、全社会环保意识及民众行为践行。因此，需要创新研究方法，在能源的信息—物理—社会系统(CPSSE)视角下进行统筹协同优化，考虑自然环境、技术、经济、社会、行为等相关领域的影响，特别是政策、多市场协同、精准服务、民众行为等社会元素。

文献[4]和[5]指出经典的研究范式包括实验研究、理论研究、计算科学 3 种，大数据时代又催生了被认为第 4 种研究范式即基于数据驱动的大数据范式。前 3 种研究范式被普遍认为是针对因果型数据的研究范式；大数据是指具有复杂结构，包括不具有或尚未掌握其因果关系的数据集，大数据范式以统计型数据为主要研究对象。文献[4]和[5]进一步强调，不应孤立看待不同的研究范式，大数据技术不能局限于数据驱动，应正视因果分析、统计分析和行为分析方法各自的适用场景并进行有机融合，应覆盖所有类型数据，涉及异类数据间的协同、精确算法与统计算法的融合，以及不同研究模式的协调。

例如，在原本依靠统计分析的过程中加入因果分析(案例：在风电超短期预测中加入时间、地貌、气象和距离等因果知识)，以提高前者的适用性与精度；在原本依靠因果分析的过程中加入统计分析(案例：在暂态安全稳定问题中通过因果分析获得基于时变度和稳定裕度的筛选规则，通过统计分析获得筛选阈值)，以提高前者的效率；综合应用各种分析方法(案例：通过挖掘电动汽车用户问卷调查、碳交易实验经济学仿真等来源的行为数据，提取多维随机变量的统计分布，建立不同参与者行为的实证多代理模型)，支撑那些用单一分析方法无法解决的复杂问题研究。

为支撑能源的信息—物理—社会系统(CPSSE)研究，通过融合真实实验人、多代理、数学模型的动态交互仿真，文献[6]提出基于混合仿真研究参与者决策行为的方法。仿真中构建多数理性参与者的多代理模型，利用多代理在仿真实验中测试决策的可重复性，并将关键少数参与者通过人机接口接入多代理仿真环境，用以反映非理性的主观意愿或博弈行为。混合仿真方法，本质是融合统计分析、因果分析与行为分析的数据驱动方法与实验研究、理论研究、计算科学等研究范式相结合的沙盘推演方法，如图 8.3 所示。

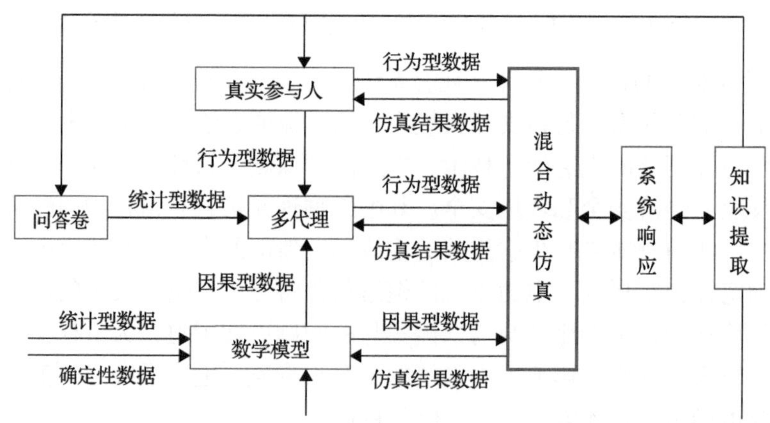

图 8.3　混合仿真中不同类型数据的融合

文献[7]探讨了针对 CPSS 的研究中参与者的决策博弈行为如何接入仿真，分析了传统仿真方法与决策行为建模的适用性与不足，进而总结了融合真实实验人、多代理模型及数学模型的混合仿真研究范式。用已有的研究案例分别从数据采集、知识提取、仿真分析等方面解析决策支持中计入博弈行为的研究，以此说明混合仿真方法是解决并实现多决策场景中参与者决策博弈行为的复现、推演与预测的有效研究范式。

8.2.3 跨领域交互仿真平台

在能源的信息—物理—社会系统(CPSSE)框架下，随着研究对象的不断拓展，为研究提供支撑的工具集也需要不断扩大内涵、增加功能。文献[8]介绍了南瑞集团薛禹胜院士团队近 20 年探索能源的信息—物理—社会系统(CPSSE)过程中所研发的决策支撑平台(Sim-CPSS)，支撑了异构仿真应用的互通、互动、互用，并显著降低了复杂系统仿真研究的难度，提高了分析效率，其不断完善发展也有效支撑了 CPSS 的研究。图 8.4 总结了近年来围绕 CPSS 研究，不断研发的核心仿真工具集的发展脉络。

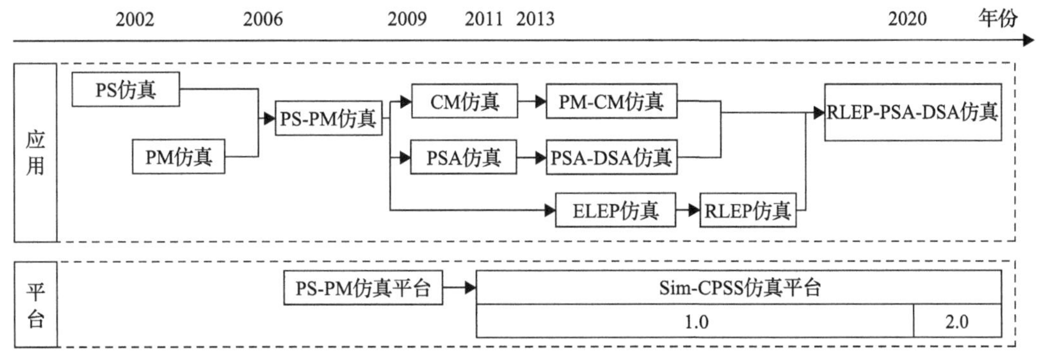

图 8.4 支撑 CPSS 研究的核心仿真工具集的发展

如图 8.4 所示，CPSS 仿真工具有平台型软件系统的共性特征，主要分为“平台”与“应用”2 个组成部分。“平台”层用于实现领域—尺度—角色—对象之间的交互功能；“应用”层用于实现具体领域的仿真功能。同时也反映出 CPSS 多个领域互补走向融合的趋势。

其中，PS(power system)仿真是电力系统仿真，PM(power market)仿真是电力市场仿真，2006～2009 年，在 PM 仿真器的底层构建了 PS-PM(电力系统与电力市场交互)仿真平台，基于这一新软件“基座”，对 PS-PM 仿真环境进行了重构，在平台中接入了团队自主研发的独立软件系统——FASTEST，具备了直接调用电力系统安全稳定分析(dynamic security assessment，DSA)的功能；构建了首个跨领域仿真器。2010～2013 年，通过将 PS-PM 领域特殊功能剥离出“平台”层，构建了首个通用型仿真平台——Sim-CPSS(部分文献中称为大能源系统动态仿真或 DSMES 平台)，研发出 1.0 版本，开始向应用层提供可靠服务；依托“平台”的开放接口，构建了碳市场(carbon market，CM)仿真与电力充裕度(power system adequacy，PSA)仿真。2014～2017 年，构建了 PM-CM、PSA-DSA 等 2 个新的交互仿真环境；同时，结合能源转型研究需求，相继构建了“企业级能源转型规划”(enterprise-level energy planning，ELEP)和“区域级能源转型规划”(region-level energy planning，RLEP)等多个能源领域 App。2018～2019 年，仿真规模和融合度持续提升，成功构建了 RLEP-PSA-DSA 仿真环境，用于支撑地区级的能源—电力—环境协同优化。2020 年至今，Sim-CPSS 平台进一步升级到 2.0 版本，基于云计算技术，继续为更多的研究人员提供更大规模、更广泛领域的交互仿真和决策支撑服务。

8.2.4 能源—电力—环境的协同优化

“双碳”目标是确定的，但要从中国当前的状态达到期望中的状态，中间可供选择的路径有无数种。文献[9]指出，为优化实现“双碳”目标的路径，需要明确以下三个问题：①对双碳达标路径的准确描述和评估，这需要考虑与能源、经济、环境及社会等环节的关联，以及合理预估各种不确定性因素的影响；②“双碳”目标与能源安全、经济安全、环境安全的协同优化；③电力系统如何主动支撑“双碳”目标的实现。以经济发展水平、能源安全、环境安全、社会参与为约束条件，不断动态优化从当前状态趋于目标状态的实施路径，从而达到能源转型净收益的最大化。实现路径的量化评估，是一个巨大而复杂的系统工程，需要全新的研究范式。其中包括跨领域的建模、大数据的采集、多领域仿真平台的搭建、基于混合仿真的沙盘推演、大数据中的知识提取及决策支持、各种不确定因素的考虑。文献[10]和[11]提炼了能源转型问题的要素、研究的要点及面临的挑战，提出了基于技术—经济—行为统计学模型—真实人混合交互仿真及反复推演，协调优化转型目标与路径的新范式，如图 8.5 所示。

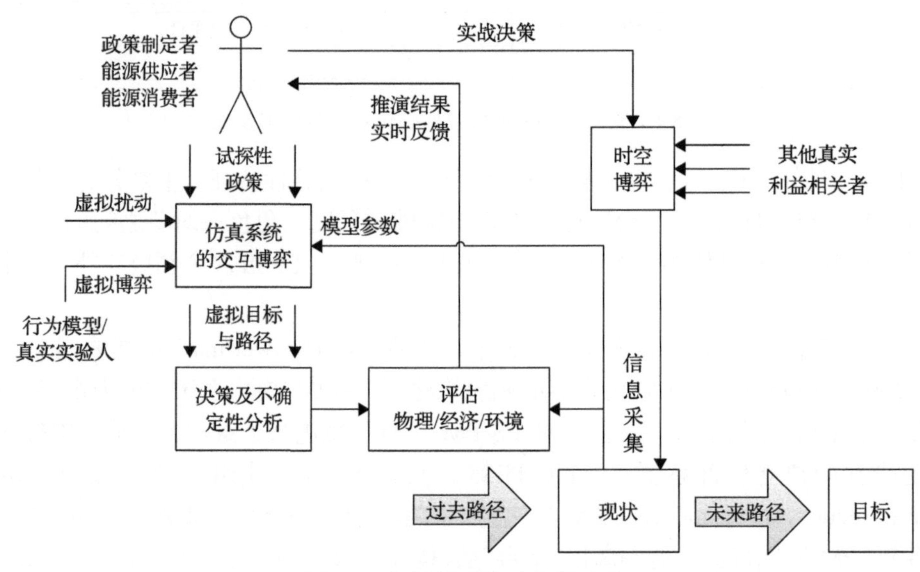

图 8.5 能源转型的动力学过程

8.3 大电网安全运行风险评估分析

大规模新能源出力存在较大的随机性、间歇性和波动性，导致电网整体潮流呈现不确定性，对电力系统的安全稳定运行造成极大冲击；特高压交直流混联电网一体化特征不断加强，各级电网、送受端、交直流及断面之间耦合日趋紧密，安全稳定互相交织，特性复杂；电动汽车等具有与电网双向互动能力的新型负荷大规模应用，改变了原有的负荷特性，电力用户同时也会成为电力供应方，增加了电网运行的复杂性；具有双向快速功率控制能力的储能设备大规模应用将给电网生产主要环节带来重大影响，电网安全运行风险加大。

为了适应电网快速发展和特高压电网安全稳定运行的需要，目前，省级及以上调度机构均已建设了电网在线安全分析(dynamic security analysis，DSA)应用。DSA 通过周期性获取电网模型及实时运行数据，在线滚动仿真分析电网的静态、暂态、小干扰、短路电流、电压稳定等各类安全稳定情况，对于存在的安全稳定问题或隐患，提供控制措施建议。随着电力系统规模的日益扩大，设备模型日趋复杂，仿真规模进一步扩大，基于数据模型类方法的在线安全稳定评估存在计算量大，计算耗时较长(一般为 5～15min)，对电网模型准确性的要求高等问题，并且在仿真分析算法无法取得突破性进展下，基于数据模型类方法在计算速度优化方面的空间有限。

数据驱动方法解决在线安全分析的基本思路，就是用数据驱动的分类或回归模型取代复杂的电力系统动态模型，直接从大量数据中挖掘输入特征与电力系统稳定性指标之间的关系，将电力系统视为“黑箱”或“灰箱”系统，将所关注的稳定指标作为输出、将系统运行工况作为输入，拟合二者间的映射关系。由于无须建立复杂电网的物理模型，基于数据驱动方法的电力系统分析，为解决以多因素强耦合、随机性和不确定性强、机理复杂等为特点的电力系统稳定评估与决策问题提供了良好的契机。在国家电网和南方电网等各级调度机构中，已经初步开展了基于数据驱动方法的安全稳定分析方法研究，在静态电压稳定评估、输电断面极限计算、临界切除时间计算、暂态稳定评估、振荡模式识别、紧急控制策略制定等方面，均取得了一定的成果。

8.3.1 大电网风险评估的数据基础

大电网在实际运行中会产生种类繁多、体量巨大的数据，量级可达 TB 或 PB 级[12]。用于大电网安全运行风险评估的数据包括静态模型及参数、动态模型及参数、实时运行数据等。

静态模型及参数主要包括线路(电阻、电抗、对地电容等)、变压器(各侧电阻、电抗、电感、电纳等)、机组(有功最大/最小值、无功最大/最小值、额定功率等)数据。

动态模型及参数主要包括线路(零序电阻、零序电抗、零序对地电容、限值电流等)、变压器(各侧零序电阻、电抗、中性点接地电抗等)、机组(同步机、调速器、调压器等)以及暂态稳定校验故障集、相关安控装置策略和关键输电断面等数据。

实时运行数据主要来自量测系统，包括母线(电压、相角等)、线路(量测功率)、变压器(功率)、并联电容/电抗(功率)、机组(功率、机端电压、相角等)数据。以上数据需要经过状态估计和整合，才能形成风险评估所需的计算数据。

状态估计根据电网模型参数、接线连接关系和一组有冗余的遥测量测值和遥信开关状态，求解描述电网稳态运行情况的状态量——母线电压幅值和相角，进一步求解出量测的估计值，检测和辨识量测中的不良数据。状态估计包括网络拓扑分析、量测系统分析、量测预校验、状态估计计算、不良数据检测及辨识、参数估计、统计考核等步骤，主要目的是维护一个完整而可靠的实时电网状态数据库。

8.3.2　电网运行方式样本扩展

虽然电网运行数据具备了大数据的特点，但在绝大部分情况下，实际电网都是运行在系统正常运行点，过载、失稳的样本数量极少，因而样本的多样性不足，无法覆盖电网可能出现的运行方式，严重制约基于人工智能技术的电网规律挖掘和快速判稳准确性。举一个较为极端的例子，在1000个样本中只有10个失稳样本，则算法只需要将样本全部评估成稳定，就能使评估结果的正确率达到99%，这样的评估结果显然是不合理的。因此，需要结合电网分析的需要，丰富电网运行方式数据，使样本能够尽可能覆盖电网可能出现的运行方式和场景，同时也要有针对性地构造各类不安全的运行方式数据样本，满足电网智能分析决策对数据样本多样性的需求。

我国电力系统长期保持安全稳定运行，绝大部分时段都处于系统正常运行区域内。在这种情况下，如果直接使用电网实际运行方式数据作为人工智能分析的数据样本，将会造成样本库中失稳样本过少、样本多样性不足等问题，影响电网规律挖掘和快速判稳的效果，容易造成误判。

为提升暂态稳定智能分析电网运行方式样本的多样性，下面介绍一种基于EEAC[13-15]（extended equal area criterion，扩展等面积法则）量化分析理论的暂态失稳样本扩展方法。EEAC 由我国电力系统学者薛禹胜院士发明，攻克了电力系统暂态稳定性量化分析的世界难题，迄今仍是国际上唯一得到理论证明并实现工程应用的量化分析方法，成功推广应用于我国电力系统，并出口应用至法国、美国等境外机构。基于EEAC量化分析理论的暂态失稳样本扩展方法，根据EEAC提供的暂态稳定模式信息[16-18]，针对性调整电网的发电、负荷等状态变量，使得电网运行方式数据趋于失稳，从而为智能分析算法提供更具多样性的运行方式样本。考虑到电网实际运行方式中通常不会出现失稳的案例，因此，在进行暂态稳定样本生成时，适当松弛对电网最大发电负荷的约束。基于EEAC量化分析理论的暂态失稳样本扩展方法如下。

(1) 获取扩展样本所需的基础数据。

①获取指定的电网运行方式数据 D_0，电网运行方式数据中包括电网设备连接关系、各机组出力、机端电压、负荷功率、容抗器功率、分接头位置等信息，将该运行方式作为基础运行方式。

②获取基础运行方式对应的设备稳定参数数据，包括原动机参数、同步机参数、励磁参数、PSS、调速器、负荷模型、风电控制模型、光伏控制模型、直流系统控制模型、FACTS 模型等。

③获取该方式下的暂态稳定考核故障集 F 。

(2) 对基础运行方式 D_0 进行潮流计算，得出基础方式下的电网网损率 β_0 。

(3) 对于第 i 个暂态稳定考核故障 F_i ，基于选取的基础运行方式数据和稳定参数数据，运用EEAC量化分析理论，进行故障 F_i 下的暂态稳定量化分析，得出该故障下的电网暂态稳定模式，包括加速群机组及参与因子 $(G_{A\_ij},\lambda_{GA\_ij})$ 、减速群机组及参与因子 $(G_{D\_ik},\lambda_{GD\_ik})$ 、加速群节点及参与因子（$(L_{A\_im},\lambda_{LA\_im})$ 、减速群节点及参与因子 $(L_{D\_in},$

λ_{LD_in}）等信息。

(4) 根据暂态稳定模式信息，对机组有功功率、机端电压和负荷的有功功率值，利用蒙特卡罗法随机抽样产生 N 组数据样本，N 由外部指定，具体如下。

①利用蒙特卡罗法对加速群和减速群内的机组有功功率进行随机抽样，其中，对于加速群机组中满足 $\lambda_{GA\_ij} > \lambda_{GA\_set}$ 的机组，加速群内各机组有功功率在该机组基准方式有功功率的 $[P_{G\_j0} \sim P_{G\_j\mathrm{Max}}]$ 范围内随机抽样；对于减速群机组中满足 $|\lambda_{GD\_ik}| > \lambda_{GD\_set}$ 的机组在 $[P_{G\_k\mathrm{Min}} \sim P_{G\_k0}]$ 范围内随机抽样；λ_{GA_set}、λ_{GD_set} 为加速群机组和减速群机组参与因子门槛值；$P_{G\_j\mathrm{Max}}$、$P_{G\_k\mathrm{Min}}$ 分别为机组 j 的最大有功出力和机组 k 最小有功出力。

②利用蒙特卡罗法对所有机组的机端电压进行随机抽样，各机组机端电压在该发电机基准电压的 $[\mu_d \sim \mu_u]$ 范围内随机抽样；μ_d、μ_u 为机端电压抽样上调和下调系数。

③利用蒙特卡罗法对加速群和减速群内的负荷节点的有功功率进行随机抽样，其中，对于加速群节点中满足 $\lambda_{LA\_im} > \lambda_{LA\_set}$ 的负荷节点，各负荷节点有功功率在基准方式当前有功功率的 $[P_{L\_i0} \sim 2.0 \times P_{L\_i0}]$ 范围内随机抽样；对于减速群节点中满足 $|L_{D\_in}| > \lambda_{LD\_set}$ 的负荷节点，各负荷节点有功功率在基准方式当前有功功率的 $[0.5 \times P_{L\_i0} \sim P_{L\_i0}]$ 范围内随机抽样；λ_{LA_set}、λ_{LD_set} 为加速群节点和减速群节点参与因子门槛值。

(5) 统计考核故障 F_i 下的第 p 组运行方式的机组有功总出力 P_{Gi_p}、总负荷有功值 P_{Li_p}，按照基础运行方式 D_0 中相同的网损率 β_0，计算总发电与总负荷的差值 $\Delta P_{i\_p} = P_{Gi\_p} - (1.0 + \beta_0)P_{Li\_p}$；按比例调整第 p 组运行方式各负荷的有功值，$P_{Li\_pt} = P_{Li\_0t} + \dfrac{\Delta P_{i\_p}}{1.0 + \beta_0}$，$P_{Li\_0t}$ 为基础运行方式 D_0 的负荷 t 的有功功率值。

(6) 根据随机抽样得到的各机组有功功率值，按照基础运行方式 D_0 中相同的功率因数，相应调整各机组的无功功率值；根据随机抽样得到的各负荷节点有功功率值，按照 D_0 中相同的功率因数，相应调整各负荷节点的无功功率值。

(7) 根据上述步骤形成的各组机组、负荷的有功、无功功率值及机端电压值，结合基础运行方式中的拓扑连接关系，形成各组新的电网运行方式。

(8) 结合电网运行方式要求，考虑新能源机组同时率约束、区域最小开机容量约束、最大负荷和最小负荷约束等约束条件，判断新方式的合理性，剔除不满足约束条件的运行方式。

(9) 针对下一考核故障，按照同样的步骤，生成该故障下的新的运行方式；直至生成全部暂态稳定考核故障集 F 下的电网运行方式，实现暂态失稳样本的扩展。

通过上述处理，有针对性地构造出暂态失稳的运行方式数据样本，实现电网随机运行方式样本的扩展，丰富了数据样本的多样性，从而有助于提升电网规律挖掘和快速判稳的准确性，满足电网智能分析决策对数据样本多样性的需求。

8.3.3 考虑稳定模式的运行方式样本聚类

聚类就是按照某种标准把一个数据集分割成不同的类或簇，使同一个簇内的数据对象的相似性尽可能大，同时不在同一个簇中的数据对象的差异性也尽可能地大。可以具体地理解为，聚类后同一类的数据尽可能聚集到一起，不同类数据尽量分离[19]。

电力系统运行具有周期性、重复性等特点，在调度运行上，通常会划分成检修运行方式、合环运行方式、开环运行方式、大负荷运行方式、水电大发运行方式、故障运行方式、应急运行方式等，电力系统的运行特点，为聚类分析提供了现实的依据。

实际电网运行方式具有明显的规律性和重复性，通过对样本数据进行分析和处理，按照一定的规则，将电网大量的运行方式样本，聚类成若干的运行方式簇，同一运行方式簇内的数据具有比较接近的运行方式，并且同一考核故障下具有相同的暂态稳定模式。通过对电网运行方式的聚类，可以有效提取电网中的典型运行方式，确保电网安全分析的完备性，有利于发现孤立场景，提高电网运行分析精度和电网运行管理决策的科学性，并为后续的电网安全稳定裕度估算提供基础。

下面介绍一种考虑电网暂态稳定模式的电网运行方式样本聚类方法[20]，通过对样本数据进行分析和处理，按照电网的暂态稳定模式，将海量运行方式样本聚类成为若干个运行方式簇，同一运行方式簇内的数据具有比较接近的运行方式，并且针对同一考核故障下具有相同的暂态稳定模式。聚类得出的运行方式样本簇中，每一簇可包含多个运行方式接近的运行方式样本，也可能只包括 1 个运行方式样本，具体包括以下步骤。

(1) 获取全部电网运行方式样本数据、故障信息，以及各故障下对应的暂态稳定结果信息，包括加速群机组、减速群机组、参与因子等稳定模式信息及暂态稳定裕度。

(2) 针对考核故障 F_m，对包含该故障下的全部运行方式样本进行聚类；设定每个方式样本下的详细仿真得到的暂态功角裕度为 η_i，根据加减速机组各自参与因子，筛选出加速机组集合为 G_{si}，减速机组集合为 G_{ai}，特征线路投运集合 L_i。

(3) 初始时选择一个方式 K 作为基准方式，针对后续待分类的方式 i，判断该考核故障的加速机组集合 G_{si}、减速机组集合 G_{ai} 和特征线路投运集合 L_i 是否和已有分类的基准方式的加速机组集合 G_{sk}、减速机组集合 G_{ak} 及特征线路投运集合 L_k 一致，即：①加速机组个数和机组名称和基准方式一致；②减速机组个数和机组名称和基准方式一致；③特征线路个数、投运方式和名称和基准方式一致。

若上述条件均满足，则转步骤(4)。

(4) 根据待分类的方式 i 与基准方式 K 之间的方式差异，以及基准方式 K 的暂态稳定裕度 η_k，利用方式差异和样本分析结果的暂态稳定裕度快速估算方法，计算待分类方式 i 的裕度 η_{i-e}。

(5) 设定暂态功角稳定裕度误差上限 $\Delta\eta$，若满足以下条件时：① $\left|\eta_{i-e}-\eta_i\right| \leqslant \Delta\eta$；② $\eta_{i-e}\times\eta_i>0$（即 η_{i-e}、η_i 均为正或均为负），则认为待分类的方式 i 与基准方式 K 可聚成同一类；

(6) 将同簇的数据各方式数据之间根据加减速机组功率和参与因子乘积的值序列的差值，找到该簇的中心点，将离中心点最近的方式作为该簇的基准方式。

(7) 将该考核故障 F_m 下同一类的运行方式进行统一编号，作为聚类后该簇的簇号，并记录该簇的基准方式。

(8)重复步骤(3)～(7)，直至基准方式不再变化或者达到最大迭代聚类次数结束。

上述根据暂态稳定量化分析得到的暂态稳定模式信息，将运行方式样本划分成若干个具有相同安全稳定模式、稳定裕度相近的运行方式簇，同一运行方式簇内的电网运行方式较为接近，并且针对同一考核故障下具有相同的暂态稳定模式，通过对电网运行方式样本的聚类，缩减了运行方式的类别，为暂态稳定评估提供了分类的数据样本，提升了分析处理的速度。

8.3.4　基于人工智能技术的在线安全稳定分析

电力系统作为复杂的高阶非线性系统，其稳定性一直面临严峻的挑战。安全稳定问题具有数学模型复杂、发展过程极快、故障危害严重的特征，而实际问题中要求安全稳定分析具有高模型精确度、高响应快速度及高预测准确度，因此，高效、精确的安全稳定分析方法对于保障系统的可靠性和减少潜在风险至关重要。基于数据驱动的机器学习方法在快速计算与评估方面具有独特的优势，近年来随着人工智能在电力系统中的应用，相关科研机构及院校探索了人工神经网络、支持向量机、深度置信网络等多种算法，部分已实际应用并取得了较多成果[21-26]。

1. 面向安全稳定快速评估的机器学习技术

基于数据的机器学习技术是在确定了描述样本所采用的特征之后，收集一定数量的已知样本，用这些样本作为训练集来训练一定的模式识别机器，使之在训练后能够对未知样本进行分类。

应用机器学习方法解决电力系统安全稳定分析问题时，一般将系统受到扰动后的各项特征量作为输入、以系统安全稳定性为输出进行建模。基于机器学习的安全稳定评估是将安全稳定评估问题当作一个模式二分类或多分类问题来处理，当仅预测系统的安全稳定性时，系统的运行状态被分为安全和不安全两类，当需要进一步评估系统的安全稳定程度时，系统的运行状态也可以被分为多种类别；通过选择一组合适的分类特征(包括静态特征和动态特征)来描述系统状态，建立一个高维的输入空间；然后，对输入数据集进行约简，并采用一种合适的分类方法构建特征空间和安全稳定状态的映射，在错误概率最小的条件下，使识别的结果与电力系统的实际情况相符，从而得到用于安全稳定评估的数学模型。

以暂态稳定评估为例，其机器学习模型如图 8.6 所示。

暂态稳定评估的机器学习模型具体包括如下几个方面。

(1)设定暂态稳定性分析的相关数据，包括暂态稳定评估的在线运行数据、故障设备、故障类型、继电保护动作时间等。

(2)通过时域仿真分析方法，提取用于暂稳评估的数据组 X，对设定场景下的故障进行计算，并用暂态稳定判据判断系统是否失稳，得到的暂态稳定的结果用变量 Y 表示。

(3)数据采集及准备，从海量数据中选择/构建与暂态稳定评估密切相关的数据构成特征空间，从时间上划分一般包括静态特征和动态特征。为了得到准确性、完整性和一

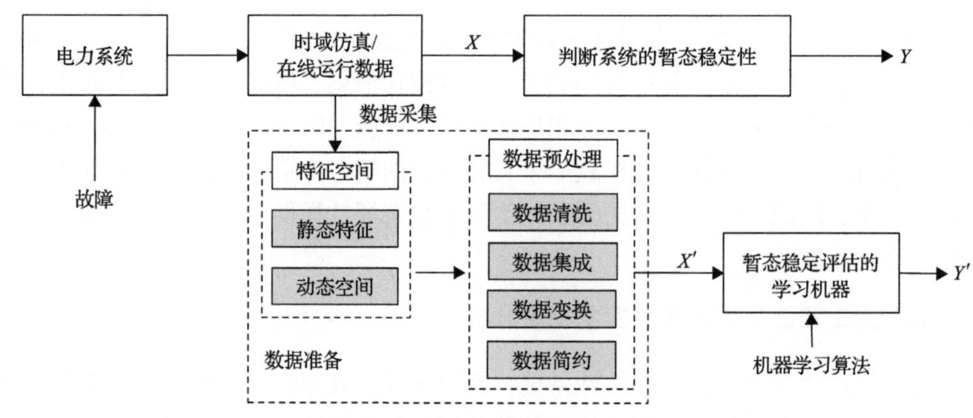

图 8.6　暂态稳定评估的机器学习模型

致性较好的数据，必须对数据进行预处理，通常包括数据清洗、数据集成、数据变换和数据约简等流程，从而得到用于机器学习的输入数据空间 X' 。

(4) 基于机器学习模型的稳定性判别，构造容量为 n 的样本集合 $\{(X1,Y1),(X2,Y2),\cdots(Xn,Yn)\}$ ，选择其中的 $k(k<n)$ 个观测来构造用于暂态稳定评估的映射 $Y=f(X)$ ，剩余的 $n-k$ 个样本用于测试学习机器的推广能力，通过机器学习算法，得出暂态稳定性的分类结果 Y' ，即稳定或不稳定。设计合理的分类模型，寻求在分类过程中复杂性与推广性之间恰当的平衡，从而提高评估模型的泛化能力，是基于机器学习的暂态稳定评估的核心工作。

基于机器学习的暂态稳定分析需要建立系统仿真模型，并在该模型上进行实验，最终得到完整性好、数据冗余性少的数据集，或者从实际电网直接采集数据。但是实际电网采集到的运行数据往往存在缺失某些重要数据、不正确或含有噪声、不一致等问题，也就是说数据的质量、准确性、完整性和一致性都很差。导致不正确的数据可能有多种原因(如数据采集装置出现故障)，需要对数据进行预处理，以提高数据质量，满足后续机器学习的需要。

随着智能电网建设的不断深入和推进，电网运行产生的数据量呈指数级增长。一方面，海量数据为基于机器学习/数据挖掘的暂态稳定评估提供了数据支持；另一方面，过多的冗余或无用数据会增加分类算法的计算复杂度，降低算法的性能。数据约简是应对这种挑战的有效途径。

基于机器学习的电力系统安全稳定评估模型建立是整个过程的核心，在这一步要确定具体的机器学习模型(算法)，并用这个模型原型训练出模型的参数，得到具体的模型形式。模型建立的流程如图 8.7 所示。

在安全稳定评估机器学习模型的建立过程中，模型的选择往往很直观。因为暂态稳定分析问题被转化为了模式分类问题(有时进行临界切除时间等具体值的预测，也可转化为回归问题)，则可选择用于分类的模型，并根据数据特征、学习经验、算法适用性等方面确定较为合适的算法。

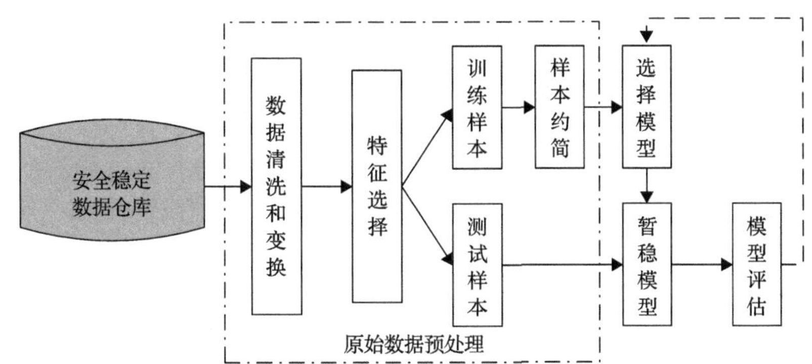

图 8.7 电力系统安全稳定评估模型建立流程

2. 综合数据因果分析与机器学习的电网安全稳定快速评估方法

大数据分析强调从大量数据中发现关联关系，但若仅仅凭借统计关系型数据，就只能回答事物间的相关关系“是什么”，无法回答“为什么”的问题[4,5]。大数据研究不应该排斥因果分析技术，大数据的统计分析与数学模型的因果分析不可能相互取代。数据量再大，数据驱动技术再发展，也不能代替基础理论研究。人类探索未知世界不仅想知道“是什么”，也想知道“为什么”[4,5]。基于 EEAC 量化分析理论，综合数据因果分析与机器学习相结合的电网安全稳定快速评估方法，实现暂态稳定性的快速量化评估，减少了纯粹机器学习盲目性。

综合数据因果分析的暂态稳定量化分析快速评估方法，获取基于 EEAC 量化分析理论的在线安全分析应用所存储的大量方式数据样本及暂态稳定详细仿真结果(或通过构造典型运行方式，并通过 EEAC 量化分析理论进行详细仿真分析得出的数据样本)，作为分析的样本集，根据暂态稳定参与因子信息，结合基于大数据机器学习方法提取的关键特征量，形成电网暂态稳定的关键特征量，进一步对运行方式样本进行聚类，将其划分成若干个具有相同安全稳定模式、稳定裕度相近的运行方式簇；计算当前实时运行方式与各聚类方式簇的距离，从而得到当前实时运行方式所属的方式簇，并分析当前实时运行方式与运行方式样本之间的差异，采用基于样本分析结果的暂态稳定裕度快速估算方法，快速估算出当前实时运行方式的暂态稳定裕度[20]。具体步骤如下。

(1) 从基于 EEAC 量化分析理论的在线安全分析应用中，获取存储的海量历史运行方式数据，以及电网运行方式下各考核故障对应的暂态稳定详细仿真结果，作为后续分析的数据样本。在初始阶段缺乏足够历史数据样本时，可结合电网运行特点，设置一定数量具有代表性的电网典型运行方式，并采用 EEAC 量化分析理论对典型运行方式进行详细暂态仿真分析，形成海量历史数据样本。

具有代表性的电网典型运行方式应覆盖夏大、夏小、冬大、冬小、检修、开环、合环等不同场景，并通过设置不同的发电和负荷水平，确保数据样本的多样性。

获取的电网运行方式数据包括母线电压幅值、母线电压相角、发电机有功无功、负荷有功无功、交流线路有功无功、变压器有功无功、直流线路有功无功、容抗器投入无功容量。

(2)基于海量历史运行方式数据和暂态稳定详细仿真结果数据，分析并选择与电网暂态稳定性影响较大的关键设备的状态变量信息，作为关键特征量。关键特征量提取分为3个部分：第一部分，基于EEAC量化分析结果，在加速群中，选择参与因子大于设定门槛值λ_{set}为的相关元件状态变量作为关键特征量；第二部分，通过基于大数据的特征选择方法，自动筛选出与电网暂态稳定性密切相关的关键特征属性；第三部分，根据人工离线分析积累的经验，指定部分设备的状态量或量测量作为电网关键特征量。求取上述三部分关键特征量的并集，并筛选其中相关性最大的前N_{key}个特征量作为对应故障的关键特征量。N_{key}根据电网规模及计算性能需求设定。设备状态变量信息包括机组出力、负荷水平、线路投停状态。

(3)考虑到实际电网运行方式具有明显的规律性和重复性，采用大数据聚类算法，按照关键特征量将海量历史运行方式聚类成为K_n个运行方式簇，同一运行方式簇内的数据具有比较接近的运行方式，并且同一考核故障下具有相同的暂态稳定模式以及接近的暂态稳定裕度。同一运行方式簇可包含多个运行方式及其分析计算结果，也可能仅包含1个运行方式及其分析计算结果。

采用基于层次聚类对电网历史运行方式聚类，将海量电网历史运行方式聚类成K_n个运行方式簇，K_n根据电网规模、运行特点及电网运行方式安排，在聚类之前提前设置。

(4)根据考核的故障，判别关键机组、关键线路的投运状态，在关键机组、关键线路的投运状态一致的基础上，计算电网当前实时运行方式与聚类的各历史运行方式簇内各运行方式之间的场景距离，判断场景距离最小的N_{num}个历史方式是否处于同一运行方式簇，认为该运行方式簇内的运行方式与当前运行方式的最为接近；否则，选取场景距离最小的历史方式所在的簇，认为该运行方式簇内的运行方式与当前运行方式的最为接近。

(5)从匹配到的历史运行方式簇，找到该簇的中心点，将离中心点最近的方式作为该簇的基准方式，根据在线方式与历史基准方式之间的关键特征量测量之间的差异，采用基于历史分析结果的暂态稳定裕度快速估算方法，估算当前电网运行方式的暂态稳定裕度。

(6)利用基于EEAC量化分析理论的在线安全分析应用，对当前实时运行方式进行详细仿真分析，精确求取当前实时方式各故障下的暂态稳定详细分析结果，包括暂态稳定裕度、分群模式、加速机群、减速机群、参与因子等信息。

(7)将当前实时方式数据及步骤(6)得到的暂态稳定仿真结果信息，加入到样本库中对应的运行方式簇。

8.3.5 大电网断面限额智能评估决策

关键输电断面传输极限(total transfer capacity，TTC)是评估电网安全情况的重要指标。为了保证电力系统安全、稳定、经济运行，调度员需要保证所有关键断面的传输功率小于TTC，并且留有一定的安全裕度。随着高比例新能源并网，以及电力市场的深入推进，电网运行方式日趋复杂多变，对TTC计算的精度和速度要求更高。电力系统是一个高维、非线性人工系统，关键断面 TTC 与电网运行状态之间存在高维、非线性相关性。考虑深度置信网络(deep belief network，DBN)学习模型在刻画非线性相关性方面的优势，采用深度置信网络拟合和估计关键断面 TTC。

深度置信网络是由一种基本的神经网络—受限的玻尔兹曼机(restricted Boltzmann machine，RBM)堆叠而成。将 RBM 作为最基础的神经网络，用它堆叠深度神经网络，用于预测关键断面的 TTC。DBN 的集中式训练过程分为以下两个。

过程 1：通过无监督学习，逐层训练 RBM。在这一过程中，浅层 RBM 提取的隐含层特征将作为深层 RBM 的输入数据，因此，由浅到深、逐层训练堆叠的 RBM，这一训练过程非常耗时。

过程 2：通过有监督学习，微调整个深度神经网络；利用带标签的样本，通过反向传播算法，自上而下进行反向微调。

针对 DBN 集中式训练存在的速度较慢，难以达到在线滚动更新要求的问题，采用分布式训练方法，将 RBM 的训练过程并行化，将这部分计算任务分配到不同的计算节点上，加速训练，其中参数服务器用于模型参数的存储和更新，N 个计算节点用于海量梯度的并行计算，提升 DBN 的训练速度。具体步骤如下。

(1)通过网络，参数服务器将模型副本发送到各个计算节点。

(2)将样本等分成 N 分，从而将训练任务分配到 N 个计算节点上。

(3)将所有计算节点上的平均参数增量发送到参数服务器上，并在参数服务器上完成参数更新。

上述分布式方法在提升训练速度的同时，存在通信开销巨大的问题，在每一次迭代周期中，所有的参数更新需要在 N 个计算节点和参数服务器之间来回传送一次，需要大量的通信开销；如果某一个计算节点工作性能较差、运算速度慢，则其他计算节点需要在每一次迭代周期中等待上述计算节点，即存在短板效应。针对上述问题，采用以下解决方案。

(1)为了缓解大量的通信开销问题，可以在 N 个计算节点和参数服务器之间建立高速通信网络。

(2)为了缓解短板效应，可以设置如下规则解决：当参数服务器接收到 N_{th}($N_{th}<N$)份来自不同计算节点的参数更新时，参数服务器开始执行全部的参数更新，不再等待。

综上，采用发电机的有功出力、机端电压等电气量作为输入特征，采用关键断面极限传输容量和当前潮流关键断面安全量化指标，利用深度置信网络深层次地挖掘各输入特征与电网断面安全量化指标的时空相关性，采用分布式的深度置信网络模型训练方法以提高速度，通过深度学习算法，快速、准确地得到输电断面极限。

8.4　输变电设备全景感知和健康诊断分析

随着电力系统规模的不断扩大，设备数量持续攀升，设备特性差异逐渐加大，管理和维护的难度也随之增加。因此，通过利用电力大数据，有效提高故障感知和运维智能化水平，成为亟须解决的问题。利用大数据技术，能够对电力系统设备进行全面分析，提高故障预测能力和故障诊断能力，有效提高运维效率，降低故障率，提高电力系统的安全性和稳定性。

近年来，电力信息化日臻完善，电力设备状态监测、生产管理、运行调度、环境气象等数据逐步实现集成共享，大数据技术为电力设备状态评估和缺陷预测提供了全新的解决思路和技术手段。同时，以深度学习为代表的人工智能技术取得飞速的进展，尤其在语义识别、语音识别、图像识别等方面的分析效率和准确度已经远超过人类专家。输变电设备全景感知在大数据分析的基础上，实现数据驱动、领域知识和人工智能的有效结合，在异常状态快速甄别、状态检测图像自动处理、故障预测等方面取得突破性的进展。

8.4.1　输变电设备全景感知和健康诊断的数据基础

本节介绍输变电设备全景感知和健康诊断的数据基础，包括数据采集方式和全景大数据平台两部分内容。

1. 数据采集

输变电设备全景感知和健康诊断的数据主要通过无人机、直升机、机器人、移动作业等多种方式进行采集。

无人机搭载了高精度的人工智能缺陷检测算法，使其在雨雪天气及强光照影响下依然能够精准完成各类缺陷数据的采集工作。无人机主要采集三方面数据：一是对线路本体设备导地线、杆塔、金具、绝缘子、基础进行日常巡视，通过可见光检测发现如塔材变形、异物、金具歪斜、绝缘子串自爆、回填土沉降等一系列缺陷；二是附属设施缺陷查找，包括防鸟设施损坏、松动、标识牌破损、各种检测装置等损坏、变形等；三是线路通道隐患监控，包括超高树竹、违章建筑、施工作业等。

直升机巡检技术是指依托性能良好的有人驾驶直升机为空中作业平台，根据电网运行工况的检查需求，搭载高清可见光摄像机、红外测温仪、紫外电晕探测仪、激光雷达等不同任务载荷，对运行状态下的输电线路本体或通道进行快速巡视、监测、预警、检修的一种技术手段。

智能巡检机器人通过对刀闸状态、开关状态、仪表读数等设备状态的监控实时感知设备当前的运行情况。机器人所采集的室外设备图像常因为环境或物体表面采光不均等原因，存在噪声大、对比度不高等缺点，巡检机器人通过数字图像处理、模式识别等技术，搭载相关人工智能识别算法，能够自动识别设备状态，完成设备刀闸的分与合、开关图像的分合指示及仪表指针读数等识别与状态数据采集工作。

随着智能运检技术的全面推广和应用，更加小型化、智能化的移动终端以及智能可穿戴设备被越来越多地应用在数据采集业务当中。移动端及相关设备与移动应用作为电力企业内部作业与外部服务的延伸，极大地拓展了各级管理人员的工作范围，也为基层班组开展现场作业提供极强的辅助支撑作用。

2. 输变电设备全景大数据平台

输变电设备全景大数据平台是在输变电领域广泛应用的大数据解决方案，旨在提升输变电设备管理和运维的效率、准确性和可靠性。

输变电设备全景大数据平台分为基础运行平台和管理平台，其中基础运行平台提供数据存储、计算、整合能力，管理工作台提供基础运行平台的配置和运行管理功能。

基础运行平台是全景大数据平台的核心组成部分，它包括基础数据源、大数据处理和大数据应用三个模块，如图 8.8 所示，在全景大数据平台中承担了数据存储、计算、整合能力等功能。基础运行平台为后续的大数据处理和应用提供了可靠的数据基础，为输变电设备的管理和运维提供了必要的支持。

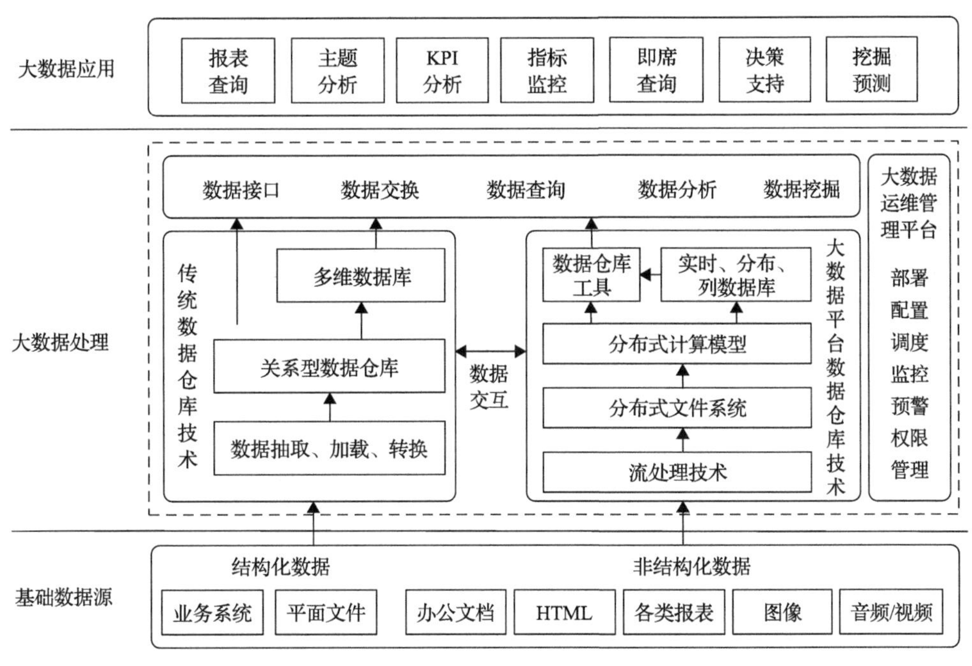

图 8.8　基础运行平台架构图

(1) 基础数据源：基础数据源用于收集和存储输变电设备相关的数据，其中包括结构化数据和非结构化数据。结构化数据是具有固定格式和组织的数据，例如传感器采集的实时电流、电压数据，设备的运行状态和告警记录等。非结构化数据则是没有明确格式和组织的数据，例如设备维护记录、设备故障报告、巡检人员的文字描述等。基础数据源的建立和管理能够确保平台具备全面、准确、实时的数据基础。

(2) 大数据处理：大数据处理涉及数据仓库技术和一些大数据运维管理平台功能。数据仓库技术用于将来自不同数据源的数据进行抽取、转换和加载，以便进行统一的数据存储和管理。

(3) 大数据应用：将大数据处理和分析的结果以图表、仪表盘等形式进行展示。通过直观的可视化界面，用户可以更加直观地理解数据的含义和趋势，便于做出决策和优化。

主要功能如下。

①报表查询：管理平台提供了报表查询功能，用户可以根据需求生成各种报表和图表，展示设备运行情况、维护记录和性能指标等信息。报表查询能够快速、直观地了解设备状态和趋势，为决策提供参考依据。

②主题分析和KPI分析：管理平台支持主题分析和KPI分析，利用数据挖掘和分析技术对设备运行数据进行深入挖掘和分析。通过这些分析，平台能够发现潜在的关联、趋势和异常情况，为用户提供更深入的洞察和理解。

③指标监控：管理平台提供指标监控功能，实时监测设备的关键指标，并生成警报以便及时采取措施。指标监控能够帮助用户及时发现设备异常和故障

④即席查询：基于全景大数据平台，用户可以进行即席查询，即根据需要即时提取和查询数据。这使用户能够以自定义的方式对数据进行灵活地探索和分析，无须预定义的报表或查询。通过即席查询功能，用户可以快速获得所需的信息，支持实时决策和问题解决。

⑤决策支持：全景大数据平台提供了强大的决策支持功能。通过数据分析、挖掘和模型建立，平台能够为用户提供深入的洞察和分析结果。这些结果可以用于辅助决策制定，帮助用户做出基于数据的决策。决策支持功能可以基于历史数据和实时数据，结合算法和模型，提供可靠的决策依据。

⑥挖掘预测：在全景大数据平台中，挖掘预测是一个重要的应用领域。通过大数据分析和机器学习技术，平台可以挖掘数据中的潜在模式、趋势和关联规律，并进行预测和预警。这可以帮助用户做出未来的决策和规划，通过提前识别潜在的问题和趋势，用户可以采取相应的行动来优化运营和维护策略。

大数据运维管理平台是全景大数据平台的另一个重要组成部分，提供部署、配置、调度、监控、预警和权限管理等功能，用于管理和维护大数据平台的运行环境和数据处理任务。

(1)部署功能：大数据运维管理平台可以帮助用户轻松地部署全景大数据平台的各个组件和模块。它提供了自动化的部署过程，包括软件安装、配置和初始化等步骤。用户只需按照指导进行简单的配置，平台将自动完成部署过程，减少了手动操作的工作量和错误风险。

(2)配置功能：允许用户对全景大数据平台进行灵活配置。用户可以根据自己的需求和环境设置各种参数和选项，例如数据存储方式、计算资源分配、数据采集频率等。配置功能使用户能够根据实际情况对平台进行优化和调整，以获得最佳性能和效果。

(3)调度功能：大数据运维管理平台提供了强大的调度功能，用于管理和调度平台中的各种任务和作业。用户可以创建和管理任务调度计划，设定作业的执行时间、频率和依赖关系等。调度功能使用户能够自动化和集中管理平台上的各种数据处理、分析和挖掘任务，提高工作效率和数据处理的准确性。

(4)监控功能：具备全面的监控功能，可实时监测全景大数据平台的各个组件和系统的状态和性能。监控功能提供了实时的指标和报告，用于评估平台的健康状况、资源利用率、数据处理速度等。通过监控功能，用户可以及时发现潜在的问题和异常情况，并

采取相应的措施进行调整和修复。

(5)预警功能：大数据运维管理平台可以设置各种预警规则和阈值，用于监测平台的各种指标和性能参数。一旦触发了预警条件，平台将自动发送通知或警报，提醒用户注意潜在的问题或风险。预警功能使用户能够及时采取行动，避免或减少可能的故障和中断，保障平台的稳定性和可靠性。

(6)权限管理功能：大数据运维管理平台提供了严格的权限管理功能，用于管理用户对平台资源和功能的访问权限。它允许管理员设置不同角色和权限级别，并控制用户的访问权限，确保平台的安全性、数据的保密性，并对用户的操作进行精确控制。

平台在安徽、山东、陕西、宁夏、新疆等地得到了广泛应用。以安徽省为例，该省于 2020 年 3 月开始在输变电设备管理和运维领域试点应用全景大数据平台，到 2022 年 12 月，已完成全景大数据平台一期、二期建设，初步构建了“一门户、两应用、六中心”的输变电全景信息体系，基本实现了输电、变电专业的数字化，在输变电全景方向初步践行了国家和国网公司提出的“产业数字化”。在试点过程中，平台以安徽省境内的输变电设备为对象，整合了结构化和非结构化数据，并利用大数据处理技术进行数据分析和挖掘预测。通过该平台，安徽省电网运营部门能够实时监控设备状态、预测故障风险，并及时采取相应的维修和优化措施。

总的来说，全景大数据平台在输变电设备管理和运维领域的应用已经取得了明显的效果。通过其数据整合、分析和预测，平台提供了全面的设备状态监控、预警和性能评估功能，帮助电网运营部门提高了设备管理和运维的效率。

8.4.2 输变电设备故障诊断技术

传统的故障诊断和风险预警主要基于运维运检人员现场查勘和经验判断，工作效率低，及时性不高，不利于快速恢复供电和电网抗灾应急决策。随着数字化技术、新型传感装备的发展，电网故障快速诊断、风险综合智能评估成为现实。

1. 故障诊断技术原理

目前常用的电网设备故障诊断方法是通过例行试验、在线监测、带电检测、诊断性试验进行综合分析判断，主要思路是融合设备的化学试验、电气试验、巡检、运行工况、台账等各种数据信息，建立故障原因和征兆间的数学关系，通过计算推导主要设备的潜伏性故障，从而开展故障诊断、定位及辅助决策。诊断方法主要包括以下几种。

1)机理-数据融合模型

机理-数据的融合模型是指将物理或工程领域的机理模型(如微分方程、仿真模型、定性机理等)与数据驱动的统计模型(如机器学习、深度学习等)相结合，以提高模型的精度、效率、可解释性和泛化能力。机理-数据的融合模型有以下几种常见的方法。

模型校准：利用统计模型为机理模型提供参数的点估计或分布估计，如卡尔曼滤波。

后期处理：利用统计模型为机理模型做残差拟合或结果修正，如利用统计方法对天气预报模型的结果进行修正。

特征提取：利用机理模型的部分结果作为统计模型的特征，如利用变压器油色谱、局放等原理作为变压器故障诊断的特征。

模型集成：利用多个机理模型和统计模型的输出进行综合分析，如在空气质量预测中，综合 WRF-CHEM、CMAQ 等机理模型和统计模型的结果。

模型替代：利用统计模型替代复杂或低效的机理模型，如利用物理神经网络替代有限元计算。

结构嵌入：利用机理模型作为深度神经网络结构的一部分，如深度拉格朗日网络、哈密尔顿神经网络等将力学系统作为先验知识嵌入深度网络中。

2) 图像识别诊断

基于图像识别的故障识别算法是指利用计算机视觉技术，从图像中提取故障特征，进行故障检测、分类或定位的算法。基于图像识别的故障识别算法有以下几种常见的方法。

基于传统图像处理的方法：利用图像预处理、特征提取、特征选择、分类器等步骤，对图像中的故障进行识别，如 K 值或其他阈值聚类算法、边缘提取检测法、小波变换等。

基于深度学习的方法：利用深度神经网络，如卷积神经网络（CNN）、循环神经网络（RNN）、自编码器（AE）等，对图像中的故障进行自动特征提取和分类，如 YOLOV5、U-Net、SSD 等。

基于图神经网络的方法：利用图神经网络（GNN），如图卷积网络（GCN）、图注意力网络（GAT）、图自编码器（GAE）等，对图结构的数据进行故障识别，如基于 GNN 的电网故障定位、基于 GNN 的输变电设备故障检测等。

3) 声纹识别算法

声纹识别算法是一种利用电力设备在运行时产生的声学和振动信号，提取其特征量，对设备的运行状态进行判别的算法。声纹识别算法可以实现对变压器、断路器等设备的在线监测和故障诊断，提高设备的运行可靠性和运维效率。输变电设备的声纹识别包括以下几个方面的内容。

声纹信号的采集和传感器的设计与选型：主要是选择合适的声音传感器，确定合理的布置方式，实现对设备运行时产生的声学和振动信号的精确获取。

声纹信号的处理和降噪：主要是利用语音智能识别算法、声源成像技术、区域增强技术等方法，将设备声纹与瞬态、持续性噪声进行分离处理，去除各类干扰，提取有效的声纹特征。

声纹信号的识别和判别：主要是利用机器学习或深度学习等方法，对声纹特征进行分类或回归，实现对设备状态的判断，诊断设备缺陷，锁定故障原因。

站内采用声纹传感单元、监测装置、监测后台方式布置，传感单元负责数据采集，监测装置实现数据处理及算法分析，监测后台实现智能感知应用，也可集中到云端的集中分析，形成一体化的场景应用体系。

4) 多参量故障诊断

输变电设备的多参量故障诊断是指利用多种物理量的传感信息，结合数学模型和人工智能技术，对输变电设备的运行状态进行分析和判断，从而发现和定位设备的故障原因和位置。输变电设备的多参量故障诊断有以下几个步骤。

收集多种物理量的传感信息：利用各种传感器，对输变电设备的电、声、光、化、热等物理量进行实时或定期的在线监测或带电检测，获取设备的运行数据。

提取设备运行特征：利用信号处理技术，如小波变换、傅里叶变换等，对设备运行数据进行滤波、降噪、分解等操作，提取设备的运行特征参数，如油中溶解气体含量、介损因数、局部放电量、温度分布等。

建立设备故障诊断模型：利用人工智能技术，如神经网络、支持向量机、遗传算法等，根据历史故障案例和专家经验，建立设备故障诊断模型，实现对设备运行特征参数的分类和识别。

融合多源信息进行故障诊断：利用信息融合技术，如证据理论、模糊逻辑等，综合考虑不同物理量的传感信息和诊断模型的输出结果，对输变电设备的故障类型、故障程度和故障位置进行综合判断和评估。

提供故障处理建议：根据故障诊断结果，结合运维策略和专家经验，为运维人员提供故障处理建议，如更换设备、加强监测、调整运行参数等。

5) 家族性缺陷分析

输变电设备的家族性缺陷分析是指对由设计、材质或工艺共性因素导致的输变电设备缺陷进行统计、识别、界定和处理的过程。输变电设备的家族性缺陷分析有以下几个步骤。

收集设备缺陷信息：利用各种信息渠道，如上级通报、制造厂通报、兄弟单位提供等，收集输变电设备的缺陷描述、试验结果、解体分析等信息，建立设备缺陷数据库。

提取设备缺陷特征：利用文本挖掘等技术，对设备缺陷描述进行分词处理，提取设备的重要缺陷特征，如设备类型、型号、制造厂家、出厂日期、安装地点、缺陷原因等。

标识同类型设备缺陷：利用神经网络等技术，对设备缺陷特征进行聚类分析，实现输变电设备同类型缺陷的标识，如将具有相同设计、材质或工艺的设备归为一类。

界定家族性缺陷：根据设备缺陷的严重程度和影响范围，将设备分为不同的管控级别，确定设备的运行风险和安全性，界定是否为家族性缺陷以及其严重程度等级。

发布家族性缺陷信息：根据家族性缺陷的情况和性质，向有关设备运行维护单位发布家族性缺陷信息，包括设备类型、家族性缺陷设备相关要素、对设备状态的影响、家族性缺陷处理意见等。

6) 智能运维

输变电设备的智能运维是指利用电力物联网、大数据、云计算、人工智能等信息技术，对输变电设备进行状态监测、风险评估、故障预测、检修决策等，实现输变电设备的无人化、智能化、信息化管理。输变电设备的智能运维有以下几个方面的内容。

状态监测：利用各种传感器和信息采集终端，对输变电设备的运行参数和环境因素进行实时在线监测，获取设备的状态数据，并通过 5G 通信等技术传输到云端平台进行存储和分析。

风险评估：利用大数据分析、专家系统等技术，对设备状态数据进行综合分析，计算设备的健康指数和故障率，将设备分为不同的管控级别，确定设备的运行风险和安全性。

故障预测：利用人工智能、神经网络等技术，对设备状态数据进行深度学习，建立设备老化机理和故障发展规律的模型，对可能发生的故障进行预测和预警，并分析判断故障类型和原因。

检修决策：利用智能优化算法，根据设备状态评估结果、故障预测结果、检修资源情况等，制订合理的检修计划和策略，并通过移动终端向运维人员推送检修任务和指导。

2. 输电设备故障诊断应用

输电设备主要包括输电线路、输电铁塔、输电电缆等。利用各种传感器采集输电设备的多维感知数据并应用上述设备故障诊断技术可用于如下故障的分析诊断。

输电线路：线路断线及短路、避雷线异常、线路覆冰、线路风偏放电、线路污闪、线路异物挂坠等故障。

输电铁塔：铁塔基础沉降、倾斜，紧固件松动，绝缘子污秽、破损，异物挂坠等。

输电电缆：电缆短路、断路，接头接触不良、接地异常、长期超负荷运行导致的绝缘老化，或者受潮导致耐压降低从而容易发生放电击穿等故障。

采用合适的故障诊断技术(联合诊断技术)，可以有效监测输电设备的运行状况，并及时发现和解决设备故障，从而提高输电设备的可靠性和安全性。

3. 变电设备故障诊断应用

变电站设备种类众多，一次设备主要包括变压器、断路器、隔离开关、电缆、避雷器、电容器、电抗器、电流互感器、电压互感器等，通过可见光图像类智能分析技术，对于设备表面污秽、破损等具有良好的效果。按照设备类型划分，应用上述设备故障诊断技术可用于如下内部故障的分析诊断。

变压器：内部局部放电、绕组内部短路、绝缘损坏、部件松动/形变、负荷过载以及漏油、油位异常等故障。

断路器/GIS、隔离开关：诊断接触不良、接头松动、机构操作异常、绝缘损坏、漏油漏气等故障。

避雷器：内部放电异常、接地线路断路/接触不良、绝缘损坏、过电压导致的内部元件损坏等故障。

电容器：内部局部放电、过压、渗漏油等故障。

电流互感器：内部绝缘材料老化/损坏、铁芯磁化、过载/短路等故障。

采用合适的故障诊断技术(联合诊断技术)，可以有效监测变电站设备的运行状况，并及时发现和解决设备故障，从而提高变电站的可靠性和安全性。

8.4.3 输变电设备风险预警技术

1. 风险预警技术原理

基于输变电设备实时、检修、试验及短期历史运行数据，利用大数据分析技术，深入挖掘主设备感知、运检、台账等信息，通过建立设备状态趋势预测和状态评估模型，精准掌控设备健康状态，实现变压器的主动预警。风险预警方法主要包括以下几种。

1)基于主设备特征量数据的趋势预测

主设备特征量数据的趋势预测技术可采用不同的方法和模型。

一种常用的方法是基于时间序列的预测，即利用输变电设备特征量数据的历史变化规律，建立数学模型，来预测未来的趋势。常见的时间序列模型有自回归移动平均模型(ARIMA)、指数平滑模型、季节性趋势模型等。这些模型需要对数据进行平稳性检验、差分、自相关分析等预处理，然后根据拟合效果和预测精度选择合适的参数。这种方法也有一些缺点，比如经过对数据进行平稳性检验、差分、自相关分析等预处理，可能会丢失一些信息；另外，该方法对异常值和缺失值敏感，可能会影响预测效果；这种方法对于复杂和多变的数据可能不够灵活和准确。

另一种常用的方法是基于神经网络的预测，即利用人工神经元的连接和权重，来模拟输变电设备特征量数据的非线性关系，从而进行预测。常见的神经网络模型有长短期记忆网络(LSTM)、卷积神经网络(CNN)、循环神经网络(RNN)等。这些模型需要对数据进行归一化、划分训练集和测试集等预处理，然后根据损失函数和优化算法进行训练和测试。这种方法的优点是可以处理高维和复杂的数据，可以自动提取数据的特征和规律，也可以适应数据的变化和噪声。但是也有一些缺点，比如需要对数据进行归一化、划分训练集和测试集等预处理，可能会引入一些误差；另外，这种方法需要大量的样本数据和计算资源来训练和测试模型，可能会导致过拟合或欠拟合；这种方法对于模型的参数选择和优化比较困难，可能会影响预测效果。

还有一种较新的方法是基于 Prophet 的预测，即利用开源的 Prophet 库来对输变电设备特征量数据进行分解和建模，从而进行预测。Prophet 可以自动处理数据中的趋势、周期性等因素，也可以添加额外的回归变量和先验知识，提高预测效果。Prophet 的使用相对简单，只需要输入时间序列数据和预测周期，就可以得到预测结果和置信区间。这种方法也有一些缺点，比如需要安装 Prophet 库和相关依赖包；对于非时间序列数据或者非正态分布的数据可能不太适用；以及模型的内部原理和机制不太透明，可能会影响结果的解释。

2)设备健康状态评估

输变电设备健康状态评估是一个有价值且有挑战性的研究领域。它可以有效提升设备精益化管理水平和设备运行的可靠性，大幅减少设备故障和电网停电事故发生，有力保障大电网安全稳定运行，为社会稳定、经济发展和民众生活安定提供坚强支撑。

输变电设备健康状态评估技术主要包括以下几个方面。

设备状态智能感知：通过安装各类在线检测装置，如红外图像、特高频局放、油色谱等，实时采集设备的温度、电流、电压、油质等多种状态参数，形成设备状态大数据。

数据集成融合：通过建立以设备为中心的统一数据模型，实现设备状态监测系统、生产管理系统、气象系统、雷电定位系统等多个业务系统的信息集成融合，打破信息孤岛，为数据分析提供坚实基础。

数据挖掘分析：通过利用分布式并行计算的电力大数据分析挖掘平台，对设备状态大数据进行多源统计分析、关联分析、聚类、分类等数据挖掘方法，发现设备状态的规律和特征。

状态评估预测：通过利用机器学习、深度学习等人工智能技术，对设备状态进行差异化评价、故障诊断、风险评估和预警等功能，实现对设备健康状况的全面把握和主动防御。

2. 输电设备风险预警应用

输变电设备风险预警技术在输电领域主要有下面一些应用场景。

输电线路、铁塔等设备破损、松动、异物挂坠、周边环境异常变化等风险评估预警；输电线路覆冰状况风险评估，对大面积冰雪灾害进行预测预警；输电线路防雷评估，实现线路各基杆塔雷击风险的差异化评估，为制定线路防雷差异化改造方案提供基础；通过不同类型气象监测设备间的有效配合，形成全要素台风监测网络，对台风进行全过程监测及对输电设备造成的影响评估；结合气象数值预报技术与电网 GIS 信息系统，利用舞动数值仿真计算和智能算法实现输电线路舞动的预测预警。

结合山火相关多源数据融合、输电线路山火评估、气象因素的影响特征实现架空输电线路通道山火预测预警；通过对输电设备污秽在线监测装置监测数据进行聚类，研究污秽变化规律、分级策略，实现不同污秽等级的快速评价；输电通道地质灾害监测预警及通道树障风险评估预警。

3. 变电设备风险预警应用

输变电设备风险预警技术在变电领域主要有下面一些应用场景。

通过对可见光图形图像的智能分析，可对变压器、开关设备、避雷器、电容器等设备表面破损、形变、锈蚀、渗漏油、异物挂坠等风险评估预警。

通过对变压器、断路器/GIS、避雷器等设备在线数据采集，包括量测数据、油色谱数据、局放数据、铁芯接地电流、全电流、阻性电流、气体压力数据、声音声纹、红外图形等，应用数据预测、状态评估、大数据分析及人工智能等技术可对设备内部的局部放电、绝缘水平、绕组内部短路、过载过压、接触不良等潜在问题进行风险评估，实现变电设备运行健康状态的预测预警。

在变电设备运维检修工作中，通过设备风险预警技术对设备运行状况进行风险评估，确定设备运行风险等级、风险范围，辅助运维检修人员制定差异化的设备检修策略，提高运检效率和预测性运维能力。

8.5　新能源功率精准预测

国务院印发的《气象高质量发展纲要(2022—2035 年)》(国发〔2022〕11 号文)[21]要求实施“气象+”赋能行动，强化电力气象灾害预报预警，做好电网安全运行和电力调度精细化气象服务，加强人工智能、大数据、量子计算与气象深度融合应用。国家能源局、科学技术部发布的《“十四五”能源领域科技创新规划》[22]提出：在新能源发电并网及主动支撑技术方面，开展新能源功率高精度预测技术研究，实现全国范围新能源长期/中期/短期/超短期一体化功率预测，预测精度达到国际先进水平。国家电网公司《“十四五”科技规划》提出：构建多时空尺度新能源功率预报体系和共享服务平台，提升新能源功率预测精度和预测建模智能化水平，降低极端误差风险。

准确的新能源功率预测不仅能够为电网调度决策提供依据，还可为风、光、水、火、储的多能互补协调控制提供支撑，是提高新能源发电消纳量的关键技术之一。因此，针对新能源发电功率预测开展研究具有重要意义，具体表现在以下三方面。

(1) 从调度计划角度，可为电网实时调度、不同时间尺度发电计划制定、区域电力系统的机组组合优化、设备检修合理安排等提供科学依据。

(2) 从运行控制角度，风电、光伏发电功率预测配合电网调度可实现新能源电力的最大程度消纳，还可为风、光、水、火、储等多种能源发电的协调控制优化运行提供技术支撑。

(3) 从新能源场站运营商角度，准确的功率预测不仅可增加场站发电小时数和容量利用率，减少预测偏差带来的经济惩罚，还能为合理安排发电单元和逆变器的维护检修提供参考，从而提高新能源场站运行的经济效益和投资回报率。

8.5.1　新能源功率预测的数据基础

新能源功率预测以气候、气象等数据为基础，结合新能源场站地理位置、地域特征和运行参数，建立预测模型和算法，实现对未来一定时间内新能源场站输出功率的预测。其中，气候是指某地区长时间尺度的大气一般状态和天气过程的综合表现，是影响风、光资源水平的重要因素。气象是指短时间尺度的大气物理现象，包括温度、湿度、风向风速、云等。用于新能源功率预测的气候和气象数据包括各类气候统计产品、历史气象数据、数值天气预报、观探测数据、卫星云图数据等。数值天气预报发展成熟、准确率高、时空尺度大，且制作过程已融入其他基础气候和气象数据，逐渐成为新能源功率预测的重要基础数据。

1. 面向新能源功率预测的数值天气预报

数值天气预报从大气初始状态出发，对支配大气运动的动力和热力模型进行时间积分，预测大气未来运行状态，是一种定量的、客观的预报。

1) 数值天气预报原理

数值天气预报需要求解的气象运动学模型遵守牛顿第二定律、质量守恒定律、热力学能量守恒定律、气体守恒定律和水汽守恒定律等。其数学表达式分别为运动方程、连续方程、热力学方程、状态方程和水汽方程等，这些构成支配大气运动的基本方程组。

由水平运动方程：

$$\left(\frac{\mathrm{d}V_h}{\mathrm{d}t}\right)_p=-\nabla_p\phi-fk\times V_h+F_h \tag{8.1}$$

静力学方程：

$$\frac{\partial\phi}{\partial p}=-\frac{RT}{p} \tag{8.2}$$

连续方程：

$$\nabla_p\cdot V_h+\frac{\partial\omega}{\partial p}=0 \tag{8.3}$$

热力学方程：

$$\left(\frac{\partial}{\partial t}+u\frac{\partial}{\partial x}+v\frac{\partial}{\partial y}\right)_p\frac{\partial\phi}{\partial p}+\frac{C_a^2}{P^2}\omega=-\frac{RQ}{c_p p} \tag{8.4}$$

和状态方程：

$$\alpha=\frac{RT}{p} \tag{8.5}$$

构成的大气运动基本方程组，即

$$\left(\frac{\mathrm{d}}{\mathrm{d}t}\right)_p=\left(\frac{\partial}{\partial t}\right)_p+u\left(\frac{\partial}{\partial x}\right)_p+v\left(\frac{\partial}{\partial y}\right)_p+\omega\frac{\partial}{\partial p} \tag{8.6}$$

以上 6 个方程以 u、v、w、ϕ、T 和 ρ 为因变量构成闭合的基本方程组，描述大气运动的各种过程及规律，是数值天气预报的基础性支撑方程。

2) 数值天气预报的全球模式及区域模式

目前，数值天气预报技术已具备成熟的、可移植的集成模型，即 NWP 模式。NWP 模式分为两种：大尺度的全球模式和中尺度的区域模式。

全球模式旨在求解全球的天气状况，一般采用谱计算方法吸收全球的气象观测数据进行同化，包括来自地面气象观测站、高空观测站、气象卫星等的数据。目前较为著名的全球模式包括美国的全球预报系统(global forecasting system，GFS)模式、欧洲的中尺度天气预报(European centre for medium-range weather forecasts，ECMWF)模式和我国自主研发的全球/区域同化和预测系统(global/regional assimilation and prediction enhanced system，GRAPES)模式等。当前全球模式的水平空间分辨率为 0.1°×0.1°～0.25°×0.25°，预报时效为 1～16 天。全球模式可为区域模式提供运行所必需的初值场和边值场。

区域模式旨在求解几百、几千公里范围的局地气象趋势，从全球模式的预报场中提取初值场和边值场进行动力降尺度，水平分辨率为几公里左右，一般采用格点差分计算方法。区域模式的预报精度与全球模式预报精度正相关，由于其分辨率较全球模式更为精细化，且能同化吸收更多局地地面气象站雷达等的观测数据，所以预报结果准确度更高，在新能源功率预测中也最为常用。目前较为著名的区域模式包括美国的天气研究和预报(weather research and forecasting，WRF)模式、跨尺度预报模式(model for prediction across scales，MPAS)等。

3)数值天气预报生产设计

数值天气预报过程关联气象数值预报工作站和功率预测工作站两个主体。气象数值预报工作站收集气象站数据、风电场或光伏场基础信息，结合 GFS 气象资料等输出特定场站的数值天气预报，并将结果通过内部数据通信网输出给功率预测工作站。功率预测工作站收到数值天气预报后，结合实时场站的资料数据输出功率预测值。

4)资料同化

以资料同化系统(ARPS data assimilation system，ADAS)为基础，通过 INTERNET 实时获取 GFS 背景场，结合本地大量实时观测资料，重建中尺度区域模式所需的初始场。基于精细化客观分析场，调试中尺度区域模式 WRF，构建风力预估数值预报系统。业务化运行后可将模式预报结果传送至后处理服务器，通过 INTERNET 向客户提供数据下载，并以页面形式展示各气象要素场景。

5)精细化释用

仅提高数值模式分辨率无法实现高时空分辨率的气象要素精细化预报。一方面，受到计算机性能的影响，数值模式分辨率不可能无限高；另一方面，过高的分辨率会放大数据和模式本身的不确定性，降低预报精度。因此，使用模式输出的数值预报产品，通过统计学或者人工智能技术清洗数据，可以得到较高分辨率的预报结果。

2. 新能源场站相关数据

新能源的输出功率不仅取决于气候、气象因素，也取决于新能源场站自身的观测数据、运行参数和业务相关数据，主要包括以下几种数据。

(1)气象监测数据：在气象方面作为数值天气预报数据的有效补充，从运行数据平台获取气象监测数据，包括用于风电预测的不同层高的风向、风速数据和用于光伏预测的辐射、温度、湿度等，时间分辨率为 15min，主要作为超短期功率预测算法的输入。

(2)历史运行数据：从运行数据平台获取新能源场站历史运行数据，包括各风电场、光伏电站历史的有功功率、理论功率、可用功率等，时间分辨率为 15min，用于进行初始功率预测模型的建立。

(3)实时运行数据：从运行数据平台获取新能源场站实时运行数据，包括各风电场、光伏电站的可用功率、理论功率、有功功率数据，风机、逆变器的有功功率及运行状态等数据。

(4)限电数据：从实时监控类应用获取限电记录，包括风电场、光伏电站的限电时间、限电量等，用于对模型进行修正。

(5)检修计划数据：获取风电场或光伏电站的检修计划、新能源场站预计开机容量，从次日 0 时 15 分起到 D+10 的预计开机容量，作为新能源功率预测的参考。

8.5.2 新能源功率预测方法

1. 新能源功率预测方法分类

新能源功率预测的方法按客观对象可分为风电功率预测和光伏功率预测。按预测时间可分为超短期预测、中长期预测等。预测流程包括建模及预测两个环节，建模环节决定模型的预测精度。以风电为例，根据预测模型，风电功率预测方法常被分为物理方法、统计方法和组合方法三类。

1) 物理方法

物理方法的预测流程如图 8.9 所示。建立符合风场气象特征信息的流体力学模型，本质是提高模型的分辨率，使之能够精确地预测某一点(如每台风电机组)的风速、风向等。建立风电场当地的中尺度或微尺度数值气象预报模型，其精度能从数十平方公里提高到 $1km^2$。基于 NWP 的物理模型预测方法，最大优势在于不需要积累大量的历史数据，因此适合新建风电场的功率预测；缺点是需要充分考虑风电场的物理和环境因素，而且 NWP 的更新频率较低，难以满足超短期预测的要求，仅适合短期及中长期预测。此外，预测结果也受 NWP 本身的预测精度影响。

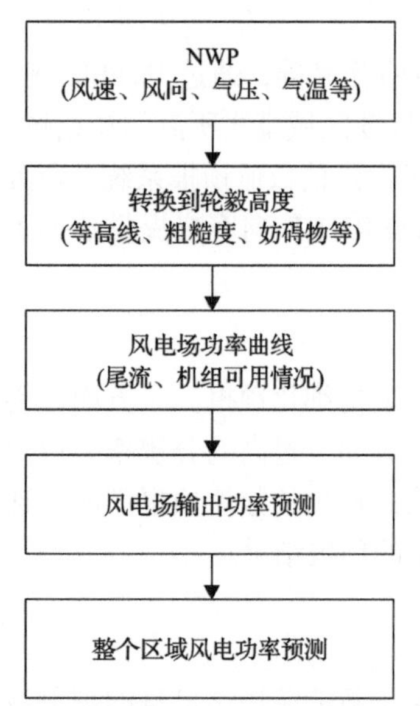

图 8.9 物理方法的预测流程框图

2) 统计方法

统计方法不考虑风速变化的物理过程，而是在 NWP、风电场历史观测数据、运行数据和风电场的输出功率之间建立映射关系。其主要流程如图 8.10 所示，通过气象局或专业气象数据服务部门得到所在地区的气象数据，作为预报初始场和侧边界条件；选择中尺度模式较精确地预测该区域的气象数据；根据历史实测数据建立气象数据与输出功率的统计模型；利用预测得到的气象数据作为统计模型的输入，计算功率输出。

目前常用的统计预测模型包括传统的统计预测模型(时间序列法、卡尔曼滤波法)和人工智能模型(人工神经网络、支持向量机)等。统计方法需要大量风机或测风塔历史观测数据训练模型，对数据的完整性和准确性有较高要求，适用于已经稳定运行一段时间的风电场。

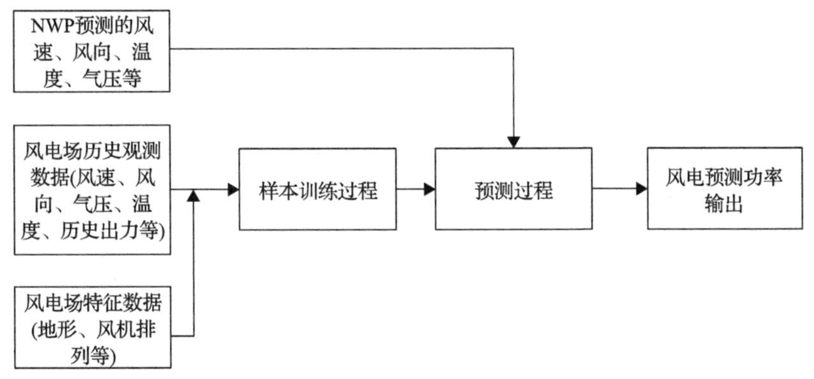

图 8.10　统计方法的预测流程框图

3) 组合方法

由于风能本身的间歇性和不确定性及预测方法本身的局限性，采用单一方法的功率预测误差较大，无法满足精度要求。因此通过组合多种预测方法，综合优势以克服单一算法的局限性，提高预测精度。

目前用到的组合思想主要有如下 4 种。

(1) 原始序列分解得到子序列，对子序列进行单独建模的组合。

(2) 对预测模型输出建立误差校正模型的组合。

(3) 使用优化算法对基本预测模型参数进行优化的组合。利用优化算法对单一预测模型参数进行优化或者利用滤波算法对单一预测模型的输入信号进行修正处理，达到组合预测效果，得到性能最优的模型。

(4) 对原始序列用数个模型进行预测，加权拟合得到预测结果。根据组合预测确定权系数的不同，将组合预测模型分为固定权系数组合预测模型和变权系数组合预测模型。根据选取方式可以分为物理方法和统计方法组合、统计方法和统计方法组合两种方式。

三种预测方法的优缺点对比分析见表 8.2。

表 8.2　三种预测方法对比分析表

预测方法	优点	缺点	适用场景
物理方法	不需要大量的历史数据	建模困难，需要对风场所处地理位置的各种条件分析研究来建立精确的物理模型	通常适用于没有历史观测数据的新建风场
统计方法	不同的风电场预测算法具有自适应性，且数据越多，数据特征覆盖越全，预测精度越高	需要大量的风机或测风塔历史观测数据去训练模型，对数据完整性和准确性有较高要求	适用于已经稳定运行一段时间的风电场
组合方法	综合利用物理方法与统计方法的优点，可提高其收敛速度，解决局部最小化等问题，有效提高预测精度和预测方法的适用性	预测权重的确定、参数的优化算法对预测精度影响较大	适用于各种风电场

2. 统计预测方法

主流新能源功率预测统计方法包括时间序列法和机器学习。时间序列法不需要大量的历史数据，建模相对简单；机器学习方法需要大量的历史数据支撑，建模复杂，但一般来说预测效果最佳。

1) 时间序列法

时间序列算法主要有 ARMA 模型、外源自回归(auto-regressive with extra inputs，ARX)算法等。时间序列预测算法适用于对预测精度要求不高、天气变化不明显的情况。

新能源功率时间序列蕴含了该序列的历史行为信息，时序数据过去的变动趋势将会连续到未来，因此通过对当前及之前有限长度的数据进行分析，建立相应的预测模型，然后利用该模型对序列未来的变化情况进行预测。

时间序列法只需单一的发电功率序列即可预测。时间序列分为 3 个模型，分别是自回归模型(auto regression，AR)、滑动平均模型(moving average，MA)和自回归—滑动平均模型(auto-regression moving average，ARMA)。

AR 模型与 MA 模型为基础“混合”构成。AR 模型描述当前值与历史值之间的关系，MA 模型描述自回归部分的误差累积。ARMA 的基本思想是：一个变量现在的取值，会受到它本身过去值的影响，也会受现在和过去各种随机因素的影响。

风速样本具有明显的季节特性，若风速序列样本时间跨度过长，必定造成模型的预测精度的降低。反之，若样本跨度时间过短，则会使样本数量减少，同样会影响模型的预测精度。

建立风速的 ARMA 模型包括数据预处理、模型定阶、参数估计和模型检验 4 个步骤。

(1) 数据预处理。依据自相关系数特征判断风速序列的平稳性。若自相关系数不能快速衰减为零，则可判断该风速序列非平稳，此时需对原序列进行差分处理直至序列平稳。

(2) 模型定阶。根据序列样本自相关系数与偏相关系数的拖尾和截尾特征初步确定 ARMA(p,q)模型的阶数 p 和 q，采用最小信息准则反复调整模型的阶数，减少定阶时间。

(3) 参数估计。估计模型的自回归参数和滑动平均参数，常用的参数估计方法有最小二乘估计、极大似然估计和矩估计等。

(4) 模型检验。若模型的残差序列为白噪声序列，则认为该模型合理，否则应重新调整模型的阶数。

2) 机器学习算法

机器学习算法具有良好的泛化能力和容错能力，广泛运用于功率预测。主要包括循环神经网络 RNN、卷积神经网络 CNN、门控循环单元(gated recurrent unit，GRU)、长短期记忆网络 LSTM、极端梯度提升算法 XGBOOST、随机森林等。

机器学习的本质是利用计算机对复杂函数进行统计估计，建立研究对象的特征与期望输出之间的映射关系，包括输入特征选择及映射模型构建两部分。基于机器学习的新能源功率预测方法，首先根据分析气象参数与功率相关性，基于主成分分析等方法选择相关性较高因素作为输入特征，随后建立输入特征与期望输出之间的机器学习模型，流程如图 8.11 所示。

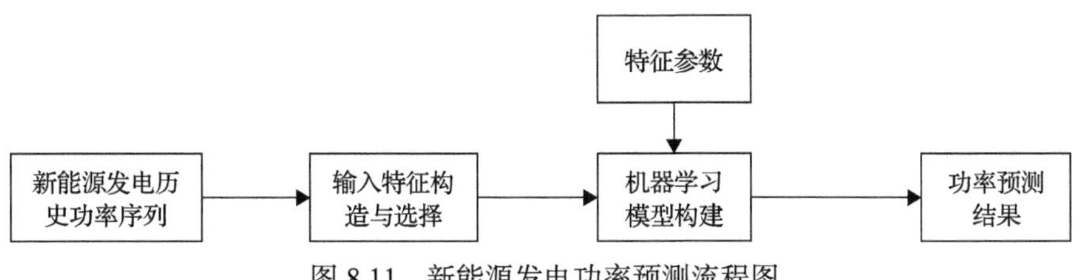

图 8.11 新能源发电功率预测流程图

(1)循环神经网络。循环神经网络(recurrent neural network，RNN)是反馈神经网络的一种，已在 NLP 领域取得了重大突破和广泛关注。相较于常规神经网络，RNN 的最大特征在于各隐藏层单元不是相互独立的。每个隐藏层单元还与其所接收时刻之前的时序输入有关，该特性对于处理与时序相关的数据有极大的帮助。每一层都在共享网络层参数，这样的训练方式大大降低了网络中需要学习的参数量，在保证精度的前提上缩短了训练时间。

RNN 不仅会学习当前时刻的信息，也会依赖之前时刻的序列信息做出结果推断。但是由于其激活函数 tanh 将所有值映射到[−1,1]的有限区间，在利用链式法则和梯度下降算法进行调优的过程中会造成梯度消失，导致 RNN 丢失序列中的长期依赖信息。

(2)长短期记忆网络。长短期记忆网络(long short term memory networks，LSTM)以 RNN 模型为原型，进一步改进缓解了其中梯度消失问题，能够捕捉较长时间内的时序信息。LSTM 和普通 RNN 相比，最主要的改进在于多出了三个门控制器：输入门(input gate)、输出门(output gate)和遗忘门(forget gate)。三个门控制器的结构相同，由 sigmoid 函数和点积操作构成。sigmoid 取值为 0 时表示没有信息能够通过，即将所有记忆全部遗忘。反之表示所有信息都能通过，完全保留这一分支的记忆。

(3)极端梯度提升算法。极端梯度提升算法(eXtreme gradient boosting，XGBoost)是 boosting 算法的一种实现方式，针对分类或回归问题效果较好。其核心思想为不断在模型中添加不同的树，通过特征分裂生长树模型，每次添加一棵树相当于学习一个新函数，以拟合上次预测的残差。训练完成得到 t 棵树后预测一个样本的分数，相当于根据该样本的特征，每棵树中会落到对应的一个叶子节点，每个叶子节点对应权重 w，最后叠加分数即是该样本的预测值。

极端梯度提升算法有如下几个优点：①极端梯度提升算法模型本质上是很多分类/回归决策树集成，将单个树模型弱分类器的结果相加得到预测值，但极端梯度提升算法模型对每棵树的预测结果使用了收缩(shrinkage)，降低了对单个树模型的依赖，提升了模型的泛化能力。②极端梯度提升算法的训练过程比循环神经网络更快，极端梯度提升算法模型的正则项可以控制树的复杂度，防止过拟合，采用列采样的方式，加速训练过程。③极端梯度提升算法对特征值有缺失的样本鲁棒性更强，能够自动学习出样本的分裂方向，内置处理缺失值的规则，并且在寻找最佳增益节点时，将所有数据放入内存计算，方便计算分裂增益时直接调用。

(4)随机森林算法。随机森林是一种统计学习理论，通过重抽样方法抽取多个样本，建立决策树，组合多棵决策树预测最终结果，其对异常值和噪声有较强的容忍度，不易出现过拟合问题。随机森林算法在光伏功率预测领域的运用较少，仅有少量研究尝试建立有差异的回归树实现光伏功率预测。在不同天气模态下光伏数据特点不同，预测适用的算法不同，因此后续的研究中可以构建多预测模型森林，针对实际情况自主选择预测结果的组合。

随机森林作为一种灵活实用的方法有以下特点：①具有较好的准确率；②能够有效地运行在大数据集上；③能够处理具有高维特征的输入样本，而且不需要降维；④能够评估各个特征在分类问题上的重要性；⑤在生成过程中，能够获取到内部生成误差的一种无偏估计；对于缺省值问题也能够获得很好的结果。

8.5.3 新能源功率预测误差特性分析

依据《风电功率预测系统功能规范》(NB/T 31046-2013)、《风电场接入电力系统技术规定》(GB/T 19963-2011)、《风电场并网性能评价方法等相关标准规范要求》(NB/T 31078-2016)，需要对新能源功率预测系统的误差进行统计分析，判定误差产生的原因，提出相应的改进措施。通过误差分析尽可能减小新能源出力预测误差，是当前研究热点之一。

风电功率预测评价指标体系的建立具有重要的实际指导意义，很多学者建立了相关的预测误差评价指标，从不同角度捕捉预测误差蕴含的信息。

1. *基于点估计法的功率预测评价指标*

目前国行标均采用均方根误差(RMSE)和平均绝对误差(MAE)对比分析各预测模型。其中均方根误差RMSE反映误差的统计学特性，用来衡量观测值同真值之间的偏差，其公式为

$$\mathrm{RMSE}=\sqrt{\frac{1}{n}\sum_{i=1}^{n}E_i^2}=\sqrt{\frac{1}{n}\sum_{i=1}^{n}\left(Y_i-\hat{Y}_i\right)^2} \tag{8.7}$$

式中，RMSE为均方根误差；E_i为第i个预测值与实际值的绝对误差；Y_i为第i个实际值；$\hat{Y}_i$为第i个预测值。

平均绝对误差MAE是一种线性分数，所有个体差异在平均值上的权重相等，用以表示预测值和观测值之间绝对误差的平均值。其公式为

$$\mathrm{MAE}=\frac{1}{n}\sum_{i=1}^{n}|E_i|=\frac{1}{n}\sum_{i=1}^{n}\left|Y_i-\hat{Y}_i\right| \tag{8.8}$$

式中，MAE为均方根误差。

还有其他的评估评价，包含绝对百分比误差APE的最大值MAX、平均绝对百分比误差MAPE、标准差SDE等。

绝对百分比误差 APE 的最大值 MAX 体现了预测误差占实际功率值的最大比重：

$$\mathrm{MAX} = \max_i \left| \frac{\hat{p}_i(t) - p(t)}{p(t)} \right| \tag{8.9}$$

平均绝对百分比误差 MAPE 反映了模型预测误差平均幅值的预测性能：

$$\mathrm{MAPE} = \frac{1}{T} \sum_{t=1}^{T} \left| \frac{\hat{p}_i(t) - p(t)}{p(t)} \right| \tag{8.10}$$

标准差 SDE 对预测数据中的极大或极小误差反应非常敏感，能很好地估计预测误差自身的离散程度。

$$\mathrm{SDE} = \sqrt{\frac{1}{T} \sum_{t=1}^{T} \left(e_i(t) - \frac{1}{T} \sum_{t=1}^{T} e_i(t) \right)^2} \tag{8.11}$$

相关性系数 r 应按照以下公式计算：

$$r = \frac{\sum_{i=1}^{n} \left[\left(P_{Mi} - \bar{P}_M \right) \cdot \left(P_{Pi} - \bar{P}_P \right) \right]}{\sqrt{\sum_{i=1}^{n} \left(P_{Mi} - \bar{P}_M \right)^2 \cdot \sum_{i=1}^{n} \left(P_{Pi} - \bar{P}_P \right)^2}} \tag{8.12}$$

式中，P_{Mi} 为 i 时刻的实际功率；P_{Pi} 为 i 时刻的预测功率；n 为样本个数。

2. 基于概率预测与区间预测等不确定度预测评价指标

对于点功率预测可使用绝对百分比误差 APE、平均绝对误差 MAE、平均绝对百分比误差 MAPE 和均方根误差 RMSE 预测误差的定量分化。

对于概率预测与区间预测，可采用 χ^2 检验(卡方检验)作为评判概率预测结果优劣标准。

$$\chi^2 = \sum_{i=1}^{k} \frac{(n_i - Np_i)^2}{Np_i} \tag{8.13}$$

χ^2 检验表示的是统计样本的模型预测值与实际观测值之间的偏离程度：卡方值越大，偏离程度越高；卡方值越小，偏离程度越低。

卡方分布有两个参数：自由度 L 和显著性水平 a。显著性水平是估计总体参数落在某一区间内，可能犯错误的概率。

检测标准：卡方分布检验是单尾检验且是右尾，右尾被作为拒绝域。通过查看检验统计量是否位于右尾的拒绝域以内，判定期望分布得出结果的可能性。

概率预测与区间预测评价指标包含区间覆盖率、区间标准化平均宽度、覆盖宽度。

区间覆盖率：

$$\mathrm{PICP}=\frac{1}{U}\sum_{i=1}^{U}A_i,\quad A_i=\begin{cases}1, & P_i\in\left[\overline{p}_i,\underline{p}_i\right]\\ 0, & P_i\notin\left[\overline{p}_i,\underline{p}_i\right]\end{cases}\tag{8.14}$$

式中，U 为预测功率点数；$i=1,2,\cdots,U$；A_i 为示性函数(在某个集合上取 1，其他地方取 0 的函数)；$\left[\overline{p}_i,\underline{p}_i\right]$ 分别为区间预测的上下边界。

当预测时刻的风电功率实际值落在预测区间内，A_i 为 1，否则取 0。PICP 在满足相同置信度水平的基础上值越大，实际风电功率落入预测区间个数越多，意味着预测效果越好。

区间标准化平均宽度：

$$\mathrm{PINAW}=\frac{1}{UR}\sum_{i=1}^{U}\left(\overline{p}_i-\underline{p}_i\right)\tag{8.15}$$

式中，R 为上下边界宽度基准值，取上下边界最大值与最小值之和平均值，$R=\left(\overline{p}_i\max-\underline{p}_i\min\right)/2$。PINAW 表示区间上下边界的宽度，值越小，区间预测越窄，意味着预测精度越高。

覆盖率 PICP 与区间标准化平均宽度 PINAW 相互制约，覆盖宽度的计算公式与检验是否覆盖的指标为

$$\mathrm{CWC}=\mathrm{PINAW}[1+\gamma(\mathrm{PICP})\mathrm{e}^{-\eta(\mathrm{PICP}-\mu)}\tag{8.16}$$

$$\gamma(\mathrm{PICP})=\begin{cases}0, & \mathrm{PICP}\geqslant\mu\\ 1, & \mathrm{PICP}<\mu\end{cases}\tag{8.17}$$

式中，η、μ 为两个控制参数，实际运用中 $\mu=1-\alpha$，η 通常取 50～100 的常数。

以上为衡量新能源功率预测效果的评价指标，针对新能源功率预测误差的统计特性分析方法及流程如下。

1) 收集风电功率实际值与预测值

风电功率的实际值为风电功率的实际出力，而风电功率的预测值由预测形式决定。当预测形式为点预测时，风电功率的预测值为风电功率的预测序列，每个时间点对应一个确定的预测值；当预测形式为区间预测时，风电功率的预测值为风电功率的上界序列与风电功率的下界序列，每个时间点对应两个值，即预测上界与预测下界；当预测形式为概率预测时，风电功率的预测值为每个时间点的概率分布函数。

2) 计算风电功率预测误差

在得到风电功率的实际值与预测值之后，即可计算风电功率的预测误差，一些指标只适用于某些特定的预测方法，如区间覆盖率只适用于区间预测。

3) 统计风电功率预测误差

基于风电功率预测误差样本进行统计，得到风电功率预测误差的概率分布函数。

4) 分析风电功率预测误差特性

得到风电功率预测误差统计结果后，对风电功率的预测误差特性进行分析。

8.5.4 新能源功率预测系统

新能源功率预测系统构建统一基础平台，实现预测仿真测试和组合预测两类应用的一体化运行。

1. 模型算法组合

1) 适应多种地形地貌气候特征模型算法

基于海量区域数据挖掘并分析地形地貌及气候特征对新能源功率预测的影响规律，设计具有良好适应性的区域级新能源预测方法，形成可复用、可校验、易推广的区域新能源精确化预测模型库。

2) 区域协同模型算法

针对新能源场站新并网或陆续并网场景下历史数据不足、局部区域预测精度低等问题，发挥协同预测及海量多元数据综合利用优势，全面梳理阻碍提升新能源预测精度关键要素，建立“网省地场”一体化联动机制。结合多任务学习、空间关联规则挖掘、迁移学习等技术，研究“网省地场”预测信息交互方式、在线反馈校正技术及点对点局部信息共享技术，通过全局有用信息提取反哺和高价值信息邻域共享提升整体预测精度。基于海量多元数据，以及“网省地场”一体化联动影响实现功率预测区域协同模型算法。

3) 极端天气预测修正算法

极端天气对新能源设备运行状态影响剧烈，为提高预测的准确性，统计所有影响新能源出力的典型场景，借助小样本学习机制挖掘极端天气的演变过程，分析新能源功率变化规律，识别关键特征。结合极端天气下新能源预测数据标注方法及启动条件，切换新能源预测模型算法。采用数据增强、代价敏感学习、主动学习等方法，在小样本数据条件下建立新能源功率预测模型；确定相似日偏差关联特性，进行定制化修正，提升模型泛化性能。

4) 多算法组合预测模型

以多算法模型的评价分析为核心，基于模型融合的多算法新能源功率组合预测方法，通过对多预测子应用模型开展多误差分析标准、权重自适应等综合分析，筛选出当前业务场景下的最佳预测模型组合，堆叠融合模型得出组合预测结果。

2. 数据输出

新能源功率预测系统输出数据主要包括以下几个方面。

(1)场站功率预测数据：场站未来 15min～4h、次日 0:15～D+10 的功率预测值，数据包括起报时间、预测时间和预测功率，时间分辨率为 15min，作为单场站超短期、短期发电计划的参考数据。

(2)场站日电量预测数据：场站次日开始～D+10 每日的日电量预测值，数据包括起报时间、预测时间和预测电量，时间分辨率为日，主要用作场站发电量预估。

(3)集群功率预测数据：集群未来 15min～4h、次日 0:15～D+10 的功率预测值，数据包括起报时间、预测时间和预测功率，时间分辨率为 15min，主要作为调度超短期、短期发电计划的参考数据。

(4)集群日电量预测数据：集群次日开始～D+10 每日的日电量预测值，数据包括起报时间、预测时间和预测电量，时间分辨率为日，主要作为调度下辖所有电站的发电量预估。

3. 新能源功率预测系统功能

新能源功率预测主要包括数据采集、短期组合功率预测、超短期组合功率预测、长期电量预测、新能源概率预测、评价分析、结果发布和人机界面八个模块。

数据采集是功率预测的基础，采集的数据包括测风塔/光伏电站环境监测仪的实时气象数据、数值天气预报数据以及风电场/光伏电站运行数据。气象数据的实时采集是实现超短期功率预测的关键，同时也是为短期预测中数值天气预报提供数据校订和模型调参的重要数据源。风机运行状态、风机单机实时出力、光伏组件实时出力、组件温度等也是短期和超短期功率预测模块的重要输入数据。

根据新能源功率组合预测应用的输入数据需求制定数据指标要求，各个风电场/光伏电站据此要求采集相关数据并传至电网端，预测系统具有数据采集功能模块和数值天气预报获取解析模块，将各风电场/光伏电站运行数据、实时气象数据和气象部门提供的数值预报数据接入预测数据库，为风电/光伏功率预测提供数据。

短期功率预测模块能够对接入系统的所有风电场/光伏电站次日 0:15～D+10 的输出功率情况进行预测，每天可预测两次，预测时间分辨率为 15min，支持输出多达未来 72h 的功率预测结果，预测结果将为电网次日调度计划的制定提供参考。

短期功率预测模块采用数值天气预报模式对风电场/光伏电站区域进行风力/辐照度预测，在现有精细化数值预报模式分辨率的基础上，对关注的电站区域进行同步加密计算，可得到指定位置(风机/光伏组件样本点、测风塔、光伏电站环境监测仪)的准确气象要素预报值，从而得出未来 0～240h 风力/辐照度预测结果。将风力/辐照度预测的结果输入功率预测模型中，获得风电场/光伏电站全场输出功率预测的结果。

超短期功率预测模块能够通过输入测风塔/光伏电站环境监测仪的实时气象数据和风电场/光伏电站运行数据，将其输入预测风速、风向、辐照度、组件温度的预测模型，经过模型计算实现对接入系统的所有风电场/光伏电站未来 0～4h 的输出功率情况进行预测，预测时间分辨率为 15min，且每 15min 滚动循环预测，以保证预测结果的实时性。

长期电量预测主要实现风电、光伏的年、季、月电量预测，一般基于气象资源和电网拓扑的风电场、光伏电站、省级区域为预测对象；一般支持集群的年度、季度和月度的电量预测，时间分辨率为月度，运行模式一般为滚动方式对次月开始至未来 12 个月的风电、光伏月电量进行预测，每月上旬执行一次预测。

新能源概率预测是以大量历史运行数据为基础，通过对历史预测误差的挖掘分析，建立在数学上可描述的概率分布模型，基于确定性预测结果，给出不同概率下可能出现的误差范围的估计。主要包括新能源场站和区域的短期和超短期概率估计，可以对风电场和区域的进行短期、超短期概率预测，并能给出未来一段时间内不同置信度下置信区间的预测，概率预测长度应与功率预测长度保持一致，区域概率预测的目的为消除不同场站间预测误差相关性的影响，因此不应由单场站置信区间直接累加得到，同时一般提供对不同置信区间结果进行分类统计功能。

统计模块支持离线和在线计算两种方式的生成历史功率、历史测风数据、历史辐射数据、数值天气预报以及风速、风向、辐照度的频率分布和不同时间尺度的变化率的统计结果。能够统计发电量、有效发电时间、最大出力及发生时间、同时率、利用小时数和平均负荷率等新能源电站运行参数。一般支持统计置信度误差范围，定时自动生成报表，自动生成文本上传。同时，系统一般可通过基础平台总线、消息、E 文本文件服务等方式进行涵盖短期、超短期功率预测、中长期电量结果发布。

新能源功率预测系统一般需要提供下述人机交互界面：各个测风塔/光伏电站环境监测仪采集的各气象要素（气温、湿度、气压、雨量、风速风向、直接辐射、全辐射、散射辐射等）和功率的实测、预测值；风电场/光伏电站气象实时/历史信息，包括实测和预测的气温、气温曲线、风速风向数据表格、湿度、气压、雨量数据表格、辐照度数据表格；风电场/光伏电站出力实时/历史信息，包括全站实时有功曲线、日前预测出力曲线、风速与出力对比曲线、实际出力历史数据查询、预测出力历史数据查询；气象统计专业图表一般包含风向/风速玫瑰图、风速日分布曲线、辐射日分布曲线；误差统计结果分析，一般包含风力预测误差统计、辐照度预测误差分析、出力预测误差统计分析、风速与出力/辐照度与出力相关性分析；同时系统能够根据实际使用需求进行不同权限的用户进行配置，使用不同用户登录可展现所针对配置的人机界面，通过上述权限管理，可以实现管理员手工置数，包括手工修改功率预测结果、手工填报限电计划、电站管理员手工填报次日开机容量、手工设置异常数值的极值；系统运行状态监视页面可以自动输出数据提取异常、模型计算异常、画面控制异常等日志信息。

4. 新能源功率预测精度提升应用案例

1）案例 1：西北某省调新能源功率预测系统

2023 年一季度，该省调累计接入新能源场站 558 座 4134 万 kW，雨雪冰冻、沙尘等极端天气下新能源预测准确率较低，影响电力平衡和新能源市场交易。在新能源预测主站增加极端天气新能源预测模型，基于全球气象数值预报源、风光场站实测数据和气象观测源等数据集合，分别通过多种空间降尺度与时间降尺度算法，实现多源数据融合，有效提高数值预报时空分辨率，满足新能源场站功率预测气象数据源要求。在历史预报数据与观测融合数据集基础上，构建自适应误差订正模块，通过训练预报累积频率分布对观测累积频率分布的映射关系，订正气象预报系统性偏差，基于历史极端天气数据，结合 GAN 等数据增强算法，实现极端天气样本生成；建立 XGBOOST/LSTM 等多种预测算法组合预测策略，突破单一算法在自身结构上的局限性。利用事中场站回传数据及实时功率数据，实现极端天气事中功率预测滚动更新。测试结果显示，一季度极端天气新能源预测日前准确率达 92.4%，相比传统预测模式提高 5 个百分点。

2) 案例 2：东部某地调新能源功率预测系统

该地区包括 10kV 集中上网的光伏厂站、380V 营销分布式光伏。10kV 光伏基于系统直接采集的量测数据进行光伏场站的光伏出力预测，380V 营销分布式光伏基于 15min 用采数据进行预测。根据主配协同拓扑关系，向上聚合形成不同厂站、不同电压等级、不同区域、上网路径的拓扑，以数值天气预报为支撑，开展新能源发电功率预测，形成集中式场站单独预测、分布式按照区域汇集的短期、超短期功率预测功能，针对分布式新能源快速发展，新能源感知需求不断增大，新能源调控难度不断提升等问题，从集中式新能源扩展至分布式新能源，结合大数据挖掘、人工智能技术建设高精度、智能化新能源预测应用，提升新能源预测准确率，为母线负荷预测等高级应用提供决策参考。基于 GIS 平台与钻取交互技术实现新能源发电信息、负荷信息、气象信息的汇集展示，构建新能源全景运行监视应用，提升新能源运行“可观”水平。基于主配一体实现新能源基础模型、运行数据、调控能力的层次化聚合，为分布式新能源群调群控提供技术手段，提升新能源消纳水平供母线负荷预测等应用使用，做到了分级预测、全局共享，有效支撑省地建立统一规范的预测评价体系，提升了电网对新能源大规模接入的适应性。

8.6 新能源云

新能源云顺应能源革命与数字革命相融并进的趋势，充分考虑我国资源禀赋特点、电网枢纽平台作用、负荷分布特性，将新一代信息技术与新能源全价值链、全产业链、全生态圈的业务深度融合，突出服务国家能源安全战略、服务能源转型、服务绿色发展与碳中和、服务构建新型电力系统、服务新型能源体系规划建设、服务广大客户，建立“横向协同、纵向贯通”和“全环节、全贯通、全覆盖、全生态、全场景”的新能源开放服务体系。

8.6.1 新能源云概述

新能源云以用户需求为导向，按照系统思维方法和 PDCA 全面质量管理理念，充分考虑了实用性、经济性和用户应用的便捷性，在充分调研的基础上研究设计了环境承载、资源分布、规划计划、厂商用户、电源企业、电网服务、用电客户、电价补贴、供需预测、储能服务、消纳计算、技术咨询、法规政策、辅助决策、碳中和支撑服务等 15 个功能子平台，涵盖源—网—荷—储各环节和上下游全产业链，搭建聚合政府、行业智库、设备厂商、发电企业、电网企业、用能企业、科研院所、金融机构、交易机构、广大用户的新能源生态圈，形成“共创、共建、共享”价值创造体系。

1. 全景规划布局和建站选址

初步建立了全国范围的风能太阳能、生态红线、地形地貌、土地利用等资源数据库，以及未来3天电力气象预报信息，通过聚合高分辨网格化全时空风力风速、太阳能辐射、天气预报等数据，以及亚米级高分高景卫星影像、土地类型、地形地貌等空间资源数据，一方面可为新能源出力预测奠定基础；另一方面辅助开展不同地区风光资源开发潜力研究，提出开发规模和布局的建议，可为政府部门编制新能源规划提供参考依据，为新能源发电企业提供建站选址参考。

2. 运行监测和信息资讯服务

一方面基于全部场站接入平台，为能源主管部门和发电企业提供新能源发展与消纳、保障性收购、消纳责任权重、场站出力等信息，另一方面汇集政策技术信息，包括1995年以来法规政策和新技术资讯，提供政策图解、政策播报、行业动态、政策检索、技术论坛等服务。可为国家相关部门及时掌握可再生能源法执行情况提供决策参考，为社会大众提供信息资讯服务。

3. 全域新能源消纳协同计算与发布

依托平台将原来各省公司专业人员线下分别计算本区域新能源消纳能力改变为云端协同计算，实现线上新能源消纳能力及时滚动计算和评估，预测年度及中长期新能源利用率、新增消纳空间等指标，大幅提升了消纳计算的精度和效率。计算结果经能源主管部门授权后对社会公布，支撑政府确定年度建设规模，服务发电企业合理布局新能源建设项目。

4. 全流程一站式线上电源接网服务

广大电源客户通过新能源云外网PC或手机App即可办理接网业务，还可在线实时查询项目接网业务流程进度，实现“业务网上办、进度线上查”。为落实《电网公平开放监管办法》，新能源云服务电源类型由初期的新能源升级扩展到包含电化学储能、机械储能、氢能、水电、核电等新型储能和全口径电源，实现接网业务公开透明线上办理，提高了服务质效，一方面为能源主管部门及时掌握电源接入情况提供全面准确的信息，另一方面支撑电源项目高效便捷接网，特别是疫情期间“不见面”办理业务，消除了疫情对新能源行业的严重影响，保护了新能源产业链供应链的健康发展。

5. 全面支撑补贴项目在线申报审核

按照相关要求，为可再生能源补贴项目提供线上申报、审核、变更、公示、公布等一站式服务，方便电源用户、电网企业、能源主管部门线上申报和审核，业务办理公开透明、便捷高效，加快补贴项目确权，及时纳入国家可再生能源补贴目录清单，化解了一大批新能源制造企业和大量新能源投资企业因补贴拖欠而面临资金链断裂的困难，为避免行业金融风险作出了重要贡献。

6. 创新服务国家能源监管工作

为支撑能源监管部门落实“电网公平开放监管办法”相关要求和开展能源监管业务，在华北能监局的统一指导下，上线基于新能源云的华北区域能源监管平台，可以有效支撑华北能源监管局线上开展新能源规划计划、开发建设、并网管理、运行管理等监管工作，提升能源监管质效，服务新能源高质量发展。

7. 试点新能源云碳中和支撑服务

设计形成“碳公信、碳价值、碳研究、碳生态”四大应用体系，推出了碳金融、碳普惠、碳存证、碳实测等应用场景。2021 年上线基于新能源云的浙江工业碳平台，服务政府碳管理和企业节能降碳，为企业累计争取绿色金融贷款 132 亿元。建成新能源云浙江湖州碳中和支撑服务平台，为政府和企业提供云上碳管理，实施“碳效+能效”、绿色工厂、绿电交易、碳普惠等服务，首创基于分布式光伏和户用光伏参与交易的区域碳普惠机制，形成服务省市县级政府、各类企业和个人的双碳平台建设典型示范。

新能源云的主要功能中供需预测和消纳计算两个场景是能源大数据在新能源云的典型应用，以下将以此场景为例，从功能原理、计算方式、功能应用等方面拆解新能源云在电力供需与消纳方面对能源大数据的利用。

8.6.2 新能源云供需预测

1. 功能介绍

电力供需分析预测是政府部门开展经济运行调节、能源安全监管、能源发展规划的基础，也是支撑国网公司开展“双碳”政策模拟、电网规划编制、电力安全保供、电力市场分析预测等业务的重要工作。在新能源云平台系统框架内，集成环境承载力、资源分布、储能、新技术、政策研究等子平台，基于用户级别大数据，建设新形势下经济—能源—电力—环境分析预测模型体系，适应各级政府和公司总部、分部、省公司、地市公司、县公司对超短期、短期、月、年度、中长期能源电力供需分析预测的需要，提高能源电力供需分析预测水平，为规划计划、消纳能力计算等其他子平台提供信息，为落实碳达峰碳中和等战略目标提供有力支撑。电力供需分析预测主要包含用电量预测、最大负荷预测、电力供应预测、电力电量平衡分析等 5 大模块近 20 个模型，构成了电力供需分析预测体系。

2. 功能原理

1) 用电量预测

用电量预测包含趋势外推法、单耗法、人均用电量法等多种预测方式，根据具体场景选用不同的预测方法。

(1)趋势外推法。趋势外推法(trend extrapolation)是根据过去和现在的发展趋势推断未来的一类方法的总称，广泛应用于电力、经济和能源的预测，其基本假设是未来系过去和现在连续发展的结果。

(2)单耗法。单耗法是根据第一、二、三产业每单位用电量创造的经济价值，从预测经济指标推算用电需求量，加上居民生活用电量，构成全社会用电量。预测时，通过对过去的单位产值耗电量进行统计分析，并结合产业结构调整，找出一定的规律，预测规划期的一、二、三产业的综合单耗，然后按国民经济和社会发展规划的指标，按单耗进行预测。单耗法需要做大量细致的统计、分析工作，近期预测效果较佳。但在市场经济条件下，未来的产业单耗和经济发展指标都具有不确定性，对于中远期预测的准确性难以确定。

产值单耗法一般根据历史统计数据，在分析影响产值单耗的诸因素的变化趋势基础上确定单耗指标，然后依据国民经济和社会发展规划指标预测电力需求。通过对过去单位增加值电耗的统计分析，结合国民经济和社会发展规划的指标，预测需电量。

(3)人均用电量法。人均用电量法适用于全社会用电量的预测，它是一个反映电力消费水平的综合能耗指标。具体步骤如下。

①预测常住人口。

②基于人均用电量历史数据，采用线性回归拟合、国际比较法或类比法等方法，预测人均用电量。

③将人口、人均用电量相乘，预测全社会用电量。

(4)部门分析法。通过三大产业或细分行业的增加值、产值电耗等变量，来预测未来全社会用电量情况。通过分析单位产值耗电量的历史数据，预测三大产业的综合单耗，进而预测全社会用电量。

(5)气象负荷分析模型。首先，基于电网的负荷数据选取春、夏、秋、冬的典型负荷日；其次，使用夏季典型负荷日(冬季典型负荷日)曲线减去春、秋季典型负荷日曲线的代数平均值即可得到。为了分析代表性行业每日用电情况，一般需要典型日的选择，典型负荷日的选取有多种方法：①各季度(春季为3～5月、夏季为6～8月、秋季为9～11月、冬季为12月和次年1～2月)典型日选择方法为：选取各季节第二个月份第三周的第三个工作日作为典型日。②基础负荷曲线为春季典型日(4月15日～5月15日)负荷曲线与秋季典型日(9月15日～10月15日)负荷曲线的平均值。夏季、冬季典型日分别为7月15日～8月15日、次年1月15日～2月15日负荷曲线的平均值。

(6)基于支持向量机的方法。支持向量机(support vector machine，SVM)在解决小样本、非线性及高维模式识别中表现出许多特有的优势，能够在有限样本情况下，求得全局最优解，且将算法复杂度保持在一个合适的范围内，并能够推广应用到函数拟合等其他机器学习问题中。SVM也可应用于电力需求预测。

为了提高预测的精度，可以利用相关性分析法定性、定量得到电力需求的最大影响因素。将历史电力需求数据及最大影响因素数据作为输入，将电力需求数据作为输出，完成对模型的训练、调参和验证，最后得到待预测时段的用电量和用电负荷数据。

(7)基于 BP 神经网络的方法。误差反向传播神经网络简称为 BP(back-propagation)网络，是一种具有三层或三层以上的多层神经网络，每一层都由若干个神经元组成。

BP 神经网络是一种多层前馈网络，可以进行学习和存储输入输出映射关系，不需要建立数学方程式。能通过对输入的样本数据的学习训练，获得隐藏在数据内部的规律，并利用学习到的规律来预测未来的数据。

(8)基于卷积神经网络的方法。一般的卷积神经网络 CNN 网络包含 1~3 个特征提取层，每个特征提取层由一个卷积层和一个池化层组成，二者结合通过“卷积——池化”的交替操作来对数据特征提取，该网络复合多个卷积层和池化层，最后经全连接层输出结果。

卷积层中有多个特征映射，根据从输入层获得的数据，通过每一个卷积核在所有数据上的重复滑动得到多组输出数据，同一卷积核对应的权值和阈值相同，将所得的多组数据经过非线性变换输出给池化层。池化层根据事先设定好的范围对数据进行聚合统计，即用平均值或最大值代替该范围内的数值来达到降维的效果，将数据经全连接层输出结果。

(9)组合预测方法。根据所确定的预测内容，考虑本地区实际情况和资料的可利用程度，选择适当的预测模型或者建立新模型。如果可供选择的模型有多个，则需要适当判断，进行取舍。①按所选择或建立的模型，用数学、统计学、计量经济学等方法对实际数据进行预处理。②利用统计学、计量经济学方法对模型进行检验评价，判断是否合适。如果不合适，则舍弃该模型，更换另外的预测模型。③选择多种预测模型进行预测后，对预测结果进行比较和综合分析，判断各模型预测结果的优劣程度，进行综合预测。可根据预测人员的经验和常识，对结果进行适当修正，得到最终预测结果。④电力负荷预测工作完成后，当出现明显影响预测结果的重大因素时，要及时进行调整修正。

2) 最大负荷预测

最大负荷预测采用最大负荷利用小时数法，根据年用电量和最大负荷小时数来计算年最大负荷。首先基于最大负荷利用小时数历史变化规律，预测最大负荷利用小时数，在此基础上通过已有用电量预测数据和最大负荷利用小时数，得到最大负荷。

3) 8760 负荷曲线预测

采用行业 8760 负荷曲线合成模型，用来预测年 8760 负荷曲线。思路是分别预测三次产业和居民生活用电 8760 负荷曲线，叠加后得到预测年电网 8760 负荷曲线。

各省级电网按照“微观用户典型日负荷曲线→行业典型日负荷曲线→产业典型日负荷曲线→产业 8760 曲线→电网 8760 曲线”的思路进行预测。首先根据基准年微观用户典型日负荷曲线，推算各细分行业典型日负荷曲线，叠加后得到三次产业和居民生活典型日负荷曲线。根据典型日各时刻三次产业和居民生活用电的负荷比例和各月用电量，得到基准年三次产业和居民生活 8760 负荷曲线。进一步，考虑产业结构调整、气温等因素，研判预测年三次产业和居民生活 8760 负荷曲线，叠加后为预测年省级电网 8760 负荷曲线。

叠加区域内各省级电网预测年 8760 负荷曲线，得到区域电网预测年电网 8760 负荷曲线。再对各区域进行叠加，得到预测年全网 8760 负荷曲线。

在省级电网 8760 负荷曲线上分别叠加预测的需求响应曲线以及分布式电源出力曲线，就得出了考虑需求响应和分布式电源因素后的 8760 负荷曲线。

具体地，省级三次产业和居民生活用电负荷曲线的预测方法包含以下步骤。

第 1 步：选择基准年并根据已有的基准年各季典型日三次产业和居民生活用电负荷曲线，假定基准年各季日内每个时刻三次产业和居民生活用电占比都与该季典型日对应时刻的用电占比一致，由基准年电网 8760 负荷曲线，就初步得到了基准年三次产业和居民生活用电 8760 负荷曲线。根据基准年各月三次产业和居民生活用电量的比例关系，逐月对三次产业和居民生活用电负荷曲线进行适当修改，就可得到基准年比较合理的三次产业和居民生活用电 8760 负荷曲线。

第 2 步：统计近三年来三次产业和居民生活的各月用电量在全年用电量的平均比重，并将该比重作为预测年三次产业和居民生活的各月用电量相对于全年用电量的比重。按照这一比重，再由通过组合预测法得到的预测年三次产业和居民生活年用电量，计算预测年三次产业和居民生活的各月用电量。

第 3 步：根据预测年三次产业和居民生活各月用电量与基准年各月用电量的比例关系，将基准年三次产业和居民生活用电 8760 负荷曲线逐月进行放大，就可得到预测年三次产业和居民生活用电 8760 负荷曲线，叠加后得到预测年全网 8760 负荷曲线。

4）电力供应预测

电力供应预测对全国及各地区电力供应能力进行分析和预测，包括装机总量、结构等指标的变化趋势，根据上年度总装机规模、本年度新增装机、本年度退役装机等预测未来总装机。

电力供应的预测思路为：基于某一年的期末装机，考虑能源战略、经济发展、电力需求、供需形势等情况，从装机总量、装机结构及分布等方面构建电力供应预测模型。期末装机容量预测模型利用上期期末装机加上本期新增装机容量和本期退役装机容量，分别计算出本期水电、火电、核电、风电等的期末装机容量；模型可以将月度数据汇总为年度数据；模型可以计算各地区的期末装机容量；模型可以同时计算统调期末装机容量和全口径期末装机容量。

输入数据为：①某年期末装机容量（水、火、核、风、太阳能及其他类型机组）；②退役容量（水、火、核、风、太阳能以及其他类型机组）；③新增容量（水、火、核、风、太阳能以及其他类型机组）。

输出数据为：未来期末水、火、核、风、太阳能及其他类型机组装机容量。

5）电力供需平衡预测

电力供需平衡分析根据全年各月的电力电量供应能力和需求预测，计算电力电量的盈亏程度。通过综合装机、发电、负荷预测、电量预测等多种因素，计算出全国各地区实际备用率，从而得出该地区电力电量平衡情况。

选取年初（水、火、核、其他）装机容量、逐月新增（水、火、核、其他）装机容量、逐月退役容量、逐月检修容量、逐月受阻容量、送入、送出电力、备用率；逐月最大用电负荷、逐月需电量或年需电量与最近两年的月度用电量、水电发电量、输入输出电量等，来计算全国及各地区实际备用率、火电发电设备利用小时数，并用地图来表示出来，如图 8.12 所示。

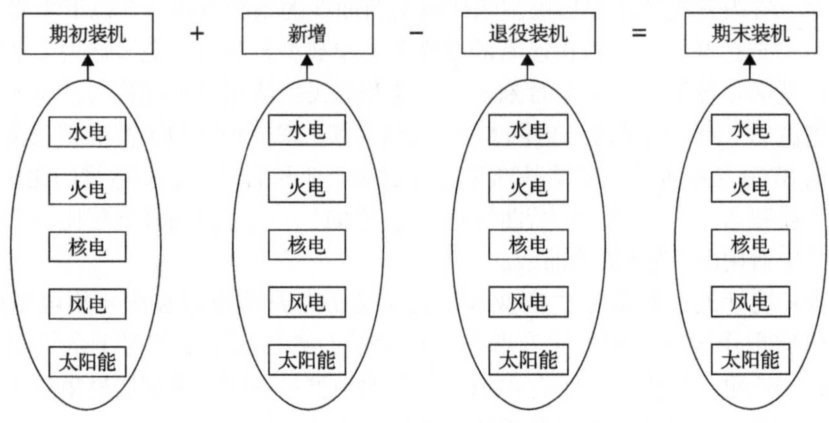

图 8.12　电力供应预测思路

输入数据为：①期初统调装机容量(水电、火电、核电、风电、光伏、其他)、本月新增统调装机容量(水电、火电、核电、风电、光伏、其他)、本月退役统调装机容量(水电、火电、核电、风电、光伏、其他)；②分月检修容量(水电、火电、核电、风电、光伏、其他)；③受阻容量(水电、火电、核电、风电、光伏、其他)、电网原因造成的窝电容量、电煤原因造成的缺煤停机容量、煤质差原因造成的降出力容量；④未核准容量；⑤输入电力、输出电力；⑥备用率；⑦最大需求负荷；⑧统调可发电量、输入电量、输出电量、统调用电量需求。

输出数据为：电力电量平衡表。电力电量平衡表的主要结果性指标为电力备用率(实际备用率)、电量余缺程度及电力供需形势判断。

3. 应用成效

(1) 提升国网相关省市电力公司电力供需分析预测能力。新能源云供需预测功能上线以来，通过在国网冀北、山东电力公司试点应用，充分验证了平台已上线的 12 项电力需求预测算法准确性，其中采用单耗法、人均电量法、最大负荷利用小时数法等 6 项常规算法的预测准确率达到 94%以上，采用人工智能算法预测准确率均达到 95%以上，证明各项算法对地市县区域电力供需预测有很好的适用性，具备进一步推广应用条件。

(2) 高效支撑国网公司战略规划计划制定和生产运营工作。中长期分析预测为研判中国特色社会主义新时代背景下宏观经济与能源供需格局变化趋势，提高决策的科学性、合理性。月度、年度分析预测为科学制定电网与企业发展规划、生产经营计划、市场营销策略等提供了有力支撑，推动精准投资和精益管理。

(3) 更好地服务国家和地方政府相关政策制定。满足国家有关部门政务数智化需求，准确、及时把握经济形势，科学制定经济政策、实施宏观调控，展望中国能源供需形势、研究制定能源发展战略规划，为推动能源电力行业低碳转型提供了支撑；为地方政府开展大气污染防治、水资源治理，制定区域性经济政策、能源政策提供了支撑。

8.6.3 新能源云消纳计算

1. 功能介绍

大力发展可再生能源，加快能源清洁低碳转型，是实现全人类社会可持续发展的必经之路。在碳达峰碳中和目标倒逼约束下，我国风电、太阳能发电等新能源将迎来跨越式发展机遇，然而，大规模新能源发展面临着消纳难题。新能源消纳问题的出现根本上取决于风电、光伏发电出力的间歇性、波动性和不确定性。电力系统发、供、用同时完成的特性，决定了间歇波动的新能源出力需由系统统一调节：常规电源出力跟踪负荷变化，维系系统动态平衡，系统调节能力不足时将导致弃风弃光。在新能源规模较小阶段(装机占比小、电量占比小)，消纳基本不成为问题，通过常规机组的调节能力即可实现全额消纳。随着新能源装机规模不断扩大，新能源出力高度不确定性需要电力系统提供足够的灵活调节能力，实现尽量跟随新能源出力波动与负荷波动的双重变化，同时，新能源自身也可以通过储能可以作为一种灵活性调节手段。

国网新能源云消纳计算模型可针对新能源单一出力情景分析新能源利用率、弃电情况，针对复合多出力情景给出新能源利用率等关键指标的概率统计分析结果；自动通过迭代反算一定利用率约束下的可接纳新能源装机规模；量化分析火电灵活性改造、新建气电等调峰电源、投资储能、外送电力、需求侧响应等促进新能源消纳措施的效果。消纳模块基本定位是通过对能源电力规划、电力系统运行生产模拟、新能源消纳及各类促消纳手段技术经济特性、政策模拟等方面开展深入研究，为新能源发展规划提供科学量化研究支撑平台，为政府部门制定能源电力发展规划提供决策依据。

2. 功能原理

考虑“源—网—荷—储”各环节边界条件变化，通过电力系统时序生产模拟模型计算得到一个电网可接纳的风电、光伏发电装机容量，也就是消纳能力。新能源云消纳计算平台集成国网能源研究院 NEOS 计算模型，通过构建电力系统多区域等效模型，对电力系统进行 8760h 的逐时刻生产模拟，实现对任意时间段内每个时间断面电力系统运行情况的分析。用户在消纳计算平台中可创建消纳计算方案，通过维护“源—网—荷—储”等边界数据，源测通过维护各类常规电源装机变化，网测通过维护网架结构变化、省内输电断面能力变化，负荷包含全社会用电量和用电负荷曲线预测等以及储能侧的抽水蓄能、电化学储能调峰能力变化情况，结合最大/最小利用小时数、弃风弃光原则、跨区输电通道运行方式等一系列特色约束，计算出当前区域下模拟时序的新能源消纳情况，共包含新能源、风电和光伏的利用率、发电量、弃电量以及装机规模等指标数据。

1) 消纳计算模型原理

消纳计算模型(NEOS)采取时序生产模拟仿真方法，根据电力规划方案，对给定时间断面内的发电、输电调度运行情况进行时序模拟，得到规划方案下电力系统运行状态，从运行角度对电力规划方案进行全方位评价。生产模拟需要充分考虑电网实际运行中的各种边界条件的影响(备用、供热机组运行、断面、联络线、最小利用小时数、受阻等)，适用于规划方案的电力供需平衡分析、新能源消纳评估、运行成本分析、生态环保分析等。

NEOS 模型总体目标是考虑我国电网运行调度方式和大规模新能源发电的接入，以整个电力系统经济发电调度方式的总发电成本最低或节能发电调度方式的节能减排效果最佳为目标；基本原则是以确保电力系统安全稳定运行和连续供电为前提，以经济/节能环保为目标，通过对各类发电机组、输电线路逐时刻出力模拟，实现适应我国电网发展趋势和运行特点的多区域电力生产模拟计算功能。

2) 电力系统生产模拟的基本流程

(1) 输入电力系统规划方案，包括电源规模与结构、跨省跨区输电规模及流向、电力需求及负荷特性、各类电源的技术经济指标等。

(2) 优化系统检修计划，根据各个时段(月或者周)的电力需求预测，考虑各类电源的检修周期等，根据新能源季节特性、保证容量和有效出力等指标，优化安排系统检修计划。

(3) 水电中长期电量安排，考虑季/年调节特性水电全年来水情况，根据净负荷需求安排水电月度电量。

(4) 逐日运行模拟(机组组合和经济调度)，考虑电力供应总成本最低构建混合整数优化模型，求解得到逐时刻系统运行状态。

(5) 结果统计和输出。根据需求统计模拟结果。

3) NEOS 模型目标函数

模型的目标是在满足系统需求的情况下，寻求运行期内系统总费用最小，考虑的系统费用(即目标函数)有

$$\min Z = I + S + F + V + \phi + E_{\mathrm{mi}} + \mathrm{Dem} \tag{8.18}$$

式中，I 为运行期内总燃料成本；S 为运行期内启停成本；F 为运行期内系统固定运行费用；V 为运行期内系统变动运行费用；ϕ 为运行期系统不供电量损失；E_{mi} 为运行期系统排放成本；Dem 为运行期需求侧响应成本

(1) 燃料费用的计算：燃料费用与发电量成正比，包括煤电、气电、核电和生物质发电四大类型燃料费用。

$$I = \sum\nolimits_{\mathrm{t}} E_{\mathrm{coal}} F_{\mathrm{coal}}, t + E_{\mathrm{gas}} F_{\mathrm{gas}}, t + E_{\mathrm{nuc}} F_{\mathrm{nuc}}, t + E_{\mathrm{bio}} F_{\mathrm{bio}}, t \tag{8.19}$$

式中，E 为燃料价格(包含运输成本)；F 代表燃料消耗，克标煤/kW·h，下标 coal 代表煤电，gas 代表气电，nuc 代表核电，bio 代表生物质发电。

气、核、生物质发电燃料消耗与发电量按照线性关系建模，设 m 为单位燃料消耗率，则

$$F = mP, T \tag{8.20}$$

(2) 启停费用的计算：启停费用与启停次数成正比，包括煤电、气电、核电和生物质

发电的启停费用。

$$s = \sum d(1-U_{t-1})U_t \tag{8.21}$$

式中，d 为单次启停费用。

(3) 固定运行费用的计算：固定运行费用是指与发电量无关的年运行维护费用，因此仅作为成本计算统计，实际不影响优化结果，所有电源及输电线路均有固定运行成本。

$$F = \sum h_i N_i \tag{8.22}$$

式中，h 为单位千瓦固定运行费用；N 为装机容量。

(4) 变动运行费用的计算：变动运行费用与发电量成正比，所有电源及输电线路均有变动运行成本。

$$V = \sum_t z P_t \tag{8.23}$$

式中，z 为变动运行费用系数。

(5) 系统不供电量损失计算：NEOS 处理系统缺电损失时，假设每一个地区根据该地区的电量不足损失给定，不同地区在不同时段上取值均可不同。

$$\phi = \sum w_t P_{ns,t} \tag{8.24}$$

式中，w_t 为 t 时刻单位缺电成本；$P_{ns,t}$ 为 t 时刻缺电电量。

(6) 排放成本的计算：煤电、气电、生物质发电考虑排放成本，与发电量成正比，考虑二氧化碳、硫化物、氮氧化物、烟尘四类排放成本。

$$\mathrm{Emi} = \sum_t obP_t \tag{8.25}$$

式中，o 为污染物单位排放费用系数；b 为排放系数。

(7) 需求侧响应成本计算：NEOS 同样采用虚拟电厂方式对需求侧响应进行，此类电厂不同时段的可用容量和可用成本均可不同，由用户给定。

4) 约束条件

(1) 电力平衡约束：逐时刻电力平衡。

NEOS 是分地区逐时刻进行电力平衡的，全时序模拟情况下，电力平衡满足时，电量和调峰平衡自然满足。

①负荷曲线修正。采用历史标幺值负荷曲线时，通常面临规划最大负荷与曲线乘积的累计值和规划用电量不匹配的问题，NEOS 在计算前对负荷曲线进行修正：在保证最大负荷和全年用电量不变前提下，调整负荷曲线形状。

②逐时刻满足。

负荷=(1–厂用电)*电源出力+(1–线损)*受入电力–外送电力+需求侧响应+缺电

运行参数选择不计入厂用电/线损时，自动按照零厂用电和线损平衡，考虑厂用电/

线损时，发电量＞用电量。

(2)旋转备用约束：逐时刻旋转备用必须满足系统备用率要求。

NEOS 旋转备用分为两类：负荷旋转备用和新能源旋转备用。

负荷旋转备用：系统需要时刻保留负荷一定比例的旋转备用。

新能源旋转备用：为应对新能源出力预测误差，需要时刻保留新能源出力一定比例的旋转备用。

$$\begin{aligned} \alpha L_t &\leqslant \textstyle\sum_{i,l,t} \\ \beta(P_{wind,t}+P_{pv,t}) &\leqslant \textstyle\sum_i R_{i,r,t} \end{aligned} \tag{8.26}$$

式中，α 为负荷旋转备用率；L_t 为 t 时刻负荷；$\sum$ 为 t 时刻电源、线路可提供的负荷备用；β 为新能源旋转备用率，$R_{i,r,t}$ 为 t 时刻电源、线路可提供的新能源备用。其中电源、线路可提供的备用计算如下：

火电可提供备用 = 是否提供备用 * min [（最大出力–当前出力），爬坡能力*旋转备用最小响应时间]

水电/抽水蓄能/电储能可提供备用 =是否提供备用 *（最大出力–当前出力）

线路可提供备用 = 是否提供备用 * min [（最大出力–当前出力），爬坡能力*旋转备用最小响应时间]

(3)机组/线路出力上下限约束：机组/线路出力功率必须在上下限约束范围内。

(4)机组/线路爬坡约束：单位时间内机组/线路出力变化率需满足爬坡能力约束。

(5)火电机组连续启停约束：火电机组必须满足最小连续关停/开启时间后才能再次开启/关停。

(6)可调节水电强迫出力约束：可调节水电出力大于强迫出力。

(7)可调节水电平均出力约束：可调节水电日/月/季/年电量小于等于平均出力与装机容量和时段数之积。

(8)可调节水电期望出力约束：可调节水电出力小于期望出力。

(9)抽水蓄能/储能库容动态平衡约束：库容/电量必须维持在允许范围内。

(10)抽水蓄能/储能日循环约束：抽水蓄能库容/储能电池电量每日回到初始状态。

(11)光热调节能力约束：光热日电量小于可发电量。

(12)线路运行约束：线路运行模式分为定曲线、自有优化、仅可正向、仅可反向四类。

(13)最小/最大利用小时数约束：保证机组利用小时小于或大于预先给定值。

(14)强制开机约束：可强制某台机组在某时刻处于开机状态。

(15)需求侧响应约束：需求侧响应可响应规模和时间维持在允许范围内。

3. 应用成效

国网新能源云消纳计算模块在国网各经营区内大规模应用，并取得了显著的成效。以截至目前的数据统计，共有 15599 个消纳计算方案的模型被搭建并在国网新能源云系统上完成计算。其中，西北分部创建了 6829 个计算案例，占比 43.78%。华北分部共计创建了 3451 个案例，占比 22.12%。华中分部创建了 1276 个案例，占比 8.18%。这些数字表明了消纳计算模块在各个地区的普及和推广应用取得了积极的结果。这一成果对于国网的新能源发展和系统运营具有重要意义，并为进一步优化能源消纳方案提供了有力支撑。

自 2019 年至今，消纳计算（NEOS）支撑国网公司滚动消纳测算共计 15 次，算例结果包含各单位 2020～2025 年、2030 年、2035 年、2040 年消纳结果预测及各项新能源消纳措施分析。消纳计算结果可帮助国网各经营区统一规划，合理有效利用新能源资源。

8.6.4 未来应用展望

目前，新能源云已建成内外网服务网站，上线运行手机 App，发布对外服务公众号，在行业内具有一定知名度。截至 2023 年 5 月，已接入新能源场站超过 443 万座，注册用户超过 30 万个，入驻企业超过 1.5 万家，带动就业超过 120 万人，累计对外公布三十八批补贴项目共计超 4.49 万个、装机超 2.1 亿 kW，在促进新能源发展方面逐步发挥重要作用。

在新能源优化配置方面，基于能源电力供需平衡分析，跟踪常规电源、新能源、主要输电通道、大型用能负荷、大规模储能等项目建设进度，服务能源全产业链高质量发展，促进“源—网—荷—储”协调互动，提升整体资源配置效率，保障高比例新能源接入和送出。

在“双碳”服务方面，加强与碳排放配额核定、碳资产管理、碳交易市场等对接，连接能源全产业链的数据，开发碳足迹与碳汇等功能，开展分区域、分行业的碳排放分析，服务国家/区域/行业/企业碳达峰、碳中和的监测、预测、规划、交易、监督、评价等。

在新能源工业互联网场景拓展方面，携手新能源发电企业、设备厂商、运维企业等共同打造安全、智能的新能源工业互联网平台，实现“设备—厂商—电站—业主”之间数据的互联互通，助力实现新能源智能制造、新能源场站智能运维，提升新能源产业链自主可控水平。

8.7 多元负荷管理与用户服务

在能源革命与数字革命深度融合、碳达峰碳中和的时代背景下，创新挖掘综合能源服务市场，推进源网荷储协同服务，构建以电为中心、多能互补、新能源安全高效消纳、社会能效全面提升的现代能源消费新格局，支撑综合能源服务业务发展及源网荷储协同互动体系构建，亟须开展多元负荷管理与用户服务相关技术研究及应用，推进用户侧用能设备的标准建模、泛在接入、实时感知、智能计算、多元服务、优化控制，支撑综合能源多元化服务开展及相关上下游生态圈构建，打造能源产业“平台+生态”，促进电网调节能力建设，提高电网资产与客户资产利用率，提高全社会用能效率，助力产业结构转型升级及“双碳”目标实现。

负荷侧的用电数据获取主要是通过大数据、物联网等技术，遵循 IEC104、MQTT 等常见采集规约，接入工业、居民、商业等多种类型负荷资源，定时采集有功功率、无功功率、电流、电压等常规电气数据，获取正/反向有功总电量等计量数据，并对采集到的数据进行合理性校验、完整性校验，提高数据质量。在数据存储方面，采用分布式集群架构，以内存库的方式存储秒级反应的实时运行数据，使用安全可靠的关系型数据库存储档案及历史运行数据，为分析、聚合、控制等业务执行提供可靠的数据支撑。

以多元负荷管理技术为基础的智慧能源服务平台和新型电力负荷管理系统已广泛投入应用，典型的功能包括多能协同、需求响应、能源大数据、能源生态圈等。其中，多能协同功能应用是根据用户的日常用能数据、相关设备状态信息以及环境、气象等其他参数信息，形成可调节能力裕度空间，结合多能协同互补优化策略对能源系统和储能等设备进行调节，在保证用户用能需求的前提下实现节能增效。需求响应功能应用对接电力需求侧管理平台，为商业楼宇、工业企业及园区等直接参与大用户以及第三方负荷聚合商提供需求响应代理服务，具备将规模化灵活性资源动态聚合能力。能源大数据功能应用是依托采集的用户侧海量能源数据，同时集成内外部系统共享数据，建立涵盖调、配、用及综合能源等全业务领域的能源大数据模型库，支持为用户参与中长期/现货电能量、电力辅助服务、绿电等交易量价策略提供基础支撑。

以山西省应用情况为例，山西省级智慧能源服务平台应用国电南瑞智慧能源运管服务平台(NIES6000)产品，通过将传统调控与互联网技术相融合，基于多业务跨区协同的混合平台架构，以客户侧用能控制系统(CPS)为基础，以共享服务为核心，以灵活微应用为手段，完成了智慧能源控制 SCADA、能效管理、智能运维、需求响应项目管理、能源大数据、能源生态圈等功能建设。至 2021 年底，通过无线专网 DL/T698.45、数据中台及互联网 https 等多种通信方式，接入高压大工业用户及楼宇 CPS 超 500 户，设备及表计 3.5 万余台。平台以“绿色国网”为统一入口，建立基于“互联网+”的综合能源服务运营模式，支撑国网山西电力挖掘潜力用户、拓展综合能源服务，助力培育源网荷储协同、能效服务、市场交易等新业态。

8.7.1 多元化资源可调能力评估

具有不同用电模式、潜力特性及参与电网运行调控场景的多元化可调负荷资源，对应的响应策略及可调能力评估方法也不尽相同。依据对电力负荷、热负荷等的用能特性分析，可将多元化资源可调负荷资源划分为三类：可平移负荷、可转移负荷和可调节负荷[23]。

1. 可平移负荷

可平移负荷指负荷工作时长固定，但用能时间灵活的一类负荷，主要指用能时间的平移。该类负荷主要出现在工业用户以及居民负荷中，如工业生产流程的工序调整、居民用洗衣机、电热水器等。

可平移负荷可用数学表达如下：

$$\Delta Q_{i,t+N_x}^{+} = \Delta Q_{i,t}^{-}, \quad \forall i \in N_{\text{trans}} \tag{8.27}$$

式中，$\Delta Q_{i,t}^{-}$ 为原时段 t 负荷 i 的平移量；$\Delta Q_{i,t+N_x}^{+}$ 为负荷平移至时段 $t+N_x$ 后该时刻的负荷增量；N_{trans} 为平移型负荷的总数。

2. 可转移负荷

可转移负荷指负荷在规定时间区间内满足一定的负荷总量即可，而在各时刻的能耗功率没有限制，具有一定的虚拟储能特性，如空调负荷、采暖负荷等。这类负荷的虚拟储能特性主要来源于实施对象—建筑物的储热特性。建筑物的冷、热负荷均具有这种特性，它们分别指需要维持房间冷、热平衡单位时间所需带走或供给的热量，建筑物结构的热耗散特性决定了冷热负荷与所需能量之间的关系。

为了体现热负荷在时间上的连续性，可以用储能模型加以描述。假设一个建筑内部温度波动在 $T_{\min}$ 和 $T_{\max}$ 之间（$T_{\min}$ 和 $T_{\max}$ 的选择直接影响所产生的舒适度），某一时间段的温度 T_t 与前一时间段通过建筑物外墙散失的热能 Q_{t-1}^{loss}，以及该阶段通过供热设备获取的热能 Q_t 有关。热损失 Q_{t-1}^{loss} 取决于外界温度 T_{t-1}^{amb}、室内温度 T_{t-1}、热转换因子 k 和建筑外壳的表面积 A。

$$T_t = T_{t-1} + (T_{t-1}^{\text{amb}} - T_{t-1})\frac{kA}{mc}\Delta t + Q_t \frac{1}{mc}\Delta t \tag{8.28}$$

式中，m 代表建筑物热质；c 为建筑物的热容量；Δt 表示时间步长。

通过迭代，若已知时段 1 的室内温度，则可推得时段 t 的室内温度：

$$T_t = T_1\left(1-\frac{kA}{mc}\Delta t\right)^{t-1} + \frac{kA}{mc}\Delta t\sum_{n=1}^{t} T_n^{\text{amb}}\left(1-\frac{kA}{mc}\Delta t\right) + \frac{1}{mc}\Delta t\sum_{n=1}^{t} Q_t\left(1-\frac{kA}{mc}\Delta t\right)^{t-n} \tag{8.29}$$

记 $G_1 = \frac{kA}{mc}\Delta t$，$G_2 = \frac{1}{mc}\Delta t$，则上式可简化为

$$T_t = T_{t-1} + (T_{t-1}^{\text{amb}} - T_{t-1})\frac{kA}{mc}\Delta t + Q_t \frac{1}{mc}\Delta t \tag{8.30}$$

$$T_t = T_1(1-G_1)^{t-1} + G_1\sum_{n=1}^{t} T_n^{\text{amb}}(1-G_1) + G_2\sum_{n=1}^{t} Q_t(1-G_1)^{t-n} \tag{8.31}$$

设 $Q_t = Q_{t0} + \Delta Q_t$，$T_t = T_{t0} + \Delta T_t$，其中 Q_{t0}、T_{t0} 表示原热负荷和在原负荷条件下的建筑物室内温度，ΔQ_t、ΔT_t 代表实际热负荷和实际温度与原始值之间的偏差。为简化问题，设原热负荷等于使建筑物室内温度维持恒定所需要的热量，即 $T_{t0} = T_{t-10} = \cdots = T_{20} = T_1$。则

$$T_{t0} + \Delta T_t = T_1(1-G_1)^{t-1} + G_1\sum_{n=1}^{t} T_n^{\text{amb}}(1-G_1) + G_2(Q_{t0} + \Delta Q_t)\sum_{n=1}^{t}(1-G_1)^{t-n} \tag{8.32}$$

可分解为

$$T_{t0} = T_1(1-G_1)^{t-1} + G_1\sum_{n=1}^{t} T_n^{\text{amb}}(1-G_1) + G_2 Q_{t0}\sum_{n=1}^{t}(1-G_1)^{t-n} \tag{8.33}$$

$$\Delta T_t = G_2 \Delta Q_t \sum_{n=1}^{t}(1-G_1)^{t-n} \tag{8.34}$$

若建筑物内温度满足最大、最小值的波动 $T_{\min} \leqslant T_t \leqslant T_{\max}$ 限定，即

$$T_{\min} - T_1 \leqslant \Delta T_t \leqslant T_{\max} - T_1 \tag{8.35}$$

代入可得 t 时段热负荷的响应区间范围为

$$\frac{T_{\min} - T_1}{G_2 \sum_{n=1}^{t} (1 - G_1)^{t-n}} \leqslant \Delta Q_t \leqslant \frac{T_{\max} - T_1}{G_2 \sum_{n=1}^{t} (1 - G_1)^{t-n}} \tag{8.36}$$

在室内取暖器停止加热后，经过 30min，平均室温降幅约为 0.9℃左右，因此 G_1 可取值为 $\dfrac{0.9}{T_{t-1} - T_{t-1}^{\text{amb}}}$。

可通过提前升高或降低室内温度来调节负荷曲线轮廓，同理可以推出空调冷/热负荷具有相同的响应特性。

3. 可调节负荷

可调节负荷主要是指价格变化导致的用户需求变化的负荷，用户会根据自身经济水平、用能需要等因素，依据外界能源价格的变化在一定范围内增减自身负荷需求。在经济学中，常用需求弹性来描述这种需求的大小变化。价格弹性是需求量变化率与价格变化率之间的比值，反映了需求量对价格的敏感程度。消费者在进行能源消费时会对价格的水平进行考量，以最大化自身利益、最大化自身舒适度等为目标确定能源需求。当能源价格发生变化时，用户将再次做自适应优化，调整能源消费量，即对能源价格进行响应。

由电力系统经济学原理可知，若将电力用户 i 时刻的自弹性系数记作 ε_i，即

$$\varepsilon_i = \frac{\partial q_i / q_i}{\partial p_i / p_i} \tag{8.37}$$

式中，q_i 为 i 时刻的原始负荷量；p_i 为 i 时刻的原始电价。则上式中分子表示电量的相对变化量，分母表示电价的相对变化量。

则若该时刻的实际电价为 p_i'，则此时刻的实际用电负荷为

$$q_i' = q_i \times \left(1 + \varepsilon_i \times \frac{p_i' - p_i}{p_i}\right) \tag{8.38}$$

深入研究电网运行差异化场景的调控能力需求，深度分析各场景对于多元化负荷资源在调节量、响应时间、持续时间等关键因素方面的量化需求指标，形成电网运行各场景下的调控需求描述画像。综合考虑多元化负荷调节类型(开关型、连续型)、调节能力(速率、精度)、调节成本(电力成本、电量成本)及市场机制等因素，开展多元化可调节负荷参与紧急需求响应控制、新能源消纳、峰谷平抑等场景下的调节模式，并根据多元化负荷调节精度、响应时间受接入方式和网络延迟等影响的可调资源特性，形成适应多元化可调负荷资源参与电网运行调控匹配模式[24]。从需求分类(如调峰、调频、备用恢复、局部阻塞消除等)、时间尺度(如毫秒级、秒级、分钟级等)、存在必要性(如机组启动成本

过高)等维度完整描述电网运行各场景对多元化可调负荷资源调节能力的量化需求,建立电网运行调控需求量化模型。

针对设备及断面过载，充分考虑到电动汽车作为一种理想可调资源，兼顾可平移、可转移、可调节资源的特性，接入电网且电动汽车蓄电池尚未充满时，电动汽车吸收电能；当电动汽车电量存在富裕且电网处于用电高峰供能不足时，由电动汽车向电网输送电能。基于有功灵敏度，从分析多元化可调节负荷响应调节特性出发，从多元化可调节负荷资源自动调节控制建模、负荷调节模式和调节策略等角度，支撑多元化可调节负荷资源的有功自动调节，形成基于有功灵敏度的多形态负荷资源调节能力评估技术。对多元化可调负荷资源进行贴标签，量化多元化可调资源对负荷调节的支撑能力。根据可调节负荷资源响应调节特性和基础接入信息，建立包含负荷类型、可调节容量、可调节状态、可调节范围、可调节方向和调节安全约束等参数的多元化可调资源的闭环可调能力评估模型(如图 8.13 所示)，从负荷控制对象(控制单元)、聚合分区(控制分组)和控制区(控制组群)三个层面，建立全网可调节资源的可调能力动态评估模型。

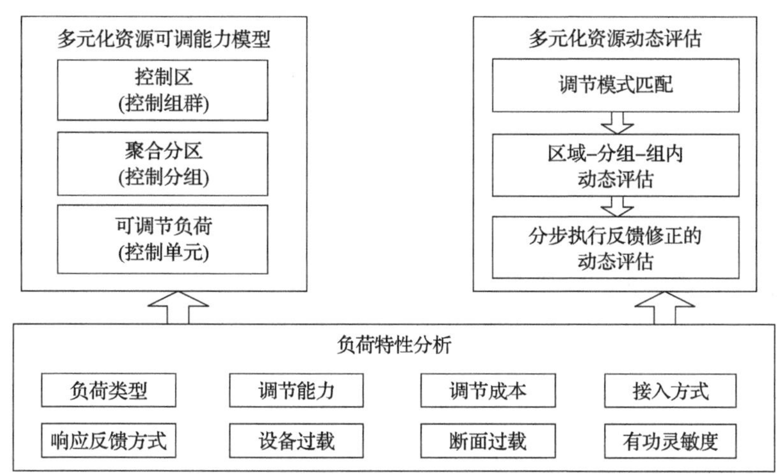

图 8.13 可调节资源的可调能力评估模型

8.7.2 规模化灵活资源动态聚合

在可调资源特性分析与单体建模研究基础上，计及控制方式、调控成本、用户体验等多种影响因素，基于综合响应理论引入可调资源分层分类标准，建立可调资源群体聚合的外特性模型，形成适应多时间尺度下、多空间分布以及不同调控场景下的可调资源聚合方法。具体而言，多时间尺度包含日前、日内、实时三个尺度，同时也为三种不同时间尺度的聚合调度场景。多空间分布包含按省、市、区的地理分布、供配电、馈线、台区的调控区域，以及按工业、居民、商业区分的资源用电类型，充分考虑电动汽车集群“源荷”双重性特点，既具备常规负荷特点的同时，也具有分布式电源的特性，最终实现用户侧规模化灵活资源的精细管理及动态聚合。

根据综合响应理论，自由响应和弹性响应具有不确定性，可视为自由分量。同时其实时性较差，一般用于日前及日内尺度下的计划性调控。基准响应具有确定性，可视为强制分量，其实时性较好，一般用于可调资源实时调控。将多元可调资源按照这种方法聚合，有利于后续对其进行精准调控，利用自由响应和弹性响应的不确定性特征，使这两者最大化逼近调控目标；再利用基准响应的确定性与高精度特征，动态矫正之前的调控误差。规模化灵活资源的动态聚合模型要反映出响应容量、响应速率、响应时长，在不同激励信号得到的需求响应潜力基础上，构建自由响应、弹性响应、基准响应下的规模化灵活资源动态聚合模型[25]。

自由响应：

$$f^t = A_1^t(n) \oplus \cdots \oplus A_g^t(n) \oplus \cdots \oplus A_r^t(n) \tag{8.39}$$

式中，$A_i^t(n)$ 表示 t 时段居民用户 i 的响应潜力概率序列；f^t 为用户群概率卷积和。

弹性响应：

$$\phi_i^{t\text{-lower}} = K_i^{\text{Contract}} \times T_{i\_\text{lower}}^t \tag{8.40}$$

$$\phi_i^{t\text{-upper}} = K_i^{\text{Contract}} \times T_{i\_\text{upper}}^t \tag{8.41}$$

$$G^t - S^h \approx \sum_t \phi_i^{t\text{-upper}}, \qquad G^t > S^h \tag{8.42}$$

式中，K_i^{Contract} 为用户 i 的弹性响应合同值；$T_{i\_\text{upper}}^t$、$T_{i\_\text{lower}}^t$ 为用户 i 在响应时段 t 内的弹性系数上、下限；$\phi_i^{t\text{-upper}}$、$\phi_i^{t\text{-lower}}$ 为弹性响应区间上、下限；G^t 为响应时段 t 的需求响应目标量(日前发布的确定值)；h 为响应的初始时刻，S^h 为响应初始时刻自由响应实际量。

基准响应：

$$G_+^t = G^t(1 + p\%) \tag{8.43}$$

$$G_-^t = G^t(1 - p\%) \tag{8.44}$$

式中，$p\%$ 为允许的偏差率；G_+^t 为 t 时段内偏差率允许的可响应上限；G_-^t 为 t 时段内偏差率允许的可响应下限。

在包含多个规模化灵活资源动态聚合的地区电网中，需要根据各聚合群需求响应资源的品质确定电网调控时的优先顺序。需求响应规模化灵活资源的品质由其响应特性决定，考虑调度需求及用电管理，可从响应速度、响应容量、响应时长、可调容量转化率这 4 个方面衡量，划分为优质、中等、普通 3 种品质类型。

(1) 响应速度方面，考虑到发电侧 AGC 调控速度一般在分钟级，优质型需求响应规模化灵活资源的响应速度拟规定为 5min 以内；中等型响应速度为 5～30min；普通型响应速度大于 30min。

(2) 响应容量方面，个体响应容量大的用户为优。优质型资源的响应容量应大于 3000kW，中等型资源的响应容量介于 1000～3000kW，普通型资源的响应容量小于 1000kW。

(3) 响应时长方面，可持续超过 3h 为优，响应时长小于 0.5h 为普通型。

对规模化灵活资源进行品质划分，可构建优质资源快速可调资源池，在参与电网运行调控场景中按照合理的资源品质顺序进行调控，实际响应时优先调控优质型资源，其次为中等型资源，最后考虑调控普通型资源。

8.7.3　多时空维度精准协调控制

基于多元化可调负荷资源调控数据，运用深度学习、数据挖掘等手段量化分析负荷响应的不确定性，优化负荷模型中的相关参数，建立计及多元化可调负荷响应不确定性的负荷控制响应模型；基于多级电网电能量市场/调峰辅助服务市场的市场规则，并根据负荷预测、新能源预测、检修计划等电网运行数据，确定负荷调控的边界信息，结合电网削峰填谷成效、清洁能源消纳等目标，形成负荷侧资源的精准协调控制方法。基于负荷运行特性及负荷不确定模型，分析多元负荷参与电网调控履约风险，结合当前电网模型，考虑电网断面受阻、设备越限等情况，形成灵活聚合负荷参与电网调控运行的协同优化算法，优化负荷调控执行策略，确保负荷调控指令的可执行性。

根据负荷运行数据获取方法，从调控云平台获取负荷资源运行及负荷资源调度计划信息，实现负荷资源执行情况的实时监控；根据负荷调控执行数据，形成负荷资源运行偏差考核方法，确定各项偏差指标的计算方式。跟踪负荷实际运行状况，在发生预测误差、设备故障等情况时，结合负荷运行基线及负荷执行偏差计算方法，计算负荷运行偏差，利用实时调控指令优化算法，对灵活负荷调控指令计划进行连续滚动修正，实现对灵活负荷的准确实时调控，保证最终的灵活聚合负荷调控结果满足调度计划指令的要求，实现用户侧多元化可调负荷资源的精准协调控制。

多时空维度精准协调控制策略分解执行主要由日前计划、日内改编、实时校正三个环节组成[26]。日前计划主要根据日前的调度预测信息生成用户的日前调节策略，策略分解执行目标考虑可靠性优先、调度成本最小、影响用户最少等，或是用户综合满意度最高，其优化目标见下式。分解目标类型的选择，可以是外部系统的调控信息中携带，也可以是资源聚合商等使用角色自己选择，默认情况下综合考虑几个目标因素。基本条件用户筛选主要依据用户的所属区域、历史执行达标率、调节容量、是否可用(比如是否已申请保电/维修等)等基本信息进行过滤。用户排序筛选主要依据量化的用户调节特征值，该调度特征值根据用户的具体特性信息计算而得，综合考虑了用户的可调容量、历史执行情况(达标率、控制精度等)、调节成本、历史调度频率(公平性考虑)等因素，反映了用户的综合调度特点。在不同的策略分解执行目标类型下，各类因素所占的比重不同，促进目标达成的因素随对应的系数会提高。用户邀约是一个迭代的过程，考虑到日前预测的不确定性，需要保留一定的备用容量。

$$\max U = \sum_{i=1}^{N}\sum_{t=1}^{T} k_{1i} C_i(t) + k_{2i} E_i(t) \tag{8.45}$$

式中，$C_i(t)$ 和 $E_i(t)$ 分别表示用户用电舒适度和参与电网互动运行获得的经济收益；i 表示用户数；k_{1i} 和 k_{2i} 表示权重系数。

1. 日前计划

日前计划分解主要根据日前的调度预测信息生成用户的日前调节策略，处理流程如图 8.14 所示。

2. 日内改编

由于日前预测信息的不确定性，在每个调节时间段执行前，会执行日内改编，以日前调度计划策略为基础，查询日内的风光发电的预测和负荷响应潜力值，当日前的计划无法满足日内的预测容量，就需要进行日内滚动改编，流程大致如图 8.15 所示。

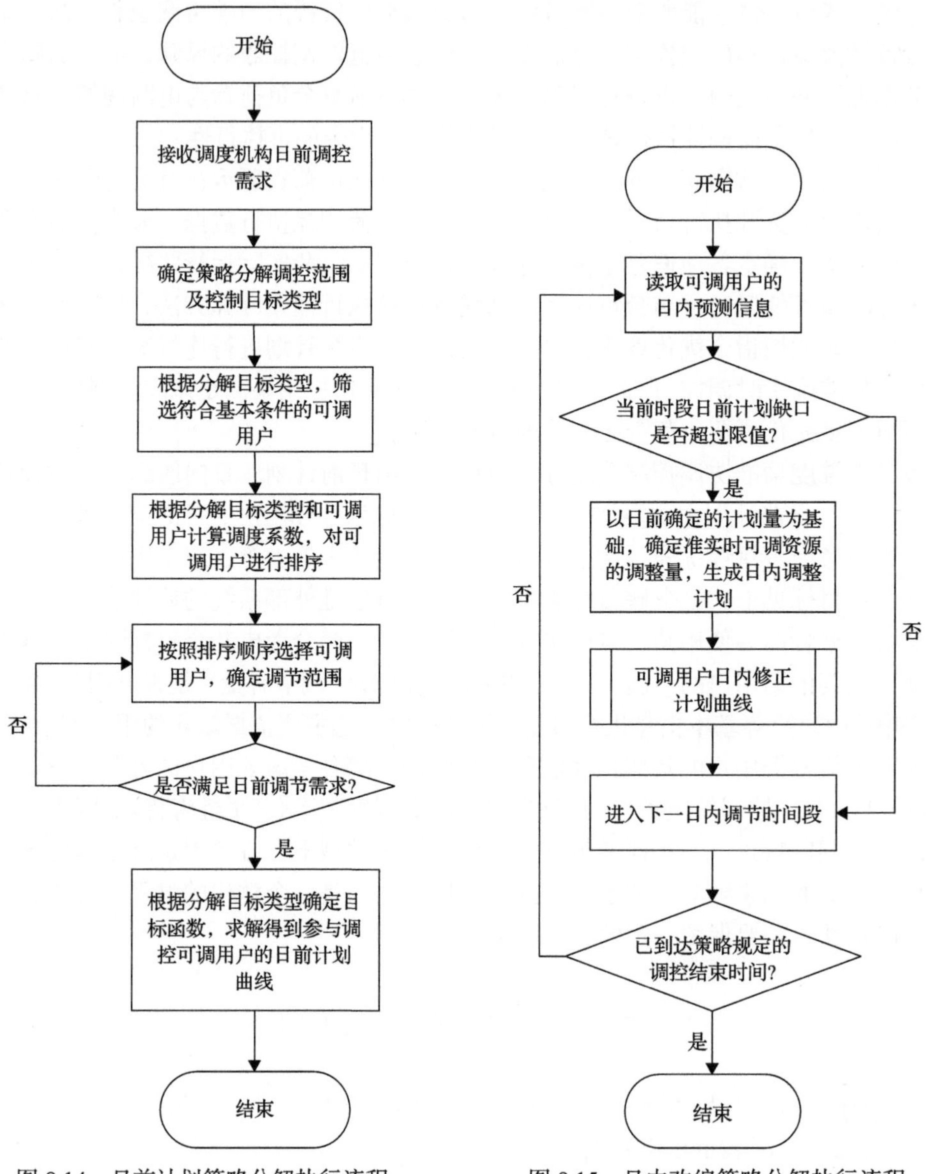

图 8.14　日前计划策略分解执行流程　　图 8.15　日内改编策略分解执行流程

3. 实时校正

实时控制校正每 15min 执行一次(与可调能力曲线粒度一致)，主要处理执行日内调节计划过程中出现的异常情况，当被调度的用户出现失联、不可控等策略无法下发执行情况时，需要调度备用用户的调节容量，弥补调节容量缺口，流程大致如图 8.16 所示。

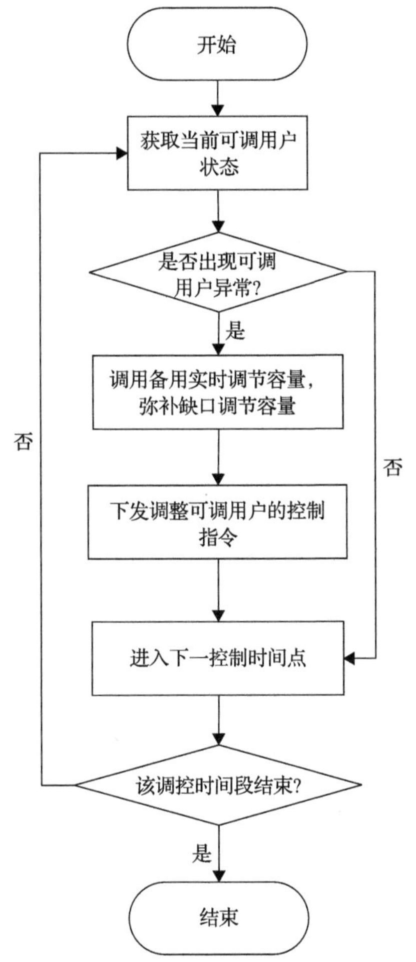

图 8.16　实时校正策略分解执行流程

8.7.4　灵活性资源协同互补运行

由于灵活性资源的不确定性，系统运行中需要不断进行修正；不同能流和设备调节速率存在差异，慢速设备需要提前较长时间确定计划。模型预测控制(model predictive control，MPC)能够较好地适用于这种调节差异性，如图 8.17 所示，其基本控制决策描述如下[27]。

(1) 在“当前” t 时刻对过程的未来输出进行预测，预测值 $\{\hat{y}(t),\hat{y}(t+1),\cdots,$

$\hat{y}(t+N_p-1)\}$ 取决于过程 t 时刻的已知信息、动态预测模型以及所假定的未来控制序列 $\{v(t),v(t+1),\cdots,v(t+N_u-1)\}$。

(2) 在所假设的不同的未来控制作用下，选择“最优”控制序列 $\{v^*(t),v^*(t+1),\cdots,v^*(t+N_u-1)\}$，使过程的输出预测值 $\hat{y}$ 以“最好”的方式逼近参考轨迹 y_r。最优逼近可定义为使某一特定的目标函数最小，对输出误差和控制增量加权的二次型性能指标是目前采用最多的目标函数。

$$\min J=\sum_{k=1}^{N_p}\left[\hat{y}(t+k)-y_r(t+k)\right]^2+\sum_{k=1}^{N_u}\lambda_k\left[\Delta u(t+k-1)\right]^2 \tag{8.46}$$

(3) 将“最优”控制序列中的 t 时刻的控制信号 $u(t)=v^*(t)$ 作用于实际过程。在下一个采样时刻重复进行上面的计算步骤。

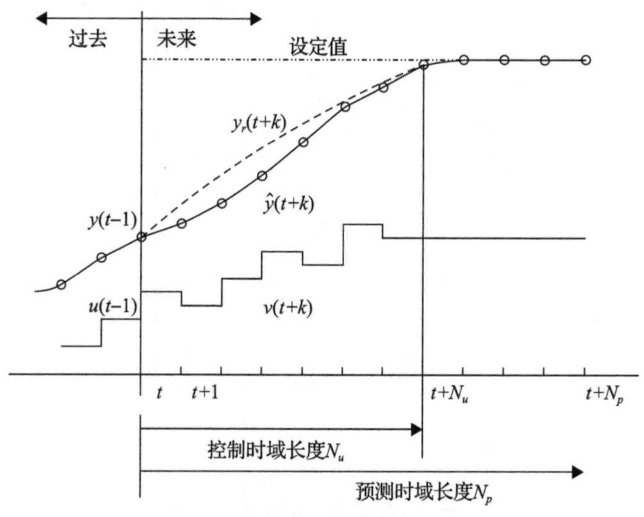

图 8.17　模型预测控制基本思想

基于递阶模型预测控制架构，将灵活性资源多能互补动态优化调度分为日前资源组合—日内滚动优化-实时调控的三个层次，如图 8.18 所示。日前资源组合每天启动一次，给出未来 24h 长度 96 点(15min 为 1 点)的调度指令；日内滚动优化每 15min 启动一次，每次给出未来 4h 长度 16 点(15min 为 1 点)的调度指令，修正日前计划误差；实时调控每 15min 启动一次，每次给出未来 15min 长度 1 点的调度指令，修正滚动调度计划的偏差。不同可调资源的动态过程存在较大差异，而且模型精度、数据采集频率也存在差异，采用混合时间尺度优化调度机制，即不同可调资源采用不同的调度周期，动态过程特征时间较大的采用较长的调度周期，动态过程特征时间较小的采用较短的调度周期，从而实现模型精度和求解效率的均衡，满足运行调控的需求[28]。

在灵活性资源多能互补协同运行日前计划阶段，在计及电、热、冷等不同能源互补特性的基础上，主要确定调节速度慢的设备和约束的运行状态，比如小型用户侧发电机

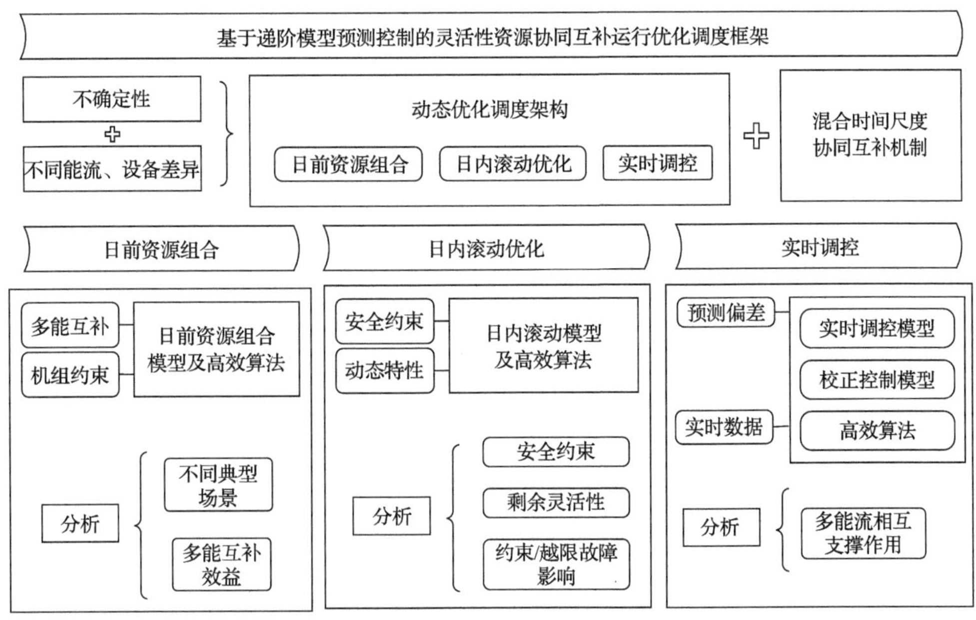

图 8.18　灵活性资源协同互补运行控制

组的启停、锅炉的启停等，使设备有足够的时间完成调度指令。因此灵活性资源多能互补系统日前资源组合模型存在 0-1 等启停约束，属于混合整数优化问题[29]。对于混合整数线性优化，可以使用分支定界法等方法求解；对于混合整数非线性优化，可以将离散变量等作为复杂变量，采用分阶段处理、奔德斯分解等方法求解。考虑到不同季节、时段、地域中可再生能源、负荷等不同数值，存在不同的耦合关系，分析不同典型场景(不同可再生能源、负荷、耦合关系等)对资源组合结构的影响。根据典型案例，生成灵活性资源多能互补系统的典型场景(比如高比例可再生能源、热负荷高电负荷低、热电负荷均高、存在蓄热式电采暖等)，对典型场景进行日前资源组合，分析不同场景下不同设备的运行特点，为不同场景安排参与运行的设备。通过对是否考虑多能互补的对比分析，得到多能互补带来的效益及成效，进一步分析不同耦合的效益。

在灵活性资源多能互补协同运行日内滚动阶段，需要确定调控响应较快的设备的运行状态，安全性要求更高，因此日内滚动优化调度模型需要计及更多的系统安全约束，进一步可以考虑预想故障的影响。为了准确感知调控响应慢的动态过程，比如供热网络传输热量的动态过程、建筑围护被动蓄热的动态过程等，日内滚动优化调度模型需要依据特征时间筛选灵活性资源多能互补系统部分动态特性。由于反映系统动态特性的约束方程形式上更为复杂，包含部分非凸约束，在求解中需要进行离散化处理，将非凸约束转化成为凸约束，实现对日内滚动优化调度模型的求解[30]。

针对日内滚动优化结果，分析滚动优化结果安全约束的满足情况，如果存在或接近违反安全约束的情况(如设备重载运行)，为运行人员提供预警，促使运行人员更关注相应约束或采取措施。评估滚动优化后灵活性资源多能系统剩余的灵活性，灵活性越大说明系统接下来的可调节能力更高，能够更好应对各种不确定性。通过改变日内滚动优化模型的约束、增加预想故障等，分析不同安全约束/预想故障对滚动优化结果的影响，识别灵活性资源多能互补系统中的关键和薄弱环节。

8.7.5　多品种市场机制优化决策

目前我国正积极稳妥推进电力市场建设，其中电力现货市场能够真实反映电力作为一种商品在时间和空间上的供需关系，可充分发挥市场机制在资源配置中的决定性作用。我国第一批 8 个电力现货试点已先后进入长周期结算试运行，第二批 6 个电力现货试点正加速开展[31]。在现货市场机制下，售电公司等用户侧新型市场主体面临着新的挑战。相比于单纯中长期市场而言，现货市场交易规则复杂、交易频次高，为了更好地应对现货市场的交易风险，售电公司等用户侧市场主体亟须对用户负荷以及随机波动的现货电价进行短期分时段预测，在此基础上，通过交易辅助决策方法制定现货市场申报策略。对于售电运营业务，为了降低售电公司市场交易风险，提高市场获利水平，需要准确把握代理用户用电情况及参与电力现货市场时电价。可采用基于相似搜索加权处理的价格预测方法，帮助售电公司等主体进行日前现货辅助策略的制定，完善日前电量申报方法，降低交易风险，获取更大的收益。

根据多种市场各分散化参与主体实际用能历史负荷数据，学习用户用能情况与差异化需求，提取用户用能行为特征，建立精细化的用户负荷响应交易模型，测算用户用能边际效益与用户用能中断边际损失，实现互动模拟和运营效益的精确测算，挖掘参与主体间的灵活性，实现多种市场运营机制的渐进成熟和自适应。如图 8.19 所示，分析利益相关方类型及其利益诉求，基于不同多元化可调资源交易价格、交易机制下利益相关方的投资与运行收益，分析资源聚合商与用户等多参与主体的博弈行为，形成基于非合作博弈纳什均衡的成本分摊和收益分配方法。

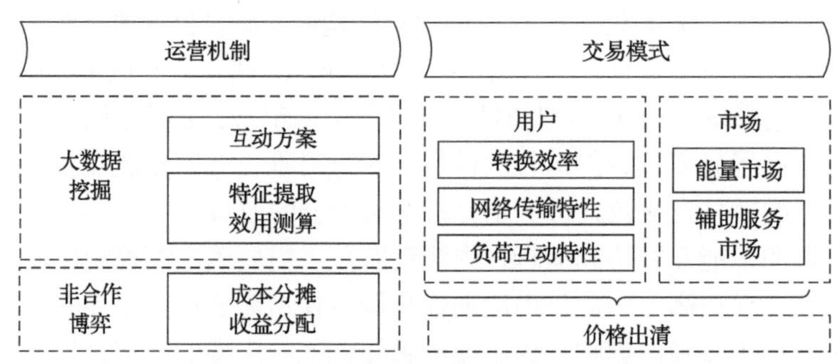

图 8.19　多品种市场机制下的运营策略

根据国家发展和改革委员会、财政部、国家能源局联合印发《关于试行可再生能源绿色电力证书核发及自愿认购交易制度的通知》(发改能源〔2017〕132 号)文件要求，在全国范围内试行可再生能源绿色电力证书核发和自愿认购，并明确绿证是我国绿色电力消费的证明。绿证是国家对发电企业每兆瓦时非水可再生能源上网电量颁发的具有独特标识代码的电子证书，绿电的环境属性和物理属性是分离的，且二者均有各自的定价机制，即“证电分离”。因此建立包含能量市场与辅助服务市场优化模型，不仅需要考虑能量市场(中长期、日内现货、实时现货)、辅助服务市场(调峰、调频、备用等)不同交易品种的交易特点，而且需要计及不同市场机制下绿证交易及碳交易的交互影响。在满足节点能量平衡约束、设备及机组运行安全约束、源荷储耦合约束、网络安全约束等条件下，根据不同的优化目标，得到用户侧多元化可调资源的运行策略，并适当考虑用户参与多种品种交易下调控的影响，资源聚合商等交易主体以分享红利等方式，为用户提供真实合理的价格信号，激发用户参与市场的积极性，让参与主体逐步接受并参与到多种市场中的竞价中来，实现用户个体和资源聚合商等的双赢。

8.7.6 一站式综合能源智慧服务

一站式综合能源智慧服务体系架构设计遵循业务流程逻辑，通过智慧能源监控、能源大数据、运营管理、能源生态圈等几个环节，将智能运维、能效分析、需求响应、市场交易等几大服务串联起来。综合能源智慧服务的服务对象包括综合能源服务公司、配售电公司、资源聚合商、政府机构、终端用能客户等；服务涵盖潜力用户挖掘、项目策划、建设实施、运营管理、综合服务、数据增值等各环节；实现精细化能效管理、集约化运维管控、智能化需求响应等系列化业务的全生命周期管理。

借鉴互联网电商平台运营模式，一站式综合能源智慧服务通过构建开放共享的统一门户，优化规范业务流程，提供注册认证、需求发布、需求撮合、店铺租售、运营监控等系列服务，通过智慧能源服务需求、产品以及解决方案的在线发布和智能撮合，为能源产业链上下游企业及用户等供需双方提供开放友好的线上互动渠道。

引入互联网电商模式，结合 B2B、B2C 等商业模式，一站式综合能源智慧服务可采用线上平台+线下服务的双轮驱动式运营服务模式，线上通过智能化、专业化的软件应用引领业务高质量发展，线下通过渠道实物体验和个性化服务提升服务质量。通过数据价值挖掘和增值服务，打造资源共享、营销服务、技术创新和合作交流平台，广泛链接内外部、上下游资源和需求，构建综合能源产业“平台+生态”，形成开放共享、合作共赢的综合能源生态圈。

8.8 智慧车联网平台

智慧车联网平台（以下简称“车联网平台”）为国网智慧车联网技术有限公司（以下简称“车网公司”）打造的全国统一的新能源汽车车联网服务平台，织一张网，连千万辆车，人—车—桩—网协同互动，车与电网、车与能源融合发展，新能源汽车车主仅需通过“e充电”App，便能在全国范围享受充电服务，该平台已经成为全球覆盖面最广、服务能力最强的充电服务平台，让新能源汽车出行和充电有了“智慧大脑”。

车联网平台的核心为标准统一，让充电设施发展更有序，从新能源汽车充电设施建设、充电系统和网络互联标准入手，一方面统一充电控制、物理接口、通信协议三个层面的标准，在保证充电安全的基础上解决了车桩兼容的问题；另一方面，发布、制定充电服务信息交换系列标准，实现了车、桩、网之间信息互联，让充电服务设施真正形成了网络。截至 2022 年，我国已形成 41 项国家标准、32 项行业标准、87 项国家电网公司企业标准，建立了具有中国特色的新能源汽车充换电技术标准体系。

车联网平台融合“人、车、桩、电网”数据，完成了从满足用户基础的充电需求到提供智能化服务的升级，历时 7 年完成了从传统架构 1.0 到云架构 2.0 再到智能化 3.0 时代的升级。其核心业务系统为 e 充电系统，该系统是为电动汽车用户提供充电服务的平台，包括前端用户使用的 e 充电 App、e 充电小程序、e 充电服务后台，配合国网充电设施、国网充电桩为电动汽车提供充电服务。物理部署于国网上海数据中心互联网大区，独立成域，等级保护三级，由车网公司负责整体网络和数据安全防护。

除 e 充电系统外，车联网平台还部署了 e 约车系统，为政企客户提供涵盖智能出行、共享租赁、调度管理、充电、车辆维保等一站式出行；部署物联管理平台，为不同种类充电设备提供统一注册、接入、充电启停、设备管理；部署公司自建数据中台，为车联网平台上各业务应用提供数据支撑服务。车联网平台通过互联网与第三方系统存在充电、约车、订单支付、营销活动等业务交互，与移动终端(App、H5、小程序)、PC 终端(浏览器)存在充电、约车、订单支付、营销活动等业务交互。

8.8.1　数据采集和传输

车联网平台数据采集渠道包括 3 个。①通过 e 充电 App 采集充电用户信息，主要用于充电用户身份实名认证。②国网充电桩将充电启动/停止、充电量、充电电压、充电电流、充电功率、充电桩设备识别信息、位置信息等上传至车联网平台，满足对充电桩工作状态、工作基本参数的监测，为充电桩远程运维、故障识别和检修等提供数据支持。③互联互通业务中，车联网平台互联互通应用通过互联互通接口与社会充电商平台交互，获取对方充电用户推送的充电订单和清分结算数据。

数据在互联网，互联互通业务数据通过互联互通业务接口向社会充电运营平台提供，并且必须满足中国电力企业联合会《电动汽车充换电服务信息交换　第 4 部分：数据传输与安全》(T/CEC 102.4)标准要求，包括电动汽车充换电服务信息交换的数据传输格式、认证机制和密钥机制等。

8.8.2　场景应用

1. 场景一：E 充电 App 与车联网平台通信场景

e 充电 App 采集的充电用户信息包括姓名、手机号、银行卡号(部分业务用户)等，前端脱敏展示(除前后 4 位外其余数字用*补位)；前端 App 与车联网后台传输接口采用 SM2 算法对认证密钥进行签名，数据传输采用 SM4 国家商密算法(内置国密 SDK)加密后传输至车联网平台，同时对 App 接口传输的数据使用 SM3 算法保证信息完整性。

2. 场景二：国网充电桩与车联网平台通信场景

该场景中，国网充电桩首先使用内置的智芯安全芯片生成的符合国家商密标准的密钥和数字证书，与车联网平台侧加密机进行双向认证，认证过程基于国家商密算法，此数据传输过程为加密传输。认证通过后，充电桩将桩体基本工作信息，包括在线/离线状态、物理位置、充电电流、电压和功率、充电电量、充电桩启动或停止等，通过与本机绑定的物联网 SIM 卡和运营商 APN 专线，上送至车联网平台(前置物联平台)，此数据传输过程使用安全芯片生成的加密密钥进行加密传输。

3. 场景三：互联互通场景

社会运营商的电动汽车充换电服务平台向车联网平台运营商(车网公司)的车联网平台发起信息交换业务，具体业务功能包括设备认证服务、查询业务策略服务(可选)、启动充电服务、充电监控服务(可选)、充电停止服务(可选)、充电订单服务、订单对账服务。设备认证服务用于客户运营商向基础设施运营商查询电动汽车充电基础设施的可用状态，启动充电服务用于车联网平台通过社会充电运营商平台请求启动社会充电桩充电，社会充电运营商平台完成启动充电后推送启动充电结果。此场景使用 AES256、HMAC 等算法保证数据传输机密性和完整性。

8.9 本 章 小 结

新型电力系统建设是“双碳”目标的重要支撑。与传统电力系统相比，新型电力系统带来诸多挑战，对电网的灵活性、智能化提出更高要求。本章选取了七个重要场景，介绍了大数据及相关技术在支撑新型电力系统建设方面的应用。随着新型电力系统建设进程的加快，源网荷储各环节紧密衔接、协调互动，海量对象广泛接入、密集交互，使数据生产范围更广、种类更多、频次更高，电力数据规模将持续增长，数据背后的价值不言而喻，大数据技术也将有越来越多的用武之地。有效利用海量电力数据，最大程度挖掘数据价值，可大幅提升电力系统可观测、可描述、可控制能力，促进源网荷储海量要素协同互动，助力新能源消纳和电力系统安全稳定运行。

参 考 文 献

[1] 舒印彪, 张丽英, 张运洲, 等. 我国电力碳达峰、碳中和路径研究[J]. 中国工程科学, 2021, 23(6): 1-14.

[2] 辛保安. 新型电力系统与新型能源体系[M]. 北京: 中国电力出版社, 2023.

[3] Xue Y S, Yu X H. Beyond smart grid—cyber—physical—social system in energy future [J]. Proceedings of the IEEE, 2017, 105(12): 2290-2292.

[4] 薛禹胜, 赖业宁. 大能源思维与大数据思维的融合(一)大数据与电力大数据[J]. 电力系统自动化, 2016, 40(1): 1-8.

[5] 薛禹胜, 赖业宁. 大能源思维与大数据思维的融合(二)应用及探索[J]. 电力系统自动化, 2016, 40(8): 1-13.

[6] Xue Y S, Wu J, Xie D L, et al. Experimental study on EV purchases assisted by multi-agents representing a set of questionnaires[C]// Proceedings of the international conference on life system modeling and simulation, Shanghai, China, 20-23Sept2014, CCIS463, p449-459.

[7] 薛禹胜, 吴巨爱, 谢东亮, 等. 关于在决策推演中计入博弈行为的评述[J]. 电力系统自动化, 2023, 47(16): 1-9.

[8] 薛禹胜, 谢东亮, 薛峰, 等. 支持信息-物理-社会系统研究的跨领域交互仿真平台[J]. 电力系统自动化, 2022, 46(10): 138-148.

[9] 冷俊, 薛禹胜. “双碳”目标下, 新型电力系统发展路径的优化思路[J]. 中国电力企业管理, 2021(19): 11-13.

[10] 舒印彪, 薛禹胜, 蔡斌, 等. 关于能源转型分析的评述: (一)转型要素及研究范式[J]. 电力系统自动化, 2018, 42(9): 1-15.

[11] 舒印彪, 薛禹胜, 蔡斌, 等. 关于能源转型分析的评述: (二)不确定性及其应对[J]. 电力系统自动化, 2018, 42(10): 1-12.

[12] 张东霞, 苗新, 刘丽平, 等. 智能电网大数据技术发展研究[J]. 中国电机工程学报, 2015, 35(1): 2-11. DOI: 10. 13334/j. 0258-8013. pcsee. 2015. 01. 001.

[13] 李阳, 刘友波, 刘俊勇, 等. 基于形态距离的日负荷数据自适应稳健聚类算法[J]. 中国电机工程学报, 2019, 39(12): 3409-3420.

[14] 邵伟, 徐泰山, 王胜明, 等. 基于聚类的电网暂态稳定裕度估算方法[J]. 计算机系统应用, 2020, 29(2): 151-156.

[15] 姚德全. 基于复合神经网络的电力系统暂态稳定评估和裕度预测[J]. 电力系统自动化, 2013, 37(20): 41-46. DOI: 10. 7500/AEPS201301149.

[16] 黄辉, 舒乃秋, 李自品, 等. 基于信息融合技术的电力系统暂态稳定评估[J]. 中国电机工程学报, 2007, 27(16): 19-23.

[17] 于之虹, 郭志忠. 基于数据挖掘理论的电力系统暂态稳定评估[J]. 电力系统自动化, 2003(8): 45-48.

[18] 叶圣永, 王晓茹, 刘志刚, 等. 基于支持向量机增量学习的电力系统暂态稳定评估[J]. 电力系统自动化, 2011, 35(11): 15-19.

[19] 王康, 孙宏斌, 蒋维勇, 等. 智能控制中心二级精细化规则生成方法[J]. 电力系统自动化, 2010, 34(7): 45-49.

[20] 王皓, 孙宏斌, 张伯明, 等. 基于混合互信息的特征选择方法及其在静态电压稳定评估中的应用[J]. 中国电机工程学报, 2006(7): 77-81.

[21] 国务院关于印发气象高质量发展纲要(2022—2035 年)的通知, 国发〔2022〕11 号, 2022. 4. 28.

[22] 国家能源局、科学技术部关于印发《"十四五" 能源领域科技创新规划》的通知, 国能发科技〔2021〕58 号, 2021. 11. 29.

[23] 郎伊紫禾. 计及源荷互动的多能源系统价格机制研究[D]. 南京: 东南大学, 2018.

[24] 孔祥玉, 刘超, 陈宋宋, 等. 考虑动态过程的可调资源集群多时间节点响应潜力评估方法[J]. 电力系统自动化, 2022, 46(18): 55-64.

[25] 沈瑜, 岳园园, 闫华光, 等. 地区电网需求响应资源聚合与调控策略研究[J]. 电网技术, 2017, 41(10): 3341-3347.

[26] 孙毅, 刘昌利, 刘迪, 等. 面向居民用户群的多时间尺度需求响应协同策略[J]. 电网技术, 2019, 43(11): 4170-4177.

[27] 席裕庚. 预测控制[M]. 2 版. 北京, 国防工业出版社, 2013.

[28] 肖浩, 裴玮, 孔力. 基于模型预测控制的微电网多时间尺度协调优化调度[J]. 电力系统自动化, 2016, 40(18): 7-14, 55.

[29] 张雨薇, 刘文颖, 夏鹏, 等. 基于代理技术的广域源-荷双层递阶协同优化调度模型[J]. 电力自动化设备, 2021, 41(3): 105-114.

[30] 潘振宁, 王克英, 瞿凯平, 等. 考虑大量 EV 接入的电—气—热多能耦合系统协同优化调度[J]. 电力系统自动化, 2018, 42(4): 104-112.

[31] 王岗, 范旖晖, 黄成, 等. 低碳转型下省级电力现货市场建设关键问题思考[J]. 价格理论与实践, 2022(1): 77-82, 174.

第 9 章　碳达峰、碳中和应用

碳达峰、碳中和目标下，能源清洁低碳转型进程加速，数字经济的蓬勃发展不断催生各类新业务、新业态。能源大数据本身具备穿透、连接、叠加、倍增等效应，作为数字经济在能源领域的具体应用，能源大数据通过在能源的生产、消费、传输、运营、管理、计量、交易等环节和链条进行广泛应用，将能够直接或间接减少能源活动产生的碳排放量，助力我国碳达峰、碳中和目标的实现。本章介绍能源大数据在碳达峰、碳中和领域的应用。9.1 节介绍碳达峰、碳中和应用背景；9.2 节通过碳排放监测核算领域的方法学研究，介绍能源大数据在碳排放监测核算领域的应用情况；9.3 节介绍能源大数据在助力能源供给消费碳减排，支撑碳制度体系建设方面的应用；9.4 节介绍能源大数据在碳达峰、碳中和领域的一些典型应用；9.5 节是对能源大数据在碳达峰、碳中和领域的应用方向总结。

9.1　碳达峰、碳中和应用背景

作为世界上最大的发展中国家，中国将完成全球最高碳排放强度的降幅，用全球历史上最短时间实现从碳达峰到碳中和，充分体现负责任大国的担当。本节主要通过介绍碳达峰、碳中和的概念及国内外形势，阐述能源大数据在“双碳”目标中的价值内涵。

9.1.1　碳达峰、碳中和概念

气候变化是当今人类面临的全球性问题。近一个世纪以来，全球大量使用矿石燃料，排放出的大量二氧化碳是一种主要的温室气体，而温室气体是全球变暖的主要原因之一。为了共同面对气候变化的挑战，2015 年，全球近 200 个国家和地区达成了应对气候变化的《巴黎协定》，并于 2016 年 11 月 4 日正式生效。《巴黎协定》确立了全球应对气候变化的目标：全球尽快实现温室气体排放达峰，并在 21 世纪下半叶实现温室气体净零排放，到 21 世纪末，将全球平均气温上升幅度控制在工业化前水平 2℃以内。在这一背景下提出碳达峰、碳中和战略目标具有重要意义。

碳达峰是指在某一个时点，人类活动造成的温室气体排放量达到峰值不再增长，之后逐步回落。碳达峰是二氧化碳排放量由增转降的历史拐点，标志着碳排放与经济发展实现脱钩，达峰目标包括达峰年份和峰值。

碳中和是指国家、企业、产品、活动或个人在一定时间内直接或间接产生的温室气体排放总量，通过使用低碳能源取代化石燃料、植树造林、节能减排等形式，以抵消自身产生的二氧化碳或温室气体排放量，实现正负抵消，达到相对“零排放”。

9.1.2 国际形势

“双碳”目标成为国际气候行动重要内容。2020 年，欧盟带头宣布绝对减排目标：2030 年，欧盟的温室气体排放量将比 1990 年至少减少 55%，到 2050 年，欧洲将成为世界第一个“碳中和”的大陆。随后，世界各国相继提出政治承诺，初步形成碳中和意向的国家或地区规模非常可观：目前全球共有 54 个国家和地区已经实现碳达峰，主要为发达国家，也有少量发展中国家和地区；133 个国家和经济体以立法、法律提案、政策文件等不同形式提出或承诺提出碳中和目标，甚至不丹和苏里南等 19 个国家声明已实现了碳中和的目标。这种国际趋势促使各国努力实现长期减排目标，强化了国际气候行动力度。

欧盟碳减排政策是以能源政策为主线，以碳交易、财政政策为手段推动各部门节能减排。欧盟是最早开展碳减排的地区之一，在 1990 年实现整体碳达峰后，逐步确立在应对气候变化领域的引导者地位，并建立了“1 个核心 + 3 驾马车”的超前碳减排政策体系。“1 个核心”是《欧洲绿色新政》，对欧盟“后巴黎时代”应对气候变化进行了中长期战略布局。“3 驾马车”是欧盟排放交易体系（ETS）、《减排分担条例》（ESD）和《土地利用、土地利用变化和林业条例》（LULUCF）。ETS 是通过市场化手段减少碳排放，覆盖了欧盟 40%的碳排放量。ESD 是通过行政手段控制碳排放的重要政策，覆盖碳市场以外行业的碳排放（占欧盟整体 55%），弥补了欧盟在碳减排管理上的空白。LULUCF 将土地和林业活动纳入欧盟气候变化目标管理，量化了排放量和吸收量大量不确定因素。此外，欧盟也出台一些补充性政策，包括欧盟碳边境调节机制（CBAM）等。

美国两党碳减排政策在各阶段表现出截然不同的态度，导致减碳政策连续性较差。长期以来，美国在碳中和目标上态度不明、表现反复无常，但最近美国新政府正在转变态度及做法，继先后退出《京都议定书》《巴黎协定》之后，2021 年 2 月拜登就任总统后美国重新加入《巴黎协定》，加入碳减排行列，积极参与落实《巴黎协定》，承诺 2050 年实现碳中和。在州层面，目前已有 6 个州通过立法设定了到 2045 年或 2050 年实现 100%清洁能源的目标。

日本作为岛国其碳减排政策的演变与其资源禀赋和发展路径息息相关，碳中和行动和态度存在不确定性。国际能源署数据表明，日本是 2017 年全球温室气体排放第六大贡献国，自 2011 年福岛灾难以来，日本在节能技术上有所努力，但仍对化石能源具有依赖性。为应对气候变化，日本政府紧随欧盟于 2020 年 10 月 25 日公布“绿色增长战略”，确认了到 2050 年实现净零排放的目标，该战略旨在通过技术创新和绿色投资的方式加速向低碳社会转型[1]。

纵观国际碳中和行动，不同经济体之间气候行动力度存在明显的差异。欧洲减排力度大且政策约束力较强，美国政策转向积极但连续性差，日本气候政策具有较强的跟随性。由于牵涉国际政治经济的方方面面，能源低碳转型又是一个长期、渐进和复杂的过程，各种阵痛和反弹将不可避免，全球碳中和愿景仍存较大不确定性。这种不确定性也令许多国家陷入碳中和焦虑，既担心成为碳中和之路上的落后者，也担心冒进引发的各种冲击。总体来看，全球碳中和行动将面临政策与认知、技术和资源、资本和市场、政治和社会及国际合作等诸多方面的挑战。国际社会需要求同存异，合力应对，积极缩小全球碳中和鸿沟。我国也要把握好节奏，处理好发展与环保及安全之间的动态平衡。

9.1.3　国内形势

2022 年 1 月，习近平总书记在主持中共中央政治局第三十六次集体学习时强调，必须深入分析推进碳达峰碳中和工作面临的形势和任务，充分认识实现“双碳”目标的紧迫性和艰巨性，研究需要做好的重点工作，统一思想和认识，扎扎实实把党中央决策部署落到实处。①

我国多措并举积极推进“双碳”工作落实。2021 年 3 月，《关于国民经济和社会发展第十四个五年规划和 2035 年远景目标纲要》发布，提出要建设清洁低碳、安全高效的能源体系，协同推进减污降碳[2]。2021 年 7 月，全国碳市场上线交易正式启动，纳入发电行业重点排放单位 2162 家，覆盖约 45 亿 t 二氧化碳排放量，是全球规模最大的碳市场。2022 年 6 月，国家发改委、生态环境部等 17 部门联合印发《国家适应气候变化战略 2035》，对当前至 2035 年适应气候变化工作和“双碳”工作作出统筹谋划部署[3]。2023 年 4 月 1 日，国家标准委等十一部门联合印发《碳达峰碳中和标准体系建设指南》，绘制了未来 3 年“双碳”标准制修订工作的“施工图”。

碳达峰、碳中和目标为我国绿色低碳发展指明了方向。2030 年前，我国经济将持续增长，产业结构转型、能源结构调整任务艰巨，实现碳达峰和碳中和目标面临重大挑战，亟须提出战略性、系统性、全局性的解决方案。

9.1.3.1　面临的挑战

(1) 经济发展带来的挑战。站在“两个一百年”奋斗目标的交汇点，要实现富饶、美丽、健康的国家发展目标，我国经济到 2030 年仍将保持稳步增长态势，预计年均增速 5%左右。经济社会发展将带动能源需求持续增长，预计年均增速 2%左右。如此背景下，如何权衡碳排放与经济社会发展的关系，是影响生态环境、人民福祉与国家发展权的重要挑战之一。

(2) 能源转型面临的挑战。目前中国高碳基能源占比大，化石能源占总能源消费的 85%。2019 年，我国化石能源占一次能源消费比重达 85%，其中碳强度最大的煤炭占比约 58%，呈现“一煤独大”的格局。相比之下，我国清洁能源占一次能源的比重仅为 15%，低于全球平均水平，清洁能源发展的速度和质量亟须加快提升。能源结构调整面临转型困难、一些关键技术和经济性仍存在瓶颈，以及市场体系和政策机制不完善等问题和挑战。

(3) 产业结构调整的挑战。产业结构是影响低碳发展的关键因素。国民经济中，第二产业是资源消耗和污染排放的主体，特别是钢铁、建材、化工、有色等高耗能产业。我国仍处于工业化和城镇化快速发展阶段，2019 年第二产业增加值占国内生产总值(GDP)

---

① 习近平在中共中央政治局第三十六次集体学习时强调，深入分析推进碳达峰碳中和工作面临的形势任务，扎扎实实把党中央决策部署落到实处。(http://www.cppcc.gov.cn/zxww/2022/01/26/ARTI1643157757349116.shtml)

的 39%，第三产业增加值占 GDP 的 54%，远低于 65%的世界平均水平，且高耗能产业占比仍然较高。建立在化石能源基础上的工业体系，依靠资源消耗和劳动力等要素驱动的传统增长模式具有巨大惯性，对当前及今后一个时期经济增长仍将发挥重要作用。加快产业结构升级，促进产业链和价值链向高端跃升，面临着传统产业发展路径锁定、关键技术瓶颈、体制机制障碍等一系列挑战。

(4) 技术创新提出高要求。科技创新是第一生产力，也是推动“双碳”目标实现的核心动力。目前，我国“双碳”相关的技术仍处于初级发展阶段，现有科技创新储备不足以支撑国家“双碳”行动。因此，亟待针对现有问题，在能源领域和产业结构调整等方面进行目标导向的变革性技术研发。

9.1.3.2 解决方案

(1) 构建低碳经济新增长点。建立新的产业模式和产业发展结构有助于摆脱传统的经济增长模式，在绿色低碳的方向上实现经济增长。“双碳”目标下，在低碳产业、零碳产业、负碳产业等领域有巨大的成长空间。随着汽车产业的发展，中国成为世界上最重要的汽车消费市场，新能源汽车产业已经成为未来投资的重要市场和新经济增长点。此外，包括光伏发电、太阳能发电以及风能和水电领域都是未来实现双碳目标的重要经济增长点。

(2) 加快能源绿色低碳转型。通过增强能源供应链安全性和稳定性，推动能源生产消费方式绿色低碳变革，提升能源产业链现代化水平等 3 个方面，加快构建清洁低碳、安全高效的能源体系。坚持生态优先、绿色发展，壮大我国清洁能源产业，实施可再生能源替代行动，推动构建新型电力系统，促进新能源占比逐渐提高，推动煤炭和新能源优化组合。增强能源治理效能，激发能源市场主体活力，支持新模式新业态发展。培育壮大综合能源服务商、电储能企业、负荷集成商等新兴市场主体。破除能源新模式新业态在市场准入、投资运营、参与市场交易等方面存在的体制机制壁垒。

(3) 推动产业结构优化升级。产业结构转型是市场经济发展的重要内容，也是实现高质量发展的必然要求。在“双碳”目标之下，必将推动产业向中高端迈进，严格执行环保、质量、安全等法规标准，淘汰落后产能。开展重点产业强链补链行动，启动一批产业基础再造工程。加快推进国内碳交易市场的发展，同时配套开发以绿色金融、绿色债券为代表的新兴金融业务，发展绿色产业，扩大低碳产品的供给，提升产业实力和产业水平，实现产业高质量发展。

(4) 加强低碳技术创新应用。加快在碳治理方面的相关新技术开发。坚持内部挖潜，大力在已有的技术基础上进行技术创新。借鉴发达国家在碳排放治理方面积累的经验和技术，加快我国技术创新的发展，加快工艺流程改造。尤其是在绿色经济技术领域，加快人工智能、大数据、区块链等前沿技术与产业的融合应用，提升高耗能行业的能源利用效率，助力能源利用的清洁化、高效化，同时催生新动能。从而大力推动数字经济、现代服务业等一系列新业态新模式的蓬勃发展。

9.1.4 能源大数据的“双碳”应用价值内涵

当前全球已经进入数字经济时代，历经多年发展，大数据从一个新兴的技术产业，正在成为融入能源经济发展重点领域的要素、资源、动力和观念。能源大数据是以能源行业的海量多维数据为资产，以价值挖掘为导向，集合数据思维、数据能力、数据应用的数据工程体系。通过汇聚融合、共享交换和分析挖掘煤、电、油、气、热等多种能源数据价值，打造各类能源数据产品和服务，加速我国“双碳”目标的实现。

首先，支撑和完善我国碳排放核算体系建设，助力国际遵约和国内履约执行。碳排放统计核算工作的基础是对碳排放进行监测和对碳数据的治理，贯穿了能源从生产、传输到使用的整个产业链，依托能源大数据进行碳排放统计和核算，动态跟踪和评价碳排放行为，能有效解决碳排放核算的科学性和严谨性问题，助力我国建立符合中国特色的碳核算体系。

其次，赋能能源供应端和消费端碳减排，加速我国能源结构优化和产业结构调整。以数字基建引领能源设施转型升级，以数字平台加速能源领域融合互通，以数字技术促进能源系统提质增效，激发能源数据生产要素价值，推动能源系统供应格局转变，促进能源利用方式重构、能源资源配置优化，提高能源供给侧管理的精细化水平和能源利用的整体效率，加速构建更为清洁、高效、安全和可持续的现代能源体系。

最后，支撑和完善碳制度[①]应用体系，强化碳制度落地实施。激励性制度方面，能源大数据应用服务赋能征信体系，支撑绿色碳金融产品的开发利用，为绿色发展类企业给予贷款优惠等融资支持。限制性制度方面，能源大数据应用服务支撑政府进行企业碳排放数据校核，完善碳管理机制，提升我国碳关税应对能力，加快我国碳市场国际化步伐。

9.2 碳排放核算与碳排放监测服务平台

碳排放核算与碳排放监测是实现碳达峰、碳中和的重要基础，是资源高效利用、能源绿色低碳发展、产业结构深度调整、生产生活方式绿色变革、经济社会发展全面绿色转型的重要支撑，对如期实现碳达峰碳中和目标具有重要意义。本节主要分析碳排放统计核算的常用方法，介绍碳排放核算模型的相关研究成果和我国碳排放监测服务平台建设的进展。

9.2.1 碳排放统计核算常用方法分析

碳排放统计核算是做好碳达峰碳中和工作的重要基础，是制定政策、推动工作、开展考核、谈判履约的重要依据。当前，全球各国各地区及国际组织都在积极制定相关政策和机制，美、英和欧盟等国家和地区基于《IPCC 国家温室气体清单指南》构建了适用于本国的碳排放统计核算体系。《IPCC 国家温室气体清单指南》是迄今为止接受度最高、应用范围最广的国家层面温室气体排放清单指南，将碳核算划分为能源、工业过程和产

① 碳排放相关的制度统一归纳为碳制度。

品使用、农业林业和其他土地利用、废弃物、其他 5 大分类、20 个排放小类，在数据收集、方法学选择、不确定性、质量保证等方面进行了系统性指导，为《联合国气候变化框架公约》缔约国履行国际义务、依据本国国情开展清单编制提供了指南和基础，中国、美国、欧洲等均据此开展本国清单编制。美国环境保护署(EPA)负责发布美国温室气体排放清单，在 IPCC 体系基础上将农业单独分类，形成 6 大分类、25 个排放小类，结合《空气污染物排放系数汇编》的排放因子法编制清单。编制过程有成熟标准的组织模式、系数开发管理模式、数据质量管理模式和不确定管理模式。欧洲环境署(EEA)负责发布欧洲温室气体排放清单，在 IPCC 体系基础上将农业单独分类，并纳入火山、林火等，形成 6 大分类、24 个排放小类，成员国按国情基于 IPCC 选择方法，以碳排放因子法为主，在数据收集方法、方法学选择、不确定性等方面进行了系统指导。

我国依据国内发展现状，主要遵循《1996 年 IPCC 清单指南》、部分参考《2006 年 IPCC 清单指南》，采用自上而下为主的方法，注重关键排放源及数据的可获得性，通过独立核算各排放源后再汇总的形式来构建碳排放核算体系并发布排放信息。截至目前，我国已分别于 2004 年、2012 年和 2017 年，向联合国提交了 1994 年、2005 年、2012 年的国家温室气体清单，于 2019 年提交了 2010 年和 2014 年的国家温室气体清单，并对 2005 年的清单进行了回测。此外，我国同时制定了自下而上的碳排放核算途径，即下级单位自行测算后向上级单位披露与汇总统计，据此国家发改委编制发布《省级温室气体清单编制指南(试行)》和 24 个行业企业温室气体排放核算方法与报告指南(试行)，为碳排放统计核算工作奠定了基础。

通过对国内外主流碳排放统计核算体系调研发现，目前碳排放核算方法主要有计算法和实测法。其中，计算法基于排放活动数据或物质平衡关系，间接计算出二氧化碳排放量，主要包括碳排放因子法和物料平衡法。实测法是通过测量仪器直接针对二氧化碳的浓度、流量等方面进行实时监测计量，包括宏观层面的卫星监测法和微观层面的烟气排放连续监测法。

9.2.1.1 碳排放因子法

碳排放因子法是目前各级政府及相关研究或市场机构开展碳排放核算的主流方法，从原理来说是一种间接碳排放核算方法，适用于宏观层面的区域碳排放核算，同时也适用于微观层面的行业企业碳排放核算。它是由联合国政府间气候变化专门委员会(IPCC)发布，碳排放因子法通过每一种能源燃烧或使用过程中，单位能源所产生的碳排放数量来测算碳排放总量的方法。依照碳排放清单，针对每一种排放源构造其活动数据与排放因子，以活动数据和排放因子的乘积作为该排放项目的碳排放量估算值。各行业、各区域碳排放因子法计算流程如图 9.1 所示。

9.2.1.2 物料平衡法

一般来说，对企业碳排放的主要核算方法为排放因子法，但在工业生产过程(如脱硫过程排放、化工生产企业过程排放等非化石燃料燃烧过程)中可视情况选择碳平衡法。物料平衡法又称质量平衡法，是以物质守恒和转化定律为基础，对其化学反应过程进行物料平衡计算的方法。采用基于具体设施和工艺流程的碳质量平衡法计算排放量，可以反映实际碳排放量。不仅能够区分各类设施之间的差异，还可以分辨单个和部分设备之间的区别。尤其当年际间设备不断更新的情况下，该种方法更为简便。物料平衡法碳排放核算流程如图 9.2 所示。

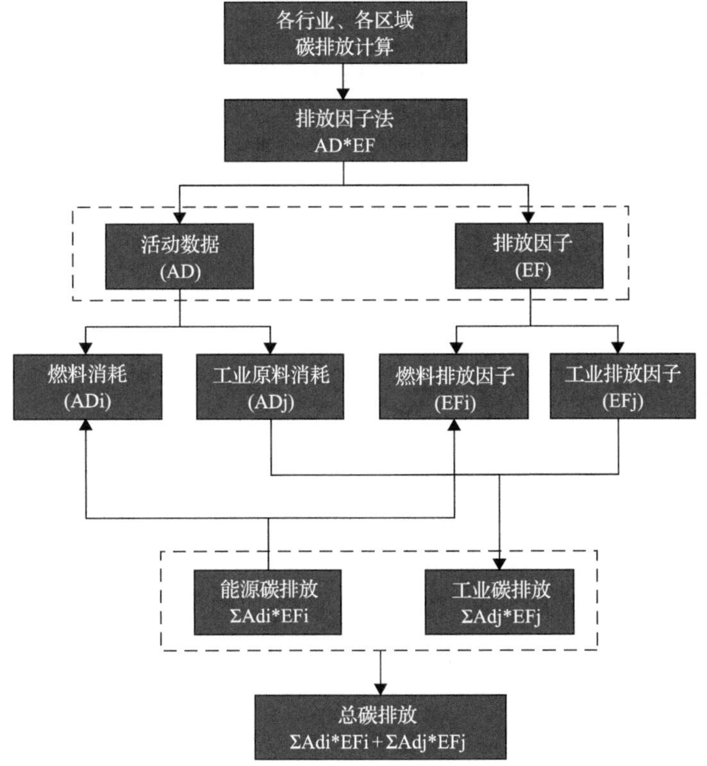

图 9.1　各行业、各区域碳排放因子法计算流程

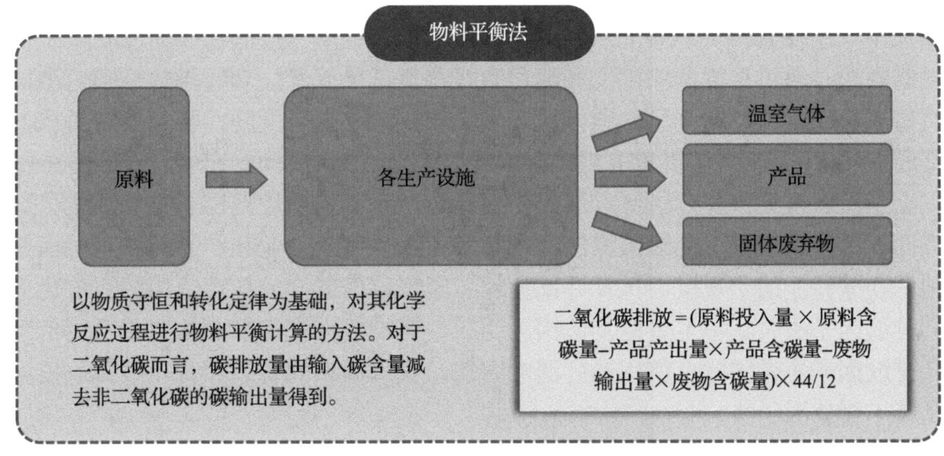

图 9.2　物料平衡法碳排放核算流程

9.2.1.3　卫星监测法

很长一段时间以来，人们主要通过地面站点监测二氧化碳排放，虽然绝对精度较高，但因地面监测站数量有限，很难覆盖全球，无法得出全球范围二氧化碳及碳源、碳汇的空间分布情况。随着大气探测和模型模拟技术的飞速发展，通过大气二氧化碳浓度观测溯源排放的方法被认为可以有效核验清单，因此在 2019 年修订版中，该方法被正式写入《IPCC 国家温室气体清单指南》。碳卫星通过利用大气二氧化碳吸收光谱的形态，来计算获得二氧化碳在大气中的含量，进而计算碳排放和碳吸收，其优势在于看得广、看得清，与地面观测形成有效互补。卫星监测法碳排放核算流程如图 9.3 所示。

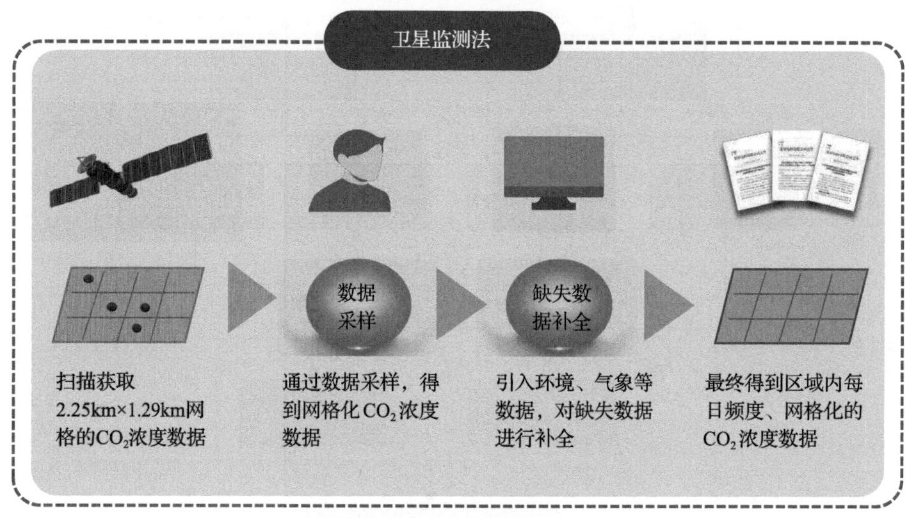

图 9.3　卫星监测法碳排放核算流程

9.2.1.4　烟气排放连续监测法

烟气排放连续监测法本质上是一种直接测量法，在烟气排放连续监测系统中搭载碳排放监测模块，通过连续监测浓度和流速直接测量其排放量。烟气排放连续监测法可及时、直接获得碳排放量，并且比碳排放因子法获得的数据精度高，缺点是设备成本、投资运维成本都比较高，适于计量有组织排放源的碳排放。烟气排放连续监测如图 9.4 所示。

以上主流碳排放核算方法特点对比如表 9.1 所示。从适用范围、核算成本、数据情况等方面分析，烟气排放连续监测法和物料平衡法适用于企业和产品的微观层面核算，在分地区、分行业的宏观层面核算并不适用。宏观层面碳排放核算适用的方法为卫星监测法和排放因子法，其中卫星监测法因为受天气影响较大且核算成本高，适用范围相对有限；排放因子法是国际上使用最广泛的方法，我国颁布的省级和行业碳排放核算方法主要是基于排放因子法。

碳排放因子法高度依赖于活动水平数据，目前主要通过统计年鉴等公开渠道获取相关数据，其时效性、分辨率和准确性还有待提高，尚无法满足月度高频度和细分行业核算的需求。因此需要找到一种与活动水平数据关系密切，且具备全域、低成本、实时、

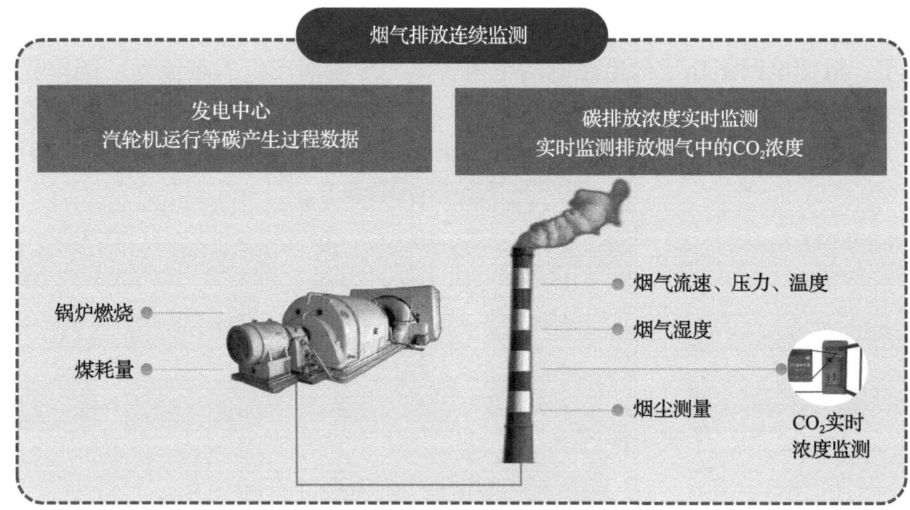

图 9.4 烟气排放连续监测法

表 9.1 常用碳排放核算方法对比

核算方法		碳排放因子法	物料平衡法	卫星监测法	烟气排放连续监测法
适用范围		较广	有限	有限	有限
核算成本		较低	较低	高	高
数据情况	数据时效性	较低	较低	高	高
	数据分辨率	较低	较低	高	高
	数据准确度	较低	较高	高	高
	数据来源	不统一	不统一	不统一	不统一
	统计维度	有限	有限	有限	有限

准确、多维特点的数据，通过折算、替代等方式，以满足碳排放监测、分析、应用需求。而利用能源大数据实时优势、全域优势、成本优势和多维优势开展碳排放核算模型研究，能够有效解决碳排放核算精准度不高和监测效果不佳等问题。

9.2.2 碳排放核算模型研究

基于 IPCC 的核算体系和基于排放因子的核算方法基本是适用的，但还要找到与碳排放密切相关，且具备更高时效性、更高分辨率、更高准确度的一类数据，基于排放因子法研究出全新的分析模型，按照 IPCC 的第三层级方法动态计算获得排放因子和碳排放量，实现分地区、分行业月度碳排放监测、分析和应用。通过电力大数据构建“电-碳计算模型”进行碳排放监测是目前合适的解决方案。利用电力、能源、宏观经济等关键数据，研究构建“电-碳计算模型”，实现区域、重点行业碳排放月度、年度测算，提升碳排放监测时效性；基于详细能源数据，研究构建“能-碳计算模型”，进行区域、行业历史碳排放数据测算，对“电-碳计算模型”的测算进行交叉验证；基于电力传输多时间尺度和细空间维度的特点，应用碳流理论，探索建立跨省区、跨行业的“电碳一张图”耦合模型，根据电网拓扑结构追踪电网中由于电力传输而产生的碳流动。碳排放核算模型如图 9.5 所示。

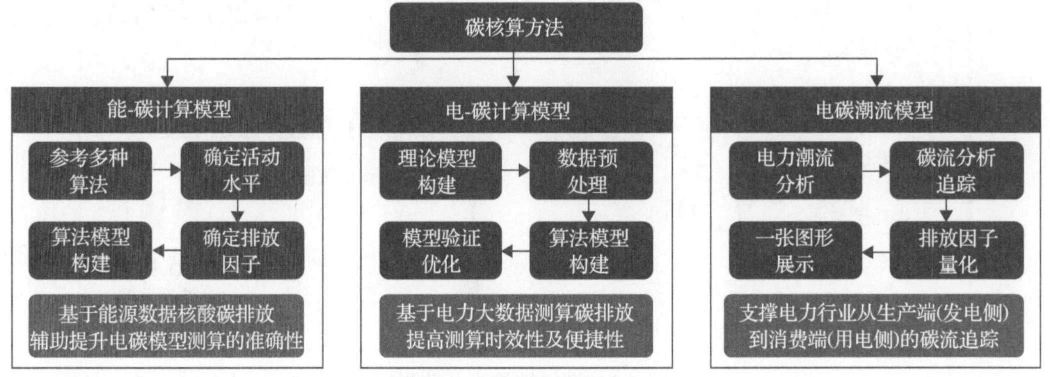

图 9.5　碳排放核算模型

9.2.2.1　能-碳计算模型

能-碳计算模型是基于能源数据核算碳排放的重要方法，参考国际国内现有的碳排放核算方法，结合不同区域、行业实际情况差异，基于详细能源数据，确定活动水平和排放因子，构建“能-碳计算模型”，进行区域、行业历史碳排放数据测算，有利于辅助提升电碳计算模型测算的准确性。能-碳计算模型的优点是领域跨度大、涉及面广，数据涉及区域、产业、行业、企业等不同维度的煤、电、油、气、热各类能源数据，以及人口、产值、产量等经济数据和森林蓄积量、林草地面积等生态环保数据，可以对不同维度、类型的能源数据进行测算。

能-碳计算模型在碳排放方面主要包含排放因子法、物料平衡法等，其中排放因子法是由 IPCC 提出的碳排放估算方法，也是目前最为广泛应用的方法，其通用公式如下：

$$E = E_{\text{burn}} + E_{\text{pro}} + E_{\text{eh}} - R_{\text{cs}} \tag{9.1}$$

式中，E 为实际碳排放量；E_{burn} 为煤、气、油等化石燃料燃烧产生的二氧化碳，其计算公式为化石能源消费量乘以对应能源的折碳排系数，其折碳排系数主要来源于《IPCC 排放因子数据库》；E_{pro} 为工业生产过程中如碳酸盐等生产过程产生的二氧化碳，《温室气体排放核算与报告要求(GB/T 32151—2015)》中规定了各行业需统计碳排的非化石能源原料，并给出了对应折碳排系数；E_{eh} 为外购电热折算其生产时产生的二氧化碳，其折算系数原则上取决于其生产过程的能源消耗，但目前由于能源价格未有相应的区分体系，若对同一区域用户采用不同的电碳折算系数，显失公平性；R_{cs} 为固碳产品，其含义为企业对外提供含碳产品，其生产过程碳排不计入本企业。在《温室气体排放核算与报告要求(GB/T 32151—2015)》中规定了各行业可以视为对外提供含碳产品，不计入本企业的碳排产品。

9.2.2.2 碳汇测算方法

自然生态系统深度参与着全球碳循环过程，其吸收二氧化碳的固碳作用对中和碳排放贡献巨大。自然碳汇作为最经济且副作用最少的方法，是未来我国应对气候变化，实现碳达峰、碳中和最有效的途径之一。测算碳汇量有助于政府合理规划碳中和路径，尽快实现“双碳”目标。

1. 海洋碳汇测算方法

$$\text{海洋碳汇能力}(C_{\text{t}}) = \text{贝类固碳量}(C_{\text{B}}) + \text{藻类固碳量}(C_{\text{W}}) \tag{9-2}$$

式中，贝类固碳量(C_{B})=软体组织固碳量(C_{ST})+贝壳固碳量(C_{S})，C_{ST}=贝类产量×软体组织干质量比例(R_{ST})×软体组织碳含量，C_{S}=贝类产量×贝壳干质量比例(R_{S})×贝壳碳含量；藻类固碳量(C_{W})=藻类产量×藻体碳含量。

2. 森林碳汇测算方法

1) 采用生物量转换因子连续函数法计算林分的生物量

$$B = aV + b \tag{9-3}$$

式中，B 为林分的生物量，t/hm^2；V 为林分的蓄积量，m^3/hm^2；a 和 b 分别为生物量和蓄积量的转换系数[4]。

2) 计算森林碳储量

$$C = r_j \times B \tag{9-4}$$

式中，C 为森林碳储量，t/hm^2；r_j 为不同树种(组)的含碳率转换系数。

3) 计算森林碳汇量

$$C_t = (C_m - C_n) / (m - n) \tag{9-5}$$

式中，C_m 和 C_n 分别为第 m 年和第 n 年的碳储量。

3. 林草地碳汇

$$E = \sum e_i = \sum T_i \times \delta_i \tag{9-6}$$

式中，E 为碳总排放量；e_i 为各土地利用方式产生的碳排放量；T_i 为各土地利用方式对应的土地面积；δ_i 为各土地利用方式的碳排放(吸收)系数[5]。

4. 农田碳汇

$$C_{\text{t}} = \sum C_{\text{d}} = \sum C_{\text{f}} D_{\text{W}} = \sum C_{\text{f}} Y_{\text{W}} (1 - W_i) / H_i \tag{9-7}$$

式中，i 代表第 i 种作物；C_t 为农田总碳吸收量；C_d 为第 i 类作物全生育期的碳吸收量，C_f 为第 i 类作物合成单位质量干物质需要吸收的碳；D_W 为生物产量；Y_W 为第 i 类农作物的经济产量；W_i 为第 i 类作物的含水率；H_i 为第 i 类作物的经济系数，即经济产量与生物产量的比值[6]。

同时，能-碳计算模型也存在对数据要求较高、碳排放核算精准度较低的短板。为进一步优化能-碳计算模型，需要汇集各类能碳数据，打造涵盖碳生产、传输、消费全生命周期的“碳”数据库；同时需要收集国内外现有主要文件、标准中能源的折碳排系数，农林、草地的折碳汇系数，形成因子数据库；此外还需要研究碳排放、碳汇、碳交易支撑等各类碳核算算法，持续提升碳排放核算精确度。

9.2.2.3 电-碳计算模型

电-碳计算模型主要是以电折“能”，通过对历史电量数据、能源消耗数据及工业产量数据进行训练得到电力和能源消耗、工业产量之间的数学模型关系，通过电力数据测算能源活动消耗及工业过程产量，最后以“能”算碳，综合使用能源活动、工业过程和区域电力碳排放因子，计算碳排放数据，从而研究出的一种电力大数据测算碳排放模型。电-碳计算模型充分利用了电力大数据全面、实时、准确的优点，有助于解决现有碳核算体系时效性差、准确率低等问题，并为国家研判趋势、制定政策、推动双碳工作提供数据支撑。

电-碳计算模型研究具有一定的可行性。从行业方面看，电力是能源消费总量的重要构成部分，也是工业企业生产的重要要素之一。能源燃烧占我国碳排放的 88%左右，电力行业排放占能源燃烧排放的 41%。2019 年电能占能源终端消费比重为 25%左右，到 2030、2060 年比重分别将达 40%、70%左右。电力贯穿经济社会活动和碳排放的各个环节，以电算碳合理性强。从数据方面看，电力数据具备准确性实时性强、采集范围广且成本低、价值密度大、统计口径基本一致的特点，可为碳排放监测提供优质、高效的基础数据源，有效为高频次、多维度的碳排放监测分析提供支撑。从算法方面看，基于电力数据及与之对应的能源消费总量数据和工业产品产量数据，利用统计建模技术，建立能够反映能源消费总量与用电量、工业产品产量与其用电量的长期关系的统计模型；通过建立反映能源消费总量与用电量关联关系的统计模型，可折算出碳排放计算所需要的能源活动水平数据，再乘以排放因子即可计算出能源活动的碳排放量；通过建立工业产品产量与其用电量关联关系的统计模型，可折算出碳排放计算所需要的工业生产过程活动水平数据，再乘以排放因子即可计算出工业生产过程的碳排放量。

从学术理论研究成果看，目前主要针对重点行业企业的电-碳计算模型进行了深入研究。构建行业企业电碳计算模型，首先需要通过对行业企业的生产工艺流程及其电力消耗、碳排放量等情况进行研究，分析重点行业企业的“电-碳”关系。由于重点行业企业净购入电量与碳排放总量并非简单线性关系，为构建电力-碳排放计算模型，需定义一个新变量——电碳指数，即企业碳排放量与净外购电力的比值（单位 tCO_2/MW.h），见式（9-8）。然后构建因变量电碳指数，选取与行业企业“电-碳”关系密切相关的自变量，进行变量分析和样本处理，研究重点企业生产净购入电量与碳排放总量的关系，并确定采用的回归模型和评估指标。最后运用多种机器学习算法，包括但不限于全子集回归模型(Sufit)、弹性网络模型(Enet)、套索回归模型(Lasso)、随机森林模型(RF)、神经网络模型(NN)等，分别建立以电碳指数为因变量的行业企业单样本日度电碳模型和多样本年度电碳模型，从模型结果的特征重要性排序中识别出电碳指数的关键影响因子，并通过比较拟合优度等统计指标从多个预测模型中得出最优电-碳计算模型，实现以电力数据测算碳排放量的目的[7]。

$$\text{行业企业电碳指数} = \frac{\text{企业二氧化碳排放总量}}{\text{净外购电力的比值}} \tag{9-8}$$

从电碳计算模型的探索与实践看，目前青海、天津、浙江、河北等省级电力公司已构建电-碳计算模型并应用。国网青海省电力公司充分发挥电力大数据准确性高，实时性强，价值密度大、采集范围广的优势，依托大数据技术，以企业用电数据为输入，结合企业能耗、产能数据，构建企业电-碳分析模型，拟合发现企业用电数据与碳排放量间的关系规律，测算企业碳排放总量及排放强度，形成企业碳账户①指标，实现电量监测碳排放量。国网天津经研院系统梳理了近 20 年的能源、经济、人口、重点行业产量、运输客流等统计数据，结合高频电力大数据，基于人工神经网络构建了高频电-碳关联模型，并利用群体智能优化算法进行分区域分行业的时序结果优化，形成了以电力数据为主，其他能源数据、经济、人口数据为辅的多元数据驱动技术，实现了全市各行政区维度下第一、二、三产业和农林牧渔、工业、交通业、建筑业、批发零售业、居民生活及其他 7 大行业的高频碳排放监测，大大提高了测算的有效性和实时性。国网宁波供电公司通过建立电量与能源消费结构、碳排放的关联模型，深化“电-能-碳”协同，实现基于电力大数据的行业、企业综合能耗动态分析和碳排放预测，实现“以电定碳”；通过首创“5+X”用能变量选择法，将用能影响因素与电、气、煤、热、油五大能源及碳排放的 4 年历史数据建立关联模型，预测未来 2 年内制造业各细分行业的电能消费比重，并通过细分场景和温度、节假日等数据的偏差校正，最终确定各行业实时综合能耗和碳排放的预测值。国网河北信通公司开展部署的电-碳计算模型，以电力数据为主，汇聚平板玻璃、水泥、生铁、粗钢、钢材产量等数据，通过回归分析等方法，可有效得出省、市碳排放总量及分行业碳排量，并结合近 10 年电量数据，进行模型验证，得出了各行业的碳排放量。

基于电-碳计算模型的相关理论研究与各省级电力公司的探索实践，2022 年 11 月 13 日由国家电网公司牵头，协同南方电网公司、内蒙古电力公司、新疆生产建设兵团电力集团等单位共同建设的全国首个应用电力大数据测算碳排放模型——电-碳分析模型研发成功，并通过了来自中国科学院、中国工程院 5 名两院院士以及能源、“双碳”领域专家评审。该模型创新构建了“以电算能、以能算碳”的计算方法，依托电力行业与能源活动、工业生产碳排放量的相关性基础，发挥电力大数据实时性强、准确度高、分辨率高和采集范围广等优势，测算全国及分地区、分行业月度碳排放，具有理_论和实践的可

① 碳账户是界定个人、企业等各社会主体碳足迹、碳排放权边界与减碳贡献的记录与数据治理工具，用于持有碳资产，从而在必要时进行履约清缴，实现碳中和。碳账户应发挥四项主要功能，一是登记确权，二是存管和托管，三是交收或转账，四是清算和结算。

行性。该模型是碳排放核算方法的创新和有效补充，在国际上属于首创，能有效支撑碳排放核算工作[8]。

电-碳计算模型虽然具有测算范围大、成本低、测算准确的优势，能够实现全国、分区域、分行业能源活动和工业生产过程碳排放数据的测算，但模型在数据依赖性和测算边界方面还具有一定的局限性。电-碳计算模型采用的历史能源活动数据和工业产品产量数据，存在国家和省级的能源消费统计数据差异、细分行业或地区碳排放因子缺失等数据质量问题；同时电-碳计算模型测算范围包含能源活动和工业生产过程，虽已覆盖全社会大部分碳排放量，但碳汇、畜牧业、废弃物处理等活动，尚无法通过电力数据测算。

9.2.2.4 电碳潮流模型

我国目前采用区域或省级平均碳排放因子来计算用电间接碳排放量，随着可再生能源发电比例的上升，用电碳排放因子的时空差异性将日益明显。为了解决用电碳排放因子的精确核算问题，清华大学康重庆教授研究团队在 2011 年提出碳排放流理论[9]，通过给电力潮流打上“碳标签”的方式，对用户的每一度电进行碳排放溯源。应用该方法能够计算不同时间、地区度电含碳量差异化用电碳排放因子，实时、精准地呈现电力系统碳排放从产生到传输的全过程“画像”。基于电源侧、电网侧、用户侧电力碳排放及相关数据，以电力潮流分析为手段，实现精准、动态的分时、分区电力碳排放因子量化。根据电力系统潮流数据、机组发电数据等，开展碳流计算，可实现碳排放的实时追溯，全景展示电力生产、传输、转化、存储、消费等环节的碳排放，时间颗粒度可精确到 10min 断面，空间颗粒度可精确到区县级。

在潮流分析中，当所有节点的有功功率、无功功率、电压和相角都通过计算得到后，所有支路的潮流就可以求得。根据碳排放流的性质，当某节点的碳势已知时，对于所有从该节点流出有功潮流的支路，这些支路上潮流的碳流密度均与该节点碳势相等。当系统中所有节点的碳势已知时，所有支路的碳流率可通过支路起始节点的碳势和支路潮流求得。若系统中各节点的碳势可通过计算得到，则各条支路乃至关键断面的碳流率和流量可求[9]。碳流计算中涉及变量及含义如表 9.2 所示。

表 9.2　碳流计算中涉及变量及含义

描述对象	已知内容	待求内容
潮流分布	系统潮流稳态分布	系统中的节点碳势系统碳排放流分布
发电机组	接入系统的位置注入功率机组碳排放强度	—
用户负荷	在系统中的位置负荷功率	电力消费碳排放强度负荷碳流率

节点碳势及碳流计算流程如下。

(1) 支路碳流量。支路碳流量是描述碳流最基本的物理量，以表征支路上碳流的大小，用符号 F 表示。支路碳流量定义为：给定时间内随潮流而通过某条支路的碳流所对应的碳排放累积量。碳流量的单位与碳排放量相同，用 tCO_2 或 $kgCO_2$ 表示[10]。

(2) 支路碳流率。支路碳流率定义为：某条支路在单位时间内随潮流而通过的碳流量，

用符号 R 表示，在数值上等于支路碳流量对时间的导数，单位一般为 tCO_2/h 或 $kgCO_2/s$：

$$R = \mathrm{d}F/\mathrm{d}t \tag{9-9}$$

式中，支路碳流量为支路碳流率在给定时间内的积分值。

(3) 支路碳流密度。碳排流依附于潮流，因此其分析计算需结合电力潮流。电力系统中的碳排放主要与有功潮流相关，因此引入表征两者的结合特征的物理量支路碳流密度，其定义为：电力系统任一支路碳流率与有功潮流的比值以符号ρ表示，单位为 $kgCO_2/(kW \cdot h)$：

$$\rho = R/P \tag{9-10}$$

式中，在发电厂出线中支路碳流密度等于发电机组的碳排放强度，而在进入负荷终端的线路中，支路碳流密度等于支路传输单位电量消费所造成的发电侧的碳排放值，具有明确的物理意义。

由于支路碳流率与有功潮流描述的均为瞬时值，所以支路碳流密度在系统中随着潮流变化而变化。为了描述方便，进一步定义给定时间段内的平均支路碳流密度 $\bar{\rho}$，简称平均碳流密度：

$$\bar{\rho} = \int R\mathrm{d}t \Big/ \int P\mathrm{d}t = F/Q \tag{9-11}$$

式中，平均支路碳流密度的量纲与支路碳流密度相同。相比支路碳流密度，平均支路碳流密度由累积量计算获得，即为一段时间内的碳流量与通过该支路电量的比值。

(4) 节点碳势。支路碳流密度用于描述电力系统中支路上潮流与碳流的关系，而电力系统中发电与用电环节是以节点形式存在于电力系统中，因此引入由碳排放流描述节点碳排放强度的物理量，即节点碳势，以符号 e 表示。某节点 n 的节点碳势 e_n 表示如下：

$$e_n = \sum_{i \in N^+} P_i \rho_i \Big/ \sum_{i \in N^+} P_i = \sum_{i \in N^+} R_i \Big/ \sum_{i \in N^+} P_i \tag{9-12}$$

式中，N^+为节点 n 相连的支路中有潮流流入节点 n 的所有支路集合；i 为支路编号。

节点碳势与支路碳流密度具有相同的量纲，单位一般为 $kgCO_2/(kW \cdot h)$，数值上等于所有流入节点 n 的支路的碳流密度 ρ_i 关于有功潮流 P_i 的加权平均。节点碳势的物理意义为：在该节点消费单位电量所造成的等效于发电侧的碳排放值。对于发电厂节点，其节点碳势等于电厂实时的发电碳排放强度。所有从节点流出潮流的碳流密度与该节点的碳势相等。

电碳潮流模型为电力系统间接碳排放的核算提供了更加丰富的时空维度，在计算碳排放总量的同时，清晰地揭示了碳流在电力网络中的分布特性和传输消费机理，解决了电力系统碳排放的实时、精准分析问题，形成了电力间接碳排放核算的中国方案，可为政府开展碳“双控”、电力企业开展碳管理、服务用户碳减排提供数据基础与决策依据。但是目前电碳潮流模型仍处于学术研究阶段，尚未得到国内国际权威机构的通用认可。

9.2.3 碳排放监测服务平台

2022 年 6 月 23 日，国家电网公司受碳达峰碳中和工作领导小组办公室(设在国家发展和改革委员会)委托，召开了全国碳排放监测服务平台建设启动会。经过一年的建设，平台实现了全国及分地区、分行业月度碳排放计算、监测、分析功能，平台测算结果与国内外主要碳排放数据库公开数据对比，历年数据偏差率均在 5%以内，结果精准可信。基于电力大数据和“电-碳计算模型”，创新提出的碳排放数据测算方法是对碳排放核算方法的有效创新，也是对当前核算机制的有益补充，可为政府部门推进“双碳”工作提供重要支撑。2023 年 6 月 5 日，国家发展改革委环资司组织召开全国碳排放监测分析服务平台验收会，3 名中国工程院院士和来自高校、行业协会、科研院所的专家组成的专家组对平台进行验收评审，专家组一致认为，全国碳排放监测分析服务平台具有算法模型领先、技术架构先进、数据接入全面、监测范围广泛、分析维度多样、安全防护可靠等特点，可按月计算全国及分地区、分行业碳排放数据，相较传统计算方法提升数据时效性 12～18 个月。

2022 年 12 月 20 日，国网北京市电力公司应用其自主研发的首都碳排放监测服务平台，协助市、区两级政府部门开展不同维度的碳排放测算和分析。按照国家电网公司安排，国网北京电力以国家及北京市碳监测管理工作为基础，积极研发“电-碳”分析模型，构建首都碳排放监测服务平台，满足政府、企业碳排放监测和碳管理需求，服务首都能源绿色低碳转型和数字经济发展。该平台于 11 月 10 日上线运行。1 个月来，国网北京电力进一步优化完善平台建设，细分行业“电-碳”分析模型，逐步提升模型的准确性和适用度。碳排放场景可从区域维度、行业维度、企业维度实现全景化碳排放监测，掌握碳排放实时数据及历史参数，并将碳排放量与能耗总量、用电量、地区生产总值等数据进行关联分析，形成能耗强度、度电平均碳排放量、碳排放强度等指标，辅助政府科学实施碳管理。碳排放管理人员应用碳足迹场景，可查看历史电力碳排放和能源碳排放流向、分布、结构变化，追溯碳的产生、输出、消费等流动过程，最终实现北京市碳排放的实时追溯和历史分析，为政府溯源碳排放源头、精准控碳提供依据。碳减排场景能够展示全市碳减排趋势、碳减排成效、客户数量等，为区域发展提供节能降碳决策依据[11]。

2022 年 11 月国网江苏省电力有限公司积极响应国家电网公司及江苏省政府要求，并制定江苏碳排放监测服务平台建设方案，主要依托电网数据中台获取电力存量数据，基于企业实时量测中心获取实时数据，依托能源大数据中心获取外部能源、经济等数据，研究开展电碳模型、能碳模型、电碳一张图模型应用，并相互校核提高模型准确性；初步构建碳全景监测、碳减排管理、碳金融市场、碳信息服务、碳示范园区、碳自助核算六大功能，面向政府、企业、园区、公众等多类用户提供碳相关服务。其中，碳全景监测分区域、分产业对省内进行宏观碳监测；碳减排管理围绕重点企业开展群体分析，并面向企业提供监测、评价、报告等“碳”服务；碳金融市场提前布局，助力省内碳交易市场有序推进；碳信息服务汇集“碳”政策法规及平台收集的因子等各类资讯；碳示范园区重点展示省内开展碳服务的园区，接入省内助力“双碳”目标优秀低碳案例；碳自助核算将常用的碳核算算法进行封装对外提供实用化的核算工具。多措并举将省级碳监测服务平台打造为省内“碳”市场各方主体的交流平台，切实推进平台实用化进程，服务用能企业有序开展节能减排项目，助力政府协同推进降碳、减污、扩绿、增效等“碳达峰、碳中和”工作部署，加快实现生产生活方式绿色变革。

9.3　碳减排和碳制度应用

能源大数据在促进全社会减排降碳的应用方向主要集中在能源供给侧的清洁替代和能源消费侧的低碳转型，同时还可以有效支撑碳达峰、碳中和相关政策法规的建立和完善。本节将对能源大数据在碳减排和碳制度领域的应用展开介绍。

9.3.1　能源供给清洁替代应用

能源生产清洁化是指以风能发电、水力发电、太阳能、核能、氢能和生物质能源等非化石能源发电逐步替代传统化石能源发电，优化能源供给结构，直至清洁能源成为国家主要供应能源，从根源上减少碳排放总量，是能源生产革命的大方向。当前，我国风、光等清洁能源集中式和分布式开发并举，在替代煤、油、气等化石能源方面成效显著，能源清洁化率 2021 年已达到 25.3%，全国可再生能源发电装机突破 10 亿 kW，未来仍将保持快速增长。

基于能源大数据的能源生产清洁化主要体现在能源供给端的低碳高效发展，具体应用在火电生产、石油、天然气、清洁能源四个方面。

9.3.1.1　赋能火电生产全过程

目前，7535 能生产过程仍然以化石能源为主体，在当前的技术条件和装机结构下，火电是最经济可行、安全可靠的灵活调节资源，可在提升电力保供能力的同时促进可再生能源发展。在新型的电力系统构建中，火电将逐渐从主力机组向调节性、基础性机组转变，积极推进煤电“三改联动”就是新时期煤电实现高质量转型发展的必然要求，是我国构建新型电力系统、支撑新能源发展的重要基础，也是能源电力行业践行“双碳”目标的关键举措。通过能源大数据技术，以实现智慧电厂为目标，助力传统火电实现低碳清洁高效生产，是新时期电力系统发展的顶层设计核心思想之一。能源大数据赋能火电生产全过程如图 9.6 所示。

1) 数字技术助力火电生产转型

数字技术渗透到火电生产的五大系统之中：燃料系统、燃烧系统、汽水系统、电气系统和控制系统，实现系统间的解耦、融合、协作，达到节能降耗、低碳运行的目的。

应用数字技术主要助力燃料系统从粗犷滞后向精细实时方向发展。例如煤仓煤种的转型包括精确监测、动态监测和自动化升级等方面。通过利用燃煤全程特征码技术，配合入炉煤电子皮带秤数据采集分析，构建“入炉煤分仓计量分析模型”，可以实现对每班次入炉煤进行精确的分仓计量和分炉计量。通过对仓内燃煤基于煤种、煤质、煤量、煤位等参数建立分层分析模型，可以对煤仓的情况进行实时动态分析和监测。燃料系统

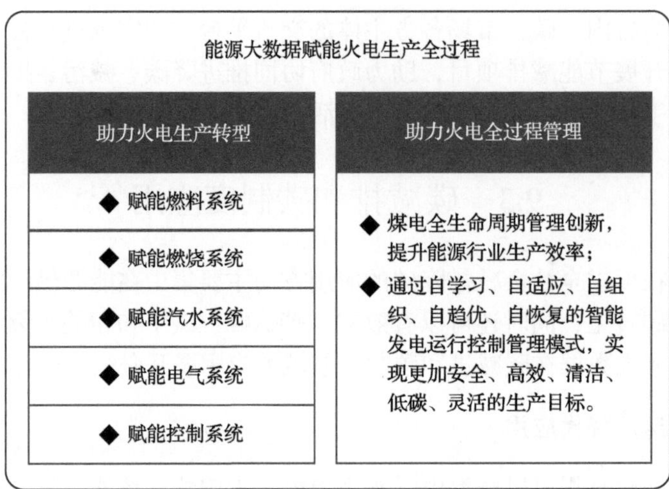

图 9.6　赋能火电生产全过程

的数字化转型有益于提高燃烧效率，降低汽水系统能耗，从源端助力火电生产过程清洁低碳。

应用数字技术推动燃烧系统朝着可视化、可控型、三维模拟方向发展。人工智能、机器学习等创新技术方法的应用衍生出三维可视化温度场的燃烧数字技术的研究、火焰稳定性监测、燃料智能掺配等，将一个具有多变量、强耦合、复杂特性的燃烧系统利用数字化手段进行合理的资源分配，提高调节的精确性。

应用数字技术推进火电控制调节向深向快发展。运用数据技术的方案架构，克服机组在深度调峰期间燃烧不稳定、受热不均匀性，实现汽轮机侧的滑压运行智能优化，减少负荷降低对机组运行效率的影响。

2) 数字技术助力火电全过程管理

基于能源大数据实现发电过程精细化的全过程管理，在于充分应用宝贵的设备系统资源，如 DCS (distributed control system) 一体化控制系统、SIS (supervisory information system of power plant) 厂级监控信息系统等，优化顶层设计，逐级逐层直达设备底层的控制优化。将人工智能算法模型深入底层设备，直接作用于设备控制系统，设备故障预警诊断和运行闭环优化，实现煤电等全生命周期管理创新，提升能源行业生产效率，降低能耗及碳排放。全面实现基于大数据挖掘的精细化生产管理，以发电过程的数字化、自动化、信息化、标准化为基础，以管控一体化、大数据、云计算、物联网为平台，集成智能传感与执行、智能控制与优化、智能管理与决策等技术，开展灵活改造与新旧系统融合，形成一种具备自学习、自适应、自组织、自趋优、自恢复的智能发电运行控制管理模式，实现更加安全、高效、清洁、低碳、灵活的生产目标。更彻底释放发电生产力，提高全员生产率，降低运行人员劳动强度。

9.3.1.2　赋能石油系统转型升级

石油作为我国能源消费的重要组成，也是我国碳排放的主要来源，石油行业实现碳达峰碳中和，需要大力推进电动革命、市场革命、数字革命、绿色革命，通过能源数据打造工业互联网技术体系和云平台为核心的应用生态系统，提高石油能源的综合利用效率与清洁化生产方式。能源大数据赋能石油系统转型升级如图 9.7 所示。

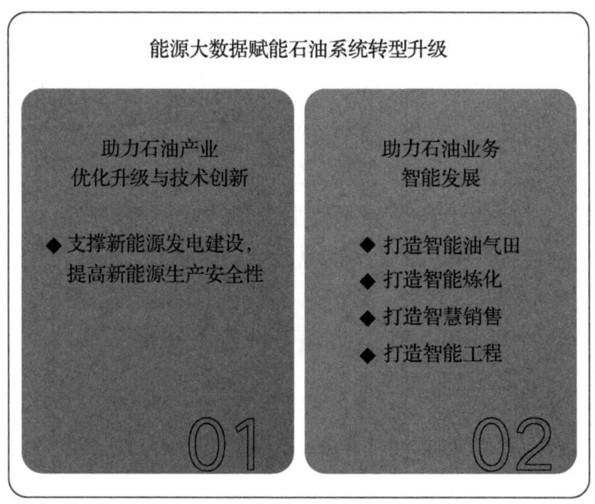

图 9.7　赋能石油系统转型升级

9.3.1.3　助力石油产业优化升级与技术创新

能源数字技术推动油气业务链协同优化，通过能源大数据统筹安排油气生产、油气贸易、炼化生产、油气物流、销售、产品贸易等各环节，提高上下游业务链的整体运营效率；通过能源大数据模型演算，优化加工、物流和销售等环节的生产资源配置；进行突发事件的情景仿真模拟，从而全面感知市场动态，协同优化生产运行，快速响应风险预警、支持决策精准高效。基于能源数据协同科研与创新，利用科研平台集成共享专业软件、仪器设备、专家文献等要素，提高多专业跨单位协同研发效率，利用人工智能、大数据等新的数字工具，助力新产品研发、提高科研成功率。

9.3.1.4　能源大数据助力石油业务智能发展

基于能源产能数据，打造智能油气田，以感知、互联、数据融合为基础，实现生产过程“实时监控、智能诊断、自动处置、智能优化”的油田业务新模式。基于能源产能数据打造智能炼化，重点提升炼化企业的感知能力、分析优化能力、预测能力、协同能力，构建以高效供应链、精益化运营、安全化工控、互联化运维为特色的智能炼化新模式。基于能源消费数据打造智慧销售，充分借助物联网、大数据、人工智能等数字化技术，按照新零售理念，推进成品油零售业务转型升级，构建人、车、生活生态圈，实现“智慧化销售、数字化运营、一体化管控”目标。能源大数据技术打造智能工程，构建钻井工程全生命周期智能支持平台，全面提升工程作业风险管控水平、工程质量和运行效率；建立智能井筒，实现钻井全过程地面/井下远程实时透明化监控；打造智能作业现场，包括智能钻井和数字化地震队[12]。

9.3.1.5　赋能燃气系统转型升级

“双碳”目标下，天然气利用需要由过去的替代煤炭为主转为支撑新能源规模化发展与替代高碳高污染燃料并重，在机遇与挑战下，天然气行业需以自身高质量发展承担起国家能源结构调整赋予的重任。

能源大数据助力燃气高效利用，燃气系统清洁发展。中短期内对煤炭、成品油的替代，以及电网调峰需求增加，将促进燃气能源的消费，用能侧综合能源服务也将成为燃气行业的重要方向。燃气企业基于能源大数据相关模型分析模拟，提高负荷预测能力，进一步加强气源管理，同时利用数字技术增强管网生产运营调度能力，实现采购、储气、调度的综合优化，大力加强用能侧综合能源服务业务和相关的营销业务。从长期来看，随着家庭电气化及工商业电能替代、新能源替代的深入，燃气消费下降将对城市燃气运营商造成较大的营收压力，燃气企业需加强低碳技术研究，加快与氢能的融合发展，促进燃气行业低碳清洁化发展。

9.3.1.6　赋能清洁能源开发

在大数据时代，清洁能源与数字经济融合发展是一种必然趋势，是实现绿色可持续发展的重要路径。能源大数据赋能清洁能源开发，支撑清洁能源发电替代，服务新能源并网消纳。能源大数据赋能清洁能源开发如图 9.8 所示。

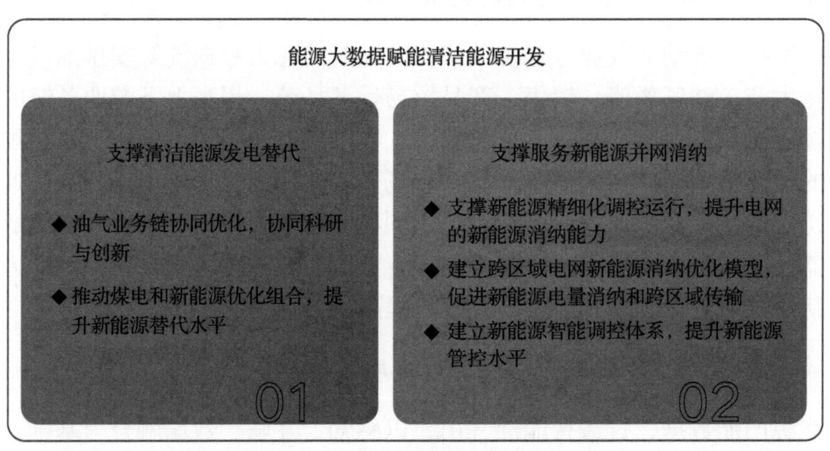

图 9.8　赋能清洁能源开发

9.3.1.7　支撑清洁能源发电替代

从供给侧进行清洁能源替代，可以在根源上解决能源约束和环境污染问题，真正达到能源供给的可持续发展。通过能源大数据在支撑清洁能源发电替代方面的应用，助力提高新能源生产安全性、提升新能源替代水平。

基于能源大数据支撑新能源发电建设，提高新能源生产安全性。在风能的各种利用形式中，风力发电是风能利用的主要形式，也是目前可再生能源中技术最成熟、最具有规模化开发条件和商业化发展前景的发电方式之一。但由于风电具有很强的不稳定性，其出力间歇性、波动性给电力系统安全带来了诸多挑战，传统的电源规划方法已经难以满足大型风电并网系统对安全稳定性的要求。通过对电力大数据、风电出力信息进行挖掘，实现对并网新能源波动风险的定量分析，建立大型新能源电源规划模型，满足新能源并网系统对安全稳定性的要求，确保电源建设和电网线路建设的协调匹配。从全局角度制定最优方案，实现在较低系统风险的前提下的新能源消纳。

基于能源大数据推动煤电和新能源优化组合，提升新能源替代水平。随着我国社会的发展，工业现代化水平不断提升，能源需求不断增长。为保障社会用电需求，落实碳达峰、碳中和目标，我国正构建以新能源为主体的新型电力系统。但是随着新能源装机容量不断增加和并网比例持续提升，新能源消纳问题进一步加剧。基于能源大数据，可以建立一种新型新能源消纳能力计算与调控系统，通过在电厂机组设置数据采集器和建立厂区 5G(第五代移动通信技术)区域网，将发电数据传输到能源大数据中心，再由大数据中心采用随机森林算法以及机组组合规划设计机组调控方案，最后由调度中心对各个电厂下达指令。通过能源大数据预测和机组实时调控，减少火电机组运行，增加新能源消纳。

9.3.1.8 支撑服务新能源并网消纳

“双碳”目标下，新能源并网占比逐渐提升，对新能源灵活性调节及高效消纳提出了挑战。通过能源大数据在支撑服务新能源并网消纳方面的应用，助力提升电网的新能源消纳能力、扩大新能源消纳范围、提升新能源管控水平。

能源大数据技术支撑新能源精细化调控运行，提升电网的新能源消纳能力。随着“十四五”规划的开展，我国新能源发电项目建设进入急速扩张期，新能源装机占比越来越大。风电、光伏大规模分布式能源集中并网，给电网安全运行带来更大的压力；同时，分布式新能源电站由于部署地点分散、运行环境复杂、种类多、规模差异大等原因难以集中监测和管理，造成数据监测系统建设相对滞后，对实现资源优化调度、电网经济运行增加了难度。通过将新能源应用移植到电网现有的调控云上，实现新能源运行数据的接入融合，升级成为新能源云平台，结合云计算、大数据等先进实用技术，支撑电网对新能源的精细化调控运行，实现对新能源并网的监测与调度、管理，有效提升电网对新能源的消纳能力。

基于电力大数据建立的跨区域电网新能源消纳优化模型，可为调度计划提供指导，合理安排机组启停及出力，促进更充分地消纳新能源电量和跨区域传输，帮助在更大范围内消纳新能源。模型通过电力大数据准确获取新能源出力值及负荷值，综合考虑电力平衡、系统备用容量、网架约束、火电机组爬坡等影响因素，构建年时间维度消纳模型，逐点进行电网运行状况仿真模拟，利用粒子群优化算法可以对各地区新能源消纳值和跨区联络线传输电量进行最优值求解，时序生产模拟法能够有效提高新能源消纳值，增加经济效益，促进实现节能减排。

基于能源大数据建立新能源智能调控体系，驱动新能源调控智能化转型，提升新能源管控水平。以数据深度利用和单机智能感知为特征的智能调控技术是未来新能源调控运行的核心领域，尤其在挖掘新能源消纳潜力方面，数据将发挥越来越重要的作用。随着新能源发电数据陆续接入，在现有电力数据基础上，汇聚了海量的能源大数据资源。通过分析新能源数据应用特征，可以构建涵盖智能感知、数据融合与处理以及消纳全过程分析的新能源智能调控体系。

9.3.2 能源消费低碳转型应用

2021 年 9 月 22 日，《中共中央 国务院关于完整准确全面贯彻新发展理念做好碳达峰碳中和工作的意见》[13]中指出，要制定能源、钢铁、有色金属、石化化工、建材、交通、建筑等行业和领域碳达峰实施方案。同年 10 月 24 日，国务院印发《2030 年前碳达峰行动方案》，明确将能源绿色低碳转型、工业领域碳达峰、城乡建设碳达峰、交通运输绿色低碳等“碳达峰十大行动”作为重点任务。2022 年，国家多部委陆续发布了建筑、农业、交通、工业等高耗能行业的碳达峰碳中和行动方案和实施路径。根据世界资源研究所的统计，中国碳排放主要来源于电力、建筑、工业生产、交通运输、农业等领域[14]。推动碳达峰碳中和工作必须优先解决主要矛盾，因此本节主要阐述能源大数据在工业、建筑业、交通运输业、农业以及居民绿色低碳生活五个方面低碳转型的具体应用。

9.3.2.1 助力工业低碳转型

工业是产生碳排放的主要领域之一，约占总排放量的 70%，对全国整体实现碳达峰、碳中和目标具有重要的影响。《2030 年前碳达峰行动方案》强调，“工业领域要加快绿色低碳转型和高质量发展，力争率先实现碳达峰”。《“十四五”工业绿色发展规划》主要任务中明确了“实施工业领域碳达峰行动”。2022 年 7 月 7 日，工业和信息化部、国家发展和改革委员会、生态环境部联合印发《工业领域碳达峰实施方案》，要求“十五五期间，基本建立以高效、绿色、循环、低碳为重要特征的现代工业体系。确保工业领域二氧化碳排放在 2030 年前达峰。”因此，针对工业领域开展双碳应用研究具有十分重要的意义。

数字化转型加快驱动了工业领域生产方式变革。以 5G、人工智能等为代表的信息技术可以更有效地采集能耗、物耗、排放数据，进一步提高了工业领域碳排放监测分析水平，有利于识别绿色发展风险以及减少信息不对称，从而促进工业绿色低碳转型。基于能源大数据的工业低碳转型主要体现在碳排放核算能力、碳减排管理以及碳制度应用三个方面，如图 9.9 所示。

1. 碳排放核算能力

一方面，能源大数据提升行业碳排放监测分析能力，支撑政府精准施策与科学治理。通过采集与汇聚高耗能高排放行业企业能源、资源、碳排放等基础信息，充分发挥能源大数据精准监测及多维智能分析的核心能力，开展成效分析、异常预警、政府监管等应用构建，助力政府实现科学治理。政府基于能源大数据可实现对钢铁、建材、有色金属与石化化工等重点行业的数据追踪，通过对碳排放趋势、用能趋势、产能置换效果、清洁能源消纳等监测分析结果，进一步完善重点行业的碳达峰碳中和路径规划，同时提升对重点排放单位的监管水平，进一步完善惩罚性电价、差别电价、差别水价等政策，落

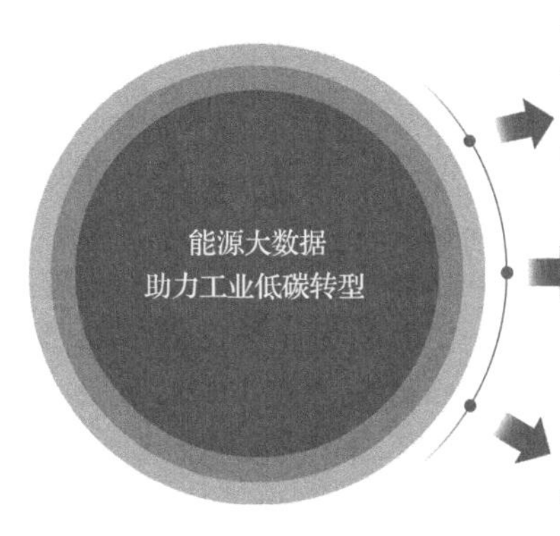

图 9.9　助力工业低碳转型

实钢铁、水泥、平板玻璃、电解铝等行业产能置换政策，加快淘汰落后产能。此外，通过对区域内工业能源大数据的深度挖掘，可为政府制定产业结构优化、高价值产品出口、生态区低碳转型、高能耗企业腾迁等举措时提供辅助决策，以及后续在线监管等功能，从而助力政府开展更加精细、精准、科学、高效的低碳治理。

另一方面，能源大数据赋能工业产品全生命周期碳足迹监测分析与评价，提高绿色低碳产品认证能力。工业产品的全生命周期涵盖原材料的开采、设计、制造、运输、销售、用后废物处理等阶段，通过对产品全生命周期的碳排放进行量化，进而支持流程及工艺优化，降低碳排放水平。而生命周期评价报告是国际通用产品绿色水平证明材料，将会成为工业产品出口应对绿色贸易壁垒和碳关税的重要依据文件。通过对产品研发设计、生产制造、应用服役、回收利用等环节的绿色低碳基础数据信息采集与汇聚，可分行业建立产品全生命周期绿色低碳基础数据平台，提高数据的可靠性、计算的便捷性，进而提高生命周期评价结果的可信度和应用性能。此外，能源大数据可有效提升工业绿色低碳产品认证水平，通过打造面向产品全生命周期的数字孪生系统，以数据为驱动提升行业绿色低碳技术创新、绿色制造和运维服务水平。例如，建材行业是较早应用数字化全生命周期管理工具的行业，目前在用的建材行业绿色制造集成应用大数据平台，基于对行业来源分散、格式多样的海量数据进行采集、存储，并借助碳计算模型进行关联分析，计算出生产每立方米保温材料、每吨水泥的碳排放量，与生产工艺改进后的碳排放进行比较。通过对比优化方案，从而为企业明确减排步骤提供技术支持，为探索企业绿色诊断奠定基础，对建材行业淘汰落后产能、低碳转型有着积极的促进作用[14]。

2. 碳减排管理

一方面，能源大数据提升工业企业碳排放管理水平。随着能源管理、工艺流程优化、资源循环利用等环节的数字化应用，工业企业基于能源大数据可实现生产过程全链智能化管理，进一步提高企业碳排放管理水平，推动数字化智能化绿色化融合发展。通过制造过程的关键工艺装备智能感知和控制系统、过程多目标优化、经营决策优化等，实现生产过程物质流、能量流等信息采集监控、智能分析和精细管理，推动各环节碳减排优化方案，有效提高碳排放管理水平。同时基于工业互联网的数字化能碳管理系统，自动采集水、电、气、热等能源介质消耗及碳排放数据，进而智能辨识和分析生产中存在的能效改进机会点，定期给出准确直观的图表分析结果，并形成合理的优化用能方案。此外，园区、企业通过采集与汇聚能源、资源、碳排放、污染物排放等数据信息，建立企业绿色低碳数据平台，开展能源资源信息化管控、碳排放动态监测、污染物排放在线监测、地下管网漏水监测等系统建设，进而实现动态监测、精准控制和优化管理。例如，化工企业的能碳管控系统则是通过对装置—管线—罐区—管线—进出厂点的生产流程进行数据建模，实时采集数据，监控原料转化率、温度、压力、时间、物料流量，以及热交换器传热系数、各装置效率、压差等，进而实现能耗预测和碳排放监测分析，并运用人工智能算法进行分析，形成能源优化方案，指导生产用能，可有效降低能耗、提升效率，实现能源管理的系统性和制度化[15]。

另一方面，能源大数据赋能供应链资源回收利用。我国传统工业废弃物回收行业目前普遍存在资源报价不透明、交易信息流通性差、产业管理不规范、废旧资源加工设备不合格、废旧资源循环利用率低等问题，工业资源综合利用率仍有大幅提升空间。能源大数据赋能供应链资源回收是通过运用人工智能、物联网、大数据等数字技术，搭建覆盖面更广的废旧资源信息服务平台，衔接后续的资源处理与再利用产业链上下游行业，将废旧资源的交易信息快速推广、匹配、对接和成交，形成有序的废旧资源回收处理链。能源大数据赋能资源回收利用有助于提升再生资源的分拣效率和分类准确性，连接再生资源回收利用产业链上的产废方、流通环节及利废方等多元主体，促进再生资源回收信息更加透明，进而推动资源回收利用行业实现智能化绿色化协调发展。例如，废钢回收大数据平台具有定位导航、预约回收、智能判级分拣、物流追踪及资源循环利用知识推送等功能，不少用户在平台上获取了公开透明的价格信息，使废钢质量大幅提升，进而促进了短流程炼钢工艺的高质量发展。

除此之外，能源大数据将进一步完善碳制度应用。发挥国家产融合作平台作用，基于能源大数据建设工业绿色发展项目库，推动绿色金融产品服务创新，推动运用定向降准、专项再贷款、抵押补充贷款等政策工具，引导金融机构扩大绿色信贷投放。健全政府绿色采购政策，基于能源大数据的绿色低碳产品认证，提高绿色低碳产品采购力度。基于能源大数据推进全国碳排放权和全国用能权交易市场建设，加强碳排放权和用能权交易的统筹衔接。未来，随着钢铁、建材、有色金属、石化化工等重点碳排放行业陆续纳入全国碳排放权交易市场，碳交易活跃度也将进一步被激发，能源大数据作为数据供给的会计基础与安全保障，将进一步促进碳市场稳健发展。

9.3.2.2 助力建筑业低碳转型

建筑行业是我国的碳排放“大户”。据中国建筑节能协会最新发布的《中国建筑节能年度发展研究报告 2022(公共建筑专题)》显示，2020 年全国建筑全过程碳排放总量为 49.3 亿 t 二氧化碳，占全国碳排放的比重为 51.3%。其中，建筑运行阶段碳排放 21 亿 t

二氧化碳，占全国碳排放的比重为 21.9%[16,17]。因此，建筑领域实现超低排放甚至零排放是实现碳达峰碳中和的重要抓手。

得益于近年来能源大数据在双碳领域应用的不断深入，建筑行业将会向着循环、绿色、可持续、智能化方向发展，智能建筑、绿色建筑的概念也会越来越清晰，能源大数据进一步推动建筑领域低碳转型高质量发展。基于能源大数据的建筑业低碳转型如图 9.10 所示。

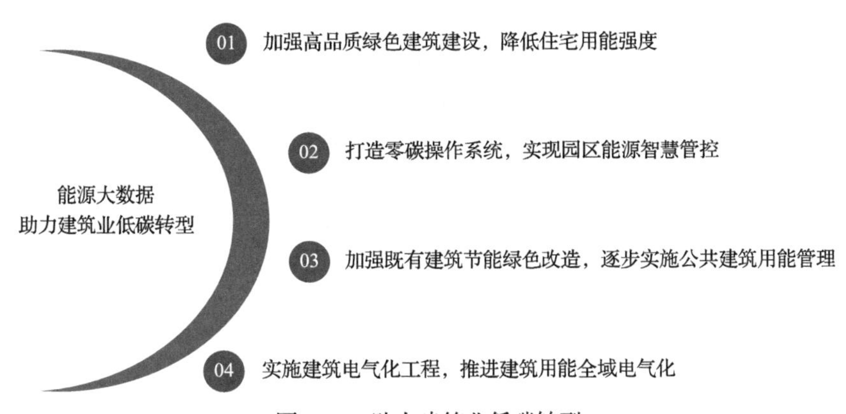

图 9.10 助力建筑业低碳转型

在加强高品质绿色建筑建设方面，基于能源大数据中的历史能耗数据及气象数据，构建分地区的建筑能耗模型应用，助力设计师将建筑绿色低碳设计理念落地，充分利用自然通风、天然采光等，降低住宅用能强度，提高住宅健康性能。

依托能源大数据，可以打造零碳操作系统，汇聚园区内水电、光伏、储能、充电桩等各类能源数据，实现园区能源智慧管控。在提高新建建筑节能水平方面，零碳园区或近零碳园区的试点建设是重中之重。零碳园区是指在园区规划、建设、管理、运营全方位系统性融入碳中和理念，依托零碳操作系统，以精准化核算规划碳中和目标设定和实践路径，以泛在化感知全面监测碳元素生成和消减过程，以数字化手段整合节能、减排、固碳、碳汇等碳中和措施，以智慧化管理实现产业低碳化发展、能源绿色化转型、设施集聚化共享、资源循环化利用，实现园区内部碳排放与吸收自我平衡，生产生态生活深度融合的新型产业园区[18]。

在加强既有建筑节能绿色改造方面，基于能源大数据，可以重点开展建筑能耗比对和能效评价，逐步实施公共建筑用能管理。同时应用能源大数据，优化建筑设施设备优化控制策略，提高采暖空调系统和电气系统效率，加快 LED（发光二极管）照明灯具普及，采用电梯智能群控等技术提升电梯能效。

在实施建筑电气化工程方面，基于能源大数据因地制宜推广电采暖与清洁能源采暖；推动大功率、高性能电器技术与装备创新，推进建筑用能全域电气化。建筑终端电气化包含生活热水、供冷供热、炊事活动的电气化。生活热水是最早实现可再生能源供应的领域，城市能源系统实现碳中和的重要路径之一是建筑供暖电气化，即建筑供暖的去煤和去天然气化。炊事电气化一直受到很多人的排斥，厨房电气化革命早已经悄然在我们的身边兴起，随着电炊具技术的不断进步，电气化效率更高。随着能源大数据的快速发展，全国多地积极推进“多表合一”试点示范工作，水、电、气、热等各类能源数据逐步实现全量接入，依托各类能源消耗数据，可以构建电能替代推进情况监测应用，实现分区域的建筑电气化改造进度考核。

9.3.2.3　助力交通运输业低碳转型

交通运输是碳排放的重要来源，具有占比较大、增速快、达峰慢等特点，是碳减排工作需要攻克的重点领域。推动交通运输行业绿色低碳转型对于促进行业高质量发展、加快建设交通强国具有十分重要的意义。当前，有待持续优化的运输结构和道路交通拥堵等问题，加剧了碳排放总量的攀升。

近几年，随着能源互联网的不断发展，能源大数据在双碳领域的应用不断深入，赋能交通运输业低碳转型。能源大数据将交通运输业的数据进行采集、处理、分析和应用。有了能源大数据的加持，未来交通可以合理调配能源供给，实时进行数据分析，减少交通负荷、保证交通安全、提高效率，实现交通领域低碳转型高质量发展。能源大数据助力交通运输业低碳转型如图 9.11 所示。

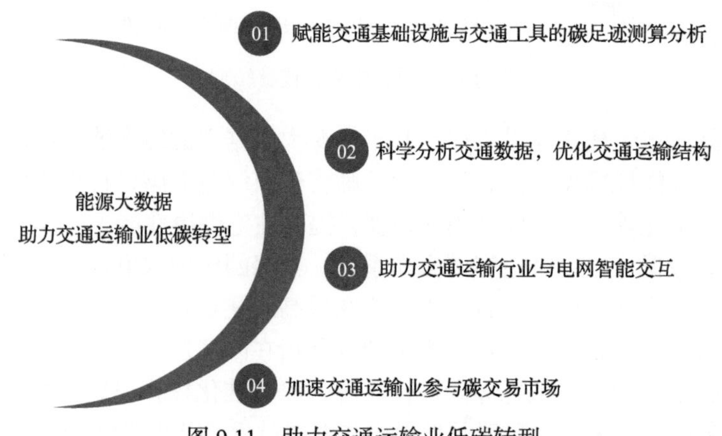

图 9.11　助力交通运输业低碳转型

(1)能源大数据赋能交通基础设施与交通工具的碳足迹测算分析。

核算交通运输业碳排放需要数据支撑，交通领域碳排放主要来自固定源交通基础设施及移动源交通工具。在交通基础设施方面可进行碳排放监测管理。服务区、客运枢纽、码头等基础设施碳排放主要源于电能，减少电耗是减少碳排放的关键。构建碳监测管理平台，将具体场景纳入监测范围，实时监测用能情况，实现碳排放实时监测控制。在交通工具方面选择装载 GPS 数据采集装置的车辆，获取公交行车轨迹数据。能耗和碳排放量计算在 Cruise 仿真环境下建立整车模型，对所构建的工况进行仿真分析，得到百公里能耗，并完成电动公交车的碳排放折算，实现碳足迹测算分析。

(2)基于能源大数据科学分析交通数据，优化交通运输结构。

我国大力推行港口岸电的使用。交通运输部门一方面规范设置岸电终端设备，另一方面新建了船舶岸电监控管理系统平台，有效实现了互联互通，新岸电桩全部接入车(船)联网平台，所有岸电桩互联互通，能够简单快捷实现自主充值、消费、查询消费记录等操作，同时可以帮助船民更快查找到附近岸电桩的位置。平台对所有充电桩设备可以实现有序管理，快速了解站点船舶用电的实时信息，以及站点附属硬件设备的实时信息，为科学管理提供支撑。平台可以有效监测岸电的使用情况并进行科学分析，鼓励企业在产业发展、船民在节能减排等方面的应用，进一步促进降本节能，为实现碳达峰、碳中和作出更大贡献。

(3)能源大数据助力交通运输行业与电网智能交互。

在电网运行方面，提供安全保障。电气化交通大规模运行并与电网交互，势必会加剧电网稳定运行的风险，造成一系列影响。利用能源大数据对交通负荷进行预测分析，避免交通拥堵等问题。电气化交通的运行时间与居民用户用电行为规律重合，导致负荷峰谷差加大、电能质量下降等各方面问题，从而影响电力系统的稳定安全运行，带来隐患。当电力系统发生故障时，也会影响电气化交通的正常运行。对交通大数据进行分析，可实现电网在交通运输业的需求响应实现电力调度的优化，保障电网安全运行。统筹新能源与交通产业布局，提供精细化管理和服务。充电桩业务存在巨大潜在价值，在未来智慧城市建设中，智能充电桩对数据采集与分析，从而进行资源优化配置，作为车联网和电网入口，充电桩综合智能管理业务具备广阔的发展前景。加快充电桩配套建设，满足新能源车辆快速发展需求，为新能源车提供充电服务，打造智能化的大数据运营管理平台，实时监控车辆状态和丰富的大数据分析。基于大数据的云服务平台，支持不同时间维度统计新增用户、活跃用户、充电位、充电量、充电车、充电位状态等数据。例如，充电桩每天的高峰期利用率、高峰期峰值人数、平均人数、使用频率等。

(4)能源大数据加速交通运输业参与碳交易市场。

交通运输行业是三大碳排放行业之一，积极应用碳交易等市场机制管控排放是大势所趋。能源大数据汇集是交通业碳排放统计核算的基础，包括交通运输业规划、设计、建设、运营全生命周期数据，具备宏观微观不同层级的能源数据种类。航空业是将被纳入全国碳交易体系的第一个非制造业类行业。在航空业基于碳排放数据构建两阶段碳交易模型，基于模型中的数据分析可进行碳交易配额分配，探索交通运输业碳抵消优化机制，加速交通运输业参与碳交易市场，推动交通运输业低碳转型。

9.3.2.4 助力农业低碳转型

实现碳达峰、碳中和，农业农村减排固碳既是重要举措，也是潜力所在。推进农业农村领域碳达峰碳中和，是加快农业生态文明建设的重要内容，是落实乡村振兴战略的重要举措，是全面应对气候变化的重要途径。并且，农业本身就具有“绿色”属性，是生态产品的重要供给者，是生态系统的重要组成部分。我们要找准关键点，通过数据赋能，挖掘农业减排潜力，推动发展方式向全面绿色低碳转型，不断推动农业碳达峰碳中和，让绿色成为农业最靓丽的底色。

落实“双碳”目标，要注重能源大数据应用与农业的有机结合、协同共进，既让“双碳”目标助力农业发展，也使能源大数据赋能农业农村领域绿色发展。能源大数据助力农业低碳转型如图 9.12 所示。

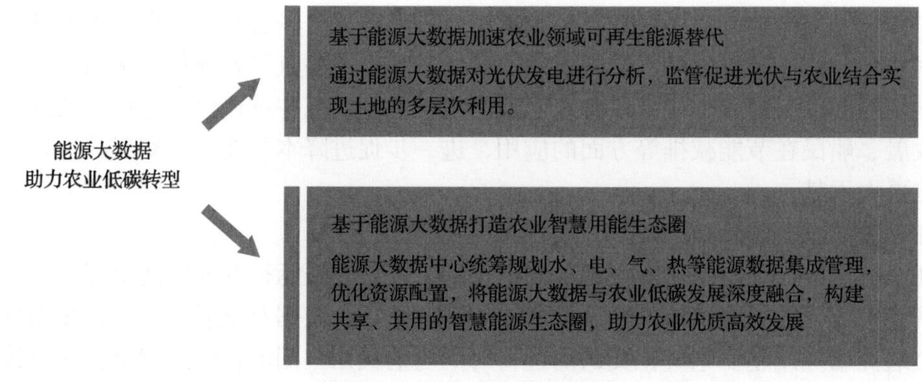

图 9.12　助力农业低碳转型

(1)基于能源大数据加速农业领域可再生能源替代。农业绿色化发展离不开可再生能源的使用，光伏发电产生的电能直接供给农业生产使用，既能避免传输中的能源消耗，又能提供满足农业低碳化数字化发展所需的清洁电力。通过能源大数据中心实时监测光伏电站的发电量，通过实时监测、日对比、周分析，形成村集体光伏电站上网电量和光伏发电的收益分析，从发电量看光伏电站运行问题。通过能源大数据对光伏发电进行分析，监管促进光伏与农业结合实现土地的多层次利用。

(2)基于能源大数据打造农业智慧用能生态圈。在种植业、渔业等领域建设智慧大棚、智慧渔业、智慧农场。利用智慧能源管控系统，有效监管用水用电，大力发展智慧用能。智慧能源管控系统的高效运行离不开能源大数据中心的支持。能源大数据中心统筹规划水、电、气、热等能源数据集成管理，优化资源配置，将能源大数据与农业低碳发展深度融合，构建共享、共用的智慧能源生态圈，助力农业优质高效发展。

9.3.2.5　助力居民绿色低碳生活

绿色低碳生活是指公众自觉履行环境保护责任，力戒奢侈浪费，从绿色消费、绿色出行、垃圾分类等多个方面践行简约适度、绿色低碳、文明健康的生活理念和生活方式。倡导绿色低碳生活方式，是实现“双碳”目标必经之路。要在日常生活中将减碳作为一项重要的社会共识，倡导绿色低碳生活，培养市民形成绿色出行、绿色生活、绿色办公习惯，着力创造高品质生活，构建绿色低碳生活圈。基于居民的能源消费数据可开展碳普惠①、个人碳账户、家庭绿色能效管理等低碳实践，助力居民绿色低碳生活，实现居民生活领域低碳转型高质量发展。能源大数据助力居民绿色低碳生活如图 9.13 所示。

基于能源大数据的家庭绿色能效管理是立足于国家最小的组成成分——家庭，助力每家每户节约用电，节约用水，尽可能减少生活垃圾排放，达到绿色家庭与能效管理相结合，为国家绿色低碳发展以及环境治理做出一份贡献[19]。依托平台实时监测家庭能耗，采集各类系统整体的实际运行状态，找出关键耗能点和异常耗能点，通过数据挖掘算法建立能耗模型，构建成熟的、可靠的、实际的能效控制方案，进行控制和管理，并不断

---

① 碳普惠是指运用相关商业激励、政策鼓励和交易机制，带动社会广泛参与碳减排工作，促使控制温室气体排放及增加碳汇的行为。

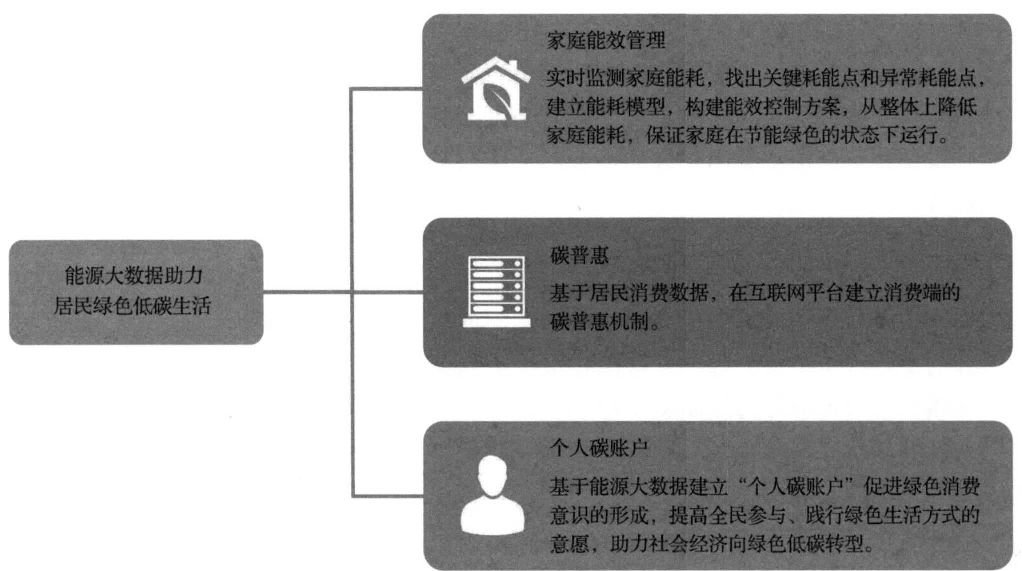

图 9.13　助力居民绿色低碳生活

结合实际采集数据，对前期的能效控制方案进行微调，最终实现符合实际状况的、适应四季变化的、专业权威的“最优能效控制方案”，从整体上降低家庭能耗，保证家庭在节能绿色的状态下运行。

基于能源大数据的碳普惠是面向公民家庭和个人低碳生活和消费领域的自愿减排机制，是践行我国绿色发展理念，实现碳达峰碳中和目标的重要机制创新。开展碳减排计划将消费者的碳减排零存整取，通过激励方式鼓励个体践行绿色低碳的生活方式，取得了一定的实施效果。基于居民消费数据，在互联网平台建立消费端的碳普惠机制。在平台的支撑下，公众在生活消费端里参与的各种减碳项目呈现规模化增长，居民的低碳生活意识不断增强。

基于能源大数据建立“个人碳账户”促进绿色消费意识的形成，提高全民参与、践行绿色生活方式的意愿，助力社会经济向绿色低碳转型。目前，地方政府、互联网平台，金融机构均尝试搭建“碳账户”，面向个人用户推出多种特色产品，从个人出发，助力社会碳减排。

能源大数据助力培养居民低碳生活习惯。低碳是一种生活方式，也是一种生活态度。通过大数据在线分析可引导用户改变用能习惯，尝试并开展“低碳生活”。充分应用大数据信息技术和智能技术，致力于满足居民的多样化需求的同时培养居民低碳生活习惯，践行绿色低碳生活理念，携手共建绿色低碳美好家园。

9.3.3　碳制度体系建设应用

《中共中央　国务院关于完整准确全面贯彻新发展理念做好碳达峰碳中和工作的意见》[13]提出的“全国统筹、节约优先、双轮驱动、内外畅通、防范风险”的原则，应充分兼顾发展和减排、整体和局部、短期和中长期，从完善核算体系、健全制度标准、强化政策激励、发挥市场功能等方面着手，加快形成有效的激励约束机制。参考税收政策的分类方法，以碳制度所起作用为分类维度，将碳制度划分为激励性碳制度和限制性碳制度。激励性碳制度具有积极性，鼓励采用正向激励的机制促进节能减排，一般包括制定碳排放权交易制度和碳金融制度等。限制性碳制度具有约束性，运用强制性政策等负向激励机制，抑制浪费资源、破坏环境的主体及其相关行为，一般包括制定碳税制度和低碳标准等。

9.3.3.1　支撑碳排放权交易体系建设

碳交易市场源于联合国为应对气候变化而创建的一种减少温室气体排放、实现碳中和目标的重要政策工具，为此，各国积极推动当地碳市场建设。按法律基础来划分，目前全球碳交易市场可分为强制交易市场和自愿交易市场。前者以碳配额为基础产品，还可纳入抵消单位(核证减排量)和衍生品(如碳期货、碳期权、碳远期等)交易，可进一步划分为基于配额的碳交易和基于项目的交易，其中配额交易是全球碳市场主体；后者是没有强制减排任务的主体自愿购买项目减排量以实现自身碳中和所形成的市场，但其规模较小。

中国国内碳交易市场建设始于 2011 年，目前中国已陆续在深圳、上海、北京、广东、天津、湖北、重庆、四川、福建等九省市试点碳排放权交易，其中四川仅启动国家核证自愿减排量(CCER)交易。中国碳交易试点不仅在区域内的碳排放总量和强度控制方面取得初步成效，而且为全国碳市场建设积累了经验、奠定了基础。2020 年以来，随着中国“双碳”目标的提出，全国碳市场建设加速推进。2021 年 7 月 16 日，全国碳排放权交易在上海环境能源交易所正式启动，标志着中国碳市场由试点开始推向全国，迈出了中国碳中和进程的重要一步。我国碳交易市场建设如图 9.14 所示。

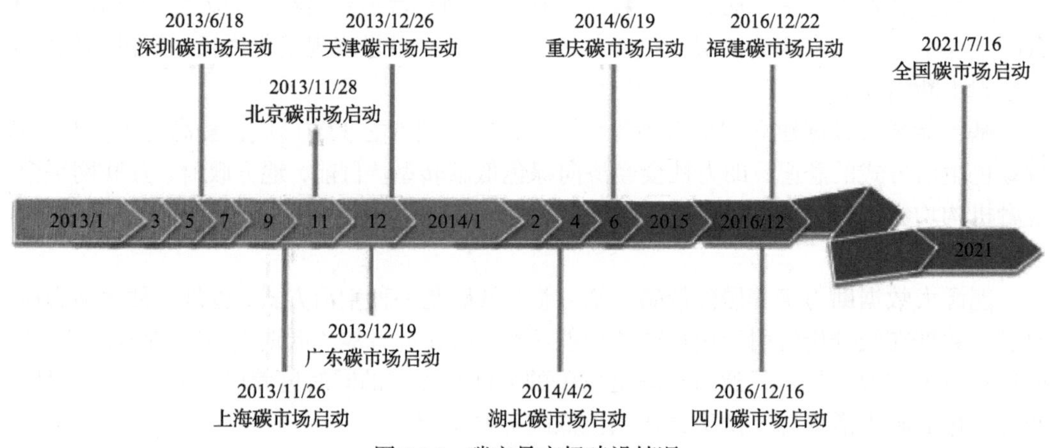

图 9.14　碳交易市场建设情况

能源大数据为我国碳配额交易市场的稳定发展提供了质量保障。作为我国碳排放统计核算的基础，能源大数据汇集了能源生产、输配和消费数据，具备宏观微观不同层级的能源数据种类。对于政府而言，能源大数据为重点排放单位碳排放的核查工作提供数据支持，有利于政府及监管单位识别优秀企业，及时出清落后产能。对于企业而言，通过碳排放数据可以为排放单位自行编制碳排放报告，同时为单位采取碳减排措施提供数据支撑。

能源大数据除了为碳交易市场提供基础的数据保障外，还可以通过低碳数字产品和减碳特色服务，推动碳市场高速发展。同时能源大数据可助力电、碳市场协同运行，简化市场运行程序，降低市场管理成本，分散市场风险，提高市场运行效率，推动全局范围内的能源有效配置，实现能源结构优化升级。

9.3.3.2 完善绿色金融体系建设

作为一种新型金融产品和服务模式，绿色金融是指金融机构在为实体经济提供资金支持的过程中，引导资金走向环境保护型或资源节约型的企业和项目，促进企业节约资源和保护环境，推动绿色化的转型升级，促进整个社会消费的绿色化发展。目前，绿色金融主要分为绿色信贷、绿色债券、绿色保险、碳金融等产品。其中，绿色信贷一般被定义为狭义的绿色金融，是指通过合理地安排贷款利率、额度、期限等，促进环保企业、低碳项目的发展，此外还要采取停贷或缩贷的措施，限制不符合法律法规或不达标的企业或项目的发展。

截至 2022 年末，我国本外币绿色贷款余额 22.03 万亿元，同比增长 38.5%，2022 年我国境内绿色债券新增发行规模为 8746.58 亿元，同比增长超 40%。尽管绿色金融的规模逐渐在扩大，但目前我国绿色金融的发展面临着识别难、监管滞后、信息不对称等问题。2022 年 4 月 12 日，证监会发布《碳金融产品》(JR/T 0244—2022)行业标准，给出了具体的碳金融产品实施要求，为金融机构开发、实施碳金融产品实施指引，有利于有序发展碳金融产品，引导金融资源进入绿色领域，支持绿色低碳发展。能源大数据助力绿色金融体系建设如图 9.15 所示。

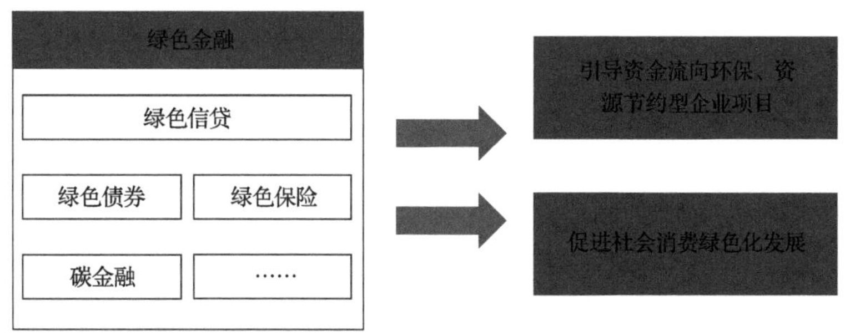

图 9.15 助力绿色金融体系建设

随着能源大数据不断汇聚，数据质量稳步提升，能源大数据的应用范围不断延伸。在绿色金融领域，能源大数据汇聚有效提高了绿色金融的服务效率。基于能源大数据的能源消费信用分析，能够精准识别绿色金融主体，惠及更多的中小微企业。基于能源大数据的能源运营分析，能实时监测企业运营情况，从而有效防范信用风险，提高绿色金融安全防护能力。

9.3.3.3 推动绿电交易、绿证交易与 CCER 交易体系建设

1) 绿色电力交易

绿色电力交易是针对希望率先使用可再生能源的企业，在电力市场交易和电网调度运行中优先组织、优先安排、优先执行、优先结算。国内绿色电力交易以光伏和风电为主，未来将逐步扩大到水电等其他可再生能源。从交易意向看，各方在自主协商的基础上，大部分地区绿电价格预计较当地电力中长期交易价格，每度电最高会上涨 3～5 分钱[20]。

2) 绿证交易

绿证颁发是针对可再生能源发电企业的绿色认证，记录了特定的 1000kW · h 上网电量是来自全国哪个陆上风电场或光伏集中电站，是非水可再生能源发电量的确认和属性证明以及消费绿色电力的唯一凭证。发电企业出售绿证后，相应的电量不再享受国家可再生能源电价附加资金的补贴，因此建立绿证交易机制，可再生能源发电企业可以通过销售绿证对冲补贴拖欠的风险，缩短企业资金回款的周期，也有助于减轻国家可再生能源补贴压力。此外，虽然绿证相比绿色电力价格会低一些，但体现的是企业和个人的社会责任感[20]。

3) CCER 交易

CCER 项目是指能够产出 CCER 减排量的项目，如风电、水电、光伏发电等都属于这一范畴。CCER 以更经济的方式，构建了使用减排效果明显、生态环境效益突出的项目所产生的减排信用额度抵消重点排放单位碳排放的通道，能够为控排尤其是超排企业提供额外置换的机会。在中国，CCER 体系起步于 2012 年 3 月，暂停于 2017 年 3 月，总共运行了五年的时间。绿电交易、绿证交易与 CCER 交易体系如图 9.16 所示[20]。

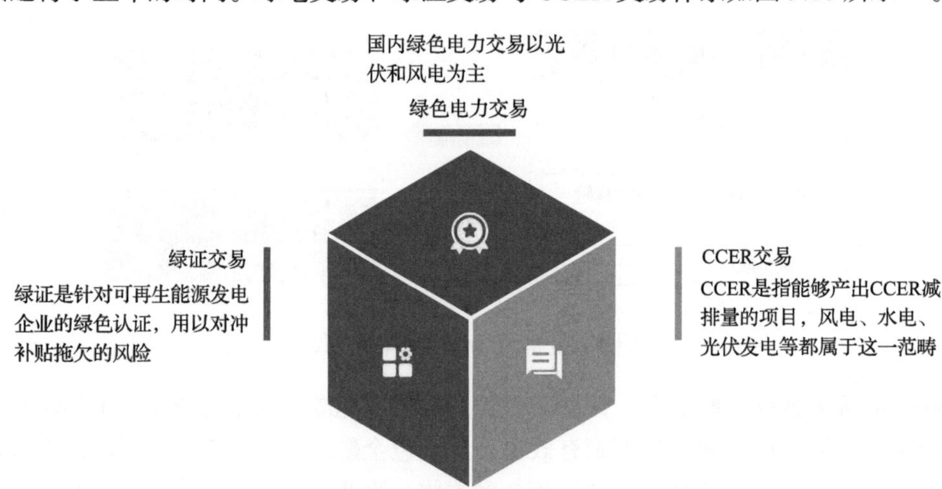

图 9.16 绿电交易、绿证交易与 CCER 交易体系

虽然绿电和低碳的核心意义基本一致，但由于这二者过程和路径的选择可以为参与主体带来不同的目标价值，需要投入的成本与交易手续也不同。受限于控制碳排放总量

的目标，传统能源的峰值是确定的，为解决气候变化和能源短缺之间的矛盾，目前主要将大力推动绿色电力和可再生能源开发建设作为低碳目标的实现路径，积极推广使用新能源，推动全社会各行各业的数字化建模和对电气碳等诸多市场的耦合。碳中和阶段将进一步用数字化的方式去形成一个更加清洁、循环的全新数字经济模式。

电力市场能够为能源数据市场提供价值密度高、分秒级实时准确、全方位真实可靠和全生态独占性链接的电力数据。能源数据市场中的多参与主体可以通过基于新型电力系统的电力大数据，进行清洗、分析和价值挖掘服务，创新低碳数字产品和减碳特色服务，推动碳市场高速发展。碳市场交易主体与电力市场高度重叠，一方面，碳交易规模的扩大将有利于电力市场主体竞争优势凸显；另一方面，碳交易数据也有利于政府及监管单位识别优秀发电企业，及时出清电力系统落后产能。基于数据要素的能源经济必将推动电力市场、碳市场和能源数据市场的多方融合发展。例如，基于电力大数据开展绿电溯源，从负荷侧(用户侧)反向助推绿色电力市场的建设，通过对每一度绿电溯源并出具对应的绿色电力消费凭证，一方面可确保绿电交易市场中绿色电力的真实可信，有助于公开透明绿电市场的建设；另一方面，针对绿电供应多环节协作难等困难，通过大数据技术可实现“生产-传输-交易-消纳-结算”各节点数据的分布存储和节点共识，让绿电供应有迹可溯、有数可查，从而很大程度上提升绿电供应效率。同时结合区块链技术探索电力交易和碳排放数据交互，实现绿电消纳与碳减排量的耦合。

随着数字化技术重塑能源开发利用业务流程，能源数字产品进一步推动能源数据多市场融合，体制机制和市场机制将进一步发展并与之配套，从而加速能源大数据价值释放。未来随着交易规模不断扩大，交易主体不断增多，能源数字产品交易的价值释放将呈现“三个阶段”的发展趋势，能源金融市场交易制度也要随之迭代升级。第一阶段是市场建设期，价值直接体现在能源数字产品直接交易价值，包括成本节约价值和收益新增价值，这一阶段主要是市场交易机制要完善并与其配套；第二阶段是市场成长期，基于能源数字产品的融合新市场，其交易数据天然具有高品位性，随着数据量积累，可以精准判断当前能源电力供需形势，精确识别亟须能源供给建设的地区，反向支撑能源企业发展战略精准调整，这一阶段主要是激励和监管机制要与其配套，防止市场野蛮生长调节失灵；第三阶段是市场成熟期，系列能源数字产品不断推出，随着市场交易规模增长扩大，将进一步带动二级市场的资产证券化，相关债券、股票、基金等金融产品将应运而生，进而通过金融手段反向对数字能源交易的发展倍增赋能，因此这一阶段需要监管机制、引导机制、信用机制等能源金融创新机制的全方位融合发力，共同推动能源行业蓬勃发展。

9.3.3.4　辅助碳关税认证体系建设

碳税是指针对碳排放主体征收的税种。碳税的思想来自英国经济学家庇古对外部性问题的理论研究[21]，他主张对具有环境污染造成的经济损害进行定价，同时采用税收的方法来弥补环境污染责任主体私人成本与社会成本的差额。过量碳排放导致的气候变化对人类生产生活带来了负外部性，因此，北欧一些国家基于“谁排放谁付费”的原则在国内实施碳税。而碳关税则是碳税应用于国际贸易场景的一种延伸表现形式。不同国家和区域的环境规制强度有差异，因而存在跨国企业把污染生产环节转移到环境规制相对宽松的国家或地区来“钻空子”的情况，导致“碳泄露”问题，而碳关税就是试图对这种情况进行规制，通过改变经济行为，倒逼整个经济社会绿色低碳转型。

2023 年 4 月 18 日，欧盟碳边境调节机制(Carbon Border Adjustment Mechanism，CBAM，简称“碳关税”)在欧盟理事会正式投票通过，完成整个立法程序，并确定于 2023 年 10 月 1 日起正式生效。碳关税仅对进口产品征税，对本土产品并不实施约束。然而，CBAM 只对欧盟碳市场覆盖的进口商品征税，并强调 CBAM 许可证价格应反映欧盟碳市场配额价格的动态变化。因此，CBAM 是一种调节边境内碳成本和边境外碳成本的机制，旨在拉平欧盟企业与其他地区企业的减排成本，消除进口产品相较欧盟产品的价格优势，削弱碳减排政策宽松的国家和地区的贸易竞争力，有效保护欧盟企业。CBAM 虽然是一个欧盟碳市场的内部措施，但是它有极强的外溢效应，体现在它强迫其他国家通过碳定价的路径实现降碳，并且还要使碳价尽可能接近欧盟的水平。然而，现实中很少有国家能够做到碳价与欧盟看齐，所以 CBAM 客观上是给贸易设置了壁垒。

中国已经成为全球第一大的碳排放国。中国出口产品的隐含碳含量也相对较高，同时，中国产品出口对美国、欧盟和日本等发达国家市场依赖程度严重。欧盟是中国第二大出口市场，而中国出口产品碳排放强度要显著高于其他很多国家，因此碳边境调节机制全面实施，将直接削弱中国出口欧盟产品的竞争力，同时导致部分传统劳动密集型产业加速向东南亚和南亚转移，部分技术密集型产业加速向发达国家回流。目前 CBAM 产品范围包括电力、钢铁、水泥、铝、化肥和氢产品，如图 9.17 所示。欧盟碳边境调节机制的局部情景对中国的影响很小，但随着应对气候变化压力的不断加大，碳边境调节机制极有可能被其他的发达国家效仿，在考虑多个发达国家对中国征收碳关税的情景下，中国产品贸易转移的空间将受到较大的制约，出口与产出的负面影响将更为显著，这在今后的研究中需要给予足够的重视，必须积极应对，尽早谋划。

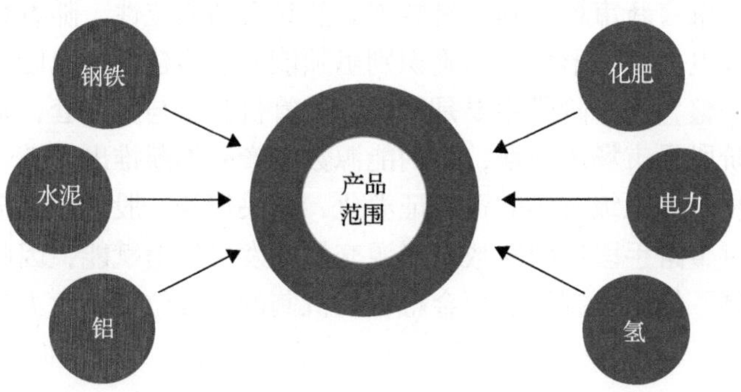

图 9.17　CBAM 产品范围

为有效应对国外碳关税贸易壁垒，基于能源大数据开展进出口产品全链条碳排放监测和核算与低碳认证服务，能有效提高我国绿色低碳产品的国际竞争力。在碳排放核算过程中，既要关注产品生产环节的直接碳排放，更要关注产品生产全链条的碳排放。出口企业产品碳排放数据报送一般面临数据填报量庞大、数据种类繁多、解析难度高等难题，且多数企业没有碳排放数据库，无法收集到全量数据，也无法找到缺省值，数据缺失后影响填报通过及今后缴费额度。因此，需要鼓励相关研究机构、政府部门及出口企业基于能源大数据开展出口产品的全链条碳排放监测和核算，建立产品生产全链条的碳排放数据库，以实现产品全生命周期的碳足迹数据实时采集、查询、一体化认证；积极探索开展低碳认证服务，为 CBAM 实施后企业出口提供低碳数据支持和服务。

同时，借助能源大数据，加快完善我国碳排放权交易市场与欧盟碳排放权交易市场互认机制，鼓励地方采取更多市场化的减排举措。目前中国的碳排放权交易市场尚处于起步阶段，对碳减排的作用仍然非常有限。要加快完善碳排放权交易市场的基础条件，鼓励更多的产品、更多地区参与碳排放权交易。同时加快研究出台碳税等相关市场化的减排措施，以替代各地采取的“一刀切”、行政化的减排举措。这样既可以给企业提供稳定的减碳预期，减轻对经济活动的冲击，也可以将中国减碳努力显性化，防止因为缺乏显性的碳价格而被发达国家低估减排责任。

9.4 能源大数据“双碳”典型应用

能源大数据在碳排放核算监测、碳减排、碳制度等领域已得到广泛应用，本节介绍能源大数据在“双碳”领域的典型实践案例。

9.4.1 能源大数据支撑碳排放核算监测

9.4.1.1 河南省打造四级贯通的碳排放监测分析体系

河南省以省能源大数据中心建设为依托，统筹全省经济社会、能源行业、重点企业相关数据，开展了碳排放监测分析平台的建设工作，构建了底层的碳数据库以及涵盖区域、行业、企业的碳排放统计分析模型库，打造了“省-市-县-企业”四级贯通的碳排放监测分析体系，并在此基础之上设计碳排放概况、碳排放监测、碳目标预测及碳市场辅助等四大功能模块，形成了碳排放监测分析平台。运用数字化技术打造能源碳地图、碳效码，实现面向区域、行业、企业、居民等各维度的碳排放概况分析；搭建发电侧、用户侧、重点用能、试点市/县等碳排放监测体系，实现对发电企业、规模以上工业企业、重点用能单位等碳排放监测；基于碳排放预测分析模型，实现对区域、行业、企业碳排放的预测；核算碳资产、碳积分，服务企业、个人参与碳交易市场，为实现数据赋能发展、推动绿色低碳转型提供了有力支撑。

9.4.1.2 浙江省实现电力企业 CO_2 排放情况监测

为实现全省发电及电网企业二氧化碳（CO_2）排放情况监测，浙江省能源大数据中心研发省内首个电力系统碳排放监测分析平台，为浙江能源清洁转型和参与全国碳排放市场交易提供数据支持。平台利用省级能源统计数据，电厂、电网量测明细数据，大气排放统计数据，实现了区域 CO_2 排放测算分析、发电和电网企业 CO_2 监测分析及清洁能源发电企业碳排放抵扣测算[22]。在工业企业碳排放监测领域创新构建“碳效码”应用，通过对水、电、煤、气等不同部门、层级的 39 类数据进行共享与融合，贯通碳-能-电数据链条；基于能-碳计算模型对企业碳排放数据进行统计与核算，精准定位企业能源消费“碳足迹”；将企业某一周期内单位产值碳排放量与该企业所处行业同期单位产值碳排放量平均值进行比较，并通过碳效评价体系建立的五级碳效等级，为企业精准赋码，有效评价该企业单位产值碳排放水平，从而为政府降碳治理、企业节能减排提供精准数据服务。目前平台已实现为4500家企业提供线上用能查询、能效方案等服务，引导企业主动参与能耗精细化管理。

9.4.1.3　青海省首创基于高频电力数据的碳排放测算模型

青海省能源大数据中心充分发挥电力数据覆盖面广、实时性强、准确性高的优点，全面融合能源消费、行业产量、宏观经济等多源数据，首创基于高频电力数据的碳排放测算模型，构建“助力政府看碳、服务居民识碳、量化能源降碳”的双碳监控体系，形成青海“双碳监测分析平台”。平台利用能源大数据实现了全省地域、时域、产业、居民碳排放的高频测算、清洁能源碳减排贡献度量化分析，对内辅助电网进行低碳调度能源转型，对外为政府“双碳”精准决策提供有力支撑。

9.4.1.4　江苏省实现实时碳追踪和综合碳分析

清华大学、清华四川能源互联网研究院与国网江苏省电力有限公司深度合作，基于江苏电网实时运行数据，利用数字化专业技术底座，汇聚海量电网全域量测数据，依托数据中台强大算力，动态解析电网实时拓扑，实现亿级数据量的分钟级计算，基于电-碳潮流模型算法，支撑电网实时潮流分析、电碳测算和碳流追踪分析，实现了江苏电网全环节碳排放的实时在线计算与分析，并且计算碳排放在不同时段和不同地区的流动与分布情况，基于碳排放流计算结果，分析源网荷多维度碳排放强度与累积排放信息，实现实时碳追踪和综合碳分析，联合发布了全国首个电力系统碳排放流分析平台。

9.4.1.5　重庆市构建工业双碳大数据平台

2022年智博会期间，重庆工业大数据创新中心基于电-碳计算模型、能-碳计算模型等研发了“工业双碳大数据平台”。通过大数据感知技术，在线获取制造过程中的多源碳排放数据，提高碳排放数据的溯源性、安全性和时效性，解决碳排放数据可信度问题，并将企业产量、产值、效益等生产能力与企业碳排放进行关联，提高企业碳排放与生产价值耦合度低的问题，实现节能减排。聚焦企业碳排放核算方面，既可以实现对企业能源、能耗数据全面在线感知与监测，同时能够对生产全过程碳排放进行核算、监测、预测、预警与盘查，多维度多层次可视化展现碳排放指标，支撑产品及制造过程碳排放数字化、智能化、精益化管控。

9.4.1.6　常州实时测算电力系统全环节碳排放信息

国网江苏常州供电公司联合清华大学研究团队，以电-碳潮流模型为核心，研发了实体碳表系统和能源碳计量平台，通过在源、网、荷三侧部署物理碳表装置，应用碳流分析理论，可实时采集并精准计算得到电力系统全环节碳排放信息，实现区域碳排放精准计量，打造了全球首个“全域碳计量-全链碳响应-全景碳足迹”的示范工程。通过汇入各类能源数据，展示多级碳排放信息，包括重点耗能行业碳排放、各辖区总体碳排放、试点产品的生产环节碳排放信息。在电源侧，通过碳表装置，实时监测全网各类型电厂的碳排放信息；在电网侧，基于源侧的碳排放信息和实测电力潮流数据，通过碳流分析计算得到110kV及以上各电压等级电网的碳排放因子、碳流率、碳流密度等碳信息，并在“关口碳表”上进行量化；在负荷侧，考虑非电能源碳排放量，通过碳表实现用户实时用能碳排放信息的量化。创新应用“碳耗码”二维码方式，展示用户产品生产过程中的碳排放信息。

9.4.2 能源大数据助力碳减排

9.4.2.1 国际一流的油气工业互联网平台

中石油遵循数字经济发展规律，基于能源数据打造支撑当前、引领未来的新型数字化能力，在信息技术与油气业务的深度融合方面，逐渐形成了数字油气田、智能炼厂、智慧销售、智慧党建等一系列数字化成果。以“梦想云平台”为例，是中石油自主研发并在勘探开发领域全面应用的油气工业互联网平台，同时也是中石油将信息技术与油气业务深度融合代表性的数字化成果，在数字油气田建设方面起到了关键作用。长庆油田利用“梦想云平台”利用智能机器人无人巡检实现了基层减负、提质增效，在人员总数不变的情况下，实现了油气年产量翻番；西南油气田试点配产智能工作流，成功将全气藏模型优化周期从 1 个月缩短到 20min，大幅提高工作效率；中国石油东方物探公司应用梦想云协同研究平台使地下断层智能识别效率提高了 30 倍。

9.4.2.2 国内首个水泥行业“综合碳管理”示范项目

随着国内外市场对低碳水泥、零碳水泥的需求逐渐明晰，水泥生产要加快向绿色低碳转型。国网江苏南京供电公司基于江苏省能源大数据中心，为溧水天山水泥有限公司量身定制了“三步走”实施策略。首先在水泥生产过程中二氧化碳排放的主要环节高温煅烧环节部署碳排放监测分析系统，实现了对碳排量进行实时监测和预警。同时依据年度碳指标报告和碳交易、碳捕捉仿真模拟结果，将指导溧水天山水泥有限公司通过应用CPS(用能控制系统)实施工艺增效、建设分布式光伏提高绿电使用率等手段，提升节电减排贡献度，实现低碳水泥制造。最终通过碳捕捉封存技术，将水泥生产过程中的二氧化碳固化封存，共同探索水泥行业的深度脱碳生产。据测算，溧水天山水泥有限公司完成“三步走”计划后，每年将减排二氧化碳 100 万 t 以上，推动高碳排放行业绿色低碳发展，助力中国制造贴上“绿色标签”。

9.4.2.3 苏州工业园区“碳效码”创新应用

基于苏州工业园区能源大数据中心，国网江苏苏州供电公司配合苏州园区政府出台统一的标准，构建“碳效码”评价体系，对园区内能耗在 3000t 标煤以上的 102 家重点企业进行动态评价。从定性和定量两个维度出发，通过分数的形式判定不同等级，并输出评价报告，以雷达图的形式给出各项的评价分数和事实依据。定量维度承接政府低碳管理要求，分解政府碳管理要求，设立碳中和、碳减排、碳对标三个维度，辅助检查管理实效；定性维度关注企业内部低碳发展状态，设立碳战略、碳体系、数字化三个维度，评价企业低碳状态，引导企业绿色发展。"碳效码"评价体系的构建可准确把握重点企业、行业及区域的碳排放水平，从宏观层面促进低碳变革与经济发展的平衡并进；引导企业逐步关注碳效表现，借助关联红利政策带动企业内部低碳发展，深化园区企业低碳意识。

9.4.2.4　盐城"零碳园区"先进典范

国网江苏电力联合中能建江苏省电力设计院在盐城综合能源科创产业园打造以新能源为主体的源网荷一体化示范园区，基于能源大数据构建了"碳排放全景图"，实现了园区视角下从碳排放识别、碳产生、碳监测、碳分析到碳交易的全流程管理，通过各个维度的直观碳数据，将园区碳排放流向以可视化方式进行呈现，通过对碳排放流向精细化分析，推动园区能源绿色低碳转型，为江苏乃至全国零碳园区的建设打造先行样板、先进典范。

9.4.2.5　江苏省公共机构节能管理平台

为了支撑好政府对公共机构节能减碳工作考核要求，国网江苏电力对接江苏省机关事务管理局，基于能源大数据开展公共机构碳排放监测分析服务。全面接入全省 28166 家公共机构，覆盖科技、教育、文化、卫生、体育等机关事业单位，通过采集用能、建筑面积、活动人数等数据，为各类公共机构提供监测、评价、分析"一张网"服务。依托碳排放数据的跟踪分析，为政府逐年分解减碳目标任务、细化具体措施提供数据支撑，助推公共机构绿色低碳转型。预计"十四五"期间，江苏全省公共机构年均可降低能源消耗折合标煤 8 万 t，相当于减少 CO_2 排放 20 万 t。

9.4.2.6　充电服务全国一张网

为推动充电设施互联互通，促进新能源产业持续健康发展，国家电网公司、南方电网公司、特来电和星星充电共同创建联行科技，聚焦打造互联互通的基础设施平台，构建开放合作的新能源汽车服务生态，解决新能源汽车能源补给问题，进一步促进充电平台的互联互通，助力行业发展，为"充电服务全国一张网"建设奠定基础，助力交通运输业低碳转型。联行科技结合能源大数据优势，可以向监管部门提供地方范围内的充电桩运行状态的可视化显示，并且联行科技还将为地方监管部门提供线上的补贴申请，从而提高相关补贴发放的效率及准确性。

9.4.2.7　"智慧用能"乡村电气化示范

国网浙江安吉供电公司坚持立足于电网侧、政府侧、用户侧三方联动，建立数据共享平台，引导全社会共同参与乡村电气化建设，构建乡村电气化生态圈。通过用能设备的泛在物联实现用户用能设备的状态全感知，有效解决用户长期存在的问题，并在能源大数据分析的前提下进行数据传递，提供用能优化方案和智能运维服务。应用电气化设备、物联网技术、综合用能在线监测与优化控制技术、水肥自动控制技术、全光谱LED补光技术、地源热泵技术等，实现“水、气、电、热、冷”用能设备状态全面感知与智能优化控制，辅助灌溉、施肥、除虫等作业，开展用户设备能耗分析和能效评价，提供安全用电监测服务和“一户一策”的用能优化方案。

9.4.2.8 居民绿色低碳生活系列产品

目前，北京、广东、河北等多个省市已建立了针对个人消费端的碳普惠机制，涉及居民生活的绿色交通、垃圾分类、绿色消费等多个领域。碳普惠正成为国民生活新风尚。部分低碳试点城市的人民政府和互联网企业已经开展了相关探索，如地方政府主导推出了“武汉碳宝包”“成都碳惠天府”“广东碳普惠”“北京碳普惠”“深圳碳账户”等一系列纳入智慧城市大数据平台的减碳行动；大型互联网企业也围绕公众的衣、食、住、行、用等减排场景，在碳普惠领域主导推出了一系列碳减排探索计划，建立个人碳账户，通过和各数据平台的合作，逐步建立全国统一的个人碳账户平台，为未来介入个人碳交易打下基础。广西在大数据助力双碳发展的过程中创新推出的“低碳用电账单”，利用大数据在线分析用户用电设备负荷使用情况及用电习惯，帮助居民用户了解自身用电情况及用电特征，引导用户改变用能习惯，助力居民用户节约用电、低碳生活。能源大数据“网上国网”APP(应用程序)提供“电量电费”月度账单和专属家庭“用能分析”；该应用帮助居民用户在家划着手机、轻点屏幕，就能让低碳转型“快”起来；利用账单推送、节能改造，让群众电费支出“少”起来。

9.4.3 能源大数据助力碳制度体系建设应用

9.4.3.1 全国首个市场化碳普惠交易体系

国网江苏苏州供电公司以苏州工业园区为试点，以分布式光伏为切入点，协同园区管委会，对接上海环境能源交易所，共同建立碳普惠市场。依托自身的能源大数据优势，打造“碳普惠智能服务平台”，提供集“核证、交易、分析、融资”于一体的碳普惠服务。分布式光伏用户登录账户绑定自己的光伏站点后，可以在线上传资料，一键申请碳资产核证，并可在资产认证模块下进行状态全程跟踪，大幅降低了传统线下核证成本高、时间长、流程复杂问题；对于核证后的碳资产，用户可以在市场行情里选择自主交易，一键结算，同时也支持委托交易，挂单投入市场，便捷的交易极大促进用户参与，提升碳普惠市场活跃度；同时帮助用户实现碳资产一图全览，信息一键获取，便捷管控碳资产，交易操作流程简单便捷。平台还可以通过与银行合作开发碳普惠信用贷，为用户提供碳金融服务，通过金融杠杆来撬动更大规模的碳普惠市场，助力碳达峰碳中和目标实现。

9.4.3.2 电力大数据助力普惠金融服务

国网线上产业链金融平台“电 e 金服”充分应用金融科技赋能，发挥电力大数据资源优势，在提升服务效率、精准度和严控风险上进行了一系列积极探索，实现了供需精准对接和价值高效转换。核心企业确权、账户变更和数据真实性是产业链金融普遍面临的三大难点。“电 e 金服”凭借丰富的电力大数据资源及多元化业务场景，在消除这些难点方面具有独特优势。e 贷作为“电 e 金服”平台拳头产品之一，基于用电数据及信用情况，精准核定授信额度，专门为中小微企业提供信用融资，企业凭借良好用电信用和其他信用资质，无须抵押或担保，而且融资成本低。“电 e 金服”平台建立起具有电力特色的大数据实时风控系统，填补了国内企业在金融实时风控解决方案方面的空白。依托电力大数据，经数据分析、深度数据挖掘及科学数学算法、建模，适用于金融业需要的企业评价、监测和管理，为金融业客户提供贷前、贷中、贷后全面高效的风险管理服务。金融机构通过用电失信信息如窃电、违约、欠费等，贷前筛除劣质客户避免欺诈行为，通过用电量分析，贷中评估企业行业水平及偿还能力，通过用电趋势，贷后监控企业经营运行情况。

9.4.3.3 基于区块链技术的绿电交易服务

国网区块链公司从电源侧、电网侧、负荷侧提升分布式清洁能源资源优化配置能力，建设基于区块链的绿色电力交易、绿色电力溯源系统和平台，支撑全国绿色电力交易试点国家重点工作，成功助力北京冬奥会、杭州亚运会绿电溯源，帮助国家实现了 100%绿电办奥办赛的国际承诺。基于区块链的绿电交易系统运用区块链技术，记录绿电生产、交易、消纳等环节关键信息，设计绿色电力消费凭证链上流通机制，推出二维码绿色电力溯源查询服务，为各类市场主体、交易机构、监管机构提供可信、便捷的数字化服务。该绿电交易系统运用区块链防篡改、可追溯的技术特性，有助于绿电交易市场的透明化、公开化，可以从电源侧有效激发分布式清洁能源主体并入大电网，提升区域性清洁能源的消纳占比。自 2021 年 9 月全国绿色电力交易试点启动以来，已为 26 个省份超 4.3 万家市场主体提供了区块链绿电消费凭证、电子合同等多种服务，核发基于区块链的绿色电力消费凭证 10.3 万余张，支撑完成绿电交易 703 亿 kW·h。

9.4.3.4 CBAM 出口产品碳排放核算服务

2023 年 10 月 1 日起，欧盟碳边境调整机制已进入过渡期，范围内的出口产品需提交产品碳排放报告，提交第一份报告最晚时间是 2024 年 1 月底，未提交报告的企业将面临高额处罚。为应对欧盟碳关税，擎天互联打造 CBAM 服务平台，为受影响出口企业提供产品碳排放数据核算服务。通过专业碳核算引擎技术对某大型海上风电塔筒、单桩生产制造企业 2023 年第一季度至第二季度的出口产品碳排放进行了计算，量化了其切割、拼板、卷板、组对、焊接等生产工序的碳排放数据，为其梳理出清晰的碳排放数据清单，助力企业便捷高效地追踪和分析各个生产环节的碳排放情况。为提高碳排放数据的精确性，对该公司使用的钢板、法兰等原材料供应商也进行了碳排放数据的追溯，进一步提升碳排放数据的质量，为后续精准定位降碳环节、打造绿色供应链提供数据支撑。在完成计算和披露之后，还根据 CBAM 法案的相关要求，提出了数据收集与管理的改进建议，包括优化数据收集流程、建立更加完善的数据库以及加强数据分析能力等，为该企业在 2024 年 1 月的正式数据报送打下坚实的基础。

9.5 本 章 小 结

依托能源大数据，我们正在服务政府精准治理、服务企业绿色转型和服务社会绿色发展方面积极探索。展望未来，能源大数据将持续推动全社会节能降碳、绿色转型，服务国家“双碳”目标决策部署。

1. 服务政府精准治理

通过提升“双碳”数据汇聚共享能力、“双碳”监测服务能力和数据运营服务能力。充分汇聚和应用能源大数据资源，持续推动社会“双碳”数据的融通共享，通过分析区域和行业碳排放趋势和研制双碳数字应用产品，可以为政府制定节能减排政策提供精准服务，为社会绿色低碳转型提供能源数据支持，推动建立跨行业跨领域的数据汇聚模式和数据融合体系。

2. 服务企业绿色转型

通过开展能源结构分析，持续为能源供给侧结构性改革、能源消费方式转变提供参考依据。基于碳排放数据开展多维场景应用，为企业转变生产方式、调整生产结构、降低碳排放水平提供服务支撑。构建碳配额、碳减排资产管理分析和商业化开发能力，基于能源大数据优化碳配额分配模型算法，计算碳资产价值，助力能源行业，以及高耗能、高污染和资源型行业参与碳交易。探索疏通全价值链的碳价传导机制，为传统高碳行业企业绿色转型和低碳行业企业快速发展提供辅助决策。

3. 服务社会绿色发展

通过完善基于能源大数据的碳排放核算、报告、监测能力，分析挖掘碳排放量与能源数据间的映射关系和各种条件下的变化因素，细化各类能源和电力碳排放因子，建立能源电力碳排放折算、趋势预测等算法模型，分析能源电力在碳排放链中的关键环节和占比。构建基于能源电力大数据的碳排放智能监测和碳足迹评估能力，形成用户碳排放画像，探索完善“个人碳账户”，引导全社会生产生活绿色发展。

参 考 文 献

[1] 王大伟, 孟浩, 曾文, 等. “双碳”视角下欧美日绿色发展战略研究[J]. 全球科技经济瞭望, 2022, 37(5): 61-66, 76.

[2] 新华社. 中华人民共和国国民经济和社会发展第十四个五年规划和 2035 年远景目标纲要[EB/OL]. (2021-03-12). [2024-05- 13]. http://www.gov.cn/xinwen/2021-03/13/content_5592681.htm. 2021-03-13.

[3] 中华人民共和国生态环境部. 关于印发《国家适应气候变化战略 2035》的通知[EB/OL]. (2022-05-10). [2024-05-13]. https://www.mee.gov.cn/xxgk2018/xxgk/xxgk03/202206/t20220613_985261.html.2022-06-07.

[4] 张峰, 彭祚登. 北京市森林碳储量和碳汇经济价值研究[J]. 林业资源管理, 2021(6): 52-58. DOI:10.13466/j.cnki.lyzygl.2021.06.009.

[5] 肖翔. 江苏城市 15 年来碳排放时空变化研究[D]. 南京: 南京大学, 2011.

[6] 张精, 方堉, 魏锦达, 等. 基于碳足迹的安徽省农田生态系统碳源/汇时空差异[J]. 福建农业学报, 2021, 36(1):

78-90.DOI: 10.19303/j.issn.1008-0384.2021.01.011.

[7] 张舒涵, 陈晖, 王彬, 等. 基于水泥企业“电-碳”关系的碳排放监测分析[J]. 中国环境科学, 2023 (2) : 1-14.

[8] 陈瑜. 全国首个应用电力大数据测算碳排放模型研发成功[N]. 科技日报, 2022-11-14.

[9] 周天睿, 康重庆, 徐乾耀, 等. 电力系统碳排放流的计算方法初探[J]. 电力系统自动化, 2012, 36 (11) : 44-49.

[10] 周天睿, 康重庆, 徐乾耀, 等. 电力系统碳排放流分析理论初探[J]. 电力系统自动化, 2012, 36 (7) : 38-43.

[11] 景晓薇. 国网北京电力优化完善首都碳排放监测服务平台[EB/OL]. 国家电网报. (2022-12-23). [2024-05-13]. http://www.chinapower.com.cn/dlxxh/yxjjfa/20221223/180997.html.2022-12-23.

[12] 时光. 大象转身: 油企数字化转型模式与路径[J]. 中国石油企业, 2021 (7) : 101-103, 111.

[13] 中共中央 国务院关于完整准确全面贯彻新发展理念做好碳达峰碳中和工作的意见[N]. 人民日报, 2021-10-25 (001). DOI:10.28655/n.cnki.nrmrb.2021.011159.

[14] 傅翠晓. 碳达峰、碳中和的五大重点关注领域[J]. 张江科技评论, 2021 (4) : 66-68.

[15] 数字化赋能制造业低碳转型的路径与建议[J]. 软件和集成电路, 2023 (Z1): 68-70. DOI:10.19609/j.cnki.cn10-1339/tn.2023.z1.025

[16] 清华大学建筑节能研究中心. 中国建筑节能年度发展研究报告[M]. 北京: 中国建筑工业出版社, 2019.

[17] 江亿, 胡姗. 中国建筑部门实现碳中和的路径[J]. 暖通空调, 2021, 51 (5) : 1-13.

[18] 马欣. “双碳”背景下零碳园区建设研究[J]. 合作经济与科技, 2023 (8) : 4-7. DOI:10.13665/j.cnki.hzjjykj.2023.08.069

[19] 王继业. 电力大数据技术及其应用[M]. 北京: 中国电力出版社, 2017.

[20] 廖宇, 沈麋泽华. 绿电交易的逻辑与碳中和的机遇[J]. 中国电力企业管理, 2021 (25) : 49-51.

[21] Pigou A C. The Economics of Welfare[M]. London: Macmillan Publishers Limited, 1920.

[22] 何东, 李斐. 浙江省电力系统碳排放监测平台上线[N]. 国家电网报, 2021-02-05 (002). DOI:10.28266/n.cnki.ngjdw.2021.000500.

第 10 章　能源工业互联网应用

随着能源行业转型发展逐步加速，以工业互联网为代表的新一代产业变革正在能源领域内迅速发展并深化。通过能源大数据的数据枢纽作用充分发挥，能源工业互联网逐步形成了支撑能源互联网建设的数字化技术底座。能源工业互联网在推动新型电力系统与新型能源体系建设中发挥着重要作用，有利于激发能源大数据应用价值，促进能源领域高质量协同发展。本章介绍能源工业互联网应用，10.1 节从工业互联网切入，引出能源工业互联网的概念、特点和发展现状；10.2 节归纳提炼能源工业互联网建设的工作方法论，为能源行业内相关企业提供应用实践的参考；10.3 节介绍能源工业互联网建设中的关键技术；10.4 节阐述电、油、煤等行业典型应用；10.5 节分析能源工业互联网所面临的机遇挑战并就未来发展趋势进行了展望；10.6 节对能源工业互联网应用的总结。

10.1　能源工业互联网发展现状

能源工业互联网是新一代信息技术与工业经济在能源领域深度融合的产物。通过工业互联网广泛连接各类设备、系统、企业、产业等主体要素，能源工业互联网有利于促进能源大数据信息汇聚、连接、共享及应用，对于构建以电网为主干和平台、连接多类型能源系统、推动能源大数据价值释放、实现多能源协同转化的能源互联网，发挥着核心支撑作用。本节主要介绍工业互联网和能源工业云网的概念及相关特征，并简要介绍其在国内外发展的背景及现状。

10.1.1　工业互联网概念及特征

目前，互联网已成为人们生活中不可或缺的一部分，广泛应用于社交、购物等消费环节，并逐渐向生产环节、实体经济领域延伸。工业互联网作为互联网与传统制造业融合发展的产物，也是赋能产业数字化和数字产业化的重要手段。

工业互联网的概念最早由美国通用电气公司于 2012 年提出，旨在通过新一代信息技术的融合应用，赋能制造行业智能化、网络化、协同化发展。工业互联网作为新一代信息技术与工业经济深度融合的新型基础设施、应用模式和工业生态，一般具有泛在互联、全面感知、智能优化、安全稳固等特征，通常以“连接+数据”为手段，以“平台+生态”为载体，通过互联网、物联网技术的融合应用，广泛连接各类设备、系统等主体要素，贯通于采集、传输、存储、应用等数据环节，进而实现全要素、全产业链、全价值链的全面连接，推动传统产业加快转型升级、新兴产业加速发展壮大[1]，其体系架构如图 10.1 所示。

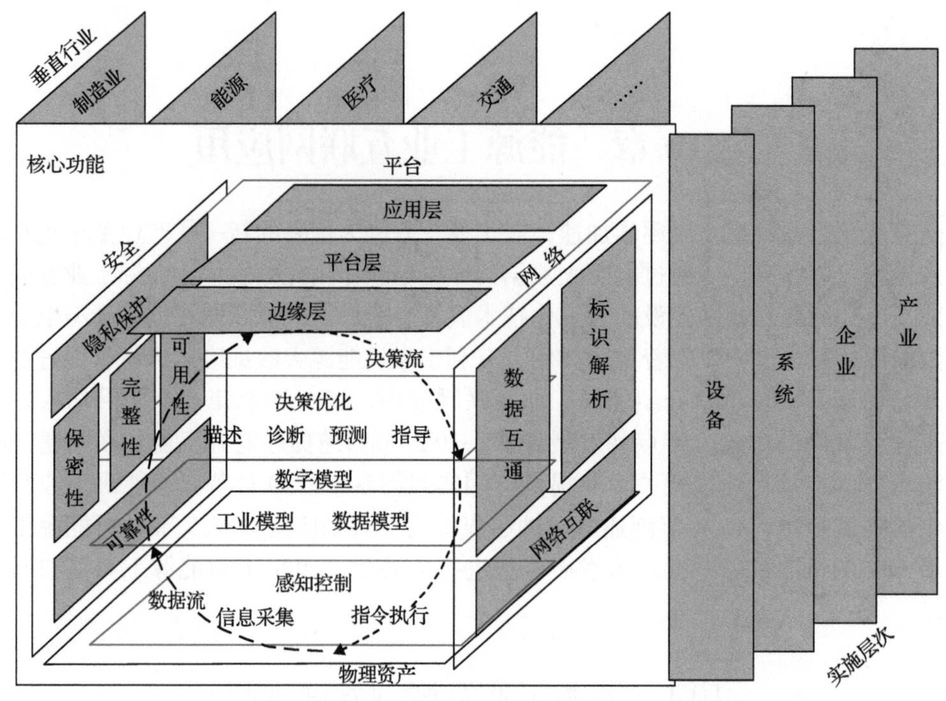

图 10.1 工业互联网体系架构[1]

本质上，工业互联网是互联网技术在制造业等垂直行业的应用，具有数字化、网络化、智能化和服务化四个特点。

1) 数字化

应用标识解析、边缘计算等技术，实现设备状态智能感知和信息采集，实时获取其在生产运行过程中的各种参数、数据、状态等，助力打破生产各环节、企业内、企业间的数据壁垒，以数字化技术手段建立数字模型，形成数字化转型发展的数据基础。

2) 网络化

借助数据连接及网络传输，形成各种设备、系统、企业、产业的网络互联，构建一个安全、高效的信息交流和共享平台，实现生产过程的全要素、全过程、全系统的数字化连接。

3) 智能化

应用人工智能、大数据、云计算等技术，对生产过程中的各种数据进行分析、处理、优化和安全管理，以数据流支撑决策流，逐步实现设备、系统、企业等要素的智能化控制和决策优化。

4) 服务化

将生产过程中的各种服务通过互联网、物联网等技术手段进行集成，形成一个由边缘层、PaaS (平台即服务) 层、应用层组成的高效服务平台，为制造、能源、医疗、交通等垂直行业用户提供全方位的服务。

10.1.2 工业互联网发展现状

当前，工业互联网正在加速发展，日益成为新工业革命的关键支撑，各国都在积极探索符合自身发展特色的实践路径。美、日、德等发达国家起步较早，已形成了较为清晰的发展脉络。美国以发展信息数据智能分析能力提升制造业发展水平，通过融合设备、传感器、互联网和大数据技术，提升现有产业生产效率并赋能新产业；日本提出“互联工业”，以人、机器、系统、技术的连接解决工业新挑战，持续实现价值创造；德国提出工业 4.0 发展战略，通过融合信息技术和制造技术，打造基于信息物理系统的制造智能化新模式，提升资源整合能力。

我国工业互联网虽然起步较晚，但是工业体系完备，新一代信息技术网络规模大、范围广，具备较好的发展基础。国家高度重视工业互联网发展，发布了一系列政策措施，大力支持工业互联网建设。国务院于 2017 年发布《关于深化“互联网+先进制造业”发展工业互联网的指导意见》，核心内容是加强先进制造业产业供给能力，促进我国工业互联网发展水平全面提升。工业和信息化部于 2018 年、2020 年相继发布《工业互联网发展行动计划(2018—2020 年)》《工业互联网创新发展行动计划(2021—2023 年)》，计划提出：到 2020 年底，初步建成工业互联网基础设施和产业体系，构建工业互联网标识解析体系和安全保障体系；到 2023 年，工业互联网新型基础设施建设量质并进，新模式、新业态大范围推广，产业综合实力显著提升。经过近几年的迅速发展，上述计划目标已基本实现。

据《中国工业互联网产业经济发展白皮书》显示，2020～2023 年，我国工业互联网产业增加值规模均突破万亿元[2]。如今，我国工业互联网正由理论研究和实践探索的起步期进入各行业新技术、新模式、新业态创新发展与应用推广的快速发展期，已建成了 100 余个工业互联网平台，覆盖 40 余个行业，培育了一批平台创新解决方案和高价值工业 APP(工业应用)。

当前，工业互联网日益成为支撑我国数字经济发展的重要组成部分，对于释放数据应用价值、激发数据要素潜力发挥着重要作用。随着数字经济的特征由消费互联(如电子商务)演变成工业互联，从企业的单点管控拓展到消费端、管理端乃至全流程，从单一领域扩充至生态领域，工业互联网也从制造行业逐渐渗透到了能源、医疗、交通等垂直行业，其应用实践模式也呈现出了多元化的特征。诸如能源互联网、数字供应链也逐渐成为工业互联网落地生根的切入点。

10.1.3 能源工业互联网概念及特征

现代化产业体系是现代化国家的物质技术基础，而能源产业作为国民经济的基础性产业，也是现代化产业体系的先行部门和动力支撑，人类社会的重大进步无不伴随着能源产业的重大变革。从能源行业自身发展现状来看，一方面，化石能源仍然是世界能源消费的主要来源，石油、煤炭等不可再生资源面临着资源枯竭、环境污染严重、碳排放过高等现实问题；另一方面，随着世界范围内化石能源的快速枯竭以及化石能源对环境破坏和气候的影响，人类寻求可再生能源的开发与利用，替代化石能源是实现人类可持续发展的必由之路。

可再生能源不能够像传统化石能源(石油、煤炭、天然气)实现一次能源的直接传输，必须转化为二次能源的形式进行传输，电能是所有一次能源可以转化的二次能源，因而可再生能源发电是可再生能源利用的最佳方式。由于电能的传输方便性，建立高比例可再生能源发电的广域电网成为可能，通过电网实现广域范围内各能源网的互联互通——“能源互联网”应运而生[3]。能源互联网是以电网为主干和平台，将各种一次、二次能源的生产、传输、使用、存储和转换装置，以及它们的信息、通信、控制和保护装置进行直接或间接连接的网络化物理系统[4]，能源互联网是以电为中心，围绕更清洁更经济的发电、更安全更高效的配置、更便捷更可靠的用电，而构建的“网架坚强、广泛互联、高度智能、开放互动”的新型能源网络[5]。建设能源互联网旨在通过新一代信息技术和能源技术的融合，实现能源系统互联，推动能源数据合理利用，从而促进能源的高效、智能、安全、清洁地供应和使用。

随着能源行业转型发展步伐的逐步加快，以工业互联网为代表的新一代产业变革在能源领域加速开展。基于工业互联网平台，在实现各类能源信息采集、传输、存储和应用的基础之上，结合能源行业企业自身生产、经营、服务及新兴产业拓展需求所开展的应用实践，探索贯通能源行业关键环节的数据交互通道，提升能源企业数字化服务能力，支撑构建能源产业链、供应链协同发展的模式，从而带动行业整体发展，服务能源生态体系构建。本书中以能源工业互联网作为工业互联网在能源这一垂直领域内的应用实践的统称。

从本质上讲，能源工业互联网是支撑能源互联网建设的数字化技术底座，在支撑能源行业企业转型发展的基础上，对于构建以电网为主干和平台、连接多类型能源系统、推动能源大数据价值释放、实现多能源协同转化的能源互联网，发挥着核心支撑作用。

1) 设备广泛连接

根据能源设备密集、价值高、智能化程度较高、数据开放基础较好等特点，采用工业互联网技术，实现能源设备间的互联互通，结合能源信息的采集、处理和分析过程，从而向能源行业企业提供智能生产及决策优化的数字化应用能力。

2) 能源高效协同

以设备互联互通为基础，结合大数据、区块链、人工智能、数字孪生等技术，一方面，可以高效支撑单一能源行业在生产、运输、存储、消费等环节的协同应用；另一方面，对于支撑多类型能源系统协同调度、能源间的互济互补，起到至关重要的作用。

3) 管理灵活智能

通过自动化、信息化和集约化管理模式，实现能源企业对能源的生产、运输、存储、消费等环节实施集中监控和优化配置，对优化能源行业结构、市场环境和管理机制，推动能源绿色转型和可持续发展具有重要意义。

10.1.4 能源工业互联网发展现状

近年来，受经济发展、能源安全、环保减排等多重因素驱动，世界各国均把能源行业作为新一轮科技革命的主战场之一，制定各种政策措施抢占发展先机。例如，美国发布了《全面能源战略》，日本出台了《面向 2030 年能源环境创新战略》，欧盟制订了《2050 能源技术路线图》，旨在通过新的能源战略在能源资源竞争、能源技术竞赛等方面抢占发展先机。

我国也制定了相关政策以支撑能源工业互联网建设，推动能源大数据技术应用，促进能源数字化智能化转型发展。2016 年 2 月，国家发展和改革委员会、国家能源局、工业和信息化部联合发布《关于推进"互联网+"智慧能源发展的指导意见》并指出："'互联网'智慧能源(即能源互联网)是一种互联网与能源生产、传输、存储、消费以及能源市场深度融合的能源产业发展新形态""以'互联网'为手段，以智能化为基础，紧紧围绕构建绿色低碳、安全高效的现代能源体系，促进能源和信息深度融合，推动能源互联网新技术、新模式和新业态发展"。2023 年 3 月，能源局发布《国家能源局关于加快推进能源数字化智能化发展的若干意见》，明确提出："能源产业与数字技术融合发展是推动我国能源产业基础高级化、产业链现代化的重要引擎，是落实'四个革命、一个合作'能源安全新战略和建设新型能源体系的有效措施，对提升能源产业核心竞争力、推动能源高质量发展具有重要意义"。

我国能源企业也结合自身实际需求进行了差异化的应用探索，如发电企业主要应用于电厂管理、发电侧设备运维等场景，电网企业主要应用于电网安全监测、生产消费侧协同互动等场景，石油、煤炭行业主要应用于智能安全监控、安全生产管控一体化等场景。通过一系列的应用实践，逐步探索形成了能源工业互联网应用的实践方向：一类是立足能源企业自身生产、经营、服务所需，探索"互联网"智慧能源解决方案，满足能源转型发展的需要；另一类是从能源产业链的核心企业出发，探索产业链协同的应用实践，发挥能源枢纽作用，带动上下游企业乃至行业的协同发展。

10.2 能源工业互联网总体框架

能源工业互联网是工业互联网在能源垂直行业的应用实践，其基础是数据，核心是平台，关键是应用。能源工业互联网建设运营，有其通用方法论，本节主要围绕平台框架、建设思路、技术体系、运营体系、实践路径等方面，归纳提炼通用可借鉴的建设运营模式，形成能源工业互联网总体框架设计，旨在为能源行业企业实践探索提供参考借鉴。

10.2.1 平台框架

工业互联网的核心是平台，能源工业互联网同样需要依托平台资源来构建能源应用生态体系。借助物联接入、边缘计算等技术，通过智能感知终端、边缘代理、SaaS 服务(软件即服务)等方式，连接各类能源设备，实现能源生产消费全生命周期信息采集，并传输、汇聚至能源大数据中心。以能源大数据中心为数据枢纽，能源工业互联网提供平台服务能力，不仅包含设备、资源等平台资源管理服务，也可通过工业 App 市场(工业应用市场)、工业微服务和应用开发环境等服务，为能源行业企业提供工业平台服务。能源工业互联网通过构建覆盖能源全域的工业互联网运营服务体系，有助于促进数据流、能量流、业务流、价值流“多流合一”，助力实现能源产业链、供应链融合互通。能源工业互联网平台架构通常可分为设备连接层、技术连接层、平台服务层和业务应用层，整体架构如图 10.2 所示。

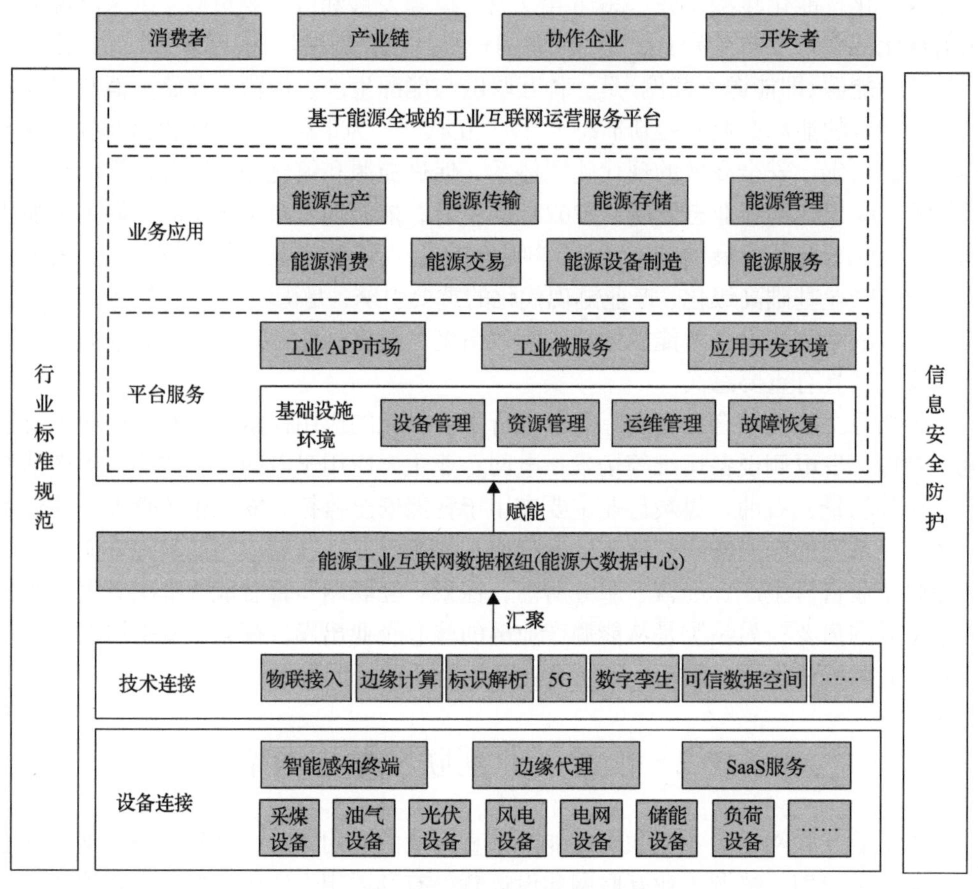

图 10.2　能源工业互联网平台框架

1) 设备连接层

设备连接层作为能源工业互联网采集各类基础数据的来源，主要对海量设备进行连接和管理，利用协议转换实现海量数据的互联互通和互操作。通过智能感知终端、边缘代理、SaaS(软件即服务)服务等方式对电、油、煤、气等多种类、多协议边端设备快速接入，支撑能源设备和智能终端快速上云，为平台提供底层数据基础支撑。

2) 技术连接层

技术连接层主要运用物联接入技术，对所接入的智能设备进行精准、实时的数据采集和技术集成，通过运用边缘计算、云边协同等技术，实现错误数据剔除、数据缓存及边缘实时分析，从而降低网络传输负载和云端计算压力，并以网络安全技术实现数据传输网络安全，最终完成智能设备的数据采集、安全传输和预处理操作。

3) 平台服务层

平台服务层是整个能源工业互联网平台的核心，可以提供能源数据云存储和云计算环境，并对能源数据进行云处理或云控制。相当于在设备连接层和技术连接层上构建了一个扩展性强的支持系统，也为工业应用或软件的开发提供了良好的基础平台。同时，通过提供工业 App 市场、工业微服务和应用开发环境，形成完整度高、定制性好、移植复用程度高的工业操作系统。

4) 业务应用层

业务应用层是能源工业互联网的价值体现，以工业微服务、工业 app 市场和应用开发环境为基础支撑，提供各类工业轻量化基础应用、定制化业务系统以及第三方应用，实现能源生产、传输、存储、交易、消费、管理以及能源设备制造和能源服务等数字化应用广泛汇聚和业务贯通，形成覆盖能源全域的运营服务体系。

10.2.2 建设思路

垂直行业的工业互联网应用发展，根本靠技术创新，关键是产业供给，动力在市场应用[6]。打造能源工业互联网，对当前能源绿色转型发展至关重要。我们需要立足现实基础、着眼未来目标、突破关键技术、明确实施步骤，确保建设效率与效果，同时兼顾短期与长期的功能目标实现。能源工业互联网建设和应用需要从三个方面开展。

1) 强化技术创新

瞄准高端芯片、工业操作系统、工业软件、安全防护等基础技术，探索 6G、下一代网络、边缘计算、人工智能、区块链等前沿技术，发展物联网、能源互联网平台融合技术，提升能源大数据存储、应用能力，促进企业在能源领域与信息领域的深入合作、联合攻关。

2) 打造运营体系

通过分析竞争对手、了解市场需求、研究行业趋势等方法来确定商业模式，明确目标市场、细分客户群体，以便精准地满足用户需求，从而构建完整的运营体系。在运营过程中，不断对商业模式和运营机制进行持续优化，以适应市场的变化和企业的发展需求。

3) 明确实践路径

明确平台的目标和方向，包括制定发展战略、商业模式、目标市场等，企业可按照近期、中期、远期目标制定合适的实践路径和计划，可按照既定目标逐步开展实践活动，并在平台实践过程中，不断收集数据、分析市场、调整策略，对实践路径进行持续改进和创新，以适应市场的变化和企业的发展需求。

10.2.3 技术体系

工业互联网技术体系是支撑功能架构实现、实施架构落地的整体技术结构，其超出了单一学科和工程的范围，需要将独立技术联系起来构建成相互关联、各有侧重的新技术体系，在此基础上考虑功能实现或系统建设所需重点技术集合[1]。

1. 连接技术

连接技术是一种将各种工业设备及生产设备连接到同一网络，通过数据共享和信息处理实现设备间相互协同和智能化的技术。其主要作用是通过将设备接入平台，打通设备间数据传输通道，实现工业设备的远程控制、设备状态的实时监控、数据通信和信息共享等，支撑能源大数据的统一管理和资源调配。连接技术涵盖了多种工业互联网技术，其中设备连接技术为平台提供了设备快速接入能力，构建了一个脱离于具体硬件设备的接口通信服务平台，使得异种设备协议容易接入并可转换为标准协议并与其他系统联网。标识解析技术则为工业设备或算法工艺提供标识地址，保障了工业数据的互联互通和精准可靠。

此外，在靠近物或数据源头的网络边缘侧，建设融合网络、计算、存储、应用核心能力的分布式开放平台，就近提供边缘计算服务，可满足行业数字化在敏捷连接、实时业务、数据优化、应用智能、安全与隐私保护等方面的关键需求。连接技术已广泛应用于智能制造、能源管理、故障诊断、远程监控等领域，帮助能源企业高效地实现工业自动化和智能化，提高生产效率和产品质量。

2. 平台技术

平台技术是用于支撑平台服务层的核心技术体系，通过资源管理平台支撑大数据、人工智能多种创新功能，将工业机理沉淀为模型，实现数据的处理和深度分析并为业务应用层提供工业微服务、应用开发环境和工业 app 市场等支撑能力，帮助企业快速构建面向工业行业的社会级服务，同时与开发者、合作伙伴一起打造良性生态圈，是核心技术能力的集中体现。

1) 平台资源管理

能源工业互联网平台需要对平台资源进行管理和调度，以确保对数据处理以及各类应用的支撑和资源的高效利用。资源管理调度分为静态负载均衡和动态负载均衡两种方式。静态负载均衡通过对资源的评估和预测，平衡服务器的负载来实现资源的分配和调度；动态负载均衡根据系统的实时状态变化动态分配资源。平台资源调度和管理技术可以实现一台资源服务器同时运行多种应用，保证云平台资源的高效利用，提升平台性能。

2) 工业大数据系统

能源工业数据数量庞大，需要构建一套工业大数据系统对数据进行管理，能够向下不断采集各类工业设备数据，向上为各类应用提供标准化数据服务，为此需要一套完整的数据标准化处理流程。数据标准化处理过程从采集、处理到分析、应用，贯穿工业生产制造整个生命周期，其基本目的是从大量的、可能是杂乱无章的、难以理解的数据中抽取并推导出对于某些特定的人们来说是有价值、有意义的数据进行分析和应用。

3) 工业微服务

工业微服务是工业互联网平台中知识沉淀和复用的载体，为用户提供面向工业特定场景的轻量化应用，主要涉及在微服务架构下的服务通信、服务发现等技术。工业微服务架构是一项在云中部署应用和服务的技术。微服务可以在“自己的程序”中运行，并通过“轻量级设备与HTTP(超文本传输协议)型API(应用程序编程接口)进行沟通”。系统中的各个微服务可被独立部署，各个微服务之间是松耦合的。每个微服务仅关注于完成一项任务并很好地完成该任务。

4) 应用开发环境

应用开发环境是面向企业商业应用的云开发平台，为开发者提供便捷、高效的应用开发服务。随着人工智能、物联网、区块链等领域飞速发展，传统行业在向互联网化转型的过程中，对软件技术的要求越来越高，软件实现越来越复杂，软件构建技术难度以指数级增长。应用开发环境充分考虑开发者和企业用户的痛点，提供高效率、高效能的开发平台，以实现多种工业 App 的开发和应用。

5) 工业 App 市场

工业 App 是基于松耦合、组件化、可重构、可重用思想，面向特定工业场景，解决具体的工业问题，基于平台的技术引擎、资源、模型和业务组件，将工业机理、技术、知识、算法与最佳工程实践按照系统化组织、模型化表达、可视化交互、场景化应用、生态化演进原则而形成的应用程序。本质上，工业 App 是面向特定场景、特定应用的技术服务产品，需要利用工业 App 集群以解决复杂问题。工业互联网平台以工业 App 市场作为知识、产品、服务等资源共享的载体，通过发挥聚集效应，实现工业 App 的输出及共享。工业 App 的开发、运行都需要依托平台资源开展的，开发者不必考虑技术引擎、算法等基础技术要求，只需要专注解决特定具体问题即可，从而降低了开发难度，吸引了大量第三方开发依托平台自主开发。因此，工业 App 是工业互联网平台创新开发协同模式、突破技术/专业壁垒的手段。

通过工业 App 市场，需求方可根据自身遇到业务问题提出需求通过工业 App 获得综合解决方案来解决实际问题；开发方通过开发 App 的方式将需求方的业务需求和应用进行场景封装，解决实际业务问题；检测方提供 App 检测服务，确保使用过程中安全可靠；使用方提供 App 应用环境，并反馈应用效果及改进意见，如图 10.3 所示。

3. 技术保障

1) 信息安全防护

随着信息技术的快速发展，工业互联网在全球范围内得到了广泛应用。然而，随之而来的是工业互联网面临着越来越复杂的网络安全威胁，加快提升工业互联网信息安全防护保障能力迫在眉睫。信息安全防护是为了确保数据的机密性、完整性和可用性，保护数据和信息系统免受未经授权的访问、使用、泄露、中断、修改或毁坏。与传统网络安全相比，能源工业互联网信息安全除需适应工业环境下系统和设备的实时性、高可靠性需求及工业协议众多等行业特征外，还需兼具能源行业数据保密性和专业性的特点，防护难度更大。能源工业互联网信息安全包含能源设备安全、控制安全、网络安全、应用安全、数据安全等。保障能源工业互联网信息安全可以有效帮助能源企业更好地面对

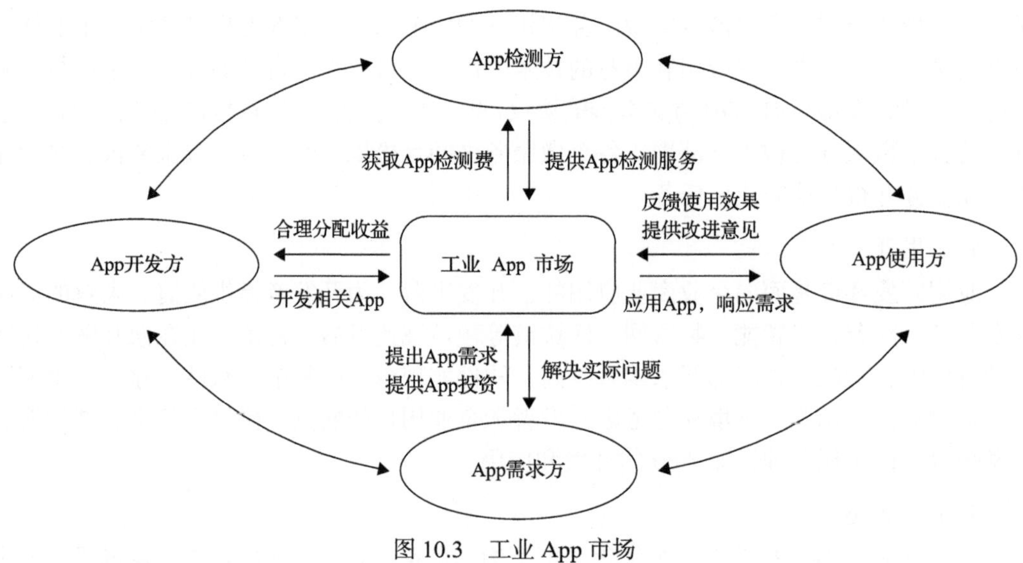

图 10.3 工业 App 市场

未来市场竞争，是实现能源工业互联网价值的核心所在。

2) 行业标准规范

行业规范标准是针对某一特定行业或行业环境制定的一系列规定和标准。这些规范标准旨在确保企业和从业人员在该行业中遵守一定的道德和行为准则，促进行业的健康发展和保护消费者利益。行业规范标准的内容涵盖产品质量和安全标准、生产环境和安全管理标准、服务质量标准、行业数据和信息安全标准等多种类型规范要求。在工业互联网领域，2023 年 5 月，国家市场监督管理总局(国家标准化管理委员会)发布了《工业互联网平台选型要求》(GB/T 42562—2023)国家标准，为平台需求方“选平台”提供了参考依据，帮助企业评价工业互联网平台赋能水平，选择适宜自身的工业互联网平台。此外，还发布了《工业互联网平台 微服务参考框架》(GB/T 42568—2023)。《工业互联网平台 开放应用编程接口功能要求》(GB/T 42569—2023)两项国家标准为平台供给方“建平台”提供了指引，指导企业开发工业微服务和应用接口，加速工业知识的模型化沉淀和平台的互联互通，为构建工业互联网平台生态奠定基础[1]。针对能源工业互联网平台还缺少相应行业规范要求，需要进一步推动标准制定，规范行业平台建设和发展。

10.2.4 运营体系

1. 运营策略

通过对国内主流工业互联网平台开展研究，能源工业互联网平台可参照其经验，按照以下步骤打造平台运营体系。

1) 以用户为中心的价值创造

留存已有能源用户数据资源，在此基础上通过平台入口进一步吸引新用户，提升用户流量。

2) 以数据为核心的信息提升

建立数据接入标准，持续接入数据，并运用大数据、人工智能等技术手段，提供数据分析、数据计算等数据服务，建立能源数据服务体系，为用户提供大数据增值服务和数据产品，挖掘数据商业价值，满足用户需求。

3) 以技术为驱动的业务革新

运用工业互联网及能源大数据技术手段，实现能源产业链、供应链多边交易撮合，降低能源交易成本。

4) 以创新为提升的服务增值

基于用户、交易等历史数据，运用技术手段创新挖掘数据潜在关联，提供能源数据增值服务，实现价值再造。

2. 运营机制

为实现运营体系落地实践，能源工业互联网平台可采用产品与服务入驻、用户引流、业务拓展和激励交易的运营机制，并在消费者、供应链、协作企业和开发者等用户间进行推广[7]。

1) 产品与服务入驻

通过数据分析筛选，对优质能源服务商和项目等资源进行投资，成立专项产品投资基金；鼓励个体创新，培育能源行业有创意的产品开发者；以接口、网页、移动端等形式引入第三方代开发、代签约平台产品，吸引企业商户入驻，形成聚集效应。

2) 用户引流

面向老用户，梳理长期积累的客户资源，开展全面的营销管理和产品推广，对保持长期良好合作关系的政府、园区、企业、居民等用户采用集中批量引入平台，建立用户基础；面向新用户，采用平台网络、数据资源等入口，以平台资源、数据资源建立以平台为中心的连接、互动、交易生态圈，吸引新用户。

3) 业务拓展

以属地化营销团队为核心，组建当地营销渠道和客户网络，与属地政府建立长期紧密的合作关系，以平台专业能源服务和能源产品协助政府政策落地，向属地企业、行业协会、供应链企业、产业链单位等潜在用户进行产品和服务推广，迅速扩大业务范围，建立广泛合作的业务生态体系。

4) 激励交易

建立激励奖励机制，运用大数据等技术手段，分析用户潜在需求，有针对性地开展满减和折扣活动，扩大交易规模；以商家在平台首页提升曝光率等服务进行展示激励；建立企业信用积分制度，积分可用于兑换现金，激励用户诚信交易，增加用户与平台良性互动，撮合交易，提升规模。

3. 商业模式

通过以上方式，逐步建立能源工业互联网平台运营体系，从而进一步明确平台商业模式[7]，主要包括以下 6 类。

1) 提供平台应用服务获益

对外提供 SaaS(软件即服务)应用及大数据产品服务，用户可免费使用基础功能，更多高级功能需要付费使用。由平台自研自营的应用服务收益全部归平台所有，由第三方研发的应用通过平台向用户提供服务的，由第三方服务商和平台共同分享收益。

2) 提供平台数据服务获益

以数据标准 API 接口提供数据分析报告、数据计算、数据安全保障等信息服务，获得信息服务费用。

3) 提供开发环境服务获益

提供稳定可靠的 PaaS(平台即服务)能力、服务器网盘等硬件、云端等基础资源服务，依据开发资源使用情况向软件应用产品供给方收取开发环境服务费用。

4) 提供撮合交易服务获益

依托平台用户数据资源，通过大数据分析技术深入挖掘用户潜在需求，精准匹配、撮合软硬件产品和服务供需双方交易，收取第三方佣金。

5) 提供广告推送服务获益

梳理统计平台点击量、页面浏览量、注册及在线用户数等运营数据，挖掘数据内在联系，提供广告发布和推送、优质供应商排名等产品和服务，收取广告和服务费用。

6) 提供金融信贷服务获益

通过积累交易数据、评价数据，融合平台企业规模资质等基本信息，可以构建一套信用评价等级规则体系，鼓励供应商、服务商提升服务质量，平台还可利用该体系向企业提供保险、贷款、融资、担保等金融服务，获取相关服务收益。

10.2.5 实践路径

通过设计平台框架，理清建设思路，打造商业模式，建立运营机制，进一步规划能源工业互联网实践路径如下。

1) 夯实基础阶段

整合已有数字化基础设施，初步构建能源工业互联网平台，具备物联接入、设备上云、标识解析等技术服务，支撑各类能源信息底层汇聚，基本形成数据融通互联的能源工业互联网公共技术底座。同时，结合企业自身需求，围绕能源行业及其细分领域，沉淀形成特色化的能源大数据应用创新案例，初步发挥平台价值。

2) 持续推进阶段

进一步激发能源工业互联网平台价值，不断拓展系统集成、平台服务、整体解决方案数字化能力和业务，支持由“自用”转向“外供”，培育产业力量。以试点示范支持能源企业加快网络化、智能化改造，推进业务系统和工业设备上云上平台，积极发展智能化生产、服务型制造等新模式、新业态。

3）充实完善阶段

广泛连接能源产业链全要素、全产业链、全价值链，形成覆盖能源生态全域的运营服务体系，支撑能源产业链相关企业数字化转型发展需要，助力与其他能源行业实现数据贯通及融合应用，真正构建起互联共享、全域赋能的能源工业互联网生态。

10.3　能源工业互联网关键技术

随着新一代信息技术的自身发展和面向工业场景的二次开发，逐渐形成了互联网、物联网、大数据技术融合应用的工业互联网技术体系。而标识解析、物联接入与边缘计算、5G 技术数字孪生、可信数据空间等关键技术，对于构建人-机-物全面互联、智能协作、数据互信、共享应用的数字空间，起着至关重要的作用。

10.3.1　标识解析

1）技术简介

标识编码是能够唯一识别机器、产品等物理资源和算法、工序、标识数据等虚拟资源的身份符号，相当于数字世界的“身份证”。工业互联网标识解析体系是工业互联网网络体系的重要组成部分，其作用类似于互联网领域的域名解析系统（domian name system，DNS）。工业互联网标识解析体系的核心包括标识编码、标识载体、标识解析系统、标识数据服务四个部分，通过赋予每一件物理对象或虚拟资源唯一的“身份证”，实现能源数据跨地区、跨行业、跨企业共享与互通。

建设工业互联网标识解析体系，其根本在于标识码，核心在于赋码和解码。作为全球层面自顶向下所构建的体系，工业互联网标识解析与国际主流标识码相兼容。其中，Handle 由互联网之父、TCP/IP（传输控制协议/因特网互联协议）联合发明人罗伯特·卡恩提出，主要为数字对象提供永久标识、动态解析和安全管理等服务；OID（Object Identifier，对象标识符）由 ISO（国际标准化组织）、IEC（国际电工委员会）和 ITU（国际电信联盟）联合提出，用于对任何类型的对象、概念或者“事物”进行全球无歧义、唯一命名；GS1 全球统一标识系统由国际物品编码协会开发、管理和维护，主要用于产品与服务的贸易流通。我国也基于工业互联网标识解析应用实践发展了自主标识体系——VAA,2020 年 6 月 23 日，我国信通院被国际自动识别与移动技术协会（AIM）授权成为 VAA 国际发码机构，这标志着我国掌握了全球编码这一核心资源，可面向全球提供标识编码分配服务。

基于我国工业互联网发展的现实需求和全球多种标识体系并存的情况，2017 年，我国自主规划设计了由国家顶级节点、二级节点、企业节点、递归节点组成的国家工业互联网标识解析体系，规划建设了广州、上海、北京、重庆、武汉 5 大顶级节点和南京、成都 2 个灾备节点。2022 年 11 月，在中国 5G+工业互联网大会开幕式上，工业和信息化部信息通信管理局举行了工业互联网标识解析体系——国家顶级节点全面建成发布仪式，标志着工业互联网标识解析体系——“5+2”国家顶级节点全面建成。工业互联网标识解析体系如图 10.4 所示。

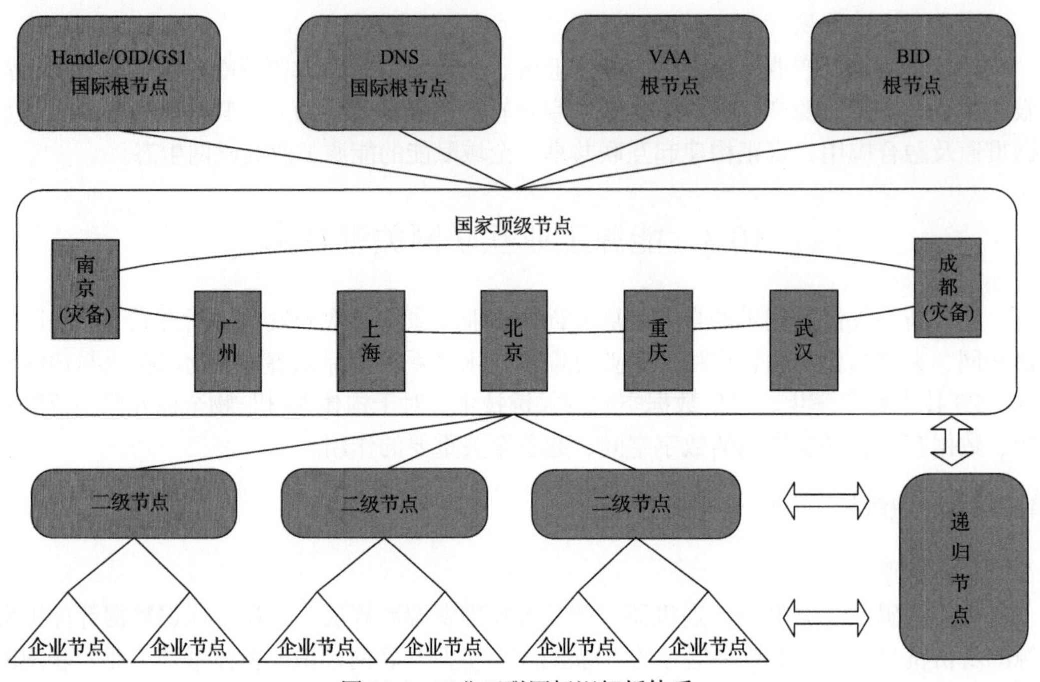

图 10.4　工业互联网标识解析体系

全球有多个根节点，每一个根节点都是独立、平等的，面向全球范围不同国家、不同地区提供根区数据管理和根解析服务。国家顶级节点是我国范围内最上层的标识服务节点，能够面向全国范围提供融合性顶级标识服务，以及标识备案、标识核验等管理能力，既是对外互联的国际关口，也是对内统筹的核心枢纽。二级节点是工业互联网标识解析体系的中间环节，是一个行业或者区域内部的标识解析公共服务节点，直接面向行业和企业提供标识编码注册、标识解析服务和应用服务能力。企业节点是标识解析系统中标识、数据、应用承载的基础设施，为特定工业企业提供标识注册和解析服务，并可根据该企业的规模定义工厂内标识解析系统组网形式及企业内标识数据格式。公共递归节点是指标识解析体系的关键性入口设施，能够通过缓存等技术手段提升整体服务性能。我国工业互联网标识体系通过去中心化的体系模式，实现了对等节点间直接交互，形成了工业互联网分布式数据存储体系。

截至 2023 年 4 月，全国二级节点累计建设 286 个，覆盖国内 31 个省级行政区，累计标识注册量超过 2690 亿个，接入的企业节点数量超过 25 万个。在规模化应用方面，覆盖 40 个行业，能源行业企业积极建立标识解析二级节点，携手产业链上下游合作伙伴，共同推动标识解析在能源行业的推广，旨在以物联标识连接上下游企业，解决“数据孤岛”问题，促进行业发展转型升级。其中国家电网有限公司（以下简称“国家电网”）、中国南方电网有限责任公司(以下简称“南方电网”)均建设了面向能源电力行业的二级节点，中国海洋石油集团有限公司建设了石化行业二级节点，大同市政府和晋能控股集团携手共建了煤炭行业二级节点。

2)应用场景

随着工业互联网的快速发展，标识解析体系也开始被各行各业广泛应用。下面选取两类典型应用场景进行介绍。

(1)设备远程监测。建立基于工业互联网标识解析的设备资产健康管理，通过应用标识解析技术，对每个核心零部件赋予唯一标识码，将核心零部件与整机组设备信息通过标识码关联，建设设备信息归集、设备信息共享、设备状态评估等业务应用，汇集设备的台账信息及运维检修信息，基于企业节点标识的解析服务，实现设备台账、投运、退役、再利用、缺陷、故障、检修、试验、检测等设备信息的归集与发布共享，实现设备远程监测。

(2)产品质量管理。目前在电工装备制造行业中，绝大多数场景下，存在缺乏生产过程质量控制、成品质量问题追溯难的问题。利用标识解析技术，为每台生产设备赋予唯一身份标识码，采集生产设备的实时数据，提供产品智能动态良品率监测。同时，将产品标识码与生产工序、物料批次进行绑定，使用在线工具，自动生成每日不良原因、良品率、报废率等相关报表。当出现生产良率异常时，结合企业信息系统，完成产品质量数据的采集及分析，快速完成问题定位，实现智能化产线管控。

10.3.2 物联接入与边缘计算

1)技术简介

物联接入与边缘计算是实现能源工业互联网设备数据采集及分析的重要技术手段，可有效解决工业设备种类多、接口复杂、采集信息量大等难题。物联接入是将信息传感设备按照相应的技术协议，通过以太网、WLAN(无线局域网)、Bluetooth(蓝牙)、Zigbee(紫峰)、UWB(超宽带)、NFC(近场通信)等方式将设备接入网络，使得物体之间通过信息传播媒介进行信息交换和通信，从而实现信息传感设备等具体物体的智能化识别、监控、管理等功能。边缘计算是指在靠近物或数据源头的网络边缘侧，融合网络、计算、存储、应用核心能力的开放平台，就近提供边缘智能服务，满足行业数字化在敏捷连接、实时业务、数据优化、应用智能、安全与隐私保护等方面的关键需求，从而加速响应或解决问题[8]。

2)应用场景

物联接入与边缘计算技术在数据采集、计算、存储等方面应用广泛，以满足海量异构设备快速接入、服务迅速响应等需求。下面选取两类典型应用场景进行介绍。

(1)带电检测信息采集。为保障电力设备不间断运行，需要采集电力设备状态信息，实现实时检测，保证智能化的实现与应用。物联接入技术作为重要的基础技术，通过对运行设备实时监测，实现对其设备数据的有效获取。例如，通过采集超声波检测仪、红外热像仪等多种设备数据，实现对电力设备进行实时的在线检测与监控，将采集数据进行智能化的分析、处理以及预测，得到实时的检测报告。

(2)风电场运行管理。随着新能源建设速度的加快，运营装机容量的增大，风电的运维人员需求量大，加上风电场的运行管理受地域宽阔等因素限制，给运维管理带来极大不便。为了能实时分析、跟踪、判别监控对象，并在异常事件发生时实现自动提示、联动、上报等功能，打造 AI 智能识别监控平台，监督各场站员工行为及设备状态，整合各类信息。由于数量庞大，应用场景中利用边缘计算技术，对视频监控进行实时智能分析，可以避免将数据量庞大的视频数据传输到核心网络中，快速得到分析结果查看异常状态。

10.3.3　5G 技术

1)技术简介

5G 是第五代移动通信技术的简称，是解决海量、多种类能源数据传输网络瓶颈问题的关键技术。由于工业互联网需要接入大量设备且采集信息形式多样，传统工业有线技术存在移动性差、组网不灵活、特殊环境铺设困难等问题，为突破现有工业无线技术在可靠性、连接密度、传输能力等方面的局限，应用基于 5G 网络高速率、低时延、广连接、高可靠等特性和网络切片技术，满足大规模数据采集和感知、精准操控、远程控制等工业生产需要。

2)应用场景

5G 并不是独立的无线接入技术，而是对当前的技术进行升级和改造。有 5G 特点和相关的标准规划，可以将 5G 技术充分使用在各个场景之中，下面选取两类典型场景进行介绍。

(1)输配电运行监控及保护。输配电运维存在地域广、设备多等问题，基于 5G 网络高速率(理论速率 10Gbps)、广连接的特性(每平方公里允许 100 万台设备接入网络)，开展输变配机器人巡检、无人机巡检、高清视频监测等，推动微气象区域监测与辅助决策、输电线路灾害监测预警与智能决策、全天候远程通道可视化等业务应用。通过配网差动保护、配网 PMU(电源管理单元)等方式实现对配电网运行状态的智能分析、远程控制、故障定位、故障隔离以及非故障区域供电恢复等操作，减少故障停电时间和范围，提升配电网供电可靠性。

(2)煤矿智能采掘及生产控制。煤矿环境监测存在海量高清视频数据承载需求，将 5G 工业模组与煤机装备的深度融合，实现关键大型煤机装备对 5G 通信的支持；开发基于煤矿 5G 网络的生产实时性控制平台，实现煤矿采掘和生产中各类信息的实时交互、远程控制。同时，基于 5G 网络高速率(理论速率 10Gbps)、低时延(1ms)的特性，实现井下可视化通信、实时高清视频传输、环境监测数据采集，实现全矿井、全流程智能安全预警。

10.3.4　数字孪生

1)技术简介

数字孪生基于物理实体的基本状态，通过虚拟仿真、数据分析等手段，以数据与模型的集成融合为基础，在数字空间实时构建物理对象的精准数字化映射，用于物理实体的监测、预测和优化，是实现能源大数据应用的典型技术方式之一。通过真实世界和虚拟世界的高度融合，解决当前面临的实时监控体系不完善、数据展示不直观等问题。数字孪生和工业互联网的结合，有助于提高企业生产效率、产品质量，帮助企业实现数字化转型。

2）应用场景

数字孪生技术在智能制造、智慧电厂、智慧城市等领域有着广泛应用，下面选取两类典型应用场景进行介绍。

(1)设备智慧巡检。传统变电站设备运行监测面临人员投入大，效率低等问题，使用数字孪生技术对变电站进行管理，可以以三维立体的形式展示“网-站-线-变”智慧物联应用，实现现场设备及交互操作全景可视、动态直观交互。通过三维模型还可以进一步设计仿真动画，对变电站变压器组装及刀闸操作等进行仿真模拟。采用机器人巡检通过摄像头、红外热像监控等传感设备将数据传输到平台网络中，可以实现智慧巡检，协助变电站运营，实现无人、少人监控，降低人员工作强度及变电站运营人工成本。

(2)园区智能管理。园区管理包含安保安防、交通、设施管理等业务领域，数据类型多、分析难度大，运用数字孪生技术，构建园区能源智慧运营管理体系，打造基于能源互联网架构的园区数字能源运营平台，整合园区资源数据，打造智慧安防、预案管理、便捷通行、智慧运维、环境管理、能耗管理、资产管理、智能会议等场景应用，实现园区管理业务场景数字化、呈现孪生化、模拟智慧化、决策精准化。

10.3.5　可信数据空间

1. 技术简介

可信数据空间是数据要素流通体系的技术保障，可为工业互联网广泛连接各类主体、聚集数据要素提供技术支撑。通过在现有信息网络上搭建数据集聚、共享、流通和应用的分布式关键数据基础设施，以体系化的技术安排确保所签订的数据流通协议能够履行和维护，解决数据要素提供方、使用方、服务方、监管方等主体间的安全与信任问题[9]。

可信数据空间通过技术体系化设计和部署，改变数据要素的特性，使之适用人们所熟悉的经济、商业和管理制度，降低制度设计复杂度，减少社会学习成本和适应周期，通过建立信任机制，释放数据资源，实现数据价值倍增。

2. 应用场景

1）生产数据可控可追溯

制造企业设计图纸类文件作为价值的数据，进行传输后无法管控图纸的使用范围、使用时间、使用次数、复制粘贴等行为，造成图纸类文件传输后泄露的风险大大增加，导致商业秘密泄露。可通过搭建可信工业数据空间综合解决方案，支撑整个数据资源的流转、共享和使用管控。其中，中间服务平台作为服务提供的载体，负责数据流通对接、数据合约、日志存证等功能；客户端是对数据实现贴身保护的主体，主要进行数据资产控制子模块的搭建以及可信环境的搭建。数据提供方可以将需要共享的数据资产描述发送中间服务平台，只有通过数据合约签订认证的主体客户端才可使用密钥解密并操作该数据资产，无客户端或非数字合约签订用户无法打开该资产，确保数据流通过程中的安全可控。此外，还通过构建日志存证子模块，对数据流通的各个关键节点进行日志存证，确保数据分发、接收、存储、使用、销毁等环节全程可追溯[10]。

2) 数据可信共享流通

针对文件型数据流通的场景，例如使用U盘进行物理传输费时费力且共享效率很低；采用邮件等网络传输，无法对发送后的数据进行管控；采用文件加密传输，加解密效率较低，且解密后的文件内容也无法控制。通过搭建文件型数据可信工业数据空间，满足身份认证、安全传输、文件共享策略的管控以及审计日志的记录。在数据流通传输的环节中，基于端到端的安全架构和隔离沙箱技术，在跨组织文件型数据分享中可以实现数据在发送、传输、使用、销毁过程中进行安全管控，保证数据不泄密[10]。

10.4 能源工业互联网应用实践

能源工业互联网在电、油、煤等领域已得到广泛应用，本节介绍我国能源工业互联网平台的典型实践案例，包括支撑“源网荷储”协同互动和新型电力系统高质量发展的能源工业云网、服务于发电等流程型行业的 AIdustry 工业互联网平台、探索石油工业与数字技术融合的石化智云平台以及覆盖煤炭产业全生命周期的煤科云平台。这些实践案例的成功应用，对促进能源大数据广泛应用，推动能源行业的数字化转型提供了良好的参考和借鉴意义。

10.4.1 国家电网—能源工业云网

1. 建设背景

随着能源绿色转型发展，新型电力系统和全国统一电力市场加速建设，能源电力逐渐显现出多边互动的特质，电力保供压力进一步增大。“工业互联网+”设备及接入、智能化运算、生态化运营的优势逐渐凸显，亟须建立物理电网与数字电网之间的紧密联系，加强能源大数据互联互通，以建设“能源互联网运营平台”的形式，服务能源行业上下游企业“上云、用数、赋智”服务，推进“源网荷储”协同互动和新型电力系统高质量发展。

2020 年 11 月 16 日，国家电网在北京正式发布能源工业云网，该平台以增强电网调节能力、提升客户用能效益、促进清洁能源消纳、降低电网建设成本为目标，提供物联支撑和聚合服务，支撑能源工业互联网应用实践。2020 年入选工信部“企业上云典型案例”，2021 年入选工信部“特色专业型工业互联网平台”。

2. 平台功能

能源工业云网是国家电网能源工业互联网的具体实践和重要载体，平台通过融合能源产业链、能源供应链各类业务系统及应用，广泛连接能源设备及测控信息，实现能源互联网的数字镜像，以服务能源供应链+产业链模式，深度融合物理电网和数字电网，确保清洁能源最大化消纳，减少能源生产和消费之间的中间环节，促进各要素之间的联通协作。平台总体架构如图 10.5 所示。

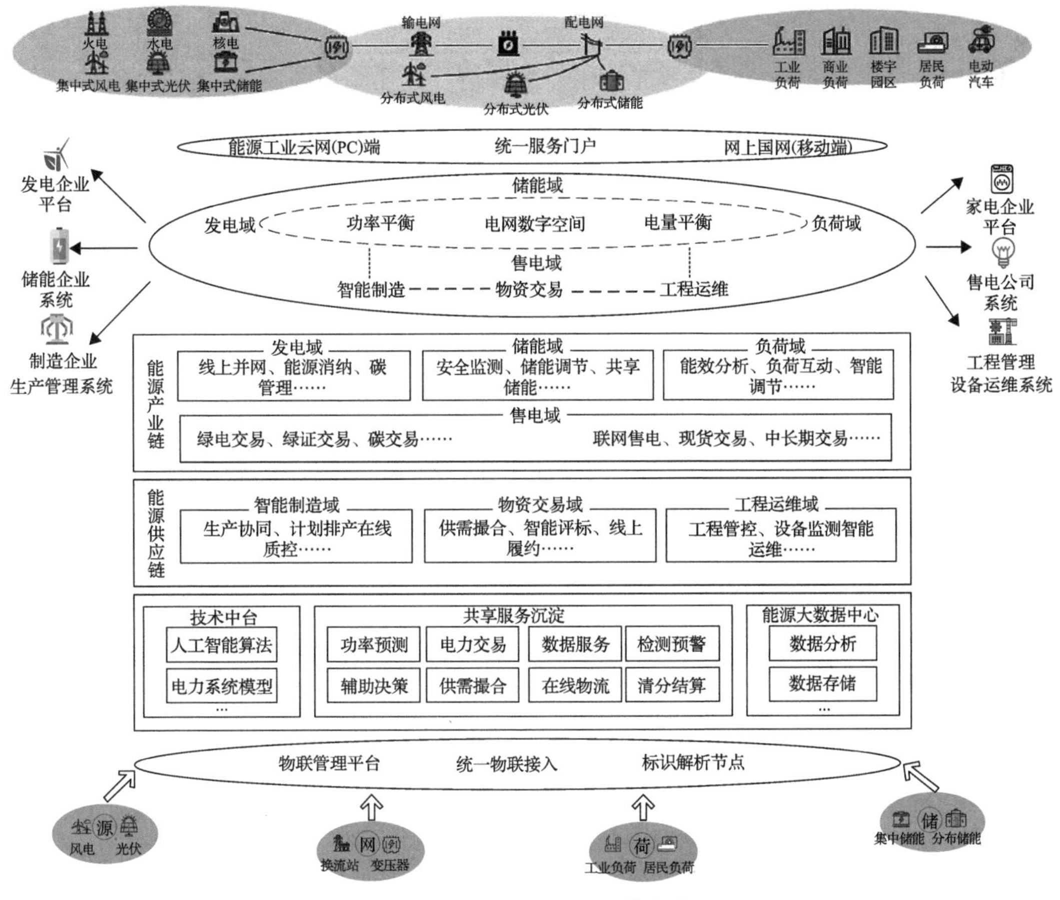

图 10.5　能源工业云网总体架构

1) 能源产业链

(1) 发电域。主要服务发电企业，通过建设新能源运行监测服务平台接入新能源发、输、用、储全过程数据和信息，提供信息分析和咨询服务；还可提供风能、太阳能全时域资源数据、电力气象预报信息，进行风光资源开发潜力研究，提出开发规模和布局的建议；客户可线上办理业务和查看进度，为新能源项目提供全流程接网服务；对可再生能源补贴项目提供线上申报、审核、变更、公示、公布等一站式服务，为发电企业提供功率预测、线上并网和柔性互动服务，实现新能源消纳比例提升。

(2) 售电域。主要服务电网公司、辐射发电企业、售电公司和用电企业，通过建成中长期交易辅助决策、现货交易辅助决策、零售服务市场、结算服务、经营服务、增值服务、数据管理服务等应用，为市场主体参与中长期、现货等市场提供“交易辅助决策+

购电侧结算无纸化”服务，辅助开展市场化售电交易。

(3)储能域。主要服务储能运营商，通过智能采集终端、物联平台及企业平台接入抽水蓄能、电化学储能等各类型储能电站信息，提供储能建站并网、运行分析、安全管理、需求响应、储能交易等服务，实现电力平衡。

(4)负荷域。主要服务各类市场主体，通过对非生产性及辅助生产性负荷的广泛接入、主动响应，提供可调节负荷资源。建设可调负荷资源池，提供负荷接入、负荷调节、用能策略等服务，实现设备级控制，削峰填谷，在实现节能降碳运行的同时降低用能成本。

2)能源供应链

(1)智能制造域。主要服务能源装备、用能设备制造企业、原材料供应商等企业，提供制造全过程的数字化、网络化、智能化服务，重点建设智能产线、在线质控、计划排产、生产管理、设计协同等功能，促进企业提升产品质量、设备利用率和工作效率，降低生产成本，提升企业竞争力。

(2)物资交易域。主要服务产品需求方，提供智能评标、智慧采购、智能比选、在线智能租赁、严选交易采购、电子合同及在线存证、智慧物流及云仓管理、移动收发货、电子发票及在线支付等全流程线上采购交易服务，打通企业间信息壁垒，联通供应链上下游供需，节约采购成本，提升采购效率，减少产品交易环节，降低成本，提升质效，助力现代流通体系建设。

(3)工程运维域。主要服务工程建设领域各个主体、用能客户、运维服务商，提供工程全域管控、智能现场管理、实时监测、在线巡检等数字服务，共享信息，降低成本，提升工程质量和建设效率、设备安全运行水平。

3. 平台应用

1)智能化生产管理应用实践

目前电工装备制造企业主要是离散型、定制化生产的中小企业，市场集中度较低，无序竞争激烈，智能制造整体处于起步阶段，全过程、全产业链智能化程度较低，生产运营各环节协同严重不足。国网江苏省电力有限公司苏州供电分公司(以下简称“国网江苏苏州供电公司”)基于能源工业云网，快速搭建智能化生产管理体系，提供制造全过程的数字化、网络化、智能化服务。

国网江苏苏州供电公司与当地电工装备制造企业深度合作，通过生产车间的智能化改造，采集现场(人、机、料、法、环、测)数据，实现企业生产制造环节的全流程数据接入，帮助企业生产管理部门实时获得关键生产要素信息，并通过生产工艺关键参数的预警值设定，第一时间发现并解决生产问题，提升产品质量、设备利用率和工作效率，降低生产成本。

国网江苏苏州供电公司积极面向外部市场推广能源工业云网，先后与1037家电工装备制造企业开展相关合作，为用户提供生产计划辅助排程、智能产线管理、在线质量控制等服务，提高企业质量管理水平和生产效率，改善营商环境，提升企业竞争力。

2) 公共机构能源托管应用实践

我国公共机构涵盖党政机关、学校、医院、大型场馆等多种类型，具有覆盖面广、碳排放总量大、管理难度大等特点。为解决国内公共建筑楼宇能耗水平高、设备配置老旧、决策数据匮乏、运维水平偏低等问题，国网安徽省电力有限公司（以下简称“国网安徽公司”）基于能源工业云网，运用能源托管商业模式，提供公共机构综合能源服务，达到节约资源和降低碳排放的目的。

国网安徽公司依托能源工业云网平台能力，在省、市、县三级公共机构开展综合能源服务。通过与安徽省机关事务管理局开展政企合作，共同推进公共机构节能，实现省、市、县三级公共机构用能信息示范、用能情况可靠展示、用能数据多维分析，实现公共机构能效管理线上化、智能化；采用能源托管商业模式对公共机构开展节能改造，对建筑用能实时监控、全面管理，基于数据分析有效调整并开展节能工作。

通过对安徽省政务大厦能源托管，并进行综合能源监管系统建设和节能改造，实现对用户能耗、成本等用能情况多维度全景监测；在六安市广播电视中心开展应用，实现节能降耗；在阜南县政府开展能源托管，并开展能源系统改建，实现设备智能化运维，代缴能源费用。自 2019～2021 年，安徽省、市、县的这三个示范项目，平均投资回收期为 4.5 年，年均收益率接近 10%，综合节能率超 20%。

3) 新型负荷聚合调控应用实践

“双碳”及新型电力系统建设目标下，我国用电需求、新能源装机将持续增长，电力系统的运行特性和电源结构面临更深刻的变化，对电力保供、可再生能源交易消纳提出了新的挑战。国家电网围绕负荷侧管理积极开展工作，国网数字科技控股有限公司（以下简称“国网数科控股公司”）积极开展负荷侧研究，建设能源工业云网负荷互动数字化服务，充分挖掘需求侧与电网侧的互动响应能力，推动“源随荷动”向“源荷互动”转变，助力新型电力系统的高质量发展。

聚合内外部资源，集成建设负荷互动数字化应用，实现各类市场主体非生产性及辅助生产性负荷广泛接入，为新型电力负荷管理系统提供可调节负荷资源支撑。面向用电企业、负荷聚合商、虚拟电厂等主体，提供用电特性分析、交易策略辅助、需求响应市场参与等服务；面向居民用户、商业楼宇等，进行负荷聚合的同时，提供家庭家电节能、定制节能改造方案等增值服务。全方位提升市场主体参与电网互动能力，打造互动样板，增强全网资源优化配置能力，促进电力系统安全稳定运行和规范健康发展。

2023 年 6 月 20 日，国网数科控股公司和中国电力科学研究院联合举办电力需求响应暨负荷柔性互动全联接大会，正式上线发布负荷互动平台。平台通过对接浙江、山东、陕西等 11 家省级新型电力负荷管理系统，采用云云对接、设备直连等方式，联通大金、约克、日立等家电企业，与移动、铁塔等运营商对接，具备响应签约、负荷调控及补贴结算能力，实现电力负荷柔性互动调节，推动“源随荷动”向“源荷互动”转变，助力电力保供和新型电力系统高质量发展。截至 2023 年 6 月，平台已接入用户 2200 万个，接入设备 2760 万台，连接负荷 1535.7 万 kW。

10.4.2　华能集团-AIdustry 工业互联网平台

1) 建设背景

当前，电力生产企业普遍面临着企业能耗过高、单耗参差不齐；用电隐患众多、故障预警不及时；环保政策趋紧、碳排放考核压力大；企业用能总量、强度监管难度大等问题。2021 年，华能集团联合太极股份共同构建了服务于流程型行业的 AIdustry 工业互联网平台，涵盖火电、水电、核电、风电、光伏、钢铁、化工等多个行业 500 余家企业，接入数据点位超过 1000 万个。平台为流程型行业提供设备管理、安全生产、运行优化、经营管理供应分析诊断、智能运维、决策支持等一系列数据服务，以提高工作效率和管理水平，降低经营成本，辅助科学决策和战略管理。通过工业资源的泛在连接，打通行业内部各个环节，加速能源行业数据的纵向流通与横向交互，实现流程型行业制造资源的互联互通，为产业增值提效提供保障。

2) 平台功能

AIdustry 工业互联网平台是服务于流程型行业的工业互联网平台，其面向流程型行业数字化、网络化、智能化需求，通过人工智能、数字孪生等技术，构建基于海量数据采集、汇聚、分析的服务体系，支撑资源泛在连接、弹性供给、高效配置。AIdustry 工业互联网平台总体包括边缘、平台、应用三大核心层级，以微应用的形式构建企业各类创新应用，最终形成资源富集、多方参与、合作共赢、协同演进的流程型工业生态。其总体架构如图 10.6 所示。

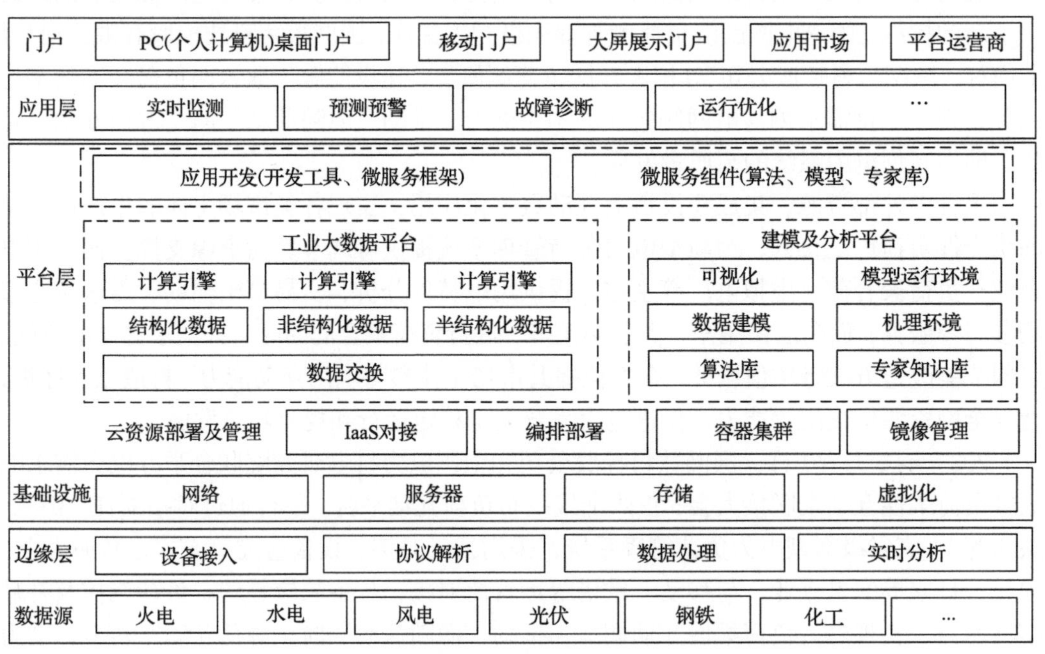

图 10.6　AIdustry 工业互联网平台总体架构

边缘层负责采集燃气轮机、发电机、变压器等各种生产设备的数据和 MXS、SIS 等掌握的系统数据，以及管理系统的数据，并依据特定的传输协议，如 MQTT(消息队列遥测传输)等，上传到平台层[11]。平台层基于海量数据和微服务组件库为用户提供技术和业务能力。应用层为不同维度的用户提供个性化应用，其中包括厂级的智慧生产、集团级智慧经营和上下游企业的供应链协同功能；同时支持新应用的测试发布等应用市场功能以支持业务运营。平台安全策略涵盖了从底层网络、设备接入，到设备掌握系统、数据安全、应用安全的各个层级，保障企业高效安全生产。

3) 平台应用

平台为企业提供全面感知、移动应用和智能分析服务，形成制造资源交互共享、数据集成、价值释放的生态体系，驱动产业协同发展，成为流程型企业竞争新优势的关键抓手。其中典型应用场景案例如下。

(1) 火电设备运行特性分析。该应用将火电机组运行状态监测与系统大数据相结合，利用机组实际运行数据，从多个维度进行运行数据趋势分析和相关性分析，为机组运行状态监测提供有效的分析手段。

(2) 水电设备安全预警。在平台层部署可信、成熟的故障模型，并依据该模型对机组的状态数据进行实时故障识别，实现发电设备安全预警的快速响应。

(3) 风电设备故障预警与诊断。齿轮箱是风力发电设备的重要组成部件，对保证风力发电正常运行起着至关重要的作用。通过从多维度实现齿轮箱失效故障分类，明确齿轮箱的优化方向，并为齿轮箱失效建模供应依据。

10.4.3　中煤科工—煤科云平台

1) 建设背景

煤炭是我国的主要能源，煤炭工业经历了从机械化、自动化、数字化到智能化的发展过程，当前煤炭行业面临的主要问题已发生重大变化。煤炭行业面临发展不平衡、不充分的几大问题，表现在矿井开采效率和技术水平、煤炭利用清洁程度不平衡，煤炭安全发展、绿色发展、低碳发展、人力资源发展、企业转型发展等不充分，传统信息技术应用到矿山时存在信息感知不够精准、缺乏大数据分析、工业 app 不成体系等问题[12]。

中国煤炭科工集团全面落实国家八部委《关于加快煤矿智能化发展的指导意见》，加快推进矿山智能化建设的重要解决方案，于 2021 年 1 月发布煤科云平台，并与矿井相关信息化系统进行业务和数据互联互通，形成整个矿井级的智能化综合控制系统和业务综合分析系统，以数据为核心驱动，助力整个矿山安全生产和高效运营。

2) 平台功能

生产执行系统、生产集中监控系统、安全集中监测系统、矿井应用开发支持组件、大数据平台、数据采集平台等产品功能。煤科云平台架构如图 10.7 所示。

(1) 生产执行系统。从初级的基础支撑服务、生产接续、生产管理、机电管理、一通三防、安全管理、环保管理、煤质管理、分选管理，到中级的调度管理、应急管理、班组管理、智能运输、安全生产监控，再到高级的生产运营和生产大数据分析。

(2) 生产集中监控系统。从初级的接口与协议、集中监控、远程控制、视频监控，到

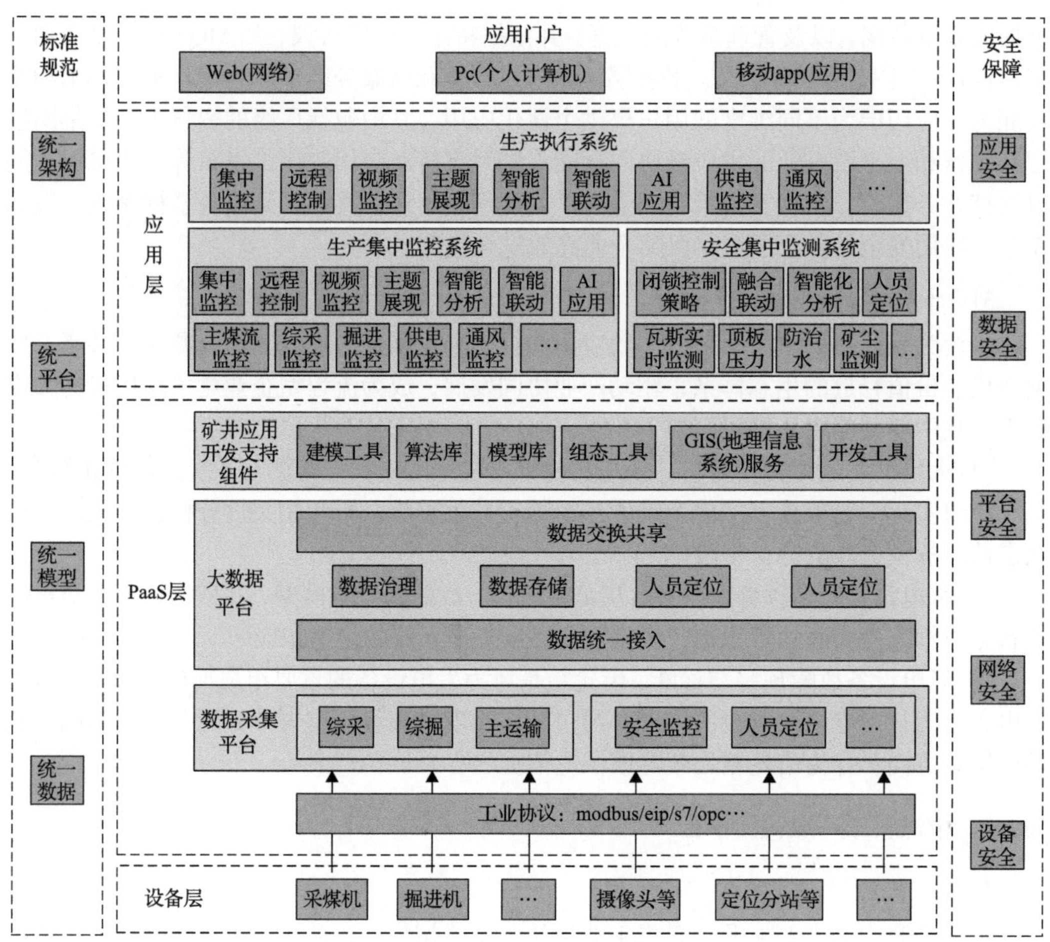

图 10.7　煤科云平台架构

中级的主题展现、智能分析、智能联动、AI 应用，再到高级的分级预警、智能预警、智能感知、诊断与辅助决策、机器人应用。

(3) 安全集中监测系统。从初级的人员定位、应急广播以及防治水、矿尘、顶板压力、防灭火等监测，到中级的防治水、防灭火监测等具有智能化功能，再到高级的人员定位、应急广播、通信平台以及防治水、矿尘监测、顶板压力、防灭火、冲击地压监测等具有智能化功能。

3) 平台应用

煤科云平台已在山西天地王坡煤业有限公司和陕西小保当矿业有限公司实现典型应用。

(1) 山西天地王坡煤业。集成 12 个生产控制类子系统、5 个安全监测类子系统和 5 个智能化综合应用，展示矿企高层领导及生产部、机电部、调度中心、安监部、通风部、信息中心等部门领导最关注的生产、经营、安全类综合性指标 130 余个，实现了开采环境数字化、采掘装备智能化、生产过程遥控化、信息传输网络化和经营管理信息化[13]。

(2) 陕西小保当矿业。接入井上井下 19 个子系统的数据、17797 个测点；每日接收数据约 400 万条，支持对传输量、采集频率、传输速率等指标的监测；形成煤炭行业安全生产、生产工艺、生产效能、安全监测保障等 9 大主题域，为安全类、能耗类、设备类、生产类、过程监测类等 20 个算法模型提供数据支撑[13]。

10.4.4 中国石化—石化智云平台

1) 建设背景

石化工业是国民经济支柱产业之一，经济总量大，产业链条长，产品种类多，关联覆盖广，关乎产业链供应链安全稳定、绿色低碳发展和民生福祉改善。"十三五"以来，我国石化工业转型升级成效显著，经济运行质量和效益稳步提升，已建成较为完整的工业体系，跻身世界石化大国行列，炼油和乙烯产能均位居世界第二位[14]。但行业整体面临结构产能过剩、环保及安全要求高、成本上升、人才流失、核心技术亟须国产化等压力或挑战。数字化转型已上升到了各石化公司发展战略的高度，而工业互联网正成为企业开展能源大数据应用、推动数字化转型的工具和有力抓手。

2002 年，中国石化集团公司与香港电讯盈科共同出资成立石化盈科信息技术有限责任公司，是能源化工行业一家全产业链解决方案和产品提供商。2012 年，石化盈科信息技术有限责任公司发布石化智云平台，打造新一代信息技术与实体经济深度融合的基础设施。经过 10 年以来的发展，平台服务能力从石油化工延伸到煤化工、盐化工、精细化工、生物化工等多个流程行业细分领域。

2) 平台功能

石化智云平台为流程行业研发设计、生产制造、供应链管理、营销服务各业务环节提供支撑，通过将信息物理系统(CPS)与石油和化工行业深度结合，推动流程制造业数字化、网络化、智能化转型。平台秉承 CPS 的先进理念实现石化工业物理世界与数字世界的融合；沉淀了对行业的认知，提供全方位管理支撑；支持运营优化、运营管控及资产优化，打造新一代的生产运营指挥新模式。其整体架构如图 10.8 所示。

平台提供物联网接入、实时计算、集中集成、智能分析、可视化等核心能力，围绕研发设计、生产制造、供应链管理、营销服务等全产业链，提供融入最佳实践的工业级 app。同时，平台支持开放生态，促进企业用户、独立开发商、服务提供商多方紧密协作，为传统制造业产业升级提供支撑。

平台由 SaaS(软件即服务)层、PaaS(平台即服务)层、IaaS(基础设施即服务)层、边缘层及标准体系和安全体系两大服务体系组成。平台采集现场装置设备、软件系统等数据上传到云端，经由机理模型、算法组件计算，通过工业 app 实现专业技术服务，最终形成智能工厂类、智能油气田类、智能研究院类、数字化工程类、智能物流类、智能加油站服务类等六大类解决方案。

(1) 工业 SaaS(软件即服务)层。针对石油和化工行业企业，利用工业互联网平台服务支撑整合行业现有的计算资源、软件资源和数据资源，建立面向复杂产品研发设计能力的研发设计服务平台，为行业企业提供技术能力、软件应用和数据服务，支持多学科优化、性能分析、虚拟验证等产品研制活动[15]。平台提供设计类、仿真类、生产类、管

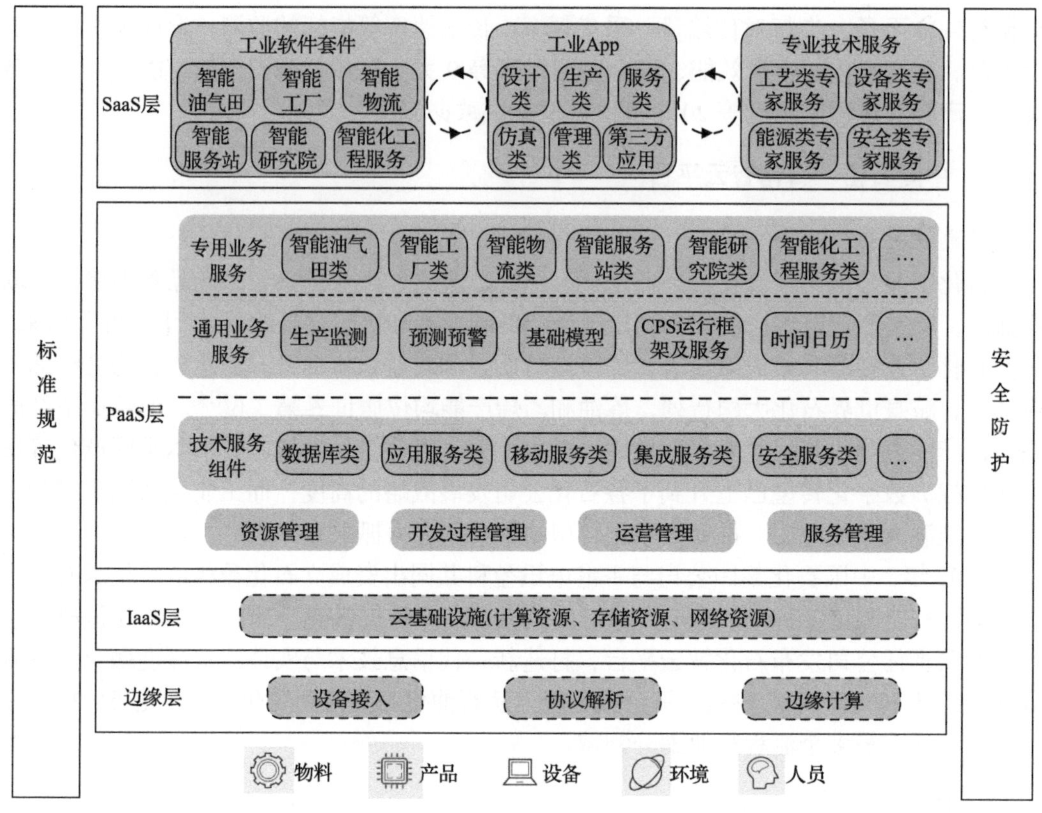

图 10.8　中国石化石化智云平台架构

理类、服务类等五大类应用，并提供 API 允许接入第三方应用，通过微服务组件的重组，为客户提供炼油技术分析、工艺远程诊断、设备远程诊断等专业服务。

(2) 工业 PaaS (平台即服务) 层。PaaS 层由通用服务、技术服务、业务服务和工具集组成。其中通用服务包含统一开发、服务接入、资源调度与编排、服务治理框架、统一运维与运营等模块组成；技术服务包含规则服务、大数据、物联网接入、机器学习、GIS 服务等模块组成；业务服务包含工厂模型、预测预警、生产检测、班次日历、机理模型等模块组成；工具集由可视化分析、可视化建模等模块组成。

(3) IaaS (基础设施即服务) 层。通过 IaaS 层的构建模式，将传统数据中心不同架构、不同品牌、不同型号的服务器进行整合，通过云操作系统的调度，向应用系统提供一个统一的运行支撑平台。同时，借助于工业互联网平台的虚拟化基础架构，可以有效地进行资源切割、资源调配和资源整合，按照应用需求来合理分配计算、存储资源，最优化效能比例[16]。通过共享资源池的方式，实现资源的集中共享和动态调配，形成以云平台为技术支撑的 IT 运营模式，为应用系统提供服务器、存储、备份、网络等资源，同时结合云安全和云管理，对资源池进行安全防护和统一管理，保障各应用系统的可靠性和连续性。包含计算资源、存储资源、备份资源、网络资源等模块组成。

(4) 边缘层。通过大范围、深层次的数据采集，以及异构数据的协议转换与边缘处理，构建工业互联网平台的数据基础。一是通过各类通信手段接入不同设备、系统和产品，采集海量数据；二是依托协议转换技术实现多源异构数据的归一化和边缘集成；三是利用边缘计算设备实现底层数据的汇聚处理，并实现数据向云端平台的集成[17]。边缘侧包含物联网感知接入和异构网络融合等模块。

(5)标准体系。在平台数据标准方面，研制工业数据交换、分析、管理、建模与大数据服务等标准，实现数据的有效管理与工业要素的一致描述。在开放接口标准方面，研制开发工具 API、微服务调用 API 等标准，保证开发者对平台功能的高效调用。在平台互联互通标准方面，探索开展互通架构、数据接口、应用接口、服务对接等标准研制，实现不同类型或不同领域平台间的共享合作。标准体系由应用标准、数据标准、技术标准、服务管理标准、安全标准等模块组成。

(6)安全体系。在平台安全体系方面，一是提升工业互联网平台安全防护水平。加快推进数据加密、访问控制、漏洞监测等关键技术的研发与应用，增强平台对非法入侵的甄别和抵抗能力。二是明确数据主权归属，防止信息泄露。清晰界定权利和义务边界，尊重用户的信息隐私和数据主权，提供安全可靠、值得信赖的平台服务。三是保障平台稳定可靠运行。综合利用数据备份与恢复、冗余设计、容错设计等方法提升平台运行鲁棒性，加强性能监测与故障监测，及时发现和排除故障，确保平台整体稳定性。安全体系包含信息安全框架和应用安全框架，信息安全架构由安全管控、应用安全、基础设施云安全和泛终端安全四个部分组成；应用安全框架由自主研发统一身份认证、权限服务等模块组成。

3)平台应用

建立基于数字孪生的石化工厂多维度、全方位模型，提供数字孪生核心组件和应用，打造以资产、物流为核心的业务新模式，实现企业数字化、网络化、智能化转型，平台应用如下。

(1)炼化物料平衡。基于石化工厂模型、工业知识库的物料平衡，实现生产全流程、全天候物流跟踪，实时发现问题，提升运营精细化水平。主要包括物料移动、物料平衡、统计平衡、指令执行、业务流程自动化、岗位工作台六大模块，确保石化企业指令从下达到现场作业信息感知及反馈均有线上管理手段支撑；对装置、罐区、进出厂、仓储的批次管理提升以及物流量、质跟踪追溯的能力均实现多系统岗位工作统一管理。

(2)石油冶炼调度指挥。基于工业知识库，实现石油冶炼过程调度指挥在线闭环，提升协同指挥效率，提高科学决策水平。支撑全厂调度指挥应用，实现基于管理知识的调度智能化。生产监控为运行、进出厂、罐区、物料平衡等敏感环节提供高效监控工具；预警告警为运行人员提供生产报警、生产预警、智能处理等信息。基于调度指令生成规则，对调度指令的编制、审核、发布、执行与反馈过程实现在线闭环管理。

10.5　能源工业互联网未来发展趋势

在能源行业普遍面临绿色转型发展、加速构建新型能源体系的整体趋势下，加快推进能源互联网建设迫在眉睫，而能源工业互联网作为支撑能源行业数字化转型的关键手段，也面临着前所未有的发展机遇和诸多挑战，因此，要紧盯先进技术，瞄准能源数字化核心需求，聚焦行业发展趋势，加速推进能源工业互联网建设。

10.5.1 机遇和挑战

当前，石油、煤炭等传统化石能源的大量、快速消耗及其导致的二氧化碳等温室气体排放，引发全球变暖、极端天气频发，自然生态和人类经济活动受到巨大影响，碳排放引发全球各国的广泛讨论和关注。2022 年 11 月，国际科学合作组织“全球碳计划”(GCP)发布《2022 年全球碳预算》指出：全球碳排放总量中，约 90%来自化石能源。而能源行业高度依赖传统化石能源，自然作为与碳达峰碳中和密切相关的重点碳排放行业，推动能源产业绿色低碳化转型显得尤为关键。

我国能源资源具有“富煤、贫油、少气”的禀赋特征，长期以来形成了煤炭“一家独大”的能源利用基本格局，煤炭开发利用份额常年维持在总额的 60%以上，造成了环境污染和二氧化碳排放快速增加等问题。随着国民经济发展对于能源资源的需求强度逐渐加大，环境污染与碳排放形势日趋严峻，控碳减排压力与日俱增[18]。因此，需要加快构建多元、清洁、低碳、可持续的能源体系，是能源产业实现战略性、整体化转型的当务之急，也是能源高质量发展的必然趋势。能源工业互联网兼具支撑单一能源行业数字化转型和多类型能源互联共享、协同发展的平台使命，面临着前所未有的发展机遇。

而与此同时，我国能源工业互联网还处于建设初级阶段，其“泛在互联、全面感知、智能优化、安全稳固”的技术优势未得到实质体现，亟须加速推进，从而更好地战胜能源行业转型发展中的诸多挑战。

(1)能源系统间业务割裂、存在数据壁垒，为应对新型能源体系建设带来挑战。

统筹能源安全供应稳定和绿色低碳发展，构建以零碳和低碳能源为主，以传统化石能源为辅，依靠先进科技与工业体系打造的能源系统，以及与其相适应的相关机制，是能源转型的长远目标。但各能源系统多数仍各自运行，业务相互独立，信息不同步，企业对能源行业的整体响应能力、处理能力变弱，人力成本、时间成本却大幅增加。在此背景下，亟须发挥能源工业互联网数字化优势，广泛连接能源设备、系统、企业等各类要素，实现多类型能源系统协同互动，促进多类型能源开放互济，这是能源互联网建设的核心要义，也是实现能源行业数字化绿色化“两化”协同、应对新型能源体系建设的具体目标。

(2)电力系统缺乏调节手段、供需平衡能力不足，为支撑新型电力系统建设带来挑战。

新能源占比逐渐提高的新型电力系统是构建新型能源体系的“电力行动”。在此背景下，随着源网荷储各侧电子化水平不断提高，能源行业面临资源调控手段不足、电力电量平衡更加复杂、安全稳定问题不断凸显等问题，电力保供难度前所未有。为战胜这一困难，亟须加快推进能源工业互联网建设，基于数字空间实现“源、网、荷、储”协同互动，打造支撑电力生产绿色化、能源消费电力化、生产消费数字化的平台枢纽，有助于提升资源优化配置能力、多元负荷承载能力和安全供电保障能力，促进电力结构清洁化转化。

(3)能源利用率较低，缺乏能源管理手段，为服务碳达峰、碳中和目标带来挑战。

我国提出“碳达峰、碳中和”目标，以期为全球应对气候变化做出更大贡献，这也是促进能源绿色低碳发展的现实需要，但我国能源企业数字化水平普遍较低，导致能源利用率低下，管理手段不足等困境。在此背景下，亟须利用能源工业互联网技术手段，加快能源数字化转型，加强能源科学管理，大幅提升能源利用效率，严格控制化石能源消费，提升新能源消费比重，从而构建清洁低碳安全高效的能源体系，需要发挥能源工业互联网广泛连接、智能感知的特点，构建碳采集、碳计算、碳交易、碳控排、碳抵消等碳服务，为能源行业相关企业低碳化转型提供数字化服务和决策支撑，也为促进能源绿色低碳高质量发展起到关键性的作用。

10.5.2　未来发展趋势

能源工业互联网作为工业互联网在能源行业的应用，已经得到学术界和产业界的广泛关注，是能源行业的前沿发展方向和重要课题。能源工业互联网的建设和应用，将能源企业从传统的重资源规模化发展模式，逐渐转向生态化互联网运行模式，企业间由产品竞争关系逐渐转变为生态体系下的互利合作，如图 10.9 所示，未来将逐渐呈现以下趋势。

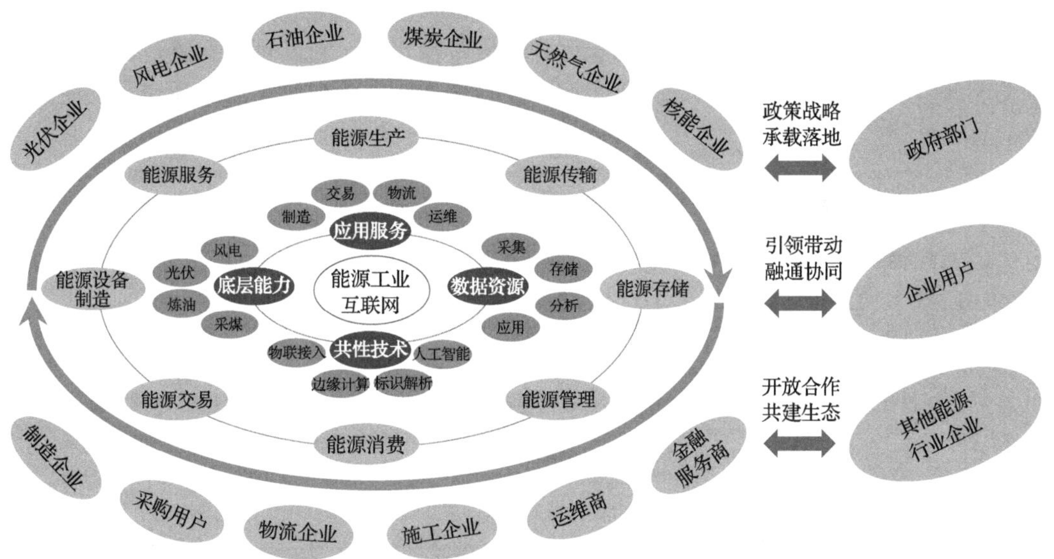

图 10.9　能源工业互联网发展关系图

(1)能源工业互联网将建立能源行业统一的标准规范，引领行业共同探索。

通过建立能源工业互联网统一标准接口规范，为构建行业标准、技术、工具开源的知识服务体系，打造第三方开发者、工业 App 等共享服务提供依据，为能源行业枢纽型企业、平台型企业以及行业上下游企业实现数据互联共享提供指导，有利于促进能源行业共同探索工业互联网创新应用。

(2)能源工业互联网将逐步打破数据壁垒，形成互联互通的能源数据枢纽。

基于工业互联网技术，广泛连接设备，依托能源工业互联网平台，形成能源行业广域的上下游企业数据枢纽，构建互联互通的能源数据服务体系，实现能源企业平台复用、业务贯通、数据共享、资源整合、交叉赋能和业务拓展，服务能源行业和产业链上下游企业高质量协同发展。

(3)能源工业互联网将更加共享开放，促进形成合作共赢的能源生态体系。

能源企业广泛连接行业各要素、各主体，多方联合科研机构、高校、相关能源企业等，将极大整合能源行业上下游资源，形成能源工业互联网生态圈，与其他能源行业企业形成良好竞合关系，共同构建能源互联、共享开放的生态体系，最终实现全要素、全产业链、全价值链的全面互联，促进能源行业资源整合和价值再造。

10.6 本章小结

能源工业互联网有利于助推各类能源节点互联互通，在赋能能源行业企业自身转型发展的基础上，对于构建以电网为主干和平台、连接多类型能源系统、实现多能源协同转化的能源互联网，发挥着核心支撑作用。本章从能源工业互联网的建设方法论、关键技术、应用实践、发展趋势等方面进行了阐述，可为能源行业企业提供一定的实践指引。随着新型能源体系、新型电力系统步伐的不断加快，能源工业互联网必将为能源生产力的又一次飞跃、能源产业的新一轮增长起到积极带动作用，对实现“双碳”目标落地、推动能源市场开放和产业升级，提升能源国际合作水平，形成国家经济高质量发展的局面，具有里程碑的意义。

参考文献

[1] 工业互联网体系架构(版本 2.0)[EB/OL]. 工业互联网产业联盟. (2020-04-23). [2024-05-06]. http://www.aii-alliance.org/index/c315/n45.html.

[2] 2023 年中国工业互联网行业产业链上中下游市场分析[EB/OL]. 中商情报网. (2023-04-20). [2024-05-06]. https://www.163.com/ dy/article/I2P7ROU1051481OF.html.

[3] 吴克河, 王继业, 李为, 等. 面向能源互联网的新一代电力系统运行模式研究[J]. 中国电机工程学报, 2019, 39(4): 966-978.

[4] 孙宏斌, 等. 能源互联网[M]. 北京: 科学出版社, 2020.

[5] 王继业, 李洋, 路兆铭, 等. 基于能源交换机和路由器的局域能源互联网研究[J]. 中国电机工程学报. 2016, 36(13): 3433-3439.

[6] 蒋昕昊, 李南. 工业互联网在能源行业的应用实践[EB/OL]. 工业互联网产业联盟. (2019-05-14). [2024-05-06]. http://www.aii-alliance.org/index/c185/n745.html.

[7] 史梦洁, 杨迎春, 谢新志, 等. 电力能源行业互联网运营共享平台商业模式和运营机制研究[J]. 电力信息与通信技术, 2022, 20(11): 99-104.

[8] 侯佳, 芒戈, 朱雪田. 面向应急通信的一体化 5G 边缘融合技术研究[J]. 电子技术应用, 2020, 46(2): 9-13.

[9] 什么是可信数据空间[EB/OL]. 工业互联网产业联盟. (2020-09-22). [2024-05-06]. http://www.aii-alliance.org/index/c189/n4317.html.

[10] 可信工业数据流通应用案例集[EB/OL]. 工业互联网产业联盟. (2020-06-27). [2024-05-06]. http://www.aii-alliance.org/index/ c318/ n3997.html.

[11] 付宇涵, 马冬妍, 唐旖浓. 工业互联网平台赋能流程制造行业转型升级场景分析[J]. 科技导报, 2022, 40(10): 129-136.

[12] 杨军, 张超, 杨恢凡, 等. 煤炭工业互联网技术研究综述[J]. 工矿自动化, 2023, 49(4): 23-32.

[13] 张晓霞. "煤科云"矿井智能一体化管控平台[J]. 智能矿山, 2022, 7: 132-135.

[14] 高立兵, 刘东庆, 贾梦达. 基于工业互联网的石化行业数字化制造技术体系和发展路径研究[J]. 新型工业化, 2023, 1-2(13): 71-78.

[15] 李伶杰. 制造业迈向"云制造"[J]. 装备制造, 2011: 94-95.

[16] 吴吉朋. 浅谈云计算与智慧城市建设[J]. 电子政务, 2011, 7: 23-27.

[17] 刘庆一, 赵义强, 孙文海. 智能边缘计算盒应用设计研究[J]. 信息技术与信息化, 2022, 7: 206-209.

[18] 郝宇. 新型能源体系的重要意义和构建路径[J]. 人民论坛, 2022: 34-37.

第 11 章　能源大数据产品及应用

能源大数据产品是大数据技术在能源行业广泛应用的成果，能够推动能源及其相关领域向着能源与信息高度融合、互联互通、透明开放、互惠共享的新型能源体系方向发展，是我国新型能源体系的重要组成部分。能源大数据产品将在未来的能源行业中发挥越来越重要的作用，为可持续发展和社会能源利用效率的提高提供重要支撑。本章围绕能源大数据产品及应用进行阐述。11.1 节分析能源大数据产品概念、分类及应用现状。11.2 节归纳提炼能源大数据产品体系、构建方法和运营模式，为能源行业大数据应用场景以及具体案例的分析提供理论支持。11.3 节～11.6 节结合服务主体依次概述了电力、煤炭、石油、天然气行业大数据产品应用场景、案例及应用前景。11.7 节对能源大数据产品及应用进行总结。

11.1　能源大数据产品概述

开展大数据应用是服务数字中国建设，响应国家大数据产业发展规划，助力数字经济发展的担当之举。近年来，我国高度重视大数据在经济社会中发挥的作用，同时加速数据要素向经济社会渗透，大数据应用成为推动经济高质量发展的关键力量[1,2]。能源企业以国家大数据战略规划为指导思想，积极推进信息化和数据管理工作，积累了海量能源数据。同时深入开展大数据应用探索，加速产业链从纵向延伸走向横向互联，推进服务模式从以产品为中心转向以客户为中心。能源企业的实践为能源领域数字创新提供了支撑，可有效助力能源安全、高效、绿色、可持续发展。

11.1.1　能源大数据产品概念

能源大数据产品是一种特殊的信息产品，是以海量能源数据(电、煤、油、气等)为依托，融合大数据技术，构建分析算法模型而生成的覆盖能源生产、传输、储存、消费全环节应用场景的数据业务化产品集，是数字经济发展下的新业务模式。数据的依赖性、数据的隐私性、数据的频繁更新以及多源数据的集成等造成了数据产品的特殊性质。数据产品在用户的决策和行动过程中，可以充当信息的分析展示者和价值使用者。数据产品是可以发挥数据价值去辅助用户更优地做决策(甚至行动)的一种产品形式。数据产品设计过程主要分为数据准备阶段、数据分析阶段、数据集成阶段及数据推广阶段。在数据准备阶段，研发者根据数据质量进行数据源筛选，并从单个或多个数据源获取原始数据，并进行数据清洗和标准化。在数据分析阶段，利用相关的数据分析工具，进行建模、分析、可视化等操作，得到数据分析结果。在数据集成阶段，主要是将多个数据源的数据融合，用以提升数据的整体价值。在数据推广阶段，是指通过数据平台发布产品并提供给数据消费者的过程[3]。

11.1.2 能源大数据产品分类

依据能源种类，能源大数据产品主要可以分为电力大数据产品、煤炭大数据产品、石油大数据产品和燃气大数据产品。

1) 电力大数据产品

电力大数据产品是以供电服务为核心衍生的综合性服务，主要由供电企业向政府、企业、居民等提供增值服务，具有节约用电成本、助力安全用电、辅助优化经营、优化用电结构、节能减碳等特点[4,5]。因为太阳能、风力、水利、核能、生物质能等新型能源往往以电作为最终形态进行服务，电力大数据产品包含上述能源类型产品。通过电力大数据与宏观经济、人民生活、社会保障、道路交通等外部数据的融合，为社会各个行业提供智能化服务，支撑国家新型能源体系建设，促进经济社会发展。

2) 煤炭大数据产品

煤炭大数据产品贯穿煤炭行业的生产管理与经营管理全过程。煤炭生产管理的大数据产品主要涵盖煤炭各生产环节，如生产管理、调度管理、机电管理、一通三防、应急管理、安全管理、环保管理、煤质管理、生产运营、运输安全监控，以“GIS 一张图”的形式全景呈现各生产环节情况。煤炭经营管理大数据产品包括生产运营分析、设备健康分析、安全监测分析、产业链协同等。

3) 石油大数据产品

石油大数据产品主要包括能源市场分析产品、油田采油率分析产品、智能化钻井控制产品、油气勘探开发分析产品、智能化油田运营管理产品、智能化供应链管理产品。其中，能源市场分析产品核心是通过收集、整理和分析市场数据、政策信息、宏观经济数据等多种数据来源，助力石油企业了解市场变化和趋势；油田采油率分析产品的核心是通过收集、整理和分析油田数据、生产数据、工艺参数等多种数据来源，帮助石油企业了解油田生产情况和采油率；智能化钻井控制产品核心是服务于提升钻井效率；油气勘探开发分析产品核心是通过对油气储层的地质结构、物性参数、开发工艺等进行分析和研究，以优化勘探开发方案，提高勘探和开发效率；智能化油田运营管理产品核心是对油田的生产情况进行实时监测和分析，以优化生产管理，提高生产效率和安全性；智能化石油供应链管理产品核心是对石油物流、仓储、销售等环节进行实时监测和管理，以实现石油供应链的高效运作和管理。

4) 燃气大数据产品

燃气大数据产品主要包括燃气勘探一体化、燃气管输量与管输方向优化、燃气价格预测。其中，燃气勘探一体化的核心是通过大数据在天然气勘探开发中的应用，建立相应的数据库，实现整个天然气勘探开发的信息化、网络化、可视化；燃气管输量与管输方向优化可助力燃气企业提升管网运行的经济性、可靠性和安全性，挖掘高端市场和高价值用户；燃气价格预测是借助人工智能方法有效挖掘变量之间的潜在特征关系，进而预测燃气价格。

11.1.3 能源大数据产品应用现状

近年来，数据要素正在以更快的速度渗透到经济社会发展当中，对各行各业产生着深远的影响。我国高度重视数据要素的价值发挥，大数据产品及应用成为推动经济高质量发展的关键力量。能源行业是国民经济的基础，依托大数据产品深挖能源行业数据资源的价值，充分发挥数据要素的基础资源作用和创新引擎作用，可有效推动能源行业数字化转型，服务我国数字经济发展和国家治理现代化水平提升。现阶段能源大数据产品应用主要集中于业务体系与应用能力两个方面。

1) 能源行业大数据应用业务体系发展现状

近年来，能源行业各企业持续推进能源大数据应用，应用范围集中于国家治理、能源运营、企业经营管理、客户服务等，呈现出应用范围广泛、服务领域不均衡的特征。

在服务国家治理方面，大数据应用主要是服务政府精准施策和经济发展。在该目标指导下，形成了复工复产、住房空置率、环保监测等大数据产品。疫情防控期间，电力大数据产品有效地助力了疫情防控和复工复产，全面、准确、高效、及时反映各行业复工复产情况，向国家相关部委报送最新数据，为党中央、国务院精准判断经济形势、准确把握疫情态势提供科学支撑。目前，大数据服务国家治理多以宏观统计静态数据为主，对微观明细动态数据的挖掘能力不够，能源数据维度较为单一，和其他领域数据融合应用能力不强，分析场景较为受限。

在能源运营方面，大数据应用主要体现在服务能源安全运行、强化能源安全韧性方面。现阶段能源企业运用大数据开展了自然灾害影响范围及影响程度评估预警研究，并建设智能高效的调度运行体系，探索电力、热力、天然气等多种能源联合调度，促进多能源协调运行。

在企业经营管理方面，大数据应用主要体现在防范经营风险、提升资产管理水平与助力市场营销方面。现阶段能源企业通过开展数字化审计、经营风险分析等数据应用，精准定位问题，提升经营风险防范水平，积极开展资产全寿命周期管理，提升资产管理水平。同时开展物资供应商信用画像、营销负荷预测分析，为提升企业竞争力提供支持。目前，大数据在经营管理的应用主要聚焦在专业级应用，对跨专业、跨流程的数据关联分析能力比较薄弱，缺乏企业级的经营管理大数据分析应用。因此，现阶段企业经营管理的大数据应用对科学决策的支撑能力有限[6]。

在客户服务方面，大数据应用主要体现在客户服务智能分析、气象类服务、综合能源服务、电动汽车服务、雷电地闪定位和故障分析服务等，助力客户优质服务。现阶段客户服务领域的大数据应用具有较好的数据基础和较强的驱动力，但仍缺乏响应市场变化的全视角、自适应的动态优化。

2) 能源大数据应用能力发展现状

能源发展影响着人民群众生产生活的用能水平、用能效率与能源方式，能源大数据应用可有效助力人民群众低污染、高效率、高便捷地用能。良好的能源大数据应用需要数据基础、安全管理、技术支撑、应用模式等多方面的综合优化。

在大数据应用数据基础方面，随着数据感知能力建设的持续推进，尽管内外部数据资源采集能力不断提升，但现有数据维度难以支撑跨行业、跨专业、跨流程的分析应用，且内部数据开放流动及外部数据合作共享缺乏前瞻性、系统性、标准化的策略。因此，大数据应用数据基础能力的提升，需从源头推动统一的数据标准，开展数据资源盘点，全面厘清数据资源分布状况，推动跨行业、跨企业、跨专业、跨层级数据共享[7]。

在大数据应用安全管理能力方面，能源产业各企业将大量数据应用产品提供给政府与企业，且可实现机构内部各层级共享共用。在海量能源大数据中，不仅包括企业运营信息和用能用户隐私信息，还包括关系国家和社会决策的重要信息，保障数据安全应用成为能源大数据发展的重中之重。为提升大数据应用安全管理能力，需要认清能源大数据安全新特点、新趋势，深入分析能源大数据安全存在的突出问题，以长远的眼光开展大数据安全管理。

在大数据应用技术支撑能力方面，目前主要以离线应用为主，在线应用为辅，未能有效发挥对业务的支撑驱动力，数据、算法、算力在线化水平仍待提升。因此，能源大数据的发展需要聚焦大数据应用需求，坚持“企业级”原则，不断强化大数据技术支撑能力，积极推进数据基础支撑平台建设。

在大数据分析应用模式方面，大数据应用在企业运营中主要发挥事前预测、事后分析及辅助支撑作用，现阶段大数据应用智能化、智慧化水平不高，尚未形成业务和数据的闭环融合发展模式，难以为企业不同层级提供精准且个性化的服务。需要制定大数据应用成果评估标准，依托统一集成门户面向战略决策层、专业管理层、业务执行层提供针对性、差异化的数据服务，以融入系统、嵌入流程等方式开展典型大数据应用与关键业务融合示范工程。

综上，能源行业大数据应用经过了几年的探索，已经取得了阶段性成效，但大数据应用精准性、有效性及对战略的支撑作用尚未满足能源行业创新发展的需要。随着碳达峰碳中和目标的持续推进以及用户用能需求的提升，“十五五”期间需要强化大数据应用的顶层设计，提升大数据与实际业务融合深度，构建大数据解决复杂问题的能力，打造以大数据应用为核心的智慧运营模式。

11.2　能源大数据产品构建与运营

遵循能源革命和数字革命发展规律，把握数字中国和新基建的重大历史机遇，发挥大数据应用在精准刻画、精益运营、科学决策、风险研判、价值创造等方面的优势，加强顶层设计和统筹协调，构建数据驱动的大数据应用业务体系和能力体系，打造数据驱动、科学决策、智慧运营的大数据应用模式，用于服务社会民生，支撑企业战略发展，打造数据核心竞争力，形成数据分析挖掘的核心竞争力，推动大数据应用达到国际领先水平[8]。

11.2.1　能源大数据产品体系设计

1）设计原则

（1）坚持长久实施、实用实效。牢固树立持之以恒、久久为功的大数据应用工作意识，处理好当前急需与长远发展之间的关系，形成远近结合、梯次接续的大数据应用项目实施与储备格局，确保每年都有大数据应用成果释放。推动大数据分析和业务需求的有机融合，加快大数据应用成果转化。

（2）坚持共享共用、多方协同。统筹内外部数据、平台工具、应用成果等资源，打造开放式的大数据应用发展模式，提升资源使用效率，避免重复投入。倡导开放共享理念，培育大数据应用创新生态，撬动社会优势资源，吸引多方参与，形成协同发展合力。

2）产品体系

大数据应用定位在于赋能和支撑，加强对全局性、综合性大数据应用的场景设计和深化应用，逐步实现对专业级应用的连接、吸收和融合，为能源行业创新发展提供量化、洞察、预测与展示支撑，发挥能源大数据放大与倍增效应。能源大数据产品应用体系主要包括支撑国家科学治理、支撑绿色低碳发展、赋能企业转型升级、赋能经营管理提升和赋能客户优质服务五个方面，具体如图 11.1 所示。

（1）支撑国家科学治理。能源大数据产品聚焦于能源行业数据、与经济运行紧密相关、广泛覆盖社会生产生活、实时准确强关联的特点，致力于加强能源大数据在经济发展、社会治理、民生改善等领域的应用，提高面向政府、行业、企业、用户的服务能力。能源大数据产品主要应用于能源规划、能源监控、能源经济、能源民生、环保监管、双碳监管等。具体表现为：通过数字化手段实现能耗清晰化、数据可视化，支撑政府部门精准掌握能源成本比重、能耗数据趋势；提供宏观经济景气监测及识别、宏观经济景气预警、重点行业景气分析、高耗能行业景气分析，服务政府部门综合判断经济运行的状态；监测管辖范围内整体的能源发电量、能源消耗总量、碳排总量、碳排强度等核心指标，量化并数字化展示管辖区域内的碳汇能力对碳中和目标的贡献，助力政府科学治理与精准施策等。

（2）支撑绿色低碳发展。能源大数据产品聚焦支撑“双碳”目标和节能降污，利用能源数据加强碳排放统计核算能力建设，深化核算方法研究，建立统一规范的碳排放统计核算体系。推进碳排放实测技术发展，加快遥感测量、大数据、云计算等新兴技术在碳排放实测技术领域的应用，提高统计核算水平。同时，依托能源数据分析不同用能主体的能耗情况，实现对不同主体碳排放情况的实时动态分析监测，拓展能源数据在环保、水资源等领域应用。

（3）赋能企业转型升级。能源大数据产品致力于融合各环节大数据资源，提升对运行感知及控制的广度、深度、精度，优化资产采购、建设、运维、处置等全寿命周期效率效益，强化能源资源的优化配置能力，打造能源数字孪生系统，形成数据驱动的运营模式。基于此，设计了行业用能分析、行业能效分析、清洁能源替代、电能替代四个能源大数据产品。

图 11.1　能源大数据产品体系

(4)赋能经营管理提升。充分发挥数据资源对其他要素效率的倍增作用，设计了经营管理与智慧运营两个数据产品，用于帮助企业提升数据资源对企业经营管理全局的刻画能力，提升横向协同水平和纵向管控能力，满足决策层、管理层、执行层在现状评估、形势研判、风险预警、策略优化等方面分析应用需求，助力企业管理变革，提升经营业绩。能源大数据产品可助力开展节能增效、多能协同、用能安全、碳减排等。具体表现为：结合企业实际生产和能耗数据，对企业能源结构、能源现状进行检测，对企业能源需求进行深入分析，节约企业用能，提高企业能效；通过整合设备监控系统运行数据及资产管理系统等数据，对企业生产、设备异常、用能状态等进行在线预警，服务企业安全用能、设备安全运行及设备运维等；通过绿色金融服务，为企业在低碳节能改造和发展绿色产业项目等方面提供低成本资金支持等。能源企业可汇聚能源供应及消费数据，支撑基于新能源各环节业务应用的快速搭建；分析管辖区域内的能源供需形式，促进新能源消纳，为国家进行能源规划及需求响应能力储备计划提供数据支撑；促进能源企业精益化管理能力提升，提高能源企业的服务质量。

(5)赋能客户优质服务。能源企业坚持以客户为中心，以服务品质领先为指引，深入挖掘能源数据和外部关联数据价值，依托大数据应用增强用户体验、深化客户理解、优化服务流程、创新服务模式，全面提升服务智能化、差异化、人性化水平。强化营销数据和其他内部管理运营数据的关联分析，通过客户数据来帮助公司找准运营管理痛点。

综上所述，能源大数据是能源生产、消费及相关技术革命与大数据理念的深度融合，广泛连接能源产业链上下游多元主体，辐射众多行业，同时，能源大数据通过综合采集、处理、分析与应用电力、煤炭、石油、燃气等能源领域数据及人口、地理、气象等数据，加速推进能源产业发展及商业模式创新，推动构建能源互联网生态圈，激发能源行业价值创造活力。

11.2.2 能源大数据产品构建方法

能源大数据产品是能源行业数字化转型的核心组成部分，合理地设计研发和实现是保证产品本身良好运行和可持续发展的关键环节。通过充分细致的资源准备、创新实用的设计研发、全面严格的测试以及严密的安全保障措施，能源大数据产品能够为能源行业发展和数字化转型提供强有力的支持。

1) 能源大数据产品资源准备

(1)需求管理方面，构建需求对接、需求分析、需求评审等工作的管理体系。加强统一的需求统筹和需求受理管理，统筹过程中避免数据产品需求重复、功能重复等情况出现。数据产品要在充分调研用户需求、开展竞品分析的基础上，开展需求分析，明确说明数据/技术可行性、竞品分析、应用价值分析。加强数据产品的需求评审工作，重点评估用户需求满足情况、产品价值、投入产出比、安全合规情况等内容。

(2)资源准备方面，加强统一的支撑体系建设，开展能源大数据应用技术体系研究，加强能源大数据应用数据基础建设。基于能源大数据中心，在法律许可和数据资产所有者授权的前提下，从各渠道接入数据，包含但不限于政府、能源供应企业、电网企业、能源消费企业等渠道，并依托能源大数据中心的存储计算能力、数据分析能力，对源数据、数据模型等进行规范化处理。

(3)数据汇聚方面，基于能源大数据中心，归集覆盖内外用能企业的能源供应、传输、消费等全链路数据。能源数据主要通过统计局、能源局等政府部门平台、综合能源平台等途径，采用数据接口集成，归集至能源大数据中心。遵循“分域治理，平台共享”的数据存储原则，内部数据存内网，外部数据存外网，同时根据数据交易规则和共享策略共享数据资源。

2) 能源大数据产品设计开发

(1)设计管理方面，组织相关部门依据相关的国家制度、标准和规范或者行业企业标准，开展相关的概要设计和详细设计。将产品构建过程中的专利、论文、软著等知识产权作为资产进行管理，加强知识产权的申请、登记、保护和使用等管理工作。

(2)数据开发方面，基于各资源渠道开展数据溯源、数据接入、数据治理等数据准备工作。数据准备完成后，开展代码开发、单元测试、代码审查等工作。数据产品开发须遵从共同的研发与实施的有关制度、标准，充分考虑执行速度最优、代码编写合理规范、及时冒烟测试和问题排查等规范要求，遵从开发代码清晰合理、代码测试一致性和规范性、代码审查安全性等方面规范要求。

3）能源大数据产品测试上线

（1）产品测试方面，测试管理主要包括用户确认测试、第三方测试和小版本迭代测试。数据产品构建完成后，组织关键用户开展用户确认测试工作，确认测试主要包括功能确认、性能确认、兼容性确认，形成用户确认测试报告。数据产品发生小版本迭代时，由数据产品构建方针对新增、修改及关联的功能模块进行内部测试。产品首次上线或大版本变更时，建议通过第三方测试，应包含功能和非功能测试、安全功能与渗透测试、源代码安全测试等内容。

（2）产品上线方面，针对数据产品的应用服务部分开展资源申请和部署工作，明确产品用途、资源类型、资源配置、资源数量及监测指标等信息，并对系统部署方案以及数据合规进行审核，依据相关上下线管理办法开展上线工作。同时加强版本管理工作，遵从统一版本标识、版本更新规范等要求。

4）能源大数据产品数据安全

数据安全方面，以数据管理全生命周期作为核心提供整体的防护措施，满足能源大数据产品对数据准确性、数据安全性、数据唯一性的要求，实现能源大数据和应用安全合规开放。对不同类别、级别的数据制定和实施不同的安全管理策略和相应的保障措施，注重全流程的数据采集安全、数据传输安全、数据存储安全、数据使用安全和数据共享安全。

11.2.3　能源大数据产品运营模式

能源大数据产品可为政府、企业、社会公众等提供服务，支撑政府科学治理，促进行业转型升级，服务社会低碳发展。面向不同的服务主体，能源大数据产品的运营模式、盈利模式、效应评价方式也有所差异，因此，按照服务对象和产品形态的不同，能源大数据产品采用公益性服务和市场化运作相结合的运营模式，用于满足不同层次的需求，提供差异化服务。此外，为确保开放业务的正常运行，需要建立云资源、数据、产品与用户之间的关系，实现数据增值增效，构建能源大数据产品的运营业务体系。在巩固好已有成果的基础上，进一步扩大应用领域、拓展应用深度，初步实现业务的体系化发展格局。

围绕“实用化、标准化、专业化”的产品运营方向，构建覆盖需求分析、产品规划、数据处理、模型构建、场景应用、系统建设、产品交付等环节的能源大数据产品全生命周期运营管理体系。明确各环节工作内容，建立能源大数据产品标准化、规范化运营流程，推动数据产品敏捷交付和应用推广，为能源大数据产品常态化、规模化应用提供支撑。

1）常态开展产品运营，开展需求分析及统筹管理

面向政务用户，常态开展需求分析，结合国家政策精神，聚焦政府部门关注热点，

洞察用户痛点难点，开展需求分析识别，进行服务优化及场景深化。面向企业用户，建立需求响应及统筹管理机制，梳理共性需求及个性化需求，开展需求分级分类管理，做好标准化、定制化应用场景设计。

2）深度开展内容运营，提升产品服务广度及应用深度

构建能源大数据产品标准工作方法，打造标准化应用体系，推进分析方法、数据模型、应用场景的快速复制、共享共用，形成规模化成果成效。研究构建预测模型，宏观层面提升经济发展预测能力，助力政府精准研判和科学决策；中观层面提升仿真分析能力，增强产业链分析和重点关注行业景气趋势研判；微观层面提升企业主体行为风险预警能力，提供重大活动期间环保、应急等重点企业监测保障。开展内外部数据融合应用，引入外部高价值数据链及专家智力资源，布局重点领域及行业标准，释放多维度、高层次数据价值。

3）精细化开展用户运营，构建客户服务体系

面向政务用户，构建用户画像，实现用户需求预判和主动服务，开展“需求识别、服务实现、体验评价、优化完善”的闭环管理，提升政务用户服务黏性。面向企业用户，构建能源大数据产品标准化应用场景及共性算法模型库，同时提供解决方案、技术指导、知识分享、专家评审等个性化服务，实现以点带面的能源大数据产品能力辐射。

4）积极开展品牌运营，提升能源大数据产品影响力

基于企业级数据平台，构建企业级数据和算法能力，沉淀数据链、知识链、决策链，赋能各专业应用，建立数据建设者、数据服务者形象。借助渠道影响力发挥能源大数据产品应用价值，推进能源大数据产品在数字政府、新基建等各大领域的广泛应用，通过国家、行业数字峰会、创新打榜活动、大数据应用竞赛等活动，形成数据智能标杆服务影响力，赋能国家数字经济发展。

5）持续开展数据运营，推进服务质效提升及产品迭代

建立产品运营监控评价体系，推动实现用户服务全过程及产品运营各环节量化管理。开展基于用户属性特征、行为特征、体验评价的产品应用成效评估模型与评估流程建设，建立运营看板及智能分析工具，打造基于“场景—工具—服务”的一体化智慧运营新模式。定期开展用户调研及反馈分析，发现产品潜在问题和改进机会点，推进产品迭代优化，提升产品易用性及用户满意度。

6）强化开展安全运营，保障服务稳定性及数据安全性

构建产品应急预案、快速恢复方案及客户投诉解决方案，保障系统稳定运行，提升服务可靠性。做好安全管理，健全核心数据应用流程与配套安全管控机制，实行数据分级分类管理，加强数据应用、共享和报出等流程规范化要求及全程留痕管理，确保数据能用、敢用、好用。

11.3　电力大数据产品应用实践

11.3.1　小微企业运行监测分析

小微企业是我国经济发展的重要组成部分，应用大数据产品赋能小微企业运行过程，将有利于提升该类企业抗风险能力，为其提供精准化、差异化的服务，助力我国经济发展。本部分以小微企业运行监测分析为电力大数据服务国家战略的典型案例，总结能源大数据产品应用对于小微企业发展相关政府决策的支撑作用。

1）应用背景

2019 年末开始的新冠疫情给规模小、抗风险能力差的广大小微企业带来了严峻考验。同时，供应链和担保链的上下、横向传导给企业带来流动性风险加剧、信用违约风险增大、企业被动裁员、企业破产风险凸显等一系列冲击。在此背景下，为助力小微企业发展，党中央、国务院出台了一系列助企纾困措施。但由于中小企业数量大、分布广，传统统计手段难以及时、全面监测政府政策实施效果。为准确监测中小企业运行态势，辅助政府和金融机构对小微企业精准进行政策和金融扶持，国家电网发挥电力大数据覆盖范围广、价值密度高、实时准确性强等特点，通过汇聚多维度数据资源，挖掘电力数据价值，辅助政府机构及时全面掌握小微企业运行动态，全面助力国家治理现代化和中小企业高质量发展。

2）分析方法

小微企业景气指数作为融合指数，由用电增长指数、用电结构指数、业扩增长指数三项子指数融合形成。用电增长指数作为同步指标，反映小微企业生产经营变化情况，基于当期小微企业月用电量计算形成。用电结构指数作为同步指标，反映不同景气程度企业占比情况，由超产率、达产率、不景气企业占比等用电结构分布指标融合计算形成。业扩报装指数作为先行指标，分析小微企业扩张预期态势，由新增业扩数量占比和容量占比融合计算形成，如图 11.2 所示。三项指数按月频度，从总体、地区、行业等维度，监测分析小微企业景气变化情况，研判反映小微企业生产经营动态。

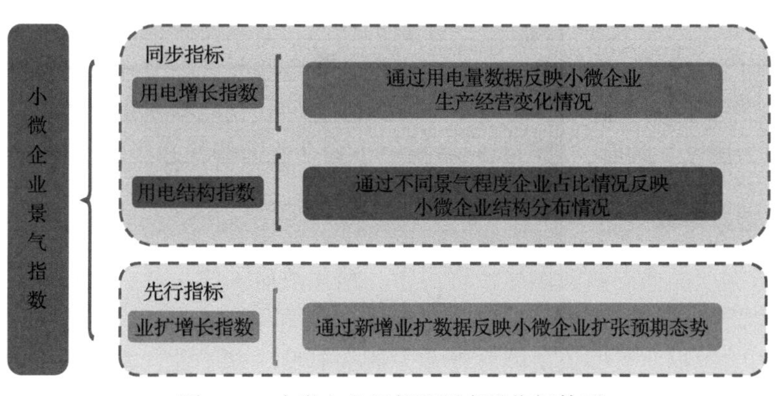

图 11.2　小微企业运行监测产品指标体系

产品技术路线主要基于数据中台，总体分为贴源层、共享层、分析层、应用层 4 部分。

(1) 在贴源层完成小微企业景气分析所需的营销业务应用系统、用电信息采集系统数据接入工作。通过数据接入工具接入和存储源业务系统数据，进行全量及增量数据的合并抹平，为产品研发提供基础数据支撑。

(2) 在共享层按照数据中台体系结构的标准模型层，完成模型的清洗转换，并构建趋势数据异常处置方法、锯齿状数据异常处置方法、3σ 原则异常数据补全方法算法程序辅助开展数据质量治理。

(3) 分析层基于共享层数据或外部导入数据，完成小微企业景气分析的模型分析计算工作，并将结果存储至分析层中，形成统计指标、主题关联等结果表，为应用层、展示层提供数据支撑。

(4) 应用层可通过数据集、自助式报表工具等方式开展数据产品应用服务。数据集可通过直连数据库的方式供小微企业景气分析大屏调用。

3) 应用场景及成效

(1) 应用场景。本产品主要通过数据分析报告、可视化大屏、数据服务向政府机构、金融机构、公司内部、社会大众等用户提供相关服务，满足不同用户的个性化使用需求。

①数据分析报告。主要面向政府部门，适合行政办公方式，通过办公系统在部委内部进行报送和传达，主要分为常态分析报告和专题分析报告两类。常态分析服务报告主要面向工信部等形成常态合作机制的用户，定期报送相关分析报告，满足用户的常态监测需求；专题分析报告主要聚焦疫情影响、局部自然灾害影响、季度总结、年度总结等专题分析，主要服务政府部门和公司内部，用于评估特定事件对企业经营的影响分析。

②可视化大屏。主要面向政府部门和公司内部，形成常态在线的服务，满足用户直观、及时地监测中小企业发展动态。同时，在公司内部部署，服务公司的经营决策，并丰富公司对外宣传展示内容，扩大产品影响力，服务产品应用推广。

③数据服务。主要面向金融机构和公司内部，通过数据共享，服务金融机构实时查询掌握小微企业经营动态，助力快速授信服务，提高小微企业信贷的便捷性。

(2) 运营成效。产品充分发挥电力大数据覆盖面广、实时性高、准确性好的优势，准确反映中小企业生产经营景气情况，定位不景气地区和行业，辅助政策机构精准决策，为政府部门开展宏观经济分析提供了一个新的视角。有效服务国家治理现代化，获得工信部等政府部门、行业协会等单位的高度肯定，产品入选“2020 年世界互联网大会”优秀成果，并被中国电力企业联合会授予《2020 年新一代信息技术助力疫情防控复工复产创新案例》。为国家、政府、部门及时掌握中小微企业运营状态提供了数据支撑。

11.3.2 电力消费指数

能源大数据产品面向赋能国家治理科学，聚焦政府关注、社会关切的关键领域，致力于服务社会宏观经济、区域经济、产业经济、双循环、社会治理、服务民生、环保低碳等，是电力大数据服务国家战略和产业发展的典型。基于此，本节以电力消费指数为案例进行分析。

1) 应用背景

我国已建立了健全的国民经济核算体系和指数评价体系，主要包含国内生产总值(GDP)、消费者物价指数(CPI)、生产价格指数(PPI)、采购经理指数(PMI)等。在统计范围、指标选取、权重调整等方面具备一定的借鉴意义，但在利用大数据方法筛选合适变量及预测精度方面存在一定的局限性。考虑到电力与经济发展密切相关，聚焦电力构建客观、覆盖面广阔且更新速度较快的专业电力指数成为全面反映经济运行的重要补充。

为充分响应“不断强化大数据技术在经济运行研判和社会管理等领域的深层次应用”的工作部署，国家电网充分借鉴现有经济指数研究成果，结合电力看经济应用场景，牵头打造电力消费市场风向标，基于大数据技术构建了“电力看经济”指标体系[9]。依托用电数据分析宏观经济运行态势及企业未来发展意愿，为政府、企业、居民、研究机构提供权威参考。形成电力看宏观经济、区域经济、产业经济等42项分析指标，详见图11.3。

2) 分析方法

现阶段，我国经济进入高质量发展阶段，不仅仅是规模增长，更侧重于效率、效益、质量提升及绿色发展。因此，择优确定经济增长、结构优化、质效提升、低碳环保、民生改善五方面[10]，拓展形成面向经济高质量发展的电力消费指数体系，如图11.4所示。该体系依托政务服务平台，基于公司数据中台及营销、调度、设备等电力数据，通过数据分析报告、指数共享、可视化监测大屏等多种形式，有效支撑政府治理及企业管理，如图11.5所示。

(1) 要素选取原则。①覆盖面广：应尽可能全面地反映经济高质量发展的关键内容，从电力数据的角度表征经济发展的内涵及实质；②相关性强：应与经济高质量发展相关的宏观经济、低碳环保、民生发展、企业经营等外部指标存在强关联关系，能够基于电力视角科学研判经济发展趋势；③可用度高：选取的指标应数据准确且易于采集，数据频度及更新时效应满足业务需求，确保指标有用、可用、能用。

(2) 要素筛选过程。结合电力看经济应用场景以及电力数据与经济、能源、消费的关联关系，初步确定用电量增速、业扩净增、容量利用率、度电产值等42项指标作为指数构建的备选指标。基于以上原则，以业务需求为导向，筛除业务代表性不强、数据频度不匹配等指标10项，通过主成分分析、经验归纳法、格兰杰因果检验等相关性分析方法，筛除多重线性相关、数据质量不高、指标不易采集等指标18项。

(3) 要素确定。经过对2014～2019年60个月数据的多重共线性检验、相关性验证及降维去重，确定用电量增速及占比、业扩净增容量、增产企业占比、容量利用率、电能替代占比等14项指标纳入电力消费指数体系，如图11.6所示。

(4) 影响因素优化。充分考虑并优化节假日、季节波动、气温变化等因素影响，设置数据阈值并动态调整，有效剔除该类因素对增速、结构等子指数结果的影响，避免用电需求和经济消费因此表征出显著变化。

(5) 指数计算方法。经优化的电力消费指数体系从经济增长、结构优化、质效提升、绿色低碳、民生改善五个方面综合反映经济社会高质量发展情况，多维度、多视角、多形式综合反映经济高质量发展态势。

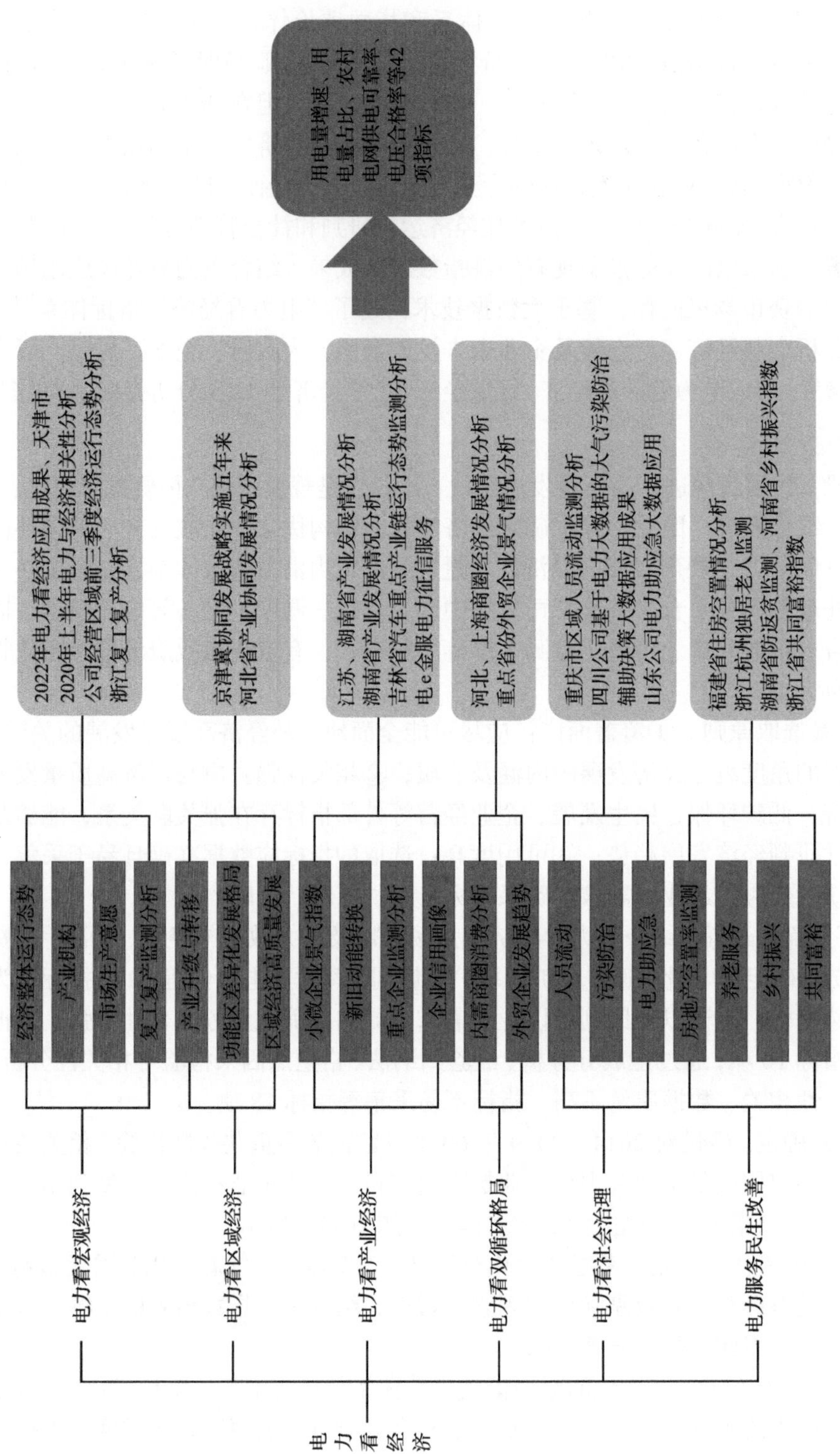

图11.3　电力看经济应用场景及指标

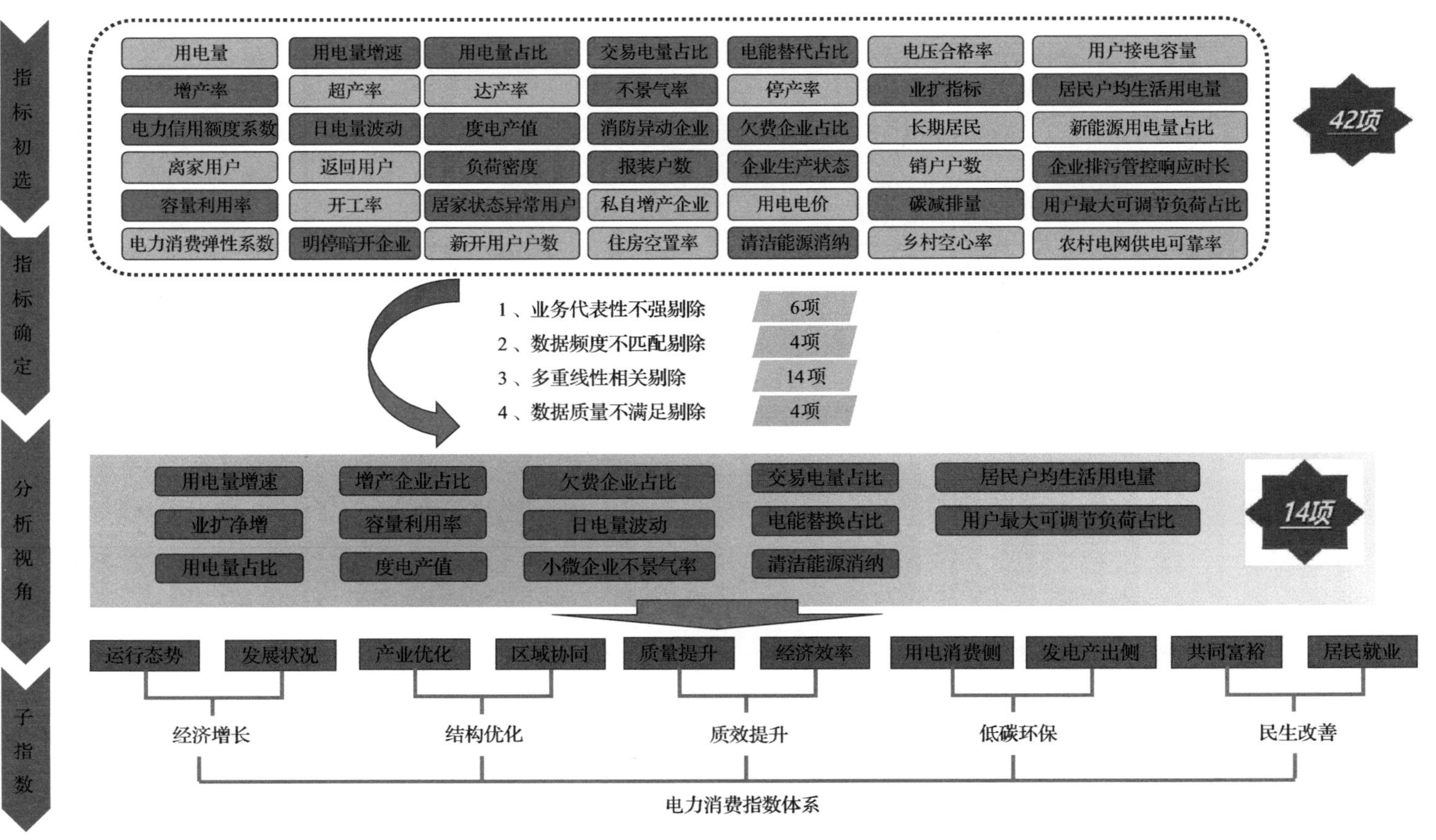

图 11.4 电力消费指数体系构建及指标选取

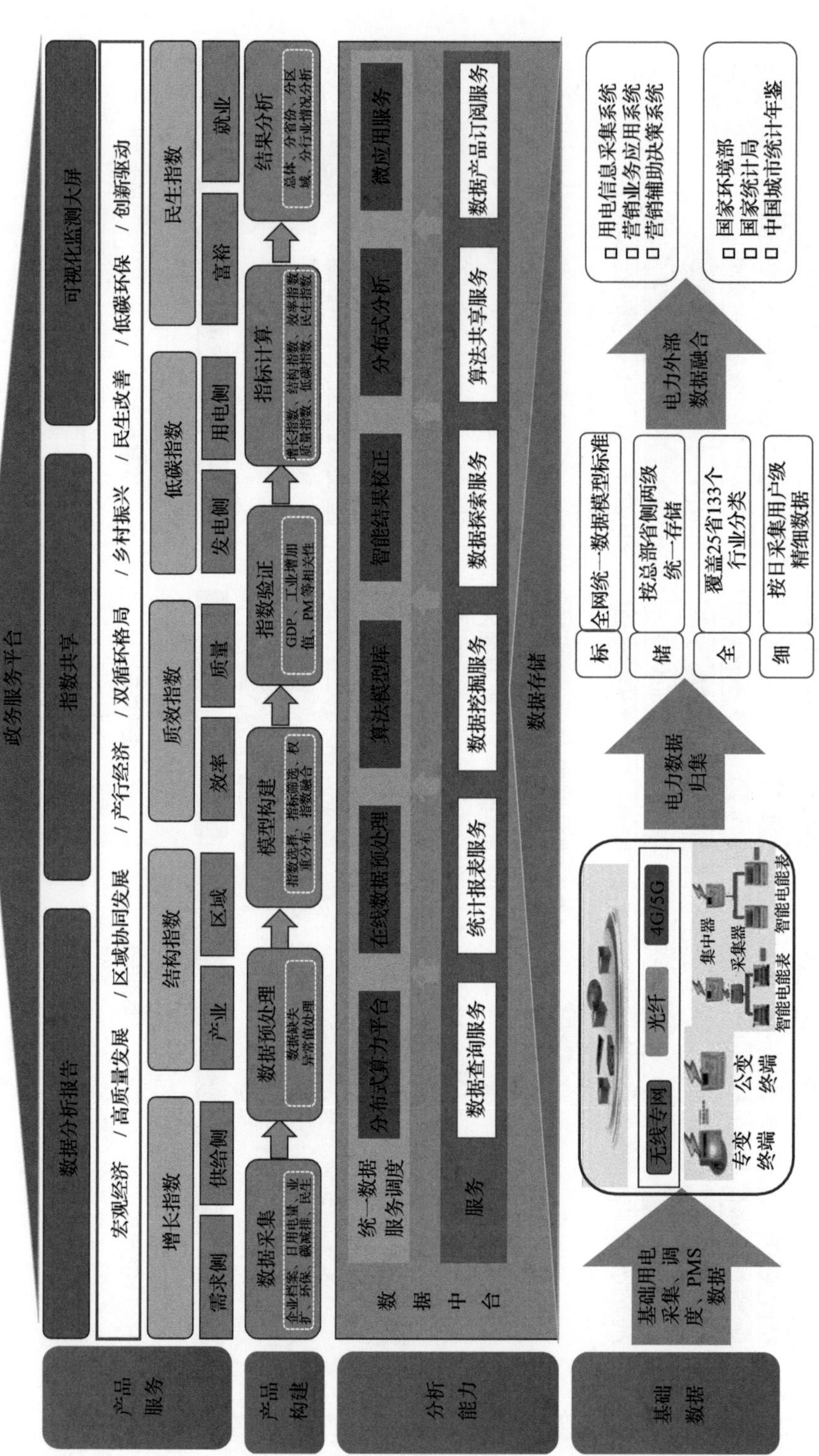

图 11.5　电力消费指数优化框架

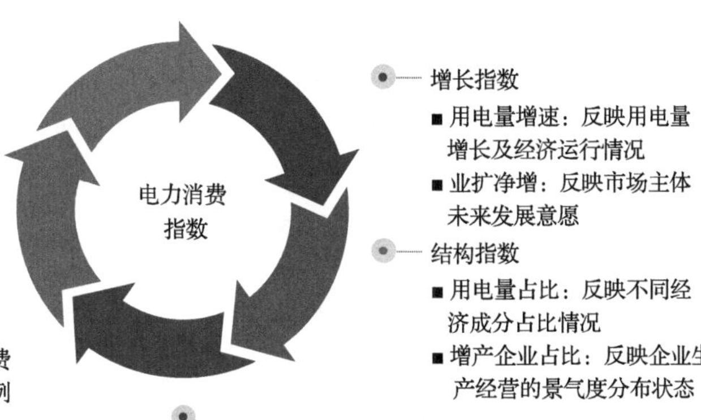

图 11.6　面向经济高质量发展的电力消费指数体系

基于动态发展的视角，各项指标以上年同期值为基准值，当各指标达到基准值时赋值 100。为保证数据集的完整性、可比性和可追溯性，指数采用变动基期方式，以上年同期为基准年，并通过熵权法、回归分析法、专家打分法等主客观结合的方式综合确定各指标项权重，加权形成 5 个子指数。总指数采取 5 个子指数加权方式获得，当 5 个子指数均达到临界值 100 时，总指数达到临界值 100。

$$E = e_1 \times k_1 + e_2 \times k_2 + e_3 \times k_3 + e_4 \times k_4 + e_5 \times k_5 \tag{11.1}$$

式中，E 为电力消费指数；e_1、e_2、e_3、e_4、e_5 分别为增长指数、结构指数、质效指数、低碳指数、民生指数；k_1、k_2、k_3、k_4、k_5 分别为增长指数、结构指数、质效指数、低碳指数、民生指数对应的权重。

3) 应用成效

应用电力消费指数体系面向宏观、企业、个人等不同用户主体，定制化打造“1+N”产品套餐，通过单一指标或指标组合、单一子指数或子指数组合，基于指数体系、分析报告、可视化展示等形式提供各类数据产品和服务。围绕区域、行业、产业等经济分布，以业务需求为导向，形成具体产品套餐组合案例。

(1) 看宏观经济发展。为客观准确反映宏观经济运行态势、产业结构并预测未来发展态势，应用电力消费指数体系总指数(E)开展研判，重点突出经济增长指数(e_1)、结构指数(e_2)，指数大于 100 则表征经济景气，态势良好。

(2) 看区域经济协同。为充分响应国家“构建高质量发展的区域经济布局和国土空间支撑体系，推动形成东中西相互促进、优势互补、共同发展的新格局”工作要求，应用结构指数(e_2)开展城市群发展及产业转型协同分析。

(3) 看乡村振兴成效。为贯彻落实党中央及公司党组服务乡村振兴、挖掘电力数据价值等工作要求，应用电力消费指数体系的增长指数（e_1）、结构指数（e_2）、低碳指数（e_4）、民生指数（e_5），均等赋权融合形成 $e1245$ 指数组合，研判乡村振兴战略实施成效。

（4）看微观经济运行。通过微观层面企业用户用电情况，选择用电量增速、业扩净增、容量利用率、日电量波动等指标，精准描绘企业用电画像，企业经营及运转现状，分析产业及行业的经济发展前景及复苏态势。

11.3.3 “以电折水”农业灌溉用水监测

1）应用背景

根据水利部推进农业灌溉机井“以电折水”监测计量的工作安排，加快数据融合赋能，利用电力数据覆盖范围广、准确性高、时效性强等优势，进一步加强取用水管理，充分发挥水资源刚性约束作用。

2）分析方法

（1）吉林：农田机井取水量精准测算。国网吉林省电力有限公司对取用水机井摸底调查，形成试点区域 11 万眼机井水电档案信息基础台账，在属地水利厅的指导下，根据机井布设情况，选择电量传输稳定且数据质量高、地下水取用高频区域的 150 眼机井作为典型机井。综合考虑机井水的密度、重力加速度、流量、地质条件、水泵扬程等因素，确定用电量与取水量之间的折算系数，实现将机井用电数据转换为用水数据，如图 11.7 所示。结合典型机井的折水系数、水文条件、机井参数等情况，对 11 万眼机井进行“一井一系数”赋值，并通过各井系数测试取水量，成功测算出 2022 年试点区域机井取水量为 10.77 亿 m^3。

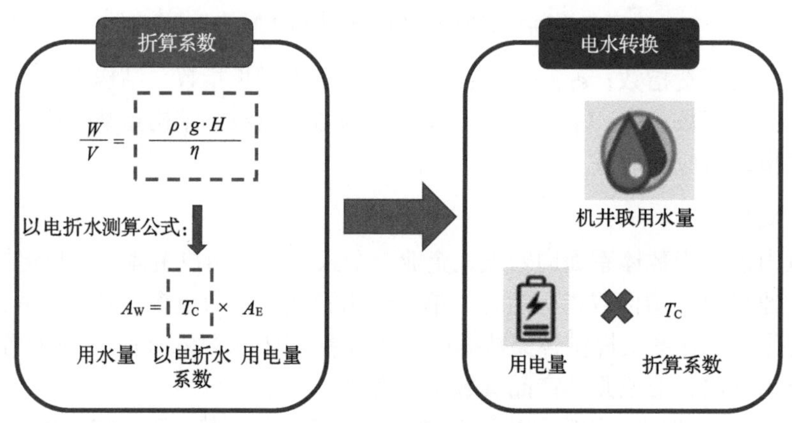

图 11.7　以电折水示意图

（2）河北：地下水超采治理对电量和线损影响分析。国网河北省电力有限公司基于与河北省水利厅联合确认的 69 万眼机井和 8.6 万台纯农排配变运行数据，多部门联合开展农排配变运行情况分析。按照《河北省现代水网建设行动方案（2023—2027 年）》目标要求，基于“以电折水”逆向还原“以水折电”，将压采水量转换为用电量，按照河北南网平均“以电折水”系数 2.72 测算，发现 2023 年压减地下水将减少农灌机井用电量 0.41

亿 kW·h，到 2025 年末将累计减少 1.26 亿 kW·h，对公司电量产生一定影响，使电网提前做好准备。测算 2022 年理论空载损耗电量为 3237.40 万 kW·h，占线损电量的 0.35%。

3) 应用成效

“电力看水资源”应用场景辅助水利部门掌握区域地下水取水现状，对优化水资源配置格局、保障水资源的可持续利用意义重大，对优化提升农灌农排机井设备管理以及电力配变运行效率提供支撑。

11.3.4　用电负荷特征分析

在数字时代，能源系统感知能力将极大增强，泛在连接和海量数据将成为能源系统的基本特征，透明化和智能化将体现出数字能源系统巨大的外延价值[11]。一方面，能源行业及上下游的数据将出现爆发式的增长，万物互联的格局将逐步形成，提高能源系统安全控制和高质量服务的准确性和及时性将成为不可逆转的发展方向。另一方面，传统的装备如何适应庞大的数据和连接，通信方式如何兼顾成本和效率，众多业务系统如何具备数据融合和价值挖掘的能力，未来“电力+人工智能”模式如何发展，这些问题受到了社会各界的广泛关注和相关单位的高度重视。本节主要从能源大数据赋能行业转型升级入手，重点介绍服务电网供需平衡的用户负荷特征分析应用案例。

1) 应用背景

近些年，可再生能源并网比例增加与极端天气的出现促使大电网负荷时变性越发明显，加之用户负荷感知能力不足，电网供需平衡调节面临严峻挑战。为应对该挑战，电力行业将大数据与电力运营相结合，基于大数据开发了用户负荷特征分析框架，如图 11.8 所示。该框架包括三层：首先通过分析并应用用电特征大数据，分析业务场景；其次，通过数据分析，精准挖掘企业生产负荷变化特征，如用户负荷构成、典型用户聚类、生产状态、不同用户负荷特性等；最后，建立用户负荷画像及模型，掌握用户需求侧响应能力，并对引导用能行为，用于支撑电网供需平衡精准调节，有效提升电网安全稳定运行水平。

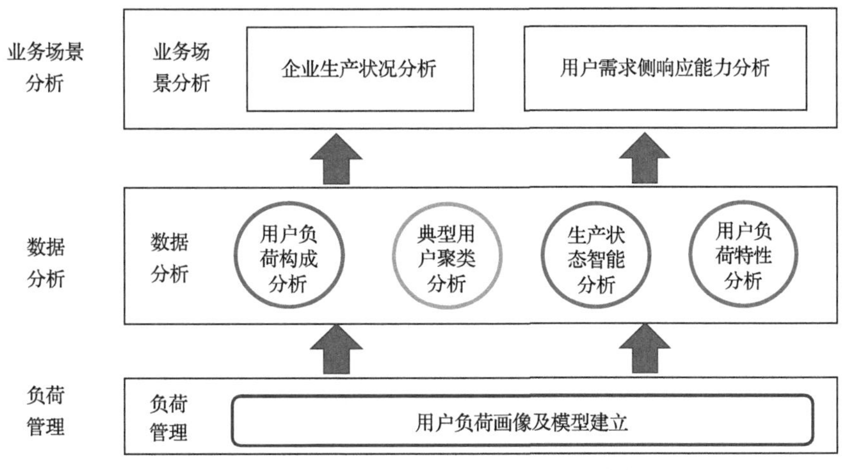

图 11.8　基于大数据的用户负荷特征分析架构图

2）分析方法

基于大数据的用户负荷特征分析方法包括以下 5 个部分。

(1) 专线专变用户负荷聚类分析。通过 K 均值聚类算法（K-means）聚类算法对海量负荷历史数据进行分析，生成负荷特征曲线。最终，根据聚类结果计算该行业在不同状态下的典型日负荷曲线。

(2) 专线专变用户生产状态智能分析。①曲线相似度计算：计算每日 96 点负荷与聚类的典型负荷曲线对应点的偏差值，对最大值、最小值加权来衡量曲线相似度。②企业生产状态分析：用户实时生产状态分析，参照曲线相似度算法，将当前获取的时段曲线与典型曲线进行比较，分析开工状态。

(3) 用户生产指标特征分析。提取对负荷曲线有明显指征作用的指标，通过重要性赋予权重系数，形成反映用户生产特征的模型。负荷曲线中位数代表当天该专线的一般强度。负荷曲线积分值作为企业生产状况的重要判断指标。波动率是全天负荷曲线的高分位值与低分位值之差，表征全天负荷波动程度。自相关系数是通过负荷曲线与自身的皮尔逊相关系数，反映企业用电规律性。频率响应均值是通过傅里叶变换分析曲线频域响应平均值，分析企业用电的周期性分量，反映其用电的周期性。使用重要性权重系数评估大用户生产指标模型，如式（11.2）所示。

$$p = a_1x_1 + a_2x_2 + a_3x_3 + a_4x_4 + a_5x_5 \tag{11.2}$$

式中，p 为大用户生产指标；a_i 为中位数参数的权重系数，i=1,2,3,4,5；x_i 为各指标值，i=1,2,3,4,5。高负荷运转水平、低负荷运转水平、中负荷运转水平分别反映企业的全开工状态，未开工状态、半开工状态。

(4) 精准掌握用户需求侧响应能力。分析专线专变用户对保电限电的响应程度。需求侧响应能力（x）计算模型，针对每个用户计算该时间段内分钟平均负荷 a，计算保电限电时间段日期开始时前 5 个工作日每天对应时间段内的分钟平均负荷的平均值 b。需求侧响应能力如式（11.3）所示。分钟平均负荷为用户在一段时间内用电负荷按分钟计算的平均值。

$$x = \frac{b - a}{b} \times 100\% \tag{11.3}$$

式中，b–a 为负荷响应值。需剔除下降负荷小于 0.5MW 的用户，并按照区域、地市、所属电站进行分类展示。

(5) 引导客户主动参与电网平衡调节。细分形成用户的日内用电、周用电、月用电、季度用电以及季节用电的规律标签，实现用户负荷可调节能力在线评估，据此引导用户主动参与电网削峰填谷。

3）应用成效

服务电网供需平衡的用户负荷特征分析的成效主要表现在以下两个方面。

(1) 为政府出台供需平衡政策提供有力支撑，为某省级电力公司挖掘负荷可调节潜力

400 万 kW，涉及大用户约 2000 家，为政府做出生产性企业调休决策提供可靠依据。

(2) 在电网应对极端天气下供应能力不足中发挥关键作用。某日，某省级电力公司调度用电负荷达 1.17 亿 kW，创历史新高，电力平衡形势严峻，基于该场景，在政府主导、电力公司逐户沟通下全省最大用电负荷快速降至 1.07 亿 kW，实现至少 1000 万 kW 负荷调节，避免采取大范围有序用电措施。

11.3.5 物资供应链运营分析

1) 应用背景

为推进绿色现代数智供应链建设，支撑供应链管理从“业务数据化”向“数据业务化”转变，电网企业开展采购与合同全链运营分析，通过制定业务提升策略，构建科学模型算法库和规则库，实现采购合同管理决策由“人工判断”向“数智决策”的模式升级，促进物资专业工作效率、效益、效能多维度提升，推动供应链体系持续优化，是电力大数据赋能产业升级的典型案例。

2) 分析方法

(1) 采购与合同全链运营分析基于业务数据，对主字段、辅助字段、非结构化数据进行关联、整合，形成固定报表。以固定报表为基础，将国资委、公司在采购与合同管理方面的规章制度和管理要求进行解耦，转化为可量化、可操作的分析点，形成包含 54 项风险判断的规则库。根据风险判断规则，完善数据的逻辑判定、字段计算规则，构建相应的分析模型算法库，确保模型具备识别业务合规性、关联性、规范性、完整性、准确性、一致性方面风险的能力。

例如，“投标供应商之间关联关系”分析模型有效融入供应商法人、股东、注册时间、注册资本等外部数据，精准识别各投标供应商之间股权关联、控制人相同等风险，有力促进公司采购供应管理持续向精细化演进。

(2) 变电设备物资采购价格数据分析与应用构建宏观采购价格指数 (state grid producer price index，SGPPI)。参照工业生产者出厂价格指数 (producer price index，PPI) 指数构建原理，变电设备采购价格指数选取一篮子具有稳定需求的物料，采用价格和规模占比加权平均法得出一定时期内变电设备采购宏观价格水平，从而反映整体采购价格变动趋势、衡量采购成效。SGPPI 以 2012 年 1 批变电设备开标当日为基期，基点为 1000 点，计算后续各批次采购价格指数。

$$\mathrm{SGPPI}_{ij}=1000\times\frac{\sum P_{ikj}\times\beta_{ikj}}{\sum P_{ik_0}\times\beta_{ik_j}} \tag{11.4}$$

式中，P_i 为各采购物料的中标均价；β_i 为各采购物料的权重 (取上一年度采购金额占比)，k_0 为基期；k_j 为报告期。SGPPI 计算结果体现各产品采购价格水平的总体趋势。

构建价格监控预警机制分为短期价格监控模型与长期价格监控模型。短期价格监控模型分析各设备当批价格环比波动、历史三个批次连续上涨累计波动两类指标，波动水平达到阈值后触发预警。长期价格监控模型以近两年价格平均值作为比较基准，并测算典型物资价格相较市场均价的平均波动水平 σ(即标准差 σ)。根据正态分布的“3σ 原则”，价格波动在$[\mu-\sigma, \mu+\sigma]$范围内的概率为 68.3%，在$[\mu-2\sigma, \mu+2\sigma]$范围内的概率为 95.4%，在$[\mu-3\sigma, \mu+3\sigma]$范围内的概率高达 99.7%。参考该原则构建一套基于价格波动幅度的长期价格分级预警机制，见表 11.1。

表 11.1　变电设备采购价格预警机制

预警分级	预警阈值	价格异常情况
一般价格波动(Ⅲ级)	$[\mu-\sigma, \mu+\sigma]$	超出近两年市场价格平均波动范围
较大价格波动(Ⅱ级)	$[\mu-2\sigma, \mu+2\sigma]$	接近近两年市场价格新高或新低
重大价格波动(Ⅰ级)	$[\mu-3\sigma, \mu+3\sigma]$	严重超出正常市场价格水平

开展宏观采购价格趋势和微观采购价格水平对比分析。一是从多个维度分析采购价格水平，并对比 SGPPI 和外部宏观经济指标(PPI、大宗商品指数)，如图 11.9 所示，发现变电设备近三年采购价格总体呈上涨态势，变电设备价格上涨态势和外部宏观经济指标态势一致，变化趋势具备合理性。

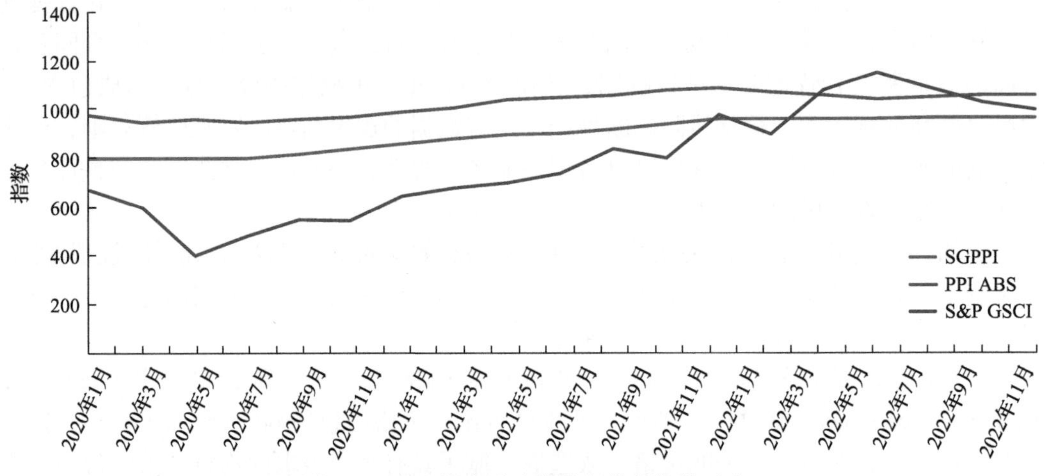

图 11.9　变电设备采购指数与外部指数对比

二是通过对国家电网采购价格水平与外部采购价格的横向比对，如图 11.10 所示，发现国家电网变电设备采购价格基本持平或略低于外部市场价格，供应商中标情况与其价格水平和技术实力具有合理的相关性。

(3)配网新建工程物资合理性分析以数据中台为依托，开展配网新建工程物资合理性分析，构建权威流程库、规则库和场景库，支撑配网新建工程物资核心业务分析工作常态、高效开展。①梳理流程库。聚焦配网新建工程物资核心业务涉及的关键环节及其子环节，对关键业务流程进行盘点和梳理，累计梳理配网新建工程物资核心业务全流程的 9 项环节共 70 项业务活动。②设计规则库。梳理已有专业规章制度及系统规范，重点围绕配网新建工程物资核心业务风险易发领域，设计构建规则库，沉淀疑似投产后仍领料、疑似已开工未及时领料、频繁挪库等分析规则。③构建场景库。聚焦重点领域和关键环

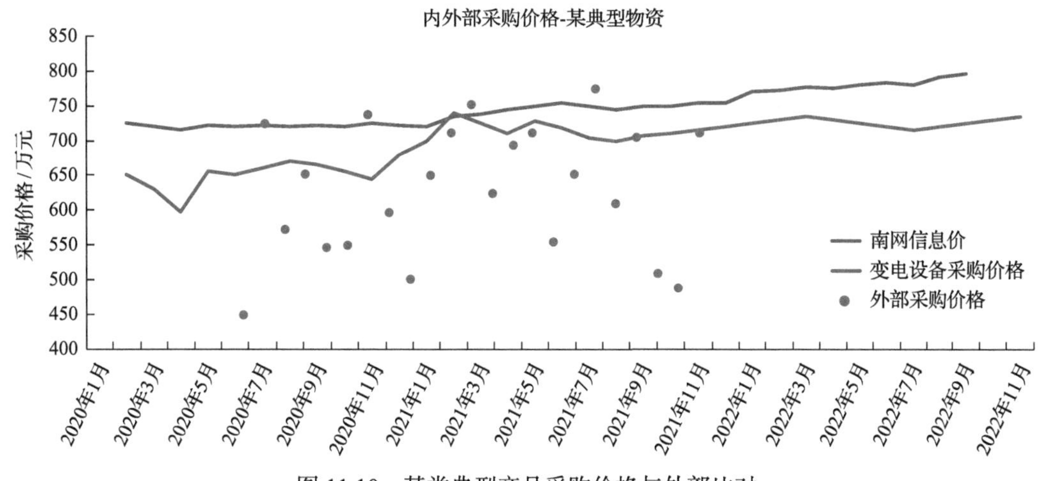

图 11.10 某类典型产品采购价格与外部比对

节，结合部门需求，建立场景库，目前已形成疑似在建项目领用线路长度不合理分析、疑似已投产项目领用配变台数不合理分析、退库不及时分析等共 25 个业务场景。

3) 应用成效

2023 年上半年，国家电网应用采购与合同全链运营分析模型已累计完成 300 余万条数据的分析，范围覆盖 1 万余个采购包、7 万余份合同，提示可能存在的潜在风险约 2000 条，形成分析报告 5 期，与传统人工核对排查相比，节约近 5000 人/天的工作量，有力地提升了工作效率。2022～2023 年，物资公司变电设备采购应用该成果实现了对采购价格的监控、分析、预警，共计 11 类设备触发预警 28 次，调整采购策略 21 次，有效维护公司利益。变电设备采购价格分析体系中的“变电设备采购价格预警及策略调整机制”荣获首届电力班组创新创效优秀案例一等奖。福建公司累计发现未及时领料、领用线路与配变不合理、退库率过高等 1265 个问题，降低物资领料事中管控指标红色预警率 67%，提升管理效率 37%，切实发挥数业融合的应用价值。

11.3.6 客户服务能力提升

电力大数据产品面向赋能客户优质服务，打造差异化、智能化的客户服务体验大数据应用，提升精准服务水平，辅助企业精益管理，支持社区创新发展，实现优化营商环境，提高市场需求响应能力，提升客户参与度和满意度，全面提升服务品质。本部分以基于用户画像的客户精准服务为案例，对电力大数据赋能企业发展进行分析。

1) 应用背景

随着用能选择多样化与用能需求智能化的日益增加，优质的供电服务成为抢占电力市场份额、提升企业绩效的关键。优质的供电服务需要不断提高业扩办电、代理购电服务水平，同时也可以防范各种风险。为满足上述需求，能源相关企业需要加快营销数字化转型，提高营销作业的效率和全要素生产力，需要提升对用户信息的全面洞察能力，打通内外部数据壁垒。

客户信息具有全面性、跨专业、跨区域、跨行业等特点，对企业的基本信息、经营状况、风险信息、关联信息等进行统一汇聚、融合[12]。通过对客户进行画像，并提供精准的服务成为满足客户需求与提供优质供电服务的有效手段。基于此，电力相关企业针对各专业需求提供标准化可定制的外部数据和信息服务，并在内外数据融合的基础上，打造全面清晰的360°客户视图，辅助进行综合信息研判，提升一线业务团队工作效率，提升客户供电服务水平。

2)分析方法

(1)客户内外信息打通。内外部数据匹配可利用智能化、可靠性的手段，通过开发自动匹配工具产品，实现对客户统一社会信用代码等外部信息的批量智能核验自动化采录。基于"外部数据接入+内部数据匹配+OCR识别补充"构建整体解决方案，利用自然语言处理模糊匹配和OCR智能扫描回填等技术，建立营销业务应用系统用户编号与企事业单位统一社会信用代码的映射关系，通过统一社会信用代码获取企业名称、注册地址、法人代表、行政区划码、增值税信息等外部数据，补填、比对营销系统相应客户档案信息，大幅提升客户信息获取效率，实现内外部数据的打通关联，如图11.11所示。

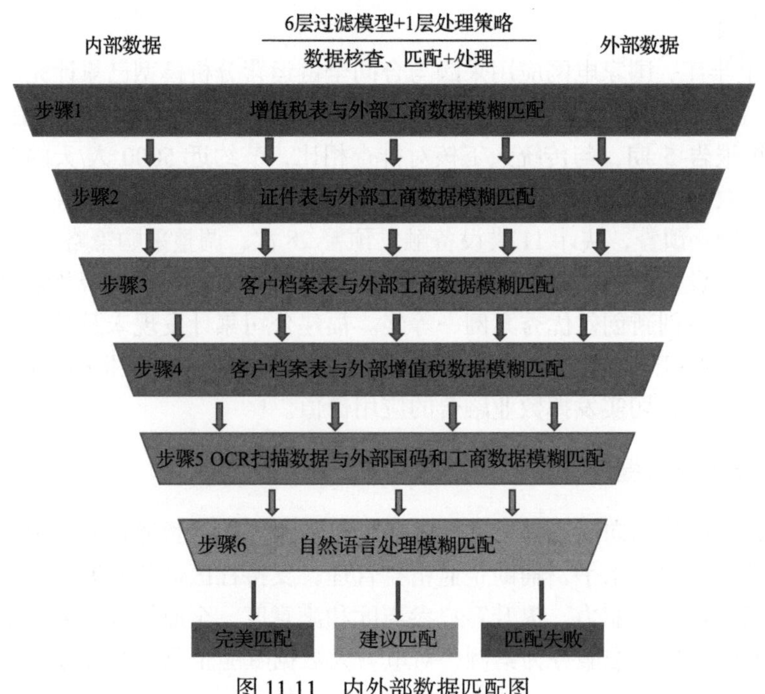

图11.11 内外部数据匹配图

(2)客户多维标签画像构建。针对电费回收风险防控、客户精准引流、客户信用评价、客户用电价值评估、大客户用电健康指数、电费余额管控、客户欠费风险、客户线上购电等场景，根据业务需求制订指标标签规则，以标签画像方式提供基于信用与风险的客户视图，并提供企业核心指标的直观展示分析成果。融合内部标签、外部标签和关系标签，支撑业务人员快速获知信息和定位问题，全面增强客户洞察能力，如图11.12所示。

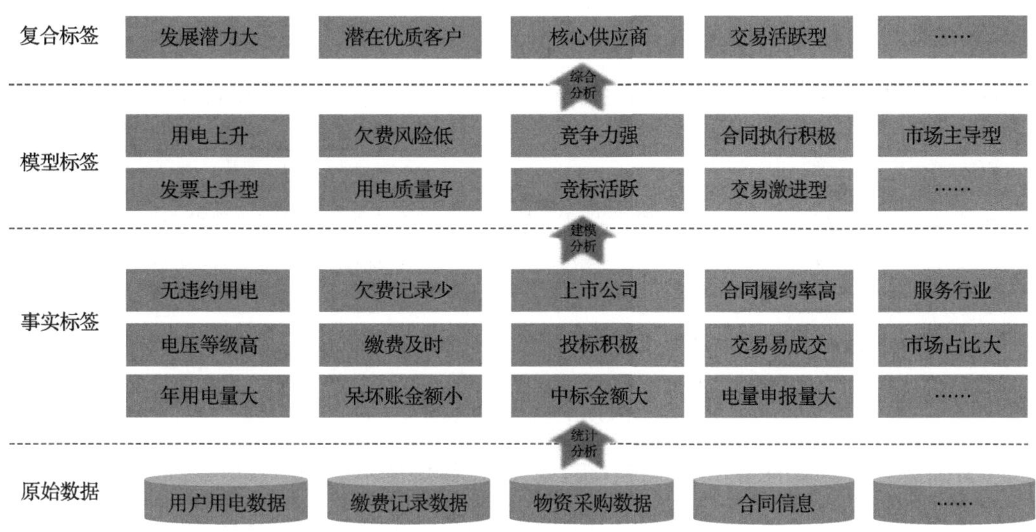

图 11.12 客户多维标签构建过程

从企业特质、履约能力、履约表现、风险行为、发展趋势等多维度进行分析、设计，在数据上统一标准模型，形成企业多维标签画像，支撑客户优质服务场景建设。

3) 应用场景

(1) 欠费风险防控。电费是电力企业营收的主要组成，电费回收风险防控是保障公司经济收益的关键组成部分。基于分析客户用电规律、欠费催缴、违约窃电等行为信息，并融合企业图谱关系，构建用电企业标签指标，并进行应用验证，形成电费回收风险防控场景画像，如图 11.13 所示。

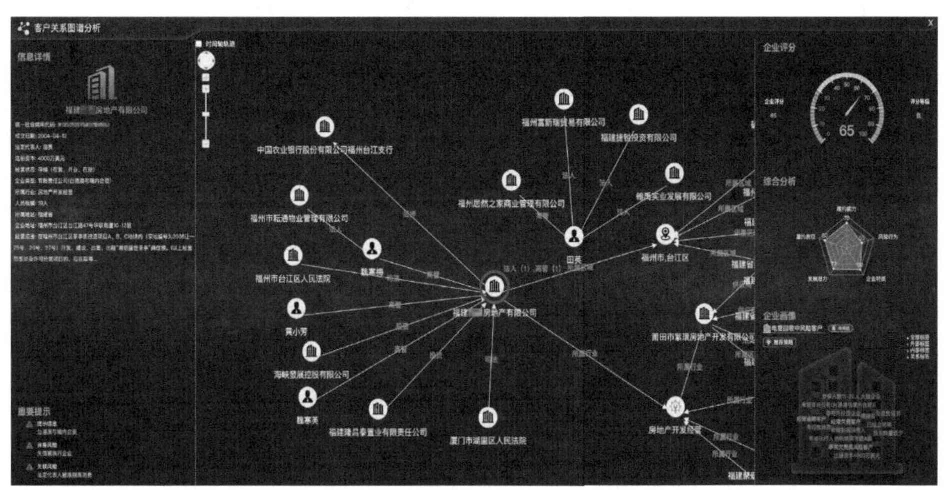

图 11.13 电费回收风险防控场景画像

(2) 金融产品推荐。通过客户基础属性、交费时长、电费余额、欠费行为等维度，构建“电 e 贷产品推荐”“个人金融推荐”“电 e 盈产品推荐”“电 e 票产品推荐”等多个标签，制定对应策略；针对用电行为良好的客户，推荐电力金融产品，避免持续性欠费，也一定程度上支撑中小微企业复工复产、助力供应链产业链稳定，如图 11.14 所示。

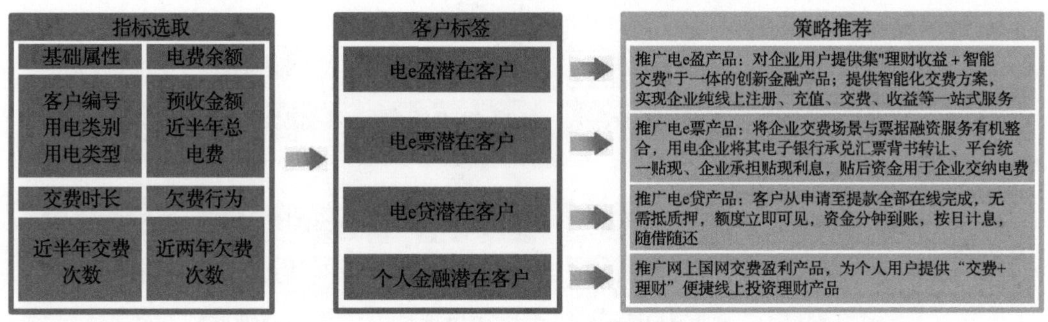

图 11.14　金融产品场景

(3)业务波动监测预警。基于省、市、县三级区域的停电问题、电费问题、其他业务的波动率实时计算，利用历史业务数据归纳突发事件相关业务量波动情况，合理设置各业务子类波动阈值，实现了业务波动的定位和留痕管理，通过对业务波动预警的事后分析，为客服话务预测、运营排班提供数据支撑，同时针对新业务上线、停电安排等重要业务波动，做到提前预警和策略优化。

4)应用成效

画像产品运用大数据和标签技术，设计企业客户信用标签指标体系，建立覆盖发电企业、售电公司、电力用户及供应商的信用标签库，构建信用标签 1100 余个，形成信用画像，支撑金融风险防控、供应商评价、电费风险防范等业务场景应用。产品基于内外部数据，应用近 800 个信用标签，生成金融风控场景画像，支撑贷前信用评估、贷后风险预警防控，助力解决上下游企业客户融资难、融资贵等问题。

11.4　煤炭大数据产品应用实践

11.4.1　智慧矿山生产运营分析

1)应用背景

智慧矿山生产运营分析应用于煤炭行业，是基于煤炭产业的特点和现实需求而发展起来的一种信息化管理手段。煤炭作为全球主要的能源资源，对国家经济和社会发展具有重要意义。然而，传统的煤炭生产方式存在着许多挑战和问题，包括低效率、高成本、资源浪费及安全风险等。随着信息技术和大数据技术的快速发展，智慧矿山生产运营分析的应用变得十分迫切。通过运用先进的信息技术和数据分析方法，可以对煤炭矿山的生产过程进行全面监测、分析和优化，实现数字化、智能化管理。智慧矿山生产运营分析通过实时监控和管理矿山设备、环境参数、安全风险等关键指标，帮助企业解决传统煤炭生产模式中的诸多问题，可以更好地利用现有资源，提高生产效率，减少资源和能源消耗，降低生产成本。同时，通过实时监控和建立预警系统，可以提高安全生产水平，避免事故的发生，保障员工的生命财产安全。此外，智慧矿山生产运营分析还可以为企业改善环境表现，实现绿色、可持续的煤炭生产，符合社会的环保要求。

随着煤炭市场的竞争日益激烈，企业需要更加精细化、智能化的生产运营方式来提高效率和应对市场挑战。传统的生产运营模式往往基于经验和简单数据分析，难以应对市场的快速变化和复杂情况。因此，引入大数据技术帮助煤炭企业实现实时监控、预警、生产计划与调度优化、成本分析与控制以及安全风险评估与控制等，提高生产效率、降低成本、保障安全并优化资源配置。

2) 分析方法

(1) 基于工业互联网平台打造各层次、各场景的应用。智慧矿山整体解决方案基于工业互联网平台构建，旨在为矿山行业提供全方位的数字化转型和智能化管理，这一解决方案包含三个核心平台：业务平台、技术平台和大数据平台。业务平台是智慧矿山解决方案的核心，提供了一系列与矿山业务相关的应用和管理功能，其中，设备监测与管理包括传感器数据采集、设备状态监控和故障预警等；生产调度与优化包括生产计划、资源调配和工艺优化等；安全管理包括安全风险评估、事故预警和应急响应等；能源管理包括能源消耗监测、节能措施和能源优化等。技术平台是支撑智慧矿山的关键基础设施，提供了物联网、云计算、边缘计算、人工智能等技术支持。在技术平台中，矿山可以实现设备的互联互通和数据的实时采集、传输和处理。通过物联网技术将各类设备与传感器连接至平台，实现数据的实时监测和采集。通过云计算和边缘计算技术可以实现数据的高效存储和处理，以及实时反馈和响应能力。同时，借助人工智能技术可以对数据进行分析和挖掘，发现潜在的规律和趋势。大数据平台是智慧矿山的数据中心，用于存储、管理和分析海量的采集数据。该平台提供了数据存储和处理能力、数据分析和挖掘功能，以及可视化的数据展示和报告功能。通过对数据的深度分析，可以发现数据中的隐藏信息和趋势，提供决策支持和实时监控能力。总之，智慧矿山整体解决方案通过业务平台、技术平台和大数据平台的协同工作，将实现矿山生产过程的数字化转型和智能化管理，如图 11.15 所示。

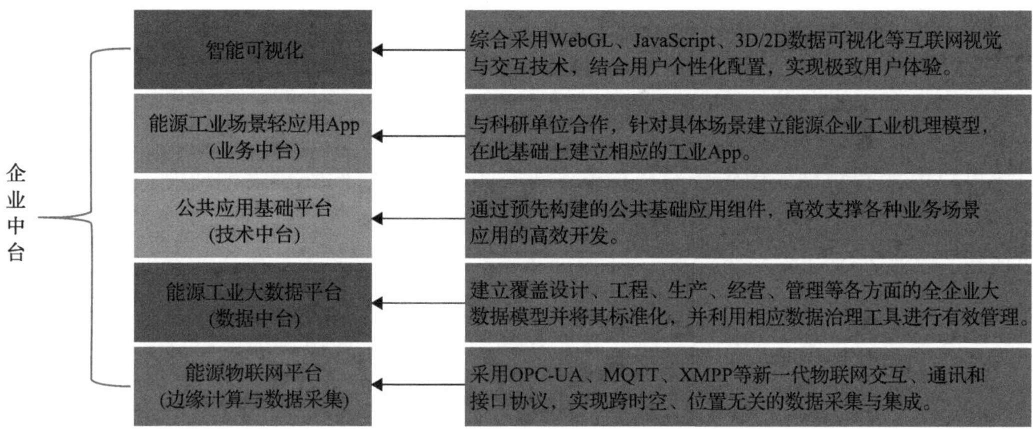

图 11.15　矿山工业互联网平台及关键特性

(2) 基于物联网系统智能化管理。智慧矿山的物联网系统是当前矿山行业中备受瞩目的技术创新。它以高效的物联网技术为基础，通过连接和集成各类设备、传感器和智能系统，实现了矿山智能化管理的目标。物联网系统利用传感器技术，将矿山中的设备、机械和工具连接到一个统一的网络中。这些设备通过传感器收集各种数据，如温度、振动和压力等，然后通过互联网的通信协议，将这些数据传输到中央服务器进行处理和存储。通过物联网系统，矿山管理人员能够实时获取设备运行状态和关键参数的信息。这些数据不仅可以用于设备监控，还可以进行数据分析和建模。管理人员可以根据这些数据制定设备维护计划、优化生产流程，并预测设备故障和劣化等。

总之，智慧矿山的物联网系统通过三维仿真、实时监控、运行分析、劣化预测、设备综合效率(overall equipment effectiveness，OEE)分析等技术手段，形成了全生命周期的管理体系，为矿山的可持续发展提供强有力支持，如图 11.16 所示。

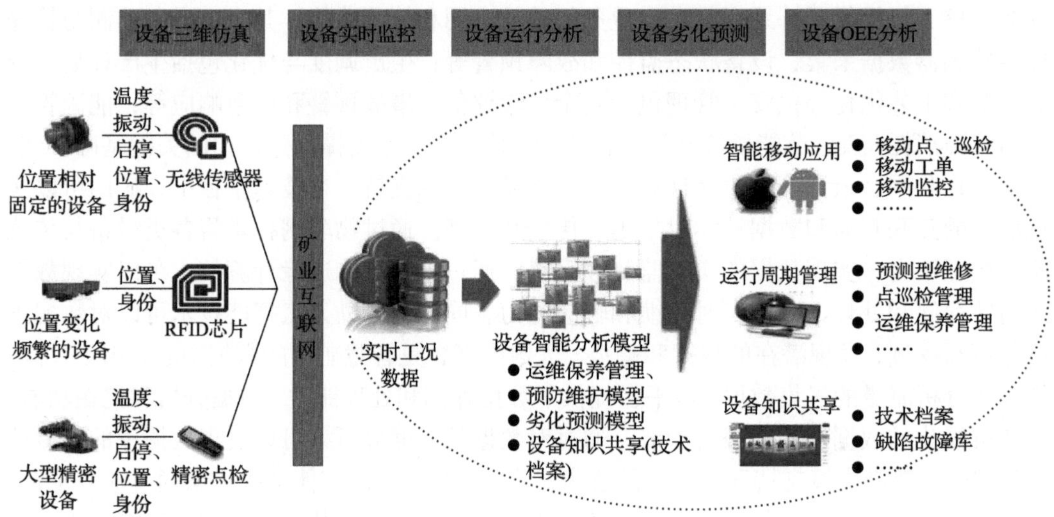

图 11.16 基于物联网系统的管理体系

3) 应用成效

通过实时监控和优化生产过程，企业可以提高生产效率和资源利用率。预测性维护可以减少设备停机时间，提高设备的可靠性。资源管理优化方面，系统可以帮助企业优化人力资源、物资供应和能源消耗，降低成本，提高效率。环境保护和安全管理方面，系统可以监测和管理矿山生产对环境的影响，并提供实时的安全管理功能，避免事故发生。数据驱动的决策支持让企业基于数据做决策，提高决策的准确性和效率。这些成效描述在实践中得到了广泛的支持，并为许多矿山企业带来了实实在在的益处。通过智慧矿山生产运营分析系统的应用，企业能够提高生产效率、降低成本、保护环境、提升安全性，并提供数据驱动的决策支持，从而在激烈竞争的矿业市场中保持竞争优势。

11.4.2 煤炭设备健康分析

1) 应用背景

随着煤炭行业的快速发展，煤炭设备的规模和复杂性不断增加，设备故障和性能退化问题也日益突出。传统的设备维护和故障诊断方法往往基于经验和个人判断，难以全面、准确地评估设备的健康状态。设备健康分析实现智能开采设备预测性维护和智能运维，是完善设备云服务平台应用建设的重要方向。对设备健康的评估分析和对故障时间的预测，既能够防止在设备运行中的事故风险，又能够最大程度地使用设备的安全服役寿命，减少不必要的维护成本。

2）分析方法

煤炭设备健康分析，即对煤炭行业生产设备的运行状态、性能衰退、潜在故障进行监测和评估的方法，是通过现代信息技术与机械设备维护管理相结合而形成的一种智能化管理体系。主要包括故障诊断、状态评估、预测维护三个方面，如图 11.17 所示。

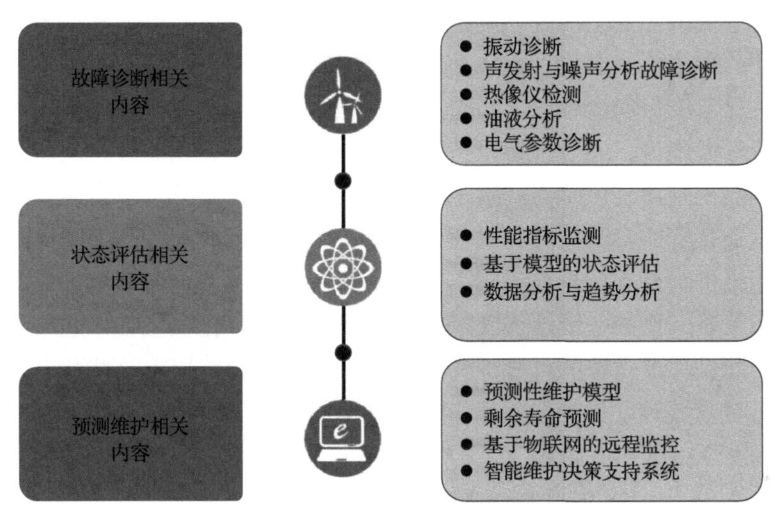

图 11.17 基于物联网系统的管理体系

（1）故障诊断。故障诊断是煤炭设备健康分析中关键的部分，常用方法包括振动诊断、声发射与噪声分析、热像仪检测、油液分析和电气参数诊断等。振动诊断通过振动信号分析检测设备异常模式，声发射与噪声分析通过监听噪声判断内部结构问题，热像仪检测捕捉温度分布指示潜在故障，油液分析评估润滑油状况指示内部磨损，电气参数诊断监测电气性能判断系统是否正常。这些方法有助于早期发现设备问题、避免生产中断和损失。另外，故障诊断还可以结合远程监测和云平台技术，实现对地理分布广泛的煤炭设备的远程实时监控和诊断。通过远程数据采集和传输，将设备数据上传到云平台进行集中存储和分析，可以实时监测设备运行状态、诊断故障，并提供远程维护指导。

（2）状态评估。采用机器学习和大数据挖掘等智能算法，对故障特征判据进行分类、聚类、模式识别、递归预测和关系挖掘等分析，根据历史数据对设备诊断和预测，进行智能建模，并利用模型对在线监测数据进行实时分析，对设备状态进行评估。性能指标监测通过实时监控设备的关键性能参数，如输出功率、效率、转速等，对比设计标准和历史数据，可以帮助评价设备的运行状态，及时发现异常情况并采取相应措施，确保设备正常运行。通过建立设备健康状况评估模型，结合实时数据和设备工作原理，量化设备的健康度指数，为设备状态评估提供定量依据，有助于准确判断设备的整体健康状况。数据分析与趋势分析利用大数据和人工智能技术对海量数据进行深度挖掘，提取设备状态演变的规律，并根据数据分析的结果评估当前状态，从而为设备管理提供科学依据，帮助实现设备状态的持续监测和改进。综合运用这些方法可以提高设备管理的效率和精度，为煤炭企业的生产运营提供有力支持。

(3) 数据驱动的预测性维护。预测性维护模型利用机器学习算法分析历史数据和实时监测数据，可以预测设备未来可能出现的故障类型及其发生时间。例如随机森林模型，可以减小过拟合的风险，并且能够处理大量的输入特征，该模型适用于复杂的设备系统，例如电力传输系统或工业生产线。剩余寿命预测技术依据设备磨损和疲劳累积规律，预测关键零部件的剩余使用寿命，有助于合理安排维护计划。例如，温度-倍数模型可以通过建立设备运行温度与剩余寿命之间的关系，估计设备的剩余寿命；应力-寿命模型是基于材料的疲劳寿命理论，通过分析设备所受到的应力水平，预测设备的剩余寿命。基于物联网的远程监控则通过传感器网络采集实时数据，结合云计算平台实现远程监控和预警，实现了设备状态的实时监测和远程管理，常用模型有故障诊断模型、时间序列预测模型等。智能维护决策支持系统集成了多种诊断和评估结果，为运维人员提供科学合理的维护建议和策略，例如，维修优先级模型和维修成本优化模型在作业中不仅维护资源的高效利用，而且保证设备的可靠性和安全性。总的来说，以上这些状态评估方法的综合应用，可以有效提升设备管理效率，降低维修成本，保障设备安全稳定运行，推动企业可持续发展。

3) 应用成效

通过煤炭设备健康分析，企业能够实现设备的实时监测和预警，及时发现潜在的性能问题和故障风险，减少意外停机和事故的发生，提高设备的可靠性和稳定性；通过数据分析和预测，企业能够更加精准地进行设备维护和维修，减少不必要的检查和维护成本，提高设备的运行效率和寿命；同时，基于大数据的设备健康分析能够帮助企业更好地了解设备的性能退化和故障模式，为设备的优化和改进提供科学依据。

11.4.3 安全监测分析

1) 应用背景

在煤炭生产过程中，安全事故时有发生，给企业和员工带来巨大的生命财产损失。传统的安全监测方法往往基于简单的传感器和人工巡检，难以全面、实时地监测矿井内的各种安全隐患。基于大数据技术的安全监测分析可以帮助煤炭企业实现矿井内各种安全隐患的实时监测、预警和智能分析，提高安全监管的效率和预防能力。

2) 分析方法

安全监测分析包括智能预警、态势分析与安全预判三个方面。这些方法和技术共同构建了一个集数据采集、处理、分析和应用于一体的煤炭行业安全监测预警体系，旨在实现对煤矿安全风险的全方位、全过程管控，如图 11.18 所示。

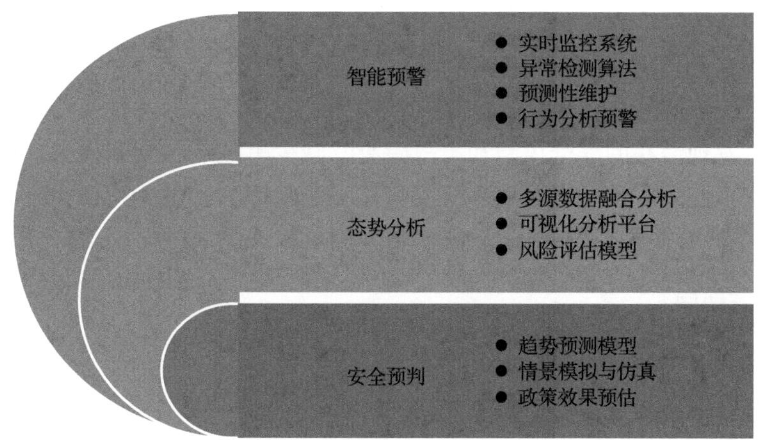

图 11.18　安全检测分析方法体系

(1)智能预警。智能预警是采用人工智能机器视觉、深度学习等技术，依托工业互联网平台、煤矿大数据平台、煤矿数据中心的数据和计算资源，研究开发专用安全综合评估模型或综合指数，构建煤矿安全风险防控和隐患排查“一张网”，进行实时监管，提前预警预判，进而实现超前预警，提供区域安全态势分析，提高报警准确性、降低误报。典型的预警方法有实时监控系统、异常检测算法和行为分析预警。实时监控系统通过安装在煤矿井下的各类传感器网络(如瓦斯传感器、温度传感器、压力传感器等)实时收集数据，利用大数据技术实现实时传输和处理，当监测参数超过预设阈值时，触发预警信号。异常检测算法应用机器学习和统计分析方法对海量历史数据进行训练，构建异常检测模型，一旦发现数据序列或模式出现异常变化，系统将自动发出预警信息。行为分析预警通过对矿工穿戴的智能装备采集的数据进行分析，识别出不安全作业行为，并及时提醒纠正，预防人为因素导致的安全事故。

(2)态势分析。态势分析是通过建立全面的认知图景，综合考虑各种因素，对系统当前状态做出全面、系统、深入的分析，从而预测发展趋势，支撑最优决策。常用的方法有多源数据融合分析和风险评估模型。多源数据融合分析是指整合煤矿环境参数、生产过程数据、地质资料、设备状态等多种数据来源，通过 GIS 地理信息系统等工具展现煤矿动态空间分布和时间演变特征。风险评估模型建立是基于大数据的风险评估体系，采用定性和定量相结合的方法，对煤矿的潜在风险点进行等级划分和区域分布展示，为安全管理决策提供依据。

(3)安全预判。安全预判是通过评估安全综合模型或综合指数，构建情景模拟与仿真和趋势预测模型，实现安全问题的提前预警。具体方法有情景模拟与仿真以及趋势预测模型。情景模拟与仿真结合地质条件、开采计划、设备状态等因素建立煤矿开采过程的计算机模拟模型，通过模拟不同工况下的煤矿运行情况，预判可能的安全问题和风险点。

趋势预测模型是指利用时间序列分析、自回归移动平均模型、支持向量、深度学习等方法对未来一段时间内的煤矿安全状况进行预测，如预测瓦斯涌出量的变化趋势、煤层稳定性等。

3) 应用成效

通过煤炭安全监测分析大数据应用，企业能够实现矿井内各种安全隐患的实时监测和预警，及时发现潜在的安全风险和事故隐患，减少事故的发生和损失；企业能够更加精准地进行安全监管和预防措施，提高安全监管的效率和预防能力；同时可以帮助企业更好地了解矿井内的安全状态和事故模式，为安全管理提供科学依据。

11.4.4 产业链协同

1) 应用背景

煤炭产业链涉及多个环节，包括采矿、运输、加工、销售等。传统的煤炭产业链管理往往基于经验和简单的信息传递，难以实现各环节之间的有效协同和优化。大数据技术的应用可以帮助煤炭企业实现各环节之间的实时数据共享、分析和智能决策，提高产业链的协同效率和整体竞争力。

2) 分析方法

促进煤炭产业链协同分析的方法有很多，例如信息共享与沟通技术、物联网技术、大数据分析技术、虚拟现实与增强现实技术、区块链技术等。其中区块链技术的应用正在逐渐增多，但是还没有达到普及和成熟的水平。区块链技术具有去中心化、不可篡改、可追溯等特点，能够提高数据安全性和交易可信度，适用于解决煤炭产业链中的信任问题、数据管理问题和交易纠纷问题。

应用区块链平台构建可信交易网络，促进生态间业务创新，控制交易风险。具体内容是：①优化煤炭发运管理。通过在煤炭生产、采购、化验计量、装车运输、港口装船、电厂发电全过程的数据上链应用，在产、运、销各单位间建立起跨单位可信交易，减少不必要的跟踪复验成本。②促进采购供应链协同。利用区块链技术构建完整的物流信息贯通体系，实现从发货、承运、到货、验收全流程智能化物流信息处理，需求单位、采购组织单位能够实时掌握物资到货情况，有助于合理安排生产计划和物资验收等相关工作，提高工作效率，减少管理成本。③智能结算。利用区块链的智能合约技术实现智能结算功能，改变需求单位、供应商、采购组织单位之间的结算模式，提升结算、对账的自动化程度，释放人力资源，降低管理成本，提高交易效率。

3) 应用成效

通过煤炭产业链协同大数据应用，企业能够实现各环节之间的实时数据共享和信息互通，提高产业链的协同效率和响应速度；通过数据分析和预测，企业能够更加精准地进行资源优化配置和生产计划调度，降低成本和损耗；同时，基于大数据的产业链协同分析能够帮助企业更好地了解市场需求和竞争态势，为决策者提供科学依据和战略指导。

11.5 石油大数据产品应用实践

11.5.1 石油天然气生产指挥管控大数据应用

1）应用背景

推进数字化创新是指通过大数据产品的技术创新和应用创新功能，帮助企业推进数字化创新，打造数字化石油企业。安全管理和风险控制是通过分析实时监控数据和历史数据，提前发现安全隐患和风险，及时采取措施，避免事故发生。例如，通过对石油管道的传感器数据进行实时监控和分析，可以发现管道的异常情况，并及时采取措施，避免漏油和事故发生。基于大数据，企业开发了智能化油田运营管理产品。该产品是一种应用于石油行业的大数据产品，其背景是在石油勘探和生产过程中，需要对油田的生产情况进行实时监测和分析，以优化生产管理，提高生产效率和安全性。

2）分析方法

石油天然气生产营运指挥大数据分析方法如下。

（1）数据挖掘：通过对历史油田生产数据的挖掘，建立油田的生产模型，预测油田的产量和生产状况，制定相应的生产管理策略。

（2）人工智能：通过机器学习和深度学习等技术，对油田的生产数据进行分析和处理，以实现实时监测和预测，及时调整生产管理策略，提高生产效率和安全性。

（3）实时监测：通过传感器和监测设备等实时采集油田的生产数据，对生产情况进行实时监测和分析，及时调整生产管理策略，提高生产效率和安全性。企业可提高生产效率，提高生产安全性，降低生产成本。

3）应用场景及成效

面向企业核心业务综合生产管理和专业生产管理包括油田勘探开发生产管理、原油资源调运、炼油生产管理、化工生产管理、油品销售营运等业务。完成各专业生产调度功能提升，完成总部层面各板块生产管理系统的整合集成，实现质量管理、设备运行、能耗管理等综合应用；扩大信息自动采集范围，实现综合生产营运信息反馈企业；完成生产营运预测分析、辅助决策支持功能，支撑生产营运指挥和专业生产管理，支撑各板块内和产业链的业务协同。支撑预测分析、辅助决策、可视化追踪和实时管理，实现实时监控、预测、预警、动态分析、移动访问等功能，为管理者掌握全局、发现问题、分析及决策提供全方位支持。

（1）油田勘探开发生产管理：通过与油田企业生产运行系统集成，实现油田勘探、开发、生产信息的整体共享，实现生产计划、调度、设备、能耗管理等应用，实现天然气管网动态监控，支撑油田勘探、开发、生产的日常管理、调度指挥和决策。

（2）原油资源调运：通过提升系统功能，实现油田企业、炼油企业及原油代理公司原油信息的整体集成，实现原油采购、一程油轮运输的动态跟踪，实现原油管网的实时监控，实现原油配置、采购、运输、商业储备等应用功能，支撑总部原油资源统一配置和总部一体化优化。

(3)炼油生产管理：完善提升生产计划、生产调度管理等功能，扩展能耗管理、工艺技术管理、生产预测分析、辅助决策功能，完成企业生产执行层信息系统的集成，实现板块内的信息共享，满足企业信息需求，支撑总部生产管理和指挥。

(4)化工生产管理：完善提升生产计划、生产调度管理、能耗统计等功能，扩展专业管理、生产预测分析、辅助决策功能，完成企业生产执行层信息系统的集成，实现板块内的信息共享，满足企业信息需求，支撑市场开拓、产销结合，总部生产管理和指挥。

(5)油品销售营运：建设成品油管网的实时监控，完成大区公司物流中心配送管理系统的建设，实现大区物流配送数据采集和管理功能，建成上下一体、协同操作的油品销售指挥系统。

(6)地理信息系统应用：制定分板块的地理信息应用标准，实现总部生产营运指挥应用功能，支撑企业主要生产设施、储运设施、资源分布等情况的综合展示；实现企业危险源、防护设施、应急资源分布、事故模拟等应急指挥应用功能。各板块根据自身需求统一设计、开发应用功能，支撑各企业专业应用，建立总部、企业地理信息数据共享通道，实现企业地理信息数据在总部的集成共享，支撑总部生产营运指挥应用；完成分板块的地理信息应用标准，开展企业地理信息应用试点并与总部实现信息共享；实现生产营运预测分析及辅助决策支持功能开发和应用；在主要生产企业推广实施地理信息应用并与总部实现信息共享。

现阶段中国石油集团已利用大数据技术进行了油藏智能预测、炼油工艺优化。大数据技术能够利用多尺度数据高效分析能力，大幅度提升工作效率，有助于提升地质建模和油藏工程预测精度。

11.5.2 油气田智能勘探开发大数据产品应用

1)应用背景

天然气行业勘探开发正在向勘探开发一体化方向发展，而实现这一趋势的基础就是信息一体化。通过大数据在天然气勘探开发中的应用，凭借其体量大、流转速度快等优势，有助于数据的采集、传输、存储等，并据此建立相应的数据库，实现整个天然气勘探开发的信息化、网络化、可视化。当前，大数据在天然气田勘探开发中的应用场景，主要包括盆地数值模拟、气藏数值模拟等，通过大数据技术可以助力企业管理能力提升。其中，优化运营流程是指通过大数据产品的流程优化和自动化功能，帮助企业实现运营流程的数字化、智能化和自动化管理，提高效率和效益。例如，通过对生产流程、物流流程和采购流程的优化，可以实现流程自动化和精细化管理，提高生产效率和采油率，降低成本。针对油气田勘探，企业基于大数据开发了油气勘探开发分析产品，该产品是一种应用于石油勘探和开发领域的大数据产品，其背景是在石油勘探和开发过程中，需要对油气储层的地质结构、物性参数、开发工艺等进行分析和研究，以优化勘探开发方案，提高勘探和开发效率。

2) 分析方法

油气勘探开发分析产品的分析包括三个方面。

(1) 数据挖掘：通过对历史油气勘探和开发数据的挖掘，建立油气储层的地质模型和地质结构模型，预测油气勘探和开发的成功概率。

(2) 人工智能：通过机器学习和深度学习等技术，对勘探和开发过程中的油气储层信息、工艺参数、地震数据等进行分析和处理，以优化勘探和开发方案，提高勘探和开发效率。

(3) 实时监测：通过传感器和监测设备等实时采集油气勘探和开发过程中的数据，对油气储层进行实时监测和分析，及时调整勘探和开发方案，提高勘探和开发效率。油气勘探开发分析产品的应用模式是云端服务+本地化服务的方式。云端服务是将采集的勘探和开发数据上传至云端服务器，通过云端算法进行分析和处理，并将最佳勘探和开发方案发送至勘探和开发现场进行实施。本地化服务是在勘探和开发现场设置本地化服务，通过勘探和开发设备实时监测和分析数据，及时调整勘探和开发方案。

勘探开发智能油气田大数据产品包含的技术要点如下。

(1) 企业全业务分析与建模技术。自顶向下的业务划分与分析方法能够保证对勘探开发业务的整体覆盖，满足一体化的应用需求；运用独有的业务活动描述方法（6W方法论），按业务层级描述油气勘探开发业务，完成全业务流程的分析与建模；企业全业务分析与建模技术在油气企业的应用，填补了一体化数据标准的空白。

(2) 面向对象的勘探开发一体化数据模型的设计与投影技术。通过参照与借鉴国际先进的勘探开发一体化数据模型，运用面向对象的方法进行面向对象数据模型（object-oriented development method，OODM）的设计。通过对象的继承、扩展属性保证了对数据差异性的描述，同时也保证了系统的兼容性、可扩充性；通过对象的可复用性降低了系统设计工作量；通过面向对象的程序设计的稳定性降低了系统设计风险；通过面向对象数据模型的抽象特性与对元数据的应用，保证了模型的可扩展性，使模型能够持续优化；通过面向对象数据模型的投影技术，使关系型数据库能够完整表达面向对象数据模型的关联关系和继承关系，使面向对象的数据模型设计与应用技术走向了实用。

(3) 模型驱动架构的设计与应用技术。石油天然气勘探开发技术是一项多学科综合应用的技术，也是一项不断发展的技术，新方法、新工艺不断涌现，其数据模型体系要能够满足这些业务特点；模型驱动架构应用元数据管理技术对勘探开发数据模型标准体系框架进行了描述，形成了一套规范统一、易于扩展的标准体系，能够快速满足业务需求的变化；通过模型驱动架构建立了完整的模型建设系列工具，为模型标准的快速变更、维护与发布提供支持，同时实现了零代码维护的数据服务接口自动生成，为基于数据标准体系的应用建设提供数据服务支撑。

3) 应用场景及成效

以数字地球为技术导向，结合地理空间坐标，利用相关大数据技术和智能油气田采集数据，对油气田勘探、开发、生产、集输的全生命周期展开全面感知，实现流程间的集成协同，支撑生产及安全的预警预测，促进生产效能分析及工艺优化，全面实现油气田和企业的数字化、网络化、智能化和可视化。

(1)搭建石油天然气井筒大数据挖掘。分析大量井筒的信息数据以及地质研究、地震解释等生产过程，分析井筒图形绘制的需求分析，系统化实现井筒地质图形化分析，促进油气勘探的方便快捷进行，提升勘探开采的安全性。

(2)单井评测及优化大数据应用。分析钻井、录井、测井、取心、测试和化验等各种基础资料，开展单井地质综合评测，评价单井储层，分析单井沉积，评价单井层序划分等。对单个油井进行独立经济评价，并进行方案优化，降低投资风险，辅助生产决策。

(3)油气藏预警预测大数据应用。利用大数据技术，分析油气成藏过程涉及的地质因素和作用，结合相应图件按油气生成、运移和聚集成藏的过程，分析和预测可能形成油气聚集的构造或非构造圈闭分布的地区，绘制油气成藏预测图或油气成藏过程分析图，辅助油气勘探的科学开展和有效生产。

(4)工程规划辅助大数据应用。利用大数据及可视化技术，通过开采指标预测、油气藏工程计算、分层含水预测、经济评价、决策优选评价等功能建设，辅助油气开采方案设计、工程控制措施制定，支持及时准确地开展油气藏工程设计及决策，降低开发风险，提高工程建设效率，降低投资成本。

(5)腐蚀诊断及评估大数据应用。利用大数据技术，分析石油集输管道的各类检测数据，预测管道内外腐蚀引起的穿孔泄漏，并及时预警维修，使油气泄漏由事后补救转变为事前预防，降低管道腐蚀引起的经济损失。

(6)储层油气识别。分析测井、钻井、地震资料以及构造背景所提供的信息数据，通过大数据算法，精细刻画岩溶储层的分布范围，并结合钻测井资料对岩缝洞型储层进行预测，指导油气勘探的储层油气识别，提升油气识别的合理性和准确率。

(7)油气藏智能诊断。基于油井的静态历史数据，应用大数据分析技术，结合油气藏工程专业分析手段，对各类油气藏不同生产阶段的开发水平进行跟踪评价，对存在的问题进行及时预警和诊断，使油气藏诊断和治理工作由被动转为主动，实现油气藏的智能诊断，从而实现油气田开发的“精细管理、提质增效”，保障油气田持续高效开发。

(8)安全防范及环境保护。利用文本分析、视频分析等大数据技术，全面分析生产事故历史资料，发现油气开采的各项活动与火灾、爆炸、泄漏、井喷、中毒、机械伤害、高处坠落、触电等事故的潜在关联，为各项安全生产规程、工作操作标准等的制定提供科学的数据支撑，促进中石化油气勘探与生产的安全开展，合理规避对社会环境造成污染的事故。

勘探开发数据中心建设勘探、开发、采油工程、石油工程四大决策支持系统，为盆地研究、圈闭评价、探井部署、方案设计、井网部署、措施优化、施工方案模拟、事故预警与诊断等业务的科学决策提供有力支撑。中石化对生产过程中的安全隐患进行监测和预测，提高了设备的安全性和稳定性。美孚与斯伦贝谢利用大数据技术对设备进行智能维护，实现了设备智能维护，提高了设备的可靠性和生产效率。

11.5.3 智慧管网生产运行大数据产品应用

1. 应用背景

管道是天然气和原料油链条中主要枢纽，但随时可能受到来自外部或内部的伤害，智能化管道管理系统是管道安全平稳生产、提高运营效益的有力支撑。充分利用地理信息、三维模拟、物联网、云计算、大数据分析等信息化最新技术，实现管线主干智能化、区域网络化、点点相连、点网相连、干区相连，集获取、存储、检索、分析和监控各类空间数据、属性数据、生产数据、管理数据和专家数据的综合性应用管理平台。生产运行管理通过在系统中建设多视角统一视图，将计划数据、生产信息、实时监测等数据进行整合与集成，使所有管网生产信息能够得到及时的公布，为各级决策者在管网生产过程中进行决策与指导提供有效的技术支撑。

2. 分析方法

1)地理信息云服务—虚拟化技术

从传统的独占式转变为共享服务式,开启全新面向服务的地理信息(云)共享新模式。基于 Web 服务实现地理空间数据的共享应用模式。基于 Web 服务的技术特性，地理信息云服务采用基于开放标准与技术的 Web 服务方式共享数据，不需要了解各业务应用系统的内部逻辑，形成松散耦合的共享模式，便于地理信息服务与其他业务系统的集成融合与互操作性。利用地图 Mashup(聚合)技术，把各种地图资源数据集成到系统中来，真正实现不同数据资源的融合应用，从而实现地理空间信息整合与共享。

2)三维应用场景实时渲染技术

采用地理坐标与虚拟现实坐标的转换匹配技术、多精度地景影像无缝融合技术，实现了宏观地理信息与微观精细三维设备设施模型无缝融合,实现了大场景下细节的真实、精细在线显示。

3)射频识别(RFID)技术

通过对设备和巡检点安装射频卡标签，使用手机设备读卡进行定位跟踪和获取巡检设备信息。

3. 应用场景及成效

1)综合管理的应用场景

(1)异常事件管理。通过对各类特急事件、紧急事件、一般事件的及时上报，实现异常事件发生、处置、分析、督办、结案等全闭环处理，使生产管理人员能够第一时间掌握异常事件的结案管理经验，不断提高异常处理效率，及时得以解决及规避异常隐患及潜在风险。

(2)高风险作业。通过对用火、动土、高空、起重、临时用电等高风险作业的监管，管道公司各级领导及时掌握作业进展情况，提升安全作业管理水平。

(3)管网调度仿真。包括运行优化和仿真评价。运行优化是根据输油计划,结合

SCADA 油品物性、泵及加热炉状态信息，自动生成能耗最低的运行方案；仿真评价是对优化方案进行水热力分析，评估运行风险，降低管道运行能耗，消除潜在的运行风险，提升管网调度自动化管理水平。

(4) 界面跟踪。利用智能化管线管理系统中管网组成、管道管径、里程、实时数据，根据模型计算结果(利用监控与数据采集系统的实时数据、管输量、时间、油种模拟计算的管道内存油的位置信息、物性信息)，在 GIS 上模拟跟踪展示油品界面位置，为管线运行调度和应急指挥提供参考。

(5) 水文地质气象雷电。自动获取管道位置相关的水地气雷数据，为业务用户提供集中的监控、查询、填报，即时推送管道公司各管线及其周边的气象、水文、地质、雷电预警，提升应急响应能力。

(6) 移动应用。包含综合展示、生产运行、管线监控以及已有 APP 集成 4 大类内容，以 GIS 地理信息系统为基础，构建涵盖管线运行、隐患治理、完整性管理、应急资源、巡线、巡检、阴保监控以及光缆电缆等业务的全方位的信息监控凭条。

2) 管网 3D 可视化应用场景

抽取并高度集成了智能化管线管理系统动态信息，从运销统计日完成、管道运行、输油设备管理、管道管理、隐患治理、安全管理及异常信息七个方面进行信息综合展示并支持二级页面详细信息展示。例如：三维事故模拟、爆炸危害推演、漏油环境危害推演、生态环境危害推演。

3) 管道生产运行应用场景

管道生产运行对管道的压力、温度、流量、介质中硫化氢含量等动态数据实现实时监视，实现对管线破坏(包括自然、人为)、管线泄漏等异常运行情况的报警和监视；管网运行应用场景包含生产经营计划管理、调控运行管理、运销计量管理、能源管理、投产管理、自动化与通信管理、系统接口、统计分析等，如图 11.19 所示。

4) 管道完整性应用场景

管道业务活动管理、高后果区管理、风险隐患管理使管理者可以在同一界面内查看到管道的完整信息，如管道设计、运行情况、维护历史等，极大地降低了管理难度，提高了管理效率。

5) 应急指挥应用场景

利用智能管线平台数据，融合通信平台音视频功能，应急资源自动标注和三维事故模拟，提供应急值班、应急响应、辅助决策管理，并开发相应移动端应用，完成应急事件上报、通知、进展、动态、事件处置过程中信息的采集、自动流转和信息共享，提高公司应急响应能力，实现管道的生产运行情况，包括输油/气量，设备运行状况、各类生产指标完成情况等信息的综合监视。

6) 隐患治理应用场景

隐患治理包括隐患排查、隐患整治、隐患跟踪分析。管道风险隐患进行分层分类显示，包括周边环境、腐蚀老化、第三方交叉、占压、第三方施工等；按照完整性管理评

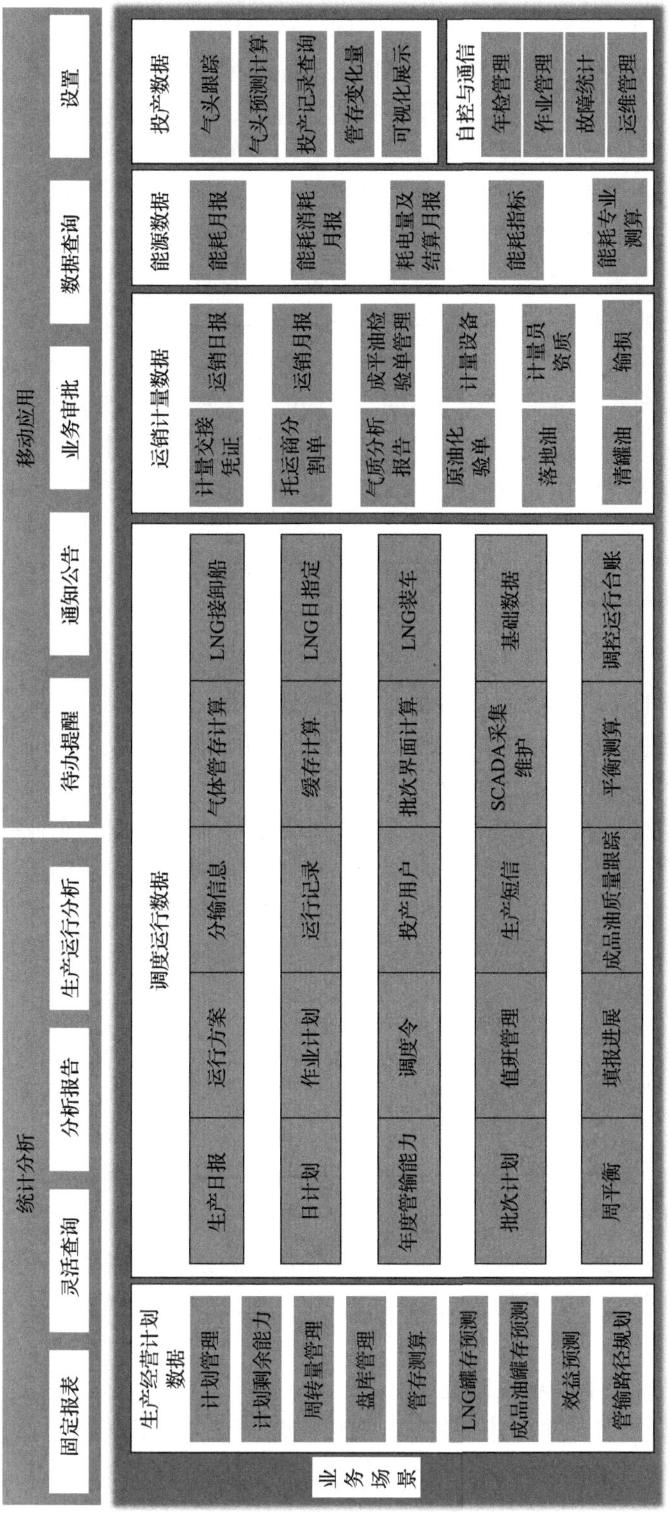

统计分析

固定报表 灵活查询 分析报告 生产运行分析

移动应用

待办提醒 通知公告 业务审批 数据查询 设置

业务场景

生产经营计划数据

计划管理
计划剩余能力
周转量管理
盘库管理
管存测算
LNG罐存预测
成品油罐存预测
效益预测
管输路径规划

调度运行数据

生产日报	运行方案	分输信息	气体管存计算	LNG接卸船
日计划	作业计划	运行记录	缓存计算	LNG日指定
年度管输能力	调度令	投产用户	批次界面计算	LNG装车
批次计划	值班管理	生产短信	SCADA采集维护	基础数据
周平衡	填报进展	成品油质量跟踪	平衡测算	调控运行台账

运销计量数据

计量交接凭证	运销日报
托运商分割单	运销月报
气质分析报告	成平油检验单管理
原油化验单	计量设备
落地油	计量员资质
清罐油	输损

能源数据

能耗月报
能耗消耗月报
耗电量及结算月报
能耗指标
能耗专业测算

投产数据

气头跟踪
气头预测计算
投产记录查询
管存变化量
可视化展示

自控与通信

年检管理
作业管理
故障统计
运维管理

图11.19 管网运行应用场景

价标准，将各类风险分为高度风险、中度风险、低度风险及未知风险，评估企业风险管控水平；风险隐患动态跟踪：对风险发现时间、认定依据、采取的措施、消除风险的过程进行全过程监管，对于发现较长但仍未采取措施的风险给予提示。

智慧管网大数据平台更有利于共享、集成、管控，可以有效降低成本，提供对相关软硬件设备的统一维护管理，及时响应各类业务用户的维护请求，并及时安排相关维护队伍及人员进行处理，避免或降低响应不及时所带来的各种损失。实现市场开发与生产执行的高效衔接。业务统一管理，以信息系统为抓手，提高生产运行管理水平。实现计划、调度、计量、能源、投产、自控与通信业务统一管理，贯通储运各业务环节，为生产运行管理提供有效支撑。与上下游生产运行有效衔接，满足客户需求，实现对生产过程监控，有利于生产协调、合理制定运行方案，提升管道生产运行管理水平。以数据分析为举措，增强生产经营决策能力。通过系统功能对生产运行管理业务数据进行分析，建立关键数据指标，开展多维度的数据分析，并以图、表等不同形式进行直观展示，实现数据的智能化分析与应用，提升了生产经营决策、合理输配的能力，为实现效益最大化提供了有利支撑。

11.5.4 石化智能炼化工厂大数据应用

1) 应用背景

随着全球经济的快速发展，石油作为主要的能源和化工原料，需求量不断增长。同时，传统的炼化行业正面临巨大的挑战，高能耗、高污染、低效率等问题日益凸显，严重制约了行业的可持续发展。为了应对这一挑战，智能炼化建设应运而生，旨在通过引入先进的技术和智能化手段，提高炼化过程的效率和环保性，增强企业的竞争力和可持续发展能力，推动行业的转型升级。智能工厂应用物联网技术，使制造过程中的各种数据源互联互通，全面提高化工企业的生产智能化，促进科学排产、统筹优化，减少大型机组故障停机维护，优化生产工艺，降低生产能耗和对环境的不良影响，促进生产成本降低与生产效率提升。

2) 分析方法

基于物联网、大数据、人工智能等先进技术，通过实时监测、数据分析和智能决策，实现炼化过程的优化和智能化。在生产过程中，通过部署各种传感器和智能化设备，收集大量的实时数据，包括温度、压力、流量、成分等。然后，利用大数据技术和分析方法，对这些数据进行处理和分析，提取出有价值的信息，为决策提供科学依据。同时，结合人工智能技术，对炼化过程进行智能预测和优化，进一步提高生产效率和环保性。通过智能化手段实现生产过程的自动化和信息化，提高生产效率和产品质量，降低能耗和污染物排放。

石化炼化工场有以下 5 项关键技术。

(1) 构建基于微服务的集中集成技术。通过构建符合微服务规范的企业集成框架，扩展实时消息通信中间件来实现与自动化层实时集成，集成工厂内、外的信息，提高信息的一致性和准确性，全面支持企业数据集中同源、应用集成互联。

(2)利用物联网技术实时跟踪生产过程。通过应用无线网、射频识别和智能仪表技术，实现生产监控、外操巡检、产品发货等信息的实时采集，全面掌握生产过程动态。

(3)利用三维建模技术创建数字化运营环境。通过建立工厂的全景空间，直观展现主要装置重点部位的设备运行、工艺状态、监控视频、技术档案等各类信息，实现立体的生产指挥与三维立体化的设备管理。

(4)利用大数据分析技术提升工业分析和预测能力。通过建立共享模型库和样本库，采用海量数据处理、智能搜索引擎和数据挖掘技术建模，支撑设备故障预测与诊断、装置运行评估及工艺指标测算。

(5)利用云计算技术建立共享云服务。通过基础服务，动态、高效地管理 IT 资源，确保系统的高可用性；通过平台服务，支撑应用的敏捷开发与动态部署；通过软件服务，向用户提供应用功能的按需使用。

3)应用场景及成效

(1)炼化一体化计划优化应用场景。炼化一体化全流程优化平台实现了计划、调度、操作的全过程优化，形成了自上而下、由下到上的协同生产新模式，如图 11.20 所示。其中，利用该平台，九江石化班组数量减少 13%，外操室数量削减 35%。

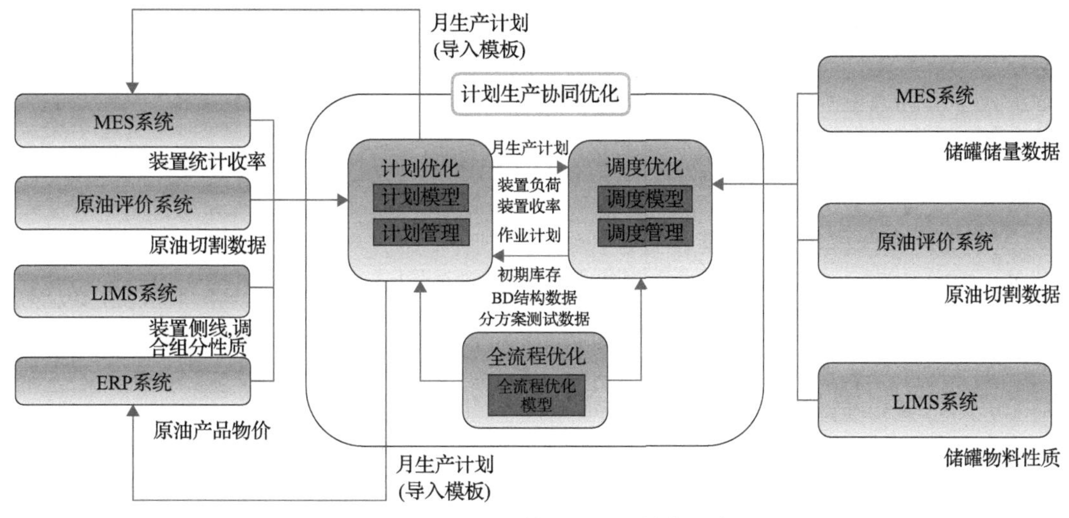

图 11.20 炼化一体化全流程优化平台

通过内、外操协同联动，企业提高了现场处置效率，操作平稳率提高 5.3%，操作合格率从 90.7%提升至 100%。燕山石化开创了“黑屏操作”新模式(生产正常状态下操控台黑屏，异常状态下屏幕高亮显示、系统自动精准警示)，降低了劳动生产强度，提高了应急响应效率。面向生产优化，实现在线优化，提高卡边操作能力，减少产品质量冗余，提高了生产质量和效率。

(2)催化炼化装置报警预警应用场景。催化裂化装置作为炼油厂生产汽、柴油的主要装置，其加工工艺最复杂、操作控制难度大，各企业均存在着装置报警占比高、运行不平稳等问题，在各类主装置非计划停工中占比最高。自 2013 年起，中石化连续三年开展

"催化裂化年"活动，重点解决催化裂化装置生产中出现的问题。因此，催化裂化装置进行大数据分析研究对提高装置运行的"安稳长满优"具有重要意义。催化裂化装置是炼化企业的主要装置，故障率比较高，等到报警以后再进行处理，肯定是准备仓促、处置效率低。如果在报警之前能掌握一定的提前量，提前知道报警的原因和处理预案，势必会提高处置的效率和质量。通过对石化企业近50套催化装置的历史数据进行标准化处理，形成了丰富的知识库，建立了报警预警模型并经过了工业验证。

(3)生产运行分析-重整装置多参数优化应用场景。企业收集重整装置近三年的实验室信息管理系统、制造执行系统、健康安全和环境管理系统、实时数据库、企业管理考核数据、腐蚀数据、信息技术控制中心、机泵监测数据、气象信息等九类数据，数据量1T以上。其中，实时数据11亿条，关系数据约1千万条，文档数据等非结构化数据约5G。通过对重整原料历史数据进行主成分聚类分析，建立分类模型，形成了典型的原料操作样本库，并据此快速确定每种原料类别下的最优操作方案。利用大数据分析发现了以往凭专家经验发现不了的报警根本原因。并在装置报警前2min进行了预警，从而验证了这个预测模型还是非常准的，给操作人员争取到了更多的响应时间，这对报警处理、避免非计划停工损失提供了很好的支撑。

(4)设备预知性维修应用场景。基于Hadoop的大数据分析平台，建立了关键设备数据分析与智能诊断系统，实时获取机组、阀门等关键设备的振动、温度、压力、流量等数据，通过故障预测分析，准确判定故障原因，自动生成检修维护计划，从而保证了设备维护更有针对性。例如对某石油炼化厂，16个振动测点定时采集数据(3～5s采集一次)，每天收集约300万条实时监测数据，利用故障预测算法进行实时预测，为准确判定故障原因、合理安排配件采购、减少检维修成本提供了支持。

(5)能源在线优化。应用能源管理在线优化技术，对锅炉、蒸汽管网、瓦斯管网等工况进行实时监测、动态优化，综合平衡全厂与局部的利益，优化给出切实可行的优化操作方案，促进了节能减排、降本增效。

通过智能炼化建设，企业提高了数据处理和分析的效率和准确性，为企业的决策提供了更加科学和准确的依据；其次能够帮助企业更好地了解市场需求、原材料供应情况以及生产过程中的问题和瓶颈，优化生产流程，提高生产效率和产品质量；同时提高了企业预测能力，帮助企业提前预测市场变化和趋势，提前调整生产和销售策略。

11.5.5 石化工程服务大数据分析

1)应用背景

建立炼化工程工期进度控制模型，结合工程进度相关的结构化和非结构化数据，收集导致工程延期的原因集合，如事故、资金短缺、施工监管不当、雨雪、天气炎热、地质变化等，通过因素相关性分析，对工期延误原因进行挖掘模拟，得到工期延误因素的关联性和因果结构。通过数据挖掘对工程进度权重属性进行特征归纳，将项目进度数据化，获得子项目中的汇总权重，结合关联算法，对工程进度进行准确估计和管理。

整合工程资金、供应商、工程计划、施工基础等数据，建立工期进度控制体系，保证工期进度有效推进。整合工程物资、成本核算、质量控制、工程进度、工程资金等数据，建立工程质量控制体系，避免质量返工、质量控制不当等问题。

2) 分析方法

利用大数据分析手段，横向贯通项目前期市场、设计管理、工程招标、执行过程、物资采购、交付运维、跟踪服务等不同阶段的数据，实现针对工程项目全生命周期的综合分析，为决策及管理提供科学依据及方案建议，降低决策执行风险，提升工程建设的经济效益。

(1) 结合工程大数据应用技术，积淀过程经验与知识，形成中石化工程建设领域的知识库，实现各专业平台间数据的高效互联，打造中石化一体化的工程项目数字化平台，实现工程数字化交付的统一管理，为工程项目全生命周期的全数据管理提供支撑。

(2) 引入外部数据，内外结合分析，开展工程项目多维度预测分析。分析层内容包括：①市场分析，全面分析工程市场情报、技术动态、融资情况、代理资源；②能力分析，全面分析市场同类竞争对手能力，最新施工技术能力；③资源分析，分析我方各项综合资源，包括采购资源、人力资源、设备资源等；④风险分析，从大数据层面分析各类风险因素，如索赔条款，客户信用认证等；⑤效率分析，分析内部工作效率分析，包括各内部单位施工计划、施工方案、施工方法对比，优化效率提升工程项目管理。

(3) 利用大数据和人工智能，辅助决策层选定最优投资组合，实现从确定立项、总体设计、智能勘察、建设施工等全过程智能辅助，建立人机深度合作的工程项目建设管理模式。

3) 应用场景及成效

通过全面集成相关数据，实现项目事前试算盈亏、供应商智能推荐、计划精准监控，构建行业知识库，实现行业对标分析，优化企业管控运营。

基于石油工程大数据，全面集成企业资源计划、财务预算、客户关系管理、井筒、地面建设、物探、海洋等专业数据，实现生产经营一体化综合分析。利用大数据分析，实现项目的事前试算盈亏。识别相同类别的项目物资的使用质量，实现供应商智能推荐。测算相同类别的项目，提前制订人力计划、项目计划，做到精准监控。收集外部相关行业运营数据，构建行业知识库，实现行业对标分析，优化公司管控运营。

11.6　燃气大数据产品应用实践

11.6.1　燃气负荷预测技术

1) 应用背景

随着新型能源体系建设，燃气上游企业(中石化、中石油、中海油)对准确用气量计划上报的要求日趋严格。天然气购销合同中对于年合同量及各月度合同量有具体的计划用量要求，规定了日用气量的最大日量和最小日量，并进行偏差罚则。例如，某燃气集团月用气量未达到当月最小气量(约当月合同气量的95%)，需要支付气量差值部分30%的气款。

同时，存在储气设施不足，冬季调峰保供压力大的问题。日常调峰主要依赖于 LNG 储罐、球罐等储气设施及高压管网管存。而我国天然气冬夏用气需求差异明显，供气不足时可中断用户较少，导致供暖季天然气调峰保供压力大。

上述因素要求对城市天然气负荷进行准确预测。通过构建城市燃气负荷预测体系，实现“预测精准、信息一致、应用便捷”的城市天然气采销负荷预测，为适应未来天然气市场竞争打好基础。推动城市燃气预测以用能为中心的企业服务，向需求侧管理转变；从专家经验向科学预测的升级转型，提升预测精度，实现采销一体化管理，如图 11.21 所示。

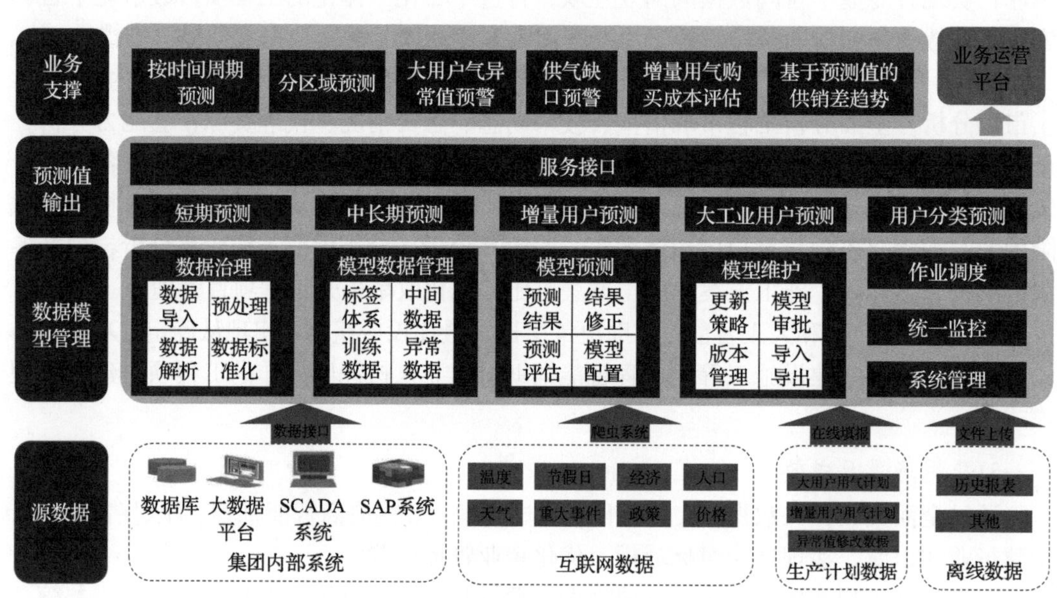

图 11.21　城市燃气负荷预测总体框架

2) 分析方法

在算法不断成熟与新技术快速发展的背景下，人工智能技术应用呈现多样化、场景化、普及化的趋势。通过将人工智能与实际业务进行有效的结合，构建预测算法体系，标准化实现城市燃气负荷预测，如图 11.22 所示。

通过梳理业务场景、识别用气规律，总结形成长、短周期下居民采暖、工业用气、车用等多维度模型组合方法。依据气象、事件等因素，分析相关决策因素，并对过去和未来的负荷进行合理处理，形成一套完善的处理方法。

特征库：特征库主要包括城市燃气预测各种影响因素的量化信息，特征的有效性、完整性、准确性是预测性工作的基础与核心。

模型库：模型库是城市燃气预测不同维度、不同场景的模型集合，是新型预测性工作知识的积累和沉淀。

规则库：规则库在某种意义上来说是预测性工作的主体方法，是历史工作经验中积累的精华，与模型算法配合形成预测结果。

城市燃气负荷预测流程如图 11.23 所示。

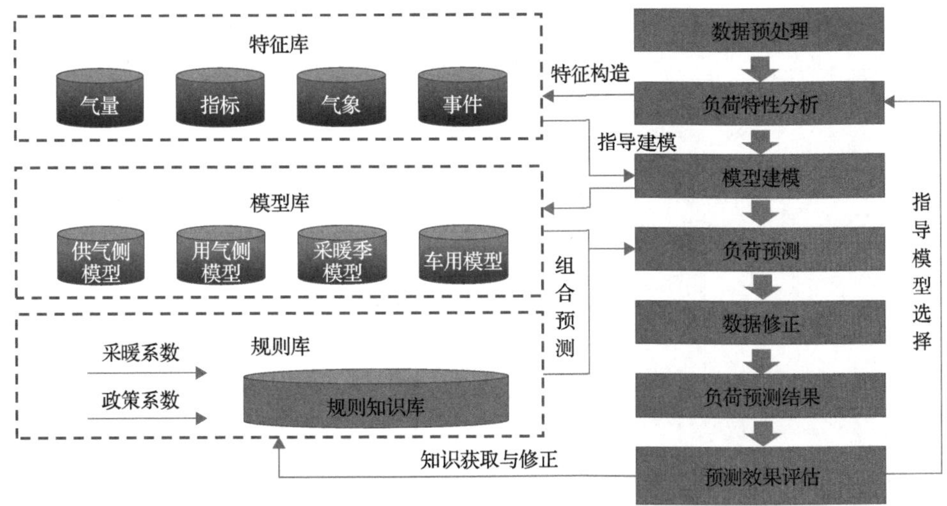

图 11.22 基于 AI 算法的预测模型实现

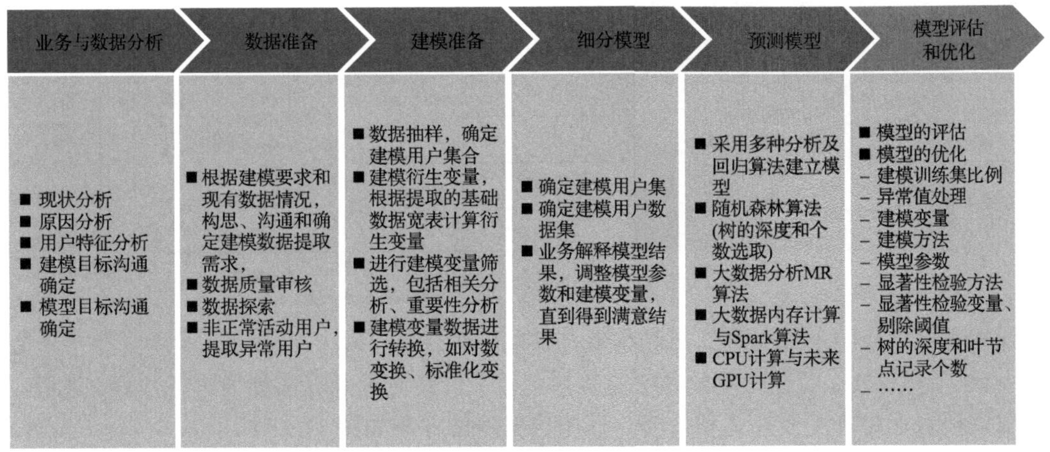

图 11.23 城市燃气负荷预测流程图

(1)数据收集。从企业内部收集门站管道、用户不同类型的用气量数据，如图 11.24 所示。

根据内部数据建模需求，从外部收集不同时间粒度的气象、节假日、社会统计指标等数据，如图 11.25 所示。

(2)用气影响因素特征识别。通过对城市燃气数据进行初步探索，可以分析影响用气量因素的相关性系数和变量重要性，利用相关性系数组合分析获取衍生变量，为短期和长期预测建模奠定基础。主要包括：①深入销售系统，细化用户用气性质，探究用户分类，抽取分类用户用气数据。②依据分类用户用气数据，探究发现用户自身用气相关规律及其与影响因素之间的内在联系。③依据用户用气相关数据，探究不同种类用户间用气是否存在相关性。

(3)预测场景细化。基于当前经营需求，开展智慧调度运营，预测场景细化，如图 11.26 所示。一方面切实服务于短期经营目标，另一方面支撑气源结构优化、生态创新等战略

<table>
<tr><th colspan="2">类别</th><th>需求表单(包括但不限于)</th><th>时间粒度</th><th>时间周期</th><th>数据用途</th></tr>
<tr><td rowspan="16">企业内部数据</td><td rowspan="5">门站管道</td><td>二级调压站</td><td rowspan="5">小时</td><td rowspan="5">5年以上</td><td rowspan="5">小时级建模</td></tr>
<tr><td>次高压管道</td></tr>
<tr><td>母站</td></tr>
<tr><td>管网结构数据</td></tr>
<tr><td>储备站数据</td></tr>
<tr><td rowspan="5">按用户分类用气量数据</td><td>民用户</td><td rowspan="5">日</td><td rowspan="5">5年以上</td><td rowspan="5">日级建模</td></tr>
<tr><td>CNG加气</td></tr>
<tr><td>CNG配送</td></tr>
<tr><td>LNG加气</td></tr>
<tr><td>LNG加气</td></tr>
<tr><td rowspan="6">按用户分类月度数据</td><td>民用户</td><td rowspan="6">月</td><td rowspan="6">5年以上</td><td rowspan="6">月级建模</td></tr>
<tr><td>工业用户</td></tr>
<tr><td>商业用户</td></tr>
<tr><td>电厂</td></tr>
<tr><td>供热厂</td></tr>
<tr><td>公福用户</td></tr>
</table>

图 11.24　企业内部数据明细图

目标达成，为适应未来天然气市场竞争打好基础。

(4)预测算法。负荷预测的核心是算法建模，借助先进的算法能力进行预测，尤其在短周期预测上具有极大意义和价值。具体数据建模方案如图 11.27 所示。

3)应用成效

利用大数据分析方法，分析并制定城市燃气集团“基准年”用气量。基准年分析包括基准年度选取原则、年度分月用气量、分月特征影响因素及量化逻辑。“基准年”可作为未来年度用气量预测、年度合同计划编制依据通过年度发展计划、分月影响因素等在“基准年”用气量上进行合理增减。年用气受季节、温度、政策、居民生活习惯等影响，因此将对基准年进行分类处理，再通过不同分类下各月用气结合相应特征进行详细分析。

(1)建立用气预测体系。建立下游用户数据库，对用气数据特别是远传表数据进行充分挖掘。提取关键影响因素，用机器学习感知用户行为，建立用户分类模型。建立负荷预测模型，实现多维度、高精度、可解释的区域负荷分析、预测。

(2)上游资源调配分析。分析上游资源供应企业供应概况以及城市燃气公司多种气源配置下的调配管理方式，分析国家管网成立调度与运营机制，对可供气源、输送通道的影响及策略，制定不同时间节点下城市燃气集团气源采购和供应方案。

类别	需求表单(包括但不限于)	时间粒度	时间周期	数据用途
外部数据	小时级别供气量	小时	5年以上	小时级建模
	小时级气温			
	小时级气压			
	小时级湿度			
	天气类型			
	小时级风速			
	空气质量	日	5年以上	日级预测、模型修正
	小时级别供气量			
	小时级气温			
	小时级气压			
	小时级湿度、			
	天气类型			
	小时级风速			
	空气质量			
	节假日			
	第一、二、三产业增加值	月、年	5年以上	月、年级建模、参考材料
	居民消费价格			
	人口			
	重点用户用气特征数据			

图 11.25 企业外部数据明细图

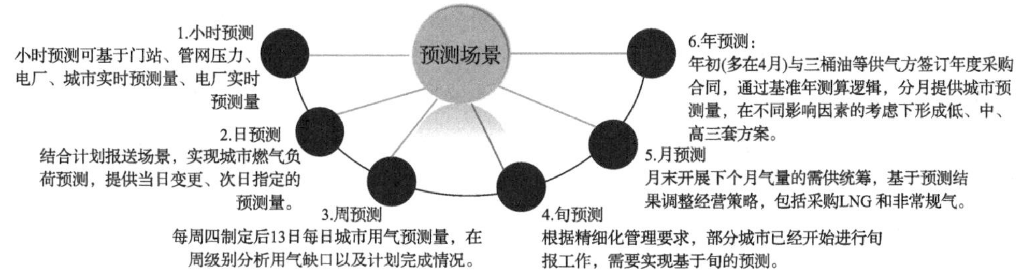

图 11.26 预测场景细化方法图

(3)优化计划管理体系。对集团现有气源调度、需求侧管理、计划管理等流程进行优化。分析购入端和销售端数据质量及整体情况，建立用气预测数据标准化体系。实现需求预测、气源调配等功能，为日常计划管理提供平台支撑。

11.6.2 气藏数值模拟技术

1)应用背景

天然气勘探开发正在向勘探开发一体化方向发展，而实现这一趋势的基础就是信息一体化。通过大数据在天然气勘探开发中的应用，凭借其体量大、流转速度快等优势，有助于数据的采集、传输、存储等，并据此建立相应的数据库，实现整个天然气勘探开

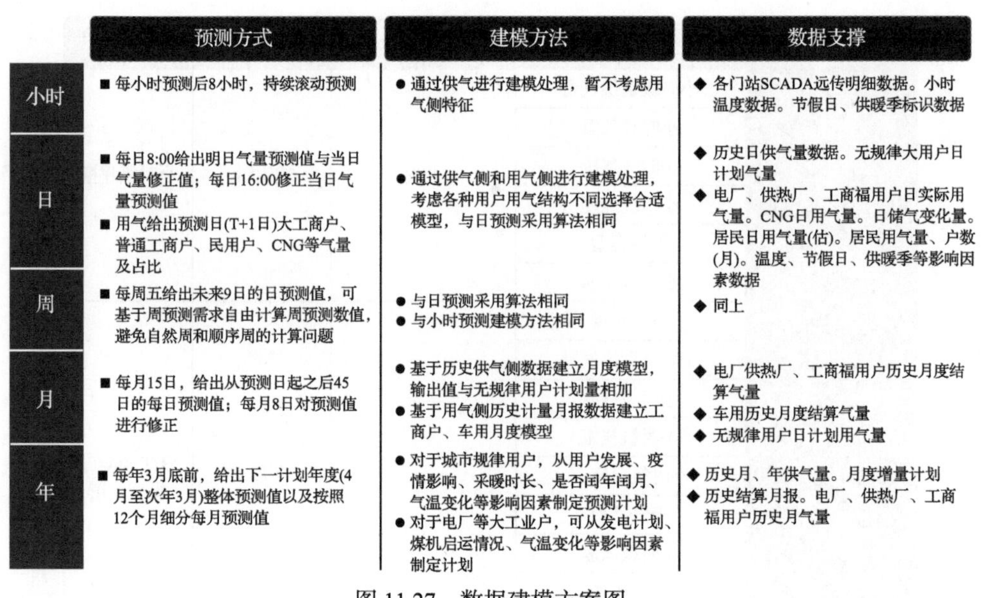

	预测方式	建模方法	数据支撑
小时	■ 每小时预测后8小时，持续滚动预测	● 通过供气进行建模处理，暂不考虑用气侧特征	◆ 各门站SCADA远传明细数据。小时温度数据。节假日、供暖季标识数据
日	■ 每日8:00给出明日气量预测值与当日气量修正值；每日16:00修正当日气量预测值 ■ 用气给出预测日(T+1日)大工商户、普通工商户、民用户、CNG等气量及占比	● 通过供气侧和用气侧进行建模处理，考虑各种用户用气结构不同选择合适模型，与日预测采用算法相同	◆ 历史日供气量数据。无规律大用户日计划气量 ◆ 电厂、供热厂、工商福用户日实际用气量。CNG日用气量。日储气变化量。居民日用气量(估)。居民用气量、户数(月)。温度、节假日、供暖季等影响因素数据
周	■ 每周五给出未来9日的日预测值，可基于周预测需求自由计算周预测数值，避免自然周和顺序周的计算问题	● 与日预测采用算法相同 ● 与小时预测建模方法相同	◆ 同上
月	■ 每月15日，给出从预测日起之后45日的每日预测值；每月8日对预测值进行修正	● 基于历史供气侧数据建立月度模型，输出值与无规律用户计划量相加 ● 基于用气侧历史计量月报数据建立工商户、车用月度模型	◆ 电厂供热厂、工商福用户历史月度结算气量 ◆ 车用历史月度结算气量 ◆ 无规律用户日计划用气量
年	■ 每年3月底前，给出下一计划年度(4月至次年3月)整体预测值以及按照12个月细分每月预测值	● 对于城市规律用户，从用户发展、疫情影响、采暖时长、是否闰年闰月、气温变化等影响因素制定预测计划 ● 对于电厂等大工业户，可从发电计划、煤机启运情况、气温变化等影响因素制定计划	◆ 历史月、年供气量。月度增量计划 ◆ 历史结算月报。电厂、供热厂、工商福用户历史月气量

图 11.27　数据建模方案图

发的信息化、网络化、可视化。当前，在天然气田勘探开发中，大数据的应用场景主要包括盆地数值模拟、气藏数值模拟等。

2) 分析方法

气藏数值模拟的核心原理是通过建立基于真实地质情况和实际工程数据的数学模型，对气藏内部流体状态，如压力、温度、相态变化、流量、相对渗透率、孔隙度、渗透率等进行数值模拟，以实现气藏储量、构成、分布、产量和生命周期等方面的科学预测。

油气藏数值模拟主要包括有限差分法、有限元法、特征线法、边界元法等。

(1) 有限差分法是目前应用最广泛的油气藏数值模拟方法。它是以石油、天然气藏中流体的物理、化学性质和地质结构参数作为输入条件，以压力和流量作为输出条件，利用有限差分法的离散化方法，通过一系列数值计算，求解偏微分方程组，得到油气藏中流体的压力、温度、相态、饱和度等变化情况。

(2) 有限元法是建立在有限元方法的基础上，对油气藏动态流体作用现象进行分析模拟的一种数值方法。它通过划分石油、天然气藏结构，将各区域的流体性质和物理参数进行离散化，建立控制方程和状态方程，运用有限元法，求解得到流体的压力、温度、饱和度等参数的变化情况。

(3) 特征线法是另一种经典的数值模拟法，是近年来研究的热点，主要利用特征将控制方程划分成小的模块，再利用离散化，模拟油气藏中流体的运移过程和渗流行为，从而预测油藏的采出率、储量及油藏中水位的变化等。

(4) 边界元法是一种新近发展起来的数值模拟方法。它采用边界曲线上已知条件为基础，按照边界曲线对空间进行离散化，再将控制方程离散化，通过计算出边界及场量边界上的全部自由度来获得场量分布，从而求解压力、温度、流量等参数。

3) 应用成效

通过油气藏数值模拟技术，在真实油气藏基础上建立模拟油藏模型，预测油气藏的开采量和工艺参数，为油气藏开发决策提供理论依据。主要应用海洋油气藏、陆相油气藏及顶层气藏开发工艺，研判修复、注水开采、水驱、气驱、吸附驱和其他常规油藏如何开采实现最优效益。并针对现有油气藏生产水平，评估油气储量，有效地指导一级储量、二级储量和三级储量的勘探工作。

以四川盆地的气田为例，在勘探开发的过程中，通过气藏模拟系统后，为其开发和勘探提供了可视化的依据，在很大程度上提高了天然气的开采率。充分发挥气藏数值模拟技术的优势，能够大幅度提高气田的开采效益和经济收益，同时也为油气储运公司提供解决方案，更好地为社会各行各业提供便捷的工业装备和技术服务。

11.6.3　天然气管网输配气量优化

1) 应用背景

天然气销售企业掌握着广泛的管网数据，有效利用大数据技术，不仅能够实现天然气销售的精细化管理，为用户提供更好的能源服务，还可以通过大数据分析技术，对管网运行和管输流向进行优化，挖掘高端市场和高价值用户，拓展天然气消费市场外延，为用户提供更好的能源服务方案。同时，合理利用大数据技术可降低企业运维成本，智能化调节供需平衡，为用户提供更好的用能体验和全方位的用能服务，进一步提升企业的精细化管理水平，实现天然气销售业务的创新发展，为企业创造更大的发展空间。

天然气管输量与管输方向的优化对管网调度起着举足轻重的作用，其优化结果的精确程度直接关系到管网运行的经济性、可靠性和安全性，同时能够智能化监控设备运行情况，为设备科学检修提供依据。但由于天然气管网的水力约束、压力约束均为非线性约束，且天然气管网运行具有较高的不确定性，建模求解困难，未来大数据技术将在该领域发挥重大作用。

天然气管网系统管理部门为了明确天然气管网的输气能力和提高天然气管网的利用率，需要对天然气管网系统的输配气量进行优化。为此，以天然气管网系统的最大流量为目标函数，同时考虑了管道强度、节点压力和流量限制等约束条件，建立了天然气管网输配气量优化的数学模型。

2) 分析方法

(1) 功能提取与模型简化。在建立天然气管网输量规划优化模型前，要根据模型功能需求，分解管网系统组成，进行数学简化和抽象。通过访问物理模型各节点号，可遍历所有组件，实现“一张网”系统分析。协调天然气管网的上载量、输送量和下载量过程可转化为求解确定物理模型各组件气量的过程。

(2) 优化目标确定与条件参数的处理。在天然气管网运行优化中，有多种优化目标设定方法，包括效益最大、成本最低、能耗最低等。天然气管网输配气量优化模型重点服务于天然气管网规划层面。为满足“全国一张网”要求，降低用户用气成本，优化目标选择为年度周期内供应和管输环节总成本最低，约束条件主要考虑天然气管输过程中的质量守恒和实际生产条件对优化的限制，涉及参数包括输入和输出两类：输入参数包括拓扑参数、能力参数、成本参数及资源分输参数；输出参数包括基础参数和拓展参数。

3）应用成效

天然气管网输量规划优化模型，以天然气供应和管输环节总成本最低为目标，在满足资源上载、分输下载、管道、液化天然气接收站和储气库等多种约束条件下，优化确定各管道输量。并以服务于国家层面天然气管网规划为例，建立了基于"全国一张网"的天然气管网输量规划优化模型。通过该模型，实现了天然气管网流向优化、天然气管网堵点分析、规划管道建设时序优化等功能，工作效率大幅提升，为天然气管网流向的多情景分析、多方案比选创造了条件，增强了规划方案的适应性和科学性，取得了较好应用效果。

11.6.4　锅炉采暖用户用气分析

1）应用背景

锅炉采暖用户用气分析大致有两方面的难点。

（1）用户用气情况复杂且多样化。不同单位的用气规律不同，且正常用户的行为波动也可能存在异常。

（2）数据高度不平衡且已知的标签数据小。只有部分用户存在偷盗气行为，且已核实的偷漏气用户数量更低，监督学习方法不适用。为解决上述问题，通过对锅炉房用户用气数据、锅炉房用户属性数据和气温数据等进行分析挖掘，提出了一种基于数据驱动的锅炉房偷盗气实时监测方法，主要包括 3 个模块：基于数据预处理的快速检测、基于温度形变的正常用气检测、基于单类支持向量机（OC-SVM）的偷盗气检测，具体如图 11.28 所示。

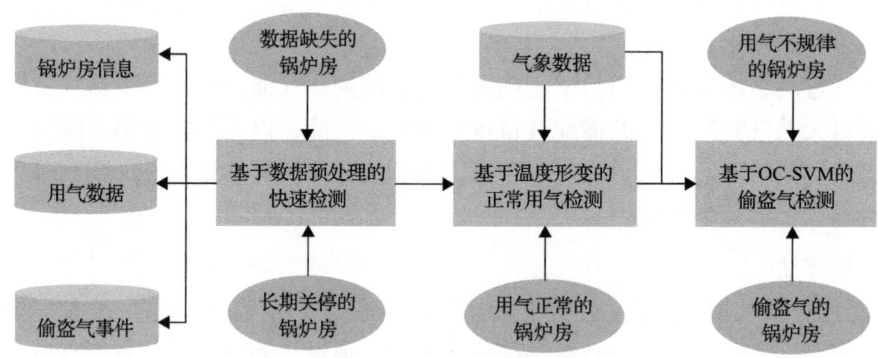

图 11.28　锅炉房偷盗气检测模型框架图

2）分析方法

（1）基于数据预处理的快速检测。在具体数据的层面上，剔除各个锅炉房不符合客观常识的错误用气数据；在锅炉房用户的层面上，剔除数据缺失严重或零值严重的锅炉房。从而得到高质量、可分析性强的数据，同时完成对锅炉房用户用气异常的快速初步检测。

(2)基于温度形变的正常用气检测。正常用气锅炉房的日用气量整体走势与日均气温变化趋势的相反数呈高度正相关，据此提出基于温度形变分析的正常用气检测算法，该算法可以检测出无异常用气行为的正常锅炉房，使下一个模块只需分析剩余的、有异常用气行为的锅炉房，如图 11.29 所示。

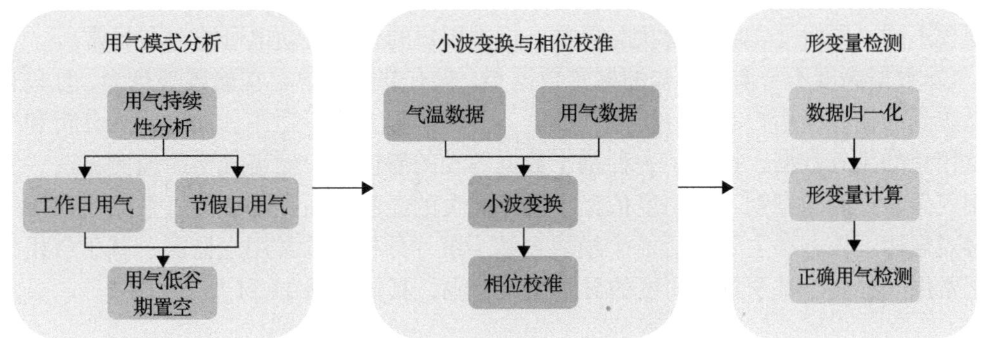

图 11.29　基于温度形变的正常用气检测方法

(3)基于单类支持向量机的偷盗气检测。从多源数据中抽取多种不同类别的特征并加以融合，多种角度刻画锅炉房用户的用气特征；将正常用气锅炉房的特征作为正样本训练单类支持向量机(one class-support vector machine，OC-SVM)模型，进而求出区分正常用气锅炉房和偷盗气锅炉房的最紧凑决策边界；同通过调节温度形变的正常判断阈值，可使用于训练的正样本带有适当的噪声(在正常用气的基础上带有一定的用气波动，也被检测为正常用气锅炉房)，从而使 OC-SVM 的正样本决策边界对细微波动有一定的包容性，优化 OC-SVM 的检测性能。综上，使用 OC-SVM 进行偷盗气检测，对于经由温度形变检测出的异常用气锅炉房，进一步从中区分出偷盗气的锅炉房和用气不规律的锅炉房，如图 11.30 所示。

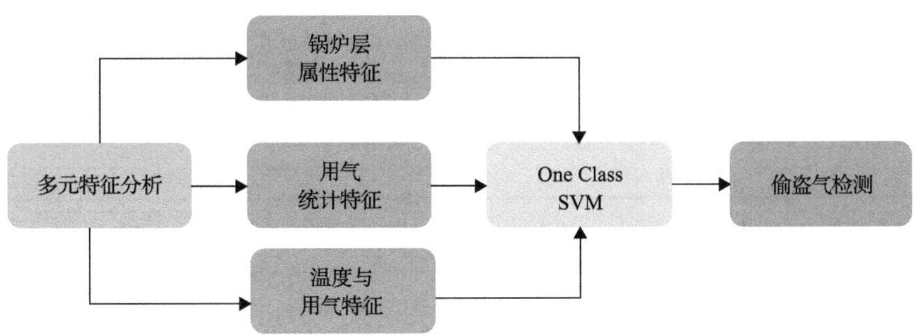

图 11.30　基于单类支持向量机的偷盗气检测

3)应用成效

应用该实时监测方法使用户用气异常行为的判别不再高度依赖于业务人员的经验，而是基于通过数据挖掘所得出的客观规律。

11.6.5　公服营业餐饮用户用气分析

1) 应用背景

公服营业餐饮用户用气分析大致有两方面的难点。

(1) 公服营业餐饮用户的经营种类繁多，用气模式多样。不同餐饮店的用气时段、用气规模不同；同时受实际经营状况影响，正常用户的行为波动也可能存在异常。

(2) 数据高度不平衡且已知的标签数据小。只有部分用户存在偷盗气行为，且只有少量已查到的偷漏气用户有可分析用气数据，监督学习方法不适用。通过深入分析和挖掘餐饮用户的用气数据，提出了一种基于数据驱动的餐饮用户偷盗气实时监测方法，使用户用气异常行为的判别不再高度依赖于业务人员的经验，而是基于通过数据挖掘所得出的客观规律。该方法主要包括 3 个模块：基于统计分析的异常用气监测、基于自相关性的正常用气检测、基于日偏离度的异常用气检测，具体如图 11.31 所示。

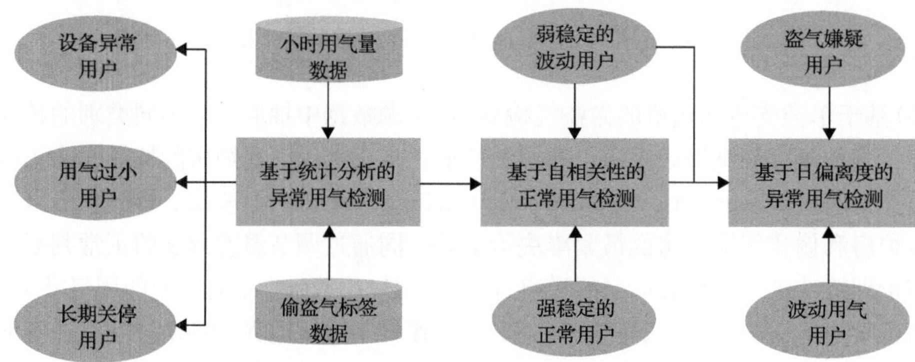

图 11.31　餐饮用户偷盗气检测模型框架图

2) 分析方法

(1) 基于统计分析的异常用气监测。在具体数据的层面上，剔除各个餐饮用户不符合实际情况的错误用气数据；在餐饮用户的层面上，剔除数据缺失、用气过小或长期关停的餐饮用户。从而得到高质量、可分析性强的数据，同时完成对餐饮用户用气异常的快速初步检测。

(2) 基于自相关性的正常用气检测。餐饮用户的小时用气量呈现出明显的周期性和整体稳定性，据此提出基于自相关性分析的正常用气检测算法，该算法可以将无异常用气行为的、强稳定的正常餐饮用户检测出来，使下一个模块只需进一步分析剩余的有异常用气行为的、弱稳定的波动餐饮用户。从而可在不损失分析准确度的前提下，缩小后续建模分析的范围，并降低其复杂性。

(3) 基于日偏离度的异常用气检测。由于偷盗气的餐饮用户和用气不规律的餐饮用户的用气行为均存在一定的异常波动，所以其小时用气日周期自相关系数低于阈值，同属于弱稳定用户。为了区分出偷盗气的餐饮用户，使用基于日偏离度的异常用气检测方法，逐天评估弱稳定餐饮用户的用气行为，进行更精准的检测，从弱稳定用户中进一步细筛出偷盗气的餐饮用户。

3）应用成效

用户用气分析可准确反映锅炉采暖用户及公服餐饮用户用气情况，为打击偷盗气及燃气安全隐患排查业务提供了新的思路与视角，为一线业务人员日常巡检任务提供了数据支持，减少了燃气安全隐患发生的可能性，确保公共用气安全。

11.7　本 章 小 结

能源大数据理念是将电力、煤炭、石油、燃气等能源领域数据及人口、地理、气象等其他领域数据进行综合采集、处理、分析与应用的相关技术与思想。能源大数据产品的快速发展，不仅表明了大数据技术在能源领域的深入应用，也代表了能源生产、消费及相关技术革命与大数据理念的深度融合，将加速推进能源产业发展及商业模式创新。本章首先阐述了能源大数据产品的概念和分类，分析了能源大数据产品应用现状；其次，提出了能源大数据产品体系，总结了能源大数据产品构建方法和运营模式；最后，分析了电力大数据产品应用实践、煤炭大数据产品应用实践、石油大数据产品应用实践与燃气大数据产品应用实践，深化对能源大数据产品应用理论的认识，为能源行业高质量发展赋能。

参 考 文 献

[1] 张引, 陈敏, 廖小飞. 大数据应用的现状与展望[J]. 计算机研究与发展, 2013, 50(S2): 216-233.
[2] 孟小峰, 慈祥. 大数据管理: 概念、技术与挑战[J]. 计算机研究与发展, 2013, 50(1): 146-169.
[3] 付洪岩. 基于多源数据集成的数据产品定制化设计与应用研究[D]. 沈阳: 东北大学. 2019.
[4] 张东霞, 苗新, 刘丽平, 等. 智能电网大数据技术发展研究[J]. 中国电机工程学报, 2015, 35(1): 2-12.
[5] 彭小圣, 邓迪元, 程时杰, 等. 面向智能电网应用的电力大数据关键技术[J]. 中国电机工程学报, 2015, 35(3): 503-511.
[6] 高富平, 冉高苒. 数据要素市场形成论——一种数据要素治理的机制框架[J]. 上海经济研究. 2022, 9:70-86.
[7] 高富平. 数据生产理论——数据资源权利配置的基础理论[J]. 交大法学, 2019(4): 5-19.
[8] 王小辉, 陈岸青, 李金湖, 等. 基于能源大数据中心的数据商业运营模式研究[J]. 供用电, 2021, 38(4): 37-42.
[9] 王继业. 我国电力消费指数的构建研究[J]. 中国统计, 2021(6): 75-77.
[10] 赵莹莹, 钟彬, 田英杰, 等. 基于电力大数据的城市数字化发展指数体系构建[J]. 电力大数据, 2023, 26(6): 89-96.
[11] 李昌卉, 陈之凯. 能源互联网与电力大数据技术的应用[J]. 电子技术, 2023, 52(9): 272-273.
[12] 田英杰, 赵莹莹, 苏运, 等. 电力大数据用于企业征信的适用性探讨和商业模式分析[J]. 电力与能源, 2021, 42(4): 381-385.

[illegible]

11.7 本章小结

[illegible]

参考文献

[illegible]

第五篇 展 望 篇

第12章 未 来 展 望

能源大数据作为深度融合能源、数字基础性战略资源的新型生产要素，创新融合数字技术与能源技术，深度激发能源大数据在各领域的叠加、倍增、放大效应，已成为全社会全行业不可忽视的重要战略选择。能源大数据将在打开全球能源新格局、发挥能源主战场数据优势、支撑政府科学治碳、服务工业绿色发展、研发能源数据应用产品以及支撑能源行业数字化转型等方面均发挥着重要作用。

本书对能源大数据总体框架、数据模型、关键技术、要素市场、典型应用等方面进行了系统性梳理和综合性阐述，在此基础上，本章结合最新的社会形势、政策趋势、技术创新等方面的发展情况，对能源大数据未来发展的价值空间、风险挑战、新技术应用与发展趋势进行了深度剖析和系统解读，并针对能源企业、科技企业、政府部门及其他市场主体分别提出了下一步发展建议。

12.1 能源大数据的价值空间

能源大数据已经迈入了价值开发利用的新阶段，未来将以能源系统为核心，在其与数字系统、经济系统等交叉叠加区域，爆发出巨大的价值挖掘与增值潜力。

12.1.1 能源大数据与其他生产要素耦合互动将催生全新价值空间

党的十九届四中全会首次将数据纳入生产要素，提出了要健全数据等生产要素由市场评价贡献、按贡献决定报酬的机制。数据应用已经渗透到了经济社会各个领域，数据资源成为数字经济时代核心生产要素。能源大数据作为要素中的要素，是一种影响甚至颠覆其他生产要素的存在与利用形式[1]。能源大数据的要素价值率先发挥，可以帮助优化各行业生产用能，提升生产效率，增强能源供应稳定性，支持能源投资决策，推动新能源开发和利用。这将进一步释放能源生产力，促进经济社会的可持续发展。

能源大数据将发挥能源与数据两类基础性战略资源的广覆盖与强渗透优势，并与其他生产要素紧密耦合，催生全新的价值空间。能源数据与技术结合，可以提升能源利用效率，降低能源消耗，推动能源智能化、数字化转型，加速清洁能源的研发和应用，从而推动能源结构的优化和升级[2]。

12.1.2 能源大数据在赋能能源转型中的作用将越来越大

能源大数据的应用能够加大不同专业协同力度，持续推动流程贯通与运营管理能力提升，实现高效的能源管理，推动清洁能源的发展和应用，优化能源消耗结构，减少碳排放。

(1)能源大数据在实现源网荷储间的实时协同互动中发挥重大作用。

进一步深度嵌入能源产供储销全环节，持续增强各环节互通协作与灵活运行水平。以电网为例，能源大数据在电网规划设计、生产运行与风险监测三大方面的典型应用包括：配网规划辅助分析、电网发展管理及新能源业务分析、施工安全风险预测。其中，配网规划辅助分析通过对电网问题多维度精准诊断，定位配电网运行薄弱点和投资需求点，为配电网规划及建设投资提供辅助决策依据；电网发展管理及新能源业务分析提取线损异常特征及分组归类，精准定位线损问题成因，分析新能源场站出力特性和消纳情况，为新能源规划、消纳评估等提供决策支撑；施工安全风险预测分析识别现场安全管控的薄弱环节，对可能存在的安全风险进行分析预判，便于工程现场提前组织开展相应的预防措施，提高工程现场的防灾避险能力。

(2)能源大数据有效提升企业智慧运营，精益管理水平。

与企业管理运营深度融合，并外延支撑产业链供应链智慧运营。企业自身管理效能提升主要体现在多维精益管理分析、设备精益运维分析等方面[3]，其中多维精益管理从设备运检、营销服务、项目投入产出等方面进行数据洞察和价值评价，细分经营单元开展价值贡献评价，服务提质增效和精准考核；设备精益运维分析挖掘不同厂家、不同年代、不同类型设备缺陷异常规律，优化完善设备技术标准和运维策略。对外助力智慧供应链重点业务运营分析、智慧供应链重点业务运营分析挖掘采购规律与特点，优化采购实施进度安排，开展产品质量、供应商信用、资质能力、供货服务等多维评价应用，提升设备采购质效。

(3)能源大数据在推进数字化绿色化协同发展中发挥重要作用。

精准洞察客户用能模式，超前预测客户用能需求，助力颠覆能源供销模式。例如，用户体验及营商环境分析方面，深度挖掘客户诉求，识别服务薄弱环节，提出客户服务优化建议，从“便利性、及时性、经济性、可靠性”等维度，分析区域能源营商环境，促进办电服务水平提升；客户用电行为异常分析及预警方面，构建用电客户画像，关注客户用电规律，发现违约用电、窃电、电价执行偏差等异常行为，评估客户信用等级，防范电费回收风险。

(4)能源大数据广泛连接多元场景多类型主体交互下的跨品种能源供应与需求，促进兼顾能效与成本的综合能源服务发展。

深化清洁能源替代、源网荷储友好互动、能效提升等大数据分析应用，促进全社会用能效率提升；开展不同行业客户负荷特性、接电收益分析，应用计量设备故障运维及抢修智能派单、电费智能核算、台区综合管理等大数据分析模型，推动营销作业效率和工作质量提升[4]。

(5)能源大数据在新型电力系统建设、源网荷储过程协调、清洁能源发展及系统安全运行中发挥不可或缺的作用，同时促进新型能源体系的构建。

优化电力系统的运行和管理，实时分析能源生产、消耗和传输等数据，以实现电力供需的平衡，进而提升电力系统的效率和可靠性。同时促进源网荷储友好互动，推动系统整合与协调，注重平衡能源生产、传输、消耗和储存之间的关系。制定清洁能源战略，识别能源浪费和高能耗环节，并提出相应改进措施，以实现能源的高效利用和可持续发展。实时监测能源设备状态，排除故障和安全隐患，实现提前预警，建立故障诊断和处理模型。同时，构建新型能源体系，可协调能源系统的供需、优化源网荷储的关系、促进清洁能源发展以及加强能源安全措施，以实现能源领域的可持续发展和绿色转型。

12.1.3　能源大数据在赋能经济社会发展中将发挥多重价值

能源大数据的价值不止于能源领域，立足能源大数据深刻关系国计民生的显著优势，其潜在价值将广泛辐射至面向政府的公共服务、面向企业的商业增值、面向居民的生活方式，以及支撑经济社会发展的关键基础设施等方方面面[5]。

(1) 能源大数据推动政府治理现代化，促进治理效能不断提高。

①监测预测经济发展态势方面，通过能源大数据观察重点行业乃至全社会用能与经济增加值、主要工业品产量及产值等宏观经济指标的动态关系，对宏观经济发展趋势进行分析和预测，反映新旧动能转换、高质量发展等状况及变化趋势，透视社会经济发展[6]。②监测重点企业污染防治方面，结合各地环保监测需求，积极推进污染企业、重点污染行业生产运行趋势、环保政策执行、生产异常等监测分析工作，辅助环保部门提升监管效率，助力国家打赢“蓝天保卫战”。③重点群体监测方面，开展住宅小区空置率、群租房、独居老人等分析，以及实体营业厅效能分析和公共台区服务需求分析应用，关联挖掘服务热点、不良事件特征。

(2) 能源大数据助力金融等非能源行业企业扩展业务模式，提升管理精益水平。

利用企业用能数据、违约用能和收缴等信息，开展能源大数据视角的企业信用评价。积极对接各类金融机构需求，探索建立商业合作模式，积极开展企业信贷评级和额度评估。基于企业容量状态、用电量、违约用电等行为，分析企业运营风险，服务金融机构对贷款客户进行贷前授信、贷中监测与贷后评价。

(3) 能源大数据支撑创新居民用能模式，深刻影响生活方式，提升生活绿色化数智化水平。

传统由供到需单向非闭环的市场主体地位关系已无法满足数据的不断流动反馈与积累放大需求，未来供需双方的角色边界将主要体现在能源相关产品和服务的提供使用方面，而能源大数据在整个经济活动中的流动将不存在明显的供需界限，能源需求方也将担任起能源及能源数据供应的职责[7]。

(4) 能源大数据协调综合能源管理，促进能源整合，优化能源供应。

通过大数据分析和人工智能等技术，深入了解市场能源需求模式和行为特征，结合不同时间段的需求变化和能源成本，为能源供应商和用户提供更准确的能源需求预测，帮助调整能源供应和优化能源调度。从能源的生产和采购，到输送、转换和分配，再到用户消费，提供对能源供应链的全面监控和优化，实现对能源的精细监测和优化分配，使能源的分配更加高效和经济。

(5) 能源大数据评估用户能源消费行为，改善能源消费习惯，提供个性化能源规划。

通过智能电表等技术帮助用户直观地了解自身能源消费情况，并提供及时的反馈和提醒，帮助用户发现和纠正潜在的能源浪费行为。同时分析用户的能源消费行为，洞察能源消耗的关键因素，从而提供个性化的能源优化建议。

(6) 能源大数据支撑智慧城市规划，助力城市大脑运行，优化智慧交通管理。

了解城市能源需求的特点和趋势，为智慧城市的规划提供决策支持和统一管理，城市大脑实时分析城市能源的供应和消耗以实现对城市能源系统的智能化监测、控制和优化。评估新能源车辆的使用效益，实现交通和能源系统的协同管理，减少交通能耗，优化交通信号配时策略，实现智慧交通。

(7)能源大数据提供丰富数据要素，构建风险管理与预测模型，推动创新应用与决策支持。

能源大数据的数据要素可用于风险管理和预测模型的构建。通过分析能源生产、供应和消费等环节的数据要素，能够及时识别能源市场的风险和不确定性，并采取相应的风险管理措施，从而降低经营风险和市场波动性。同时识别和解读能源市场趋势、提供智能化的能源方案，并为政府、企业和个人的决策过程提供数据支持。

(8)能源大数据支撑传统基础设施向绿色数智的新型基础设施转型，支撑基础设施建设朝着兼顾“绿色—经济—安全”的方向发展。

在新型能源体系建设的内生要求驱动下，能源基础设施也将从传统基础设施向新型关键基础设施转变，具有“能源”与“数字”双重公共支撑属性，通过“数字”支撑“能源”的绿色安全稳定供应，通过“能源”支撑“数字”对经济社会全维度、细粒度、跨时空的准确深刻洞察，双向耦合互动催生出能够支撑能源数字经济发展的全新基础设施底座。

12.1.4 能源大数据推动能源数字经济的培育、发展与壮大

当今科技飞速发展，能源产业数字化转型加速推进，实现全面的能源产业数字化与能源数字产业化是一种必然趋势，能源数字经济成为能源数字化转型进程中培育产生的全新生态。能源数字经济能够用“升维”的方式系统性解决能源变革和数字经济发展过程中的问题，重塑能源生产关系，适应新型生产力的发展，从而为能源系统开辟新空间、创造新价值。

能源大数据与其他大数据的深度耦合和融合，为能源转型智能化提供了巨大的机遇，助力了数字经济赋能转型智能化。能源大数据与智能电网、智慧城市等其他领域的大数据相互融合，可以实现更高程度的数据互通和共享以及资源的有效分配与优化，从而提升能源系统的智能化与产业效率。通过对大规模能源数据的分析和挖掘，可以实现精确的能源需求预测和优化调度，降低能源消耗和碳排放。通过数字技术和互联网的应用，可以构建智能能源网络，将能源生产、传输和使用过程中的各个环节数字化，并建立起全面的监测、管理和控制系统。能源大数据与其他大数据的深度融合将进一步推动数字经济的发展，展望更高层面，随着人工智能、物联网、区块链等技术的进一步成熟和应用，将为能源决策提供更全面、准确的信息支持，并为经济社会的可持续发展提供更加可靠清洁的能源供应。

将能源产业进行数字化转型，运用大数据、人工智能等技术来实现能源生产、传输、配送和消费的智能化、自动化和优化管理，实现能源的智能监控、优化调度、效能管理和精细化运营。提高能源利用效率，推动能源结构调整和绿色低碳发展。截至 2022 年底，我国的可再生能源发电装机容量已经占到全国发电总装机容量的 47.3%，发电量已占到

全社会发电总量的31.6%，成为我国发电的绝对主力。国务院印发的《"十四五"数字经济发展规划》中提出，到2025年，数字经济核心产业增加值占国内生产总值比重达到10%，数据要素市场体系初步建立，产业数字化转型迈上新台阶，数字产业化水平显著提升，数字化公共服务更加普惠均等，数字经济治理体系更加完善。展望2035年，力争形成统一公平、竞争有序、成熟完备的数字经济现代市场体系，数字经济发展基础、产业体系发展水平位居世界前列。将推动我国智慧能源建设应用，促进能源生产、运输、消费等各环节智能化升级，推动能源行业低碳转型。

能源数字经济是创新驱动的新型产业形态[8]。这种裂变性表现为产业形态的开放性、跨界融合性与深度渗透性，既对当前数字经济带来分层分类影响，激发新产业、新模式、新业态涌现，也会对当前能源经济带来分层分类影响，激发新产业、新模式、新业态涌现。伴随分布式能源、储能、电动汽车、智能家居等新型设施大量使用，以及由此衍生的新型金融服务、新型数字能源服务、新型计量与交易服务等新业态涌现，能源数字经济下的新业态进一步多样化、定制化、互动化[9]，为数字经济的转型智能化提供更广阔的发展空间。

能源大数据的发展大力推动产业数字化和数字产业化，实现信息化新技术与各产业深度融合和价值创造，通过现代信息技术的市场化应用催生新产业。应发挥能源大数据创新联盟、实验室等创新平台的"集众智、汇众力"作用，整合内外部优质资源，构建能源数字经济生态圈，带动关联企业、上下游企业、中小微企业共同发展[10]。

12.1.5 能源大数据在推动"双碳"目标落实中的作用将进一步放大

在全球积极应对气候变化大背景下，我国的经济发展模式与能源供应结构，正逐步向绿色低碳循环发展的经济体系、清洁安全高效的能源体系转型。不过，转型过程漫长且复杂，需要考虑行业、政策、资源等各方面因素的动态变化，因此，及时、准确了解实施情况，对调整把握各项政策至关重要。如今，依托大数据技术，发挥能源大数据作用，可以提高能源生产、调度、使用和分析的效率，帮助国家或地区建立开放、透明的能源综合管理系统，为国家制定和实施各类能源政策提供客观依据，减少中长期能源政策与短期政策衔接的障碍，降低结构性能源政策与系统性能源政策协同的摩擦成本。能源大数据在落实"双碳"目标过程中将主要从以下五个方面发挥作用。

1) 引导能源供需偏好

一方面，能源大数据可反映出不同行业、不同企业和不同人群的能源需求，揭示不同能源供需关系的特点和动态变化趋势，基于消费者的能源消费数据，可以推导出消费者对于能源的需求特征，国家可以通过补贴等政策引导有关行业或相关群体树立低碳消费偏好；另一方面，可通过分析和研判各类能源供给端大数据，预测和优化能源供需平衡关系，制定长期稳定的政策，引导并激励人才、资金等要素，为低碳、非碳能源供给创新服务，进而提高低碳、非碳能源供给比例，实现对能源供需关系的智能调控。

2) 促进创新体系建设

能源大数据能够有效分析“卡脖子”技术难题，从而加速政策、人才、资金向核心技术领域聚集，建立起创新技术体系、评价体系和科技资源分配体系。能源大数据通过收集、整理和分析能源领域的数据，为创新提供更全面、准确的信息支持，帮助企业和研究机构发现问题、解决难题，并推动技术创新和商业模式创新。

3) 促进各类能源政策协同推进

能源政策的制定和执行需要充分了解和考虑能源系统的运行情况、资源配置、消费行为等因素，而能源大数据提供了丰富的信息基础和支持。能源大数据可以帮助政府和决策者更好地理解能源市场和消费者需求，从而有效制定和调整能源政策；用于监测和评估政策的实施效果；能源大数据的共享和交流也有助于不同层级、不同部门之间能源政策的协同推进；能源大数据在促进各类能源政策协同推进方面发挥着重要作用。

4) 引导能源产供储销各环节相关主体行为的清洁低碳转型

能源大数据可以引导能源产供储销各环节相关主体行为的清洁低碳转型。通过收集、分析和应用能源领域的数据，可以提供全面、准确的信息支持，帮助相关主体更好地了解和应对清洁低碳转型的需求和机遇。

5) 促进新型工业化发展

能源大数据可以为国家制定能源战略和产业政策提供重要支撑，通过对全国范围内的能源生产、转移、消费等数据进行分析，政府部门可以基于数据制定更加智能、高效的能源规划，做出更加科学的决策，加快推动能源转型升级与新型工业化智能、高效、绿色发展。

能源大数据可以揭示能源系统的碳排放情况和潜在的清洁能源发展机会；可以帮助相关主体优化能源资源配置和管理，从而实现清洁低碳转型；通过建立数据平台和共享机制，能源供应商、消费者、研究机构等可以共同利用能源大数据，开展合作研究，推动清洁低碳技术的开发和应用，实现供应链的优化和协同，促进能源系统整体的清洁低碳转型。

12.2 能源大数据面临的挑战与风险

未来能源大数据在各行各业的创新应用空间巨大，相关主体已不断尝试探索能源大数据价值的开发利用方式，并取得不错成绩，但在各方散点式探索不断前进甚至百花齐放的态势下，一些过度发展或者不当发展带来的风险挑战开始显现。

12.2.1 能源大数据发展面临的挑战

12.2.1.1 数据挖掘观念意识缺乏是当前所面临的意识形态挑战

在当今数字化和信息化的时代，能源大数据被认为是能够为能源行业带来巨大价值和创新的宝藏。然而，由于缺乏相关的观念意识，这些数据往往无法被连续稳定地挖掘，最终导致其潜在价值得不到释放。

1）数据挖掘观念意识不足阻碍能源大数据的全面收集和整合

能源领域涉及众多的各类数据源，例如能源产量、能源消耗、环境指标等。然而，由于相关部门和企业对于能源大数据的重要性缺乏足够的认识，导致很多数据无法被广泛搜集和整合，从而限制了整个能源系统的数据触达和交流。同时，能源从业人员可能并不了解数据的价值和应用潜力，对于获取、处理和分析数据的方法缺乏了解，对于数据分析工具的理解和运用能力有限。缺乏对数据价值的认知和开发创新的能力以及对数据隐私和安全的重视，需要对数字素养进行进一步培养。

2）缺乏能源大数据应用的观念意识妨碍能源大数据的准确分析和解读

能源大数据的价值主要体现在对能源系统的深度分析和预测中，以支持决策制定和优化能源资源的利用。然而，许多能源行业从业者缺乏对于数据分析和挖掘技术的了解和培训，导致无法正确地解读和利用能源大数据，从而让其中蕴藏的潜在价值无法得到充分发掘。

3）能源大数据应用的观念意识不足影响能源大数据的良好运用和推广

尽管能源大数据的潜力被广泛认可，但由于观念认知的限制，许多企业和组织往往没有将其纳入自身的战略规划和业务流程中。这意味着即使有了大量的能源大数据，其实际应用仍然局限于一些零散的试点项目，无法实现更广泛的推广应用，其潜在价值无法充分释放。

12.2.1.2 数据相关技术融合应用不足是当前所面临的应用技术挑战

随着能源行业的发展，由于技术融合应用不足，导致能源大数据难以得到实际应用和发挥潜在价值。

(1)缺乏技术融合应用使能源大数据无法得到充分整合，技术架构不足。

能源行业涉及众多相关技术和数据来源，包括物联网技术、人工智能、云计算等。这些技术具有不同的能力和优势，可以相互补充和增强，从而实现对能源大数据的全面分析和应用。然而，由于缺乏技术融合的意识和能力，很多能源企业和组织无法充分利用这些技术，导致能源大数据无法得到全面整合，从而限制了其应用的广度和深度。

(2)技术融合应用不足导致能源大数据无法得到准确的分析和预测。

技术融合应用不足，很多能源行业从业者无法将不同的技术有机结合，无法利用先进的数据分析算法和模型，从而无法对能源大数据进行准确的分析和预测。大多数能源企业缺乏对相关技术的了解和应用能力，限制了其在数据驱动决策、智能预测优化的能力。数据分析能力不足，从而影响数据质量，如缺失数据或数据格式不一致等问题。这导致了能源大数据的潜在价值无法得到充分发挥，对能源行业的发展产生了制约。

(3)技术融合应用不足妨碍能源大数据的实际应用和推广。

尽管能源大数据的潜力被广泛认可，但由于技术融合应用的不足，很多企业和组织往往没有能力将其转化为实际的应用和解决方案，这导致了能源大数据的应用仍然局限于一些零散的试点项目，无法实现规模化的推广和应用，无法构成丰富应用生态。需要通过业务创新、合作创新与技术创新拓展能源大数据应用场景，逐步培育出更加广阔的生态土壤，否则无法实现其潜在的社会和经济价值。

12.2.1.3　数据治理水平不高是当前所面临的数据管理应用挑战

数据是当今数字化时代的核心资源，它被广泛认为是一种宝贵的资产。然而，由于数据治理不到位，数据的质量问题成为制约数据发挥价值的关键因素之一。其中，数据的准确性和及时性是影响数据价值的重要因素。

(1)数据治理不到位与数据管理能力不足导致数据的准确性无法得到保证。

数据的准确性是指数据的正确性和真实性。在现实情况下，由于缺乏完善的数据质量控制机制和数据采集标准，很多数据存在着错误、遗漏或者重复等问题。这样的数据不仅给数据分析和应用带来了困扰，也可能导致错误的决策和误导性的结果。缺乏数据治理的问题使得数据准确性无法得到保证，导致数据无法成为可靠的资产，从而存在推行数据驱动决策的阻力，对数据分析结果的怀疑和不信任，影响了其发挥价值的能力。

(2)数据的及时性是数据价值的另一个重要因素。

及时的数据可以帮助决策者更准确地了解当前形势和市场状况，以便做出及时的决策和调整。然而，由于数据治理不到位，很多数据无法及时采集、处理和传递。这反过来影响了数据的实时性和及时性，限制了其在决策和业务过程中的应用，无法发挥其最大的潜力。

(3)数据治理不到位还限制了数据作为资产的发挥价值。

数据资产是指具有经济价值的数据资源。然而，由于数据治理问题，很多数据无法被有效管理和应用，进而缺乏了项目管理和运营协作的能力，信息孤立，决策滞后，使得其潜在的经济价值无法得到充分发挥。这不仅浪费了企业和组织的资源，也限制了数据作为一种资产的应用和价值。

12.2.2　能源大数据发展面临的风险

12.2.2.1　在主要能源企业集中带来规模效应的同时也形成市场支配风险

能源行业的大数据尚处于起步阶段。而从市场规模来看，截至 2022 年底，我国能源行业大数据应用市场规模已达 8.29 亿元，能源大数据行业的发展前景不容小觑。大型厂商已开始布局这一行业的大数据业务，初创型能源大数据公司也开始兴起。从市场进入的角度而言，当前竞争格局可分为三大梯队。

(1)大型国产厂商具有先发优势。能源行业涉及国家战略，我国政府大力支持能源产品国产化应用，大型厂商具有丰富的实施经验，能够保证系统的稳定性，因此，华为、浪潮等企业成为能源行业大数据的首要受益者。

(2)第二阵营为行业的国际巨头。国际领军的 IT 企业具有领先的技术和理念，通常能够引领技术发展的趋势和潮流，而在本地化实施中，这些企业仍有一定的局限性，因此他们的商业模式以与国内软件企业或者科研机构合作研发为主。

(3)第三阵营是初创型企业。能源大数据主要应用于风电等清洁能源领域，这些企业一般利用分布式存储、实时监测分析等技术，解决新能源行业数据量大、需要实时处理的难题。新兴企业客户资源不敌现有的巨头厂商，并且国家能源企业在公开招标采购中对供应商资质要求较高，因此初创型能源大数据公司目前仍并处在第三阵营。

此外，国家虽然鼓励能源大数据发展，但是相关的具体政策较少，同时能源大数据的管理缺少国家级、行业级的统一标准，能源大数据的开发利用欠缺健全的规范的法律制度等问题致使其对金融领域投资组合的吸引力不足，面临金融困境。要推动能源大数据的健康发展，需要建立完善的法律制度和政策支持，加强数据标准化和共享机制的建设，并提升能源企业的数据共享意识和动力，以实现能源大数据的有效协调和管理。政策界限的清晰将有助于在协调关系时有据可依，在目前的发展阶段完全依靠市场机制和社会资本的积极性很难突破，政府的支持力度是关键。工业设备种类繁多、应用场景较为复杂，不同环境有不同的工业协议，数据格式差异较大，不统一标准就难以兼容，也难以转化为有用的资源。因此对不同行业需要因地制宜，与此同时还应围绕一条主线，统一标准主心骨。

12.2.2.2 深度关系国计民生，广泛应用带来国家安全和个人隐私泄漏风险

能源行业关系国家基础设施建设，尤其以电力、石化为代表的系统在日常生活中更是绝对关键，遭受攻击有可能让社会运转陷入停滞，海量数据的管理问题是对每一个大数据运营者的最大挑战。

在大数据应用的推动下，能源大数据的安全性和隐私性保护成为当前需要解决的突出问题。由于能源大数据的敏感性和重要性，必须采用多种措施来确保其安全和隐私，这包括建立多层次的安全监控机制、加强数据的管理和管控、实行共享数据的规范化等措施。

一方面，在能源数字经济高速发展态势下，安全风险从数字空间延伸到物理空间，传统的物理隔离、通信专网等解决手段已经不能充分适应新发展格局下的能源数字化安全发展需求。另一方面，大数据意味着海量数据的汇集，涵盖设备、产品、运营、用户等多个方面，涉及机密数据、核心专利技术等敏感信息，涉及机密数据，核心专利技术等敏感信息，甚至影响更加复杂、敏感及价值巨大的数据。这些数据会引来更多的潜在攻击者，会带来严重的安全隐患，由能源大数据结构倒推从而获取涉及国家安全和社会稳定的更多数据。因此，关于数据安全方面的问题和挑战是当前推进工业数字化转型必须面对和解决的基础问题。

随着电力系统电力电子化水平不断提升，遭受网络攻击的风险显著增加。如果能源电力企业的数据管理分析系统或数字化基础设施被黑客等外部势力侵入，攻击者将可以盗取用电量等保密隐私数据，可用于分析能源电力网络的脆弱性，并对关键基础设施进行针对性的攻击，进而破坏设备的正常运行，可能导致大规模的停电。此外，部分企业在扩展数据增值服务等新兴业务过程中，存在与第三方合作分析应用数据的场景，这种情况下，用户的个人隐私存在被侵犯的可能性，需要从制度约束和技术保障两方面加强

隐私保护。

综上所述，能源行业利用大数据分析技术，可以实现对生产安全和市场需求的实时监控，从而提高能源产业的安全性和竞争力，保障系统整体的安全稳定运行水平。

为了加强能源大数据的安全性，在加强立法和监管的同时还要采取技术手段，推动大数据的市场运作机制。因为用户数据不仅决定了市场化企业的收益和市场地位，还直接影响其潜在的经营风险，为了避免数据安全受到国外机构的制约，我国应尽早制定自主的数据传输标准、接口和物联网操作系统。对数据从业人员进行备案和信用检查，企业内部需要成立数据风控管理相关部门，通过监控数据和操作降低数据外露的风险。同时，也应考虑到数据并非洪水猛兽，一点不能触碰，原始数据是非常重要且敏感的数据，需要受到严格的保护，可以进行互通的数据是基于原始数据产生的衍生数据和分析数据，如购物偏好、消费模式或健康指数等，为了规范数据交易市场并防止非法行为，需要建立正规的数据交易市场和平台，使其有明确的法律依据和规章制度，从根本上杜绝数据黑色链条的产生。

12.2.2.3 数字经济浪潮中能源、金融系统深度融合或将带来潜在金融风险

能源资源与金融资源的整合产生了能源金融，其可以促进能源产业与金融产业的良性互动和发展的一系列金融活动，实现能源产业资本与金融资本的优化聚合。能源金融既能涉及能源和金融发展中的战略问题，也能涉及经济发展的核心问题，主要原因在于能源和金融在经济发展中的特殊地位。

能源产业是 21 世纪的战略产业，对新一轮经济周期的发展起到带头产业的重要作用。通过将能源战略作为一种长期的发展方向，既发展了经济，又有利于社会的持续发展。但作为新兴产业，能源产业的发展需要巨大的资金支持，光靠政府的投资和补贴显然是远远不够的，这就需要充分利用市场，借助金融手段解决能源产业发展过程中的资金短缺问题。

经过多年的发展，能源金融已成为我国能源产业快速发展的重要支撑。但是，随着能源产业的发展和金融竞争的加剧，能源金融发展中的问题也逐渐显现出来。①能源产业的投融资渠道比较单一；能源资源浪费、环境污染及金融资源配置促进能源结构调整，使防范和化解能源信贷风险面临严峻挑战。②国际能源形势的多变性对我国能源金融安全已构成严峻威胁；能源产业具有一定的特殊性，它与经济周期的相关性很大，因为其生产的产品供求周期性变化较大。如果出现经济周期性转变或其他因素干扰，比如整体经济运行出现周期性调整或相关产品供求关系发生变化，就必然会影响到金融体系的稳定，已投入到能源产业的信贷资金的安全性也就难以得到保障。③在能源总体紧缺的背景下，信贷资金大量进入能源产业可以提升银行的盈利空间。但当能源供给紧张局面得到有效缓解时，如果银行资金仍继续进入能源领域，金融风险随即加大[11]。

12.3 能源数字新技术的发展方向

能源数字新技术的发展与未来能源大数据在各行各业的创新应用方向息息相关，其

中新型基础设施作为能源数字化转型所需的关键实体，关键在于通过能源数字新技术将传统能源生产力与新型数字生产全面融合[12]。

(1)在电力-算力的融合方面，以云平台为基础架构融入5G、北斗、工业互联网、数据中心等为代表的信息基础设施已经成为电力、石油、管网等能源领域的数字化底座，将推进能源生产和消费方式更加智能化。

(2)在生产要素的融合方面，能源资源等传统生产要素与数据、知识等新型生产要素实现融合与自由流动，既是数据要素的配置模式，也是对一线人力资源、技术资源的重新组织，促使能源系统整体资源配置效率提升。

(3)在数字技术融合方面，能源大数据、能源人工智能深度融入发电、配电、调控、油气勘探、设备运维等不同场景，以数字孪生、区块链为代表的新技术将为能源数字化转型构筑新一层创新基础设施平台，为建立可信互信、模拟仿真、协同创新的协作模式提供便利条件。

(4)在跨平台跨模型的融合方面，智能化的数据交互方式将更加注重开放性，推动各大平台之间的协同合作和数据共享，以实现更高效的资源整合和创新发展。同时，能源大数据将致力于构建开放式的技术标准和平台架构，以促进不同系统和模型之间的无缝连接和融合，从而提升产业整体的协同效应和智能化水平。

围绕能源业务和数字技术融合创新需要，能源大数据发展紧密跟踪基础性、前瞻性数字技术发展趋势，积极布局能源数字技术未来发展方向，深入开展能源数联网、数字孪生、人工智能、量子技术等关键技术研究，提升自主可控核心技术能力，实现数字化新技术与能源生产、企业经营和客户服务业务深度融合，推动技术创新与产业升级相互促进。能源大数据未来技术发展方向如下。

12.3.1 能源数联网

通过物联网连接大量的物理设备，采集、存储和处理这些设备产生的大量数据，并通过数字化技术进行分析、挖掘和利用，从而实现对物理世界的全方位感知和智能化管理[13]。确保数据安全性和隐私保护，同时需要具备严格的隐私和安全保护措施，应对海量的数据增长和数以万计的各类应用，应对已知的网络攻击和防范未知的、潜在的网络破坏、攻击，以应对潜在的数据泄漏、网络攻击和隐私侵犯等问题。

(1)数联网能够实现从物理世界到数字世界的全链条数据传输和处理，让数据实现了最大化的价值转化。同时，数联网还能够提高物理设备的自动化、智能化水平，实现设备的自动化控制、优化调度和预测维护等，从而提高设备的利用效率和降低设备的运营成本。

(2)数联网技术对能源大数据的发展有着重要的影响和作用。一方面，能源大数据需要依赖大量的物联网设备来采集和传输数据，数联网技术能够实现物联网设备的智能化控制、优化调度和预测维护，从而提高设备的利用效率和降低设备的运营成本。同时，数联网技术也能够实现对能源系统全链条的数据采集、传输、存储、处理和应用，从而实现对能源系统的全方位感知和智能化管理，提高能源系统的安全性、可靠性和效率。

(3)能源数联网是设备互联、应用互联的高阶形态。目前所谓设备与设备的连接是相对低端的，其实际上是应用层面的端对端连接(如隐私计算)，再高一层是数据的端对端的连接。未来，数据端对端的技术解决之后，可省去大规模的数据归集过程，工作效率获得极大提升。数据和数据之间可通过某种协议直接联通。目前新型电力系统设备是互联的，但应用还未联，数据更没有端对端连接，都需要通过数据归集后才能使用。数联网建成后，数据不需要归集即可直接使用，效率更高。为了支撑数据端对端互联，需要考虑网络带宽、稳定性、安全性、审计(区块链)、分布式数据库等问题。数据将来作为资产，需要端对端互联，而不能到处复制。

(4)数联网广泛应用于智慧城市、智能制造、智能交通、智能医疗、智慧能源等领域，已经成为未来数字经济的重要组成部分。随着能源系统的数字化和智能化程度不断提高，数联网技术对能源大数据的发展前景将更加广阔。一方面，能源系统的数据规模和数据种类将继续增加，这将对数据采集、传输、存储、处理和应用提出更高的要求。数联网技术能够提供更加高效、智能和安全的数据管理和应用解决方案，帮助能源系统实现从传统的“可靠性管理”向更加智能化的“预测性管理”转变。另一方面，数联网技术还将促进能源系统与其他领域的融合，如智慧城市、智能制造、智能交通等，实现能源系统与其他系统的数据共享、协同和优化，从而实现更加全面、高效和可持续的能源供应和利用。

12.3.2 能源元宇宙

能源元宇宙是下一阶段社会—自然关系网络的链接形态，依靠采集端、链接端、运算端、协议端和交互端的多维度技术支撑，以满足虚拟社会空间的链接性、沉浸性、协作性、同步性和拟真性，以实现与现实世界同步的永续沉浸仿真、开放协作共享和经济内生循环。因此元宇宙不仅要把现实世界还原到数字世界，更重要的是利用数字世界重塑现实世界。

元宇宙是虚拟、现实和人与人的思想相结合的世界，能源元宇宙是元宇宙的重要组成部分。元宇宙时代，能源大数据成为主要的资产，通过与概念、技术的融合应用，赋能能源产业创新发展。通过脑机互联，人与物、人与人的思想交互更加便捷，思维成为数据快速增长的一种重要方式，人类可以通过思维延伸生产生活创造更多价值，人类的思维也将在虚拟世界中持续发展。3D 等三维可视化技术将构建虚拟的能源体系，能源大数据最终以 3D 互联网为载体，更加直观地呈现在元宇宙中。元宇宙数字环境的搭建需要强大的外部能源支撑，能源大数据同时具备电力、算力的双重属性，是主要的支撑点，未来催生能源数字代币，服务于生产模拟、虚拟交易等方面。区块链技术广泛应用在能源交易、碳足迹监测等能源领域的发展，充分发挥区块链技术促进能源数据共享、优化业务流程、降低运营成本、提高协作效率、建立可信体系等方面的作用。元宇宙将带来沉浸式的真实体验，互联网及电力物联网均成为元宇宙的接口，随时随地参与现实、虚拟交互，将人类社会的思想、文化、经济等多元化要素融入数字世界。元宇宙为全面重塑能源运行模式带来的贡献如下。

(1)通过元宇宙全场景监控能源网络运行状态。对于能源系统内部的源网荷储多端运营而言，可以利用元宇宙的同态永续仿真性、虚拟现实沉浸性和全方位共享链接性，从更广阔的全生命周期维度和全生态链接视角，分析能源系统的运营、监测及安全状况进而以孪生数据模拟优化真实全局与细节状态。

(2)通过元宇宙超现实推演未来能源网络形态。元宇宙具有现实世界的拟真性和时间维度的可控性，故而可以利用元宇宙推演未来能源网络形态乃至于能源形态。未来能源形态的推演不仅仅包含对油田的 3D 建模、煤田的数字矿山、电厂和微电网的孪生监测，以及综合能源服务、县域能源互联网协调的优化仿真；还包括对这种“硬”现实设施之外的“软”经济商业模式的仿真优化。

(3)通过元宇宙跨时段模拟能源市场交易。利用元宇宙对现实世界跨地域、跨行业、跨时段多类主体互动行为的孪生映射，通过创造超越现实的虚拟主体，为具有不同利益背景与诉求的现实主体在数字空间中搭建协作机会，激励跨能源品种、跨行业、跨企业的综合能源服务商、代理交易方、需求侧灵活负荷等多主体参与市场交易，跨时段超前模拟交易行为，预判成交结果对能源系统运行冲击情况，反馈修正指导交易策略优化，促进能源市场与能源系统紧耦合闭环运行关系的形成。

(4)通过元宇宙多角度重塑客户用能习惯。利用元宇宙对现实世界中的用能单位如发电企业、电网企业、售电主体和用电客户及其交互行为进行模拟，结合全国统一能源市场建设需求，以推进“双碳”目标、引导节能减排为导向，对用电客户进行行为分析、偏好分析、特征分析和纽带分析等，利用孪生数据不断试验新的管理手段和模式，有针对性地引领优化客户用能行为，破解现实世界中思维和行为的重惯性，为创新交易模式、培育行为习惯提供灵活、便捷、开放的环境。

(5)通过元宇宙全要素提升能源系统柔性。利用元宇宙的链接性、拟真性和协作性，在数字空间中打通源网荷储全环节各类要素流通交互面临的时空壁垒，在可用资源更加明确、面临边界更加清晰的可行域中，探索能够提升能源系统柔性，增强系统整体协同能力，从而促进更高比例新能源消纳的系统性解决方案，通过元宇宙既源于现实，又脱离现实的轻量化完整仿真，破解新型能源系统构建过程中面临的重资产调度优化成本高、阻力大的难题。

(6)通过元宇宙跨主体盘活数据资产价值。构建能源元宇宙的基础是广泛、稳定、安全的数字基础设施，全方面、多角度、细粒度刻画能源系统运行状态，以数据为媒介将状态信息动态表达在数字空间中，使元宇宙天然具有更加全面、真实、宏大的数据资源，叠加数字空间信息交互的便捷性、透明性和可信性，为数据要素的流通交易和价值激发提供了必不可少的宝贵环境。

(7)通过元宇宙全方位模拟零碳解决方案。利用元宇宙的拟真性，对现实世界各类主体行动互动方式及资源限制进行模拟仿真，同时跨越现实物资、信息流通交易面临的时空壁垒和经济局限，在更加灵活、成本更低的数字空间中综合考虑多品类能源供应、多主体能耗需求、能源基础设施、数字基础设施、新型营销模式、新型交易主体等多层次、多维度因素的互动方式及发展趋势，结合特定城市或园区个性化的发展特点和未来布局，模拟兼顾经济性与安全性的零碳解决方案。

能源大数据的影响不仅在于推动能源体系的生产、消费、革命，通过元宇宙技术不仅能推动能源体系的生产、消费、革命，还能推动市场主体、居民用户广泛参与数字空间生产生活，保障能源生产和能源安全。

12.3.3 能源智能化

聚焦感知智能、认知智能、多模态融合、混合增强等技术，深化关键技术攻关及自主可控，支撑模型精度提升，促进能源智能化技术广泛应用落地，助力服务中台化建设。通过智能传感、物联网、云计算、实时建模与仿真、VR/AR等技术创新应用，在虚拟空间中对物理世界进行高精度建模和实时仿真分析，以数字模型代替物理实体开展验证分析和预测优化，指导实际工业生产。开展云边协同共性技术研究，突破分布式模型训练、深度学习网络模型压缩、边缘智能计算、云边协同控制、图计算等关键技术，优化能源智能化技术深度应用基础性支撑体系，强化人工智能前端化部署与协同，支撑边缘智能计算建设，探索兼容同构、异构、众核等多种架构并行计算的编译技术。

(1)打造具备自感知、自分析、自决策和自执行的新型制造系统。通过新型制造系统实时、精准掌控调整制造过程，自适应内外部环境和需求变化，将原来由人主导的柔性、敏捷制造转化为更具有智能特征，其程度、范围均达到更高水平的柔性、敏捷制造。

(2)深化能源图像视频语音识别技术研究，开展输变配领域能源图像、视频智能分析及理解等关键技术研究，推动输变配缺陷识别、诊断、检修一体化智能服务应用体系构建，开展能源设备和人员语音识别模型算法研究，优化方言识别精度，支撑内外部各类语音识别智能应用建设。

(3)探索能源认知智能技术研究，研究面向能源领域语料的自动抽取、智能校对及语义理解技术，深化研究能源系统知识发现及加工技术，研究基于图神经网络的知识图谱融合与自主进化技术，基于能源通用概念图谱、拓扑概念图谱，推动故障处置知识图谱、故障分析模型、安全评估模型和事故辅助控制模型的研究，突破大能源调度稳态自适应巡航关键技术。

(4)强化多模态融合及样本增强技术研究，开展图像、语音、文本等多模态能源数据融合及分析理解技术研究，攻克基于对抗学习的样本生成及融合能源领域知识的特征增强技术，研究基于迁移学习、元学习等小样本学习技术，助力能源智能化技术规模化应用。

(5)探索基于混合增强与群体智能的能源优化与决策技术，开展面向能源互联网源网荷储自治协同运行的多主体群体智能优化技术研究，探索基于多智能体深度强化学习的能源互联网运行控制、能源交易与优化决策技术，研究面向能源互联网调度的人工智能协同决策及人机融合混合增强辅助决策技术。促进人工与机器的高效分工，各取所长，将人类从重复性工作中解放出来，把人的精力释放到更需要创造性、判断力、沟通力的岗位上。同时保障工作环境的安全性。

12.3.4 能源量子计算

聚焦能源互联网信息安全传输需求，发展适用能源应用场景，具有低成本、小型化、高可靠特点的量子密钥分发一体化装置，推进量子密钥分发星地组网技术研究，深化量子密码广泛落地应用，开展能源量子传感、能源量子计算技术跟踪与研究。

研究具有低成本、小型化、高可靠特点的量子密钥分发一体化装置及星地组网关键技术，突破架空通信环境下超长传输距离量子稳定传输技术，研制量子密钥分发一体化装置；开展星地量子密钥分发技术能源应用研究及论证实验，研制可移动的、小型化量子卫星地面接收站，推进量子卫星、广域、城域量子保密通信网络混合组网实用化技术研究；研究统一的能源量子保密通信系统综合网管关键技术，解决长距离、广覆盖、经济性、网络管理等问题。

深化量子密码运营服务实用化技术研究，研究量子计算密码技术，构建面向能源互联网的传统密码与量子密码融合的密码服务体系，建设传统密码与量子密码融合的密码云服务验证平台，探索量子密码在能源中落地应用的关键技术。

开展量子传感与量子计算技术研究，加强量子科技相关测试与实验技术研究，围绕能源设备状态精准监测需求，研究量子传感技术在能源生产运行中的应用场景，探索量子计算在能源高性能计算中的应用模式。

12.4 能源大数据的发展趋势

能源大数据作为关键基础性生产要素之一，将成为助力现代化产业体系建设的重要数据基座和国家数据局中数据组成部分，以充分发挥能源大数据作为推进器和润滑剂持续推动数字技术在能源行业、传统非能源行业以及新兴行业深入融合、支撑赋能与创新颠覆价值。

12.4.1 将与能源互联网深度融合应用，加速激发更大价值潜能

目前，能源互联网已经取得了一些重要的理论研究成果，并逐渐形成了一些新的概念和模型。随着技术不断进步和成本逐渐降低，能源互联网的实践应用正在加速推进。一方面，智能电网、分布式能源资源、储能技术等相关技术的发展使能源互联网的建设更加可行并且效益更高，以能源大数据为中心广泛辐射其他领域，推动新型能源基础设施更加智能化，实现能源网全域的“广泛互联、多流互融、智能互动”。另一方面，政府和各能源主体也开始重视能源互联网的战略意义，并出台了一系列支持政策和措施。

通过汇聚、分析、处理和挖掘煤、油、气、水、经济、政务、气象、经济等各类能源数据，为面向各级政府、能源行业、用能用户提供能源大数据服务，实现状态全感知、设备全连接、数据全融合，打造精准反应、状态及时、全域计算、协同联动的能源数字孪生平台，在数字技术集成与业务融合过程中实现对能源系统的“可观测、可描述、可控制”[14]。可观测即实现数据精准采集、全域共享，能源大数据覆盖能源生产、传输、消费等全环节，在线连接，全采集、全应用，实时在线反映能源系统的状态，能源系统将实现全面数字化，以构建一张物理能源系统平行的能源空间。推动能源系统各环节各领域状态的全面感知；可描述即建立虚拟数字能源和实体物理能源的映射及联动关系，推动能源系统全环节在线、全业务透明；可控制即实现海量新能源设备和交互式用能设施的分层分级管理、参数可调可控，在线协同运行。

能源大数据通过个性深入的能源服务与公开透明的能耗评价推动制造业等实体经济

绿色低碳转型。一方面通过对用能客户深入细致刻画，能源消费实现数字化消费，用户体验友好，实时分析其用能需求，能源数据产品按需使用，随时使用。从供应侧为其提供定制化的绿色供能服务；另一方面，数据无处不在，能源行业高度互联，各类系统高度协同，深入应用。基于公开透明的能耗数据评价企业用能效率，督促企业主动优化自身用能模式，节能降本增效。

能源大数据深度参与数据要素市场，催生出更加丰富的参与主体和商业模式。分布式能源、储能、电动汽车、智能家居等新型设施大量使用，能源与气象数据高度互联，人工智能自动化高度应用、CPSSE、信息物理高度融合，以及由此衍生的新型金融服务、新型数字能源服务、新型计量与交易服务等新业态涌现。同时建立智慧系统，实现全过程高度数字化、智能化、自动化。能源大数据与能源互联网的深度融合和应用能够提高能源利用效率，也为能源行业提供更好的信息基础和决策支持，进而提出利用能源大数据优化能源结构与改善能源服务的可行性。

12.4.2　驱动优化能源结构与改善能源服务，促进能源安全发展行稳致远

随着可再生能源爆发式增长，可再生能源发电消纳问题凸显。能源生产清洁化即依托数字化技术精准预测可再生能源出力情况，将各个能源品类以更优化的方式协同起来，能够以更加清洁和低碳的方式供应能源。能源大数据支撑能源系统高效经济运行，对现有能源系统进行绿色低碳发展适应性评估，在电网架构、电源结构、源网荷储协调、数字化智能化运行控制等方面提升技术和优化系统。

依托数字化的广泛连接，实时采集、预判和共享能源供需信息，形成中国式能源数据中心，实现自动化匹配和智能化交易，为多元社会主体提供一站式的能源服务，满足各类用能、交易服务需求。主要体现在如下三方面：①综合式能源服务。实现对大量中小型电源和负荷资源自由、灵活的聚合管理，为电力系统提供更高的安全裕度，可以接纳更多的可再生能源，从而促进可持续发展。此外，能源互联网创造的动态实时的容量和电量市场，提供的经济补偿机制不仅可以促进可再生能源的发展，还可以调动化石能源企业的积极性，使其更加积极地参与到新能源市场中来。②数据可信共享。区块链作为能源互联网的基础架构之一，将整个电网的实际运行、产生的电量费用以及不同用户的信息数据统计进行整合，在实现保护隐私的同时，又能促进数据可信度的共享。将数据的目录进行整理归纳，对数据的整个访问过程进行监控，通过一系列程序即可对数据进行加密存储，在区块链的基础架构上，对数据进行权力归属的确定、来源的追溯、可信度的计算，使数据能够在交易各方之间进行充分共享。③实现电子交易。将能源网络信息具体应用到实际交易中，营造统一移动应用等更加便捷高效、安全保障的交易环境。目前新兴的电动车充电支付方式采用了区块链技术，有效地解决了传统充电支付中存在的许多不透明和不公平的问题，通过去中心化的设计，建立了充电网络的区块链应用，将区块链技术与卖方、买方及运营商进行结合，实现计费的公平公正，同时确保支付的安全性和隐私保护。

推动能源数字基础设施建设，能源行业的数字化能力将会达到更高阶段，实现互联互通、智能高效，为新能源接入、提供各类应用提供数字化支持。实现新型能源就地接

入(所见即所得)，促进能源有效平衡，有机协同。一是大数据传输及存储技术，在能源系统的各个环节以及设备状态的在线监测中，将会生成大量的数据传输和存储需求。二是实时数据分析及处理技术，在能源系统的生产、加工、消费和运输环节中，利用大数据分析、数据挖掘技术，进行海量数据的实时处理和分析，挖掘出潜在的模式和规律，为决策者提供数据和决策支持。三是大数据展示技术，包括可视化技术、空间信息流展示技术、历史流展示技术等。

数据在能源政策制定和监管中扮演着重要的角色。通过数据分析，政府全面了解能源市场的供需情况、能源消费结构等数据，调整能源政策的制定和评估，同时用于预测供需变化趋势，监管能源市场和保障能源供应安全，为推动能源革命提供科学依据和决策支持，促进能源绿色低碳可持续发展。

构建以数据为中心、由多维要素共同组成的数据安全综合防护体系。能源企业可从全生命周期的角度掌握能源数据在采集、传输、存储、处理、共享、销毁等环节的使用和流转情况。所有系统在线产生数据，实时研判数据正确性。同时，重视通过数据治理、风险识别等措施实现数据脱敏、数据溯源、风险监测，加快试点安全多方计算、联邦学习等先进技术，确保数据在动态流动中实现安全。

12.4.3 推动基础设施网、能源网、信息网“三网融合”，促进能源行业数智化转型

能源大数据通过驱动优化能源结构与改善能源服务，提供跨领域的数据支持，优化运行方式，促进基础设施网、能源网和信息网的深度融合与协同发展，实现互联互通，助力数据分析共享，为能源数智化转型提供关键技术保障和信息支持。

基础设施网、能源网、信息网是人类社会进步、国民经济发展的重要基础设施。能源网是基础设施网、信息网的动力来源；基础设施网是能源网的重要负荷，是信息网的重要用户；信息网是能源网和基础设施网高效稳定运行的通信基础。三网紧密相连、相互影响、相互支撑，共同服务于经济社会发展和民生需求[15]。推动能量流、信息流、价值流的“三流合一”，成为客户的综合能源服务商。①在能量流方面，综合能源服务商通过优化能源供应链管理、提供节能措施和清洁能源替代等方案，帮助客户实现能源的高效利用和减少排放；②在信息流方面，综合能源服务商通过建设智能化的能源监测和管理系统，实时收集和分析客户的能源数据，为其提供精准的能源管理和优化建议，帮助客户更好地进行能源消费决策；③在价值流方面，综合能源服务商可以通过提供增值服务，如能源金融、能源咨询和能源技术支持等，帮助客户提升能源利用效率和降低能源成本，创造更大的经济和社会价值。

基础设施网、能源网、信息网三网融合发展，将有力推动能源数智化转型，实现绿色、智慧、可持续发展。三网融合发展可以实现“三促进”：①促进能源等传统行业的新模式和新业态的形成，推动能源数智化转型；②促进能源和信息领域的前沿技术融合创新，推动跨学科技术突破和应用；③促进土地资源的高效集约利用，提升资源配置效率，优化经济结构。“三促进”让三网各自发挥出最大的潜力，同时显著降低建设和运营成本，提高设施研发与建设的投入产出比，提高能源利用效率，最终，助力实现“碳达峰、碳中和”的目标，形成深度融合、智慧协同的局面，向社会提供更高效、智能、绿色便捷

的服务。

12.4.4　促进供应者或消费者转变产消者，促进能源数字经济创新发展

在数字技术与能源行业日益融合发展背景下，需要关注到能源系统的生产关系将逐渐发生变化。能源数字经济将推动能源消费者向产消者转变，系统不确定性显著增加，各个市场主体应充分发挥能源革命和数字技术在观念认知、技术革新、关系重塑方面的作用，与国际合作伙伴共同构建跨国的能源供应链合作机制，进行风险管理，优化能源流动和资源配置，共同拓宽市场。

同时，推动能源系统的形态和市场交易形式发生改变，能源企业将发挥能源场景与数据优势，在加强数据全生命周期管理基础上，以开放包容的态度与其他企业通力合作推进能源大数据在更大范围内的创新应用。能源企业与国际合作伙伴进行数据共享与交流以及技术合作与创新，开展跨境合作如共同开发研究项目等，有助于优化能源供应链，提高能源互联互通，进而实现能源企业业态及模式创新，促进能源的可持续发展。

能源数字经济不是简单的数字技术为能源系统赋能，而是将一种新的发展理念、新的要素组成方式、新的市场交易规则引入到现有的能源体系中。这样的能源数字经济时代，才能将现代能源体系的建设成效惠及社会，充分实现能源革命和数字革命深度融合，为能源数字经济注入源源不断的创新活力。

参 考 文 献

[1] 陆峰. 发挥数据生产要素的创新引擎作用[N]. 学习时报, 2020-06-12(A3). https://paper.cntheory.com/ html/2020-06/12/nbs.D110000xxsb_A3.htm.

[2] 曾鸣, 许彦斌, 方程. 数字革命与能源革命[J]. 中国电力企业管理, 2020(10): 42-45.

[3] 郭嵘, 石乐, 顾心田, 等. 超特高压电网运检数字化班组建设模式研究[J]. 自动化应用, 2023, 64(2): 171-174.

[4] 陈娟, 鲁斌, 冯宇博, 等. 共享理念下的区域能源互联网生态系统价值共创模式与机制[J]. 中国电机工程学报, 2022, 42(22): 8103-8117.

[5] 王继业. 电力大数据技术及其应用[M]. 北京: 中国电力出版社, 2017.

[6] 储节旺, 李佳轩. 面向关键核心技术领域的科技情报感知服务体系构建研究[J]. 情报杂志, 2023, 42(5): 145-153.

[7] 冯子洋, 宋冬林, 谢文帅. 数字经济助力实现“双碳”目标: 基本途径、内在机理与行动策略[J]. 北京师范大学学报(社会科学版), 2023(1): 52-61.

[8] 康重庆, 杜尔顺, 郭鸿业, 等. 新型电力系统的六要素分析[J]. 电网技术, 2023, 47(5): 1741-1750.

[9] 王继业. 聚焦数智化坚强电网 放大平台企业价值[N]. 国家电网报, 2024-2-29(003). http://epaper.sgcctop.com/202402/29/# page=4.

[10] 王继业. 信息化企业理论、方法与实践[M]. 北京: 中国电力出版社, 2019.

[11] 中研普华产业研究院.《2021-2026 年中国能源金融行业市场前瞻与未来投资战略分析报告》[M]. 北京: 中国产业研究院, 2021.

[12] 任保平, 孙一心. 数字经济背景下政府与市场制度创新的协调研究[J]. 财经问题研究, 2023(4): 3-13.

[13] 宋学官, 来孝楠, 何西旺, 等. 重大装备形性一体化数字孪生关键技术[J]. 机械工程学报, 2022, 58(10): 298-325.

[14] 马钊, 张恒旭, 赵浩然, 等. 双碳目标下配用电系统的新使命和新挑战[J]. 中国电机工程学报, 2022, 42(19): 6931-6945.

[15] 刘振亚. 能源网交通网信息网 积极推进“三网”融合发展[N]. 学习时报, 2020-12-09(A8). https://paper.cntheory.com/html/2020-12/09/nbs.D110000xxsb_A8.htm..